浙江省普通高校"十三五"新形态教材

MARINE NATURAL PRODUCTS CHEMISTRY

海洋天然产物化学

主　编　马忠俊　邢莹莹

副主编　张小坡　谭成玉

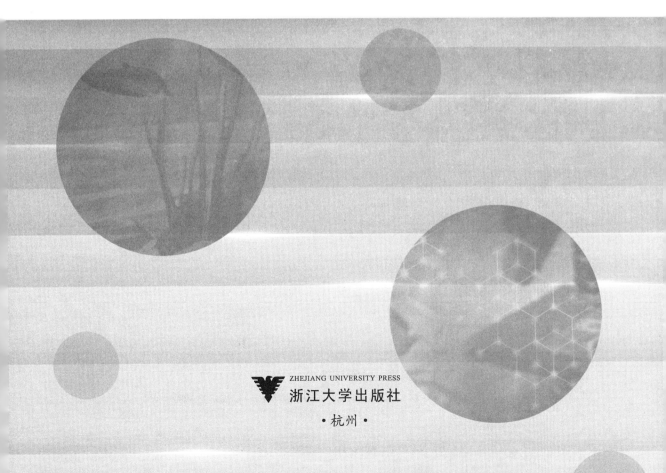

ZHEJIANG UNIVERSITY PRESS

浙江大学出版社

·杭州·

图书在版编目（CIP）数据

海洋天然产物化学 / 马忠俊，邢莹莹主编. -- 杭州：
浙江大学出版社，2022.8
ISBN 978-7-308-22503-8

Ⅰ. ①海… Ⅱ. ①马… ②邢… Ⅲ. ①海洋资源－海
洋化学－教材 Ⅳ. ①P734

中国版本图书馆CIP数据核字(2022)第057896号

海洋天然产物化学

HAIYANG TIANRAN CHANWU HUAXUE

主　编　马忠俊　邢莹莹

策　　划	徐　霞（xuxia@zju.edu.cn）	
责任编辑	徐　霞	
责任校对	秦　瑕	
封面设计	春天书装	
出版发行	浙江大学出版社	
	（杭州市天目山路148号　　邮政编码　310007）	
	（网址：http://www.zjupress.com）	
排　　版	杭州林智广告有限公司	
印　　刷	浙江全能工艺美术印刷有限公司	
开　　本	787mm×1092mm　1/16	
印　　张	24.75	
字　　数	572千	
版 印 次	2022年8月第1版　2022年8月第1次印刷	
书　　号	ISBN 978-7-308-22503-8	
定　　价	69.00元	

版权所有　翻印必究　　印装差错　负责调换

浙江大学出版社市场运营中心联系方式：0571-88925591；http://zjdxcbs.tmall.com

编 委 会

前　言

　　海洋天然产物是新药开发的重要来源，至今已有 10 余个海洋药物开发成功并上市。海洋天然产物化学是天然药物、海洋药物等研究领域的重要分支，在海洋生物资源利用、海洋天然产物挖掘、先导化合物发现等方面有着重要作用。近年来，随着国家海洋强国战略的实施，越来越多的高校、科研院所开设海洋药物、海洋生物资源利用等相关专业，同时，海洋天然产物的研究在我国取得了长足的进展，因此，我们决定编著本教材。

　　本教材按照海洋天然产物研究和开发的一般程序，分为上、中、下三篇：上篇为总论，介绍海洋天然产物化学研究的进展及知识体系；中篇为各论，分别介绍近年发现的海洋天然产物的结构类型、生物来源、理化性质、结构鉴定、生物活性及产业化实例；下篇为海洋天然产物的开发，着重介绍海洋来源的上市药物以及海洋新药研发的一般程序等。此外，本教材以二维码嵌入方式为读者提供了学习资料和重点讲解。

　　参加本教材编写的有浙江大学马忠俊（第 1 章、第 17 章），浙江大学王品美（第 2 章），宁波大学何山（第 3 章），浙江大学徐金钟（第 4 章），广东药科大学严春艳和余茜（第 5 章），浙江大学张治针（第 6 章），浙江海洋大学王斌（第 7 章），海南医学院刘雪菲丹（第 8 章），海南医学院董琳（第 9 章），中国药科大学陆园园（第 10 章），中国药科大学邢莹莹（第 11 章），大连海洋大学李敏晶（第 12 章），大连海洋大学谭成玉（第 13 章），海南医学院张小坡（第 14 章），浙江海洋大学蒋永俊（第 15 章），浙江大学郑道琼和王楠（第 16 章），同时，参加协助编写的还有浙江大学丁婉婧、王金慧、方章昀、陈晓铭、陈爽、奕妍和赵浩文。浙江大学马忠俊和中国药科大学邢莹莹担任主编，浙江海洋大学蒋永俊担任编委会秘书。

　　由于编写时间仓促，以及编者水平和经验等限制，本书难免存在错误和不足之处，敬请各位读者提出宝贵意见，以便后续改进和提高。

编者

2022 年 5 月

目 录

上篇

总论

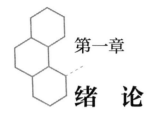

第一章

绪　论

视频讲解与
教学课件

◎ **学习目标**

　　1. 掌握海洋天然产物化学的定义及主要学习内容。

　　2. 熟悉海洋天然产物化学与相关学科的关系。

　　3. 了解海洋天然产物在药学领域的作用与地位。

　　4. 了解海洋天然产物化学国内外研究进展。

　　海洋特殊的环境造就了海洋生物的特殊性和多样性，赋予了海洋天然产物结构的多样性和复杂性，为海洋药物的筛选和发现提供了宝贵的生物资源和化合物来源。如来源于海洋盐孢菌属放线菌 *Salinispora tropica* CNB-392 的 化 合 物 salinosporamide A（NPI-0052，marizomib），为一种有效的 20S 蛋白酶体抑制剂，美国食品药品监督管理局（FDA）已授予 marizomib 孤儿药资格，用于多发性骨髓瘤的治疗。

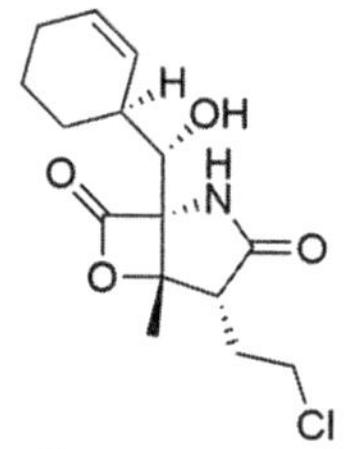

salinosporamide A

第一节　海洋天然产物概论

　　海洋约占地球表面积的 70%，生物总种类达 30 多门 50 余万种，生物总量约占地球总生物量的 87%，蕴藏着十分丰富的海洋动物、海洋植物及海洋微生物资源[1]。

　　海洋天然产物研究起源于 20 世纪 30 年代，但直到 20 世纪 50 年代从海洋真菌中发现头孢菌素 C 以及从海绵中分离得到具有抗肿瘤、抗病毒的胸腺嘧啶及核苷等，海洋天然产物才逐渐得到重视[2]。之后，随着现代科学技术的进步，海洋天然产物的研究取得了突飞猛进的发展，报道的新海洋天然产物数量逐年增加。目前国内外共有 40 余种来自海洋的活性成分或衍生物被批准上市或进入临床各期研究，除此之外，还有大量的海洋活性分子正处于临床前研究[3]。海洋天然产物在新药研发中发挥着重要的作用。

一、海洋天然产物学的定义和研究内容

海洋天然产物学是一门运用现代科学理论和方法研究海洋生物（包括海洋微生物）次级代谢产物及其生物功能的学科。海洋天然产物研究的内容包括海洋生物的来源、活性物质或有效成分的提取分离纯化、结构鉴定、理化性质以及生物活性的研究等。此外，还涉及海洋天然产物的半合成和全合成、结构修饰、生物转化、生物合成等内容。

二、海洋天然产物化学与相关学科的关系

海洋天然产物化学是天然产物化学的一个重要分支，与很多学科联系很紧密，包括有机化学、药物化学、药理学、海洋生物学、微生物学、分子生物学、生物化学、海洋生态学等。正是由于以上学科的发展，以及海洋作业技术的提升，海洋生物资源的采集范围逐渐拓展，有效成分的结构和药理活性不断被发现。同时，海洋天然产物化学的发展不仅能促进新药的开发、发现新的作用机制、促进海洋生物采集技术的提高、推动有机化学和药物化学的发展，还能推动生命科学的发展。

三、海洋天然产物在药学领域中的作用和地位

海洋天然产物的分离和研究已成为天然产物化学的重点内容，是药物先导化合物的重要来源，在药学领域中有着十分重要的地位。自20世纪50年代从海洋真菌 *Cephalasporium arcremorium* 中发现第一个海洋药物头孢菌素C（图1-1）以来，在临床上使用的许多化学药品是从海洋天然产物中开发出来的，如阿糖胞苷、阿糖腺苷、齐考诺肽、甲磺酸艾里克林、曲贝替定等[4]。纵观国内外海洋创新药物的研制大多是从海洋生物中寻找有效成分，直接开发或经过结构修饰制备有效衍生物进而发现新药。如GV-971是从海洋褐藻提取物制备得到的抗阿尔茨海默病（Akzheimer's disease，AD）的低分子酸性寡糖化合物（图1-1），是我国研发的创新药[5]。

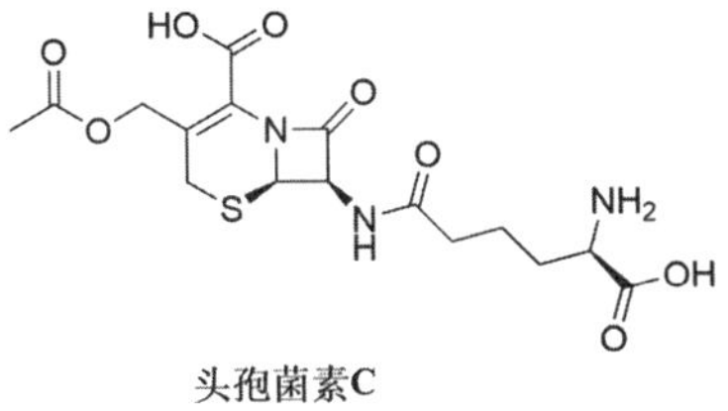

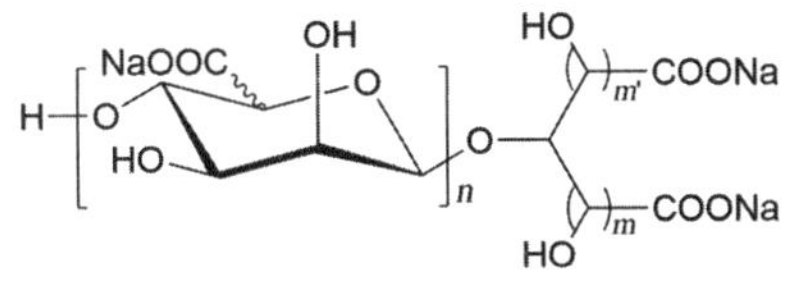

图 1-1　头孢菌素 C 和 GV-971 的化学结构式

第二节　海洋天然产物发展概况

一、国内外海洋天然产物化学发展概况

中国是最早研究和应用海洋药物的国家之一，我国最早的医学典籍《黄帝内经》中就有"乌贼骨作丸饮以鲍鱼汁治血枯"的记载，明代《本草纲目》中记录的海洋中药有近百种。海洋天然产物（marine natural products，MNPs）作为海洋药物的来源，其现代研

究开始于 20 世纪 30 年代，并在 50 年代开始受到重视。1967 年，首届海洋药物国际会议在美国召开。1988 年，日本设立了海洋生物技术研究所，法国、瑞士等国也先后建立了有关海洋药物的研究机构。我国对 MNPs 的研究开始于 20 世纪 70 年代。1996 年科技部启动了海洋"863 科技专项"，大力推动海洋生物技术和海洋抗肿瘤药物的研究。

据统计，20 世纪 80 年代每年发现的新 MNPs 数量为 300~500 个，90 年代每年报道的新 MNPs 数量增长至约 700 个，随后这一数字整体呈上升态势，并在 2008 年突破 1000 个。2008—2018 年每年报道的新 MNPs 数量分别为 2008 年 1065 个，2009 年 1011 个，2010 年 1003 个，2011 年 1152 个，2012 年 1241 个，2013 年 1163 个，2014 年 1378 个，2015 年 1340 个，2016 年 1277 个，2017 年 1490 个，2018 年 1554 个[6]。到目前为止，报道发现的新 MNPs 已有 3 万多个，这些 MNPs 在过去的 50 多年里被广泛应用，如作为功能食品、营养补充品、药物等。截至 2019 年，我国研发上市的海洋来源药物有藻酸双酯钠（治疗高血脂及心血管类疾病）、甘露醇烟酸酯（治疗缺血性心脑血管疾病）、岩藻聚糖硫酸酯（治疗慢性肾衰竭）及 GV-971（治疗阿尔茨海默病）。其中，藻酸双酯钠是我国第一个海洋来源多糖新药，由中国海洋大学管华诗院士研发，并于 1990 年批准上市。国际上主要的药物研发管线中共有 14 个海洋来源上市药物，分别为头孢噻吩（抗菌药）、利福霉素（抗结核药）、阿糖胞苷（抗白血病）、阿糖腺苷（抗病毒）、拉伐佐（降血脂）、齐考诺肽（镇痛）、甲磺酸艾日布林（抗乳腺癌）、SGN-35（抗霍奇金淋巴瘤）、伐赛帕（降血脂）、NPI-0052（抗多发性骨髓瘤）、Epanova（降血脂）、ET-743（抗软组织肉瘤）、Aplidin（抗白血病）、卡拉胶鼻喷雾剂（抗流行性感冒）[7]。另外，国内外还有 30 余个海洋来源候选药物正在进行 I，II 或是 III 期临床试验。

二、海洋天然产物研究的发展趋势

（一）开发与利用海洋生物资源，获取新的 MNPs

海洋天然产物的生物来源有海洋动植物、海洋微生物等。据统计，2014—2018 年，每年从海洋真菌中分离得到的 MNPs 数量最多，其他海洋生物如海绵、刺胞动物、海洋细菌等也贡献了大量新 MNPs。20 世纪，海洋天然产物的研究主要集中在海洋动植物，海洋微生物 MNPs 的研究因各种因素限制发展较慢，直到 2007 年以后，海洋微生物来源的新 MNPs 数量开始迅速增加，近年来 1/3~1/2 的新 MNPs 来源于海洋微生物。值得注意的是，尽管许多新 MNPs 是从海洋动植物中分离得到的，但其实际的生产者是这些海洋动植物的共生微生物或微生物与动植物的协作。目前很多上市或处于临床试验阶段的海洋来源药物是由海洋微生物产生的，如本妥昔单抗（蓝细菌）、Salinosporamide A（放线菌）[8]。

海洋生物的获取一直是限制 MNPs 研究的重要因素，特别是深海区域海洋生物的获取。尽管近年来随着科技的发展，越来越多的科研人员能够对深海生物进行 MNPs 研究，但是相较于海洋广袤的面积，我们所能开发利用的资源仍十分有限。无法持续获得一些具有复杂结构和良好活性的 MNPs 是另一限制因素[9]。例如 20 世纪 60 年代首次发现的苔藓虫素，其具有成为癌症治疗药物的潜力，同时还有治疗阿尔茨海默病和清除 HIV 病毒库的疗效，但是苔藓虫素在生物中的含量极低，而其复杂的结构导致化学合成十分困难、产率极低，这极大地阻碍了苔藓虫素的研究应用，直到 2017 年苔藓虫素的化学合成方法得到改进，才保证了苔藓虫素的稳定来源，从而满足临床试验的需要[10]。

（二）化学合成与机器学习推动 MNPs 研究

利用化学合成或半合成来持续获得某些 MNPs 是常用且有效的手段，但是对于一些结构较为复杂的 MNPs，如上述的苔藓虫素，化学合成仍存在很多困难和挑战。机器学习特别是人工智能在近年的快速发展，为这一难题提供了新的解决方案[11]。机器学习已经在化学合成路线设计、天然产物去重复和药物设计等方面取得成果，未来在 MNPs 的发现和解析、化学合成路线设计、活性预测等方面将起着至关重要的作用，对 MNPs 研究将产生巨大的推动作用[12]。

（三）开发海洋微生物的新 MNPs，了解海洋微生物的研究现状

海洋微生物不仅是许多 MNPs 的实际生产者，而且海洋微生物相比较于其他大型海洋生物拥有着许多优势，如避免了海洋动植物采样困难的限制、能够稳定生产具有多个手性中心和复杂官能团的 MNPs，因此越来越多的研究人员把海洋微生物作为 MNPs 的研究对象[13]。但是，在海洋微生物的 MNPs 研究中仍存在许多不足。

相比海洋的微生物资源，目前所研究和鉴别过的海洋微生物种类微乎其微，其中用于人类药物开发的更少。与海洋来源的其他天然产物相比，目前对海洋微生物天然产物的研究仍明显较少。海洋微生物天然产物的发展缓慢主要是受研究技术和方法的限制。从研究内容方面来看，国内外海洋微生物天然产物的研究论文大多集中在海洋微生物的分离、培养、天然产物活性测定等方面，大多处于抗肿瘤、抗菌、抗病毒等天然产物活性的初步评价，研究内容模式呈现套路化和程序化，需要新的突破[14]。对于海洋微生物来源天然产物的药理活性评价来说，天然产物的成药性评价方面的研究工作更少。相对于海洋生态环境中存在的微生物资源，我们所开发利用的仅占非常小的一部分，其中一个重要原因是大量的海洋微生物无法被培养，而且对于可培养海洋微生物的沉默基因簇的开发利用仍较少。基因挖掘、代谢组学、分子网络等技术手段在 MNPs 研究中的应用能够帮助充分挖掘海洋微生物的生物合成潜力，从而有利于更加高效、快速地发现新 MNPs[15]。此外，高通量筛选、化学遗传技术等能够帮助研究人员发现新 MNPs 潜在的活性。

在上市的海洋药物中，半数以上用于治疗癌症，这可以看出过去海洋药物研究的重点在癌症。目前临床使用的抗生素中，约 70% 来源于陆生微生物，而上市或进入临床试验阶段的 MNPs 却极少[16]。因此，将来在 MNPs 研究中将会更多地筛选除抗肿瘤之外的活性，如抗菌活性等，从而更多地发现新药先导化合物。

◎ **思考题**

1. 海洋天然产物研究的是初级代谢产物还是次级代谢产物？

2. 海洋天然产物与哪些学科密切相关？

3. 请列举几个已上市的海洋药物。

◎ **进一步文献阅读**

1.Blunt J W, Copp B R, Keyzers R A, et al. 2016. Marine natural products[J]. Natual Product Reports, 33: 382-431.

2.Karuppiah V, Sun W, Li Z. 2016. Chapter 13-Natural products of actinobacteria derived from marine organisms[J]. Studies in Natural Products Chemistry, 48:417-446.

3.Moreau P, Rajkumar S V. 2016. Multiple myeloma-translation of trial results into reality[J]. Lancet, 388:111-113.

◎ **参考文献**

[1] 吴立军 . 1998. 天然药物化学 [M]. 5 版 . 北京：人民卫生出版社 .

[2] 王长云 , 邵长伦 . 2011. 海洋药物学 [M]. 北京：科学出版社 .

[3] 于广利 , 谭仁祥 . 2016. 海洋天然产物与药物研究开发 [M]. 北京：科学出版社 .

[4] Bergmann W, Johnson T B. 1933. The chemistry of marine animal I. The sponge *Microciona prolifera*[J]. Zeitschrift fur Physiologische Chemie, 22: 220-226.

[5] Newman D J, Cragg G M. 2004. Marine natural products and related compounds in clinical and advanced preclinical trials[J]. Journal of Natural Products, 67(8):1216-1238.

[6] 王成 , 张国建 , 刘文典 , 等 . 2019. 海洋药物研究开发进展 [J]. 中国海洋药物 , 38(6): 35-69.

[7] Burton H S, Abraham E P. 1951. Isolation of antibiotics from a species of *Cephalosporium*. Cephalosporins P1, P2, P3, P4 and P5[J]. Biochemical Journal, 50(2): 168-175.

[8] 张晓华 . 2016. 海洋微生物学 [M]. 2 版 . 北京：科学出版社 .

[9] 管华诗 , 王曙光 . 2009. 中华海洋本草：海洋天然产物（上册）[M]. 北京：化学工业出版社 .

[10] Shinde P, Banerjee P, Mandhare A. 2019. Marine natural products as source of new drugs: a patent review (2015–2018)[J]. Expert Opinion on Therapeutic Patents, 29(4): 283-309.

[11] Williams D E, Andersen R J. 2020. Biologically active marine natural products and their molecular targets discovered using a chemical genetics approach[J]. Natural Product Reports, 37(5):617-633.

[12] Pereira F. 2019. Have marine natural product drug discovery efforts been productive and how can we improve their efficiency[J]. Expert Opinion on Drug Discovery, 14 (8):717-722.

[13] Khalifa S A M, Elias N, Farag M A, et al. 2019. Marine natural products: a source of novel anticancer drugs[J]. Marine Drugs, 17(9):491.

[14] Nigam M, Suleria H A R, Suleria H A R, et al. 2019. Marine anticancer drugs and their relevant targets: a treasure from the ocean[J]. DARU: Journal of Faculty of Pharmacy, Tehran University of Medical Sciences, 27(1):491-515.

[15] 朱伟明 . 2019. 海洋天然产物的高效发现与成药性研究 [J]. 中草药 , 50(23):5645-5652.

[16] Carroll A R, Copp B R, Davis R A, et al. 2020. Marine natural products[J]. Natural Product Reports, 37(2): 139-294.

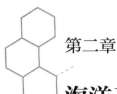

第二章

海洋天然产物的生物合成

视频讲解与
教学课件

◎ **学习目标**

1. 掌握聚酮类天然产物的特征及其生物合成底物、典型反应。
2. 掌握聚酮合酶的分类及其催化机制。
3. 掌握肽类天然产物的分类及其催化机制。
4. 了解生物碱类天然产物生物合成的前体来源及多样化杂环骨架。
5. 了解萜类化合物的生物合成过程的三个阶段及相关的酶。
6. 了解天然产物生物合成研究的三个阶段。

Enterocin 是海洋放线菌 *Streptomyces maritimus* 合成的主要天然产物，Enterocin 和系列 Wailupemycin 天然产物均由同一个 II 型聚酮合酶（polyketide synthase, PKS）基因簇合成。该生物合成基因簇是第一个被完整解析和克隆的海洋天然产物生物合成基因簇，共包含 20 个基因。

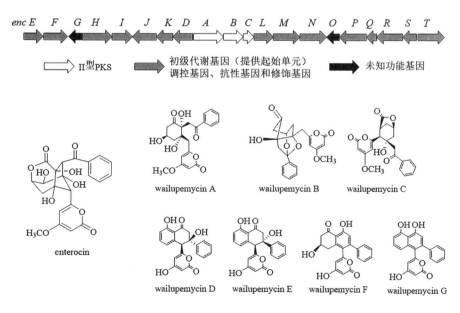

生物合成研究（biosynthetic research）是对生物体合成次级代谢产物的反应、途径及调控网络的研究，其目的是阐明生物合成机理与关键的酶活反应。在生物合成研究的基础上，科研人员进一步结合现代分子生物学等技术，开发与应用具有重要药用价值的次级代谢产物，即天然药物的生物合成研究。

自 1979 年 Hopwood 等发现天蓝色链霉菌（*Streptomyces coelicolor*）紫红素的生物合成基因是以簇（cluster）的形式存在以来，Malpartida 等于 1984 年成功克隆了放线菌紫红素的全部生物合成基因。随后克隆的榴菌素、红霉素、泰乐星等生物合成基因，均揭示了微生物次级代谢产物相关的生物合成基因成簇排列的特征。与次级代谢产物合成相关的骨架结构基因、结构修饰基因、调节基因、转运蛋白基因和耐药性基因等集中于染色体的一段连续区域，即为次级代谢产物生物合成基因簇（biosynthetic gene cluster）。21 世纪以来，以 Illumina、Solexa 为代表的高通量测序技术的飞速发展与普及，促进了国内外研究者开展以全基因组测序为基础的次级代谢产物生物合成基因的基因组挖掘（genome mining）工作，研究发现：①微生物大多数次级代谢生物合成相关基因均以基因簇的形式存在于染色体，而初级代谢合成相关基因不具有成簇的特征，这为次级代谢生物合成基因的预测、克隆与鉴定提供了便利，只要通过任一个结构基因、转运蛋白基因或途径专一调控基因的克隆即有可能获得整个次级代谢生物合成基因簇；②基因组上存在的次级代谢产物生物合成基因簇的数量远超于已分离获得的化合物类型的数量，大部分基因簇在现有培养条件下未被激活表达，这类基因簇称为沉默（cryptic）或孤儿（orphan）基因簇，沉默基因簇的激活表达将为人类提供更加丰富多样的天然产物。

第一节　概　述

目前，根据微生物次级代谢生物合成基因成簇的特点，科学家已成功克隆和鉴定了 300 余种陆生微生物次级代谢产物的生物合成基因簇，但海洋天然产物的生物合成研究起步较晚。2000 年，Moore 课题组报道了第一例海洋天然产物——海洋微生物 *Streptomyces maritimus* 次级代谢产物 enterocin 完整生物合成基因簇的克隆、测序与鉴定[1]。随后不断有新的海洋次级代谢产物的生物合成基因簇被发现（表 2-1）。已获得的海洋天然产物生物合成途径，同陆生微生物相似，主要是基于 I 型和 II 型聚酮合酶（polyketide synthase，PKS）、非核糖体肽合成酶（non-ribosomal peptide synthetase，NRPS）及 PKS/NRPS 杂合途径。

表 2-1　已报道的海洋微生物天然产物生物合成基因簇

化合物类别	化合物名称及参考文献	产生菌株
I 型聚酮（type I polyketide, type I PK）	BE-14106[2]	*Streptomyces* sp.
	ML-449[3]	*Streptomyces* sp.
	abyssomicin[4]	*Verrucosispora maris*
	lobophorin[5]	*Streptomyces* sp.
	bafilomycin[6, 7]	*Streptomyces lohii*
	piericidin A1[8]	*Streptomyces* sp.
	phormidolide[9]	*Leptolyngbya* sp.

化合物类别	化合物名称及参考文献	产生菌株
I 型聚酮（type I polyketide, type I PK）	aldgamycins, chalcomycins [10]	Streptomyces sp.
	reedsmycin [11]	Streptomyces youssoufiensis
	bryostatin [12, 13]	苔藓虫（Bugula neritina）共生菌 Endobugula setula
	marineosin [14]	Streptomyces sp.
	anthracimycin [15]	Streptomyces sp.
	rifamycin/saliniketal [16]	Salinispora arenicola
	SIA7248 [17]	Streptomyces sp.
	sporolide [18]	Salinispora tropica
	cyanosporaside [19]	Salinispora pacifica
	cuevaene A [20]	Streptomyces sp.
	galbonolide [21, 22]	Streptomyces sp.
II 型聚酮（type II polyketide, type II PK）	enterocin/wailupemycin [1]	Streptomyces maritimus
	griseorhodin [23]	Streptomyces sp.
	grincamycin [24]	Streptomyces lusitanus
	lomaiviticin [25]	Salinispora tropica
	fluostatins [26]	Micromonospora rosaria
	cosmomycins [27]	Streptomyces sp.
脂肪酸（fatty acid）	docosahexaenoic acid [28]	Moritella marina
	eicosapentaenoic acid [29]	Photobacterium profundum
非核糖体肽（nonribosomal peptide, NRP）	lyngbyatoxin [30, 31]	Lyngbya majuscul
	thiocoraline [32]	Micromonospora sp.
	cyclomarin/cyclomarazine [33]	Salinispora arenicola
	methylpendolmycin pendolmycin [34]	Marinactinospora thermotolerans
	amphi-enterobactin [35]	Vibrio harveyi
	marformycins [36]	Streptomyces drozdowiczii
	taromycin A [37]	Saccharomonospora sp.
聚酮－非核糖体肽杂合化合物（polyketide-nonribosomal peptide, PK-NRP）	barbamide [38]	Lyngbya majuscula
	curacin [39, 40]	Lyngbya majuscul
	jamaicamide [40, 41]	Lyngbya majuscul
	nodularin [42]	Nodularia spumigena
	onnamide/theopedrin [43]	海绵（Theonella swinhoei）共生菌
	hectochlorin [44]	Lyngbya majuscula
	salinosporamide [18]	Salinispora tropica
	tirandamycin [45, 46]	Streptomyces sp.
	psymberin [47]	海绵（Psammocinia aff. bulbosa）共生菌
	caerulomycin A [48]	Actinoalloteichus cyanogriseus
	didemnin [49]	Tistrell mobilis
	thalassospiramide [50, 51]	Thalassospira sp.
	thiolactomycin [52, 53]	Salinispora pacifica
	scopularide [54]	Scopulariopsis brevicaulis
	haliamide [55]	Haliangium ochraceum
	himeic acid A [56]	Aspergillus japonicus
	ikarugamycin [57]	Streptomyces sp.
	kosinostatin [58]	Micromonospora sp.

续表

化合物类别	化合物名称及参考文献	产生菌株
核糖体合成和翻译后修饰肽（ribosomally synthesized and post-translationally modified peptide, RiPP）	patellamide [59, 60]	海鞘（*Lissoclinum patella*）共生蓝细菌 *Prochloron didemni*
	trichamide [61]	*Trichodesmium erythraeum*
	TP-1161 [62]	*Nocardiopsis* sp.
	mathermycin [63]	*Marinactinospora thermotolerans*
生物碱（alkaloid）	notoamide/stephacidin [64]	*Aspergillus* sp.
	marinopyrrole [65]	*Streptomyces* sp.
	streptocarbazole [66]	*Streptomyces sanyensis*
	maremycin [67, 68]	*Streptomyces* sp.
	marinacarboline [69-71]	*Marinactinospora thermotolerans*
	oxaline [72]	*Penicillium oxalicum*
	JBIR-48 [73]	*Streptomyces* sp.
	chlorizidine A [74]	*Streptomyces* sp.
	lymphostin [75]	*Salinispora* sp.
	xiamycin A/oxiamycin [76]	*Streptomyces* sp.
萜类（terpenoid）	merochlorin [77]	*Streptomyces* sp.
	Sioxanthin [78]	*Salinispora tropica*
	Napyradiomycin [79]	*Streptomyces aculeolatus*
其他	A201A [80]	*Marinactinospora thermotolerans*
	tropodithietic acid [81]	*Phaeobacter inhibens*
	pentabromopseudilin [82]	*Pseudoalteromonas luteoviolacea*

第二节　聚酮类海洋天然产物的生物合成

一、聚酮化合物

聚酮化合物（polyketide，PK）是由细菌、真菌及植物将小分子羧酸通过连续缩合反应而产生的天然产物。这类天然产物：①具有多样化的生物学活性，极具新药开发潜力和商业价值；②具有独特的结构和生物合成机制，为人们研究酶催化机制和代谢调控途径提供了契机；③其骨架结构合成酶——聚酮合酶（polyketide synthase，PKS）具有一定的可塑性，便于人们通过组合生物学手段开发多种新型化合物。

聚酮化合物的生物合成以小分子羧酸为起始和延伸单元，经聚酮合酶（PKS）连续催化产生 β-聚酮链，从 PKS 上释放后，经系列修饰作用生成聚酮类天然产物（图 2-1）。克莱森缩合反应（Claisen condensation）是聚酮生物合成途径中的典型反应。一般情况下，PKS 以一分子的乙酰辅酶 A 为起始单元，丙二酰辅酶 A 为延伸单元，经克莱森缩

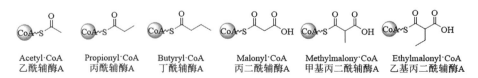

Acetyl·CoA　　Propionyl·CoA　　Butyryl·CoA　　Malonyl·CoA　　Methylmalonyl·CoA　　Ethylmalonyl·CoA
乙酰辅酶A　　丙酰辅酶A　　丁酰辅酶A　　丙二酰辅酶A　　甲基丙二酰辅酶A　　乙基丙二酰辅酶A

图 2-1　聚酮合酶（PKS）起始及延伸单元的小分子羧酸类型

合反应延长一个 C2 单元，然后再与一分子的丙二酰辅酶 A 重复克莱森缩合反应继续延长，通过连续的克莱森缩合反应形成 β-聚酮链（图 2-2）。

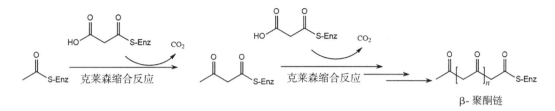

图 2-2　经克莱森缩合反应延长的 β-聚酮链

二、聚酮合酶分类及其催化机制

根据 PKS 功能模块是否可以重复利用及具有的不同催化功能域，可分为 I 型、II 型和 III 型 PKS（表 2-2，图 2-3）。

表 2-2　PKS 的主要类型及特征

PKS 类型	亚型	主要特征	主要来源生物
modular type I（mPKS）	*cis*-AT 和 *trans*-AT	多模块非重复利用	细菌，一些原生动物
iterative type I（iPKS）	NR-，PR- 和 HR-PKS	单模块重复利用	真菌，一些细菌
type II	无	多功能酶复合体	细菌
type III	无	不含 ACP	植物，一些细菌和真菌

（a）模块 I 型 PKS

聚酮链延伸方向 ⟶

（b）迭代 I 型 PKS

（c）II 型 PKS

（d）III 型 PKS

图 2-3　不同类型的 PKS

注：实线框代表必需结构域（I 型 PKS）或功能蛋白（II、III 型 PKS），虚线框代表非必需结构域（I 型 PKS）或功能蛋白（II、III 型 PKS）。AT 为酰基转移酶，KS 为酮基合成酶，ACP 为酰基载体蛋白，KR 为酮基还原酶，SAT 为起始单元酰基转移酶，DH 为脱水酶，ER 为烯酰基还原酶，TE 为硫酯酶，MT 为甲基转移酶，PT 为产物模板，ARO 为芳香化酶，CYC 为环化酶。n 代表多次重复的催化反应。

（一）I 型 PKS

I 型 PKS（type I PKS）是目前报道最多且研究比较透彻的一种 PKS。其进一步可分为多模块非重复利用的 I 型 PKS——模块 I 型 PKS（modular type I PKS/modular PKS, mPKS）[图 2-3（a）]和单模块重复利用的 I 型 PKS——迭代 I 型 PKS（iterative type I PKS, iPKS）[图 2-3（b）]。目前所发现的海洋天然产物 I 型 PKS 多为 mPKS（表 2-1），由呈线性排列、高度有序、相互配合的多个结构域（domain）组成，每个结构域在聚酮链的延伸过程中只参与一次反应，一轮反应中所有结构域组成的一个单元称为模块（module）。这些结构域、模块的线性顺序与其催化的延伸单位在聚酮化合物中的顺序相对应。

I 型 PKS 的每个模块由不同功能的结构域组成[图 2-3（a）和（b）]，每个模块通常包含三个基本的催化结构域：酰基转移酶（acyltransferase，AT）结构域负责识别起始或延伸单元，可以结合酰基辅酶 A 的酰基部分并将其传递给 ACP；酰基载体蛋白（acyl carrier protein，ACP）结构域为催化过程中的中间体提供一个带有巯基的传输臂，接受从 AT 传递的延伸单元，经 KS 结构域催化后将产物传递到下一个模块的 ACP 结构域；酮基合成酶（ketosynthase，KS）结构域催化缩合反应形成 C—C 键，使聚酮链延伸一个羧酸单元。AT、ACP 和 KS 是聚酮链延伸反应的"最小 PKS"（minimal PKS）。除这三个基本的酶催化结构域外，可能会有一些其他功能的催化结构域进行聚酮链酮基的修饰，如酮基还原酶（ketoreductase，KR）结构域催化将 β-酮基还原形成羟基，脱水酶（dehydratase，DH）催化 β-羟基脱水产生 β-烯脂酰载体蛋白，烯酰基还原酶（enoylreductase，ER）还原上一步得到的 β-烯脂酰载体蛋白等，这些结构域的不同组合形成了聚酮类化合物的结构多样性（图 2-4）。I 型 PKS 催化聚酮前体延伸完成后，经硫酯酶（thioesterase，TE）结构域的水解（hydrolysis）或环化（cyclization）作用，从 ACP 结构域上释放下来。

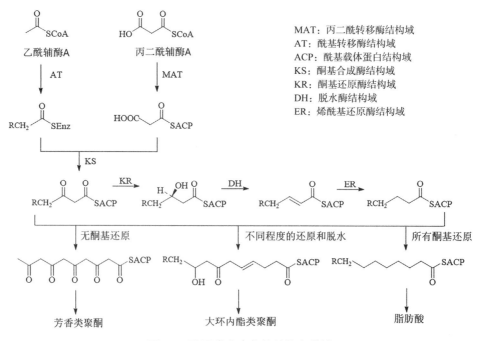

图 2-4　聚酮类化合物的结构多样性

mPKS 主要催化合成还原型的 PK 化合物，包括大环内酯（macrolides）、聚醚（polyether）和聚烯（polyene）等。目前已报道的 PK 类海洋天然产物主要是通过 mPKS 途径合成的（表 2-1），另有 PKS-NRPS、PKS-萜类杂合型天然产物中的 PKS 也是以 mPKS 为主。研究发现还有一些特殊的 I 型 PKS，其模块中缺少 AT 结构域，其 AT 结构域是独立存在于生物合成基因簇外的，称为 *trans*-AT PKS，也称为 AT-less PKS（表 2-2），表明整个 PKS 上 AT 结构域的缺失；*cis*-AT PKS 是指 PKS 模块中含 AT 结构域，符合典型的大多数 I 型 PKS 结构特征[83]。本书中如无特殊说明，I 型 PKS 均为 *cis*-AT PKS。目前仅发现少量 *trans*-AT PKS 的海洋天然产物，如苔藓虫素（bryostatin）、杂合型 PKS-NRPS 化合物 onnamide/theopedrin、psymberin、didemnin、thalassospiramide（表 2-1）。

iPKS 主要发现于真菌聚酮类化合物的生物合成中，如洛伐他汀（lovastatin）。iPKS 也具有 AT、KS 和 ACP 三个基本结构域和其他一些修饰的功能结构域，如 KR、DH、ER 和甲基转移酶（methyltransferase，MT）。iPKS 只有一个模块，该模块内的 AT、KS 和 ACP 结构域会被重复使用形成聚酮链，修饰功能结构域在每次延伸中有选择地进行催化，其调控机制未知[83]。研究发现真菌的芳香聚酮化合物主要是由 iPKS 催化生成的；细菌的芳香聚酮化合物主要是通过 II 型 PKS 产生的，但也有研究发现细菌通过 iPKS 催化生成的芳香型聚酮，如 *Streptomyces viridochromogens* 产生的 avilamycin、*Micromonospora echinosporas* 产生的 calicheamicin、海洋天然产物中的 galbonolide（表 2-1），以及一些杂合型海洋天然产物的 PKS 也属于此类型。芳香聚酮化合物最典型的特点是有一个或多个芳香环结构，芳香环是酮链中间体通过折叠、环化形成的。

真菌的 iPKS 根据酮链中间体还原程度又可分为非还原 PKS（nonreducing polyketide synthase，nrPKS）、部分还原 PKS（partially reducing polyketide synthase，prPKS）和高度还原聚酮合酶（highly reducing polyketide synthase，hrPKS）[83]。nrPKS 缺少与 β-酮基还原相关的 KR、DH 和 ER 结构域，但具有其独特的结构域，包括起始单元酰基转移酶（starter unit: ACP transacylase，SAT）结构域、产物模板（product template，PT）结构域。SAT 是真菌 nrPKS 控制起始单元上载的关键结构域；PT 催化线性酮链中间体，实现区域选择性的芳环化。

（二）II 型 PKS

II 型 PKS 广泛存在于细菌中，是一类多功能的酶复合体。和 I 型 PKS 相比较，II 型聚酮化合物的生物合成基因簇相对较小［图 2-3（c）］。II 型 PKS 的基本结构，即最小 PKS 是由两个酮基合成酶 KS 亚基（subunit）组成的异源二聚体（KS_α 和 KS_β）和一个酰基载体蛋白（ACP）构成。KS_α 和 KS_β 两个亚基序列相似性极高，由于 KS_β 结构中缺少一个半胱氨酸活性位点，而该位点在催化缩合反应中起关键作用，因此 KS_β 不具有催化缩合反应的活性；但 KS_β 在碳链长度方面起关键作用，因此也被称为链长因子（chain length factor, CLF）[84]。另外，II 型 PKS 中还包括 KR、芳香化酶（aromatase，ARO）、环化酶（cyclase，CYC），这些酶决定了初始聚酮化合物的折叠方式。ARO、CYC 负责细菌中聚酮链的环化或芳香化。

与 I 型 PKS 相比，II 型 PKS 在起始和延伸单元上的选择变化不大，通常为乙酰辅酶 A 和丙二酰辅酶 A，因此 II 型聚酮类化合物的多样性主要来源于链的长度、酮还原位置和环化等修饰步骤。II 型 PKS 通常催化细菌芳香聚酮的合成，如四环素类抗生物的生物合成。II 型聚酮类海洋天然产物相对较少，目前仅鉴定了 6 种海洋微生物 II 型聚酮类化合物（表 2-1）。

（三）III 型 PKS

III 型 PKS 以植物中的查尔酮合酶（chalcone synthase）为代表，在微生物中相对较少。III 型 PKS 由可重复使用的同源双亚基蛋白组成，不依赖于酰基载体蛋白（ACP），直接作用于酰基辅酶 A 活化的羧酸，生成单环或双环芳香型聚酮化合物，而 I 型和 II 型 PKS 是通过 ACP 活化酰基辅酶 A 的底物。与 I 型和 II 型 PKS 相比，III 型 PKS 分子小 [图 2-3（d）]，结构简单，同时仍具有聚酮链的延伸和环化功能。在基因进化关系上，III 型 PKS 与其他 PKS 距离较远。目前还未见到海洋天然产物中有关于 III 型聚酮类化合物生物合成方面的报道。

三、聚酮类海洋天然产物的生物合成研究示例

bryostatins 是一类分离自苔藓虫（*Bugula neritina*）共生菌 *Endobugula setula* 的大环内酯类海洋天然产物，家族成员迄今共有 21 个。该家族化合物结构复杂，具有显著的抗癌、抗 HIV 及治疗阿尔茨海默病等多种生物活性，已被用于 40 多项临床试验，是极有开发潜力的药物。

2007 年，Sudek 等研究者构建了深海和浅海两个不同来源且富含 "*Endobugula setula*" 细菌基因组的苔藓虫总 DNA 文库，以 PKS 的 KS 结构域保守区设计 DNA 探针，进行文库筛选，最终从两个来源的苔藓虫文库中均获得全长为 80 kb 的 bryostatins 生物合成基因簇 [12]。Bryostatins（*bry*）生物合成基因簇包括两个部分：71 kb 含 5 个 I 型 PKS 酶基因（*bryA~bryD* 和 *bryX*），6 kb 含 4 个修饰作用的酶基因（*bryP~bryS*）（图 2-5）。*bry* 生物合成基因簇中的 PKS 均不含 AT 结构域，AT 结构域酶由游离于 PKS 模块外的 *bryP* 基因编码，因此 bryostatins 为 I 型 PKS 的 *trans*-AT PKS。深海区和浅海区来源苔藓虫的 *bry* 生物合成基因簇基本一致，仅在 4 个修饰酶基因和 5 个 PKS 基因排列上有差别。深海区苔藓虫 *bry* 生物合成基因簇的 PKS 上游和修饰酶基因下游都发现有转座子基因，而浅海区苔藓虫修饰酶基因和 PKS 基因是排列在一起的（图 2-5）。Sudek 等 [12] 推测浅海区苔藓虫的 *bry* 生物合成基因簇是基因进化过程中的原始状态，而深海环境中共附生的生活方式可能导致了 *bry* 生物合成基因簇的分散。

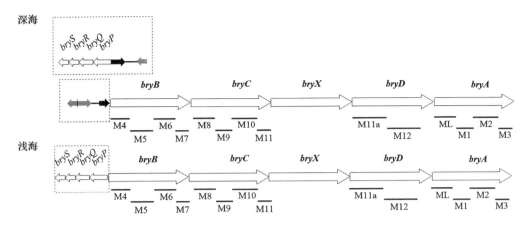

图 2-5 深海和浅海来源苔藓虫素（bryostatin）的生物合成基因簇排序

注：*bryA~bryD* 和 *bryX* 为 5 个模块 I 型 PKS 酶基因，*bryP~bryS* 为修饰作用的酶基因，灰色箭头为初级代谢相关酶基因，黑色箭头为转座子基因。ML、M1~M12 为 I 型 PKS 模块。虚线框标记区域是深海和浅海来源基因簇排序差异区域。

　　根据序列推测，*bryA* 基因编码的酶 BryA 负责 bryostatin 生物合成的起始工作，BryB 和 BryC 分别含 4 个 PKS 模块延伸酮链，BryD 含 2 个 PKS 模块继续延伸酮链，BryX 具有硫酯酶（TE）活性，负责完成酮链延伸和最后的环化释放过程，获得产物 bryostatin 0。另外，bryostatin 0 经一系列后修饰过程，可形成 bryostatin 1 等 20 多种 brostatins 衍生物（图 2-6）[85]。

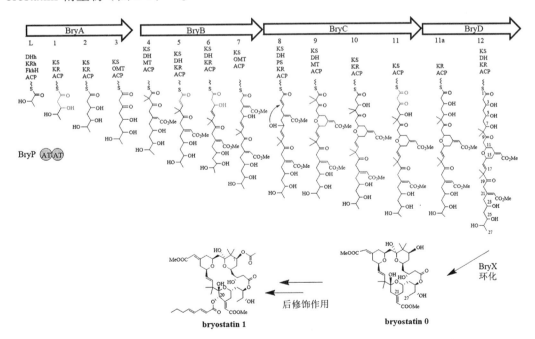

图 2-6 推测的苔藓虫素（bryostatin）生物合成途径主要步骤

注：模块标记为 L（起始）和 1~12；结构域标记为 AT、KS、ACP、KR、MT、PS、DH、ER、TE，DHh 和 KRh 分别为 DH 和 KR 类似序列；FkbH 为催化以 D- 乳酸为起始单元的结构域。

第三节　肽类和酮肽杂合类海洋天然产物的生物合成

一、肽类化合物

肽类化合物是生物体以氨基酸或氨基酸类似物为前体合成的一类化合物，是自然界中一大类天然产物。肽类化合物作为先导药物的开发研究日益受到重视，在临床上的应用越来越广泛。肽类药物主要包括多肽疫苗、抗肿瘤多肽、抗病毒多肽、多肽导向药物、细胞因子模拟肽、抗菌性活性肽、诊断用多肽以及其他药用小肽等。肽类药物与一般的有机小分子药物相比，具有生物活性强、用药剂量小、毒副作用低和疗效显著等突出特点。

肽类化合物从结构上可大致分为链状和环肽两大类。链状肽类化合物结构变化灵活，可随意扭曲和翻转，同时在体内易被蛋白酶识别而快速降解，这些特性使链状肽类化合物稳定性差，难以成药。多肽成环或含非蛋白源氨基酸的结构可避免被蛋白酶识别与降解，结构稳定性高，独特的靶向性和作用机制使它们成为潜在的药物先导化合物。肽类化合物如从不同的生物合成途径区分，可分为核糖体合成和翻译后修饰肽类（ribosomally synthesized and posttranslationally modified peptide，RiPP）和非核糖体肽类（nonribosomal peptide，NRP）化合物。

通过核糖体肽类合成（post-ribosomal peptide synthesis，PRPS）途径生成的肽类称为核糖体合成和翻译后修饰肽类 RiPP。研究最多的 RiPP 化合物是羊毛硫肽类化合物，这类化合物具有独特的生物活性，例如，从乳酸菌 Lactococcus lactis 中分离的"明星"化合物乳链菌肽（又称乳酸链球菌素，nisin）对革兰氏阳性菌具有很强的抗菌活性，已作为食品添加剂在 80 多个国家得到广泛应用，且至今都未出现 Nisin 抗性菌。除羊毛硫肽类化合物，RiPP 还包括蓝细菌合成的 cyanobactins 类化合物 patellamide 和海洋放线菌 Nocardiopsis 产生的硫肽 TP-1161。

非核糖体多肽合成酶（nonribosomal peptide synthetase，NRPS）途径普遍存在于放线菌、蓝细菌等原核微生物和真菌等真核生物中，通过该途径组装的多肽，即非核糖体肽（NRP），通常为环状或杂合环化的小分子量肽类，含蛋白源氨基酸和氨基酸类似物，有些还被糖基化、酰基化和脂质化等修饰。蛋白源氨基酸是常提到的丙氨酸、色氨酸等 20 种必需氨基酸，氨基酸类似物包括 α-羟酸、犬尿氨酸（kynurenine）、D-氨基酸、N-/O-甲基氨基酸等。这些结构多样性使 NRP 具有独特且多样化的生理功能和生物活性。目前已鉴定和广泛应用了许多种 NRP，如杆菌肽、万古霉素、短杆菌肽 S、达托霉素等抗生素。

二、肽类催化酶类型及其催化机制

（一）RiPP 及其生物合成机制

核糖体在细胞中负责完成"中心法则"里 RNA 到蛋白质，即"翻译"过程的场所，是胞内蛋白质合成的分子机器。RiPP 合成的 PRPS 途径如图 2-7 所示：在核糖体中，mRNA 作为模板，对应的氨基酸分子在氨酰基-tRNA 合成酶催化作用下与特定的 tRNA

结合并运送至核糖体中延长肽链形成前体肽，前体肽经末端羧基水解释放后，经过一系列翻译后修饰、蛋白水解移除前导肽和转运，形成成熟的 RiPP。RiPP 的氨基酸底物一般为 20 种典型的蛋白源氨基酸，少数会利用硒氨酸和吡咯赖氨酸作为 RiPP 第 21、22 种底物类型。

与 PK 和 NRP 等天然产物相比，目前研究发现的 RiPP 生物合成基因簇通常较小（＜30 kb），易于开展异源表达研究。另外，RiPP 结构组成直接源于基因序列相对应的氨基酸类型，可通过改变基因直接改变 RiPP 结构。过去几十年，RiPP 生物合成研究取得重大进展，但基因组学研究表明目前已知的 RiPP 仅占自然界的很小一部分，特别是海洋微生物来源的 RiPP 生物合成研究数量不多（表 2-1），有大量未知的 RiPP 及其生物合成途径有待发现和阐明。

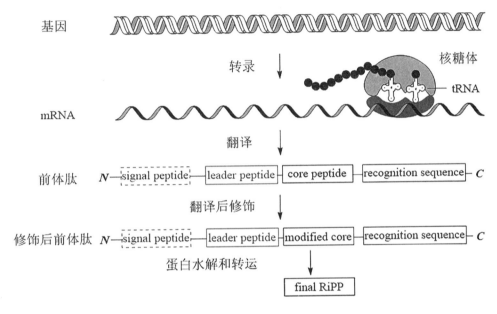

图 2-7　RiPP 生物合成过程

注：前体肽所含的核心肽（core peptide）最终会转化为成熟的 RiPP。翻译后修饰是由前导肽（leader peptide）和 C- 端识别序列（recognition sequence）介导，C- 端识别序列有时还可介导肽链的环化。一些真核细胞中前体肽通常含有 N- 端信号肽（signal peptide），介导前体肽到特异细胞器进行修饰或转运。

（二）NRP 及其生物合成机制

常规蛋白质和 RiPP 的生物合成是在核糖体中进行的，而 NRP 的生物合成过程不在核糖体中进行，因此被称为非核糖体多肽（NRP）。如图 2-8 所示，NRP 和 RiPP 的生物合成过程有许多不同点，特别是 NRP 的多种底物选择使其具有非常多样化的结构与生物活性。NRP 的生物合成机制类似于聚酮类化合物，由多模块酶——非核糖体肽合成酶（nonribosomal peptide synthetase, NRPS）催化合成（图 2-9）。另外，不少海洋微生物天然产物是通过聚酮-非核糖体肽类杂合途径合成，即催化合成产物的多模块酶中含 PKS 和 NRPS 两种类型模块，与 PK 或 NRP 天然产物相比，聚酮-多核糖体肽杂合化合物（PK-NRP）结构更为多样化。

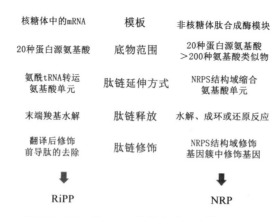

图 2-8　RiPP 和 NRP 生物合成途径特征对比

　　典型的 NRPS 是以模块形式存在的多功能酶，每一模块含有一套独特的、非重复使用的催化功能结构域，每个模块与多肽骨架的结构单元相对应（图 2-9）。一个典型的 NRPS 模块至少包括 3 个核心催化结构域：缩合（condensation，C）、腺苷化（adenylation，A）和肽酰基载体蛋白（peptidyl carrier protein，PCP）结构域。其中 A 结构域负责底物氨基酸的识别与活化，并将活化后的氨基酸转移至 PCP 结构域上形成氨酰化硫酯，C 结构域催化 PCP 上氨酰化硫酯的氨基与上游模板中 PCP 上氨酰化硫酯的羧基缩合形成肽键。C 结构域还有一个亚类 Cy，不仅具有缩合功能，还具有氧化功能，在缩合后进一步将多肽进行氧化。此外，一些模块还包含其他结构域，如异构酶（epimerase，E）结构域负责将 L-氨基酸转化为 D-氨基酸，甲基转移酶（methyltranferase，MT）结构域，最后由硫酯酶（thioesterase，TE）结构域将多肽从 NRPS 上解离并环化。

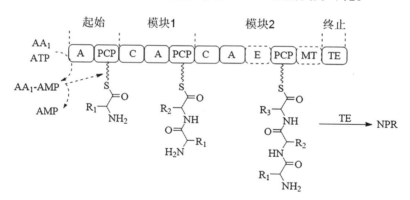

图 2-9　NRPS 结构域

注：实线框为必需结构域，虚线框为非必需结构域。AA 为氨基酸（amino acid）缩写，ATP 为腺苷三磷酸。A 为腺苷化结构域，PCP 为肽酰基载体蛋白结构域，C 为缩合结构域，E 为异构酶结构域，MT 为甲基转移酶结构域，TE 为硫酯酶结构域。

三、肽类海洋天然产物的生物合成研究示例

（一）RiPP 类海洋天然产物的生物合成示例

Mathermycin 属于 RiPP 羊毛硫肽类化合物，该类化合物的结构特点是苏 / 丝氨酸与半胱氨酸间的硫醚键。羊毛硫肽类化合物的硫醚键是前体肽翻译后，经修饰酶两步催化而成（图 2-10），这两步反应为：①丝氨酸（Ser）或苏氨酸（Thr）脱水形成脱氢丙氨酸 / 脱氢丁氨酸（Dha/Dhb）；②脱氢的氨基酸和半胱氨酸的硫醇基发生迈克尔加成（Michael addition）反应成环。来源于丝氨酸的硫醚化合物为羊毛硫氨酸，来源于苏氨酸的为甲基羊毛硫氨酸。

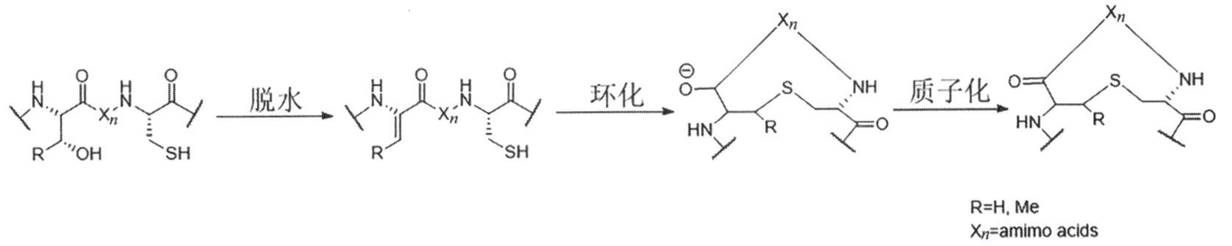

图 2-10 羊毛硫肽类化合物的硫醚键的生物合成过程

王欢研究团队通过基因组挖掘技术从南海来源的深海放线菌海洋产孢放线菌属菌株 *Marinactinospora thermotolerans* SCSIO 00652 中获得一个与羊毛硫肽类化合物 cinnamycin 和 duramycin 生物合成基因簇相似的基因簇，大小为 8 kb，其中包含一个潜在前体肽 MatA 和一系列修饰酶 MatM、MatX 和 MatN 的编码基因（表 2-3）。许多链霉菌属菌株可合成 cinnamycin 和 duramycin，这两种化合物具有抑制革兰氏阳性细菌的活性，其结构中的三个硫醚键使其具有紧实的球状结构，除此还有 C- 端赖氨酸和脱水丙氨基间形成的赖丙氨酸连接及羟基化天冬氨酸（图 2-11）。研究表明，天冬氨酸羟基化结构对介导 cinnamycin 结合抑菌靶点磷脂酰乙醇胺（phosphatidylethanolamine, PE）极其重要。

表 2-3 Mathermycin 生物合成基因簇相似性比较

酶名称	基因组注释功能	预测功能	cinnamycin 基因簇同源酶	(%) 相似性 (similarity)/ 一致性 (identity)
MatR	链霉菌抗性调控蛋白	调控蛋白	CinR1	69/53
MatN	假定蛋白	赖丙氨酸连接	Cinorf7	82/65
MatA	结构基因	前体肽	CinA 前体肽	73/53
MatM	羊毛硫肽类化合物合成酶	形成硫醚键	CinM	72/59
MatX	羟化酶	天冬氨酸的羟基化	CinX	63/51
MatT	ABC 转运蛋白	抗性及外输泵	CinT	83/75
MatH	ABC-2 型转运蛋白	抗性及外输泵	CinH	73/62

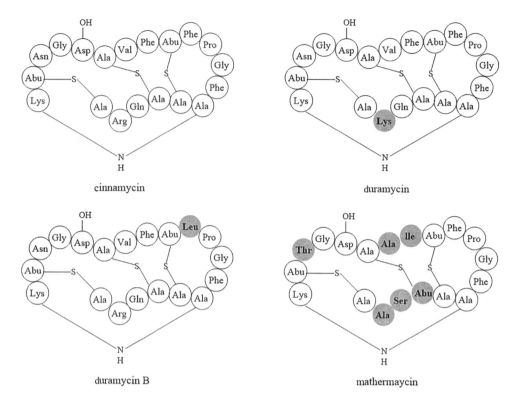

图 2-11　cinnamycin、duramycin 和 mathermycin 化学结构

注：duramycins、mathermycin 与 cinnamycin 不同的氨基酸用灰色标记示意。

研究团队根据基因序列信息推测出菌株 SCSIO 00652 可能会合成 cinnamycin 类似化合物 mathermycin（图 2-11），但在多种条件下培养该菌株均未获得 mathermycin。该基因簇很可能为沉默基因簇。通过在变铅青链霉菌 TK64 异源表达含整个基因簇的片段［图 2-12（a）］，质谱可检测到预期大小的产物，但产量很低，难以纯化化合物进行结构鉴定。分别在大肠杆菌异源表达簇中的 4 个基因 *matA*、*matM*、*matX* 和 *matN*，通过体外生化实验解析 Mathermycin 生物合成途径［图 2-12（b）］：①因 *matM* 异源表达为内涵体，无法纯化进行体外生化实验以鉴定其功能。因此构建前体肽编码基因 *matA* 和 *matM* 异源表达的大肠杆菌，并突变 *matA* 中形成硫醚键的半胱氨酸，异源表达获得多肽产物后，通过蛋白酶水解多肽，进行串联质谱分析，结果表明 MatM 是催化氨基酸脱水和环化形成硫醚键的双功能酶，在前体肽经 MatA 翻译解链后进行肽链的修饰。②生物信息学分析 MatX 为 α- 酮戊二酸 /Fe（Ⅱ）依赖型羟化酶，极可能催化肽链中天冬氨酸（Asp）的羟基化，在大肠杆菌中表达纯化 MatX 进行体外生化实验证实了该功能。③ *matN* 是 cinnamycin 生物合成途径中 *cinorf 7* 同源基因，推测其功能是催化肽链中 C- 端赖氨酸（Lys）和脱水丙氨基（Ala）间形成的赖丙氨酸连接，但体外生化实验无法获得 MatN 酶活。将这 4 个基因在大肠杆菌中表达，结合邻苯二甲醛检测，可证明 MatN 催化赖丙氨酸连接的作用。另外，4 个基因同时在大肠杆菌中表达可分离纯化到 mathermycin，通过抑菌实验表明该化合物对枯草芽孢杆菌具有抑制作用。

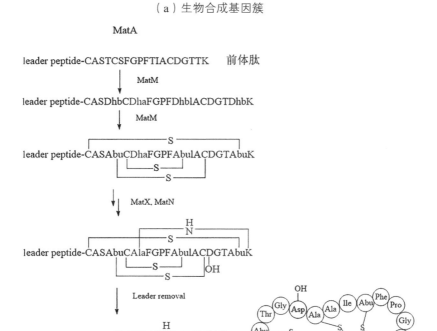

（a）生物合成基因簇

MatA

leader peptide-CASTCSFGPFTIACDGTTK　　前体肽

↓ MatM

leader peptide-CASDhbCDhaFGPFDhbIACDGTDhbK

↓ MatM

leader peptide-CASAbuCDhaFGPFAbuIACDGTAbuK

↓ MatX, MatN

leader peptide-CASAbuCAlaFGPFAbuIACDGTAbuK

↓ Leader removal

CASAbuCAlaFGPFAbuIACDGTAbuK

mathermaycin

（b）生物合成过程

图 2-12　mathermaycin 生物合成基因簇和生物合成过程

（二）NRP 类海洋天然产物的生物合成示例

鞠建华研究团队从深海底泥的链霉菌属菌株 *Streptomyces drozdowiczii* SCSIO 10141 中分离获得一系列 marformycin（MFN）环酯肽化合物[36, 86]。MFN 结构中包含 2 个典型氨基酸（L-Thr 和 L-Leu）和 5 个非典型氨基酸（piperazic acid，*O*-Me-D-Tyr、D-*allo*-Ile/D-Val、L-*allo*-Ile/L-Val 和 *N*-Me-L-Val）。通过基因组挖掘技术从菌株 SCSIO 10141 基因组中鉴定了 MFN 生物合成基因簇，大小为 45 kb，含 20 个基因，经序列比对预测各基因功能，该基因簇中包含［图 2-13（a）］：①构成化合物骨架的五个酶编码基因（*mfnC*、*mfnD*、*mfnE*、*mfnK*、*mfnL*），含 NRPS 及其关键酶；②骨架修饰的一个甲硫氨酰 tRNA 甲酰转移酶编码基因（*mfnA*），一个 SAM- 依赖型甲基转移酶基因（*mfnG*）和一个细胞色素 P450 单加氧酶基因（*mfnN*）；③一个 MbtH-like 蛋白基因（*mfnF*），一个调控蛋白基因（*mfnM*）和一个转运蛋白基因（*mfnR*）；④七个功能未知的蛋白基因（*mfnB*、*mfnH*、*mfnI*、*mfnJ*、*mfnO*、*mfnP*、*mfnQ*）。研究团队通过构建突变株、比较代谢产物和体外生化实验对①、②和④中的基因功能进行了验证，推演 MFN 的生物合成途径［图 2-13（b）］。

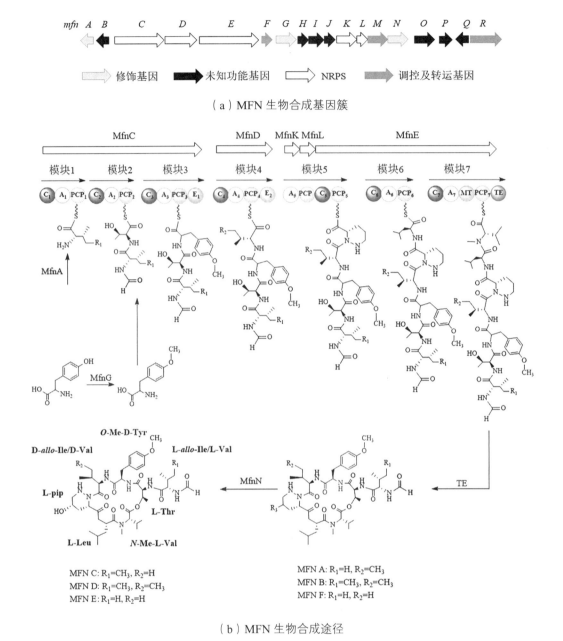

（a）MFN 生物合成基因簇

模块1　模块2　模块3　模块4　模块5　模块6　模块7

MFN C: R₁=CH₃, R₂=H
MFN D: R₁=CH₃, R₂=CH₃
MFN E: R₁=H, R₂=H

MFN A: R₁=H, R₂=CH₃
MFN B: R₁=CH₃, R₂=CH₃
MFN F: R₁=H, R₂=H

（b）MFN 生物合成途径

图 2-13　marformycin（MFN）生物合成基因簇基因和生物合成途径

通过生物信息学技术分析形成 MFN 骨架的基因及其结构域。3 个 NRPS 基因（*mfnC*、*mfnD* 和 *mfnE*）、1 个游离腺苷化酶基因 *mfnK* 和 1 个游离肽酰载体蛋白基因 *mfnL* 形成 7 个模块，识别相应氨基酸或氨基酸类似物形成 MFN 骨架［图 2-13（b）］。通过 PKS/NRPS analysis（http://nrps.igs.umaryland.edu/）预测 7 个模块识别的底物类型，对应 MFN 化合物结构（表 2-4），可以判断 L-Val/L-*allo*-Ile 为 MfnC 模块 1 识别的第一个氨基酸，*N*-Me-L-Val 为 MfnE 模块 7 识别的最后一个底物。7 个模块中除基本结构域 C、A 和 PCP 外，模块 3 和 4 中所预测的差向异构酶结构域 E 与 MFN 结构中 D-Tyr 和 D-Val/

D-*allo*-Ile 相对应，模块 7 中所预测的甲基转移酶结构域 MT 形成 *N*-Me-L-Val。

表 2-4 　 Marformycins 基因簇中 NRPS 的 A 结构域底物保守氨基酸与底物预测

结构域	235	236	239	278	299	301	322	330	331	517	预测底物	对应假定底物
MfnC-A1	D	Lz	W	W	W	G	G	V	F	K	Val	L-Val/L-*allo*-Ile
MfnC-A2	D	F	W	N	I	G	M	V	H	K	Thr	L-Thr
MfnC-A3	D	A	P	I	F	V	A	V	C	K	Tyr	*O*-Me-L-Tyr
MfnD-A4	D	A	Y	F	L	G	V	T	F	K	Val	L-Val/L-*allo*-Ile
MfnK-A5	D	V	Q	F	T	G	H	M	V	K	Pro	L-pip
MfnE-A6	D	A	L	F	V	G	A	V	A	K	Phe	L-Leu
MfnE-A7	D	A	A	W	W	G	G	T	F	K	Val	L-Val

分别敲除修饰作用酶的编码基因 *mfnA*、*mfnG* 和 *mfnN*，研究 MFN 组装过程的修饰反应。Δ*mfnA* 和 Δ*mfnG* 突变株无法合成 MFN 化合物，可基本判断 MfnA 和 MfnG 为 MFN 的合成提供重要前体。根据类似结构化合物[87,88]的生物合成途径推测 MfnA 将甲酰基转移到模块 1 中 PCP 结构域装载的起始氨基酸单元 L-*allo*-Ile/L-Val，而后进行后续 MFN 的组装。MfnG 催化产生游离的 *O*-Me-Tyr，而后由模块 3 的结构域 A3 选择进行 MFN 的合成，添加 *O*-Me-D-Tyr 或 *O*-Me-L-Tyr 均可恢复 Δ*mfnG* 突变株 MFN 的合成。在大肠杆菌表达 MfnG 酶进行体外生化实验，确定 MfnG 可分别以 D-Tyr 和 L-Tyr 为底物合成 *O*-Me-D-Tyr 和 *O*-Me-L-Tyr，因 MFN 结构中只含 *O*-Me-D-Tyr，推测合成过程中必然有 *O*-Me-L-Tyr 的异构反应，有待进一步研究。Δ*mfnN* 突变株则只产生 R_3 为—CH$_3$ 或—H 的 MFN，不产生 R_3 为—OH 的 MFN，确定 MfnN 催化 piperazic acid 部分羟基化的功能。另外，分别敲除基因簇边界的基因和簇中功能未知的基因 *mfnB*、*mfnP*、*mfnQ*，均不影响 MFN 的生成。该研究根据以上结果，推演出 MFN 生物合成过程［图 2-13（b）］。

（三）PK-NRP 类海洋天然产物的生物合成示例

PKS 和 NRPS 分别是以小分子羧酸和氨基酸为底物通过不断缩合生成的聚酮和聚肽，该两者反应机理均是以硫酯为模板，模块功能域催化下游的活化底物对上游中间体的亲核攻击实现链骨架的延伸。当同时以小分子羧酸和氨基酸为前体时，经 PKS-NRPS 杂合途径，则生成的是聚酮-非核糖体肽杂合化合物（PK-NRP）。与聚酮或聚肽化合物相比较，杂合化合物具有更丰富化的结构多样性。

Ikarugamycin（斑鸠霉素）属于 PTM（polycyclic tetramate macrolactam）家族化合物，该家族化合物是一类广泛存在且活性多样的天然产物，其结构独特，具有多环稠合的大环内酰胺结构，为 PK-NRP 类化合物。斑鸠霉素除具有抗原虫、抗溃疡、抗病毒、细胞毒和凋亡诱导活性外，还可抑制氧化低密度脂蛋白吸收和网格蛋白依赖的内吞，是非常具有潜力的药物先导化合物，吸引了科学家们的广泛关注。尽管已经有了一些 PTM 天然产物的生物合成研究报道，但其多环形成机制仍是未解之谜。直到 2014 年，中科院南海海洋研究所张长生研究团队揭示了斑鸠霉素还原成环的多环生物合成机制。

研究人员从珠江口沉积物来源的海洋链霉菌 *Streptomyces* sp. ZJ306 中发现了斑鸠霉素化合物，通过 ^{13}C 标记的乙酸钠喂饲实验证明斑鸠霉素正是来源于 PKS-NRPS 杂合途径。根据已报道 PTM 生物合成途径中基因的保守序列设计简并引物，经 PCR 筛选和测序获得斑鸠霉素生物合成基因簇片段，大小为 37 kb，含 25 个基因。经生物信息学分析，发现 25 个基因中的 3 个基因（*ikaA*、*ikaB*、*ikaC*）编码的酶与已报道 PTM 类型化合物 HSAF 生物合成酶具有高度相似性[表 2-5，图 2-14（a）]，其中 *ikaA* PKS-NRPS 骨架基因与其他 PTM 的骨架基因具有相似的结构域顺序。之后通过基因敲除和异源表达技术，鉴定基因簇边界，揭示斑鸠霉素的生物合成途径[图 2-14（b）]，确定 *ikaA*、*ikaB*、*ikaC* 这三个基因即可完成斑鸠霉素在变铅青链霉菌 TK64 中的异源合成，进一步结合 *ikaC* 基因的体外生化实验阐明了多环形成机制：① Δ*ikaA* 突变株不会产生斑鸠霉素相关化合物，而 Δ*ikaB* 突变株、仅含 *ikaA* 基因的 TK64 表达株都会积累化合物 2，以此推断 PKS-NRPS 杂合酶 IkaA 负责化合物 2 的合成，其 PKS 模块可重复利用两次；② Δ*ikaC* 突变株和含 *ikaAB* 基因的 TK64 表达株都会积累化合物 3，推断 FAD 依赖的氧化还原酶 IkaB 催化 C-10 与 C-11 之间的碳碳连接，产物经自发或 IkaB 催化的狄尔斯 - 阿尔德反应形成产物 3；③通过在大肠杆菌中表达 *ikaC* 基因，巧妙应用氘原子标记实验揭示了 NADPH 依赖的脱氢酶 IkaC 催化独特的还原环化反应机制，形成了斑鸠霉素的内部五元环。

表 2-5　斑鸠霉素生物合成基因簇相似性比较

酶名称	推测功能	最相似蛋白（来源）	一致性（identity）/%
Orf (−2)	假定蛋白	SSFG_00280 (*Streptomyces ghanaensis*)	41
Orf (−1)	假定蛋白	DUF305 (*Streptomyces pristinaespiralis*)	54
IkaA	PKS/NRPS [KS−AT−DH−KR−ACP−C−A−PCP−TE]	HSAF PKS−NRPS (*Lysobacter enzymogenes*)	66
IkaB	FAD 依赖型氧化还原酶	Ox3 (*Lysobacter enzymogenes*)	68
IkaC	脱氢酶	Ox4 (*Lysobacter enzymogenes*)	63
Orf1	乙酰基转移酶	SPW_6416 (*Streptomyces* sp. W007)	71
Orf2	未知功能	SSMG_08119 (*Streptomyces* sp. AA4)	46

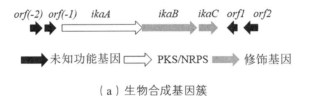

（a）生物合成基因簇

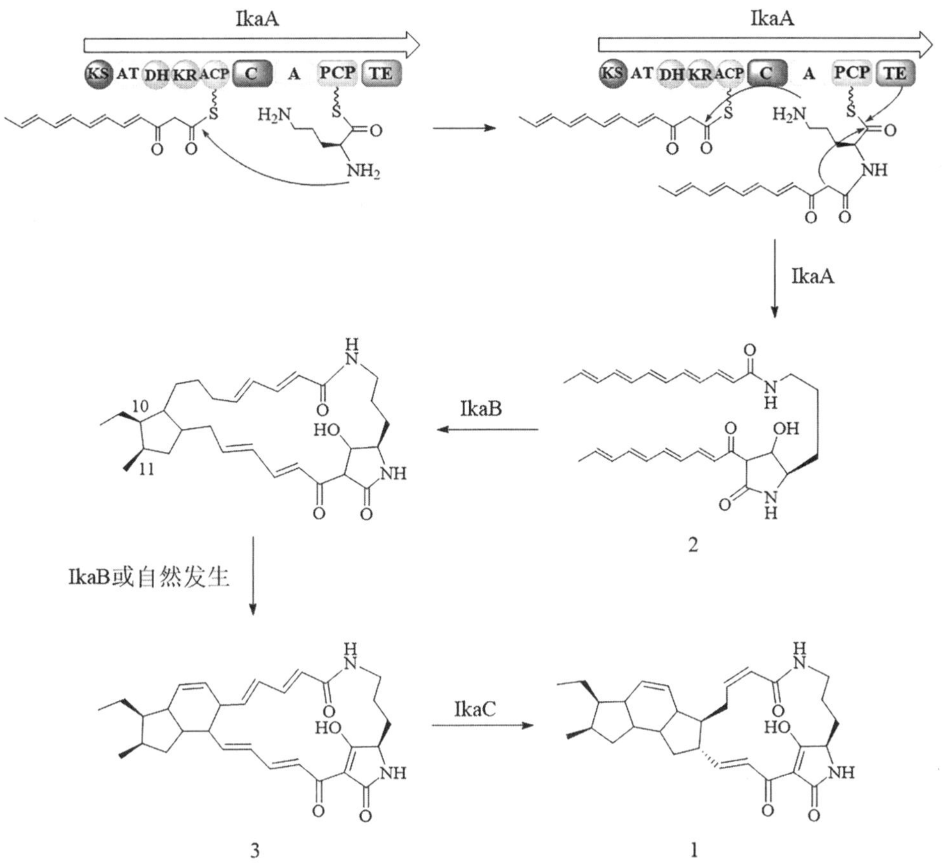

（b）生物合成途径

图 2-14　斑鸠霉素生物合成基因簇基因和生物合成途径

第四节　其他类型海洋天然产物的生物合成

海洋环境中生物碱类和萜类天然产物的生物合成途径多样，国内外研究团队对这两类天然产物的生物合成进行了深入研究，阐明了一系列活性化合物的生物合成机制。本节仅对这两类天然产物的生物合成机制进行简单的介绍，有需要可结合表 2-1 进行深入学习。

一、生物碱类天然产物的生物合成

自然界天然产物中整合氨基酸骨架有两种主要方式：非核糖体肽类（NRPS）和生物碱生物合成途径。NRPS 以蛋白源氨基酸和多种氨基酸类似物为组装模块，产物多为大环肽类化合物，合成途径中会有多个修饰酶进行肽链的修饰。第二种方式生物碱生物合成途径中涉及的蛋白源氨基酸前体较少，仅有赖氨酸、组氨酸和三种芳香型氨基酸，氨基酸类似物为鸟氨酸和氨基苯甲酸。生物碱来源前体及其所产生的多样性杂环骨架请见图 2-15。另外，生物体内可通过氨基转移反应获得含氮原子的化合物，这类化合物其余结构部分多来源于乙酸或莽草酸途径，最终可形成萜类或甾类。

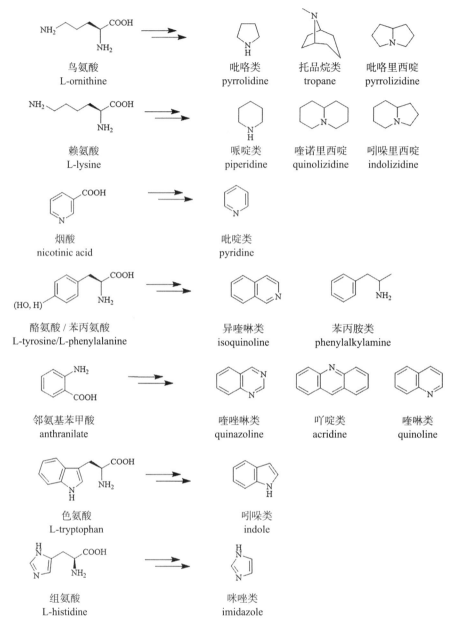

图 2-15　生物碱来源前体及其多样性的杂环骨架

二、萜类天然产物的生物合成

萜类化合物（terpenoid）又称类异戊二烯类化合物（isoprenoid），是由 C_5 异戊二烯单元（C_5 isoprene unit）相接构成的烃类及其含氧衍生物，其骨架一般以五个碳为基本单元，可表示为 $(C_5)_n$。根据 C_5 单元的数量，萜类化合物可分为单萜（monoterpene，C_{10}）、倍半萜（sesquiterpene，C_{15}）、二萜（diterpene，C_{20}）、二倍半萜（sesterterpene，C_{25}）、三萜（triterpene，C_{30}）和四萜（tetraterpene，C_{40}）等。同时，根据各萜类分子结构中碳

环的有无和数目，进一步可分为链萜、单环萜、二环萜、三环萜、四环萜、五环萜等。许多其他类型天然产物（聚酮、肽类、生物碱等）的结构中也可能包含有萜类结构片段，这类天然产物也可被称为杂萜类（meroterpenoid）化合物，其中的萜类片段常常是一个单一的 C_5 单元，为二甲基烯丙基取代基。

萜类化合物一般是从高等植物中分离获得，近几年也从海洋来源的微生物中分离得到一些结构新颖的萜类化合物，如 napyradiomycin、merochlorin、sioxanthin 和 xiamycin。萜类化合物在生物的生命活动中发挥重要的生理功能与活性，如类胡萝卜素和叶绿素是重要的光合色素，赤霉素和脱落酸是重要的激素，质体醌和泛醌为光合链和呼吸链中重要的电子传递载体，甾醇是生物膜的组成成分。作为天然化合物，萜类化合物在工业、农业及医药等领域具有广泛的作用，如着色剂番茄红素、抗疟原虫的青蒿素、抗乳腺癌的紫杉醇、天然檀香油的主成分 α-檀香醇等，不少萜类化合物及其衍生物作为工业前体原料，具有很高的经济应用价值。

萜类天然产物的生物合成过程可分为三个阶段，包括前体生成、萜类合成和萜类修饰。参与萜类生物合成的酶种类多样，根据其生物合成的三个阶段，可大致分为以下三类：①催化生成前体焦磷酸异戊二烯酯（isopentenyl diphosphate，IPP）和焦磷酸 -γ, γ- 二甲丙烯酯（dimethylallyl diphosphate，DMAPP）的酶；②催化前体 IPP 和 DMAPP 形成各种萜类中间体或终产物的酶，如异戊烯基转移酶和萜类合成酶；③对萜类中间体进行修饰的结构修饰酶，如羟基化、甲基化、异构化、糖基化等。

虽然异戊二烯是形成萜类化合物的基本单元，自然界中也存在游离的异戊二烯，但它并不直接参与萜类化合物的合成。萜类化合物的真正前体是具有生化活性的异戊二烯单元，即 IPP 和 DMAPP。IPP 和 DMAPP 有两条生物来源途径，即甲羟戊酸途径（mevalonic acid pathway, MVA pathway）和甲基赤藓糖醇磷酸途径（methylerythritol phosphate pathway, MEP pathway），后者也称为 1- 脱氧 -D- 木酮糖 -5- 磷酸途径（1-deoxy-D-xylulose 5-phosphate, DOXP pathway）或非甲羟戊酸途径（mevalonate-independent pathway）。除高等植物和一些藻（如红藻 *Cyanidium caldarium* 和金藻 *Ocbromonas danica*）可同时利用 MVA 和 MEP 途径生成萜类前体外，大部分生物只利用其中一条途径生成萜类前体。MVA 途径主要存在于真核生物中，MEP 途径主要存在于细菌中。

萜类生物合成过程中的第二阶段——前体 IPP 与其异构体 DMAPP 通过缩合形成 GPP（geranyl pyrophosphate），并在此基础上陆续加入 IPP 单位而得到其他异戊烯类化合物。这类链延伸是由异戊烯基二磷酸合酶（isoprenyl diphosphate synthase, IPPS）催化的，这类酶也统称为异戊烯基转移酶（prenyltransferase）。具体地讲，催化生成 GPP 的异戊烯基转移酶称为 GPP 合成酶，催化生成 FPP（farnesyl diphosphate）的异戊烯基转移酶称为 FPP 合成酶，催化生成 GGPP（geranylgeranyl diphosphate）的异戊烯基转移酶称为 GGPP 合成酶。萜类合成酶是合成萜类化合物的关键酶，包括单萜合成酶（monoterpene synthase）、倍半萜合成酶（sesquiterpene synthase）和二萜合成酶（diterpene synthase）等，大部分萜类化合物具有环状结构，这些酶又称为萜类环化酶（terpene cyclase）。

第五节　生物合成的研究方法

通过天然产物的生物合成研究，我们能够了解这些多样的小分子在生物体内是如何形成的，以便通过这些合成机制更好地开发利用这些天然产物。天然产物生物合成研究历程大致经历了三个阶段：第一阶段是 20 世纪初至 50 年代，科学家根据天然产物的结构特点，并结合其化学性质提出了生源假说，如异戊二烯规则、聚酮理论等；第二阶段是 20 世纪 50 年代至 80 年代，通过同位素标记前体喂饲实验鉴定生物合成途径，这一阶段的研究使生物合成研究成为从假说到可通过实验验证的学科，进而推动采用环境因子刺激实验法、遗传诱变等方法鉴定生物合成途径；第三阶段是 20 世纪 80 年代后，随着分子生物学的快速发展，天然产物生物合成研究结合分子遗传学和生物化学方法，其标志研究是放线菌紫红素生物合成基因簇的克隆，该研究确立了天然产物与其对应生物合成基因的联系。随后以聚酮类和非核糖体肽类化合物的生物合成机制研究最为突出，其间还发展出组合生物学等新的研究方向。

一、生物合成的生源假说

1872 年，德国化学家瓦拉赫（Otta Wallach，1847—1931）在波恩大学凯库乐实验室进行挥发油的研究，在从天然植物中提取挥发油的过程中，他发现其中挥发油大部分为低分子量、不饱和的有机小分子，这些小分子基本都是由 2 个及以上异戊二烯单位（isoprene unit，C_5H_8）组成的含氧聚合物，瓦拉赫将这些化合物命名为萜烯（terpenes）。之后，瓦拉赫通过 HCl、HBr 等简单的化学试剂解析了许多天然精油中的 C_5H_8 结构，于 1887 年首次提出"异戊二烯规则"（isoprene rule），即天然萜类化合物都是由异戊二烯头尾相连聚合生成的聚合体。1909 年，瓦拉赫发表学术著作《萜类与樟脑》（*Terpene and Campher*）。人类利用挥发油的历史悠久，在有机化学发展初期便已开展挥发油的研究，但直至 19 世纪末才因瓦拉赫的研究发现挥发油是汇总萜烯类化合物的结构单元，为天然产物的生物合成等研究发展奠定了基础，瓦拉赫也因此获得 1910 年诺贝尔化学奖。

瑞士苏黎世联邦理工学院化学家 Leopold Ružička 在瓦拉赫的研究基础上，发现异戊二烯本身不直接参与萜类化合物的形成，而是异戊二烯的活化形式，即在"萜类天然产物生物合成的主要途径"介绍的焦磷酸异戊酯（IPP）和焦磷酸二甲烯丙酯（DMAPP）直接参与萜类化合物的生物合成。因此，1953 年他提出了"生源异戊二烯规则"（biogenetic isoprene rule），即所有萜类化合物都含一个活性异戊二烯前体化合物，都是甲羟戊酸（mevalonic acid，MVA）途径生成的化合物[89]。之后，Leopold Ružička 所在实验室因在萜类化合物、甾体激素、植物杀虫剂等方面的巨大成就，成为世界著名的有机化学研究中心，他本人也获得 1939 年诺贝尔化学奖。

除了萜烯类异戊二烯规则，聚酮理论（polyketide theory）也是天然产物研究领域提出的重要假说。1893—1907 年，英国化学家 John Norman Collie 从地衣中先后分离得到酚类化合物苔黑素（orcinol）和苔色酸（orsellinic acid），他推测该类化合物可能是由乙酸单元首尾相连或烯酮（ketene，$CH_2 = C = O$）聚合生成的，该推测成为聚酮理论雏形[90]。20 世纪 50 年代，Robert Robison 发现几类天然化合物结构之间的生源关系，于 1955 年发表著作《天然产物的结构关系》（*The Structural Relations of Natural Products*），提出了著名的生源学说，首次采用聚酮化合物的生物合成进行表述。

二、同位素标记前体喂饲实验

自 1896 年英国化学家 Frederick Soddy 发现了放射现象，而后发现同位素的存在，于 1913 年正式确定同位素（isotopes）命名后，许多化学家发现了不同的同位素物质，如氘、^{13}C、^{14}C 等，为同位素标记法应用于化学、医学、生命科学等领域提供了基本条件和有力保障。

喂饲实验中用同位素标记的前体主要包括葡萄糖分子、乙酸和氨基酸，同位素标记的葡萄糖主要用于初级代谢途径的研究，同位素标记的乙酸和氨基酸在之后的次级代谢途径研究中发挥重要作用。乙酸分子中氘代和 ^{18}O 同位素的标记可以用于判断乙酸单元的 C—H 和 C—O 是否会被保留而直接整合到终产物中。

Collie 于 1893 年提出的聚酮理论沉寂近半个世纪后，1953 年澳大利亚化学家 Arthur John Birch 进一步完善该聚酮理论，发表多篇相关研究，其间因缺少实验证据被 *The Journal of the Chemical Society* 拒稿，在 1955 年终于用同位素标记的乙酸酯证明了聚酮类化合物源于乙酰聚合。通过核磁共振技术分析用 ^{13}C 标记的乙酸、氘代乙酸和 ^{18}O 标记乙酸饲喂的代谢物，证实了 Collie 提出的聚酮理论。

20 世纪 60 年代中期是生物合成研究的辉煌时代，其重要标志是异戊二烯途径和氨基酸途径的发现与验证。通过同位素标记方法验证了 Ružička 提出的生源异戊二烯规则，确立了异戊二烯途径在萜和甾体类化合物生物合成过程中的重要作用。1950 年，德国生物化学家 Feodor F. Lynen 发现了焦磷酸异戊酯（IPP），1956 年，美国默克公司化学家 Karl August Folkers（1906—1997）发现了 MVA 的存在，由此证明了"生源异戊二烯规则"假设成立。1993 年，法国学者 Rohmer 等又发现了新的非甲羟戊酸途径。20 世纪 50 年代中期 Robison 提出的氨基酸是生物碱生物合成前体物的假说，被英国剑桥大学 Alan Rushton Battersby 于 1960 年通过同位素标记方法所证实[91]。

同位素标记前体喂饲实验有力证实了几种主要天然产物的生物合成假说，随着后基因组时代的到来，生物信息学分析对基因簇的有效预测，同位素标记前体喂饲实验已不是生物合成研究的主要手段。但在一些难以用基因组、转录组或蛋白组技术解析代谢途径的物种中，如拥有巨大基因组（11 亿 ~2450 亿个碱基对）的甲藻，同位素标记前体喂饲实验仍是非常有效的研究手段。例如，Anttila 研究团队应用同位素标记前体喂饲实验有效解析了甲藻的聚酮 spiromine 毒素的代谢途径[92]。

三、当代生物合成研究方法

1979 年，Hopwood 等发现天蓝色链霉菌（*Streptomyces coelicolor*）紫红素的生物合成基因是以簇（cluster）的形式存在，随后 1984 年 Malpartida 等成功克隆了天蓝色链霉菌紫红素生物合成基因簇，该基因簇是第一个被克隆的天然产物生物合成基因。近 15 年，随着高通量测序技术的快速发展，成千上万的细菌和真菌基因组完成测序。研究者从这些完成测序的全基因组序列中发现，细菌和真菌的次级代谢途径相关基因成簇排列的特征，这很可能与水平基因转移和微生物细胞需高效调控启动代谢途径相关。相对而言，植物次级代谢途径相关的基因成簇排列的特征不明显，这些基因常常分散排列于基因组中，这大大提高了在植物中鉴定和重构次级代谢途径的难度。

通过生物信息学对细菌和真菌的基因组序列分析，发现所预测的聚酮（PK）、非核糖体肽（NRP）和 PKS-NRPS 杂合型的基因簇数量远超于微生物已产生的化合物数量。例如，阿维链霉菌（*S. avermitilis*）用于生产阿维菌素（avermectins），也可产生其他 5 种天然产物，但经预测其基因组上含有 22 个 NRPS 基因簇和 30 个 PKS 基因簇；真菌烟曲霉（*Aspergillus fumigatus*）和构巢曲霉（*A. nidulans*），经基因组预测各含 30~50 个基因簇，但从两者分离的天然产物数量远低于预测数。目前，在常规实验室培养条件下，细菌和真菌仅表达 10% 的基因簇生产天然产物。大部分基因簇为沉默基因簇，在常规培养条件下难以表达生产相应的天然产物。研究者通过调整环境因子、环境信号刺激或染色质修饰等一个菌株多种化合物（one strain many compounds, OSMAC）技术可激活部分沉默基因簇，获得相应产物，也可通过基因敲除、异源表达等分子生物学技术研究沉默基因簇。

◎ **思考题**

1. 聚酮类天然产物具有什么结构特征？它的生物合成底物有哪些？

2. 聚酮合酶可以分为哪几类？它们的催化机制有哪些不同？

3. 肽类天然产物可分为几类？它们的催化机制特点是什么？

4. 在生物碱类天然产物生物合成途径中有哪些前体？这些前体可以产生哪些杂环骨架？

5. 萜类天然产物的生物合成过程有哪几个阶段？每个阶段有哪些相关的生物合成酶？

6. 天然产物的生物合成研究经历了哪些阶段？每个阶段有哪些重要的理论与发现？

◎ **进一步文献阅读**

1. Chavali A K, Rhee S Y. 2017. Bioinformatics tools for the identification of gene clusters that biosynthesize specialized metabolites[J]. Briefings in Bioinformatics, 1-13.

2. Jensen P R. 2016. Natural products and the gene cluster revolution[J]. Trends in Microbiology, 24: 968-977.

3. Lane A L, Moore B S. 2011. A sea of biosynthesis: marine natural products meet the molecular age[J]. Natural Product Reports, 28: 411-428.

4. 王伟，李韶静，朱天慧，等. 2018. 天然药物化学史话：天然产物的生物合成 [J]. 中草药, 49: 3193-3207.

◎ **参考文献**

[1] Piel J, Hertweck C, Shipley P R, et al. 2000. Cloning, sequencing and analysis of the enterocin biosynthesis gene cluster from the marine isolate 'Streptomyces maritimus': evidence for the derailment

of an aromatic polyketide synthase[J]. Chemistry & Biology, 7: 943-955.

[2] Jorgensen H, Degnes K F, Sletta H, et al. 2009. Biosynthesis of macrolactam BE-14106 involves two distinct PKS systems and amino acid processing enzymes for generation of the aminoacyl starter unit[J]. Chemistry & Biology, 16: 1109-1121.

[3] Jorgensen H, Degnes K F, Dikiy A, et al. 2010. Insights into the evolution of macrolactam biosynthesis through cloning and comparative analysis of the biosynthetic gene cluster for a novel macrocyclic lactam, ML-449[J]. Applied and Environmental Microbiology, 76: 283-293.

[4] Gottardi E M, Krawczyk J M, von Suchodoletz H, et al. 2011. Abyssomicin biosynthesis: formation of an unusual polyketide, antibiotic-feeding studies and genetic analysis[J]. Chembiochem, 12: 1401-1410.

[5] Yue C, Niu J, Liu N, et al. 2016. Cloning and identification of the lobophorin biosynthetic gene cluster from marine *Streptomyces olivaceus* strain FXJ7.023[J]. Pakistan Journal of Pharmaceutical Sciences, 29: 287-293.

[6] Zhang W, Fortman J L, Carlson J C, et al. 2013. Characterization of the bafilomycin biosynthetic gene cluster from *Streptomyces lohii*[J]. Chembiochem, 14: 301-306.

[7] Li Z, Du L, Zhang W, et al. 2017. Complete elucidation of the late steps of bafilomycin biosynthesis in *Streptomyces lohii*[J]. Journal of Biological Chemistry, 292: 7095-7104.

[8] Chen Y, Zhang W, Zhu Y, et al. 2014. Elucidating hydroxylation and methylation steps tailoring piericidin A1 biosynthesis[J]. Organic Letters, 16: 736-739.

[9] Bertin M J, Vulpanovici A, Monroe E A, et al. 2016. The phormidolide biosynthetic gene cluster: a *trans*-AT PKS pathway encoding a toxic macrocyclic polyketide[J]. Chembiochem, 17: 164-173.

[10] Tang X L, Dai P, Gao H, et al. 2016. A single gene cluster for chalcomycins and aldgamycins: genetic basis for bifurcation of their biosynthesis[J]. Chembiochem, 17: 1241-1249.

[11] Yao T, Liu Z, Li T, et al. 2018. Characterization of the biosynthetic gene cluster of the polyene macrolide antibiotic reedsmycins from a marine-derived *Streptomyces* strain[J]. Microb Cell Fact, 17: 98.

[12] Sudek S, Lopanik N B, Waggoner L E, et al. 2007. Identification of the putative bryostatin polyketide synthase gene cluster from "Candidatus Endobugula sertula", the uncultivated microbial symbiont of the marine bryozoan *Bugula neritina*[J]. Journal of Natural Products, 70: 67-74.

[13] Hildebrand M, Waggoner L E, Liu H B, et al. 2004. bryA: An unusual modular polyketide synthase gene from the uncultivated bacterial symbiont of the marine bryozoan *Bugula neritina*[J]. Chemistry & Biology, 11: 1543-1552.

[14] Salem S M, Kancharla P, Florova G, et al. 2014. Elucidation of final steps of the marineosins biosynthetic pathway through identification and characterization of the corresponding gene cluster[J]. Journal of the American Chemical Society, 136: 4565-4574.

[15] Alt S, Wilkinson B. 2015. Biosynthesis of the novel macrolide antibiotic anthracimycin[J]. ACS Chemical Biology, 10: 2468-2479.

[16] Wilson M C, Gulder T A M, Mahmud T, et al. 2010. Shared biosynthesis of the saliniketals and rifamycins in *Salinispora arenicola* is controlled by the sare1259-encoded cytochrome P450[J]. Journal of the American Chemical Society, 132: 12757-12765.

[17] Zou Y, Yin H, Kong D, et al. 2013. A *trans*-acting ketoreductase in biosynthesis of a symmetric polyketide dimer SIA7248[J]. Chembiochem, 14: 679-683.

[18] Udwary D W, Zeigler L, Asolkar R N, et al. 2007. Genome sequencing reveals complex secondary metabolome in the marine actinomycete *Salinispora tropica*[J]. Proceedings of the National Academy of Sciences of the United States of America, 104: 10376-10381.

[19] Lane A L, Nam S J, Fukuda T, et al. 2013. Structures and comparative characterization of biosynthetic gene clusters for cyanosporasides, enediyne-derived natural products from marine actinomycetes[J]. Journal of the American Chemical Society, 135: 4171-4174.

[20] Jiang Y, Wang H, Lu C, et al. 2013. Identification and characterization of the cuevaene a biosynthetic gene cluster in *streptomyces* sp. LZ35[J]. Chembiochem, 14: 1468-1475.

[21] Liu C, Zhu J, Li Y, et al. 2015. *In vitro* reconstitution of a PKS pathway for the biosynthesis of galbonolides in *Streptomyces* sp. LZ35[J]. Chembiochem, 16: 998-1007.

[22] Liu C, Zhang J, Lu C, et al. 2015. Heterologous expression of galbonolide biosynthetic genes in *Streptomyces coelicolor*[J]. Antonie Van Leeuwenhoek, 107: 1359-1366.

[23] Li A, Piel J. 2002. A gene cluster from a marine *Streptomyces* encoding the biosynthesis of the aromatic spiroketal polyketide griseorhodin A[J]. Chemistry & Biology, 9: 1017-1026.

[24] Zhang Y, Huang H, Chen Q, et al. 2013. Identification of the grincamycin gene cluster unveils divergent roles for GcnQ in different hosts, tailoring the L-rhodinose moiety[J]. Organic Letters, 15: 3254-3257.

[25] Kersten R D, Lane A L, Nett M, et al. 2013. Bioactivity-guided genome mining reveals the lomaiviticin biosynthetic gene cluster in *Salinispora tropica*[J]. Chembiochem, 14: 955-962.

[26] Yang C, Huang C, Zhang W, et al. 2015. Heterologous expression of fluostatin gene cluster leads to a bioactive heterodimer[J]. Organic Letters, 17: 5324-5327.

[27] Larson C B, Crusemann M, Moore B S. 2017. PCR-Independent method of transformation-associated recombination reveals the cosmomycin biosynthetic gene cluster in an ocean streptomycete[J]. Journal of Natural Products, 80: 1200-1204.

[28] Morita N, Tanaka M, Okuyama H. 2000. Biosynthesis of fatty acids in the docosahexaenoic acid-producing bacterium *Moritella marina* strain MP-1[J]. Biochemical Society Transactions, 28: 943-945.

[29] Allen E E, Bartlett D H. 2002. Structure and regulation of the omega-3 polyunsaturated fatty acid synthase genes from the deep-sea bacterium *Photobacterium profundum* strain SS9[J]. Microbiology, 148: 1903-1913.

[30] Edwards D J, Gerwick W H. 2004. Lyngbyatoxin biosynthesis: sequence of biosynthetic gene cluster and identification of a novel aromatic prenyltransferase[J]. Journal of the American Chemical Society, 126: 11432-11433.

[31] Read J A, Walsh C T. 2007. The lyngbyatoxin biosynthetic assembly line: chain release by four-electron reduction of a dipeptidyl thioester to the corresponding alcohol[J]. Journal of the American Chemical Society, 129: 15762-15763.

[32] Lombo F, Velasco A, Castro A, et al. 2006. Deciphering the biosynthesis pathway of the antitumor thiocoraline from a marine actinomycete and its expression in two *streptomyces* species[J]. Chembiochem,

7: 366-376.

[33] Schultz A W, Oh D C, Carney J R, et al. 2008. Biosynthesis and structures of cyclomarins and cyclomarazines, prenylated cyclic peptides of marine actinobacterial origin[J]. Journal of the American Chemical Society, 130: 4507-4516.

[34] Ma J, Zuo D, Song Y, et al. 2012. Characterization of a single gene cluster responsible for methylpendolmycin and pendolmycin biosynthesis in the deep sea bacterium *Marinactinospora thermotolerans*[J]. Chembiochem, 13: 547-552.

[35] Zane H K, Naka H, Rosconi F, et al. 2014. Biosynthesis of amphi-enterobactin siderophores by *Vibrio harveyi* BAA-1116: identification of a bifunctional nonribosomal peptide synthetase condensation domain[J]. Journal of the American Chemical Society, 136: 5615-5618.

[36] Liu J, Wang B, Li H, et al. 2015. Biosynthesis of the anti-infective marformycins featuring pre-NRPS assembly line *N*-formylation and *O*-methylation and post-assembly line *C*-hydroxylation chemistries[J]. Organic Letters, 17: 1509-1512.

[37] Yamanaka K, Reynolds K A, Kersten R D, et al. 2014. Direct cloning and refactoring of a silent lipopeptide biosynthetic gene cluster yields the antibiotic taromycin A[J]. Proceedings of the National Academy of Sciences of the United States of America, 111: 1957-1962.

[38] Chang Z, Flatt P, Gerwick W H, et al. 2002. The barbamide biosynthetic gene cluster: a novel marine cyanobacterial system of mixed polyketide synthase (PKS)-non-ribosomal peptide synthetase (NRPS) origin involving an unusual trichloroleucyl starter unit[J]. Gene, 296: 235-247.

[39] Chang Z X, Sitachitta N, Rossi J V, et al. 2004. Biosynthetic pathway and gene cluster analysis of curacin A, an antitubulin natural product from the tropical marine cyanobacterium *Lyngbya majuscula*[J]. Journal of Natural Products, 67: 1356-1367.

[40] Gu L, Wang B, Kulkarni A, et al. 2009. Metamorphic enzyme assembly in polyketide diversification[J]. Nature, 459: 731-735.

[41] Edwards D J, Marquez B L, Nogle L M, et al. 2004. Structure and biosynthesis of the jamaicamides, new mixed polyketide-peptide neurotoxins from the marine cyanobacterium *Lyngbya majuscula*[J]. Chemistry & Biology, 11: 817-833.

[42] Moffitt M C, Neilan B A. 2004. Characterization of the nodularin synthetase gene cluster and proposed theory of the evolution of cyanobacterial hepatotoxins[J]. Applied and Environmental Microbiology, 70: 6353-6362.

[43] Piel J, Hui D, Wen G, et al. 2004. Antitumor polyketide biosynthesis by an uncultivated bacterial symbiont of the marine sponge Theonella swinhoei[J]. Proceedings of the National Academy of Sciences of the United States of America, 101: 16222-16227.

[44] Ramaswamy A V, Sorrels C M, Gerwick W H. 2007. Cloning and biochemical characterization of the hectochlorin biosynthetic gene cluster from the marine cyanobacterium *Lyngbya majuscula*[J]. Journal of Natural Products, 70: 1977-1986.

[45] Carlson J C, Fortman J L, Anzai Y, et al. 2010. Identification of the tirandamycin biosynthetic gene cluster from *Streptomyces* sp. 307-9[J]. Chembiochem, 11: 564-572.

[46] Mo X, Wang Z, Wang B, et al. 2011. Cloning and characterization of the biosynthetic gene cluster of the bacterial RNA polymerase inhibitor tirandamycin from marine-derived *Streptomyces* sp. SCSIO1666[J]. Biochemical and Biophysical Research Communications, 406: 341-347.

[47] Fisch K M, Gurgui C, Heycke N, et al. 2009. Polyketide assembly lines of uncultivated sponge symbionts from structure-based gene targeting[J]. Nature Chemical Biology, 5: 494-501.

[48] Zhu Y, Fu P, Lin Q, et al. 2012. Identification of caerulomycin A gene cluster implicates a tailoring amidohydrolase[J]. Organic Letters, 14: 2666-2669.

[49] Xu Y, Kersten R D, Nam S J, et al. 2012. Bacterial biosynthesis and maturation of the didemnin anti-cancer agents[J]. Journal of the American Chemical Society, 134: 8625-8632.

[50] Ross A C, Xu Y, Lu L, et al. 2013. Biosynthetic multitasking facilitates thalassospiramide structural diversity in marine bacteria[J]. Journal of the American Chemical Society, 135: 1155-1162.

[51] Zhang W, Lu L, Lai Q, et al. 2016. Family-wide structural characterization and genomic comparisons Decode the diversity-oriented biosynthesis of thalassospiramides by Marine proteobacteria[J]. Journal of Biological Chemistry, 291: 27228-27238.

[52] Tang X, Li J, Millan-Aguinaga N, et al. 2015. Identification of thiotetronic acid antibiotic biosynthetic pathways by target-directed genome mining[J]. ACS Chemical Biology, 10: 2841-2849.

[53] Tang X, Li J, Moore B S. 2017. Minimization of the thiolactomycin biosynthetic pathway reveals that the cytochrome P450 enzyme TlmF is required for five-membered thiolactone ring formation[J]. Chembiochem, 18: 1072-1076.

[54] Lukassen M B, Saei W, Sondergaard T E, et al. 2015. Identification of the scopularide biosynthetic gene cluster in *Scopulariopsis brevicaulis*[J]. Marine Drugs, 13: 4331-4343.

[55] Sun Y, Tomura T, Sato J, et al. 2016. Isolation and biosynthetic analysis of haliamide, a new PKS-NRPS hybrid metabolite from the Marine Myxobacterium *Haliangium ochraceum*[J]. Molecules, 21: 59.

[56] Hashimoto M, Kato H, Katsuki A, et al. 2018. Identification of the biosynthetic gene cluster for himeic acid A: a ubiquitin-activating enzyme (E1) inhibitor in *Aspergillus japonicus* MF275[J]. Chembiochem, 19: 535-539.

[57] Zhang G, Zhang W, Zhang Q, et al. 2014. Mechanistic insights into polycycle formation by reductive cyclization in ikarugamycin biosynthesis[J]. Angewandte Chemie, 53: 4840-4844.

[58] Ma H M, Zhou Q, Tang Y M, et al. 2013. Unconventional origin and hybrid system for construction of pyrrolopyrrole moiety in kosinostatin biosynthesis[J]. Chemistry & Biology, 20: 796-805.

[59] Schmidt E W, Nelson J T, Rasko D A, et al. 2005. Patellamide A and C biosynthesis by a microcin-like pathway in *Prochloron didemni*, the cyanobacterial symbiont of *Lissoclinum patella*.[J] Proceedings of the National Academy of Sciences of the United States of America, 102: 7315-7320.

[60] Long P F, Dunlap W C, Battershill C N, et al. 2005. Shotgun cloning and heterologous expression of the patellamide gene cluster as a strategy to achieving sustained metabolite production[J]. Chembiochem, 6: 1760-1765.

[61] Sudek S, Haygood M G, Youssef D T, et al. 2006. Structure of trichamide, a cyclic peptide from the bloom-forming cyanobacterium *Trichodesmium erythraeum*, predicted from the genome sequence[J].

Applied and Environmental Microbiology, 72: 4382-4387.

[62] Engelhardt K, Degnes K F, Kemmler M, et al. 2010. Production of a new thiopeptide antibiotic, TP-1161, by a marine *Nocardiopsis* species[J]. Applied and Environmental Microbiology, 76: 4969-4976.

[63] Chen E, Chen Q, Chen S, et al. 2017. Mathermycin, a lantibiotic from the marine actinomycete *Marinactinospora thermotolerans* SCSIO 00652[J]. Applied and Environmental Microbiology, 83:

[64] Ding Y, de Wet J R, Cavalcoli J, et al. 2010. Genome-based characterization of two prenylation steps in the assembly of the stephacidin and notoamide anticancer agents in a marine-derived *Aspergillus* sp.[J]. Journal of the American Chemical Society, 132: 12733-12740.

[65] Yamanaka K, Ryan K S, Gulder T A, et al. 2012. Flavoenzyme-catalyzed atropo-selective N,C-bipyrrole homocoupling in marinopyrrole biosynthesis[J]. Journal of the American Chemical Society, 134: 12434-12437.

[66] Li T, Du Y, Cui Q, et al. 2013. Cloning, characterization and heterologous expression of the indolocarbazole biosynthetic gene cluster from marine-derived *Streptomyces sanyensis* FMA[J]. Marine Drugs, 11: 466-488.

[67] Zou Y, Fang Q, Yin H X, et al. 2013. Stereospecific biosynthesis of beta-methyltryptophan from L-tryptophan features a stereochemical switch[J]. Angewandte Chemie-International Edition, 52: 12951-12955.

[68] Lan Y X, Zou Y, Huang T T, et al. 2016. Indole methylation protects diketopiperazine configuration in the maremycin biosynthetic pathway[J]. Science China-Chemistry, 59: 1224-1228.

[69] Chen Q, Ji C, Song Y, et al. 2013. Discovery of McbB, an enzyme catalyzing the beta-carboline skeleton construction in the marinacarboline biosynthetic pathway[J]. Angewandte Chemie, 52: 9980-9984.

[70] 陈奇, 秦湘静, 李青连, 等. 2017. Marinacarbolines 甲基化基因 mcbD 的筛选及其功能 [J]. 微生物学报, 57: 1095-1105.

[71] Ji C, Chen Q, Li Q, et al. 2014. Chemoenzymatic synthesis of β-carboline derivatives using McbA, a new ATP-dependent amide synthetase[J]. Tetrahedron Letters, 55: 4901-4904.

[72] Newmister S A, Gober C M, Romminger S, et al. 2016. OxaD: a versatile indolic nitrone synthase from the Marine-derived fungus *Penicillium oxalicum* F30[J]. Journal of the American Chemical Society, 138: 11176-11184.

[73] Zeyhle P, Bauer J S, Kalinowski J, et al. 2014. Genome-based discovery of a novel membrane-bound 1,6-dihydroxyphenazine prenyltransferase from a marine actinomycete[J]. PLoS One, 9: e99122.

[74] Mantovani S M, Moore B S. 2013. Flavin-linked oxidase catalyzes pyrrolizine formation of dichloropyrrole-containing polyketide extender unit in chlorizidine A[J]. Journal of the American Chemical Society, 135: 18032-18035.

[75] Miyanaga A, Janso J E, McDonald L, et al. 2011. Discovery and assembly-line biosynthesis of the lymphostin pyrroloquinoline alkaloid family of mTOR inhibitors in *Salinispora* bacteria[J]. Journal of the American Chemical Society, 133: 13311-13313.

[76] Li H X, Zhang Q B, Li S M, et al. 2012. Identification and characterization of xiamycin A and oxiamycin gene cluster reveals an oxidative cyclization strategy tailoring indolosesquiterpene biosynthesis[J].

Journal of the American Chemical Society, 134: 8996-9005.

[77] Kaysser L, Bernhardt P, Nam S J, et al. 2012. Merochlorins A-D, cyclic meroterpenoid antibiotics biosynthesized in divergent pathways with vanadium-dependent chloroperoxidases[J]. Journal of the American Chemical Society, 134: 11988-11991.

[78] Richter T K, Hughes C C, Moore B S. 2015. Sioxanthin, a novel glycosylated carotenoid, reveals an unusual subclustered biosynthetic pathway[J]. Environmental Microbiology, 17: 2158-2171.

[79] Winter J M, Moffitt M C, Zazopoulos E, et al. 2007. Molecular basis for chloronium-mediated meroterpene cyclization: cloning, sequencing, and heterologous expression of the napyradiomycin biosynthetic gene cluster[J]. Journal of Biological Chemistry, 282: 16362-16368.

[80] Zhu Q, Li J, Ma J, et al. 2012. Discovery and engineered overproduction of antimicrobial nucleoside antibiotic A201A from the deep-sea marine actinomycete *Marinactinospora thermotolerans* SCSIO 00652[J]. Antimicrobial Agents and Chemotherapy, 56: 110-114.

[81] Brock N L, Nikolay A, Dickschat J S. 2014. Biosynthesis of the antibiotic tropodithietic acid by the marine bacterium *Phaeobacter inhibens*[J]. Chemical Communications, 50: 5487-5489.

[82] Vynne N G, Mansson M, Gram L. 2012. Gene sequence based clustering assists in dereplication of *Pseudoalteromonas luteoviolacea* strains with identical inhibitory activity and antibiotic production[J]. Marine Drugs, 10: 1729-1740.

[83] Hertweck C. 2009. The biosynthetic logic of polyketide diversity[J]. Angewandte Chemie, 48: 4688-4716.

[84] Hertweck C, Luzhetskyy A, Rebets Y, et al. 2007. Type II polyketide synthases: gaining a deeper insight into enzymatic teamwork[J]. Natural Product Reports, 24: 162-190.

[85] 肖吉, 张广涛, 朱义广, 等. 2012. 海洋微生物次级代谢产物生物合成的研究进展 [J]. 中国抗生素杂志, 37: 241-253.

[86] Zhou X, Huang H B, Li J, et al. 2014. New anti-infective cycloheptadepsipeptide congeners and absolute stereochemistry from the deep sea-derived *Streptomyces drozdowiczii* SCSIO 10141[J]. Tetrahedron, 70: 7795-7801.

[87] Zhang W J, Ntai I, Kelleher N L, et al. 2011. tRNA-dependent peptide bond formation by the transferase PacB in biosynthesis of the pacidamycin group of pentapeptidyl nucleoside antibiotics[J]. Proceedings of the National Academy of Sciences of the United States of America, 108: 12249-12253.

[88] Schoenafinger G, Schracke N, Linne U, et al. 2006. Formylation domain: an essential modifying enzyme for the nonribosomal biosynthesis of linear gramicidin[J]. Journal of the American Chemical Society, 128: 7406-7407.

[89] Leopold R. 1953. The isoprene rule and the biogenesis of terpenic compounds[J]. Experientia, 9: 357-367.

[90] Collie J N. 1907. Derivatives of the multiple keten group[J]. Journal of the Chemical Society, 91: 1806-1813.

[91] 王伟, 李韶静, 朱天慧, 等. 2018. 天然药物化学史话: 天然产物的生物合成 [J]. 中草药, 49: 3193-3207.

[92] Anttila M, Strangman W, York R, et al. 2016. Biosynthetic studies of 13-desmethylspirolide C produced by alexandrium ostenfeldii (= A. peruvianum): rationalization of the biosynthetic pathway following incorporation of (13)C-labeled methionine and application of the odd-even rule of methylation[J]. Journal of Natural Products, 79: 484-489.

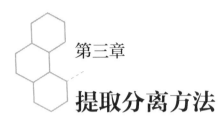

第三章
提取分离方法

视频讲解与
教学课件

◎ **学习目标**

1. 掌握经典的提取方法和适用范围。

2. 掌握经典分析分离方法的基本原理和应用。

3. 了解新型提取分离技术在海洋天然产物研究中的应用。

天然来源的化合物具有化学结构和生物活性多样性的特点。结构类型主要包括多糖、生物碱、挥发油、糖苷类、萜类和甾体化合物等。由于各种天然样本的细胞结构不同和所含成分的差异，常需根据提取对象的不同性质来选择合适的提取分离方法。传统的提取方法，比如溶剂提取法，仍广泛应用于各种提取工作中，而新型提取技术如超声波辅助提取、超临界流体萃取技术等都显著提高了提取效率。

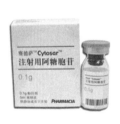

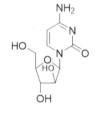

阿糖胞苷 Ara-C

近一个世纪以来，随着各种色谱分离技术、结构鉴定技术如各种微摩尔级核磁共振技术和各种串联质谱技术的发展，海洋天然产物研究取得了较快的进展[1]。

第一节　天然产物的提取方法

一、溶剂提取法

溶剂提取法利用样品中各组分在特定溶剂中溶解度的差异进行提取，是海洋天然产物最常用的提取方法。常用提取溶剂有水、乙醇、丙酮、乙醚、氯仿、乙酸乙酯、石油醚等。溶剂提取法可用于提取固体、液体及半流体状态的样品，包括海洋动物、海洋植物及海洋微生物的发酵产物等。常用的溶剂提取法包括浸渍法、渗滤法、煎煮法、回流提取法及连续提取法等。这些方法都有自身的优缺点，要考虑到海洋生物样品的粉碎度、提取时间、待提取样品的性质、设备条件等因素。

（一）提取溶剂的选择

海洋天然产物在溶剂中的溶解度与溶剂性质直接相关，因此，用溶剂提取活性成分时，选择适宜的溶剂是关键。适宜的溶剂应符合以下要求：对目标成分溶解度大，对共存杂质溶解度小；不与目标成分发生化学反应；廉价、易得、回收方便，并且安全无毒。溶剂选择主要依据溶剂的极性和被提取目标成分的极性大小来判断，一般遵循"相似相溶"的原则。多糖、氨基酸为水溶性成分，其提取宜采用水提法。而甲醇和乙醇可以提取绝大多数的中等极性化合物。甲醇具有渗透力强、价廉易得、沸点较低、易回收、可与多种极性及非极性溶剂混合使用等优点，提取效率一般高于乙醇。乙酸乙酯适宜提取中等极性及弱极性的化合物，如萜类、甾体物质等。氯仿能与甲醇、乙醇及其他非极性溶剂混溶，适宜用来提取脂肪、挥发油、树脂等物质。

（二）提取方法的选择

1. **浸提法**　浸提法是指在一定温度下，将原料浸泡在溶剂中一定的时间提取有效成分的一种方法。按提取温度和浸提次数可分为冷浸提法、热浸提法和重浸提法三种，而多次浸提能提高提取率。浸提法所需时间较长，常用甲醇、乙醇等有机溶剂作为提取试剂，浸提过程中应密闭，以防止溶剂的挥发损失。由于水浸液容易变质且提取效率低，因此不宜用水作溶剂。超声浸提利用超声波的空化作用、机械效应和热效应等，加速胞内物质的释放、扩散和溶解，显著提高提取效率。超声浸提的最适温度为 40~50 ℃，适用于遇热不稳定的成分的提取，如提取海洋动植物及海洋微生物菌体的胞内物质时，可采用此法，常用甲醇、乙醇、乙酸乙酯、丙酮等作为提取溶剂。

2. **冷凝回流提取法**　冷凝回流提取法通常用甲醇、乙醇等易挥发的有机溶剂来提取原料，通过连续加热蒸馏，挥发性溶剂被冷却，重复流回提取容器中。应用时可根据情况调整回流时间和提取次数。回流结束后，过滤，加压浓缩滤液得提取物。冷凝回流提取法溶剂用量相对较少，提取效率较高，但提取液受热时间长，因此不适用于受热易分解的成分的提取。

3. **萃取法**　萃取法分为固 - 液萃取法与液 - 液萃取法两种形式。固 - 液萃取法即浸提法，是用萃取剂提取固体混合物中的组分。液 - 液萃取法是利用物质在两种互不相溶（或微溶）的溶剂中溶解度或分配系数的不同，使溶质物质从一种溶剂中转移到另外一种溶剂的方法。另外将萃取后两种互不相溶的液体分开的操作，叫作分液。该方法可用于海洋微生物发酵液中代谢产物的提取。萃取剂对代谢产物有较好的溶解度；由于发酵液都是水相溶液，萃取剂必须在水中溶解度小或与水分层；另外萃取溶剂需容易回收。常用的萃取溶剂有正丁醇、乙醚、乙酸乙酯、二氯甲烷、石油醚等。液 - 液萃取时容易产生乳化现象，常用的破乳方法有过滤和离心等，用电吹风加热可使黏度降低破乳；稀释法即补加两相溶剂，稀释乳化层；加入电解质如氯化钠，降低了表面能，可以破坏油包水或者水包油体系破乳。

4. 固相萃取技术 固相萃取（solid phase extraction，SPE）技术利用液 - 固吸附色谱的原理，采用选择性吸附、选择性洗脱的方式对样品进行富集、分离、净化，可将其近似地看作一种简单的色谱过程。其基本方法是样品溶液上样于预填装有吸附剂的色谱柱，其中某些物质被吸附在固定相上，再选用适当的溶剂冲洗，最后用至少三倍柱体积量的强洗脱能力的溶剂迅速洗脱柱子，从而达到快速分离净化与浓缩样品的目的。该方法也可用于选择性吸附干扰杂质，而让目标成分流出；或同时吸附杂质和被测物质，通过使用合适的溶剂选择性洗脱而得到目标组分。常用的吸附剂有碳十八烷基硅胶（ODS）、大孔树脂等。该方法常用于提取培养液或发酵液中微量的代谢物。

例 3-1 卡罗藻毒素提取。卡罗藻毒素的产量非常低，普通的液-液萃取无法提取到该类毒素。Cai 等[2]利用 ODS 固相萃取柱吸附卡罗藻（*Karlodinium veneficum*）藻液中的藻毒素，上样后先用 30% 甲醇-水溶液洗去杂质，再用 80% 甲醇-水溶液将含有藻毒素的成分冲洗下来。

5. 水蒸气蒸馏法 水蒸气蒸馏法适用于能随水蒸气蒸馏且不被破坏的海藻类有效成分的提取分离。在一定的温度下，任何一种液体都有其相应的蒸气压，若为一种混合溶液，则溶液的蒸汽压为各溶液的蒸气压之和，而且每种液体将显示出各自的蒸气压，并不被其他液体影响。待提取物与水不相混溶或仅微溶，并且在 100 ℃左右有一定的蒸气压。当与水一起加热时，水蒸气能将这些挥发性物质一并带出。因此，在常压下若用水作为混合液体，就能在低于 100 ℃的情况下将沸点高于 100 ℃的有机物和水一起蒸发出来。如红藻、褐藻等海洋生物中的杜松烯、香叶烯等挥发性化合物可以通过水蒸气蒸馏法获得[3]，该方法简单、方便、经济。

二、新型提取技术

（一）超临界流体萃取技术

超临界流体萃取（supercritical fluid extraction，SFE）技术是 20 世纪 70 年代引进发展起来的一项提取分离新技术[4]。超临界流体是指在温度和压力高于其临界值时的一种状态下，物质兼有液体和气体的特点，具有扩散系数高（高于液体 1~2 个数量级）、黏度低（低于液体 2 个数量级）、密度与液体相似（是气体的 200~500 倍）等特性。CO_2 因其临界温度低、安全无毒、廉价易得、不可燃等优势成为最常用的流体之一。超临界 CO_2 萃取是利用压力和温度对超临界流体 CO_2 溶解能力的影响而进行的，在超临界状态下，CO_2 超临界流体与待分离的物质相互接触，有选择性地按照分子量大小、极性大小和沸点高低将组分依次萃取出来。

例 3-2 超临界 CO_2 萃取技术在海洋天然产物提取中的应用。Fujii[5]提出了一种从微藻中提取虾青素的新方法，即将酸提取和超临界 CO_2 萃取相结合，而不是采用传统的乙醇提取。由于可以被碱中和，产生无毒盐，提取物中的虾青素可以通过减压浓缩，因此该方法有望促成营养微藻的商业化，作为替代虾青素以用于食品领域中。该方法采用低 CO_2 压力和反应温度，反应时间短，节能效果好。

（二）酶辅助提取技术

酶辅助提取（enzyme-assisted extraction，EAE）技术可以减少有机溶剂的使用，是一种环保无毒的提取技术。酶具有生物催化功能，通过选用适当的酶催化、降解植物细胞壁和细胞间质中的纤维素、半纤维素和果胶等物质，引起细胞壁及细胞间质结构出现局部疏松、膨胀、崩溃等，破坏细胞壁的致密结构，减小有效成分从胞内向提取介质扩散的传质阻力，显著提高活性成分的提取效率[6]。常用的酶有纤维素酶、果胶酶、蛋白酶、复合酶等[7]。多种食品级酶可用于工业上的海洋藻类生物样本的提取。

例 3-3　裙带菜总脂质和岩藻黄素的提取。在用有机试剂提取之前，Park 等[8]采用褐藻酸酶裂合酶将细胞壁中的多糖降解为低聚糖，最终优化酶解温度为 37 ℃和 pH 值为 6.2。结果表明，EAE 技术可显著提高提取率。脂质的产量提高了 15%~20%，岩藻黄素的产量增加了 50%。EAE 技术非常适合从海藻中提取褐藻多酚和其他酚类化合物，原因在于 EAE 可破坏海藻中酚类物质和蛋白质之间的复杂连接。EAE 技术是提取藻类生物活性物质的一种可行的替代方法，该技术也可用于工业化提取。

（三）微波辅助提取技术

微波辅助提取（microwave-assisted extraction，MAE）技术将能量传递到溶液中，溶液由偶极旋转和离子传导的双机制加热。辐射频率与分子的旋转运动相对应；在凝聚态时，能量吸收立即导致分子之间的能量重新分配和介质的均匀加热[9]。MAE 导致氢键的断裂和溶解离子的迁移，从而增加溶剂对基质的渗透作用，由此有助于提取目标化合物。由于基质内部形成了巨大的压力，生物基质的多孔性增加，导致溶剂更好地渗透到基质中[10]。MAE 系统有两种主要类型，即封闭容器和开放容器。封闭容器用于在高温和高压条件下提取目标化合物，而开放容器系统用于在大气压力条件下进行提取。

例 3-4　MAE 技术从褐藻中提取硫酸多糖（岩藻多糖）。在此过程中评估了不同的压力条件（200~800 kPa）、提取时间（1~31 分钟）和藻/水比（1∶25~5∶25 g/mL）。同时测定了各实验条件下的藻类降解率、总糖产率和 SO_3 含量，提取率受到所有变量的显著影响。结果表明，在 800 kPa 下，处理 1 min 后，每 25 mL 水中提取 1 g 海藻是岩藻多糖的最佳提取条件。

（四）超声波辅助提取技术

超声波辅助提取（ultrasound-assisted extraction，UAE）即超声浸提。超声波是高于人类听力的高频声波，即高于 20 kHz，与电磁波不同，超声波是机械波，通过固体、气体和液体介质传播。超声波通过稀疏和压缩传播，并在液体中膨胀造成负压，如果压力超过液体的抗拉强度，就会产生气泡，蒸气泡在强超声场中发生内爆坍塌，称为空化。超声波提取即是基于空化作用，空化泡的内爆会引起生物质微孔颗粒的大湍流、高速粒子间的碰撞和扰动。这些微射流的撞击会导致表面剥落、侵蚀和粒子击穿，促进生物活性物质从生物基质中释放。这种技术通过增加涡流传质和内部扩散机制，提高萃取效率[11]。用于萃取的超声设备主要有两种类型，即超声波水浴和配备有传感器的超声波探针系统。在很多海洋动植物及微生物菌体的浸提中，UAE 作为一种简单有效的提取方法而被广泛应用。如 Klejdus 等[12] 开发了 UAE 与 SFE 的联用技术，再运用快速色谱法和串联质谱法从藻类中提取异黄酮。

第二节　海洋天然产物的分析与分离方法

一、液相色谱固定相种类与特征

液相色谱技术是海洋天然产物分析与分离的主要技术。常用液相色谱的固定相种类有很多，如硅胶、氧化铝、活性炭、聚酰胺、离子交换剂、凝胶等，这些固定相各有其特点，可对不同类型的化合物进行选择性分离。在海洋天然产物的研究中，往往需要采用多种固定相进行多次分离，才能获得纯度较高的化合物。

（一）硅胶

硅胶为多孔性无定形或球形物质，可用通式 $SiO_2 \cdot xH_2O$ 表示。分子中具有多孔性的硅氧烷（Si—O—Si）的交链结构，同时其骨架表面又有很多硅醇基（Si—OH）。硅胶是一种酸性吸附剂，适用于中性或酸性成分的层析。硅胶柱色谱适用范围很广，既能用于海洋天然产物中非极性化合物的分离，也能用于极性化合物的分离，如萜类、甾类、生物碱、强心苷、蒽醌、酚类、磷脂类和氨基酸等一系列有机化合物的分离纯化。

（二）化学键合填料

通过硅烷化技术，可以把各种不同性质的官能团键合到硅胶表面，例如，键合十八烷基（octadecyl silane，ODS）、辛烷基、甲基、苯基等非极性基团，键合二醇基、氨基、氰基等极性基团，键合醚基中等极性基团，键合强酸性磺酸型或者强碱性季铵盐型，构成离子交换色谱。

（三）氧化铝

氧化铝由氢氧化铝在约 600 ℃的高温下脱水制得，是一种常用的吸附剂，应用十分广泛。目前，在柱色谱中使用的氧化铝分为 3 种：①酸性氧化铝（pH = 4~4.5），可用于有机酸和酚类物质的分离；②中性氧化铝（pH = 7.5），可用于醛、酮、醌以及对酸碱不稳定的酯和内酯等有机化合物的分离；③碱性氧化铝（pH = 9~10），适用于萜类、甾体、生物碱等化合物的分离。目前除了分离生物碱等碱性物质外，已很少使用氧化铝作为固定相来进行分离。

（四）活性炭

活性炭适合分离水溶性物质。对于海洋天然产物中的某些氨基酸、糖类和苷类等活性物质具有一定的分离效果。其特点是适用于大量制备型分离。活性炭的吸附作用，在水溶液中最强，在有机溶剂中偏弱，所以可以用有机溶剂脱吸附。通常来说，活性炭对芳香族化合物的吸附力大于对脂肪族化合物。

（五）聚酰胺

聚酰胺又称尼龙，是通过酰胺基聚合而成的一类高分子化合物，分子中含有丰富的酰胺基，可与酚类、酸类、醌类等形成氢键而被吸附，与不能形成氢键的化合物分离。化合物分子中酚羟基数目越多，则吸附力越强。芳香核、共轭双键多的吸附力也较大。容易形成分子内氢键的化合物，会使化合物的吸附力减少。

（六）离子交换剂

离子交换剂是有机高分子化合物，具有解离性离子交换基团，在水溶液中能与其他阳离子或阴离子起可逆的交换作用。当两种以上的成分被吸附在离子交换剂上，用洗脱液进行洗脱时，其被洗脱能力取决于各物质洗脱反应的平衡常数。离子交换树脂可分为两大类：阳离子交换树脂和阴离子交换树脂。阳离子交换树脂大多含有磺酸基（—SO$_3$H）、羧基（—COOH）或苯酚基（—C$_6$H$_4$OH）等酸性基团，其中的氢离子可以与溶液中的阳离子进行交换，阴离子交换树脂含有季胺基 [—N(CH$_3$)$_3$OH]、胺基或亚胺基（—NH—）等碱性基团，在水中可以产生氢氧根离子，可与溶液中各种阴离子进行交换。离子交换树脂主要应用于氨基酸、肽类、生物碱、核酸、有机酸、酚类等海洋天然产物的分离纯化。

（七）凝胶

凝胶是具有三维网状空间结构的高分子化合物，具有尺寸排阻的性质，不溶于水，在水中极易膨胀，具有很好的分子筛功能。当被分离的海洋天然产物分子大小不同时，其进入凝胶内部的能力也不同。比凝胶孔隙小的有机物分子可以自由进入凝胶内部，向孔隙内扩散或移动而被滞留；而比孔隙大的有机物分子则不能进入，不被滞留而随溶剂洗脱，因此表现出移动速度的差异。利用 Sephadex LH-20 进行凝胶柱色谱分离，对于海洋天然产物的分离具有十分重要的意义。这种凝胶可以根据天然产物中各组分分子量大小的差异进行分离，所以非常适用于从样品中除去相对高分子量的成分和聚合物。Sephadex LH-20 凝胶柱色谱法不仅可作为一种有效的初步分离方法，还可以用于最后的纯化工作，以除去微量的杂质。当馏分的量很少时，可选择在分离的最后阶段使用 Sephadex LH-20 凝胶柱色谱法，因为该方法只会导致极少量样品的损失。

二、液相色谱的主要分离模式

（一）吸附色谱

聚酰胺、硅胶、硅藻土、氧化铝等吸附剂，经过活化处理后，具有适当的吸附能力，利用组分在吸附剂（固定相）上的吸附作用强弱不同而得以分离的方法，称为吸附色谱法。吸附作用大多指分子间作用力，如疏水作用力、芳环相互作用、氢键等，因此与吸附剂及被分析物质的极性密切相关。极性相似的物质之间相互作用力就越强，所以与固定相极性相似的物质，被吸附得更加牢固，保留时间也就更长。通常情况下，流动相的极性和固定相相差很大，所以流动相不保留。根据固定相极性的大小，通常把色谱分为正相色谱（固定相极性大于流动相）、反相色谱（固定相小于流动相）。需要注意的是，此处的正反相色谱仅依靠固定相和流动相的极性分类，和分离原理无关，所以正反相色谱不一定是吸附色谱或分配色谱。

（二）分配色谱

分配色谱分离法是根据两种不同的物质在两相中的分配比不同进行分离。两相中的一相是流动的，称为流动相；另一相是固定的，称为固定相。由于流动相的连续加入，混合样品中的各组分在固定相和流动相之间按分配系数的不同进行多次分配，在流动相中浓度大的组分移动快，洗脱出来的速度也快。

（三）离子交换色谱

离子交换色谱以离子交换树脂或化学键合离子交换剂为固定相，利用被分离组分离子交换能力的差别或选择性系数的差别而实现分离。经典离子交换色谱法的固定相为离子交换树脂，其缺点是易于膨胀，传质较慢，柱效低，不耐高压。高效液相色谱法（HPLC）中的离子交换固定相是键合在薄壳型和多孔微粒硅胶上的离子交换剂，其机械强度高，不溶胀，耐高压，传质快，柱效高。离子交换色谱法的流动相是具有一定 pH 值和离子强度的缓冲溶剂，或含有少量有机溶剂，如乙醇、四氢呋喃、乙腈等，以提高色谱选择性。

（四）离子对色谱

离子对色谱是将一种或数种与样品离子电荷（A^+）相反的离子（B^-）（称为对离子或反离子）加入到色谱系统流动相中，使其与样品离子结合生成弱极性的离子对（中性缔合物）的分离方法，且多为反相离子对色谱。固定相多为 C_{18}、C_8 反相键合相，流动相是以水为主的缓冲液，或水 - 甲醇、水 - 乙腈等混合溶剂。常用的离子对试剂有四丁基铵正离子、十六烷基三甲基铵正离子、ClO_4^-、十二烷基磺酸根等。

（五）体积排阻色谱（SEC）

利用多孔凝胶固定相的独特性，而产生的一种主要依据分子尺寸大小的差异来进行分离的方法，称为体积排阻色谱（size exclusion chromatography，SEC）。根据所用凝胶的性质，可以分为使用水溶液的凝胶过滤色谱法（GFC）和使用有机溶剂的凝胶渗透色谱法（GPC）。体积排阻色谱法特别适用于对未知样品的探索分离。

三、海洋天然产物的分析方法

早期海洋天然产物化学的研究沿袭和借鉴了植物化学的基本研究方法，如柱色谱、薄层色谱法、高效液相色谱法等。近年来随着分析技术的发展及进步，超高效液相色谱法、液质联用法等也广泛应用于海洋天然产物的分析。

（一）薄层色谱法

薄层色谱法（thin layer chromatography，TLC）是一种定性分析检测少量样品的方法，可以同时分析多个样品，样品预处理简单，设备简单，分离快速，常作为色谱分离条件的参考，常用于分离化合物的纯度检验、提取物中化合物的种类分析、主要成分的鉴别等。硅胶薄层色谱法是最常用的 TLC，在实际工作中的应用十分广泛（图 3-1），适用于海洋天然产物中小极性及中等极性样品的分析。要获得理想的分离效果，在选择薄层色谱条件时需要正确地将样品的极性和展开剂的选择结合起来。例如，有些样品含有羧基及酚羟基等酸性基团，易出现拖尾现象，可以通过在展开剂中加入少量酸（如乙酸）来抑制拖尾；而某些生物碱的展开可以通过在展开剂中加入少量碱（如三乙胺）来改善分离效果。

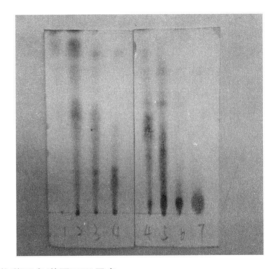

图 3-1 海洋天然产物薄层色谱展开及显色

（二）高效与超高效液相色谱法

1. **高效液相色谱法** 高效液相色谱法（high performance liquid chromatography，HPLC）是 20 世纪 60 年代在经典液相色谱法和气相色谱法的基础上发展起来的一项分析技术，经过近几十年的发展，HPLC 的分析速度、分离效能、检测方法的灵敏度和自动化操作等方面都得到了优化，它采用新型高压输液泵、高检测限的检测器和高柱效的固定相微粒，使经典的液相色谱法发挥出更大的优势。HPLC 适用范围广，可供选择的流动相和固定相种类多，尤其适用于未知海洋天然产物的分析。

2. **超高效液相色谱法** 超高效液相色谱法（ultra performance liquid chromatography，UPLC）的原理与 HPLC 相同，体现出来的超高效主要是由于：①小颗粒、高性能固定相微粒的出现。高效液相色谱的色谱柱，例如常见的十八烷基硅胶键合柱，它的粒径是 5 μm，而超高效液相色谱的色谱柱的粒径能达到 3.5 μm，甚至 1.7 μm，小粒径的色谱柱理论塔板数更高，更加利于物质分离。②超高压输液泵的使用。由于使用的色谱柱粒径减小，色谱柱直径减小，使用时所产生的压力也自然成倍增大，故液相色谱的输液泵也相应改变成超高压的输液泵（上限达 1000 bar）。③检测器的采样速度更高，灵敏度更高。与传统的 HPLC 相比，UPLC 的速度、灵敏度及分离度都得到了提高，缩短了分析时间的同时减少溶剂用量，降低了分析成本。不过由于仪器运行中内部压力过大，也会产生相应的问题，例如泵的使用寿命会相对降低，仪器的连接部位老化速度加快，包括单向阀等部位零件容易出现问题。另外，超高效液相色谱柱最好配备有预柱，以避免色谱柱堵塞的损耗。

对于未知的海洋来源的天然提取物，建立 HPLC 的分析方法主要包括：①尽可能多地收集样品信息，明确分析的目的和要求。样品信息包括样品的大致化学成分，及各成分的含量范围、化合物的结构或官能团、化合物的分子量、酸碱性、适宜的样品溶剂及溶解度、样品的紫外吸收光谱等。样品选用合适的溶剂溶解，注意应与色谱条件匹配，以避免样品不保留或峰形变差。对于海洋生物样品的粗提物，应选用溶解性能较好的合适溶剂来溶解样品，以避免遗漏重要的化学信息。②确定 HPLC 分析模式，选择相应色谱柱。海洋天然产物的分离常选用反相高效液相色谱（RP-HPLC）和正相高效液相色谱（NP-HPLC）两种色谱模式。另外，亲水相互作用色谱（HILIC）采用正相柱的固定相和反相柱的流动相，对极性大的样品有合适保留和分辨率，一般采用乙腈 - 水为流动相，水作为强洗脱剂，尤其适于 ODS 上难保留的大极性样品的分离，为海洋天然产物的分离模式提供了另一种选择，如大极性的核苷类物质可选择性地保留在 HILIC 柱上，弥补了大极性物质在 C_{18} 柱上保留差的不足。③优化分析条件。对于未知的粗提物，可选择较大的梯度范围进行梯度洗脱，以确保尽可能多地获得化合物信息。而当色谱峰分布时间小于梯度时间的 1/4 时，有可能优化为等度洗脱。对于含有羧基及酚羟基等酸性官能团的成分，可在流动相中加入酸（如 0.1% 甲酸、0.08% 三氟乙酸）以改善峰形；待分析组分若为碱性成分，可加入三乙胺或稀氨水来改善峰形，此时应注意色谱柱的耐受性（普通色谱柱不耐碱），亦可加酸使碱成盐改善；若待分离组分具有酸碱性（既含酸性羧基，又含碱性氨基），可加合适的缓冲盐（如醋酸盐、磷酸盐）来改善峰形。④检测方式的选择。紫外检测器是最常用的检测器，灵敏度高；当样品缺乏 UV 响应时，则可选择折光检测器（RI）或蒸发光散射检测器（ELSD），灵敏度相对较差；而质谱检测器灵敏度高，通用性好，并能给出化合物分子量及结构信息。⑤定性、定量分析。通常选用标准品来对待测样进行定性、定量分析。各物质在一定的色谱条件下均有确定不变的保留值，因此保留值可作为定性指标。可以利用保留时间和保留体积进行定性分析，然而这只适用于简单混合物、对该样品已有了解并具有纯物质的情况，且定性结果的可信度不高，可以与质谱检测器联用来提高可信度与准确性。色谱定量分析是基于被测物质的量与峰面积成正比，常用内标法和外标法来定量。

（三）液质联用技术（LC/MS）

随着分析技术的发展，各种色谱技术也得到快速发展，复杂天然产物的快速分析与分离得到实现。然而，色谱分离的分辨率是有限制的，对于一个复杂的样品，很多化合物的保留时间可能相近甚至相同。另外，有些化合物没有紫外吸收，普遍应用的紫外检测器无法检测到。质谱（mass spectrum，MS）是利用多种离子化技术，将物质分子转化为离子，按质荷比（m/z，其中 m 为质量，z 为电荷数）的差异将其分离并测定，从而进行物质成分和结构分析的一种方法。将色谱与质谱联用起来就使多组分的定性、定量分析的实现成为可能。

LC/MS 是指液相色谱与质谱串联的技术。以液相系统作为分离系统，以质谱作为检测器。LC/MS 主要可解决如下问题：①通过保留时间及母离子、碎片离子，可进行定性分析；②通过离子流图的峰面积及峰高，可进行定量分析；③可以检测到极微量的物质。

MS 的离子源主要包括电喷雾电离（ESI）、大气压化学电离（APCI）及大气压光电离（APPI）离子源，最常用的为 ESI 和 APCI 源。ESI 源适合范围广，多数离子型或极性化合物、难挥发化合物都适用，易形成多电荷离子，可以分析高分子量化合物，灵敏度较高，但是要求化合物在溶液中必须离子化，受溶剂的影响较大。APCI 源适用于有一定挥发性的中等极性或低极性的小分子化合物，对溶剂选择、流速和添加物的依赖性较小。MS 的质量分析器主要种类有磁偏转式质量分析器、傅里叶变换离子回旋共振(FT-ICR)、飞行时间分析器（TOF）、四极杆分析器（quadrupole）及离子阱分析器（IT）等。四极杆质谱是目前最成熟、应用最广泛的小型质谱之一，在 LC/MS 以及多级串联质谱系统中，都是最常用的质量分析器。飞行时间分析器检测离子的质荷比是没有上限的，特别适合生物大分子的测定。而单一的离子阱分析器就可实现多级串联质谱 MS^n。

LC/MS 结合了液相色谱的分离能力和质谱的定性功能，广泛应用于海洋天然产物中新化合物的寻找和样品的筛选，解决了传统检测器灵敏度和选择性不够的缺点，提供了可靠、精确的相对分子质量，简化了实验过程，节省了分析时间，特别适合某些低含量的成分分析。

四、海洋天然产物制备分离

在海绵、海藻、刺胞动物、苔藓动物、棘皮动物、被囊动物和鱼贝类动物等海洋动植物以及海洋微生物中，具有丰富的甾体、萜类、聚醚类、大环内酯、生物碱、多肽、多糖和不饱和脂肪酸等不同结构类型的化合物。由于单一海洋天然产物（纯化合物）含量大多是微量的，如何从复杂的粗提物中分离纯化出单体化合物一直是海洋天然产物的重要研究内容。

海洋天然产物的分离纯化方法大致有：溶剂法、沉淀法、盐析法、透析法、重结晶法、柱色谱法、薄层色谱法以及气相色谱法、高效液相色谱法、逆流色谱法和超临界 CO_2 法等。不同的分离纯化方法因海洋生物的种类不同而异，以下选取一些常用的分离方法进行介绍。

（一）经典柱色谱法

柱色谱是分离和纯化海洋天然产物实验过程中最常见的手段和技术。柱色谱可以选用较大直径的色谱柱以及更多填料，以分离更大量的样品。

1. **常压柱色谱**　常压柱色谱法是靠重力驱动流动相流经固定相的一种分离方法，操作简单，应用普遍。但常压柱色谱分离速度较慢，只适合使用颗粒度较大的固定相，以保证足够快的流动相流速。固定相的质量通常应是被分离样品质量的 25~30 倍；所用色谱柱的径高比应为 1：10 左右。实际应用过程中要根据分离的难易程度进行调整，如难分离化合物可能需要使用高于样品量 30 倍的固定相和大于 1：20 的径高比。

常压柱色谱洗脱条件可以通过薄层色谱进行选择，一般使被分离组分的 R_f 值（比移值）不大于 0.3 且各组分有明显分离趋势。

2. 制备型加压液相柱色谱　制备型加压液相色谱指的是利用各种装置施加压力进行的液相色谱。加压使得在液相色谱中可以使用颗粒度更小的吸附剂，从而使分离效果更好。另外，也可以调节洗脱剂的流速，控制分离时间。低压、中压与高压液相色谱的压力范围之间会存在一定交叠。分离中所用色谱柱及固定相颗粒的大小需根据分离的难易程度而定。对于小量的难分离样品，应采用小颗粒固定相，或者采用稍大颗粒固定相及稍长的色谱柱，也可达到相同的分离效果。根据分离中所用压力的大小可把制备型加压柱色谱分为快速色谱（2 bar）、低压液相色谱（< 5 bar）、中压液相色谱（5~20 bar）以及高压液相色谱（> 20 bar），如表 3-1 所示。

表 3-1　各种柱色谱技术的比较

色谱形式	固定相填料尺寸 /μm	压力 /bar	流速 /（mL·min⁻¹）	上样量 /g
常压柱色谱	63~200	常压	1~5	0.01~100
快速柱色谱	40~63	1~2	2~10	0.01~100
低压液相色谱	40~63	1~5	1~4	1~5
中压液相色谱	15~40	5~20	3~16	0.05~100
制备型高压液相色谱	5~30	> 20	2~20	0.01~1

3. 中压液相色谱（MPLC）　MPLC 是各种制备柱色谱技术之一。压力下的分离使得使用更小的颗粒尺寸成为可能，并增加了可用固定相的多样性。MPLC 是 20 世纪 70 年代作为一种制备有机化合物分离的高效技术而引入的。MPLC 克服了低压液相色谱（LPLC）样品装载量有限的缺点，现在通常与其他常用的制备色谱（常压柱色谱、快速柱色谱、低压柱色谱或制备型高效液相色谱）结合使用。MPLC 比低压液相色谱使用的填料颗粒度更小，分辨率更高，可以纯化较大量的化合物，可以更快更好地进行分离。MPLC 系统由溶剂输送泵、进样系统和自主填充柱组成，分离效果可以通过连接到色谱柱出口的检测器自动监测，分离出的化合物通过馏分收集器收集。可以参考 TLC 或分析型 HPLC 的分析结果选择合适的溶剂体系和梯度或等度条件。

在许多分离工作中，往往要从大量的粗提物中分离纯化含量不足 1% 的目标成分，分离工作十分困难，因此往往在制备分离的最后阶段采用高压液相色谱进行分离。柱内填装粒径 5~30 μm 的微小颗粒固定相，为使流动相流出，需采用较高的压力，系统的复杂性及成本增大，但分辨率得到较大的提高。"半制备型"分离是指色谱柱直径 8~10 mm、内装颗粒度为 5~10 μm 的固定相，可用于 1~100 mg 混合物样品的分离。制备型高压液相色谱分离大多采用恒定的洗脱剂条件，这样可减少操作中可能出现的问题。对于难分离的样品，有时也需采用梯度洗脱方式。利用大直径色谱柱进行一次分离或利用小直径色谱柱进行多次分离都可获得定量的纯化合物。

4. 减压柱色谱　减压柱色谱法是利用真空为动力来加速流动相流经固定相的一种

色谱分离方法。与加压柱色谱法相比，减压柱色谱法操作更加简便，分离速度快，可替代快速色谱法，在进行高压液相色谱等复杂分离之前对粗提物进行初步分离，在海洋天然产物研究中得到广泛应用。

（二）制备薄层色谱

制备薄层色谱法与一般分析型薄层色谱法在吸附剂、展开剂上没有本质区别，只是增大了上样量和吸附剂的用量。即在载板上增加吸附剂的厚度，使其能处理几毫克到几百毫克的较大量试样的薄层色谱法。上样的时候需要注意只能用极少量的可挥发溶剂来溶解样品，以免点样太宽。样品收集时大部分样品应有紫外吸收的条带，将其刮下再用合适溶剂解析附，过滤得到样品溶液。如果无紫外吸收就只能在边缘喷洒显色剂显色，这样也很可能造成收集的样品不准确。另外，该法不适于某些易氧化及具有光敏性等性质不稳定的海洋天然产物的制备。

（三）高速逆流色谱法

高速逆流色谱（high-speed countercurrent chromategraphy，HSCCC）是 20 世纪 70 年代由 Ito 博士最先研制开发并迅速发展起来的一种新型色谱分离技术。它不用任何固态的支撑物或载体，利用样品在互不相溶的两相溶剂之间具有不同的分配系数而获得分离。由于 HSCCC 的固定相和流动相都是液体，避免了传统色谱固定相对样品的不可逆吸附，已广泛应用于海洋天然产物的制备型分离。常见高速逆流色谱仪如图 3-2 所示。

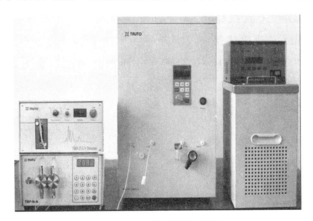

图 3-2 高速逆流色谱仪

1.HSCCC 原理 HSCCC 也是利用化合物在固定相和流动相中的分配系数不同而达到分离目的。其分离载体与一般的柱色谱不同，其固定相和流动相都为液体，即互不相溶的混合有机溶剂在静置后可以分为上相溶剂和下相溶剂。选用正转模式时，处于上相的液体（即轻相）作为固定相，即上相；处于下相的液体作为流动相。选用反转模式时，则与之相反。充满液体的螺旋管道作为高速逆流色谱的色谱柱，螺旋管绕公转轴高速旋转的同时绕自转轴做相同方向的自转运动，会产生不对称的离心力场，在保留固定相的同时使互不相溶的两相在螺旋管内不断混合，达到单向流体动力学平衡。随着流动相的不断注入，流动相带着样品不断反复穿过固定相，样品中的各组分在两相中反复分配。由于各组分在两相中的分配系数不同，致使不同组分在螺旋管中的移动速度出现差异，从而实现分离。

2. HSCCC 分离特点　HSCCC 是一种新型的色谱分离方法，具有如下几个特点：①由于螺旋管中不使用固体载体作为固定相，避免了传统色谱中固体载体对样品的不可逆吸附，没有死吸附现象，样品回收率高。②待分离样品无须经过特殊处理就可以直接上样分离，简化了实验步骤，选取合适的溶剂系统一次分离就可以得到高纯度的单体，尤其适用于分离海洋天然产物提取物。③两相溶剂系统通常为几种溶剂的组合，因此可以有多种组合与配比，可以适用于多种极性范围的样品分离，应用范围广。④高速逆流色谱的进样量可以达到克级，高于传统的高效液相色谱，载样能力更强。⑤固定相为溶剂，没有制备色谱柱的消耗，降低了使用成本。

然而，HSCCC 也存在很多缺点：缺乏各类化合物在两相溶剂中的物化性质参数；缺乏针对两相溶剂系统热力学和动力学特性方面的基础研究，溶剂的选择主要基于热力学特性和动力学特性，一般在实际经验中系统的选择要依靠一步步摸索，然后借助 HPLC 或者薄层色谱来确定化合物的分配系数和它们之间的差异。如何寻找互不相溶的两相溶剂体系的选择规律，从而进一步提高容量和效率，有待更深层次的考察和研究。

例 3-5　褐藻多酚的制备。Zhou 等[13]通过 HPLC 分析法摸索 HSCCC 溶剂体系，得到由正己烷-乙酸乙酯-甲醇-水（体积比为 2∶8∶3∶7）组成的最优溶剂系统适合分离褐藻多酚。通过使用 Sephadex LH-20 体积排阻色谱结合 HSCCC 的方法，成功从海洋褐藻 *E. maxima* 叶子的粗提物（0.3 kg）中分离得到了纯度超过 95% 的褐藻多酚 eckmaxol。建立 eckmaxol 纯化方法将有助于进一步研究和开发这种具有显著神经保护作用的药源分子。此外，这也表明 HSCCC 和体积排阻色谱的结合可以更广泛地应用于海藻中褐藻多酚的分离和纯化。

◎　**思考题**

1. 根据分离原理的不同，海洋天然产物的分离方法可以分为哪几类？

2. 反相高效液相色谱法分析生物碱类化合物时，如何改善峰形？

3. 分离过程中常用的填料有哪些？适用范围如何？

◎　**进一步文献阅读**

1.He S, Wang H, Yan X, et al. 2013. Preparative isolation and purification of macrolactin antibiotics from marine bacterium *Bacillus amyloliquefaciens* using high-speed counter-current chromatography in stepwise elution mode[J]. Journal of Chromatography A, 1272: 15-19.

2.Houssen W, Jaspars M, 2005. Isolation of marine natural products[J]. Methods in Biotechnology, 20: 353-390.

◎　**参考文献**

[1]　史清文, 李力更, 霍长虹, 等. 2010. 海洋天然产物研究概述 [J]. 中草药, 41(7): 1031-1047.

[2]　Cai P, He S, Zhou C, et al. 2016. Two new karlotoxins found in *Karlodinium veneficum* (strain GM2) from the East China Sea[J]. Harmful Algae, 58: 66-73.

[3]　Hattab M E, Culioli G, Piovetti L, et al. 2007. Comparison of various extraction methods for identification and determination of volatile metabolites from the brown alga *Dictyopteris membranacea*[J]. Journal of Chromatography A, 1143(1): 1-7.

[4]　雷华平, 葛发欢, 卜晓英, 等. 2007. 超临界 CO_2 萃取工艺集成与中药提取分离现代化 [J]. 中草药, 2007(9): 1431-1433.

[5]　Fujii K. 2012. Process integration of supercritical carbon dioxide extraction and acid treatment for astaxanthin extraction from a vegetative microalga[J]. Food and Bioproducts Processing, 90(4):762-766.

[6]　王忠雷, 杨丽燕, 曾祥伟, 等. 2013. 酶反应提取技术在中药化学成分提取中的应用 [J]. 世界中医药, 8(1): 104-106.

[7]　乔婧, 高建德, 陈正君, 等. 2019. 酶及酶联用技术在中药有效成分提取中的研究进展 [J]. 甘肃中医药大学学报, 36(1): 79-82.

[8]　Park P-J, Shahidi F, Jeon Y-J. 2004. Antioxidant activities of enzymatic extracts from an edible seaweed *Sargassum horneri* using ESR spectrometry[J]. Journal of Lipids, 11(1): 15-27.

[9]　Kubrakova I V, Toropchenova E S. 2008. Microwave heating for enhancing efficiency of analytical operations (Review)[J]. Inorganic Materials, 44(14): 1509-1519.

[10]　Routray W, Orsat V. 2012. Microwave-assisted extraction of flavonoids: a review[J]. Food and Bioprocess Technology, 5(2): 409-424.

[11]　Ashokkumar, M., 2015. Applications of ultrasound in food and bioprocessing[J]. Ultrasonics Sonochemistry, 25: 17-23.

[12]　Klejdus B, Lojková L, Plaza M, et al. 2010. Hyphenated technique for the extraction and determination of isoflavones in algae: ultrasound-assisted supercritical fluid extraction followed by fast chromatography with tandem mass spectrometry[J]. Journal of Chromatography A, 1217(51): 7956-7965.

[13]　Zhou X, Yi M, Ding L, et al. 2019. Isolation and purification of a neuroprotective phlorotannin from the marine algae *Ecklonia maxima* by size exclusion and high-speed counter-current chromatography[J]. Marine Drugs, 17(4): 212.

第四章

海洋天然产物结构研究

视频讲解与
教学课件

◎ 学习目标

　　1.熟悉常用的海洋天然产物结构鉴定方法。

　　2.掌握不同方法在天然产物结构鉴定的作用。

　　3.了解各种技术方法的基本概念。

　　4.培养综合利用多种方法鉴定未知天然产物结构的能力。

　　利用质谱、核磁共振谱、红外光谱、单晶 X 射线衍射等物理学方法并结合化学反应法鉴定结构是天然产物化学的重要研究内容。本章主要针对上述物理和化学方法进行简要介绍，注重阐述不同方法在海洋天然产物结构鉴定过程中的作用。刺尾鱼毒素（maitotoxin）作为目前发现的最复杂的天然产物，其结构鉴定代表了天然产物结构鉴定的最高水平。

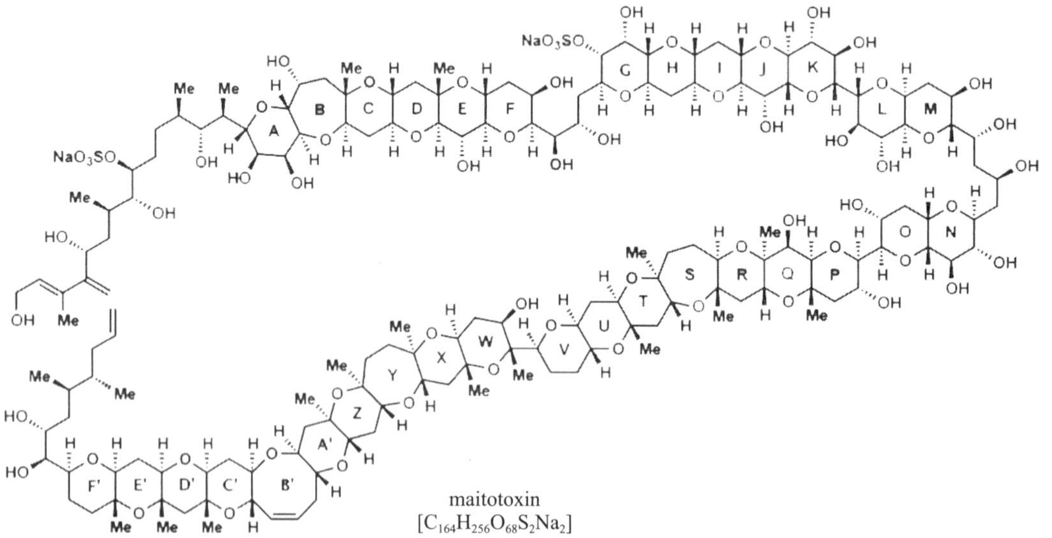

maitotoxin
$[C_{164}H_{256}O_{68}S_2Na_2]$

第一节　概　述

结构研究是天然产物化学研究的重要内容，也是天然产物进一步开发利用的基础。对天然产物结构的认识，可以划分为"点、线、平面、立体"四个层面。"点"是指天然产物分子中包含的元素种类以及各元素的原子个数。原子通过各种化学键连接成不同的基团或结构片段，这就是"线"。"平面"结构可以看作是由多个基团或结构片段拼接而成的一个完整的分子。"立体"异构体是不同的化合物，因此确定天然产物的立体构型才是结构鉴定的最后一步。从点到线、连线成面、由平面到立体也是天然产物特别是未知结构鉴定的常用逻辑。质谱（mass spectrum，MS）数据能提供天然产物分子相对质量和元素组成的相关信息，可用于"点"层面的认识。从核磁共振氢谱（^{1}H-NMR）和碳谱（^{13}C-NMR）数据中可以挖掘出很多基团及结构片段信息，是认识"线"层面的主要工具。一些特殊的官能团在红外光谱（infrared spectroscopy，IR）或紫外–可见光谱（ultraviolet-visible spectroscopy，UV）中会有特征信号，可作为认识"线"层面的补充。而要把基团及结构片段连接成完整的分子，主要依赖于二维核磁共振谱（2D-NMR）。利用 MS、NMR、IR、UV 等波谱学数据解析天然产物结构的方法被称为有机波谱法。而对于波谱数据中结构信息较少的化合物，也可以利用单晶 X 射线衍射法确定其平面结构。天然产物的立体构型也可以分为相对构型和绝对构型，相对构型一般可通过分析 NMR 数据，包括耦合常数、NOE 相关谱等确定。鉴定绝对构型的方法有多种，如比旋光度 [α] 法、圆二色光谱法（circular dichroism，CD）、Mosher 法、Marfay 法以及单晶 X 射线衍射法等。

第二节　有机波谱法

有机化合物包括天然产物的结构鉴定，在 20 世纪 60 年代以前基本上以化学反应为主要手段，虽然对于可结晶的分子也可利用单晶 X 射线衍射法。结构鉴定费时费力，一个较为复杂的天然产物结构甚至需要耗费上十年的时间才能够最终鉴定，如河豚毒素的结构研究。而后随着仪器分析技术的出现和快速发展，有机波谱，包括质谱、核磁共振、红外光谱、紫外–可见光谱成为天然产物学家最常用的结构鉴定技术。

一、质谱

对于未知结构而言，元素组成分析是结构鉴定的第一步。质谱可发挥这方面的作用。

质谱分析是一种测量离子质荷比（质量 - 电荷比）的分析方法，其基本原理是使试样中各组分在离子源中发生电离，生成不同质荷比的带电荷离子，经加速电场的作用，形成离子束，进入质量分析器。在质量分析器中，再利用电场和磁场使之发生相反的速度色散，将它们分别聚焦而得到质谱图，从而确定其质量。因此，质谱仪的核心部件包括离子源（电离和加速室）、质量分析器和离子检测器。其他外围部件还包括进样系统、真空系统和数据处理系统。样品通过进样系统进入离子源，离子源可使样品分子离子化，产生不同质荷比的离子。质量分析器可将上述离子在数量、时间的先后、空间的位置或者轨道的稳定与否等方面进行分离。分离后的离子流被离子检测器接受下来并放大后进行计算机数据处理，最终得到质谱图或质谱数据。由于质谱仪工作过程中要排除空气的干扰，需要用真空泵将整个系统减压至真空。

质谱仪种类繁多，离子源、质量分析器以及检测器均有多种选项，功能也包括定性和定量分析、有机和无机分析以及大分子和小分子结构分析等。本书侧重介绍与天然产物结构鉴定密切相关的质谱基本概念以及质谱如何在结构鉴定中发挥作用。

（一）基本概念

质荷比（mass-to-charge ratio），即质量 - 电荷比，指带电离子的质量与其所带电荷的比值，记作 m/z。

根据公式：

$$m/z = H^2r^2/2V,$$

其中，H 为磁场强度，r 为正常运动的带电离子受到磁场影响后轨道发生偏转产生的轨道半径，V 为电压。在一次质谱分析实验中，H 和 V 相同，质荷比只与 r 相关，即不同质荷比的离子在静磁场中的圆周运动将有不同的半径。这是因为磁场对不同质荷比的离子具有质量色散作用，就像棱镜对不同波长的光具有色散作用一样。m/z 是质谱最基本的参数，所有与天然产物结构鉴定相关的质谱数据都是通过 m/z 的形式展示的。

在质谱数据中，与样品分子量、分子式及化学结构相关的信息均包含在各种离子信号里。常见的离子包括以下几种。

1. 分子离子 分子离子（molecular ion）是有机物分子在电子轰击下失去一个电子所形成的离子，标记为 M$^+$·，其中"+"表示有机物分子电离失去一个电子，"."表示有机分子的成对电子因失去一个而剩下一个非配对电子，因此，分子离子属于游离基离子。对于单电荷离子，分子离子的质荷比数值即是该化合物的相对分子量。

分子离子峰的强度和化合物的结构有关。环状化合物比较稳定，不易碎裂，因而分子离子较强。支链较易碎裂，分子离子峰就弱，有些稳定性差的化合物经常看不到分子离子峰。分子离子峰强弱的大致顺序是：芳环＞共轭烯＞烯＞酮＞不分支烃＞醚＞酯＞胺＞酸＞醇＞高分支烃。

电子轰击质谱（EI-MS）易产生分子离子。分子离子热力学不稳定，能碎裂产生碎片离子。

2. 加合离子 加合离子（adduct ion）是由中性分子或碎片与质谱离子源中的离子加合产生的系列离子，常由软电离技术如电喷雾离子化（electron spray ionization，ESI）产生。ESI-MS 中常见分子加合离子如 [M+H]$^+$、[M+Na]$^+$、[M+K]$^+$、[M+Cl]$^-$、[M+HCOO]$^-$。根据质谱中出现的系列加合离子峰可推断化合物样品分子量甚至分子式。

3. 碎片离子 碎片离子（fragment ion）广义上是指由分子离子碎裂产生的一切离子，而狭义上则单指由质谱有机反应中的简单断裂方式产生的离子。碎片离子可由一级质谱产生，如电子轰击质谱（EI-MS），也可由串联质谱（MS^n）产生。此外，离子阱（ion trap）质量分析器也可以起到类似串联质谱的作用。在 ESI-MS 中还常见分子失去一个质子后产生的离子 [M-H]⁻，也可以看作是一种碎片离子。

4. 重排离子　重排离子（rearrangement ion）是质谱中经重排反应产生的离子，其结构并非原分子中存在的结构单元。

利用有机质谱反应中的化学键断裂规律或重排反应机制，可从碎片离子或重排离子信息中推断出样品化合物的结构片段。

5. 同位素离子　当元素具有非单一的同位素组成时，电离过程 中产生同位素离子（isotopic ion）。

6. 多电荷离子　分子失去两个以上电子而形成的离子是多电荷离子（multiply-charged ion）。离子电荷越多，质荷比越小。大分子有机物（如肽类化合物）的质量就是利用多电荷离子测定的。

（二）质谱在结构鉴定中的作用

天然产物包含的元素主要是 C、H、O、N，少数还有 S、P，海洋天然产物中还常见 Cl、Br 等卤代元素。在结构鉴定常用波谱中，UV 和 IR 光谱不包含质量信息，NMR 包含碳氢的部分质量数据，而质谱则可以提供整个分子的相对质量数据和元素组成信息，这是质谱独特的作用。

1. **相对分子质量的确定**　与相对分子质量相关的质谱离子包括分子离子、分子加合离子以及 [M-H]⁻ 离子。在不同的质谱图中，对这些离子的识别方法也不相同。如在 EI-MS 中，分子离子是分子电离而尚未碎裂的离子，因此分子离子峰应为 EI-MS 图谱中质量数最大的峰，一般也就是图谱中最右端的峰。而加合离子和 [M-H]⁻ 的单个离子是无法识别的，必须依赖于离子组的出现。这种离子组可以是系列正离子如质量数相差 22 的 [M+H]⁺ 和 [M+Na]⁺，也可以是系列负离子如质量数相差 36 的 [M-H]⁻ 和 [M+Cl]⁻，还可以是同一样品在正负离子模式下分别测得的离子，如质量数相差 2 的 [M+H]⁺ 和 [M-H]⁻。

由于受化合物分子离子峰不稳定性、同位素峰以及样品中高分子质量杂质峰等因素的干扰，EI-MS 图谱中的分子离子峰可能不易被发现或易识别错误。而软电离的加合离子峰往往是质谱中的基准峰，最易识别。因此，常用 ESI-MS 或 FAB-MS 图谱数据来确定天然产物的相对分子质量。

例 4-1　来源于海洋真菌的抗菌活性物质 pleosporol A 的 ESI-TOFMS 谱图显示 *m/z* 291.1902、*m/z* 293.1731、*m/z* 309.1477、*m/z* 563.3550 等系列峰，如图 4-1 所示，确定分别是 [M+H]⁺、[M+Na]⁺、[M+K]⁺、[2M+Na]⁺ 离子峰，因此推测该化合物相对分子质量约为 270。

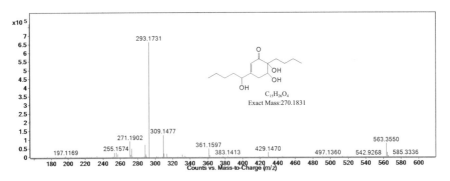

图 4-1 pleosporol A 的 ESI-TOFMS 谱图

2. 分子式的确定 组成分子的元素种类和各元素原子的个数就构成了化合物的分子式。多种质谱数据可以反映分子式信息。

首先，高分辨质谱可以测出天然产物分子的精确质量（exact mass），可精确到毫质量单位（mu）或更低。结合天然产物分子包含的有限元素种类和结构中杂原子数目的限制，质谱仪器附属的计算机系统可以根据精确分子量给出离子的元素组成式。这种计算是基于原子的精确质量数来进行的。

其次，天然产物分子中的大部分元素由非单一的同位素组成，如 ^1H 和 ^2H、^{12}C 和 ^{13}C、^{14}N 和 ^{15}N，因此，质谱中的离子峰常以同位素峰簇的形式存在。然而，C、H、O、N 元素不同同位素的自然丰度相差非常大，如 $^{12}C/^{13}C$（100：1.11）、$^1H/^2H$（100：0.015）、$^{16}O/^{17}O$（100：0.04）、$^{14}N/^{15}N$（100：0.37），由 C、H、O、N 元素组成的天然产物，其质谱同位素峰簇中高丰度同位素组成的离子的强度占绝对优势，其他同位素峰可忽略不计。不过也有一些天然产物分子中出现的元素同位素自然丰度差别较小，如 $^{79}Br/^{81}Br$（100：97.28）、$^{35}Cl/^{37}Cl$（100：31.99）、$^{32}S/^{34}S$（100：4.43），这些同位素峰不但不能忽略，而且可以利用其来推测这些元素原子的存在及个数。如图 4-2 所示，根据待测物质 HRESI-MS 谱的 $[M+NH_4]^+$ 同位素峰簇（m/z 596.9860、m/z 598.9839、m/z 600.9827）和 $[M+Na]^+$ 同位素峰簇（m/z 601.9609、m/z 603.9397、m/z 605.9378）的丰度比约为 1：2：1，推测该物质分子中有且含有 2 个 Br 原子。

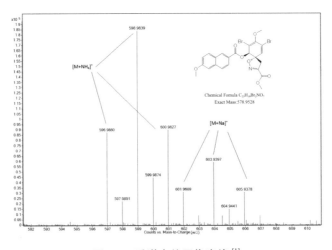

图 4-2 质谱中的同位素峰[1]

另外，由于天然产物分子中，除氮外，所有元素的主要同位素相对原子质量和化合物价均同为奇数（^1H、^{31}P、^{35}Cl、^{79}Br）或同为偶数（^{12}C、^{16}O、^{32}S），而 N 的主要同位素 ^{14}N 的相对原子质量为偶数而化合物价为奇数（三价）。因此，当天然产物分子中不含氮或含偶数个氮时，该分子的相对质量数为偶数；当天然产物分子中含奇数个氮时，该分子的相对质量数为奇数，这就是氮律（nitrogen rule）。氮律可以帮助识别分子离子峰、分子加合离子峰等。

除了相对分子质量和元素组成信息，质谱的碎片离子还能提供结构信息。质谱中分子离子进一步碎裂产生碎片离子，这一过程可称为有机质谱中的反应。有机质谱中的简单断裂反应规律性较强，这些经验规律覆盖的天然产物类型也较广，可以通过这些反应规律结合质谱中的碎片离子数据辅助推导天然产物结构。但是，质谱中的其他反应机制纷繁复杂，不同质谱中的反应也不尽相同。因此，利用碎片离子信息推测化合物结构的做法已不太常见，一般可针对某类型天然产物结构进行质谱裂解规律研究，在规律阐明的基础上推测同类型未知成分的结构。

二、核磁共振谱

核磁共振谱（nuclear magnetic resonance，NMR）是天然产物结构鉴定的最主要工具。在通过 MS 确定天然产物分子式的基础上，NMR 谱的解析可推导绝大多数天然产物的平面结构和相对立体构型。

（一）NMR 的基础知识

1945 年，以布洛赫（Bloch）和珀塞尔（Purcell）为首的两个研究小组几乎同时发现了核磁共振现象，二人据此获得了 1952 年诺贝尔物理学奖。如今，NMR 作为有机化合物定性和定量分析的重要手段，在生物、制药、化工等领域得到广泛应用。

具有磁矩的原子核能产生核磁共振，磁矩源于原子核的自旋运动。原子核的自旋运动又与自旋量子数 I 相关，只有 $I \neq 0$ 的原子核才有自旋运动，如 ^1H、^{13}C、^{14}N、^{19}F、^{31}P 等同位素原子。在静磁场中，具有磁矩的原子核存在不同能级。某原子被特定频率的电磁波照射，且电磁波频率与原子核不同能级之间的能量差相匹配，原子核即可进行能级跃迁，这就是核磁共振。

1. **化学位移 δ**　1950 年，普罗克特（Proctor）和虞富春在研究硝酸铵的 ^{14}N 核磁共振时，发现硝酸铵的共振谱线为两条，这两条谱线显然分别对应 NH_4NO_3 中的铵离子和硝酸根离子中的氮原子，即核磁共振信号可反映同一种原子核的不同化学环境。通常，在实验中采用某一标准物质作为基准，以基准物质的谱峰位置作为核磁图谱的坐标原点，不同官能团的原子核谱峰位置相对于原点的距离反映了它们所处的化学环境，故称为化学位移（chemical shift），用 δ 表示。四甲基硅烷（tetramethylsilane，TMS）是最常用的基准物质，其氢原子和碳原子的化学位移均规定为 0，即 $\delta_{TMS} = 0$。δ 是一个相对值，只与原子核的化学环境有关，与磁场强度无关。同一样品用不同磁场强度的仪器测得的 δ 数值均相同。

2. **自旋 - 自旋耦合（spin-spin coupling）和耦合常数 J**　在硝酸铵氮原子谱线

的多重性被发现后，1951 年古托夫斯基（Gutowsky）等报道了另一种峰的多重性现象。他们发现 $POCl_2F$ 的 ^{19}F 谱图存在两条谱线，而分子中只有一个 F 原子，显然这两条谱线不能用化学位移来解释，由此发现了自旋 - 自旋耦合，即两个核磁矩之间的相互作用。

当自旋体系存在自旋 - 自旋耦合时，核磁共振谱谱线会产生分裂，耦合作用的强弱表现为裂距的大小，用耦合常数（coupling constant）J 来描述，其单位为 Hz（赫兹，周/秒），J 值越大，耦合作用越强。与 δ 一样，J 数值的大小与测试仪器的工作频率无关。由于自旋耦合是通过成键电子传递的，J 值与相互作用的两个核在分子中相隔的化学键数目密切相关，其大小随化学键数目的增加而迅速下降。

（二）核磁共振氢谱（^1H-NMR）

氢同位素中 ^1H 的相对丰度最高，信号灵敏度也高，故 ^1H-NMR 测定比较容易，应用也最广泛。氢谱是包含结构鉴定相关信息最多的谱图，其中可分析的信息有：峰型、峰面积、化学位移和耦合常数。

1. **峰型**　是指谱峰的裂分情况，包括峰裂分的多少和各裂分之间的峰强度对比。单峰（singlet, s）是最简单的情况，常见的多重峰如二重峰（doublet, d）、三重峰（triplet, t）、四重峰（quartet, q）、双二重峰（doublet-doublet, dd）（图 4-3），更复杂的裂分还有 dt 峰、ddd 峰、dq 峰等。氢谱中某个氢原子的峰裂分数与其耦合的氢原子个数有关，一般符合 2n 规律，即 n 个氢原子可使与之耦合的另一个氢原子的谱峰裂分为 2n 重峰。只有当磁等价的 n 个氢与另一个氢原子耦合时使之裂分为 n+1 个峰，即 n+1 规律，如甲基的三个氢原子为磁等价原子，可使相邻碳原子上的氢信号裂分成四重峰。符合 2n 规律的一组峰内各峰的相对强度相同，符合 n+1 规律的一组峰内各峰的相对强度可用二项式展开系数近似地表示。而 2n 与 n+1 规律杂合的裂分，各峰相对强度关系复杂，不能一概而论。

在核磁共振氢谱中，各峰的峰面积与其对应的氢原子的个数成正比，其反映的是分子中处于不同化学环境的各种氢原子的个数。不过需要注意的是，与化学位移类似，峰面积也是一个相对值。一般将谱图中某个易识别的次甲基（CH）或甲基（CH_3）峰的积分面积设定为基准值（1 或 3），其他峰的面积积分与基准峰面积积分的比值即代表它们对应的氢原子个数。

2. **化学位移**　反映的是氢原子所处的化学环境，δ 的大小取决于屏蔽常数 σ 的大小，其中抗磁屏蔽起主导作用，而抗磁屏蔽与氢原子核外电子云密度密切相关。电子云密度降低，抗磁屏蔽减弱，化学位移数值变大（向谱图左侧方向，也称低场方向），这种作用也称去屏蔽作用（deshielding）。反之，屏蔽作用使化学位移数值变小。

归纳起来，质子化学位移的主要影响因素有以下几点：

（1）相连碳原子的 s-p 杂化。与氢相连的碳原子从 sp^3 杂化（饱和碳）到 sp^2 杂化（不饱和碳），s 电子的成分从 25% 增加到 33%，成键电子更靠近碳原子，因而对相连的氢原子有去屏蔽作用。因此，烯氢质子化学位移处于较低场，一般大于 4.5。

（2）诱导效应。取代基电负性越强，与取代基连接的碳原子上的质子化学位移向低场位移。诱导效应可沿碳链延伸，α - 碳原子上的质子位移明显，β - 碳原子上的质子有一定位移，γ- 位以后的受影响甚微。

（3）共轭效应，包括 π-π 共轭和 p-π 超共轭。共轭效应既可能使氢原子电子云密度升高，也可使电子云密度降低。

（4）磁各向异性。化学键尤其是 π 键在磁场中会产生磁各向异性，使得周围不同位置的质子受到的屏蔽效应不同，导致化学位移不同。如苯环质子与一般烯质子比较处于更低场、炔质子相对烯质子又处于更高场、环上 CH_2 的两个质子化学位移不同等，皆是受磁各向异性影响。

（5）范德华力。当目标氢核与其他原子过于接近，间距小于范德华半径之和时，氢核外电子被排斥，产生去屏蔽效应。

（6）溶剂介质对溶质分子中的质子化学位移也有影响，相同样品在不同氘代溶剂中的化学位移数据不同。因此核磁共振数据或谱图必须注明所用溶剂。

以上因素对所有氢原子都可能产生影响。而对于羟基、氨基等活泼氢，还存在氢键的影响。无论是分子内氢键还是分子间氢键，都使氢受到去屏蔽作用。与活泼氢形成氢键的基团不同，去屏蔽作用强弱不同。

3. 耦合常数　在核磁共振氢谱中的耦合常数除了与两个核在分子中相隔的化学键数目相关，还受到键长、键角、二面角、取代基电负性等因素的影响。由于距离大于三键的氢核之间的耦合作用很弱，在氢谱中观察到的裂分主要由同碳氢耦合或邻碳氢耦合产生，其耦合常数分别记为 ^2J 和 ^3J。虽然自旋耦合是始终存在的，但是如果连接在同一碳原子上的两个质子磁等价，则在氢谱中不会表现出峰的裂分，无法观测到其 ^2J 值。只有当 CH_2 上的两个质子处于不同的化学环境即化学不等价时，^2J 才能在氢谱中反映出来，常见的如端烯氢、环上的 CH_2。所以，在氢谱中 ^3J 即邻位耦合（vicinal coupling）是讨论的重点。

^3J 数值大小与键长、键角、取代基电负性等因素有关，一般符合以下规律：

（1）键长增加，J 值变小。例如，碳碳单键的键长大于碳碳双键，脂肪烃 ^3J 值（< 9 Hz）小于链状烯烃 ^3J 值（> 9 Hz）。

（2）键角减小，J 值增大。例如，环内双键邻位烯氢 ^3J 值从大到小的顺序为：环己烯＞环戊烯＞环丁烯＞环丙烯。

（3）取代基电负性增加，J 值变小。例如，随着杂原子电负性增加，五元芳香杂环的 ^3J 值逐渐变小（噻吩＞吡咯＞呋喃）。

同一基团的 ^3J 值一般在较小范围内变化，因此可以通过分析 ^3J 值推测天然产物结构中的基团类型。

4. 如何利用氢谱"连点成线"　对氢谱中四种信息（峰型、化学位移、耦合常数及峰面积）的综合分析可以推测出一些天然产物的结构片段。

例 4-2　根据下列氢谱（图 4-3），推测样品化合物的结构片段（$CDCl_3$, 500 MHz）。

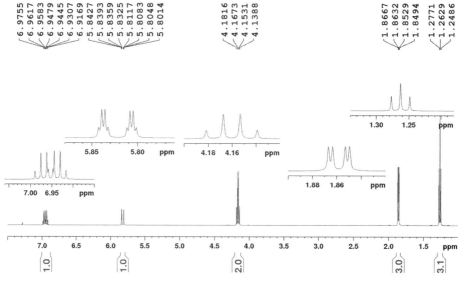

图 4-3　氢谱中的多重峰

解: 分析氢谱中的四种信息,共五组峰:

(1) δ 6.94, 1H, dq, $J = 15.5, 6.9$ Hz;

(2) δ 5.82, 1H, dq, $J = 15.5, 1.7$ Hz;

(3) δ 4.16, 2H, q, $J = 7.1$ Hz;

(4) δ 1.86, 3H, dd, $J = 6.9, 1.7$ Hz;

(5) δ 1.26, 3H, t, $J = 7.1$ Hz。

根据氢谱信息推测结构片段。第五组峰和第三组峰的耦合常数相同,峰型与对方氢数目符合 $n+1$ 规律,也就是说,第五组峰的 2 个质子使第三组峰裂分为三重峰,而第三组峰的 3 个质子使第五组峰裂分为四重峰。因此推测这两组信号互相耦合,连接成一个乙基。又根据第三组峰的化学位移偏向低场,推测乙基连接在电负性较大的原子如氧原子上。第四组峰从峰面积推测为甲基,而甲基的峰型变化只有四种,连接在季碳上呈现单峰,连接在 CH 上呈现二重峰,连接在 CH_2 上呈现三重峰,连接在两个烯碳均有氢原子的双键上呈现双二重峰。因此,根据第四组峰的峰型可以推测出一个甲基位于双键烯丙位,且双键烯碳上各有一个氢的结构片段。而这个甲基的化学位移向低场偏移是因为受到双键诱导效应的影响,也与这一推测相吻合。与此同时,化学位移数据表明第一、二组峰为烯氢质子信号,从耦合常数上看,第一、二、四组峰互相耦合,峰型符合 $2n$ 规律,这也与前面推测的烯丙位甲基结构相吻合。

总结上述,从氢谱中可以推测该样品含有下列结构片段:

（三）核磁共振碳谱（^{13}C-NMR）

测量 ^{13}C 同位素核磁共振数据所得的 NMR 谱图称为核磁共振碳谱（^{13}C-NMR）。由于 ^{13}C 的天然丰度仅约为 ^{1}H 的 1/100，^{13}C-NMR 数据采集往往需要更长的时间。碳谱的化学位移范围要比氢谱大得多，可超过 200。

与氢谱相比较，碳谱具有以下优点：

（1）对于四取代碳原子，氢谱不能反映它们的存在，而在碳谱中则可以看到其信号。

（2）碳谱有成熟的测定碳原子级数的方法，如 DEPT（distortionless enhancement by polarization transfer，无畸变极化转型增强）谱可分辨出 CH_3、CH_2、CH 和四取代碳原子。

常见的碳谱均采用全去耦方法测得，每一种化学等价的碳原子只有一条谱线，没有耦合信息。去耦的同时产生 NOE（nuclear Overhauser effect）增强碳谱信号，但是对不同类型碳原子的峰高影响不一样，导致全去耦碳谱中峰高不能定量反映碳原子数量。另外，由于四取代碳原子无 NOE，其信号较弱甚至可能不能在碳谱中显示出来。因此，类似于氢谱中的峰型、峰面积、耦合常数等信息均不能从碳谱中获得，碳谱中最重要的信息是化学位移。碳谱中化学位移反映的也是各个碳原子所处的化学环境，与氢核不同的是，碳原子化学位移主要受顺磁屏蔽影响，化学位移变化范围也要大得多，最大可达 80~90。即便如此，还是可以根据化学位移推测碳原子的类型。碳原子 δ 值大致可以分为三个区：

（1）羰基或叠烯区，$\delta > 165$。对于天然产物分子，羰基信号峰一般出现在碳谱的最左侧（最低场），其中酮、醛羰基碳和叠烯中央碳 $\delta > 200$，羧酸、酯、酰胺的羰基碳在 160~180。

（2）不饱和碳原子区（炔碳除外）。烯、芳环、碳氮三键等碳原子出现在 90~160 区域内。

（3）饱和碳原子区。饱和碳原子若不与 O、N、Cl、F 等强电负性原子相连，一般 $\delta < 55$。其化学位移受取代基电负性和取代基数量的影响，最大化学位移甚至超过 100，如 O- 糖苷类化合物的糖端基碳原子（即缩酮碳或缩醛碳）。

除了由碳原子类型不同引起的 δ_C 差异性之外，δ_C 还受到诱导效应、共轭和超共轭效应的影响。

不过值得一提的是，δ_C 还受重原子效应影响。重原子效应又称重卤素（heavy halogen）效应。一般地，由于诱导效应，碳原子上的氢被电负性基团（如 Cl）取代后其 δ_C 值变大。但是若被碘取代后，δ_C 值反而变小，溴也可表现这种性质。其原因是重卤素原子与碳原子连接后，它们众多的电子对于碳原子有抗屏蔽作用，从而碳原子共振向高场位移。由于海洋天然产物中常见 I、Br 取代，须注意重原子效应。

如红藻 *Laurencia microcladia* 的两种代谢产物 8-碘-laurinterol 和 laurinteroler 二倍体 [2]，前者受重原子效应影响 δ_{C-8} 为 96.5，后者为 123.5。

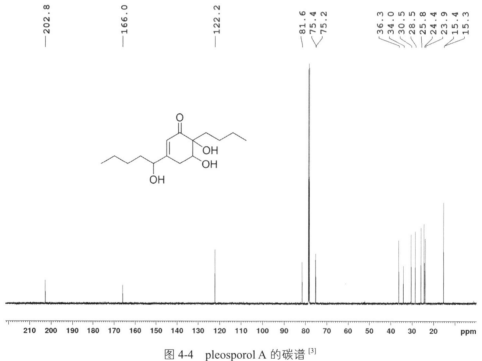

8- 碘 -laurinterol   laurinterol 二倍体

如何利用碳谱"连点成线"？

碳谱中只包含两种信息，化学位移和碳信号个数。在质谱一节中已经介绍过高分辨质谱数据结合碳信号个数可以推测天然产物分子式。对于碳化学位移，可以根据其所在区域及偏移推测天然产物结构片段。因为碳原子受到的屏蔽作用与氢原子不尽相同，因此，往往能利用碳谱推测出氢谱发现不了的结构片段。

例 4–3 根据下列碳谱（图 4-4），推测样品化合物的结构片段（CDCl$_3$, 125 MHz）。

图 4-4　pleosporol A 的碳谱[3]

解：谱中共 15 个碳信号，分布在三个区域内，羰基区（δ 202.8）、烯碳区（δ 166.0, 122.2）以及饱和区（δ 10~90）。由于一个烯碳（δ 166.0）向低场偏移，而酮羰基信号（δ 202.8）向高场偏移，推测羰基和双键连接在一起，产生共轭效应，构成 α, β - 不饱和酮结构片段。另外，三个饱和区碳信号（δ 81.6, 75.4, 75.2）向低场偏移，推测被电负性较大的原子如氧取代。

（四）二维核磁共振（2D-NMR）

利用 1D-NMR 推测出天然产物分子中的基团或结构片段后，要将这些基团或结构片段连接起来，才能构成一个完整的分子结构，即"连线成面"。一些 2D-NMR 谱就具有这样的功能。

利用两种频率表示的图谱，即将化学位移 - 耦合常数或化学位移 - 化学位移对核磁共振信号作二维展开所绘制的图谱，称为二维核磁共振谱（2D-NMR）。2D-NMR 可分为以下三大类。

（1）J 分辨谱（J-resolved spectrum），也称 J 谱或 δ-J 谱，用于将化学位移和自旋耦合的作用分辨开来。J 谱包括异核 J 谱和同核 J 谱。

（2）化学位移相关谱（chemical shift correlation spectrum），也称 δ-δ 谱，可显示共振信号的相关性，包括同核耦合、异核耦合、NOE 和化学交换。

（3）多量子谱（multiple quantum spectrum），利用脉冲序列可以检出多量子跃迁，得到多量子跃迁的二维谱。

2D-NMR 技术已有几十种，并且还在不断发展。本书重点介绍与结构片段连接相关的技术。

1. 异核多量子相关谱（heteronuclear multiple quantum coherence spectroscopy，HMQC）　在 1D-NMR 中，氢谱和碳谱可以给出多种结构信息，但是两者之间缺乏关联性。在进行结构片段连接之前，有必要将碳氢关联起来。HMQC 谱反映的是直接相连的氢核和碳核的关系，将氢谱信号和碳谱中的 CH、CH_2 以及 CH_3 的碳信号一一对应（图 4-5）。在 HMQC 谱中没有相关峰的氢信号对应的是活泼氢，没有相关峰的碳信号对应的是四取代碳。

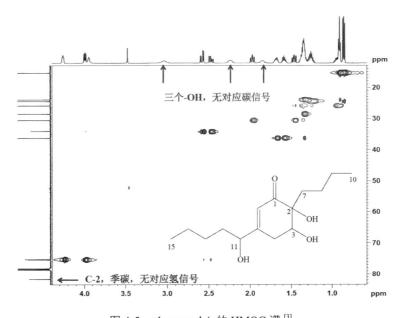

图 4-5　pleosporol A 的 HMQC 谱 [3]

2. 氢核化学位移相关谱（¹H-¹H chemical shift correlation spectroscopy, ¹H-¹H COSY） 因为 NMR 谱中观测到的耦合关系主要是邻位耦合，所以，质子之间的耦合关系可以用于含有质子的基团之间的连接。对于简单的耦合系统，可以通过氢谱数据包括峰型和耦合常数进行解析。而当氢谱信号重叠、多重峰峰型复杂时，则必须利用 ¹H-¹H COSY 谱来解析质子之间的耦合关系。如图 4-6 所示，根据 ¹H-¹H COSY 谱可以推导出 C_2、C_4、C_5 三种结构片段。

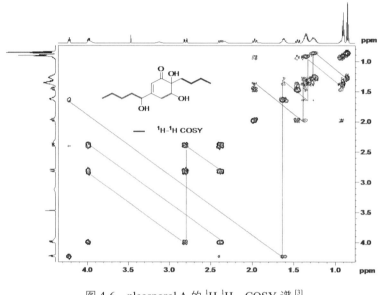

图 4-6　pleosporol A 的 ¹H-¹H COSY 谱 [3]

3. 异核多键相关谱（heteronuclear multiple bond correlation spectroscopy, HMBC） 因为 ¹H-¹H COSY 谱显示的是质子之间的耦合关系，因此利用 ¹H-¹H COSY 谱连接的结构就只限于同一个耦合系统内。而天然产物结构中由于杂原子、四取代碳原子的存在，往往被分割成多个耦合系统。HMBC 给出的是远程偶合的碳氢关系，采用较小的 $^2J_{CH}$ 或 $^3J_{CH}$ 偶合常数进行调节，则可得相隔 2 个或 3 个键的碳氢相关谱。因此，依据 HMBC 谱信息可实现跨耦合系统的结构连接。如图 4-7 所示，利用 ¹H-¹H COSY 相关信息可以推导出 b、c、d 三个结构片段，利用碳谱推导出 α, β - 不饱和酮结构片段（a），在此基础上，通过 HMBC 相关谱分析，将片段 a、b、c、d 连接起来组成完整的化合物结构。

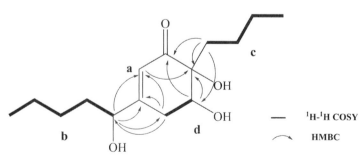

图 4-7　pleosporol A 的 HMBC 谱 [3]

天然产物的结构鉴定，除了结构推导之外，NMR 信号的归属也是重要内容。NMR 信号的归属也主要依赖 2D-NMR。

（1）利用 HMQC 谱进行氢谱重叠信号归属。氢谱中经常出现信号的重叠，特别是在饱和区。这对于氢谱的直接分析、COSY 谱的解读以及氢谱信号的归属都会产生干扰。由于同一基团中氢、碳原子化学位移的影响因素不完全一致，氢谱中信号重叠的质子直接相连的碳原子信号可能相差较大，因此可以利用 HMQC 谱将重叠的氢谱信号区分开来。

（2）利用 ^{1}H-^{1}H COSY 谱进行氢谱重叠信号归属。一些化学等价或化学环境相近的质子可能具有不同的耦合关系。可以利用这种差异性，通过 ^{1}H-^{1}H COSY 谱分析归属氢谱重叠信号。

（3）利用 HMBC 谱归属四取代碳原子信号以及杂原子上的基团信号。在常用的 2D-NMR 中，只有 HMBC 谱包含四取代碳原子相关信号，是归属四取代碳原子的最主要途径。而杂原子上的基团如 CH_3O、CH_3N、CH_3S 等与骨架结构没有耦合关系，只能通过 HMBC 谱确定其所在位置。

三、紫外 - 可见光谱

随着核磁共振技术的迅速发展，现在几乎可以只依靠 NMR 就可以推导出天然产物的完整结构。但是，NMR 谱也有仪器昂贵、灵敏度低、测试时间长等缺点，另外也有一些基团的信息在 NMR 中不易识别。因此，为了对一些特殊基团或结构片段进行确证，以及今后尽可能利用更简便的方法来确定已报道结构，紫外 - 可见光谱（UV）和红外光谱（IR）也是未知天然产物结构鉴定时所必需的数据。

UV 光谱属于吸收光谱。有机物质吸收紫外线引起分子中的价电子发生跃迁，跃迁的能级因价电子性质不同而不同。因此，不同结构的化合物在光谱中呈现出不同波长的吸收带，即为紫外 - 可见光谱。紫外光区可分为远紫外区（10~200 nm）和近紫外区（200~400 nm）。由于空气在远紫外区内有吸收，干扰不易排除，且远紫外区能提供的有机化合物结构信息有限，所以通常的 UV 光谱波长范围为近紫外区，即 200~400 nm，和可见区 400~800 nm。

（一）紫外光谱的原理

海洋天然产物通常包含 C、H、O、N、S、X（卤素）等元素原子，其外层电子有成键的 σ、π 和非成键的 n 电子以及对应的 σ、π、n 分子轨道。分子吸收光能，电子从低能量的轨道跃迁到高能量轨道，跃迁类型可分四种，按照跃迁能量由大到小排序为 $\sigma \to \sigma^*$、$\pi \to \pi^*$、$n \to \sigma^*$ 和 $n \to \pi^*$。$\sigma \to \sigma^*$ 电子跃迁能量最大，其吸收位于远紫外区，其余三种电子跃迁能量较小，其吸收位于近紫外区，能反映在紫外光谱上。

在天然产物分子结构中，能吸收光线而产生电子跃迁的基团称为发色团（chromophore），能吸收近紫外光的发色团包括 C＝C、C＝O、C＝N、N＝N 等。某些基团如—OH、—SH、—NH_2、—Cl，自身在近紫外区无吸收，但与发色团相连时，能使发色团吸收峰向长波移动并增加吸收强度，称为助色团（auxochrome）。UV 光谱中

的 λ_{max} 及 ε 与发色团和助色团均相关。

（二）紫外光谱的解析

紫外光谱中的强吸收带主要是由 $\pi \to \pi^*$ 和 $n \to \pi^*$ 跃迁产生的，因此，紫外光谱主要用于预测或确认天然产物结构中的不饱和官能团。常见的化合物紫外光谱吸收带包括以下几种。

（1）R 带。由 $n \to \pi^*$ 跃迁产生，如 C＝O、—NO、N＝N。R 带的吸收峰波长在270 nm 以上，吸收强度弱，一般 $\varepsilon > 100$。

（2）K 带。由共轭体系的 $\pi \to \pi^*$ 跃迁产生。其吸收峰波长比 R 带短，吸收强度较强，$\varepsilon > 10^4$。随着共轭体系的增加，π 电子束缚更小，引起 $\pi \to \pi^*$ 跃迁所需能量越小，K 吸收带向长波方向移动。

（3）B 带。由苯环的 $\pi \to \pi^*$ 跃迁产生，呈现宽峰，位于 230~270 nm 区域，其中心在 254 nm，吸收强度弱。

（4）E 带。E 带是芳香族的特征吸收带，有两个吸收带，分别为 E_1 带和 E_2 带。E_1 带出现在 184 nm（$\varepsilon > 10^4$），E_2 带约在 203 nm（$\varepsilon = 7000$），均属强吸收带。当有发色团与苯环共轭时，E_2 带常与 K 带合并，并向长波方向移动。

在海洋天然产物中，常见的具有强紫外吸收的化合物有酚类、醌类、共轭烯烃、芳香族生物碱等。解析紫外光谱时，可查阅具有相同或相近不饱和官能团的天然产物的紫外光谱数据，并与之对照，从而推测化合物结构中的不饱和结构。

UV 谱在某些特殊情况下还可以用于推测天然产物中发色团的细微结构，如citridone 类生物碱（CJ-15、696 等，图 4-8），二氢呋喃环和吡啶环的连接方式与 B 带吸收峰位置密切相关[4]。

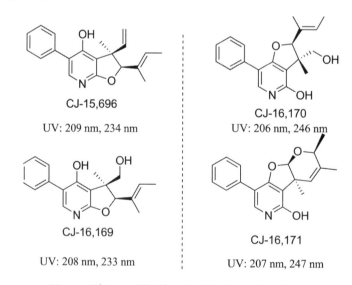

CJ-15,696
UV: 209 nm, 234 nm

CJ-16,170
UV: 206 nm, 246 nm

CJ-16,169
UV: 208 nm, 233 nm

CJ-16,171
UV: 207 nm, 247 nm

图 4-8 利用 UV 谱鉴定天然产物发色团的细微结构

四、红外光谱

介于可见光区和微波区之间的区域，波数范围在 14000 cm⁻¹ 到 10 cm⁻¹ 之间，称为红外区。红外区可大致分为三个区域：近红外区、中红外区和远红外区。其中，中红外区的波数范围为 4000~400 cm⁻¹，绝大多数有机化合物的基频振动出现在该区域。因此，用于天然产物结构鉴定的红外光谱主要是中红外区的光谱信息。

（一）红外光谱用于结构鉴定的原理

分子中某一特定基团的某一方式的振动，其频率总是出现在某一相对范围较窄的区域，而分子的其余部分对其影响较小，故而不同分子中的相同基团振动频率是相同的。这种以相当高的强度出现在某一基团的特征吸收区域内，并且能够用它鉴定该基团的吸收带称为该基团的特征吸收带，其频率称为特征基团频率。红外光谱中的特征基团频率是在研究了大量相关化合物光谱数据的基础上总结出来的，大多数特征基团频率出现在 1330 cm⁻¹ 以上的区域。因此也将红外光谱图划分为官能团区（＞1300 cm⁻¹）和指纹区（＜1300 cm⁻¹）。

分子中某一键的近似振动频率主要取决于该键的力常数和原子质量，但其准确的振动频率还要受到许多因素的影响，一部分是属于分子内的结构因素，如电效应、空间效应和振动耦合等，另一部分是属于分子外部环境因素，如溶剂效应、氢键等。因此，基于基团所处环境与特征基团频率位移的关系总结，可以使我们根据基团频率位移的方向、强度和强度变化来推断分子中的特征基团。

特征基团频率位移的影响因素，主要包括以下几个方面。

1. 电效应之诱导效应　化学键的电子云密度会受到邻近取代基的影响，从而引起键的力常数变化，该键的振动频率也发生变化，此为诱导效应。取代基电负性越大，诱导效应就越强。

如脂肪酮羰基的吸收频率为 1715 cm⁻¹，卤素原子取代一侧烷基后吸收频率上升，这是因为卤素原子的诱导作用使得羰基的电子云密度由氧原子向碳原子转移，羰基双键性增加，键力常数增加，因此振动频率向高频方向位移。

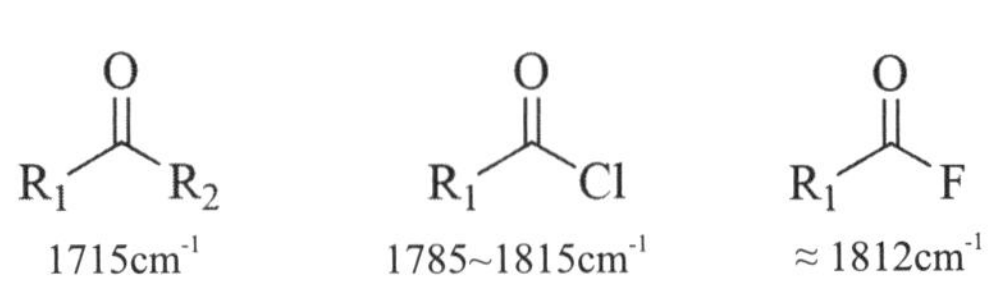

2. 电效应之共轭效应（π-π 共轭）　对于能形成 π-π 共轭的分子，其 π 电子的离域增大，使双键特性减弱，力常数降低，伸缩振动向低频位移，同时吸收带强度增加。

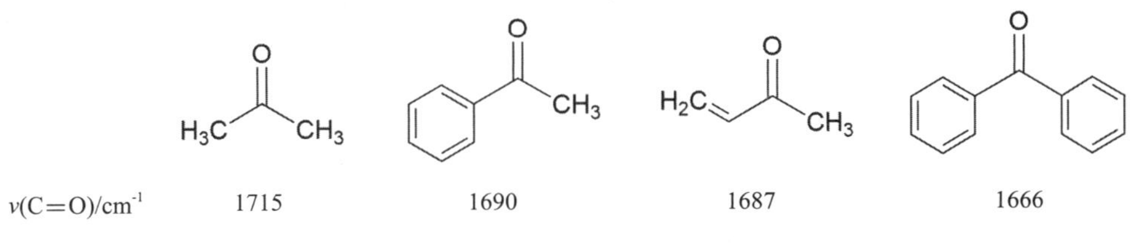

3. 电效应之共振效应（p-π 共轭） p-π 共轭与 π-π 共轭作用类似，使得双键特性减弱，伸缩振动向低频位移。典型的例子是酰胺的羰基吸收，由于羰基与 N 原子上的孤对电子形成 p-π 共轭，伯、仲、叔酰胺羰基的吸收频率均不超过 1690 cm⁻¹，处于羰基的低波数区。

其实，对于酰胺羰基的 C 原子，N 原子也产生诱导效应，不过因为其共轭效应强于诱导效应，使得羰基吸收带向低频位移。而酰卤中的卤素原子具有孤对电子，也可与羰基产生共轭效应（F 原子除外），不过因为其诱导效应占据主导，使得羰基吸收带向高频位移。因此，取代基对官能团吸收频率的影响往往是多种效应的综合。

4. 空间效应之环张力 在存在环张力的环状化合物中，随着环张力的增加，环内双键伸缩振动频率降低，而环外双键伸缩振动频率和强度均增加。

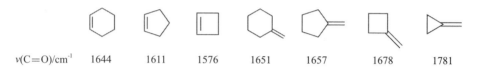

ν(C=O)/cm⁻¹   1644   1611   1576   1651   1657   1678   1781

5. 氢键的影响 无论是分子内氢键还是分子外氢键，都使参与形成氢键的原化学键的键力常数降低，吸收带向低频位移；同时，振动时偶极矩的变化加大，吸收强度增加。能形成氢键的常见官能团包括羟基、氨基、羧基等。如游离态醇羟基伸缩振动频率在 3600 cm⁻¹ 附近，形成氢键后可位移至 3300 cm⁻¹ 附近。

其他影响因素还包括空间位阻、偶极场效应、溶剂效应等，在本书中就不一一介绍了。

（二）红外图谱解析

随着核磁共振（NMR）技术的不断发展，NMR 数据已经成为天然产物结构分析的主要依据，其他技术包括 UV、IR 等逐渐成为辅助手段。不过，对于某些官能团如羰基、三键等的鉴定，红外光谱还是具有独特的作用。

1. 三键（炔键和氰基）的鉴定 端炔碳氢伸缩振动的吸收峰在 3300 cm⁻¹ 附近，峰形尖锐。2500~2000 cm⁻¹ 区域是三键（C≡C 和 C≡N）的伸缩振动区，吸收峰的强度较弱。不过由于这一区域也是累积双键（C=C=C、N=C=O、N=C=S、O=C=O 等）的伸缩振动区，也要注意红外光谱作图时扣除空气中二氧化碳（约 2365 cm⁻¹、2335 cm⁻¹）背景吸收不完全的情况。

2. 羰基的鉴定 羰基化合物种类很多，在天然产物中常见的类型包括酮、醛、酯、羧酸、酰胺等 5 种，其他类型如脲基、氨基甲酸酯、酰亚胺等较为少见。大部分羰基的 $\nu_{C=O}$ 吸收峰集中于 1650~1900 cm⁻¹ 区域内，强度都较大，一般为整个红外光谱图的最强峰或次强峰，峰形尖锐或稍宽（图 4-9）。各类羰基化合物的吸收峰从高波数到低波数大致顺序为羧酸（$\nu_{C=O}\approx$ 1760 cm⁻¹）、酯（$\nu_{C=O}=$ 1760~1730 cm⁻¹）、醛（$\nu_{C=O}\approx$ 1725 cm⁻¹）、酮（$\nu_{C=O}\approx$ 1715 cm⁻¹）、酰胺（$\nu_{C=O}\approx$ 1690 cm⁻¹）、羧酸盐（$\nu_{C=O}\approx$ 1600 cm⁻¹ 和 1400 cm⁻¹）。常见的对羰基的影响因素包括共轭效应、环张力、氢键等，各种因素对羰基吸收峰的影响可参照前文。

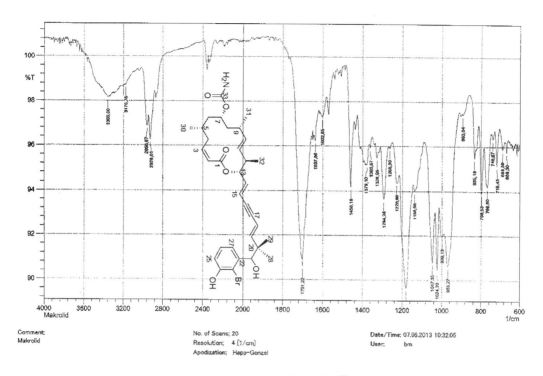

图 4-9　天然产物红外光谱 [5]

第三节　立体构型鉴定

　　根据受体理论，药物分子作为配体与受体蛋白的结合是化学性的，既要求两者间有相互吸引力，也需要两者的构象互补即三维空间上的匹配性。而天然产物作为药物分子的重要来源，对其化学结构的认识也因此必须上升到三维空间水平。历史上的"反应停"事件，就是没有从立体化学水平纯化药物分子而导致悲剧的发生。天然产物的立体构型包括两个层面，一是相对构型（relative configuration），是指天然产物结构中某一手性中心与分子中其他手性中心的关系。相对构型可以通过 NMR 数据如耦合常数、NOE 类核磁共振谱等分析确定。二是绝对构型（absolute configuration），是指手性分子中各个基团在空间的真实排列关系。天然产物的绝对构型鉴定方法有 Mosher 法、Marfey 法、圆二色光谱法、单晶 X 射线衍射法等。

一、核磁共振法

　　核磁共振法确定天然产物相对构型主要是利用质子之间的耦合关系或者核极化效应（NOE），因此 NMR 法常用于确定含有氢原子的手性中心相对构型。

（一）耦合常数分析

　　对于脂肪环烃，邻位耦合常数与二面角有关，可用 Karplus 公式计算，大致关系可用如图 4-10 所示曲线表示。

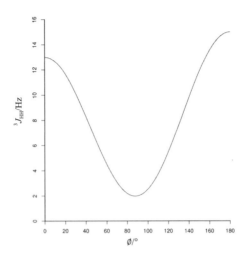

图 4-10 ^3J 数值与二面角的关系

由图 4-10 可知，邻位二氢分别位于环平面的两侧且一个在直立键（a 键）另一个在平伏键（e 键）时，二面角接近 90°，$^3J_{ae}$ 数值最小；邻位二氢均在 a 键上且分别位于环平面的两侧时，二面角接近 180°，$^3J_{aa}$ 值最大（> 12 Hz）；邻位二氢在环平面同侧且均为直立键（a 键）或平伏键（e 键）时，二面角接近 0°，$^3J_{aa}$ 值或 $^3J_{ee}$ 值也较大（≈ 10 Hz）。因此，根据邻位氢耦合常数可推测环上手性 CH 碳原子的相对构型。

双键的顺式和反式可以看作二面角的极端形态。两个顺式烯氢的二面角相当于 0°，反式相当于 180°。顺式与反式的耦合常数差别明显，可用于鉴定两个烯碳上均有烯氢的双键构型（图 4-11）。

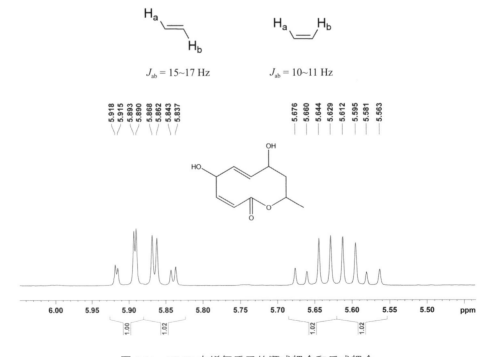

图 4-11   NMR 中烯氢质子的顺式耦合和反式耦合

（二）NOE 类核磁共振谱

NOE（nuclear Overhauser effect），也称核极化效应，是双共振的一种。在核磁共振中，当分子内有在空间位置上互相靠近的两个核 A 和 B 时，如果用双共振法照射 A，调节干扰场的强度增加到刚好使被干扰的谱线达到饱和，则质子 B 的共振信号就会增加，这就是核极化效应。产生这一现象的原因是两个核的空间位置很靠近，相互弛豫较强，当 A 受到照射达到饱和时，它要把能量转移给 B，于是 B 吸收的能量增多，共振信号增大。利用 NOE，可以判断两个质子在空间上的距离，从而推测与之相关的手性中心的相对构型。

检测 NOE 可以采用一维方式（NOE 差谱）或二维方式（nuclear Overhauser effect spectroscopy，NOESY）。如果采用一维方式，需选定某峰组进行选择性辐照，记录此时的谱图，再扣去未辐照时的常规氢谱而得差谱。氢谱中的某些峰组在差谱中的对应区域呈正峰或负峰分析差谱，这即是 NOE 信息。一维方式灵敏度高，但是只能选择性照射一组峰，可判断的手性中心较少。NOESY 可以展示所有基团之间的 NOE 作用，是利用 NMR 确定天然产物相对构型的常用方法 [6]。

二、Mosher 法

对于一对对映异构体，在一般的氘代溶剂（非手性溶剂）中，其 NMR 数据是相同的。因此，NMR 谱不能区分互为对映异构体的两个化合物，也不能确定其绝对构型。而非对映异构体的 NMR 谱通常有一定的差别。1973 年，美国斯坦福大学教授 Harry Stone Mosher（1915—2001）提出 ^{1}H-NMR 和 ^{19}F-NMR 测定手性仲醇绝对构型的应用方法。Mosher 教授选择一对手性试剂 α - 甲氧基 - α - 三氟甲基 - 苯基乙酸（α -methoxyl- α trifluoromethyl-phenyl-acetic acid，MTPA），亦称 Mosher 酸，其优势构象如图 4-12 所示。将待测手性仲醇分别与 (R)-MTPA 和 (S)-MTPA 反应，得到两个酯类产物即 Mosher 酯，其优势构象如图 4-13 所示。Mosher 教授发现，在 Mosher 酯的优势构象中，醇基即 "手性仲醇分子" 上的 α -H、手性碳原子、氧原子以及 MTPA 上的羰基、羰基上的碳原子、α -C、α - 三氟甲基上的碳原子共处同一平面，Mosher 教授将此平面称为 MTPA 平面（MTPA plane）或 Mosher 平面（Mosher plane），并设计了 Mosher 酯构型关系模式（Mosher model，configurational correlation model）。从 Mosher 酯构型关系模式（图 4-14）可以看出，在 (R)-MTPA 酯分子中，醇基中的取代基 R_1 处于 MTPA 苯基（Ph）的面上，但是 R_1 与 Ph 又相处于 MTPA 平面的异侧，R_1 受苯环的抗（逆）磁屏蔽效应（shielding effect）较小；而在 (S)-MTPA 酯分子中，R_1 处于 Ph 的面上，但是 R_1 与 Ph 又处于 MTPA 平面的同侧，R_1 受苯环的抗磁屏蔽效应较大。因此，(R)-MTPA 酯与 (S)-MTPA 酯相对比，(R)-MTPA 酯中 R_1 基团上的 β -H 处于较低场，而 (S)-MTPA 酯中 R_1 基团上的 β -H 处于较高场。同理，对于醇基中的取代基 R_2，(S)-MTPA 酯与 (S)-MTPA 酯相对比，(R)-MTPA 酯中 R_2 基团上的 β -H 处于较高场，而 (S)-MTPA 酯中 R_2 基团上的 β -H 处于较低场。再从 ^{1}H-NMR 谱中得出的数据分析，比较产物 (R)-MTPA 酯、(S)-MTPA 酯中醇基上取代基 R_1 上 β -H 的 ^{1}H-NMR 信号，其位移值差值 $\Delta\delta = \delta_S - \delta_R < 0$；比较产物

(R)-MTPA 酯、(S)-MTPA 酯中仲醇基上取代基 R_2 上 β-H 的 ^{1}H-NMR 信号，其位移值差值 $\Delta\delta = \delta_S - \delta_R > 0$（图 4-15）。Mosher 教授最终发现，将 $\Delta\delta$ 为负值的 β-H 所在基团（R_1）放在 Mosher 模式图中 MTPA 平面的左侧，将 $\Delta\delta$ 为正值的 β-H 所在基团（R_2）放在 Mosher 模式图中 MTPA 平面的右侧，最终可判断仲醇样品手性碳的绝对构型（图 4-15）[7]。

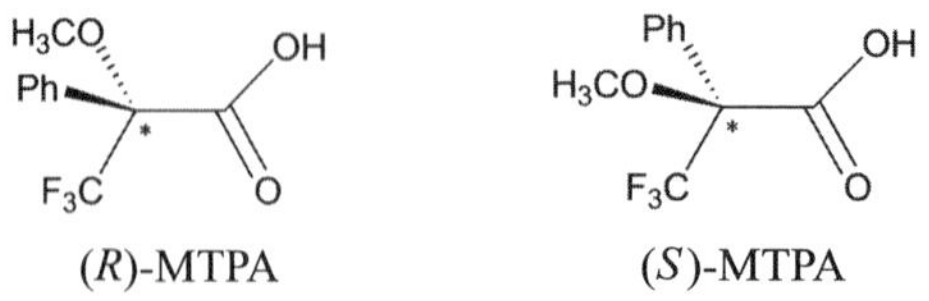

(R)-MTPA   (S)-MTPA

图 4-12 (R)-MTPA 和 (S)-MTPA 的优势构象

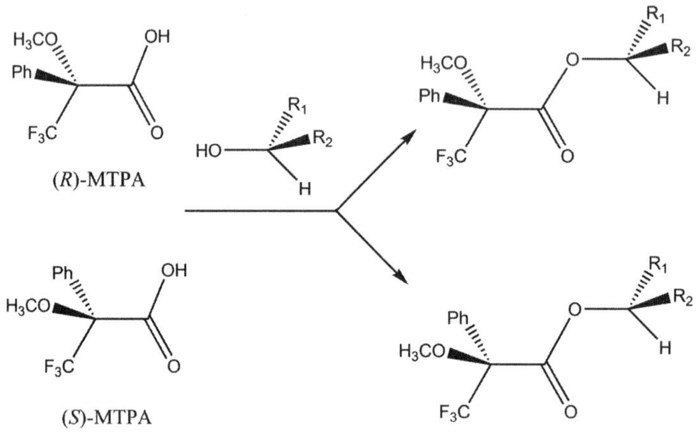

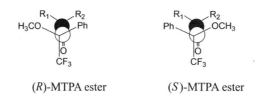

(R)-MTPA

(S)-MTPA

图 4-13 手性仲醇与 (R)-MTPA［或 (S)-MTPA］酯化反应产物的优势构象

(R)-MTPA ester   (S)-MTPA ester

图 4-14 Mosher 酯构型关系模式（Mosher model）

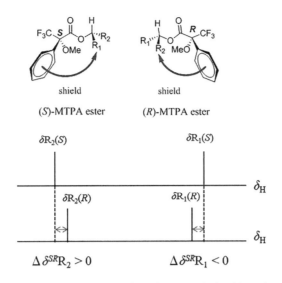

shield   shield

(S)-MTPA ester   (R)-MTPA ester

$\Delta\delta^{SR}R_2 > 0$ $\Delta\delta^{SR}R_1 < 0$

图 4-15　根据 Mosher 法实验数据推测仲醇手性的过程

例4-4　irciformonin B 是从海绵 *Ircinia* sp. 中分离得到的一种具有细胞毒性的萜类化合物（图 4-16，化合物 1），其 C-10 位和 C-15 位被羟基取代变成手性仲醇碳，利用 Mosher 法可鉴定两个位置的绝对构型。C-10 位单酯化产物（图 4-16 中的 1a 和 1b）数据分析结果显示，基团（H-11、H-21）的 $\Delta\delta_{S-R}$ 为正值，基团（H-7、H-22）的 $\Delta\delta_{S-R}$ 为负值。因此，可将基团（H-11、H-21）放置在 Mosher 模式图中 MTPA 平面的右侧，将基团（H-7、H-22）放置在左侧，C-10 的绝对构型鉴定为 *S*。同理，分析 Irciformonin B 的 C-10 和 C-15 位双酯化产物（图 4-16 中的 1c 和 1d）数据，可以确定 C-15 的绝对构型为 *R*。

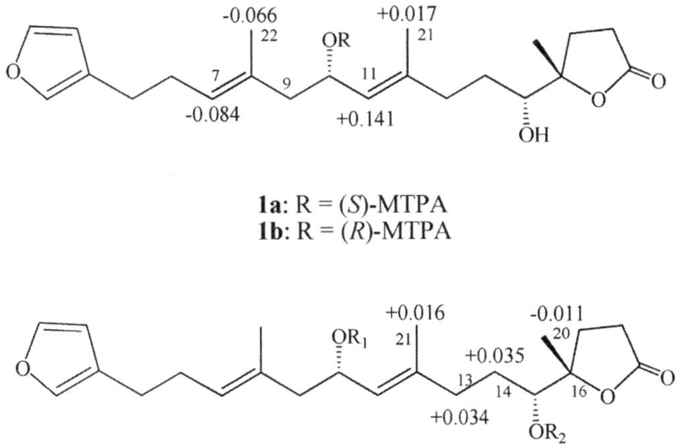

1a: R = (S)-MTPA
1b: R = (R)-MTPA

1c: R₁ = (R)-MTPA, R₂ = (S)-MTPA
1d: R₁ = (R)-MTPA, R₂ = (R)-MTPA

图 4-16　Mosher 法鉴定仲醇手性的表示方法[8]

三、Marfey 法

α-氨基酸除氨基乙酸以外，α-碳原子均为手性碳，因此，对于 α-氨基酸以及包括 α-氨基酸残基结构片段的天然产物（如肽类、生物碱），其立体构型的鉴定是必须解决的问题。不过，由于氨基酸极性大，在普通的反相高效液相色谱柱上较难保留，分离效果差。常见 α-氨基酸只有一个手性碳，D-和 L-氨基酸互为对映异构体，在普通反相高效液相色谱柱上的色谱行为没有差异，也不能用 ODS-HPLC 方法区别其构型。再加上常见氨基酸中包括很多非芳香性氨基酸，其紫外吸收较弱，常用的高效液相色谱紫外检测器难以检测。针对上述分析难点，Peter Marfey 在 1984 年开发了一种化学衍生结合 HPLC 分析鉴定常见 α-氨基酸绝对构型的方法，称为 Marfey 法，其基本原理如图 4-17 所示[9]。该方法通过化学反应引入小极性的手性发色团（如常用的 Marfey 试剂 FDAA、FDLA 等），反应所得的氨基酸衍生物能在反相色谱柱中被保留，且在 340 nm 波长下被紫外检测器检测。而且，D-和 L-氨基酸与 Marfey 试剂反应所得衍生物互为差向异构体，可在普通反相吸附色谱柱上实现分离，再与 D-（或 L-）氨基酸标准品衍生物的保留时间比较，最终实现氨基酸立体构型的鉴定。Marfey 法已广泛应用于蛋白质、肽类以及生物碱等天然产物中氨基酸残基的构型鉴定，其特点是同时需要被鉴定的氨基酸的 D-和 L-型标准品。

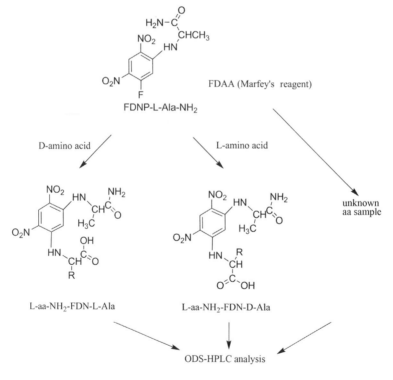

图 4-17 Marfey 法鉴定未知氨基酸手性流程

四、圆二色光谱法

光学活性物质对组成平面偏振光的左旋和右旋圆偏振光的吸收系数（ε）是不相

等的，$\varepsilon_L \neq \varepsilon_R$，即具有圆二色性。如果以不同波长的平面偏振光的波长 λ 为横坐标，以吸收系数之差 $\Delta\varepsilon = \varepsilon_L - \varepsilon_R$ 为纵坐标作图，得到的图谱即是圆二色光谱，简称 CD 谱。CD 曲线中 $\Delta\varepsilon$ 的正负改变称为 Cotton 效应，一般 Cotton 效应最大值对应的波长与测试化合物的 UV 谱最大吸收波长（λ_{max}）位置一致。对映异构体的 Cotton 效应正负性相反，绝对值相同，即对映异构体的 CD 曲线以波长轴为中心上下对称。

由于有机物质吸收紫外线或红外线能分别引起分子中的价电子跃迁或分子振动，因此，测定手性化合物紫外吸收的 CD 谱称为电子圆二色光谱，即 ECD（electronic CD），而测定手性化合物红外吸收的 CD 谱称为振动圆二色光谱，即 VCD（vibrational CD）。ECD 样品用量少、易回收，技术发展也更为成熟，因而被广泛用于天然产物绝对构型的鉴定。目前，利用 ECD 鉴定天然产物绝对构型的方式有两种：ECD 比较法和 ECD 计算法[10]。

化合物是否有圆二色性取决于其结构中是否有发色团以及发色团是否受不对称环境的影响。因此，发色团与手性中心完全一致的不同化合物，其 ECD 也是相同的。基于此，就可以通过与已知化合物的 ECD 进行比较，判断与已知化合物发色团和手性中心相同的未知样品的绝对构型。这就是 ECD 比较法。

例如，从海鞘 *Clavelina oblonga* 分离得到的天然产物 2-aminododecan-3-ol，结构中包含两个手性碳（C-2 和 C-3），但是不含有发色团。为了确定其绝对构型，首先利用酰化反应引入苯甲酰基作为发色团，再由 L- 丙氨酸制备获得具有相同发色团和手性中心的参照物，最后通过比较 CD 谱鉴定了 2-aminododecan-3-ol 的绝对构型（图 4-18）[11]。

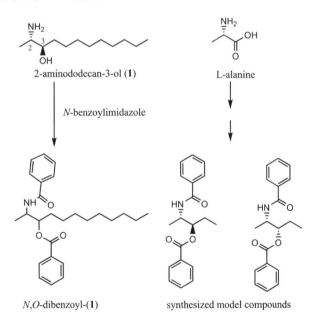

图 4-18　ECD 比较法鉴定 2-aminododecan-3-ol 的绝对构型

利用 CD 比较法，需要有参照化合物的 CD 数据。对于结构复杂的海洋天然产物来说，可参照的已知化合物及其数据少之又少，这大大限制了比较法的运用。所以，对于缺少比较对象的未知天然产物，还可以利用量子化学的计算方法虚拟待测样品立体异构体的 CD 曲线，然后比较待测样品的实验曲线和虚拟异构体曲线，从而推测待测样品的绝对构型。这就是计算 ECD 法[12]。利用含时密度泛函（TDDFT）方法计算 ECD 是近年来确定天然产物小分子绝对构型的常用方法之一。目前，进行 ECD 计算的步骤一般可以分为构象分析、图谱计算和图谱拟合三个过程。由于 ECD 测试通常是在溶液状态下进行，除了具有刚性结构的化合物外，大部分化合物在溶液状态下会存在多个构象。每个构象产生不同的 ECD，甚至相反的 ECD。实验测得的 ECD 是所有构象 ECD 综合。为了提高方法的准确度和减少计算量，一般要求在尽可能地确定天然产物相对构型的基础上再用 ECD 计算鉴定绝对构型。

五、单晶 X 射线衍射法

晶体（crystal）是一种原子有规律地重复排列的固体物质。由于原子空间排列的规律性，可以把晶体中的若干个原子抽象为一个点，于是晶体可以看成空间点阵。如果整块固体为一个空间点阵所贯穿，则称为单晶体（singlet crystal），简称单晶。1895 年，德国物理学家伦琴（W.C. Rongtgen）发现了 X 射线。1912 年，德国科学家劳埃（Max von Laue）发现了 X 射线通过晶体时产生衍射现象，证明了 X 射线的波动性与晶体内部结构的周期性，开启了利用 X 射线研究化合物结构的方法。

X 射线结构分析的原理可简单描述如下：分子中原子间的键合距离一般在 100~300 pm（即 1~3 Å）范围内，晶体具有三维点阵结构，能够散射波长与原子间距离相近（$\lambda = 50~300$ pm）的 X 射线。入射光由于晶体三维点阵引起的干涉效应，形成数目甚多、波长不变、在空间上具有特定方向的衍射，这就是 X 射线衍射（X-ray diffraction）。测量出这些衍射的方向和强度，并根据晶体学理论推导出晶体中原子的排列情况，就叫 X 射线结构分析。因此，X 射线结构分析是一门以物理学为理论基础、以计算数学为手段来研究晶体结构和分子几何的交叉学科。X 射线结构分析包括单晶和粉末结构分析两大分支，广泛应用于物理学、化学、材料科学、分子生物学和药学等学科，成为当前认识固体物质微观结构的最强有力的手段。单晶结构分析即单晶 X 射线衍射法，又包括小分子和大分子结构两大分支，两者的基本原理大致一样。但是，小分子化合物和大分子物质之间在相对分子量、晶胞体积、衍射能力、稳定性等方面存在巨大的差别，所需研究方法和技术手段也就明显不同。本书仅介绍小分子晶体结构分析的相关内容。

利用单晶 X 射线衍射法进行结构分析的过程，从单晶的培养开始，到晶体的挑选与安置，继而使用衍射仪测量衍射数据，再利用结构分析与数据拟合方法进行晶体结构解析与结构精修，最后得到各种晶体结构的几何数据与结构图形等。这是一个程序化的过程，往往由专门的分析测试人员来完成。不过天然产物化学研究者也可以参与和熟悉其中的一些环节。

（一）光源的选择：MoK$_\alpha$ 射线与 CuK$_\alpha$ 射线

单晶衍射实验所用的 X 射线通常是在真空度为 10^{-4} Pa 的 X 射线管内，由高压（30~60 kV）加速的电子冲击阳极金属靶面时产生。金属靶为高纯金属，例如钼或铜，所产生的 X 射线被相应称为钼靶或铜靶 X 射线。钼靶或铜靶 X 射线经单色化

（monochromated）后得到的谱线记为 K_α。MoK_α 射线波长为 71.073 pm，CuK_α 射线波长为 154.18 pm。利用单晶 X 射线衍射法确定天然产物绝对构型，只有当分子中含有比 P 原子重的原子时才能用 MoK_α 光源测定，如海洋天然产物中的卤代化合物。否则，只能用 CuK_α 光源。

（二）结构图：球棍图和椭球图

结构图是单晶 X 射线衍射结构分析结果的一种表达方式，包括线型、球棍、椭球、空间填充、多面体等图形，天然产物的单晶衍射结构多采用球棍图或椭球图来表示。球棍图［图 4-19（a）］中的化学键用直线表示，不同原子用大小随意指定的球或圆圈表示，这些球可以根据需要加上不同的修饰以区别不同的原子。因此，球棍图可以明显区分不同原子，还可以通过调节球半径从而区分某些原子或基团的大小。椭球图［图 4-19（b）］则直接将原子的位移参数用椭球的方式直观地表达出来，读者可以从椭球图的形状了解原子振动的程度和方向，尤其是当振动参数异常时，可以明显看出。基于此，可以用于检查精修结果中原子的位移参数是否异常、是否出现无序。椭球图是目前天然产物单晶衍射结构图的最主要的展现形式。

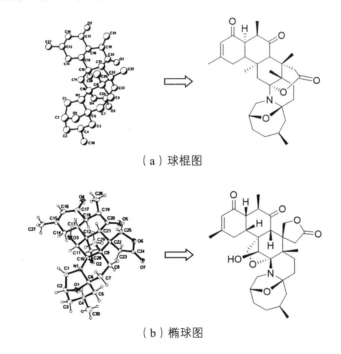

（a）球棍图

（b）椭球图

图 4-19　海洋天然产物单晶 X 射线衍射的球棍图[13] 和椭球图[14]

◎　**思考题**

1. 对天然产物结构的认识包括哪些层次？

2. 天然产物结构鉴定包括哪些内容？

3. 不同的波谱学方法在天然产物结构鉴定中发挥什么作用？

4. 天然产物绝对构型鉴定的方法有哪些？分别有什么适用条件？

◎ 进一步文献阅读

1. 宁永成 . 2018. 有机化合物结构鉴定与有机波谱学 [M]. 4 版 . 北京：科学出版社 .

◎ 参考文献

[1] Salib M N, Jamison M T, Molinski T F. 2020. Bromo-spiroisoxazoline alkaloids, including an isoserine peptide, from the caribbean Marine sponge *Aplysina lacunose* [J]. Journal of Natural Products, 83: 1532-1540.

[2] Kladi M, Vagias C, Papazafiri P, et al. 2007. New sesquiterpenes from the red alga *Laurencia microcladia*[J]. Tetrahedron, 63(32):7606-7611.

[3] Sakemi S, Bordner J, DeCosta D L, et al. 2002. CJ-15,696 and its analogs, new furopyridine antibiotics from the fungus *Cladobotryum varium*: Fermentation, isolation, structural elucidation, biotransformation and antibacterial activities[J]. The Journal of Antibiotics, 55: 6-18.

[4] Xu J, Liu P, Gan L, et al. 2019. Novel Stemphol Derivatives from a marine fungus *Pleospora* sp.[J]. Natural Product Research, 33: 367-373.

[5] Pham C D, Hartmann R, Böhler P, et al. 2014. Callyspongiolide, a cytotoxic macrolide from the Marine sponge *Callyspongia* sp.[J]. Organic Letters, 16: 266-269.

[6] 应百平 . 1977. 核极化效应 (NOE) 机器在有机结构研究中的应用 [J]. 分析化学，5(2): 147-154.

[7] Dale J A, Mosher H S. 1973. Nuclear magnetic resonance enantiomer reagent. Configurational correlations *via* Nuclear magnetic resonance chemical shifts of diastereomeric mandelate, *O*-methylmandelate, and α -methoxy- α -trifluoromethylphenylacetate (MTPA) esters [J]. Journal of the American Chemical Society, 95: 512-519.

[8] Su J, Tseng S, Lu M, et al. 2011. Cytotoxic C21 and C22 terpenoid-derived metabolites from the sponge *Ircinia* sp. [J]. Journal of Natural Products, 74: 2005-2009.

[9] Marfey P. 1984. Determination of α -amino acids II. Use of a bifunctional reagent, 1,5-difluoro-2,4-dinitrobenzene [J]. Carlsberg Research Communications, 49: 591-596.

[10] 吴立军 . 1989. 旋光谱和圆二色光谱在有机化学中的应用 [J]. 沈阳药学院学报，6：148-153.

[11] Kossuga M H, MacMillan J B, Rogers E W, et al. 2004. (2*S*, 3*R*)-2-Aminododecan-3-ol, a New Antifungal Agent from the Ascidian *Clavelina oblonga* [J]. Journal of Natural Products, 67：1879-1881.

[12] 陈国栋 , 肖高铿 , 姚新生 , 等 . 2015. 电子圆二色谱计算方法在天然产物绝对构型确定中的应用 [J]. 国际药学研究杂志，42：738-743.

[13] Rao C, Anjaneyula A S R, Sarma N S, et al. 1984. Zoanthamine: a novel alkaloid from a marine zoanthid [J]. Journal of the American Chemical Society, 106: 7983-7984.

[14] Cheng Y, Lan C, Liu W, et al. 2014. Curoshines A and B, new alkaloids from *Zoanthus kuroshio* [J]. Tetrahedron Letters, 55: 5369-5372.

中篇

各论

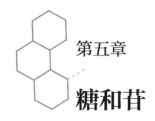

第五章

糖和苷

视频讲解与
教学课件

◎ 学习目标

1. 掌握常见几种单糖、海洋寡糖的结构和海洋多糖的分类。

2. 掌握糖的理化性质及其应用。

3. 掌握海洋苷类化合物的分类、苷键裂解的方法及其特点。

4. 掌握海洋多糖的结构层次及结构的鉴定方法。

5. 掌握糖的核磁共振波谱特征。

6. 熟悉海洋糖类和苷类化合物的常用的提取分离及检识方法。

7. 了解海洋糖类和苷类化合物的生物活性及其在海洋天然药物研究开发中的应用。

藻酸双酯钠是藻酸丙酯的硫酸酯钠盐（propylene glycol alginate sodium sulfate, PSS）的简称，是以褐藻酸为基础原料，通过降解、化学修饰的方法引入丙二醇酯基和硫酸酯基，以 β-D-(1,4)- 甘露糖醛酸（mannuronic acid, M）和 α-L-(1,4)- 古罗糖醛酸（guluronic acid, G）为基本糖链骨架组成的聚阴离子化合物，具有肝素样的化学结构和生理作用。PSS 是我国第一个海洋药物，为海洋药物的研究和发展奠定了基础。

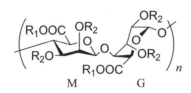

PSS
R_1=H, CH_2CH（OH）CH_3
R_2=H, SO_3Na

第一节 概 述

多羟基醛或者多羟基酮及其多聚物和衍生物统称为糖。糖广泛存在于自然界，在动植物生命活动中作为能源物质为人们所熟知。它与蛋白质、核酸并称为三大生命物质。

随着现代分离、分析技术的发展，人们对生物科学的进一步探究，糖的作用和重要性愈加受到重视。糖类化合物大多作用于细胞的表面，参与细胞的黏附、识别以及信号的转导等，具有毒副作用小、安全性高等特点。

海洋中糖类物质资源丰富，结构独特，已经成为寻找和发现海洋创新药物的重要源泉。例如，以褐藻为原料开发的海洋糖类药物有藻酸双酯钠（PSS）、甘糖酯（PMS）、肾海康（FPS），以及治疗阿尔茨海默病的药物甘露寡糖二酸（GV-971）；以红藻为原料的抗病毒药物卡拉胶（carrageenan）；以甲壳质为原料开发的抗动脉粥样硬化药物几丁糖酯（PS916）；以玉足海参为原料开发的抗凝血药物岩藻糖基化硫酸软骨素（FCS）；等等。

一、糖的定义及分布

糖类（saccharide）物质通常由碳、氢、氧元素组成。糖类多数符合分子式$C_x(H_2O)_y$，称为碳水化合物（carbohydrates）。为了能更贴切地表述糖的定义，目前把多羟基醛或者多羟基酮及其多聚物和衍生物统称为糖。

海洋生物资源丰富，可从中获得结构独特的糖类化合物。海洋植物，如红藻门（江蓠、蜈蚣藻、紫菜等）、蓝藻门（念珠藻等）、褐藻门（海带、马尾藻、喇叭藻等）、绿藻门（礁膜等）；海洋动物，如棘皮动物（海胆、海参等）；海洋矿物，如贝壳等，都含有各自独特结构的糖类化合物。

二、苷的定义及分布

苷类（glycoside）亦称苷或配糖体，是由糖或糖的衍生物（如氨基酸、糖醛酸等）与另一非糖物质（称为苷元aglycone或配基genin）通过糖的半缩醛或半缩酮羟基与苷元脱水缩合形成的一类化合物。苷元与糖、糖与糖之间的化学键称为苷键，具有糖和苷键是苷的共性。由糖与糖（糖的衍生物）形成的化合物虽然不称为苷，但糖与糖（糖的衍生物）形成的化学键亦称为苷键。

第二节　糖的结构与分类

一、单糖的立体化学

单糖结构式的表示方法有三种，即Fischer投影式、Haworth式和优势构象式。由于发现单糖在水溶液中主要以半缩醛的环状结构存在，Fischer投影式无法表示单糖在溶液中的真实存在形式，因此引入Haworth式。在Haworth式中，环状结构Fischer投影式右侧的基团写在环的面下，左侧的基团写在面上。

糖在水溶液中主要以环状半缩醛或半缩酮的形式存在。由于五元和六元环的张力最小，所以天然单糖多以五元或六元氧环形式存在。五元氧环的糖称为呋喃型糖（furanose），六元氧环的糖称为吡喃型糖（pyranose）。

以D-葡萄糖为例，说明单糖的开链式、环状式、Fischer式和Haworth式之间的转换关系。将环状Fischer式的成环碳原子上的基团旋转120°，然后将此投影式向右倾倒

90°就得到相应的 Haworth 式。

单糖的绝对构型习惯上以 D、L 表示，由 Fishcher 投影式中距离羰基最远的手性碳上的羟基决定，在右侧的称为 D 型糖（该手性碳为 R 构型），在左侧的称为 L 型糖（该手性碳为 S 构型）。在 Haworth 投影式中，五碳吡喃糖 C_4 位羟基在面下的为 D 型，在面上的则为 L 型。对于甲基五碳吡喃糖、六碳吡喃糖和五碳呋喃糖，根据 C_5-R（甲基五碳吡喃糖、六碳吡喃糖）或 C_4-R（五碳呋喃糖）的取向来判断。由于成环碳原子上的取代基发生了旋转，故 C_5-R 或 C_4-R 的取向与 D、L 的关系刚好与五碳吡喃糖相反，即当 C_5-R 或 C_4-R 在面下时为 L 型糖，在面上时则为 D 型糖。

单糖成环后形成了一个新的手性碳原子，该碳原子称为端基碳（anomeric carbon），端基碳上的羟基为半缩醛（半缩酮）羟基，形成的一对异构体称为端基差向异构体（anomer），有 α、β 两种构型。在 Fischer 式中，如果成环碳原子上的取代基未发生旋转，新形成的羟基与距离羰基最远的手性碳上的羟基在同侧者的为 α 构型，异侧的为 β 构型。在 Haworth 式中，对于五碳吡喃糖，其端基碳上的羟基与 C_4 羟基在环同侧的为 α 构型，异侧的为 β 构型。对于甲基五碳吡喃糖、六碳吡喃糖和五碳呋喃糖，用 C_5-R（甲基五碳吡喃糖、六碳吡喃糖）或 C_4-R（五碳呋喃糖）来判断，由于该碳原子上的取代基发生了旋转，故其 α、β 的关系刚好与五碳吡喃糖相反，即 C_5-R 或 C_4-R 与端基碳上的羟基在环同侧的为 β 构型，异侧的为 α 构型。

实际上，α、β 表示糖端基碳的相对构型（即苷键构型），β-D 和 α-L 型糖的端基碳的绝对构型均为 R，α-D 和 β-L 型糖的端基碳的绝对构型均为 S。

单糖结构式的另一种表示方法为优势构象式，这种表示方法更接近糖的真实存在形式。根据环的无张力学说，呋喃糖的五元氧环基本为一平面，如信封式。吡喃糖的六元氧环的优势构象式为椅式，可以表示为 C1 式和 1C 式。这里的 C 表示椅式（chair form），以 C_2、C_3、C_5 和 O 原子构成一个平面，当 C_4 在面上、C_1 在面下时，称为 $^4C_1$ 式，简称为 C1 式或 N 式（normal form）；当 C_4 在面下、C_1 在面上时，称为 $^1C_4$ 式，简称为 1C 式或 A 式（alternative form）。需要注意的是，虽然 C1 式或 1C 式可以在纸面上做 180° 旋转，但氧原子的位置不能随意改变，其糖上碳原子的编号必须按顺时针方向编

号，否则糖的绝对构型将会发生改变。在常见的吡喃型单糖中，绝大多数的优势构象是
C1 式，只有 L-鼠李糖等少数糖的优势构象是 1C 式。

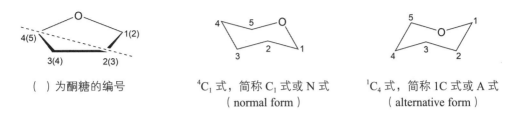

（ ）为酮糖的编号　　　$^4C_1$ 式，简称 C_1 式或 N 式　　　$^1C_4$ 式，简称 1C 式或 A 式
　　　　　　　　　　　　　　（normal form）　　　　　　　（alternative form）

椅式优势构象式的具体写法：① C1 式中位于 C_2、C_4 面上和 C_1、C_3、C_5 面下的基团
在竖键上，1C 式中位于 C_1、C_3、C_5 面上和 C_2、C_4 面下的基团在竖键上；②横键与环上
的键隔键平行，如 C_2 上的横键与 C_1-O 和 C_3、C_4 之间的化学键平行；③横键、竖键在环
的面上、面下交替排列。

二、糖的分类

糖类成分的结构复杂多样，对糖类成分的分类方法也比较多，从目前文献来看，按
照分子中单糖残基数目的多少，即聚合度的高低，将其分为单糖、寡糖和多糖。

（一）单糖

单糖（monosaccharide）是指分子中含有 3~7 个碳的多羟基醛或者酮类化合物，是
糖类成分中结构最简单的一类，是构成寡糖和多糖的基本单位。其中，以五碳、六碳糖
最为常见。由于系统命名法对于糖类成分来说非常繁琐，因此单糖的命名一般采用"端
基碳构型＋绝对构型＋旋光特性＋成环类型＋俗名"的形式来表示，例如 α-D-(+)-吡喃
葡萄糖，一般简称为葡萄糖。多数单糖在生物体内呈结合状态，只有少数单糖如葡萄
糖、果糖等以游离状态存在。

常见海洋单糖及其衍生物有以下类型。

1. 五碳醛糖（aldopentose）

CHO	CHO	CHO	CHO
H—OH	H—OH	HO—H	H—OH
H—OH	HO—H	HO—H	HO—H
H—OH	H—OH	H—OH	HO—H
CH₂OH	CH₂OH	CH₂OH	CH₂OH

D-核糖　　　　　D-木糖　　　　　D-来苏糖　　　　L-阿拉伯糖
（D-ribose,Rib）　（D-xylose,Xyl）　（D-lyxose,Lyx）　（L-arabinose,Ara）

2. 六碳醛糖（aldohexose）

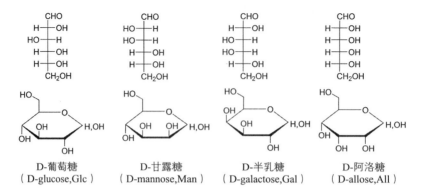

D-葡萄糖
（D-glucose,Glc）

D-甘露糖
（D-mannose,Man）

D-半乳糖
（D-galactose,Gal）

D-阿洛糖
（D-allose,All）

3. 六碳酮糖（ketohexose, hexulose）

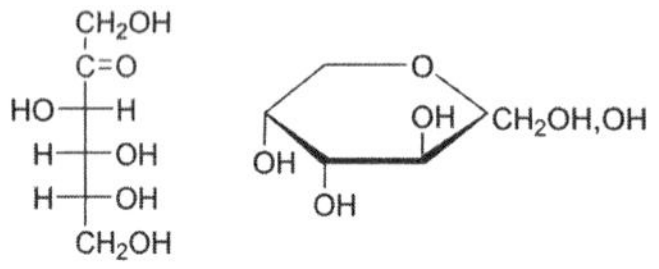

D-果糖
（D-fructose,Fru）

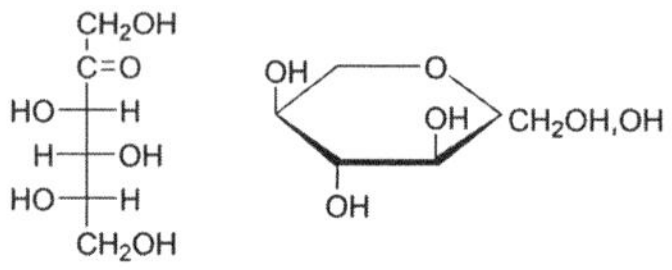

L-山梨糖
（L-sorbose）

4. 甲基五碳醛糖（methyl aldopentose）

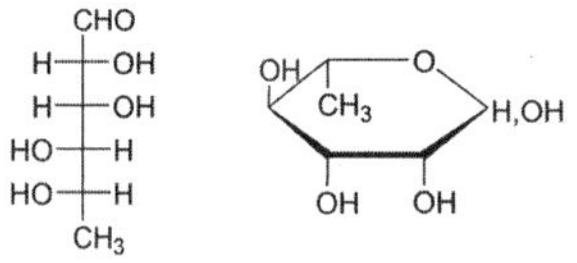

L-鼠李糖
（L-rhamnose,Rha）

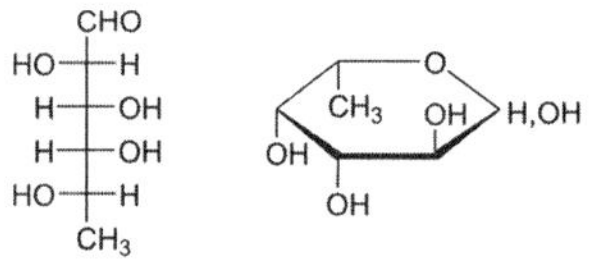

L-夫糖
（L-fucose,Fuc）

5. **氨基糖（amino sugar）** 单糖的羟基（一般为 2 位碳上的羟基）可以被氨基取代，形成糖胺或称氨基糖。自然界中存在的氨基糖都是氨基六碳糖。2-氨基-2-去氧-D-葡萄糖胺是甲壳素的主要成分。甲壳素主要的来源为虾、蟹、昆虫等甲壳类动物的外壳。2-氨基-2-去氧-D-半乳糖胺是软骨类动物的主要多糖成分。

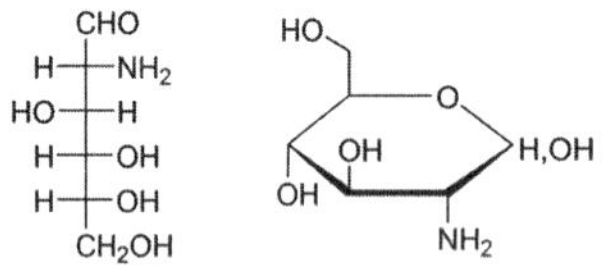

D-葡萄糖胺
（D-glucosamine）

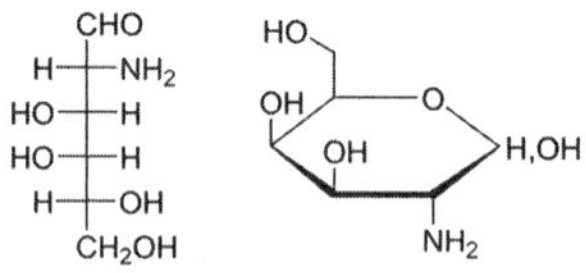

D-半乳糖胺
（D-galactosamine）

6. **去氧糖（deoxysugars）** 单糖的一个或两个羟基被氢原子取代的化合物称为去氧糖。常见的有 6-去氧糖、2,6-二去氧糖等。其中，L-岩藻糖大量存在于海藻及树胶中。

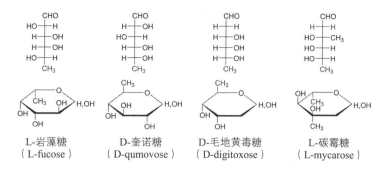

L-岩藻糖　　　D-奎诺糖　　　D-毛地黄毒糖　　　L-碳霉糖
（L-fucose）　（D-qumovose）　（D-digitoxose）　（L-mycarose）

7. 糖醛酸（uronic acid） 单糖的末端羟甲基被氧化成羧基的化合物称为糖醛酸。糖醛酸主要存在于苷和多糖类化合物中。常见的有葡萄糖醛酸、半乳糖醛酸。葡萄糖醛酸是肝脏内的解毒剂，半乳糖醛酸存在于果胶中。

D-葡萄糖醛酸　　　　　　　　　　D-半乳糖醛酸
（D-glucuronic acid）　　　　　（D-galacturonic）

8. 糖醇（sugar alcohols） 单糖的羰基被还原成羟基的化合物称为糖醇。糖醇溶于水及乙醇，比较稳定，有甜味，不能还原费林试剂。常见的有甘露醇和山梨醇。甘露醇广泛分布于各种植物组织中。海带中甘露醇占干重的 5.2%~20.5%，海带是制备甘露醇的重要原料。山梨醇在植物中分布也很广。如果山梨醇积存在眼睛晶状体内能引起白内障。

D-山梨醇　　　　D-甘露醇　　　　L-卫矛醇　　　　赤醇
（D-sorbitol）　（D-mannitol）　（L-evonymitol）　（erythritol）

此外，自然界中还存在一些特殊单糖及其衍生物。如 D-链霉碳、D-芹糖属于支碳链糖，环己六醇属于环醇（cyclitols）等。

（二）寡糖

寡糖（oligosaccharide）又称寡聚糖或低聚糖，是指由 2~9 个单糖通过糖苷键连接形成直链或支链的一类糖。按寡糖中含有单糖的数目可分为二糖、三糖、四糖等。按是否含有游离的醛基或酮基又可以将其分为还原糖和非还原糖。具有游离的醛基或酮基的糖称为还原糖，如麦芽糖、纤维二糖等。如果单糖是以半缩醛或半缩酮的羟基通过脱水缩合而成的寡糖就没有还原性，如海藻糖、蔗糖等。天然存在的三糖、四糖、五糖多数都是在蔗糖的基础结构上加上其他糖的非还原糖。

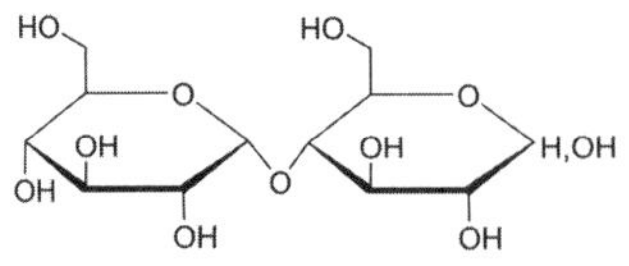

麦芽糖
（maltose）

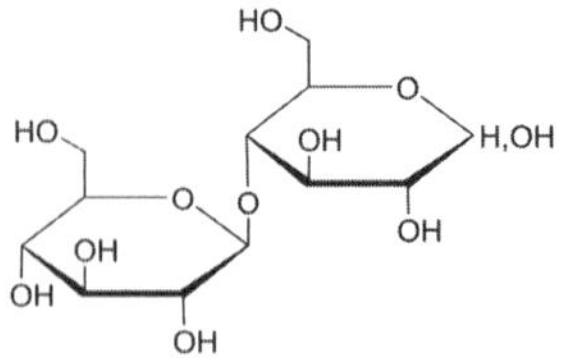

纤维二糖
（cellubiose）

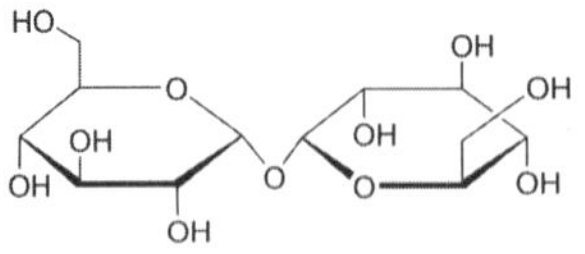

海藻糖
（trehalose）

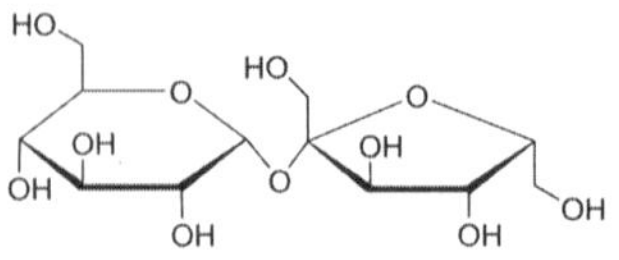

蔗糖
（sucrose）

海洋寡糖是指海洋生物中的多糖经过降解得到的一系列寡糖片段，由于其结构的特异性、活性的多样性以及成本低等优势，近年来备受关注。

1. **壳寡糖（chito-oligosaccharide，COS）** 壳寡糖又称几丁寡糖、寡聚氨基葡萄糖、甲壳低聚糖，由 2~10 个氨基葡萄糖通过 β-1,4- 糖苷键连接而成的低聚糖。为甲壳质（chitin）经脱乙酰化处理后得到的壳聚糖（chitosan）的降解产物。与甲壳质、壳聚糖相比，壳寡糖具有水溶性好、易被吸收等优点。在抑菌、调血脂、调节免疫及活化肠道双歧杆菌等方面，表现出更优越的生物活性[1]。

2. **海藻酸钠寡糖（alginate oligosaccharide，AOS）** 海藻酸钠寡糖是由海藻酸钠（sodium alginate）降解而成的一种低聚糖，主要组成是甘露糖醛酸和古罗糖醛酸，为酸性低聚糖。海藻酸钠寡糖可以有效诱导小鼠巨噬细胞分泌 TNF-α，协同对 NO 等的激活、抗氧化作用及抗真菌活性[2]。

3. **甘露寡糖二酸（GV-971）** 甘露寡糖二酸是从海洋生物褐藻中提取、分离并经过降解而得到具有特定分子骨架的海洋酸性寡糖类化合物，平均相对分子量为 1300 Da，是我国自主知识产权新型抗阿尔茨海默病的创新药[3]。

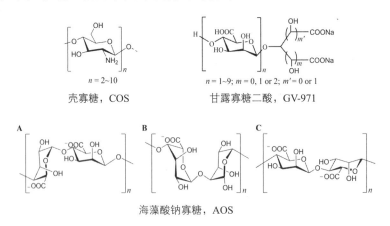

壳寡糖，COS　　　　　　甘露寡糖二酸，GV-971

海藻酸钠寡糖，AOS

（三）多糖

多糖（polysaccharide）又称多聚糖，是一类由 10 个以上单糖通过糖苷键聚合而成的高分子化合物。根据单糖的组成，可将多糖分为均多糖（homopolysaccharide）和杂多糖（heterosaccharide）。由同一种单糖组成的多糖称为均多糖、如葡聚糖（glucan），果聚糖（fructan）等。由两种及以上的单糖组成的多糖称为杂多糖，如葡甘露聚糖（glucomannan）、半乳甘露聚糖（galactomannan）等。

海洋多糖按来源可分为海洋植物（以藻类多糖为主）多糖、海洋动物多糖、海洋微生物多糖。

1. 海洋藻类多糖　海藻作为低等隐花类植物，是海洋生物资源的重要组成部分，主要包括褐藻、红藻、绿藻和蓝藻四大类。海洋中藻类有 15000 多种，据统计，我国的大型海藻有 1277 种，其中红藻门 607 种、褐藻门 298 种、绿藻门 211 种、蓝藻门 161 种。海藻是重要的海洋糖类生物资源。

（1）卡拉胶（carrageen）。卡拉胶是从角叉菜属、麒麟菜属、杉藻属和沙菜属等红藻中提取的硫酸半乳聚糖的统称，是一类以（$1 \rightarrow 3$）-β-D-Gal（$1 \rightarrow 4$）-3,6-内醚（或不内醚化）-α-D-Gal 为重复二糖结构的多糖。根据 Gal 上硫酸基的含量和取代位置不同，可将卡拉胶分为十多种，最为常见的主要有 κ、λ 和 τ 三种。卡拉胶由于其良好的凝胶特性和增稠效果，广泛应用于制造果冻、冰淇淋、糕点、软糖和各类奶制品等食品工业中。

（2）海带淀粉（laminaran）。海带淀粉又称海藻淀粉、昆布多糖，是一种以 β（$1 \rightarrow 3$）为主链，含有少量 β（$1 \rightarrow 6$）分支的葡聚糖，其生理功能类似于高等植物的淀粉。海带淀粉作为一种海洋来源的 β-葡聚糖具有很好的免疫调节和抗肿瘤活性，特别是当海带淀粉降解为一定聚合度的寡糖后作用更为显著。

（3）螺旋藻多糖（spriulina polysaccharide）。螺旋藻（*Spirulina*）属于蓝藻纲颤藻科。螺旋藻多糖是其重要的有效成分之一，占藻体干重的 8%~18%。螺旋藻多糖是以 α（$1 \rightarrow 6$）Glc 为主链，α（$1 \rightarrow 4$）Glc 为支链的葡聚糖，还含有 Rha、GlcA 为特征的酸性杂多糖。从不同产地、不同种类和采用不同提取方法得到的螺旋藻多糖，其结构和组成都存在较大差异。螺旋藻多糖在免疫调节、抗肿瘤、抗病毒和抗氧化等方面都具有明显的生物活性。

2. 海洋动物多糖　海洋来源的动物多糖主要是黏多糖（氨基多糖）。目前，在海洋动物多糖研究中，报道较多的主要为软体动物门（*Mollusca*）的双壳纲、腹足纲和头足纲；棘皮动物门（*Echinodermata*）的海参纲和海星纲；节肢动物门（*Arthropoda*）的软甲纲海洋动物。

（1）扇贝多糖。扇贝（scallop）又称海扇，属软体动物门双壳纲。扇贝多糖的提取方法除传统的水提法外，现以酶法更为常见。将新鲜的虾夷扇贝用胃蛋白酶在料液比 1∶30，加酶量 2.0%，pH 2.0，温度 37 ℃，酶解时间 2 h 的条件下进行提取，多糖得率为 13.8%，糖含量 91.6%。扇贝多糖中有酸性杂多糖。扇贝多糖具有较好的抗病毒、抗凝血、抗动脉粥样硬化、抑制肿瘤生长和抗氧化等作用。

（2）海参多糖。海参（sea cucumber）属棘皮动物门海参纲（*Holothuroidea*）海参属。海参多糖的结构主要有两类：一类是海参糖胺聚糖（holothurian glycosaminoglycan，HG）是由 GalNAc、GlcA 和 L-Fuc 组成的分支杂多糖，相对分子质量为 40~50 kDa；另一类是海参岩藻聚糖（holothurian fucan, HF）是由 L-Fuc 及硫酸基构成的硫酸多糖，相对分子量为 80~100 kDa。虽然 HG 和 HF 的糖基组成不同，但它们的糖链上都有部分羟基发生硫酸酯化，且硫酸酯约占糖含量的 30%。海参多糖具有抗凝血、抗肿瘤、免疫调节和延缓衰老等多种生物活性。

（3）甲壳素（chitin）。甲壳素又称甲壳质、几丁质，是由 $\beta(1\rightarrow4)$ 糖苷键连接的 N-乙酰-2-氨基-2-脱氧-D-葡萄糖的高分子聚合物，分子式为 $(C_8H_{13}NO_5)_n$，经浓碱加热处理可部分或全部脱乙酰化得到壳聚糖。虾、蟹的壳中含有丰富的甲壳素。甲壳素是自然界丰富存在的一种天然含氮多糖。甲壳素因分子间存在强烈的氢键作用，不溶于水、稀酸、稀碱和乙醇、丙酮等有机溶剂，可溶于浓硫酸、浓盐酸和 85% 磷酸中，但溶解后会使分子发生降解。经酶解后生成不同聚合度的低聚糖，在医药、农药、食品领域有广泛应用。

3. 海洋微生物多糖 海洋微生物所处的特殊环境，赋予其独特的化学结构和生存机制。海洋微生物在生长代谢过程中分泌到细胞壁外的多糖或多糖复合物，是其适应环境、维持生命活动所必需的活性成分。

ETW1 和 ETW2：从海洋迟钝型爱德华氏细菌（*Edwardsiella tarda*）发酵液中分离得到胞外多糖 ETW1 和 ETW2，两者均是以 →3)Manα(1→ 为主链的七糖重复单元组成的甘露聚糖，并且 Manβ(1→ 和 →2)Manα(1→ 分别连接在主链的 C-6 位和 C-2 位上。这两种胞外多糖表现出较强的清除自由基和抑制脂质过氧化的能力。

第三节　苷的结构与分类

一、苷的结构

苷类化合物大多是通过糖的半缩醛或半缩酮羟基与苷元上的羟基脱水缩合而成的，所以苷类化合物多具有缩醛结构。苷元与糖之间的化学键称为苷键，苷元上与糖连接的原子称为苷键原子，亦称苷原子。苷键原子通常是氧原子、氮原子、硫原子、碳原子。

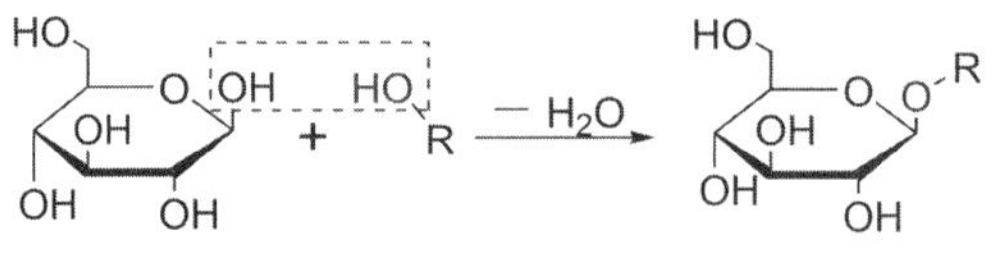

单糖成环后形成 α、β 两种端基差向异构体，因此糖与苷元形成的苷亦分为 α-苷和 β-苷。在自然界中，D-型糖形成的苷多为 β-苷，L-型糖形成的苷多为 α-苷。

二、苷的分类

苷的分类方法较多，根据苷在生物体内的存在状态，可将苷分为原生苷和次生苷；根据苷中含有单糖的个数，可将苷分为单糖苷、双糖苷、三糖苷等；根据糖与苷元连接位点的数目，可将苷分为单糖链苷、双糖链苷等；根据苷元化学结构的类型，可将苷分为黄酮苷、蒽醌苷、香豆素苷、三萜苷、生物碱苷等；根据苷的生物活性或某些特殊性质，可将苷分为强心苷、皂苷等。发现的海洋糖苷类化合物主要包括甾体糖苷、二萜糖苷、三萜糖苷、鞘脂类糖苷、黄酮糖苷、糖脂及大环内酯糖苷等。

目前，最常见的苷的分类方法是根据苷键原子不同，将苷分为氧苷、氮苷、硫苷和碳苷。海洋糖苷类化合物以氧苷为主。

（一）氧苷（O-苷）

通过苷元上的氧原子和糖相连形成的苷称为氧苷。氧苷是最常见、数量最多的苷类。根据形成苷键的苷元羟基类型不同，又可将氧苷分为醇苷、酚苷、酯苷、氰苷和吲哚苷等。其中，海洋糖苷类化合物中以醇苷最为常见。

1. 醇苷　通过苷元的醇羟基与糖（或糖的衍生物）的半缩醛（或半缩酮）羟基脱一分子水缩合而成的化合物称为醇苷。如从海星 *Echinaster sepositus* 中分离得到的海星环苷，从圣安地列第岛的矾沙蚕 *Eunicea pinta* 中分离得到的甾烷醇苷类成分 3β-pregna-5,20-diene-β-D-xylopyranoside，从软珊瑚 *Lobophytum* sp. 中分离得到的甾醇苷 4-O-[β-D-吡喃木糖苷]-孕甾-20-烯-3β,4α-二醇等均属于醇苷。

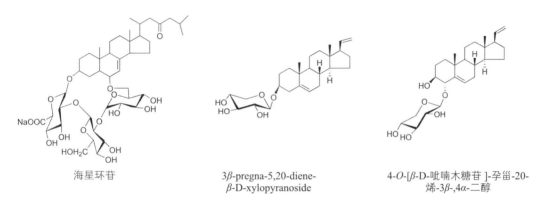

海星环苷　　　　　3β-pregna-5,20-diene-　　　4-O-[β-D-吡喃木糖苷]-孕甾-20-
　　　　　　　　　β-D-xylopyranoside　　　　　　烯-3β-,4α-二醇

2. 酚苷　通过苷元的酚羟基与糖（或糖的衍生物）的半缩醛（或半缩酮）羟基脱一分子水缩合而成的苷称为酚苷。香豆素苷、蒽醌苷、黄酮苷、苯酚苷等多属于此类，如从海洋链霉菌 *Streptomyces* sp. 固态发酵物中获得新颖的蒽环类化合物 komodoquinone A，从加勒比海海草 *Thalassia testudinum* 中分离得到的黄酮苷成分 thalassionlin A 等均属于酚苷。

komodoquinone A　　　　　　　　　　　　thalassiolin A

（二）氮苷（N-苷）

通过苷元的胺基与糖（或糖的衍生物）的半缩醛（或半缩酮）羟基脱一分子水缩合形成的苷称为氮苷。腺苷（adenosine）、鸟苷（guanosine）、胞苷（cytidine）、尿苷

（uridine）等氮苷是核酸的重要组成部分，如从夏威夷考艾岛的浅水沉积物样品的放线菌 *Nocardiopsis dassonvillei* 中获得的吲哚核苷酸 kahakamide A 和 kahakamide B 也属于氮苷。

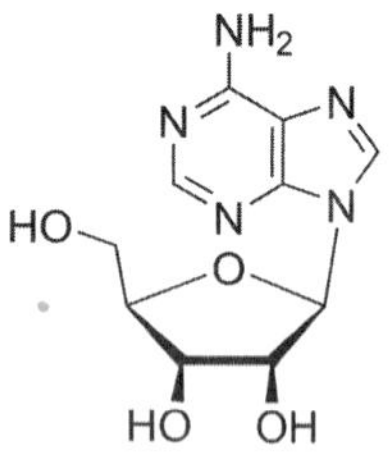

| 腺苷
（adenosine） | 鸟苷
（guanosine） | 胞苷
（cytidine） | 尿苷
（uridine） |

| kahakamide A | kahakamide B |

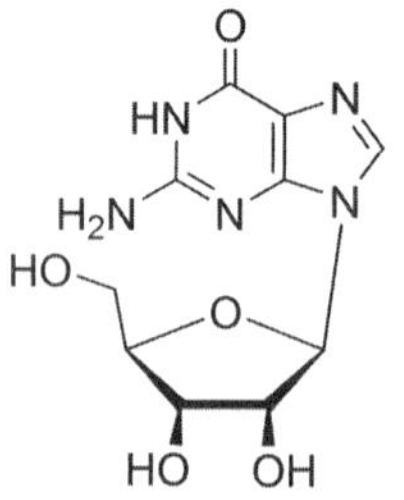

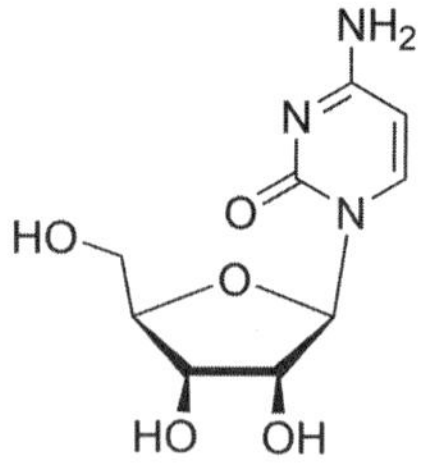

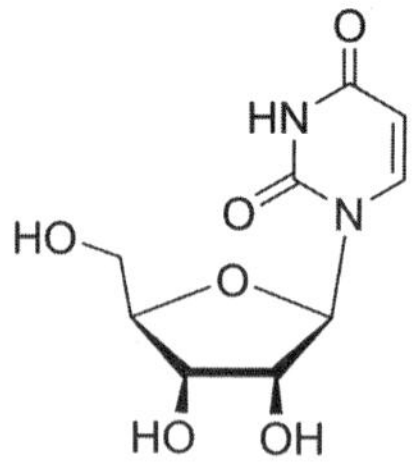

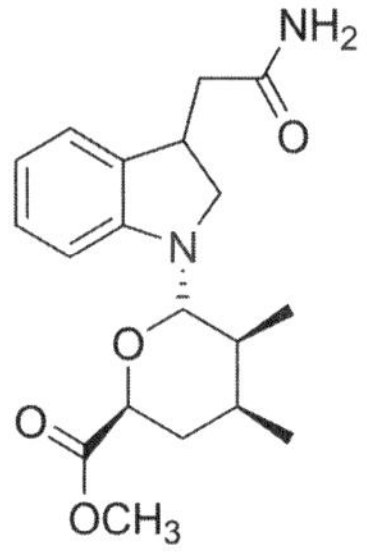

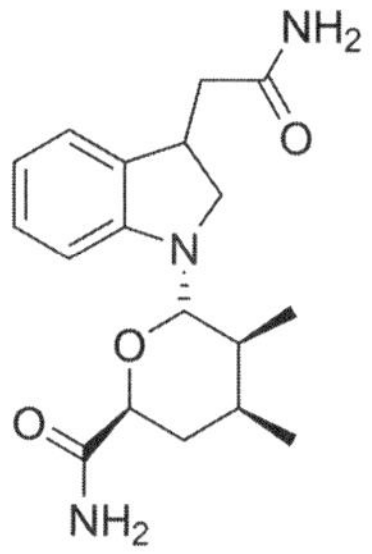

第四节　糖和苷的理化性质

一、糖的理化性质

（一）性状

游离的单糖和小分子量的寡糖一般为无色晶体，有甜味。随着聚合度的增加，甜味降低，大部分多糖为白色无定形粉末，无甜味。

（二）溶解性

糖是多羟基类化合物，因此游离单糖和低聚糖易溶于水，尤其是热水，可溶于稀醇，不溶于亲脂性有机溶剂。多糖因聚合度增加，一般难溶于水，不溶于有机溶剂，少数可溶于热水形成胶体溶液。黏液质等可溶于热水而不溶于乙醇。酸性多糖、半纤维素可溶于稀碱，碱性多糖（如含有氨基的多糖）可溶于稀酸，而纤维素则在各种溶剂中均不溶。糖的水溶液在浓缩时不易析出晶体，一般得到黏稠的糖浆。

（三）旋光性

糖分子是一个多手性中心分子，具有旋光性，天然单糖多为右旋。因多数单糖水溶液是开链式和环状结构共存的平衡体系，故单糖在水溶液中有变旋现象。

（四）糖的化学性质

糖分子中通常有羰基、醇羟基、邻二醇等官能团，能发生氧化、醚化、酯化及硼酸络合等反应，这些性质在有机化学中已有详细论述，下面只介绍糖类检识常用的反应。

1. 糠醛形成反应　单糖在浓酸（4~10 mol/L）并加热的作用下，脱去三分子水，生成具有呋喃环结构的糠醛及其衍生物。寡糖、多糖和苷类化合物在浓酸的作用下首先水解生成单糖，然后再脱水形成相应的糠醛衍生物。糠醛或其衍生物可以和芳胺、酚类以及具有活性次甲基的化合物缩合生成有色的产物。因此利用此来进行单糖的显色和鉴定。Molisch 反应属于糠醛形成反应，常用于糖和苷的检识，试剂为浓硫酸和 α-萘酚。首先取少量待测样品溶于水，加入 2~3 滴 5% 的 α-萘酚乙醇溶液，摇匀，沿试管壁慢慢加入 1 mL 浓硫酸，两液面间形成紫色环为阳性结果。

2. 氧化反应　单糖在适当的条件下容易发生氧化反应而生成糖醛酸、糖二酸或者糖酸。例如，费林反应（Fehling reaction）还原糖中的醛（酮）基可以被费林试剂氧化成羧基，同时费林试剂中的 Cu^{2+} 被氧化成砖红色的氧化亚铜（Cu_2O）沉淀；银镜反应（Tollen reaction）还原糖中的醛（酮）基可以被托伦试剂氧化成羧基，同时托伦试剂中的 Ag^+ 被还原成金属银 Ag，生成银镜。

（五）糖的检识

糖的理化检识主要利用糖的显色及沉淀反应。色谱检识可分为纸色谱和薄层色谱。

1. 理化检识　常用化学反应进行糖的检识，若样品的 Molisch 反应呈阳性，提示含有糖或苷类成分。费林反应或银镜反应呈阳性，表明存在还原糖。在样品水溶液中加入弗林试剂至不再产生沉淀，过滤，滤液再进行 Molisch 反应，若呈阳性，说明可能存在非还原性糖或苷。

2. 色谱检识

（1）纸色谱（paper chromatography）。糖的亲水性较强，水作为固定相。展开剂选用水饱和的有机溶剂，显色方法最常用的有苯胺-联苯胺法、过碘酸-联苯胺法等。

（2）薄层色谱（TLC）。常用的吸附剂为硅胶 G，展开剂选用水饱和的有机溶剂，显色剂可以用苯胺-二苯胺的磷酸丙酮液、苯胺-邻苯二甲酸等，并于 105 ℃加热。

（3）高效液相色谱（HPLC）。由于糖类成分是多羟基类成分，分子极性大，在传统的键合相硅胶柱上不能有效地保留。随着一些新型分离材料的出现，适合于糖类成分分析的色谱柱也越来越多。如氨基柱，大多数单糖、低聚糖在氨基柱上可得到满意的分离，但是某些还原糖容易与固定相的氨基发生化学反应，产生席夫碱，使氨基柱的使用寿命缩短。因此基于离子交换、空间排阻、配位交换、分配吸附等多种分离原理的新型糖分析柱在糖类的分析中应用越来越广。另一方面糖类成分没有紫外吸收，因此，对于糖类的检测可以使用一些新型非紫外型检测器，如示差检测器、蒸发光散射检测器等。另外，有些海洋多糖如硫酸软骨素、褐藻胶等经过特定裂合酶后可形成共轭双键，在230~240 nm 处有最大吸收，可以方便地使用紫外检测器，进行检测。单体和中性寡糖一般采用氨基柱进行分离，用示差检测器进行检测。对于酸性寡糖，一般采用阴离子交换色谱柱进行分离，由于采用盐梯度洗脱，不能用示差检测器，只能用紫外或荧光检测器进行检测。

二、苷的理化性质

随着海洋天然产物化学的发展，发现了诸如甾体糖苷、萜类糖苷、鞘脂类糖苷和大环内酯糖苷等结构复杂的苷类化合物。如海参体内含有一类特有的三萜皂苷，寡糖链通过 β-O-糖苷键和苷元的 C-3 相连，苷元均为羊毛甾烷的衍生物。多数海参皂苷具有 18（20）-内酯结构，属于羊毛甾烷三萜类皂苷。

（一）性状

苷类化合物多为固体，其中含糖基较少的苷可能形成晶体，含糖基多的苷为无定形粉末，常具有吸湿性。如从海南三亚海域采集的豆荚珊瑚中分离得到的孕甾醇苷为无色针状晶体[5]。苷类是否有颜色取决于苷元部分共轭体系的大小和助色团的有无，多数黄酮苷、蒽醌苷有颜色。苷类一般无味。有些苷类成分对黏膜具有刺激作用，如皂苷、强心苷等。

（二）溶解性

苷类的溶解性与苷元和糖的结构均有关系。通常苷元为亲脂性物质，而糖是亲水性物质，所以苷中苷元所占比例越大，苷的亲脂性越强，在亲脂性有机溶剂中溶解度越大；而糖所占比例越大，苷的亲水性越强，在水中溶解度越大。碳苷的溶解度较为特殊，在水中和其他溶剂中的溶解度一般都较小。如海星中甾体皂苷的水溶性较强。

（三）旋光性

苷类旋光度的大小与苷元和糖的结构，以及苷元与糖、糖与糖之间的连接方式均有关系。

（四）苷键的裂解

苷键的裂解是研究多糖和苷类结构的重要方法，通过苷键的裂解有助于了解苷元与糖、糖与糖的连接方式，苷键的构型等。苷键裂解按所用的催化剂可分为酸催化水解、碱催化水解、乙酰解、酶解、过碘酸裂解等。

1. 酸催化水解　苷键为缩醛（酮）结构，对酸不稳定，对碱较稳定，易被酸催化水解生成苷元和糖。完全酸水解是分析多糖组成的常用方法。反应一般在水或稀醇中进行，常用的酸有盐酸、硫酸、甲酸、醋酸、三氟乙酸等，所使用的浓度、反应温度及反应时间要根据具体情况而定，近年来多使用三氟乙酸在 110 ℃封管反应。其反应机理是苷键原子先被质子化，然后苷键断裂生成苷元和糖的正离子中间体，该中间体再与水结合生成糖，并释放催化剂氢离子。下面以葡萄糖氧苷为例，说明反应历程：

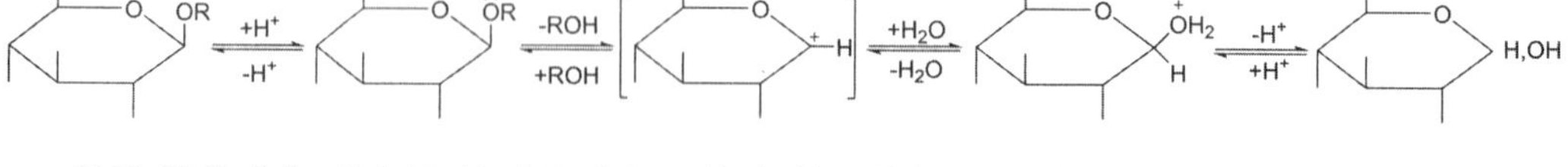

从酸催化水解反应机理可以看出，凡有利于苷键原子质子化和中间体形成的一切因

素均有利于苷键的水解。

2. 碱催化水解　通常苷键对碱稳定，不易被碱催化水解。由于酚苷中的芳环具有一定的吸电作用，使糖端基碳上氢的酸性增强，有利于 OH^- 的进攻，形成正碳离子后，芳环对苷键原子又具有一定的供电能力，有利于正碳离子的稳定；从插烯规律来看，具有酯的性质，故酯苷、酚苷、与羰基共轭的烯醇苷可被碱水解。

3. 乙酰解反应　在多糖、苷的结构研究中，为了确定糖与糖之间的连接位点，常用乙酰解开裂一部分苷键，保留一部分苷键，然后用薄层或气相色谱鉴定水解产物中得到的乙酰化糖，进而推测糖的连接方式。乙酰解所用试剂是醋酐和酸，常用的酸有 H_2SO_4、$HClO_4$、CF_3COOH 和 $ZnCl_2$、BF_3（Lewis 酸）等。反应机制与酸催化水解相似，只是进攻的基团是 CH_3CO^+，而不是质子。

当苷键邻位羟基可乙酰化或苷键邻位有环氧基时，由于诱导效应使乙酰解反应变慢。从 β-苷键葡萄糖双糖的乙酰解难易程度可以看，乙酰解由难到易的顺序为：（1→2）>（1→3）>（1→4）>>（1→6）。乙酰解反应的优点包括反应条件温和，操作简便，所得产物为单糖、低聚糖及苷元的酰化物，增加了反应产物的脂溶性，有利于进一步精制和鉴定等。但需要特别注意的是，乙酰解反应易使糖的端基发生异构化。

4. 酶催化水解反应　酶水解的特点是：反应条件温和，专属性高；根据所用酶的特点可确定苷键构型、糖的种类；根据获得的次级苷、低聚糖可推测苷元与糖、糖与糖的连接方式；能够获得原苷元等。

常用于苷键水解的酶有转化糖酶（invertase）、麦芽糖酶（maltase）、杏仁苷酶（emulsin）、纤维素酶（cellulase）等。酶具有高度专属性，α-苷酶只能水解 α-苷键，β-苷酶只能水解 β-苷键。

需要特别强调的是，在植物中不同的细胞内苷和水解该苷的酶往往是共存的，只是它们分布在不同的位置，酶无法发挥作用。但当植物细胞被破坏，酶与苷相遇，就会将苷水解。因此，在中药的采收、加工、贮存和提取过程中，必须注意酶的影响，根据不同需要，控制酶的活性。此外，pH 值是影响酶解反应的重要因素，产物随 pH 值不同而改变。

5. 过碘酸裂解反应　过碘酸裂解法亦称 Smith 降解法，特点是反应条件温和，易得到原苷元，通过过碘酸裂解反应的产物可以推测糖的种类以及糖与糖的连接方式。特别适合苷元不稳定的苷和碳苷的裂解。但对于苷元上有邻二醇羟基或易被氧化的基团的苷则不能应用，因为过碘酸在氧化糖的同时也会将它们氧化。

碳苷经过碘酸裂解反应可获得连有 1 个醛基的苷元。碳苷用 $FeCl_3$ 氧化法裂解苷键时，获得的糖不是原苷中的糖，而是糖的 C_1-C_2 键开裂的产物。如葡萄糖碳苷用 $FeCl_3$ 氧化法开裂，得到的糖是阿拉伯糖。

（五）苷的检识

苷类成分都含有糖和苷键。苷类在水解生成游离糖后，可发生与糖相同的显色反应和沉淀反应（见"糖的检识"）。苷元部分则可根据不同结构、不同性质选择相应的显色反应和沉淀反应，详见后续章节。苷的理化检识要注意排除游离糖的干扰。

第五节 糖和苷的提取分离

一、多糖的提取分离

（一）原料的预处理

为了提高提取效率，海洋多糖在提取前通常需要进行清洗、粉碎、匀浆、脱脂、脱色等预处理，以有利于去除原料中的脂质、色素、蛋白质和小分子等杂质。粉碎或匀浆的目的是增大原料与溶剂的接触面积，对于海洋藻类粉碎粒度宜控制为 20~40 目。脱脂的方法：可用不同浓度的甲醇、乙醇、丙酮、氯仿、乙醚等有机溶剂或按不同比例的混合溶剂。在脱脂过程中，也会出去较多的可溶性色素和小分子。对于海洋藻类一般采用甲醛处理来固定色素或蛋白质。

（二）多糖的提取

1. **溶剂提取法** 根据海洋多糖的结构和性质的不同，可分别采用水、稀碱、稀酸或醇碱等方法进行提取。

2. **酶辅助提取法** 酶可以温和地破碎和降解生物组织，改变细胞壁的通透性，提高胞内多糖的溶出，并缩短提取时间。

3. **超声提取法** 超声是一种物理破碎植物细胞壁的方法，利用超声波的空化效应和机械剪切作用可加速多糖的溶出，具有提取时间短、操作简单、能耗低和提取效率高等特点。但长时间的超声提取会使大分子多糖产生一定的降解或使空间结构破坏。

4. **微波辅助提取法** 微波产生的高频电磁波辐射可透过细胞内壁从内向外加热，可有效破坏细胞壁，从而加快多糖等有效成分的释放，具有操作简单、提取速度快、耗能少等特点。但时间不宜过长，功率不宜过高，否则容易出现水分过快蒸发和焦灼状态。

目前在一些植物多糖提取中报道的超临界流体提取、超高压提取、双水相萃取等新技术，也可应用于海洋多糖的提取。

（三）多糖的分离纯化

多糖与蛋白质两种分子量相近的高分子成分共存。多糖常与蛋白质形成糖蛋白复合物，使蛋白质的脱除更加困难。脱蛋白常用的方法：Sevag 法、三氯乙酸法、三氟三氯乙烷法、酶法、等电点沉淀法等。多糖中常含有色素（游离色素和结合色素），常用的脱色方法：离子交换法、氧化法、金属络合法、吸附法（纤维素、硅藻土、活性炭等）。DEAE- 纤维素是目前最常使用的脱色方法。将多糖混合物分离为均一多糖组分。

1. **有机溶剂分级沉淀法** 根据多糖在不同浓度的醇或丙酮中具有不同溶解度的性质，逐次按比例由少到多加入甲醇、乙醇或丙酮，收集不同浓度下析出的沉淀，经反复溶解与沉淀，直到测得的物理常数恒定（如比旋光度测定或电泳检查）。此法适于分离溶解度相差较大的多糖。为保护多糖的结构，分离常在 pH 值为 7 的条件下进行，但酸性多糖在此条件下—COOH 是以—COO⁻离子形式存在的，需要在 pH 2~4 下进行分离，此时为防止苷键水解，操作要迅速。

2. 纤维素柱色谱 利用纤维素柱色谱对多糖进行分离，兼具吸附色谱和分配色谱的性质，洗脱剂是水和不同浓度的乙醇，出柱顺序通常是水溶性大的先出柱，水溶性小的后出柱，刚好与分级沉淀法相反。

3. 凝胶柱色谱 凝胶柱色谱又称分子筛色谱，凝胶柱色谱可将多糖按分子大小和形状不同分离开，常用的亲水凝胶有葡聚糖凝胶（Sephadex G）、琼脂糖凝胶（Sepharose Bio-Gel A）、聚丙烯酰胺凝胶（Bio-Gel P）等，常用的洗脱剂是各种浓度的盐溶液及缓冲液，离子强度不低于 0.02 mol/L。出柱顺序是大分子先出柱，小分子后出柱。分离时，通常先用孔隙小的凝胶如 Sephadex G-25、G-50 脱去多糖中的无机盐及小分子化合物，然后再用孔隙大的凝胶如 Sephadex G-200 等进行多糖分离。凝胶柱色谱不适于分离黏多糖。

4. 离子交换色谱法 按分子的净电荷差异进行分离的方法，一般电荷密度低的分子先被洗脱，电荷密度高的分子后被洗脱。具有高流速、高载量、分离模式多、可大体积上样等特点。常用的阳离子交换纤维素有 CM-cellulose、P-cellulose、SE-cellulose、SM-cellulose；阴离子交换纤维素有 DEAE-cellulose、ECTEOLA-cellulose、PAB-cellulose 和 TEAC-cellulose 等。其中阳离子交换纤维素适用于分离酸性、中性多糖和黏多糖。在 pH = 6 时，酸性多糖容易吸附于交换剂上，中性多糖则不被吸附，然后用 pH 值相同但离子强度不同的缓冲液将酸性强弱不同的酸性多糖分别洗脱下来。此外，硼砂型离子交换剂柱色谱法常用于中性多糖的分离，即用硼砂将交换剂进行预处理，则中性多糖也可以被吸附；洗脱剂用不同浓度的硼砂溶液。

多糖在交换剂上的吸附能力与多糖的结构有关，通常多糖分子中酸性基团增加则吸附力增大；对于线状分子，分子量大的比分子量小的易吸附；直链的较分支的易吸附。

5. 季铵盐沉淀法 季铵盐属阳离子表面活性剂，季铵盐及其氢氧化物可与酸性多糖形成不溶性多糖季铵盐沉淀，常用于酸性多糖的分离。通常季铵盐及其氢氧化物并不与中性多糖产生沉淀，但当溶液的 pH 值增高或加入硼砂缓冲液使糖的酸度增高时，也会与中性多糖形成沉淀。控制季铵盐的浓度能分离各种不同的酸性多糖。

二、苷的提取分离

（一）苷的提取

首先要明确提取目的，再选择相应的提取方法。苷类化合物的极性随着分子中糖基的增多而增大，极性低的苷元（如萜醇、甾醇）的单糖苷往往溶于低极性的有机溶剂，随着糖基数目的增多，亲水性相应增加。

苷类化合物常用甲醇、乙醇或沸水作为提取溶剂，回收溶剂后依次用极性逐渐增大的有机溶剂进行萃取。石油醚萃取物往往是极性小的化合物，氯仿、乙醚萃取物为苷元，乙酸乙酯萃取物中可获得单糖苷，正丁醇萃取物中可获得低聚糖苷。由于植物体内的苷和相应的水解酶共存，为了获得原生苷，须采用适当的方法杀酶或抑制酶的活性。如采集新鲜材料，迅速加热干燥、冷冻保存；用沸水或醇提取；先用碳酸钙拌和后，再用沸水提取等。若想获得次生苷或苷元，则可以利用水解酶。

（二）苷的分离

苷的极性较大，且基本是非晶形物质，分离较困难，提取后一般先初步分离除去大量杂质，再用色谱法进一步分离。

初步分离苷类成分常用大孔树脂。将粗提物溶于水，吸附于大孔树脂柱上，先用水洗除去无机盐、糖、肽等水溶性成分，再逐步增加醇浓度以洗出苷类。

色谱分离苷类成分常用的填料有正/反相硅胶、葡聚糖凝胶等。有些苷类也可用活性炭、纤维素、聚酰胺、离子交换树脂等色谱填料来分离。

第六节　糖和苷的结构鉴定及波谱学特征

一、糖和苷的结构鉴定

（一）多糖的结构层次

多糖化学结构复杂，多糖中的糖单体具有多种连接点，从而可以形成不同的直链和支链。多糖的结构分离沿用了蛋白质和核酸的分离方法，分为一级、二级、三级和四级结构。一级结构即初级结构，二、三、四级结构为高级结构。

1. **一级结构**　多糖的一级结构包括糖基的组成、糖基的排列顺序、相邻糖基的连接方式、糖端基构型及糖链有无分支、分支的位置与长短等。多糖一级结构的分析方法很多，主要分为化学分析法、仪器分析法和生物学方法这三大类。

2. **二级结构**　多糖的二级结构是指多糖骨架链间以氢键形成的各种聚合物，只关系到多糖分子中主链的构象，不涉及侧链的空间排布。

3. **三级结构**　多糖的三级结构是指多糖链一级结构的重复顺序，由于糖残基存在羟基、羧基、氨基、硫酸基之间的非共价键相互作用，导致有序的二级结构空间形成的规则构象。

4. **四级结构**　多糖的四级结构是指多糖键间非共价键结合形成的聚集体。

（二）糖和苷的结构鉴定

1. **纯度验证**　在进行海洋糖类化合物结构分析时，总糖含量分析是评价其纯度的重要指标之一。由于海洋糖类种类繁多、结构复杂，多糖中除了中性糖、糖醛酸、氨基糖外，还含有甲基、乙酰基和硫酸酯基等各种取代的单糖。不同类型单糖的化学性质不同，需要采用不同的分析方法。

2. **单糖种类的鉴定**　可将低聚糖、多糖或苷的苷键全部水解，以单糖标准品作对照，利用薄层色谱法、纸色谱法、气相色谱法和高效液相色谱法等方法对水解液中单糖的种类进行鉴定。海洋多糖中单糖的种类和连接方式因其来源不同差异较大，选用酸水解条件也不同。如 0.5~3 mol/L 三氟乙酸或者盐酸适用于中性己糖、己糖胺、糖醛酸、脱氧己糖和戊糖的水解；0.5~4 mol/L 硫酸适合于各种糖醛酸的水解；0.1~2 mol/L 乙酸适合于多聚唾液酸的水解等。

3. **分子量测定及糖基数目的确定**　可通过质谱法确定苷和苷元的分子量，计算其差值，获得糖的总分子量，进而计算糖的数目。根据 ^{1}H-NMR 谱中端基质子信号（一般位于 δ_H 4.3~5.9）的数量确定糖的数目，但酮糖没有端基质子信号，要根据其他信息加以判断。根据 ^{13}C-NMR 谱中端基碳信号（一般位于 δ_C 90~112）的数目，并结合糖基碳数目总和（总碳数－苷元碳数），推算出糖的数目。

基质辅助激光解吸电离飞行时间质谱（MALDI-TOF-MS）和高效凝胶渗透色谱（high performance gel permeation chromatography, HPGPC）可用于多糖等高分子化合物的分子量测定。多糖虽然已经提纯，实际上仍为混合物，分子量只是一种统计平均值。

4. 单糖绝对构型的确定　自然界中存在的单糖，多以 D 构型存在，但近年来发现部分单糖，在自然界中也有 L 构型存在。根据目前文献中的方法，确定单糖绝对构型的方法主要有旋光比较法、高效液相色谱法、气相色谱法。

5. 糖连接位置的确定　糖连接位置的测定需要联合使用多种方法来确定。化学法可采用高碘酸氧化、Smith 降解法和甲基化法，然后水解苷键，利用 GC 对水解产物进行定性、定量分析，获知单糖的种类、甲基化位置及各单糖的比例。具有游离羟基的位置即是糖的连接位点。

简单的低聚糖及其苷可通过 NMR 确定糖的连接位点。糖与苷元成苷后，苷元的 α-C、β-C 和糖的端基碳的化学位移值均发生了改变，这种改变称为苷化位移（glycosidation shift, GS）。苷化位移值与苷元的结构有关，与糖的种类关系不大。苷化位移在推测糖与苷元、糖与糖的连接位点方面具有重要的作用。糖与糖通过苷键相连虽然并不称为苷，但在研究其连接位点时，苷化位移仍然适用。糖与醇成苷后，苷与苷元相比 α-C 化学位移增大（向低场位移 5~10 个化学位移单位），β-C 化学位移减小（向高场位移 2~5 个化学位移单位）；苷与该糖的甲苷相比，端基碳化学位移减小（向高场位移 1~7 个化学位移单位）。酯苷和酚苷的苷化位移比较特殊，其 α-C 通常向高场位移。在被苷化的糖中，通常 α-C 的位移较大，β-C 稍有影响，对其他碳则影响不大。

在 HMBC 谱中找到糖中与苷键相连的 C 上的 H 和苷元 α-C 之间的相关峰，以及与苷键相连的糖上的 C 和苷元中 α-C 上的 H 之间的相关峰，以此确定糖与苷元、糖与糖的连接位点。

6. 糖连接顺序的确定　早期解决糖链连接顺序的方法主要是部分水解法，即稀酸水解、甲醇解、碱水解等，将糖链水解成较小的片段，然后根据水解所得的聚合度较低寡糖片段推断整个糖链的结构（包括糖的连接位点、连接顺序、苷键构型等）。

近年来，质谱技术也广泛用于糖序列的研究，在明确单糖组成后，可根据质谱裂解规律和该化合物的裂解碎片推测糖链的连接顺序。值得注意的是，此时低聚糖及苷中的糖不能是同一类糖（如六碳醛糖、五碳醛糖、甲基五碳糖等）。否则因所丢失的质量相等，无法推断糖的连接顺序。

测定糖连接顺序最常用的方法是核磁共振法，利用苷化位移、HMBC 谱确定糖的连接顺序。在运用核磁共振法确定糖链结构时，往往是各种化学手段、谱学信息的优势互补、相互印证、综合分析才能得出正确、全面的结论，其中糖中各个碳、氢信号的正确归属尤为重要。

7. 苷键构型的确定　苷键构型的确定方法有核磁共振法、酶解法、红外法、分子旋光差法（Klyne 法）等。

二、糖和苷的波谱学特征

（一）紫外光谱

除了含有紫外吸收基团（如含有糖醛酸、酰胺、氨基等），糖类化合物通常只有较弱的紫外吸收。因此，紫外光谱在糖类结构测定中主要用于判断是否含有紫外吸收基团。在多糖含量测定时，也不能直接采用紫外 - 可见分光光度法测定。多糖含量测定大多使用硫酸和酚类试剂反应，常用的酚类试剂有 α- 萘酚、地衣酚、间苯二酚等。苯酚 - 硫酸法和硫酸 - 蒽酮法是常用于非还原多糖和还原糖含量测定的方法，在糖类纯化时也常用此方法作为糖阳性检测方法。同时常用在 280 nm 和 260 nm 处测定有无吸收判断样品中是否含有蛋白质和核酸。

（二）红外光谱

红外光谱在多糖的结构分析上主要用于确定苷键的构型，以及观察官能团。一般糖类化合物在 3500~3000 cm^{-1} 显示一明显的宽峰，为 O—H 键伸缩振动峰，这个区域的峰通常可以用于判断结构测定中甲基化是否完全；2900 cm^{-1} 左右为 C—H 键伸缩振动峰；840 cm^{-1} 为 α- 吡喃糖苷键的特征吸收峰，890 cm^{-1} 为 β- 吡喃糖苷键的特征吸收峰；1100 cm^{-1} 左右为 C—O 键伸缩振动吸收峰。如果在 1100~1010 cm^{-1} 有三个吸收峰，则为吡喃糖苷；如果仅有两个吸收峰，则为呋喃糖苷。如果在 810 cm^{-1} 和 870 cm^{-1} 出现特征吸收峰，说明结构中有甘露糖；如果在 1730 cm^{-1} 左右有酯吸收峰，说明糖上有乙酰基。糖类常见官能团 IR 吸收数据如表 5-1 所示。

表 5-1　糖类化合物中官能团的 IR 吸收参考数据[4]

官能团类型	振动方式	吸收值 /cm^{-1}
—OH	O—H, ν（伸缩）; O—H, δ（变角）	3700~3100；1075~1120
—COOH	C=O, ν；C—O, ν；O—H, δ	1740~1680；1440~1395；1320~1210
—OCOR	C=O, ν；C—O, ν	1749~1725；1245
—NH$_2$	N—H, ν；N—H, δ	3450~3380；1650~1550
—CH$_2$—	C—H, ν；C—H, δ	2926~2853；1465
—CH$_3$	C—H, ν	2962，2872，1450
—C=O ; —CHO	C=O（酮）, ν；C=O（醛）, ν	1780~1540；1740；1650
—OSO$_3^-$	S=O, ν；C$_4$—O—S（轴向, ν）	1240；850
—OSO$_2$—R	C$_2$—O—S（赤道, ν）；C$_4$—O—S S=O, ν；S=O, as	820；810~805 1190~1170；1370~1350
—OPO$_3^-$	P=O, ν	1300~1250

（三）核磁共振波谱

1. ^{1}H-NMR　糖类化合物的端基质子信号出现在 δ_H 4.5~5.5，糖上其他氢质子的信号多集中出现在 δ_H 3.0~4.0，区域小，谱峰重叠严重。端基氢质子的信号具有重要的作用，不仅可以根据端基氢质子的偶合常数来判断糖端基的构型，还可以根据端基氢质子信号以及其积分值来推测多糖结构中单糖的组成类别和大致的组成比例。H_1 和 H_2 均为 a 键时，其 $J_{1,2}$ 值为 7.0~8.0 Hz；如 H_1 为 e 键，H_2 为 a 键，则 $J_{1,2}$ 值为 4.0~4.5 Hz。

2. ^{13}C-NMR　糖类化合物的端基碳大多出现在 δ_C 90~110，其他非端基碳信号主要出现在 δ_C 60~90。与 ^{1}H-NMR 相比，^{13}C-NMR 具有较大的位移值范围，信号重叠现象较少，尤其是端基碳信号，对于推断多糖分子中糖残基的类型具有重要意义。糖与苷元连接后，在 ^{13}C-NMR 谱中端基碳的化学位移变化明显，而其他碳的化学位移变化不大。糖环上发生硫酸基取代，其化学位移也会发生明显的变化，因此，通过比较硫酸酯脱硫前后的 ^{13}C-NMR 谱来确定硫酸酯基的取代位置。δ_C 170~176 的低场信号表明有己糖醛酸的羧基或乙酰氨基存在，δ_C 16~18 的高场信号表明有 6 位的脱氧糖甲基存在。在某些苷中，其 α 和 β 构型的端基碳的化学位移差别较大，可据此判断苷键的构型。

（四）质谱

分析糖的组成及连接方式，早期主要用 GC-MS，随着 ESI、FAB、MALDI 等软电离技术的出现，为分析糖类化合物的分子量和糖残基的连接顺序提供了很大的帮助。尤其是 MALDI-TOF-MS 可用于多糖等高分子化合物的分子量测定，不仅能够得到多糖分子的准分子离子峰，还可能出现多电荷离子、顺次断裂失去单糖残基的离子碎片峰。

（五）圆二色光谱

从圆二色光谱（CD）中可以知道绝对构型、构象等信息，它是研究多糖三维结构的有效方法。多糖通常可进行衍生化或者将多糖与刚果红络合后测定 CD 谱。

三、糖和苷的研究实例

（一）多糖的研究实例

例 5-1　海萝藻[5]（*Gloiopeltis furcata*）为红藻门内枝藻科海萝属，作为一种重要的海洋藻类资源，其水提取物早在宋朝就被应用于织物浆料，在民间海萝胶被用于治疗痢疾和结肠炎，在日本已批准作为食品增稠剂。从海萝藻的醇提取物和水提取物中发现了部分具有活性的小分子以及蛋白质类物质。目前关于海萝藻中糖类的研究相对较少。

海萝藻 35 ℃烘干，粉碎（40 目），脱脂、脱色，分别用蒸馏水、85 ℃热水、4% NaOH 提取，上清液经浓缩、透析、醇沉和干燥得冷水提取多糖（GFW）、热水提取多糖（GFH）及碱提取多糖（GFA）。经高效液相色谱法测定 GFW 和 GFH 纯度均达 90% 以上；而 GFA 的组分较为复杂。根据标准曲线回归方程计算 GFW、GFH 和 GFA 的分子量分别为 22.6 kDa，26.5 kDa 和 49.8 kDa。现以 GFW 为例，说明各方法在多糖结构研究中的应用。

1. 理化分析

① GFW 的总糖含量测定：采用硫酸-苯酚法，以半乳糖为标准品制作标准曲线，所得方程为 $y = 0.0159x + 0.0102$（$R^2 = 0.9999$），GFW 的总糖含量为 66.3%。② 3,6-内醚半乳糖含量测定：以 D-果糖为标准品制作标准曲线，所得方程为 $y = 0.0304x + 0.0844$（$R^2 = 0.9979$），GFW 的 3,6-内醚半乳糖含量为 28.4%。③ D-半乳糖含量测定：以 D-半

乳糖为标准品制作标准曲线，所得方程为 $y = 0.0157x + 0.0115$（$R^2 = 0.9991$），GFW 的 D-半乳糖含量为 37.9%。④蛋白质含量测定：对 GFW 样品进行全波长扫描，在 280 nm 处未见明显蛋白质吸收峰；Folin-酚法测定蛋白质含量有较高的灵敏度，通过 Folin-酚法测定蛋白质含量，以牛血清蛋白为标准品制作标准曲线，所得方程为 $y = 0.0096x + 0.0423$（$R^2 = 0.997$），GFW 的粗蛋白含量为 2.8%。⑤硫酸基含量测定：采用硫酸钡比浊法，通过酸水解多糖释放硫酸基，生成硫酸钡，用分光光度法测定，以干燥至恒重的 K_2SO_4 配成标准溶液，制作标准曲线，所得方程为 $y = 0.0096x + 0.0423$（$R^2 = 0.997$），GFW 的硫酸根含量为 31.2%。⑥木糖含量测定：戊糖与氯化高铁盐酸溶液（或硫酸铁铵盐酸溶液）一起加热，与地衣酚试剂反应，形成蓝绿色溶液，用比色法测定戊糖含量，以木糖配成标准溶液，制作标准曲线，所得方程为 $y = 0.0157x - 0.0115$（$R^2 = 0.9991$）。GFW 中不含木糖。

通过以上多糖理化性质的对比分析（表 5-2），表明 GFW 属于硫酸半乳聚糖。

表 5-2　GFW 的基本理化性质

样品（sample）	GFW	样品（sample）	GFW
性状（chatrcter）	白色粉末	木糖（xylose）/%	—
得率（yield）/%	57.9	硫酸基（sulfate）/%	31.2
总糖（totel sugar）/%	66.3	粗蛋白（crude protein）/%	2.8
半乳糖（galactose）/%	37.9	单糖组成及摩尔比（monosaccharides and molar ratio）	AnG∶Gal=1∶1.2
3,6-内醚半乳糖（3,6-anhydrogalactose）/%	28.4	相对分子质量（relative molecular mass）/kDa	22.6

2. 单糖组成分析

选用还原性水解并结合气相色谱法对 GFW 进行了单糖组成分析。气相色谱分析结果如图 5-1、图 5-2 所示，GFW 由 3,6-内醚半乳糖（AnG）与半乳糖（Gal）组成，且两者摩尔比相近。AnG∶Gal 接近 1∶1，表明 GFW 为 3,6-内醚半乳糖与半乳糖交替连接的重复二糖结构。

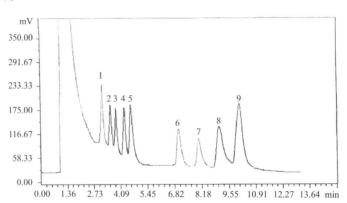

1—鼠李糖；2—岩藻糖；3—阿拉伯糖；4—木糖；5—3,6-内醚-半乳糖；

6—甘露糖；7—葡萄糖；8—半乳糖；9—内标。

图 5-1　单糖标准品气相色谱图

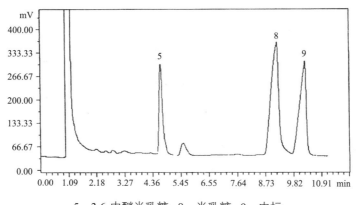

5—3,6-内醚半乳糖；8—半乳糖；9—内标。

图 5-2　多糖 GFW 单糖组成气相色谱图

3. 红外光谱分析

通过红外分析（表 5-3）可知，GFW 在 930 cm⁻¹，1250 cm⁻¹ 及 820 cm⁻¹ 处有特征吸收峰，它们分别是 3,6-内醚半乳糖 C—O—C 伸缩振动吸收峰、硫酸酯基的 O＝S＝O 伸缩振动吸收峰以及 C—O—S 伸缩振动吸收峰，这些特征表明 GFW 中含有硫酸半乳糖类物质。

表 5-3　GFW 红外光谱解析

吸收峰 /cm⁻¹	振动类型	官能团
3444	O—H 伸缩振动	—OH
2929	C—H 伸缩振动	—CH₂—
1374	—CH₂ 中 C—H 弯曲振动	—CH₂—
1252	硫酸基 S=O 伸缩振动	—OSO₃²⁻
1156	C—O—C 伸缩振动	C—O—C
1069	C—O—C 中的 C—O 伸缩振动	C—OH
930	3,6-内醚半乳糖 C—O—C 伸缩振动	C—O—C
817	6-硫酸基 -β-D-半乳糖上 C—O—S 伸缩振动	—OSO₃²⁻

4. 核磁共振碳谱（¹³C-NMR）分析

通过 ¹³C-NMR 分析发现，GFW 多糖中含有的 3,6-内醚半乳糖的 C_1 位于 δ_C 98 附近（图 5-3），说明属于琼胶型多糖。δ_C 60~62 为半乳糖 C_6 信号峰，δ_C 67 为 C_6-OH 被硫酸基取代后的信号峰，这与红外光谱 820 cm⁻¹ 左右有吸收的结果相一致。其他信号峰归属见表 5-4。

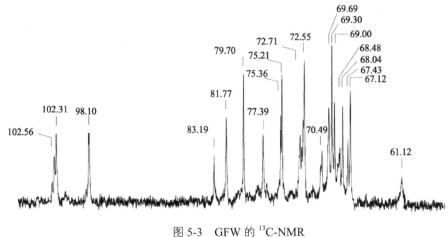

图 5-3　GFW 的 ^{13}C-NMR

表 5-4　GFW 的 ^{13}C-NMR 信号归属

样品	糖残基	信号峰 /ppm					
		C_1	C_2	C_3	C_4	C_5	C_6
GFW	Gal	102.3	69.7	81.8	68.5	75.4	61.1
	AnGal	98.1	69.3	79.7	77.4	75.2	69.0
	G6S	102.6	70.5	83.2	68.0	72.6	67.1

注：Gal—D-半乳糖；AnGal—3,6-内醚-L-半乳糖；G6S—6-硫酸基-D-半乳糖。

　　经各种化学、液相与气相色谱、红外光谱和核磁共振波谱分析，确定了 GFW 的结构特征，表明其属于硫酸多糖物质，含有 6-硫酸-D-半乳糖和 3,6-内醚-L-半乳糖的硫琼胶。

（二）苷的研究实例

　　例 5-2　软珊瑚[6]（*Lobophytum* sp.）属于腔肠动物门（*Clelenterata*），是一种热带与亚热带海洋中广泛分布的低等海洋生物。软珊瑚的次生代谢产物含有甾体、萜类等生物活性物质。采自海南岛三亚附近海域的豆荚软珊瑚（干重 694 g）切碎，经提取、萃取、柱色谱等步骤从中分离得到 5 个甾醇苷类化合物。通过波谱分析，确定化合物的化学结构分别为 3′-O-乙酰基-4-O-[β-D- 吡喃木糖苷]-孕甾-20-烯-3β,4α-二醇（化合物 1），4-O-[β-D-吡喃木糖苷]-孕甾-20-烯-3β,4α-二醇（化合物 2），4′-O-乙酰基-4-O-[β-D-吡喃木糖苷]-孕甾-20-烯-3β,4α-二醇（化合物 3），4′-O-乙酰基-4-O-[β-D-吡喃阿拉伯糖苷]-孕甾-20-烯-3β,4α-二醇（化合物 4）和 4-O-[β-D-吡喃阿拉伯糖苷]-孕甾-20-烯-3β,4α-二醇（化合物 5），其结构式如图 5-4 所示。以化合物 1 为例，说明苷类化合物的结构解析过程。

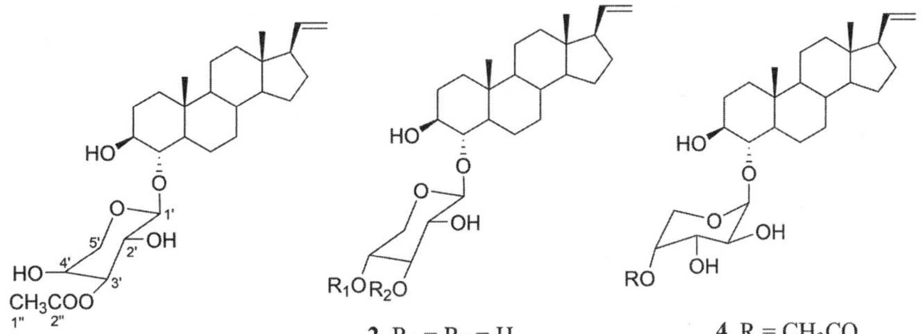

1

2 $R_1 = R_2 = H$

3 $R_1 = CH_3CO,\ R_2 = H$

4 $R = CH_3CO$

5 R = H

图 5-4　豆荚软珊瑚中分离得到的 5 个甾醇苷

解： 化合物 **1** 为无色针状晶体，熔点 212~214 ℃，FAB-MS 测得其 $[M + Na]^+$ 峰为 m/z 515，确定其分子式为 $C_{28}H_{44}O_7$。IR(KBr) 结果表明，ν_{max}=3353，2934，1754，1638，1056，992，908 cm^{-1}。Liebermann-Burchard 试验呈阳性，Molisch 试验呈紫红色环，表明化合物 **1** 为甾体皂苷。δ_H 5.82（m，1H），5.06（m，2H）和 δ_C 140.2，114.8，显示化合物 **1** 分子中含有一个末端双键，归属于甾体的第 20、21 位。δ_H 3.86（m，1H），3.71（dd，J = 10.0，9.5 Hz，1H）分别属于甾体 A 环的 3-H 和 4-H。由于 4-H 的 J 值（10.0 Hz 与 9.5 Hz）均大于 8Hz，表明 4-H 应为 β 键。将化合物 **1** 苷元部分的 ^{1}H-NMR、^{13}C-NMR 数据（表 5-5，表 5-6）与文献数据进行对比，确定结构与文献中孕甾-20-烯-3β,4α-二醇的核磁数据一致，表明化合物 **1** 的苷元部分为孕甾-20-烯-3β,4α-二醇。

糖部分结构解析：剩余 7 个碳归属于糖部分。δ_C 170.6 和 δ_H 1.93（s, 3H）表明糖基部分含有乙酰基，推断该糖是单乙酰化五碳糖。表 5-6 列出了化合物 **1** 的糖基部分的 ^{1}H-NMR 和 ^{13}C-NMR 信号。其中 δ_H 5.15（d，J = 8.0 Hz, 1H）为端基氢信号，δ_C 107.0 为端基碳信号。^{1}H-^{1}H COSY 表明 H-1'、H-2'、H-3'、H-4'、H-5a'、H-5b' 相关。结合 HMQC 可获得糖基部分碳的归属：107.0（C-1'），73.9（C-2'），79.6（C-3'），69.1（C-4'），67.3（C-5'）。由此进一步表明糖基部分是一个 β-D- 吡喃木糖。HMBC 显示 δ_C 170.6（s）和 δ_H 5.75（3'-H）相关，表明乙酰基连在 3' 羟基上。根据以上分析最后推断出化合物 **1** 的糖基部分结构为：3'-*O*-乙酰-4-*O*-[β-D-吡喃木糖]。

表 5-5　化合物 1 苷元部分的 ^{13}C-NMR（pyridine-d_5, 125 MHz）数据及归属

No.	δ_C	No.	δ_C	No.	δ_C
1	36.6	8	35.6	15	25.0
2	29.3	9	55.0	16	27.5
3	76.4	10	37.9	17	55.6
4	87.8	11	20.9	18	13.1
5	50.3	12	37.8	19	13.8
6	23.6	13	43.8	20	140.2
7	32.2	14	55.6	21	114.8

表5-6 化合物1糖基部分的 ¹H-NMR（pyridine-d₅, 500 MHz）、¹³C-NMR（pyridine-d₅, 125 MHz）、¹H-¹H COSY、HMBC 数据及归属

No.	δ_C	δ_H（J in Hz）	¹H-¹H COSY	HMBC
1'	107.0（d）	5.15（d, J = 8.0, 1H）	2'	4
2'	73.9（d）	4.10（dd, J = 10.0, 8.0, 1H）	1', 3'	1'
3'	79.6（d）	5.75（dd, J = 10.0, 9.5, 1H）	2', 4'	4', 2', 2''
4'	69.1（d）	4.24（m, 1H）	3', 5'	
5a'	67.3（t）	4.35（dd, J = 11.5, 1.0, 1H）	4', 5b'	4', 1'
5b'		3.70（dd, J = 11.0, 5.5, 1H）	4', 5a'	1'

孕甾醇 δ_{C-4} 87.8 远高于一般的连氧碳，同时 HMBC 显示 $\delta_{C-1'}$ 107.0 与 δ_{H-4} 3.71 相关，推断糖基部分是与孕甾醇的 C-4 成苷。综上分析，化合物 1 的结构为 3'-O-乙酰基-4-O-[β-D-吡喃木糖苷]-孕甾-20-烯-3β,4α-二醇。

第七节 糖和苷的生物活性

一、多糖的生物活性

早期由于分离纯化和结构鉴定困难，限制了对多糖成分的深入研究。随着现代分离、分析技术的发展，大量的多糖类成分被分离鉴定，并对其药理活性进行了研究。海洋多糖常带有大量电荷（含有糖醛酸及硫酸酯），很多种海洋多糖的化学结构和生物活性都与肝素类似。海洋多糖具有抗氧化、抗肿瘤、免疫调节、抗凝血、降血糖等生物活性。

（一）抗氧化

孙辉等[7]发现，马里亚纳海沟海洋真菌 *Cladosporium sphaerospermun* 所产胞外多糖 CS4-1 具有较高的 ABTS 和 DPPH 自由基清除活性，且随着样品浓度的增加，清除活性相应增加；在浓度为 8 mg/mL 时，CS4-1 与阳性对照 VC 和 BHT 的清除活性相当，CS4-1 清除 ABTS 和 DPPH 自由基的 EC$_{50}$ 值分别为 3.75 mg/mL 和 3.68 mg/mL。咸华丽等[8]发现，南极海洋丝状真菌 *Lecanicillium kalimantanense* HDN13-339 所产胞外多糖 HDN-51 具有抗氧化活性。特别是 HDN-51 对羟基自由基的清除能力。在浓度为 0.2 mg/mL 时，HDN-51 对羟基自由基清除率达到 57.35%；在浓度为 1.6 mg/mL 时，其清除率达到 74.90%，略低于阳性对照维生素 C；HDN-51 对羟基自由基清除的 EC$_{50}$ 值为 0.1 mg/mL。

（二）抗肿瘤

彭玲等[9]发现，刺参黏多糖可通过抑制细胞周期因子 CycinD1 和 CDK4 的表达而抑制细胞增殖，并通过抑制癌基因 C-myc 的表达来诱导 Hela 细胞的分化。Kong 等[10]研究发现甲壳胺对人结肠癌细胞有抗增殖的作用，并发现凋亡基因 Bax 被活化、原癌基因 Bcl-2 被抑制，推测这种影响可能是通过 NF-κB 或者 NF-κB 依赖的通路介导的。

（三）免疫调节

周妍等[11]发现，紫球藻多糖（PEP）具有增强小鼠免疫功能的作用，可显著地增强吞噬细胞的吞噬能力，促进巨噬细胞合成 NO，促进脾淋巴细胞及腹腔巨噬细胞的增殖。海带多糖可以促进小鼠腹腔巨噬细胞的吞噬能力[12]，提高血清中溶血素的含量，加强免疫力，并且促进外周血淋巴细胞的转化，拮抗有环磷酰胺引起的白细胞下降。

（四）抗凝血

研究[13]表明，从枯墨角藻中提取的多糖在体内实验中能够显著延长血凝时间，并存在剂量依赖性，并且其抗凝血作用与血浆抗凝血酶Ⅲ介导的凝血酶抑制有关。

（五）降血糖

李福川等[14]发现，从褐藻中提取的海带多糖对小鼠的高血糖症有作用，其机理可能是与细胞膜上的特定受体结合，通过第二信使 cAMP 将信息传至线粒体，提高糖代谢酶系的活性，加速糖的氧化分解，同时降低葡萄糖 -6- 磷酸酶的活性，从而降低血糖水平。

二、苷的生物活性

发现的海洋糖苷类化合物主要包括甾体糖苷、二萜糖苷、三萜糖苷、鞘脂类糖苷、黄酮糖苷、糖脂及大环内酯糖苷等。研究表明，海洋糖苷类化合物具有抗肿瘤、抗病毒、抗炎、增强免疫力等生物活性。

（一）抗肿瘤

Sata 等[15]发现，从澳大利亚软珊瑚 *Eleutherobia* sp. 中提取的二萜糖苷类化合物艾榴素，体外对大多数癌细胞株具有很强的细胞毒性，其 IC_{50} 值在 10~15 μg/mL 范围内。艾榴素的作用机制是通过竞争微管聚合物上的结合位点，使细胞处于有丝分裂期，抑制细胞的扩增。从八放珊瑚 *Carijoa riisei* 中分离得到的新甾体糖苷 riiseins A-B 对结肠癌 HCT-116 细胞具有细胞毒性，其 IC_{50} 值为 2.0 μg/mL[16]。

（二）抗病毒

Rowley 等[17]发现，从加勒比海海草 *Thalassia testdinum* 中分离得到的黄酮糖苷类成分 thalassiolins A-D 都表现出对人类免疫缺陷病毒（HIV）整合酶的抑制活性，其中 thalassiolin A 的活性最强。

（三）抗炎

Rodriguez 等[18]发现，从哥伦比亚西南部加勒比海采集的珊瑚鞭中获得的二萜糖苷类化合物 pseudopterosin 可以通过刺激小鼠神经小胶质细胞的产生，而抑制血栓素 B2（TXB2）和 O^{2-} 的产生，防止炎症的发生，其 IC_{50} 值为 4.7 μg/mL。

（四）增强免疫力

Costantino 等[19] 发现，从海绵 *Plakortis simplex* 中提取的异戊二烯化的鞘糖脂 simplexide 可以阻止由 concavalin A 和脂多糖所诱导的 T 细胞增生。

第八节　临床药物或正在临床研究的糖和苷

一、藻酸双酯钠

藻酸双酯钠（propylene glycol alginate sodium sulfate，PSS）是 1985 年由中国海洋大学管华诗院士研发的世界上第一个海洋类肝素糖类药物[20]。以褐藻酸为原料，经稀酸加压水解得到低聚褐藻酸，在 NaOH 溶液中与 1,2- 环氧丙烷反应得到褐藻酸丙二醇酯，利用 HSO_3Cl/ 甲酰胺引入硫酸酯基，最后经钠离子交换和纯化后获得 PSS，制备方法见图 5-5。PSS 的化学结构与肝素类似，抗凝效价是天然肝素的 1/3~1/2。PSS 具有较强的聚阴离子性质，可以使富含电荷的细胞表面增强相互间排斥力，阻抗红细胞之间或红细胞与管壁之间的黏附，改善血液的流变学性质。临床上主要用于治疗脑血栓、心绞痛和高脂血症等。

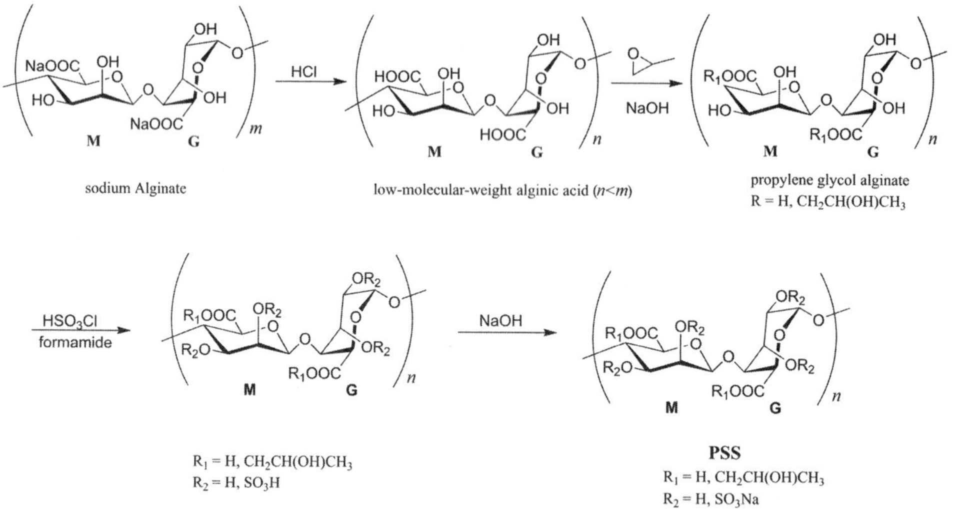

图 5-5　藻酸双酯钠（PSS）的合成路线[21]

二、甘露寡糖二酸（GV-971）

甘露寡糖二酸（GV-971）是由中国海洋大学、中国科学院上海药物研究所和上海绿谷制药联合研发的治疗阿尔茨海默病（AD）的新药[3]，其结构见图 5-6。该药的成功上市，填补了十多年来抗 AD 领域无新药上市的空白，为数千万 AD 患者和家庭带来福音。该寡糖来源于海洋褐藻，经提取、降解、分离等步骤获得结构明确的寡糖分子。GV-971 不同于传统靶向抗体药物，能够多位点、多片段、多状态地捕获 β 淀粉样蛋白（Aβ），抑制 Aβ 纤丝形成，并使已形成的纤丝解聚为无毒单体。研究还发现，GCV-971

能通过调节肠道菌群失衡、重塑机体免疫稳态，进而降低脑内神经炎症，阻止阿尔茨海默病病程进展。

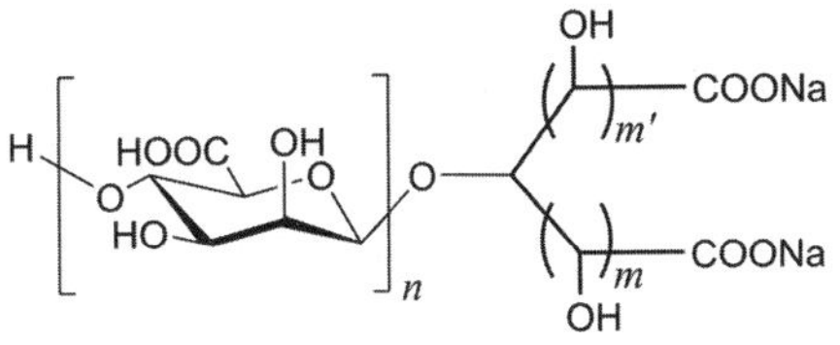

$n=1\sim9; m=0,1\ or\ 2; m'=0\ or\ 1$

图 5-6　甘露寡糖二酸（GV-971）的结构式

◎ **思考题**

1. 简述海洋寡糖分类及结构特征，以及海洋多糖的分类。

2. 如何确定海洋多糖的一级结构？

3. 简述海洋苷类化合物的分类、苷键裂解的方法及其特点。

◎ **进一步文献阅读**

1. Ban L, Pettit N, Li L, et al. 2012. Discovery of glycosyltransferases using carbohydrate arrays and mass spectrometry[J]. Nature Chemical Biology, 8(9):769-773.

2. Bryan M C, Fazio F, Lee H K, et al. 2020. Covalent display of oligosaccharide arrays in microtiter plates[J]. Journal of the American Chemical Society, 126(28):8640-8641.

3. Maria F J R, Alcina M B M, Rui M S C M. 2015. Marine polysaccharides from algae with potential biomedical applications[J]. Marine Drugs, 13:2967-3028.

◎ **参考文献**

[1] Yue L, Sun D, Khan I M, et al. 2020. Cinnamyl alcohol modified chitosan oligosaccharide for enhancing antimicrobial activity[J]. Food Chemistry, 309:125513-125518.

[2] Zhang C G, Wang W X, Zhao X M, et al. 2020. Preparation of alginate oligosaccharides and their biological activities in plants: a review[J]. Carbohydrate Research, 494:108056-108067.

[3] Wang X Y, Sun G Q, Feng T, et al. 2019. Sodium oligomannate therapeutically remodels gut microbiota and suppresses gut bacterial amino acids-shaped neuroinflammation to inhibit Alzheimer's disease progression[J]. Cell Research, 29:787-803.

[4] 张惟杰. 1999. 糖复合物生化研究技术 [M]. 2 版. 杭州：浙江大学出版社.

[5] 于广利，胡艳南，杨波，等. 2009. 海萝藻 (*Gloiopeltis furcata*) 多糖的提取分离及其结构表征 [J]. 中国海洋大学学报, 39(5):925-929.

[6] 何细新，苏镜娱，曾陇梅，等. 2002. 豆荚软珊瑚 *Lobophytum* sp. 的次生代谢产物研究 [J]. 化学学报, 60(2):334-337.

[7] 孙辉，付子桃，都鹏，等. 2019. 海洋真菌 *Cladosporium Sphaerospermum* 胞外多糖 CS4-1 结构特征

和抗氧化活 [J]. 中国海洋药物, 38(5):16-20.

[8] 咸华丽, 杨宝勤, 李慧, 等. 2018. 南极海洋丝状真菌 *Lecanicillium kalimantanense* HDN13-339 胞外多糖结构及抗氧化活性研究 [J]. 中国海洋药物, 37(2):16-20.

[9] 彭玲, 于壮, 宋扬. 2008. 刺参黏多糖对 Hela 细胞增殖分化的影响 [J]. 青岛大学医学院学报, 44(3):213-219.

[10] Kong C S, Bahn Y E, Kim B K, et al. 2010. Antiproliferative effect of chitosan-added kimchi in HT-29 human colon carcinoma cells[J]. Journal of Medicinal Food, 13(1):6-12.

[11] 周妍, 王凌, 孙利芹, 等. 2010. 5 种海洋微藻多糖体外免疫调节活性的筛选 [J]. 海洋通报, 29(2):194-198.

[12] 宋剑秋, 徐誉泰, 张华坤, 等. 2000. 海带硫酸多糖对小鼠腹腔巨噬细胞的免疫调节作用 [J]. 中国免疫学杂志, 16(2):70.

[13] Yoon S J, Pyun Y R, Hwang J K, et al. 2007. Asulfated fucan from the brown alga *Laminaria cichorioideshas* mainly heparin cofactor Ⅱ: dependent anticoagulant activity[J]. Carbohydrate Research, 342:2326-2330.

[14] 李福川, 唐志红, 崔博文, 等. 2000. 三种海带多糖的降糖作用 [J]. 中国海洋药物, 5:12-15.

[15] Sata N U, Wada S, Matsunaga S, et al. 1999. Rubrosides A-H, new bioactive tetramic acid glycosides from the Marine sponge *Siliquariaspongia japonic*[J]. The Journal of Organic Chemistry, 64:2331-2339.

[16] Maia L F, Epifanio R D. 2000. New cytotoxic sterol glycosides from the octocoral *Carijoa* (*Telesto*) *riisei*[J]. Journal of Natural Products, 63:1427-1430.

[17] Rowley D C, Hansen M S T, Rhodes D, et al. 2002. Thalassiolins A-C: new marine-derived inhibitors of HIV cDNA integrase[J]. Bioorganic & Medicinal Chemistry, 10:3619-3625.

[18] Rodriguez I I, Shi Y P, Oscar J G, et al. 2004. New pseudopterosin and seco-pseudopterosin diterpene glycosides from two colombian isolates of *Pseudopterogorgia elisabethae* and their diverse biological activities[J]. Journal of Natural Products, 67:1672-1680.

[19] Costantino V, Fattorusso E, Mangoni A, et al. 1997. Glycolipids from sponges 6.1 plakoside A and B, two unique prenylated glycoSphingolipids with immunosuppressive activity from the Marine sponge *Plakortis simplex*[J]. Journal of the American Chemical Society, 119:12465-12470.

[20] 管华诗. 1999. 新药藻酸双酯钠 (PSS) 的研究 [J]. 医学研究通讯, 9:8.

[21] 蔡超, 于广利. 2018. 海洋糖类创新药物研究进展 [J]. 生物产业技术, 6(11):55-61.

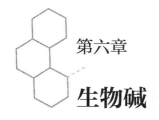

第六章

生物碱

视频讲解与
教学课件

◎ **学习目标**

    1. 掌握海洋生物碱的主要结构类型及特征。

    2. 掌握生物碱的理化性质和提取分离方法。

    3. 掌握海洋生物碱结构鉴定的方法。

    4. 熟悉海洋生物碱抗肿瘤药曲贝替定的研究思路和方法。

    5. 了解海洋生物碱在新药研究开发中的重要作用。

    源于植物的生物碱药物一直在临床用药中占据非常重要的地位。随着对海洋天然产物研究的不断深入，从海洋动物和微生物的次级代谢产物中发现了大量结构新颖和生物活性广泛的新生物碱，是海洋药物或药物先导化合物的新资源。从加勒比海鞘 (*Ecteinascidia turbinata*) 中发现的抗肿瘤活性物质海鞘素 743(ecteinascidin 743，ET-743) 和将其成功研发为抗肿瘤新药曲贝替定 (trabectedin, 商品名为 Yondelis)，已成为海洋生物碱创新药物研究开发的典范。

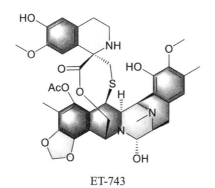

ET-743

第一节　概　述

生物碱（alkaloid）是一类重要的天然有机化合物，其生物合成的前体物主要为氨基酸和异戊烯。目前生物碱尚无一个确切的定义。广义而言，生物碱定义为一类含氮的有机化合物，它们有似碱的性质，可与酸结合成盐。大多数生物碱具有含氮环的比较复杂的环状结构。但是，随着生物碱的不断发现和深入研究，生物碱的广义定义有其局限性。目前，生物碱比较认可和比较确切的定义是：生物碱是含负氧化态氮原子，存在于生物体的环状化合物[1,2]。

生物碱广泛存在于植物中，故又名"植物碱"。在陆生动物中，只发现极少数动物含有生物碱，比如：高等动物脏器中的去甲基肾上腺素（noradrenaline）、蟾蜍中的蟾蜍碱（bufotenine）和麝香中的麝香吡啶（muscopyridin）等。与陆生动物不同的是，在海洋动物，特别是海洋无脊椎动物中，相继发现了相当数量的生物碱，生物碱比较丰富的海洋动物集中在海绵、被囊动物和软体动物中。在腔肠动物的珊瑚，以及棘皮动物的海参和海星中也发现了生物碱。海洋微生物是生物碱丰富的另一大类群的海洋生物，它们代谢产生众多结构新颖和生物活性多样的生物碱类。含生物碱比较多的海洋微生物主要包括海洋链霉菌（*Streptomyces*）、海洋青霉菌（*Penicillium*）和海洋曲霉菌（*Aspergillus*）。此外，海洋微藻也可产生生物碱，比如：包括石房蛤毒素（saxitoxin）和膝沟藻毒素（gonyautoxin）在内的四氢嘌呤类生物碱是亚历山大藻属（*Alexandrium*）、绿甲藻属（*Gymnodinium*）和涡鞭甲藻属（*Pyrodinium*）等多种藻的代谢产物，是已知分布最广和危害最大的微藻毒素。

生物碱在新药研究开发中占据重要位置。自 1806 年德国学者泽图纳（Sertüner F. W.）从阿片中分离出第一个具有镇痛作用的生物碱吗啡（morphine）以来，大量的生物碱相继从植物中被发现，其中很多已经研发成药物在临床上普遍应用，代表性的药物有：镇痛药吗啡和可待因（codeine）、镇静药莨菪碱（scopolamine）、抗胆碱药阿托品（atropine）、抗肿瘤药紫杉醇（taxol）、抗疟药奎宁（quinine）、平喘药麻黄碱（ephedrine）、降压药利血平（reserpine）、抗菌消炎药小檗碱（berberine）和治疗阿尔茨海默病的石杉碱甲（huperzine A）等。随着对海洋天然产物研究的不断深入，从海洋动物和微生物的次级代谢产物中发现的大量生物碱也成为海洋药物或药物先导化合物的重要资源，比如：源于加勒比海鞘（*Ecteinascidia turbinate*）的抗肿瘤药曲贝替定（trabectedin）、源于河豚的镇痛药河豚毒素（tetradotoxin）、源于海绵（*Haliclona* sp.）的抗疟先导化合物 manzamine A、源于海洋软体动物（*lamellaria* sp.）的抗肿瘤先导化合物片螺素 N（lamellarin N）和源于海鞘和海洋放线菌的抗肿瘤先导化合物星孢菌素（staurosporine）等。

第二节　生物碱的结构与分类

生物碱的种类繁多，化学结构千变万化，生源各不相同，因此其分类方法有多种[1,2]，主要包括：①按生物体来源分类，如长春花生物碱、麻黄生物碱、蟾蜍生物碱等；②按化学结构分类，即按生物碱结构中氮原子存在的主要杂环基本母核分类，如吲哚类生物碱、喹啉类生物碱、二萜类生物碱和甾体生物碱等；③按生源结合化学分类，即基于生物碱生物合成前体物的来源来分类。尽管生物碱种类很多，但其来源仅限于几种前体氨基酸、甲戊二羟酸（mevalonic acid）和醋酸酯等。与生物碱生物合成有关的氨基酸主要有鸟氨酸、赖氨酸、邻氨基苯甲酸、苯丙氨酸、酪氨酸和色氨酸等。以下按化学结构类型来介绍海洋生物碱的类型及其结构特征。

一、吡咯类生物碱（pyrrole alkaloid）

吡咯类生物碱主要包括吡咯和吡咯里西啶两类。

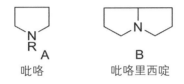

吡咯   吡咯里西啶

（一）吡咯类生物碱（pyrrole alkaloid）

吡咯类生物碱是结构中含有吡咯母核的衍生物，在海洋生物中，该类生物碱主要发现在海绵、海鞘和海洋放线菌中。

片螺素（lamellarin）是从软体动物、海鞘和海绵中发现的吡咯类生物碱[3]。目前已报道 50 多个这类化合物，其结构核心是骨架中的吡咯，在苯环上有酚羟基、甲氧基、硫酸基和乙酰氧基等取代基。该类化合物具有很强的抗肿瘤或抗 HIV 病毒活性，其中 lamellarin D 的抗肿瘤活性最强，而 lamellarin N 被认为是好的抗肿瘤先导化合物。目前，片螺素类生物碱的化学合成有大量的研究报道。

lamellarin D   lamellarin N

含溴吡咯（bromopyrrole）生物碱主要存在于海绵中，现已从 *Agelas*、*Axinella*、*Callyspongia*、*Pseudoceratina*、*Stylissa* 和 *Tedania* 等属的 20 多种海绵中分离得到 140 多个该类化合物[4]，其结构特征是含有吡咯-咪唑（pyrrole-imidazole）的结构单元。oroidin 是从海绵中发现的第一个溴吡咯生物碱，而 agelamadin A 和 stylissadine A 分别为两个溴吡咯生物碱的二聚体和四聚体。

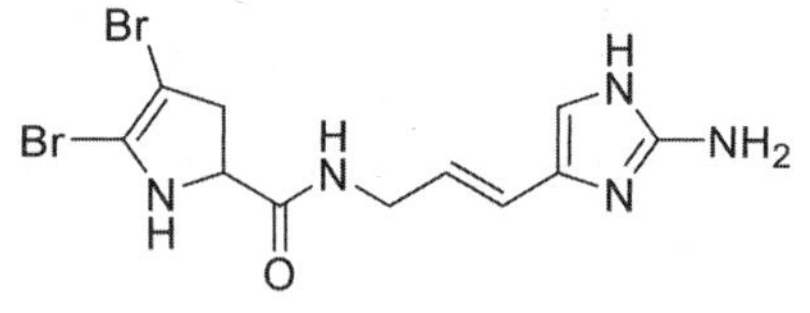

oroidin

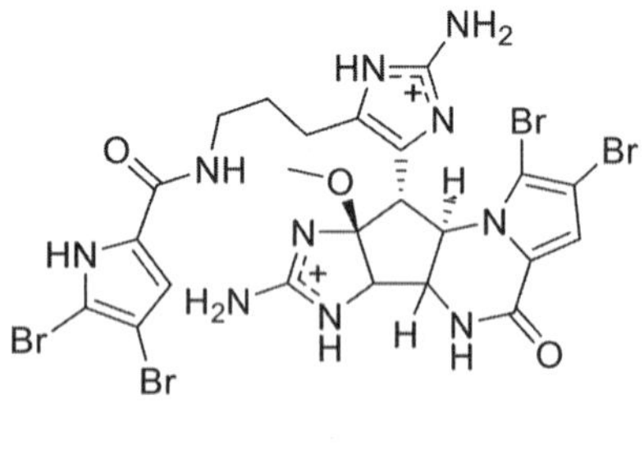

agelamadin A

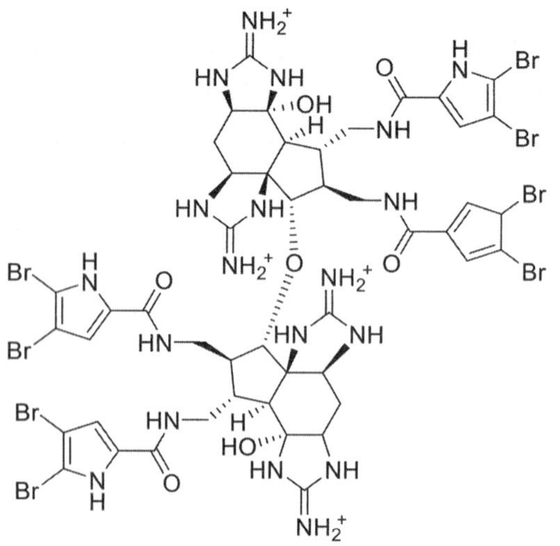

stylissadine A

从来源于海洋的 *Streptomyces*、*Marinispora* 和 *Salinispora* 等属的放线菌中也发现了一些吡咯类生物碱。marineosin 和 nitropyrrolin 分别是从两株链霉菌（*Streptomyces* sp. CNQ-671 和 CNQ-509）中获得的结构类型不同的两类吡咯类生物碱。Marineosins 是含有多个吡咯母核和一个螺原子的大环结构，而 nitropyrrolin 为吡咯母核上含有硝基并带有长烷基侧链，其中 marineosin A 和 nitropyrrolin D 具有强的细胞毒活性[5,6]。

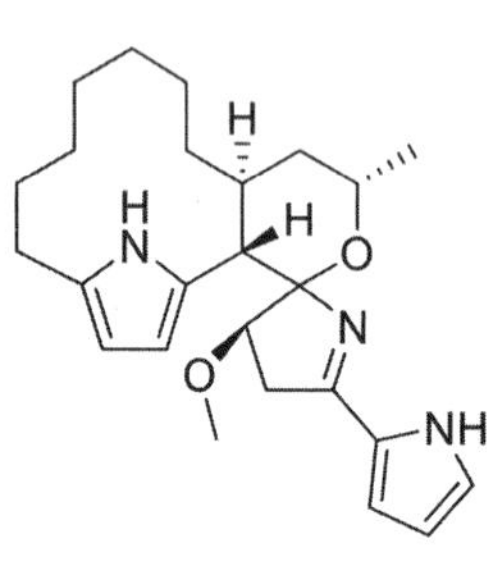

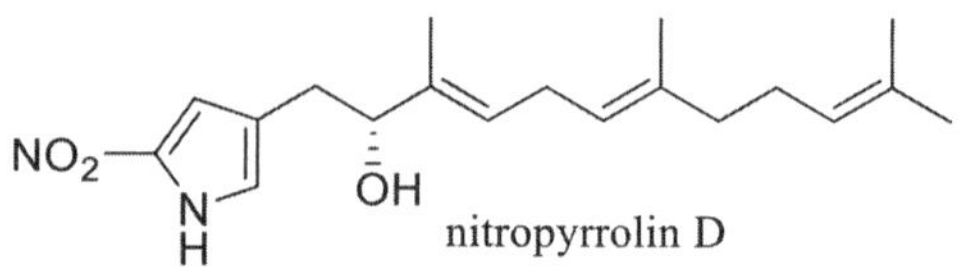

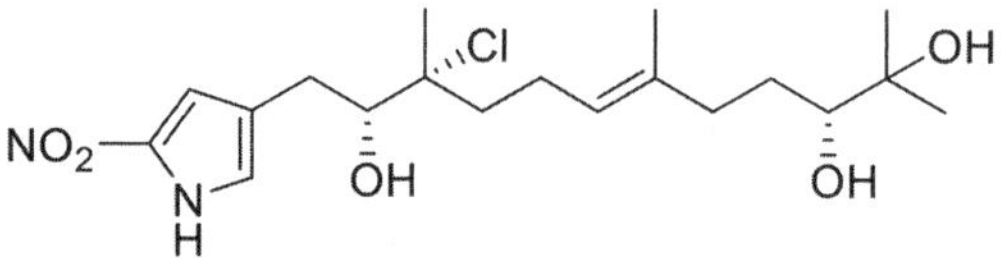

marineosin A

nitropyrrolin D

nitropyrrolin E

（二）吡咯里西啶类生物碱（pyrrolizidine alkaloid）

吡咯里西啶类生物碱是由两个吡咯烷共用一个氮原子的稠环衍生物。spithioneines A-B 是从海洋链霉菌（*Streptomyces spinoverrucosus*）中分离鉴定的两个含有硫组氨酸三甲基内盐的吡咯里西啶类生物碱[7]。

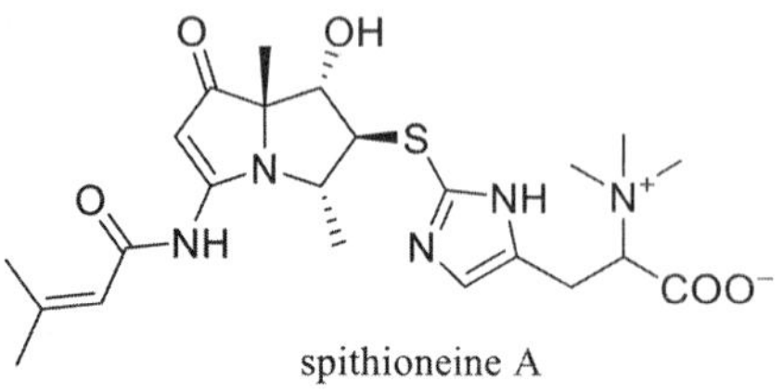

spithioneine A

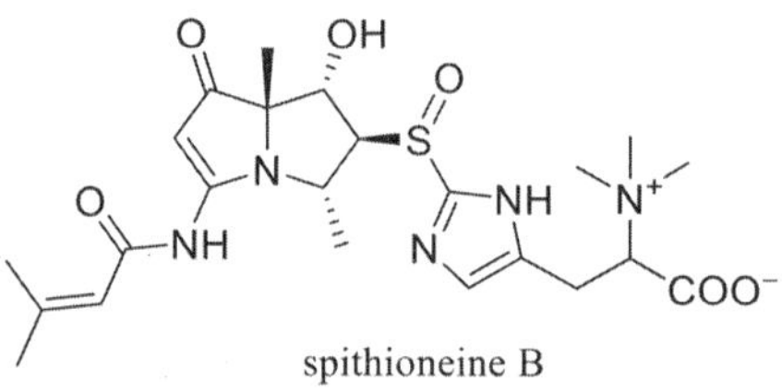

spithioneine B

二、哌啶类生物碱（piperidine alkaloid）

哌啶类生物碱主要包括哌啶、吲哚里西啶和喹诺里西啶三类。

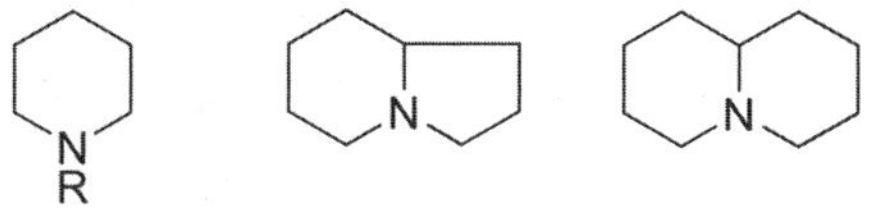

哌啶   吲哚里西啶   喹诺里西啶

（一）哌啶类生物碱（piperidine alkaloid）

哌啶类生物碱主要发现在一些海绵和海鞘中[8,9]，数目较少。pseudodistomin A 和 batzellaside A 分别是从海鞘（*Pseudodistoma kanoko*）和海绵（*Batzella* sp.）中分离鉴定的带有长脂肪侧链的哌啶类生物碱。

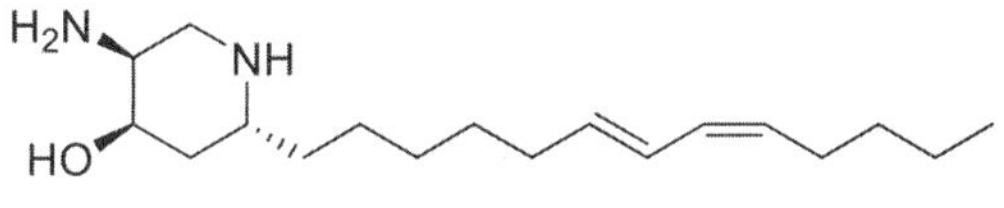

pseudodistomin A 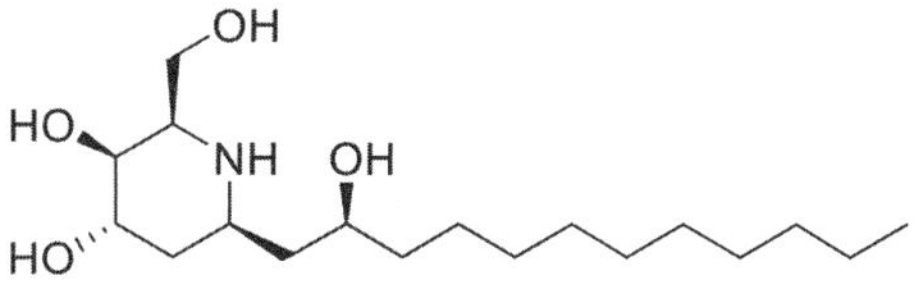   batzellaside A

（二）吲哚里西啶类生物碱（indolizidine alkaloid）

吲哚里西啶类生物碱是由哌啶和吡咯共用一个氮原子的稠环衍生物，在海洋生物中主要发现在少数海鞘和海绵中[10]。piclavine A$_1$ 是从海鞘（*Clavelina picta*）中分离得到的一个带有长脂肪侧链的吲哚里西啶类生物碱，而 stellettamide B 是从海绵（*Stelletta* sp.）中发现的一个带有酰胺侧链的吲哚里西啶类生物碱。

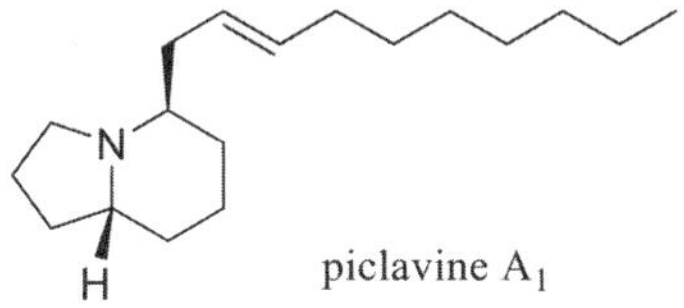

piclavine A$_1$ 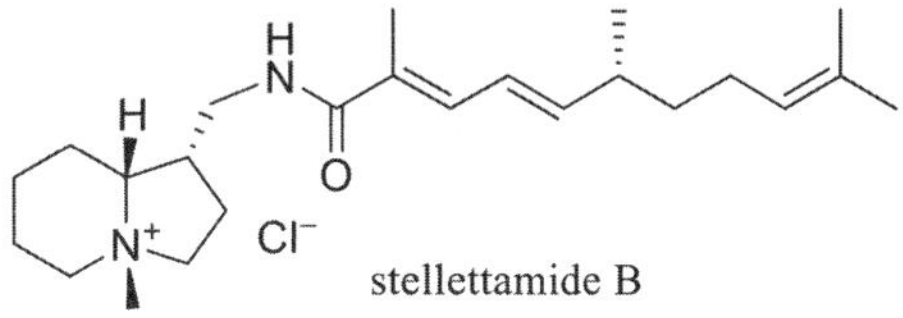   stellettamide B

（三）喹诺里西啶类生物碱（quinolizidine alkaloid）

喹诺里西啶类生物碱是由两个哌啶共用一个氮原子的稠环衍生物，在海洋生物中主要发现在少数海鞘和海绵中[10-12]，数目不多。clavepictine A 和 halichlorine 是分别从海鞘（*Clavelina picta*）和海绵（*Halichondria okadai*）中获得的两个喹诺里西啶类生物碱。

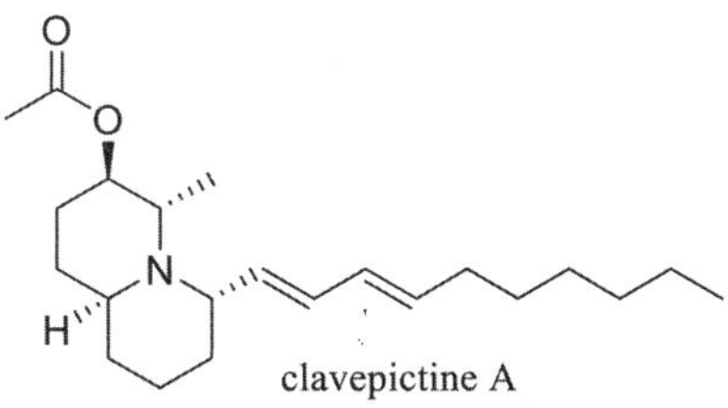

clavepictine A 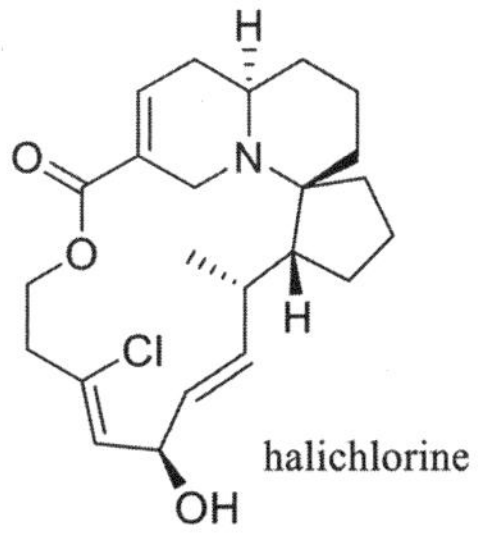   halichlorine

三、喹啉类生物碱（quinoline alkaloid）

喹啉类生物碱是由苯环和吡啶通过 4a 和 8a 位结合的稠环衍生物。该类生物碱在海绵、海鞘、海洋放线菌和真菌中均有发现。lepadin F 是从海鞘中分离鉴定的一种 5-烷基-3-羟基四氢喹啉类生物碱[13]，而 actinoquinolines A 和 B 是从海洋链霉菌（*Streptomyces* sp. CNP9）中分离得到的两种具有抗炎活性的喹啉类生物碱[14]。

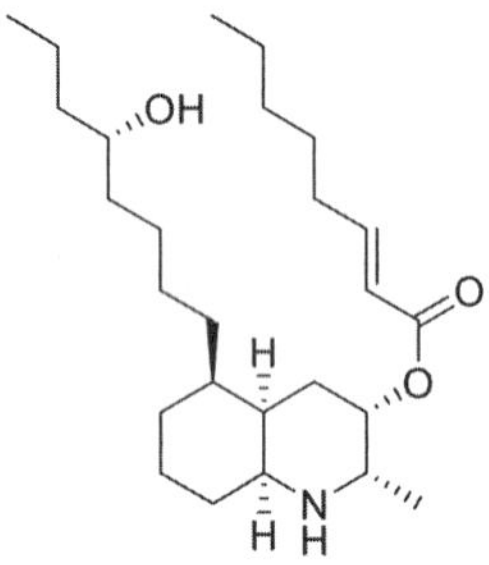

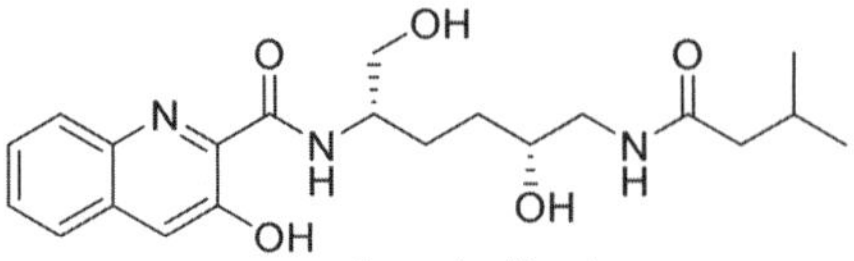

actinoquinoline A

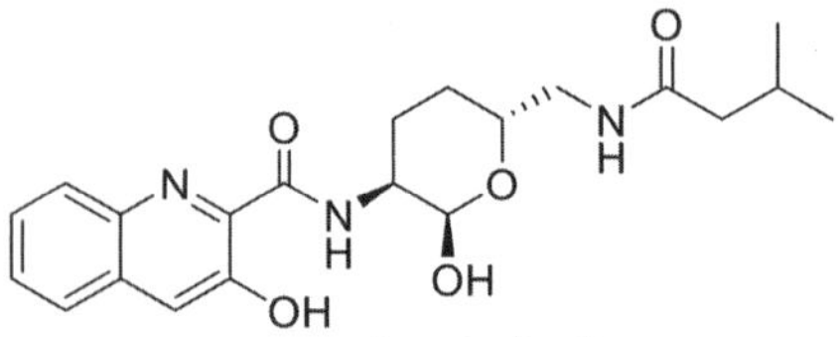

actinoquinoline B

lepadin F

四、异喹啉类生物碱（isoquinoline alkaloid）

异喹啉类生物碱是喹啉生物碱中吡啶环上的氮原子处于 β 位的生物碱。在海洋生物中，该类生物碱主要存在海绵和海鞘中。从海鞘中分离得到大量喹啉类生物碱，其中最有代表性的是从加勒比海鞘（*Ecteinascidia turbinata*）中发现的四氢异喹啉类生物碱（ecteinascidin），其中 ecteinascidin 743（ET-743）的生物活性最强，得率相对较高。从 *Corticium*、*Cribrochalina*、*Jaspis*、*Halichondria*、*Haliclona*、*Penares*、*Petrosia* 和 *Xestospongia* 等属的海绵中也发现了异喹啉类生物碱。葡萄糖苷酶抑制剂 schulzeine A 和抗肿瘤化合物 jorunnamycin A 是分别从两种海绵（*Penares schulzei* 和 *Xestospongia* sp.）中分离鉴定的异喹啉类生物碱[15,16]。

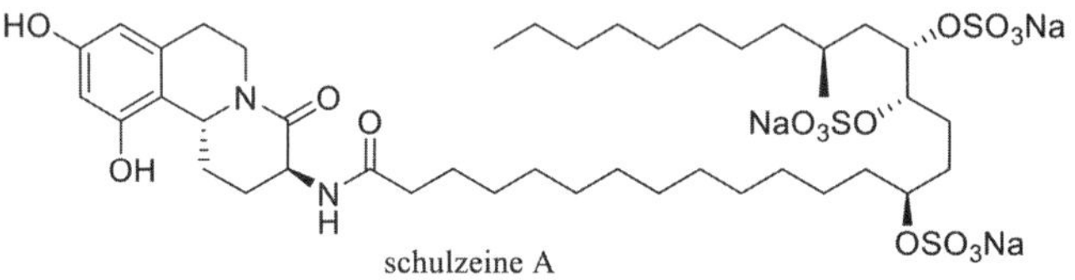

schulzeine A

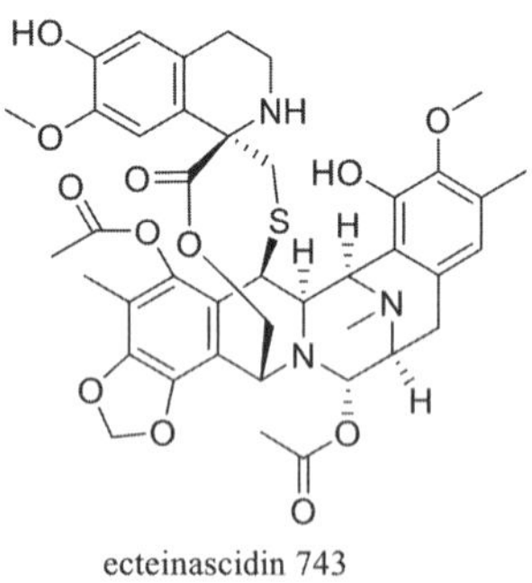

ecteinascidin 743

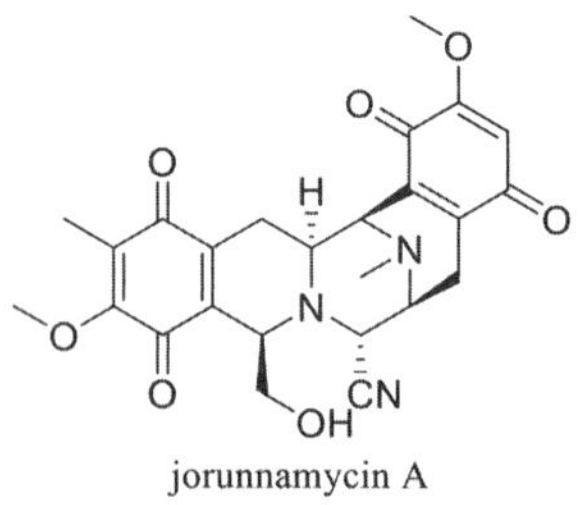

jorunnamycin A

五、吲哚类生物碱（indole alkaloid）

吲哚类生物碱是最多和最复杂的一类生物碱，可分为简单吲哚类生物碱、β-咔啉类生物碱、双吲哚类生物碱和肽类吲哚生物碱。吲哚类生物碱在海绵、海鞘、海藻、海洋放线菌和海洋真菌中均有大量的发现。

（一）简单吲哚类生物碱（simple indole alkaloid）

简单吲哚类生物碱结构中只含有吲哚母核中的一个氮原子，除吲哚核外，没有其他杂环。海鞘（*Pyura sacciformis*）中的 6-bromoindole-3-carbaldehyde、链霉菌（*Streptomyces* sp. ZZ820）中的 indole-3-methylethanoate 和 streptoprenylindole C 均为简单吲哚类生物碱[17,18]。

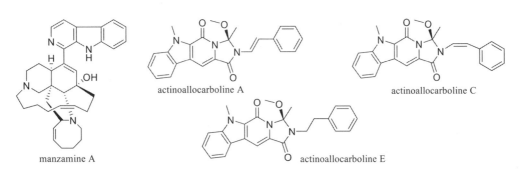

6-bromoindole-3-carbaldehyde　　indole-3-methylethanoate　　　　　streptoprenylindole C

（二）β-咔啉类生物碱（β-carboline alkaloid）

β-咔啉类生物碱的结构中含有吲哚和吡啶稠合且吡啶环上的氮原子处于β位的母核。manzamines 是从 *Amphimedon*、*Cribrochalina*、*Haliclona*、*Hyrtios*、*rcinia*、*Pachypellina*、*Pellina*、*Petrosia*、*Prianos*、*Reniera* 和 *Xestospongia* 等属的海绵中发现的一类结构复杂的 β-咔啉类生物碱，其中抗疟疾先导化合物 manzamine A 是从海绵（*Haliclona* sp.）中分离鉴定的第一个 manzamine 类生物碱[19]。从海洋稀有放线菌（*Actinoalloteichus* sp. ZZ1866）中分离得到系列的 β-咔啉类生物碱 actinoallocarbolines A-M，其中抗胶质瘤活性良好的 actinoallocarbolines A、C 和 E 等具有稀有的吲哚-吡啶酮-咪唑稠合的四环母核[20]。

actinoallocarboline A

actinoallocarboline C

manzamine A

actinoallocarboline E

（三）双吲哚类生物碱（bisindole alkaloid）

双吲哚类生物碱是由两个吲哚母核通过不同稠合方式而形成的一类生物碱，主要分布在海鞘、海绵和海洋微生物中。肿瘤细胞毒活性物质 iheyamines A-B 是从海鞘（*Polycitorella* sp.）中分离得到的具有新杂环骨架的两个双吲哚类生物碱，其结构是通过氮杂七环将两个吲哚单位连接。

　　星孢菌素（staurosporine）是从海洋放线菌和海鞘等生物中发现的一类吲哚并咔唑（indolocarbazole）生物碱，该类化合物具有很强的细胞毒活性和显著的蛋白激酶抑制活性[21]，其中的米哚妥林（midostaurin）已被美国 FDA 批准用于急性骨髓性白血病的治疗，而来他替尼（lestaurtinib）和 7- 羟基星孢菌素（7-hydroxystaurosporine）等多个化合物也已经进入了临床研究。

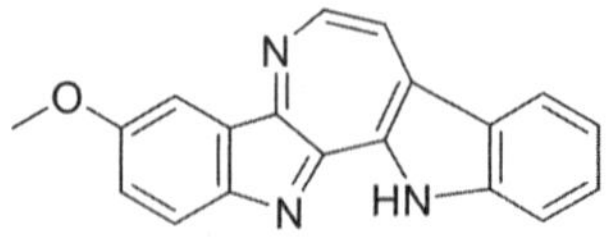

iheyamine A

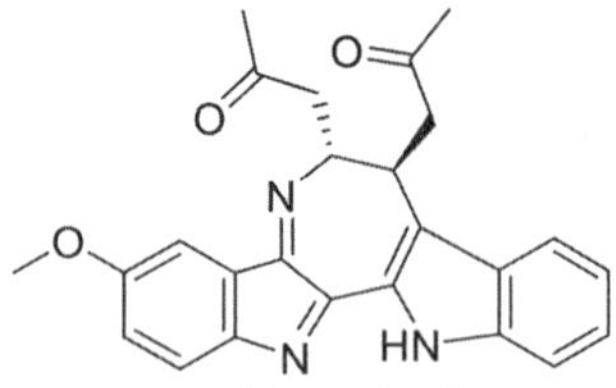

iheyamine B

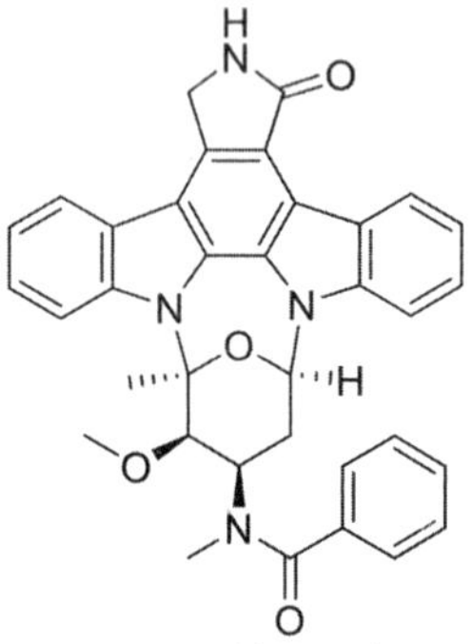

midostaurin

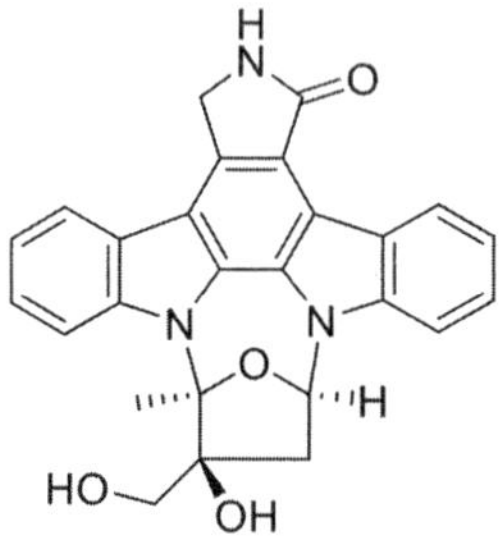

lestaurtinib

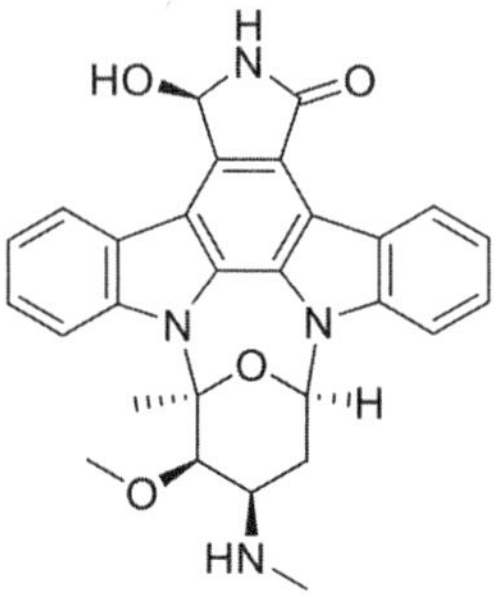

7-hydroxystaurosporine

（四）肽类吲哚生物碱（peptide indole alkaloid）

　　肽类吲哚生物碱是指含有肽键的吲哚类生物碱。该类化合物在海绵和海藻中均有发现。从海绵（*Cliona celata*）和巨大鞘丝藻（*Lyngbya majuscula*）中分离得到的 celenamide A 和 lyngbyatoxin A 分别为线肽和环肽类吲哚生物碱[22,23]。

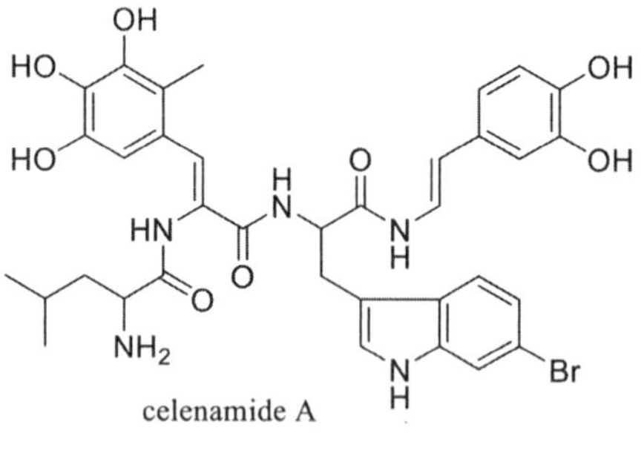

celenamide A

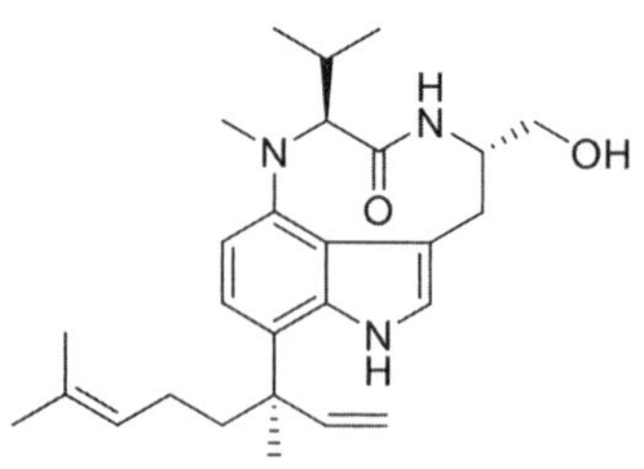

lyngbyatoxin A

六、萜类生物碱（terpenoid alkaloid）

　　萜类生物碱可分为单萜类生物碱、倍半萜类生物碱、二萜类生物碱和三萜类生物碱等。

（一）单萜类生物碱（monoterpenoid alkaloid）

单帖类生物碱在海洋生物中并不多见。抗污损活性物质 aniduquinolone A 和 aflaquinolone A 是从珊瑚的共生真菌（*Scopulariopsis* sp.）中分离得到的两个单萜生物碱[24]。

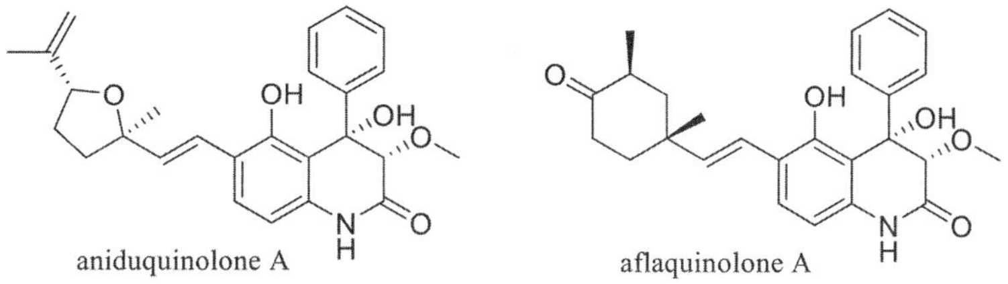

aniduquinolone A　　　　　　aflaquinolone A

（二）倍半萜类生物碱（sesquiterpenoid alkaloid）

化合物 oceanapamine 和 6-（9'-purine-6',8'-diolyl）-2β-suberosanone 是分别从菲律宾产海绵（*Oceanapia* sp.）和中国南海产珊瑚（*Subergorgia suberosa*）中得到的两个倍半萜类生物碱[25,26]，该类生物碱在海洋生物中也不常见。

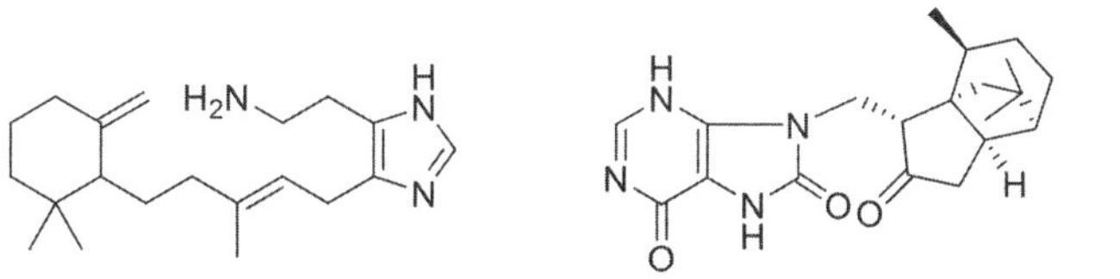

oceanapamine　　　　　6-(9'-purine-6',8'-diolyl)-2β-suberosanone

（三）二萜类生物碱（diterpenoid alkaloid）

在海洋生物中，二萜类生物碱主要发现在 *Agelas*、*Hymeniacidon* 和 *Raspailia* 属海绵以及 *Aspergillus* 和 *Dichotomomyces* 属真菌中。从 *Agelas* 属的多种海绵中发现了一系列二萜类生物碱 agelasines，该类生物碱主要由一个腺嘌呤基和一个二萜单元组成，其中 agelasine G 具有抑制蛋白酪氨酸磷酸酶 1B（PTP1B）活性[27]。从海洋真菌（*Dichotomomyces cejpii*）中分离鉴定的大麻素受体拮抗剂 emindole SB-β-mannoside 也是一种二萜类生物碱[28]。

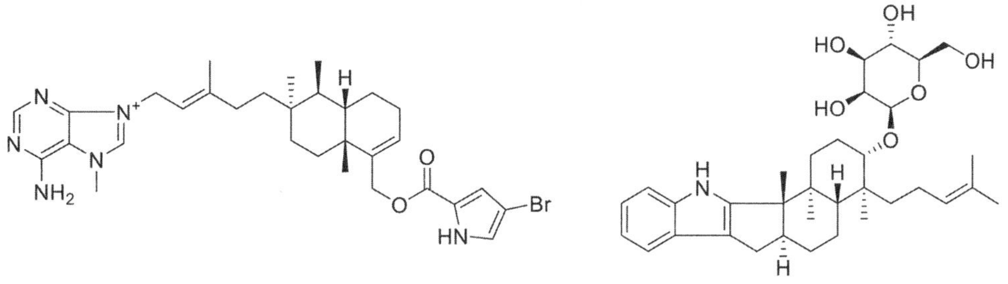

agelasine G　　　　　　　　emindole SB-β-mannoside

七、甾体类生物碱（steroidal alkaloid）

甾体类生物碱是指含有甾体母核的含氮衍生物，常见的有单甾体类生物碱和二聚甾体类生物碱。

（一）单甾体类生物碱（monosteroidal alkaloid）

在海洋生物中，单甾体类生物碱主要存在于 *Corticium*、*Phorbas* 和 *Plakina* 属的多种海绵中。plakinamine N[29] 和 amaranzole A[30] 是分别从两种海绵（*Corticium niger* 和 *Phorbas amaranthus*）中分离得到的两个结构新颖的单甾体类生物碱。

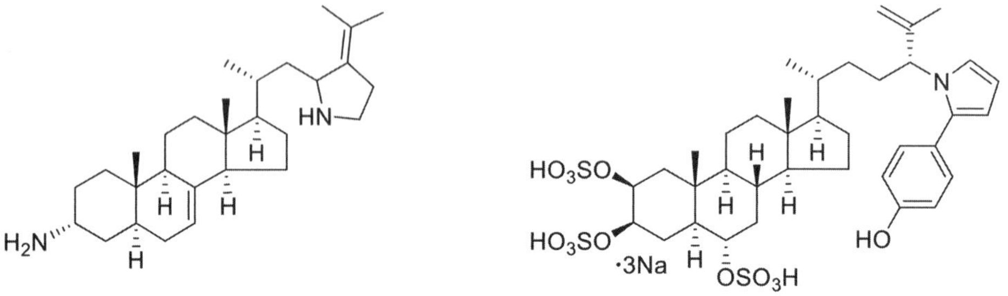

plakinamine N　　amaranzole A

（二）二聚甾体类生物碱（dimeric steroidal alkaloid）

在海洋生物中，二聚甾体类生物碱主要发现在海生蠕虫（*Cephalodiscus gilchristi*）和海鞘（*Ritterella tokioka*）[31] 中，从这两种海洋动物中分别分离得到一系列结构类似的二聚甾体类生物碱 cephalostatin 和 ritterazine。其中，cephalostatin 1 和 ritterazine B 分别是这两类生物碱中细胞毒活性最强的化合物。

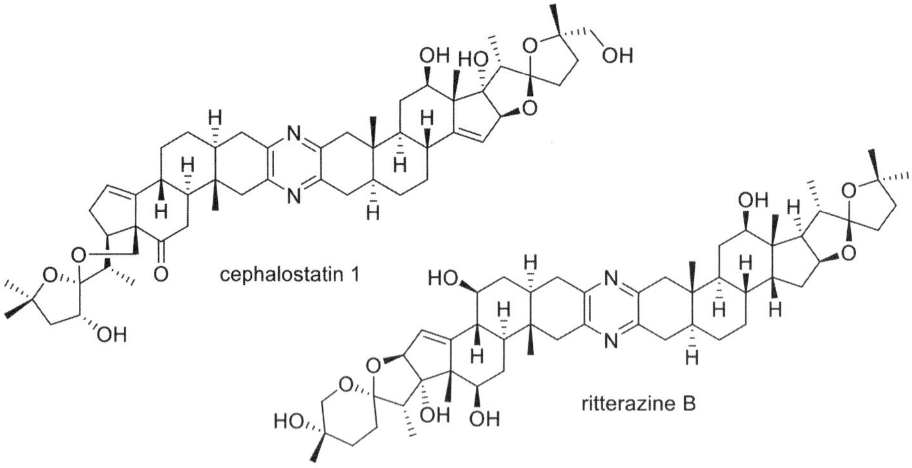

cephalostatin 1　　ritterazine B

第三节　生物碱的理化性质 [1,2]

一、性状

生物碱分子中至少包括碳、氢、氧和氮元素，来源于海洋生物的生物碱常常还有溴、氯和硫等元素。生物碱一般为晶体或非晶体型粉末的固态，少数为液态。

二、旋光性

大多数生物碱都具有手性碳原子，具有光学活性，即旋光性质。旋光性与手性原子的构型有关，具有加和性，而且生物碱的旋光性还受测定时所用的溶剂、pH 值和温度的影响。生物碱的生物活性与其旋光性密切相关，通常左旋体的生物活性要强于右旋体。

三、溶解度

生物碱及其盐类的溶解度与其结构中氮原子的存在状态、功能基团的种类和数目以及溶剂等有关。游离生物碱根据其溶解性能分为亲脂性生物碱和水溶性生物碱。亲脂性生物碱数目较多，一般仲胺和叔胺生物碱都属于这一类。该类生物碱易溶于苯、乙醚和氯代烷烃等极性低的有机溶剂中，特别是在氯仿中溶解性最好，在丙酮、甲醇和乙醇等极性大的有机溶剂中也可溶解，而在水和碱溶液中溶解度小或几乎不溶。水溶性生物碱主要是指季铵型生物碱、一些含氮氧化物的生物碱（氧化苦参碱，oxymatrine）和苷类生物碱等，数目较小。水溶性生物碱一般易溶于水、酸水或碱水中，在甲醇、乙醇和正丁醇等高极性的有机溶剂中也有较大的溶解度，而在低极性的有机溶剂中几乎不溶。

有些生物碱的结构中既有碱性氮原子，又有羧基和酚羟基等酸性基团，这类生物碱称为两性生物碱（amphoteric alkaloid）。含酚羟基的两性生物碱的溶解性能与亲脂性生物碱相似，还可溶于碱溶液。含羧基的两性生物碱常常形成分子内盐，其溶解性能与水溶性生物碱相似。还有些含内酯或酰胺结构的生物碱，可溶于热的碱溶液，其内酯结构遇碱开环成盐，酸化后闭环游离，借此性质可用于具有内酯结构的生物碱的分离和纯化。

具有碱性的生物碱能和酸成盐。生物碱盐一般易溶于水，也可溶于甲醇和乙醇等极性有机溶剂，难溶或不溶于低极性的亲脂性有机溶剂。生物碱盐在水中的溶解度大小与成盐的酸的种类有关。一般而言，无机酸盐的水溶性大于有机酸盐。在无机酸盐中，含氧酸盐的水溶性大于卤代酸盐；在有机酸盐中，小分子或多羟基酸盐的水溶性大于大分子酸盐。

四、碱性

生物碱通常具有碱性，这是因为生物碱结构中氮原子上的孤电子对能接受质子而显碱性。碱性是生物碱的重要性质之一，其强弱与氮原子的杂化方式、电效应（诱导效应、诱导 - 场效应和共轭效应）、空间效应和分子内氢键等因素有关。

五、检识

判断生物体是否有生物碱，以及了解生物碱提取物分离是否完全，常常可用简单的检识方法，即生物碱沉淀反应和显色反应。

大多数生物碱能和生物碱沉淀试剂反应，生成难用于水的复盐或络合物。生物碱沉淀试剂主要有三大类：①碘化物复盐类，包括碘化铋试剂、碘-碘化钾试剂和碘化汞钾试剂；②金属盐类，包括硅钨酸、磷钨酸、磷钼酸和雷氏铵盐试剂；③大分子酸类，包括饱和苦味酸试剂、三硝基间苯二酚试剂和苦酮酸试剂。其中，以改良碘化铋试剂应用最多，主要用于薄层色谱的显色剂。生物碱沉淀反应一般在弱酸性水溶液中进行，苦味酸试剂和三硝基间苯二酚试剂也可在中性条件下进行。需要注意的是，在进行生物碱沉淀反应时，要排除因蛋白质、多肽和鞣质等出现的假阳性结果。

显色反应是指某些生物碱可与以浓无机酸为主的试剂发生反应后呈现不同颜色，用于检识和区别个别生物碱。生物碱显色试剂主要有：① Fröhde 试剂（1% 钼酸钠浓硫酸）；② Macquis 试剂（含少量甲醛的浓硫酸）；③ Mandelin 试剂（1% 钒酸铵）。

第四节　生物碱的提取分离

一、生物碱的提取

根据生物碱在生物体内的存在形式、生物碱的碱性强弱和溶解度等不同性质以及实验条件，可选择不同的提取方法。在大多数情况下，生物碱提取可采用传统的溶剂提取法。此外，包括超声辅助提取、微波辅助提取和超临界流体提取等新技术和新方法也可应用到生物碱的提取 [1,2]。

（一）传统的溶剂提取法

1. 酸水提取法　提取原理是生物碱盐类一般不溶于亲脂性有机溶剂而溶于水。常采用无机酸水为溶剂，使生物体内具有碱性的生物碱成为无机酸盐，增加生物碱的溶解度，提高提取效率。用酸水为提取溶剂时，多采用浸渍法或渗漉法。

2. 醇溶剂提取法　游离生物碱和生物碱盐类一般可溶于甲醇和乙醇。故可采用甲醇或乙醇为溶剂，以渗漉法、浸渍法或热回流法来提取总生物碱。

3. 亲脂性有机溶剂提取　大多数游离生物碱是亲脂性的，所以可用亲脂性有机溶剂如三氯甲烷、二氯甲烷和乙酸乙酯等提取。用亲脂性有机溶剂提取生物碱时，必须先用碱水处理样品使生物碱盐转变成游离碱后再提取。

4. 沉淀法　季铵生物碱因易溶于碱水中，除离子交换树脂法外，难于用一般溶剂法将其提取出来。可采用雷氏铵盐试剂使季铵生物碱从水溶液中沉淀出来，与留在滤液中的水溶性杂质分离。

（二）新技术提取法

新技术提取法包括超声波辅助提取（ultrasound-assisted extraction, UAE）、微波

辅助提取（microwave-assisted extraction, MAE）和超临界流体提取（supercritical fluid extraction, SFE）等新技术也常常用于生物碱的提取，其相关的提取原理和方法可参考相关文献和本书的相关章节。

二、生物碱的分离

总生物碱中各生物碱的分离通常是利用其不同的溶解度、碱度、极性、官能团和分子大小等。生物碱的分离和纯化有各种不同的方法[1,2]，可根据实际需要来选择。

（一）基于溶剂法的分离

1. 利用生物碱溶解度差异的分离　游离生物碱和生物碱盐在亲脂性和亲水性有机溶剂中的溶解度差异很大，据此，可将这两大类生物碱分开。同一类生物碱由于结构差异，其极性不同，可利用其在不同有机溶剂中的溶解度差异进行分离。

2. 利用生物碱碱性差异的分离　总生物碱中各单一生物碱的碱性往往不同，可通过梯度调节溶液的 pH 值，分别用三氯甲烷萃取，使各单一生物碱依碱性强弱而分离。

3. 利用生物碱特殊官能团的分离　有些生物碱的结构中含有酚羟基，可用碱溶液处理使其成盐，从而与不含酚羟基的生物碱分离。还有些生物碱的结构中含有内酯或内酰胺，具有这两种结构的生物碱与碱溶液在加热条件下开环生成溶于水的羧酸盐，从而与不具有内酯或内酰胺结构的生物碱分离。

（二）基于色谱法的分离

基于溶剂法的生物碱分离往往达不到完全分离或分纯的目的，对结构相近的生物碱更是难以分离。现代色谱技术是分离和纯化生物碱最常用和发展最快的重要手段。色谱分离所用的材料主要包括硅胶、十八烷基 - 硅胶（ODS）、葡聚糖凝胶（Sephadex LH-20）、离子交换树脂和聚酰胺等。各分离材料的分离原理和应用可参考相关文献和本书的相关章节。

（三）基于新技术的分离

膜分离技术（membrane separation technique, MST）、超临界流体色谱（supercritical fluid chromatography, SFC）、高速逆流色谱（high-speed countercurrent chromatography, HSCCC）、毛细管电泳（capillary electrophoresis, CE）、络合 - 萃取技术（complexometric extraction technique, CET）和分子印记技术（molecular imprinting technique, MIT）等新技术已在实验室和医药工业中用于生物碱的分离。这些新技术的分离原理和具体应用可参考相关文献资料。

三、生物碱提取分离的实例

海洋青霉菌（*Penicillium* sp. ZZ380）是从野生海蟹（*Pachygrapsus crassipes*）中分离得到的一株真菌。从该菌株的大豆粉 - 棉粕培养基的培养物中分离鉴定了系列结构新颖的吡咯生物碱 pyrrospirone C~J（**1~8**）和 penicipyrrodiether A（**9**），其化学结构如图 6-1 所示。该类生物碱含有多环烷烃、芳环和吡咯酮三个结构单元组成的十三元醚环的结构母核。该类化合物对耐甲氧西林金黄色葡萄球菌的生长和胶质瘤细胞的增殖均有不同程度的抑制作用[32]。

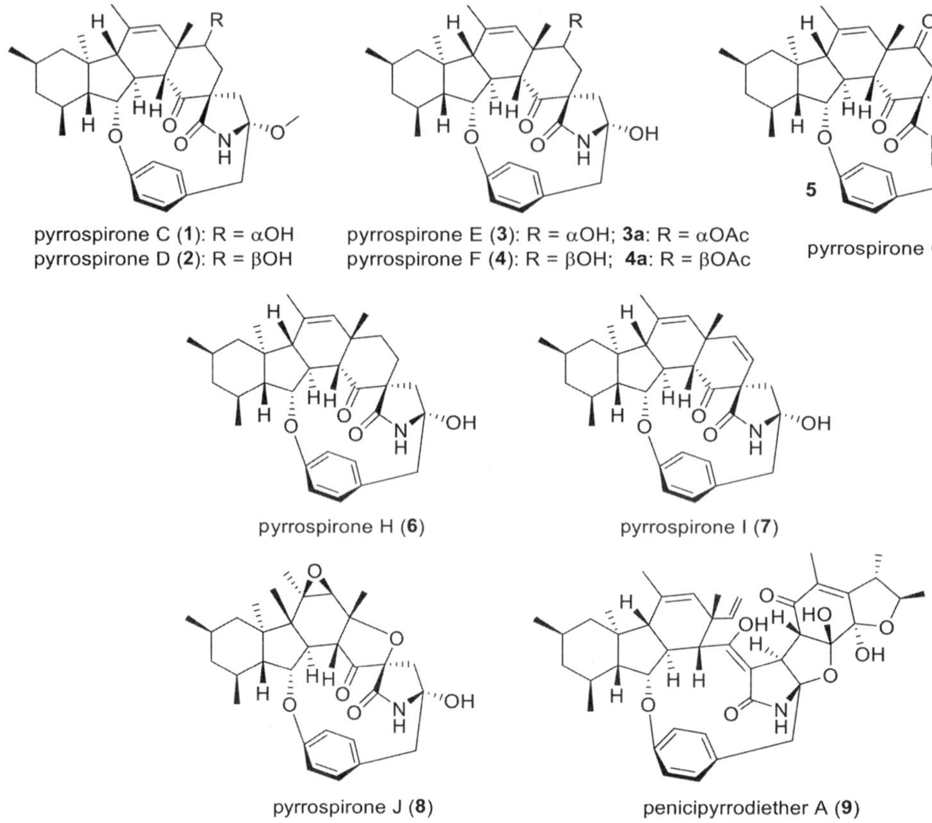

pyrrospirone C (**1**): R = αOH
pyrrospirone D (**2**): R = βOH

pyrrospirone E (**3**): R = αOH; **3a**: R = αOAc
pyrrospirone F (**4**): R = βOH; **4a**: R = βOAc

pyrrospirone G (**5**)

pyrrospirone H (**6**)

pyrrospirone I (**7**)

pyrrospirone J (**8**)

penicipyrrodiether A (**9**)

图 6-1　化合物 **1~9** 的化学结构

　　海洋青霉菌（*Penicillium* sp. ZZ380）中生物碱的提取分离流程如图 6-2 所示。其中，化合物 pyrrospirones C（**3**）和 D（**4**）是通过制备它们的乙酰化物 3a 和 4a 后再将乙酰化物 3a 和 4a 分别经碱水解后得到的。所用的高效液相色谱仪、色谱柱和分离条件是：①液相仪 A: 创新通恒 3000 型半制备高效液相色谱仪；液相仪 B: 安捷伦 1260 型高效液相色谱仪；液相仪 C: 岛津 LC20AP 型高效液相色谱仪。②色谱柱 A：Fuji-C$_{18}$ CT-30（280 mm ×30 mm, 10 μm）；色谱柱 B：Agilent Zorbax-9.2 SB-C$_{18}$（250 mm ×9.2 mm, 5 μm）；色谱柱 C：Agilent Zorbax-4.6 SB-C$_{18}$（250 mm ×4.6 mm, 5 μm）；色谱柱 D：Welch-20 XB-C$_{18}$（250 mm ×21 mm, 5 μm）；色谱柱 E：Fuji-C$_{18}$ CT-20（280 mm ×20 mm, 10 μm）。③流动相 A：68% 乙腈水；流动相 B：90% 甲醇水；流动相 C：87% 乙腈水；流动相 D：75% 乙腈水；流动相 E：85% 甲醇水；流动相 F：86% 甲醇水；流动相 G：88% 乙腈水；流动相 H：95% 甲醇水。④流速 A：10 mL/min；流速 B：2.1 mL/min；流速 C：1.2 mL/min；流速 D：15 mL/min；流速 E：11 mL/min。

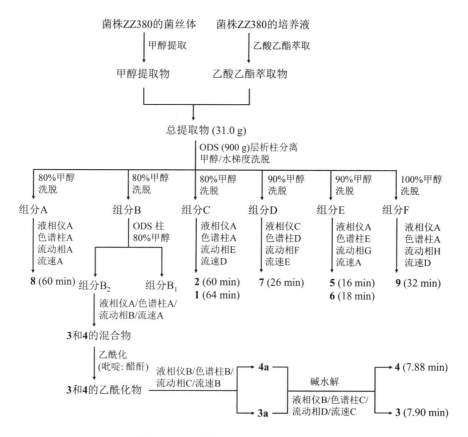

图 6-2　从菌株 ZZ380 培养物中提取分离化合物 **1~9** 的流程

第五节　生物碱的波谱学特征

一、波谱分析在生物碱结构鉴定中的应用 [1, 2]

（一）紫外 - 可见光谱

生物碱的紫外 - 可见光谱反映了其分子的基本骨架或生色团的结构特点，有助于生物碱的结构鉴定。如吡啶、喹啉和吲哚类生物碱的 UV 谱可以反映它们结构的基本骨架和类型，一般受取代基的影响很小。此外，有些生物碱的 UV 谱随测定时溶液的 pH 值不同而变化。

（二）红外光谱

生物碱的红外光谱主要用于判断其结构中的重要功能基，如酮基、羧基、胺基和羟基等，也可用于与已知生物碱对照鉴定。

（三）质谱

质谱在生物碱的结构研究中具有重要作用，根据质谱数据可以推测生物碱的分子式，根据其裂解的特征离子，有助于结构鉴定。生物碱的质谱数据非常丰富，植物来源的主要生物碱类型的质谱特性和裂解规律有专著介绍[33]。这些质谱特性和裂解规律对结构更为复杂的海洋生物碱的鉴定同样有参考价值。有些海洋生物碱有卤元素取代，根据其同位素特征性的离子信号，可以判断其卤元素的种类及个数。比如，在溴代酪氨酸类生物碱的质谱中往往可观察到丰度比为 1∶2∶1 和 1∶4∶6∶4∶1 的特征同位素峰，提示其结构中分别含有两个和四个溴原子。

（四）核磁共振波谱

核磁共振波谱是生物碱结构鉴定最强有力的工具。氢谱可提供包括 N-CH$_3$、N-CH$_2$CH$_3$、-NH、-OH、-OCH$_3$、双键和芳氢等各种功能基的信息。COSY 谱和 NOESY 谱可分别提供相邻氢和空间位置相近氢的关系。碳谱、DEPT 和 HMQC（或 HSQC）谱相结合可以准确决定碳的类型。HMBC 谱可提供氢和碳远程耦合关系。通过分析 ^{15}N-^{1}H HMBC 谱还可获得结构中氮原子的信息。所有这些 NMR 谱所提供的结构信息是其他光谱无法比拟的。文献[34,35]收集整理了大量生物碱的碳和氢谱数据，对生物碱的结构鉴定有重要参考价值。此外，通过微谱数据库的碳谱数据检索，可以推测生物碱的结构类型甚至鉴定已知生物碱的结构。

（五）其他分析方法

生物碱多含有手性碳，往往通过 NOESY 谱分析并结合其他分析方法来确定其绝对构型。目前常用的方法有改良的 Mosher 法、Marfey 法、电子圆二色谱（ECD）和振动圆二色谱（VCD）计算法、^{13}C-NMR 计算法、旋光计算法、单晶 X 射线衍射法和化学方法等。

二、生物碱结构鉴定的实例

以 Penicipyrrodiether A 为例[32]。该化合物为无色六角形晶体（95% 甲醇），$[\alpha]_D^{20}$ +30.2°（c 0.20，MeOH）；ECD（10 μg/mL，MeOH），λ_{max}（Δε）=229（+66.28），251（−42.13），280（+9.75），318（+2.73）nm。高分辨质谱给出 712.3843 [M+H]$^+$、734.3661 [M+Na]$^+$ 和 750.3410 [M+K]$^+$ 离子峰，结合其 ^{13}C-NMR 数据，推测该化合物的分子式为 C$_{43}$H$_{53}$NO$_8$。紫外光谱在 233、251 nm 处有强吸收，显示分子中存在共轭体系。红外光谱提示有羟基或氨基（3260 cm^{-1}）和 α，β-不饱和羰基（1660 cm^{-1}）等官能团。分析该化合物的 ^{1}H-NMR 谱、^{13}C-NMR 谱以及 HSQC 谱，揭示其结构中含有两个羰基、七对双键、三个连杂原子季碳、两个连氧次甲基、两个季碳、九个次甲基、三个亚甲基、八个甲基以及四个连杂原子氢（δ_H 8.10，s；7.89，s；6.31，s；6.20，s）。从分子式 C$_{43}$H$_{53}$NO$_8$ 可以计算出该化合物具有 18 个不饱和度，两个羰基和七对双键占据 9 个不饱和度，剩余的 9 个不饱和度推测该化合物存在 9 个环的结构。进一步分析 COSY 谱和 HMBC 谱（图 6-3）发现，该化合物的环 A~D、H 和 I 的结构与已知化合物 GKK1032A$_2$ 相对应环的结构极为相似，唯一不同之处在于化合物 GKK1032A$_2$ 的 C-14 位是一个羰基，而该化合物的 C-14 位是一个罕见的烯醇式结构。

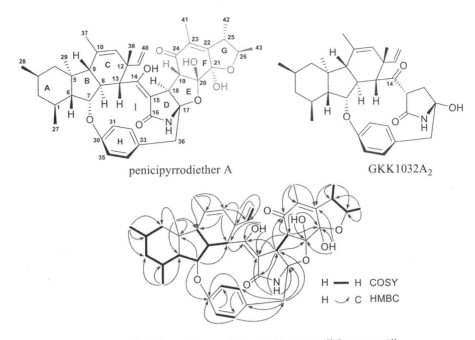

图 6-3　化合物 penicipyrrodiether A 的 COSY 谱和 HMBC 谱

剩下的环 E~G 的结构也是通过分析其 COSY 和 HMBC 谱而确定的。COSY 谱中的 H-18 与 H-19 的相关信号和 HMBC 谱中的 H-18 与 C-14、C-15、C-16、C-17 和 C-24 的相关信号以及 H-19 与 C-15、C-18、C-20、C-21 和 C-24 的相关信号，确证了环 D、E 和 F 的依次骈合；而 OH-20(δ_H 6.20,s) 与 C-19、C-20 和 C-21 以及 OH-21(δ_H 6.31,s) 与 C-20、C-21 和 C-22 的 HMBC 谱相关信号可以推断出这两个羟基的位置。同理，环 F 和 G 的骈合及环上三个甲基的位置可由下列 HMBC 和 COSY 谱相关信号来确定:H-25 与 C-22、C-23、C-42 和 C-43 的 HMBC 谱相关，H_3-41 与 C-22、C-23 和 C-24 的 HMBC 谱相关，H_3-42 与 C-22、C-25 和 C-26 的 HMBC 谱相关，H_3-43 与 C-25 和 C-26 的 HMBC 谱相关，H-25 与 H-26 和 H_3-42 的 COSY 谱相关，H-26 与 H_3-43 的 COSY 谱相关。这样，确定了该化合物的平面结构，与单晶衍射解析的结构相吻合。

该化合物的相对构型是通过 NOESY 谱相关信号（图 6-4）、氢的耦合常数和 X 射线单晶衍射结果确定的。根据 H-11 与 H_3-37、OH-14 与 H-18 和 H_3-41 与 H_3-42 的 NOE 谱相关信号，可以确定三对双键的 10Z、14E 和 22Z 构型。在 NOESY 谱中，观察到 H-6 与 H-7 和 H-9 的 相 关、H-7 与 H-13 的 相 关、H-9 与 H-4β 和 H_3-38 的 相 关 和 H-13 与 H_3-38 的相关，说明这些氢原子都是 β 取向；而 H-1 与 H_3-29、H-3 和 H-4α 的 NOE 谱相关信号说明这些氢原子都是 α 取向。H-1 与 H-6 和 H-8 与 H-9 之间的耦合常数分别为 11.3 Hz 和 12.5 Hz，结合上述 NOE 谱信息，证明环 A/B 与 B/C 都是反式骈合。同理，NOESY 谱 中 的 NH-16 与 H-34 和 H-36β 相关、OH-20 与 H-19 和 H-25 相关、H-25 与 H_3-43 相关、H-34 与 H-35 和 H-36b 相关、H-35 与 H-7 相关，表明这些氢原子都是 β 取向；而 H-18 与 OH-14 和 H-32、OH-21 与 H-26 和 H-36α、H-26 与 H_3-42 和 H-32 与 H-31 和 H-36α 的 NOE 谱相关，说明这些氢原子都是 α 取向。这样，该化合物的相对构型确

定 为 1*S**、3*R**、5*S**、6*R**、7*S**、8*S**、9*S**、12*S**、13*R**、17*R**、18*R**、19*R**、20*R**、21*R**、25*S**、26*R**，X 射线单晶衍射解析的结构也支持了其相对构型。尽管获得了该化合物的单晶结构，但其 Flack 参数 [0.1（4）] 不太理想，不能完全适用于其绝对构型的确定。因此，通过 ECD 计算的方法确定该化合物的绝对构型为 1*S*、3*R*、5*S*、6*R*、7*S*、8*S*、9*S*、12*S*、13*R*、17*R*、18*R*、19*R*、20*R*、21*R*、25*S*、26*R*。

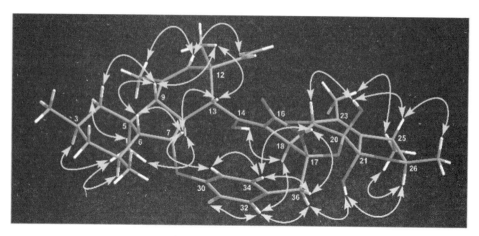

图 6-4　化合物 penicipyrrodiether A 的 NOE 相关示意图

　　penicipyrrodiether A 可能的生物合成途径（图 6-5）：从其结构特征以及文献报道的生物合成途径可以看出，该化合物可能是由化合物 **1** 和 **2** 经过一系列生物合成途径中的加成、修饰反应而产生。化合物 **1** 也是青霉菌（*Penicillium* sp. ZZ380）的代谢产物，而化合物 **2** 是由 Oikawa 等用 ^{13}C 和 ^{2}H 同位素标记的方法推测出的结构，认为是 GKK1032 以及 pyrrospirone 系列化合物生物合成的中间体物质（表 6-1）。但是，目前尚未见从自

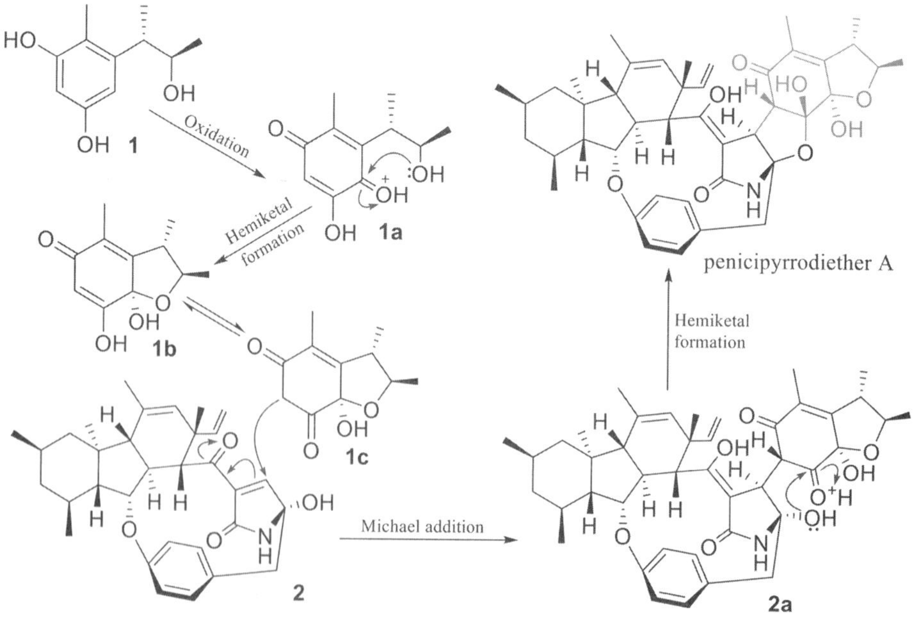

图 6-5　化合物 penicipyrrodiether A 可能的生物合成途径

表6-1　Penicipyrrodiether A 的 ^{13}C（125 MHz）- 和 ^{1}H（500 MHz）-NMR 数据（in DMSO-d$_6$）

No.	δ_C, type	δ_H（J in Hz）	No.	δ_C, type	δ_H（J in Hz）
1	26.7, CH	1.78, m	25	42.9, CH	2.54, m
2	45.0, CH$_2$	β H: 0.61, m；α H: 1.75, m	26	80.9, CH	3.97, m
3	27.5, CH	1.80, m	27	19.4, CH$_3$	1.06, d（6.2）
4	48.0, CH$_2$	β H: 0.85, m；α H: 1.86, m	28	22.7, CH$_3$	0.89, d（6.3）
5	40.8, C	—	29	15.8, CH$_3$	1.10, s
6	59.9, CH	1.18, dd（11.3, 7.8）	30	158.2, C	—
7	88.5, CH	4.44, dd（7.8, 5.0）	31	121.0, CH	6.59, dd（8.1, 2.4）
8	48.3, CH	2.36, m	32	130.6, CH	6.80, dd（8.1, 2.0）
9	52.3, CH	2.0, d（12.5）	33	129.8, C	—
10	135.5, C	—	34	131.7, CH	7.01, dd（8.5, 2.0）
11	130.0, CH	5.35, br s	35	118.3, CH	6.86, dd（8.5, 2.4）
12	42.2, C	—	36	43.6, CH$_2$	β H: 2.90, d（12.4）；α H: 2.97, d（12.4）
13	46.4, CH	3.59, d（8.5）	37	20.3, CH$_3$	1.85, s
14	159.6, C	—	38	26.5, CH$_3$	1.02, s
15	108.3, C	—	39	145.4, CH	5.44, dd（17.6, 10.8）
16	168.4, C	—	40	109.1, CH$_2$	4.40, dd（10.8, 1.1）；4.68, dd（17.6, 1.1）
17	99.3, C	—	41	11.4, CH$_3$	1.72, s
18	47.8, CH	2.59, d（8.8）	42	15.1, CH$_3$	1.22, d（6.8）
19	63.3, CH	2.51, d（8.8）	43	18.8, CH$_3$	1.29, d（6.1）
20	106.0, C	—	NH−16	—	7.89, s
21	100.9, C	—	OH−14	—	8.10, s
22	162.0, C	—	OH−20	—	6.20, s
23	126.4, C	—	OH−21	—	6.31, s
24	204.3, C	—			

然界中得到或合成该化合物的报道。化合物 **1** 的氧化产物 **1a** 经过分子内半缩酮的形成转化为 **1b**，继而经过酮式烯醇式互变产生 **1c**。化合物 **1c** 与 **2** 经过分子间的迈克尔加成反应骈合，并在 C-14 处形成烯醇式结构产生 **2a**，再经过分子内半缩酮的形成产生化合物 penicipyrrodiether A。

第六节　海洋生物碱的生物活性

与植物来源的生物碱一样，来源于海洋生物的很多生物碱具有生物活性，主要包括抗肿瘤、抗细菌、抗真菌、抗病毒、抗疟原虫和抗炎活性以及对中枢神经系统的作用等。

一、抗肿瘤活性

很多海洋生物碱具有很强的抗肿瘤活性。片黄素 A~D（lamellarins A–D）是最早从软体动物（*Lamellaria* sp.）中分离得到的 lamellarin 类生物碱，后来，在 *Didemnum* 属的各种海鞘中也发现了大量该类生物碱[3]。该类生物碱具有很强的抗肿瘤活性，其中以 lamellarin D 的活性最强，构效关系研究表明，C-8 和 C-20 位的两个羟基是其抗肿瘤活性的重要基团。lamellarin D 是继喜树碱（camptothecin）之后的一种新的拓扑异构酶 I 抑制剂，其 C-5 和 C-6 位的双键是对酶抑制作用的必需结构，lamellarin D 还可直接作用于肿瘤细胞的线粒体而诱导细胞凋亡。lamellarin N 被认为是一个好的抗肿瘤药物先导化合物，对 VEGFR1/2、Flt-3、PDGFR、LcK 和 Lyn 等多种蛋白激酶具有强的抑制活性，其中 C-8 和 C-13 位的两个羟基和 C-5 和 C-6 位的双键是其活性的必需结构。此外，从印度采集的海鞘（*Didemnum obscurum*）中分离得到系列 lamellarin D 类生物碱，它们对结肠癌 COLO-205 细胞具有极强的细胞毒活性，其中以 lamellarin X 和 lamellarin L triacetate 的活性最强（IC_{50}=0.0002 μmol/L），而 lamellarin I 被证明是一种多重耐药调节剂，可以直接抑制 P-糖蛋白介导的药物外流，并可提高阿霉素、长春花碱和道诺霉素等抗肿瘤药对多重耐药肿瘤细胞的细胞毒活性。

lamellarin X　　　　lamellarin L triacetate　　　　lamellarin I

吡啶并吖啶（pyridoacridine）是从海绵、海鞘和珊瑚等无脊椎动物中分离得到的一类具有平面结构的特殊氮杂稠环生物碱，具有极强的肿瘤细胞毒活性，已有近百个该类化合物被发现[36]。其中，从海鞘（*Didemuum* sp.）和海绵（*Petrosia* sp.）中分别分离得到的 ascididemine 和 neoamphimedine 对抑制拓扑异构酶 II 具有抑制活性，ascididemine 还可诱导拓扑异构酶 II 介导的 DNA 断裂。

ascididemine　　　　neoamphimedine

星孢菌素（staurosporine）是一类吲哚并咔唑（indolocarbazole）双吲哚类生物碱，该类化合物具有很强的细胞毒活性和显著的蛋白激酶抑制活性，包括米哚妥林（midostaurin）、来他替尼（lestaurtinib）、7-hydroxystaurosporine 等多个化合物进入了临床研究，其中 midostaurin 在 2017 年被美国 FDA 批准用于急性骨髓性白血病的治疗。最近几年，从海洋链霉菌中分离鉴定了很多高活性的这类生物碱。fradcarbazole A 是从突变海洋链霉菌（*Streptomyces fradiae* 007M135）中分离得到的一个含有独特噻唑和吲哚结构基团的星孢菌素类生物碱，该化合物对多种肿瘤细胞具有细胞毒活性，其 IC_{50} 值 0.001~4.58 μmol/L，对蛋白激酶 PKC-α 抑制作用的 IC_{50} 值 0.016~4.27 μmol/L[37]。从两株海洋链霉菌（*Streptomyces* sp. DT-A61 和 NB-A13）中也分离得到系列星孢菌素类生物碱[38,39]，其中 staurosporine RK-1409 对人转移性结肠癌 SW-620 和人胰腺癌 PC-3 细胞具有强的细胞毒活性，其 IC_{50} 值分别为 9.9 和 25.1 nmol/L，而化合物 3-hydroxy-K252c 对蛋白激酶 ROCK2 具有强的抑制作用，其 IC_{50} 值为 5.7 nmol/L。

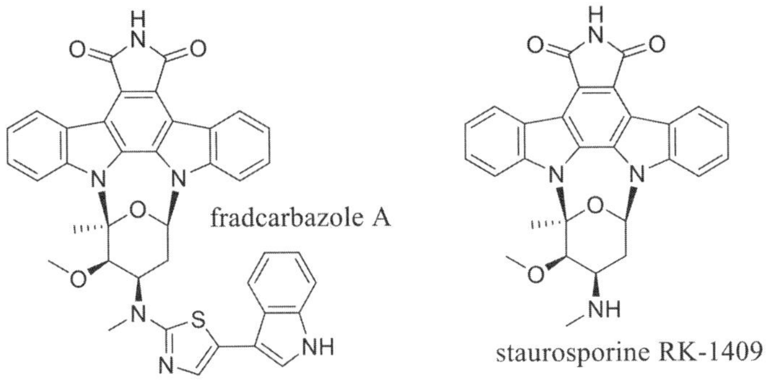

fradcarbazole A

staurosporine RK-1409

3-hydroxy-K252c

　　二聚甾体生物碱 ritterazine B 和 cephalostatin 1 是分别从日本伊豆半岛采集的海鞘（*Ritterella tokioka*）和海生蠕虫（*Cephalodiscus gilchristi*）中分离得到的两个结构类似的化合物，对小鼠白血病细胞 P388 具有极强的细胞毒活性，其 IC_{50} 值分别为 0.15 ng/mL 和 0.1~0.001 ng/mL。

　　海鞘素（ecteinascidin）是从加勒比海鞘（*Ecteinascidia turbinata*）中分离鉴定的一类结构新颖、广谱抗肿瘤和多重作用机制的四氢异喹啉类生物碱，其中化合物 ET-743 已成功开发为抗肿瘤药物曲贝替定（trabectedin），并已在临床中使用（详见生物碱的临床药物）。

二、抗细菌活性

　　pseudoceratidine 是从海绵（*Pseudoceratina purpurea*）中分离得到的溴吡咯生物碱，该化合物对包括金黄色葡萄球菌（*Staphylococcus aureus*）、单增李斯特菌（*Listeria monocytogenes*）、绿脓杆菌（*Pseudomonas aeruginosa*）、大肠杆菌（*Escherichia coli*）和液化沙雷氏菌（*Serratia liquefaciens*）等在内的革兰氏阳性菌和革兰氏阴性菌均有很好的抗菌活性[40]。agelamadin A 是从海绵（*Agelas* sp.）中分离得到的一个溴吡咯生物碱的二聚体，对枯草芽胞杆菌（*Bacillus subtilis*）、藤黄细球菌（*Micrococcus luteus*）和新型隐球菌（*Cryptococcus neoformans*）均具有抗菌活性[41]。

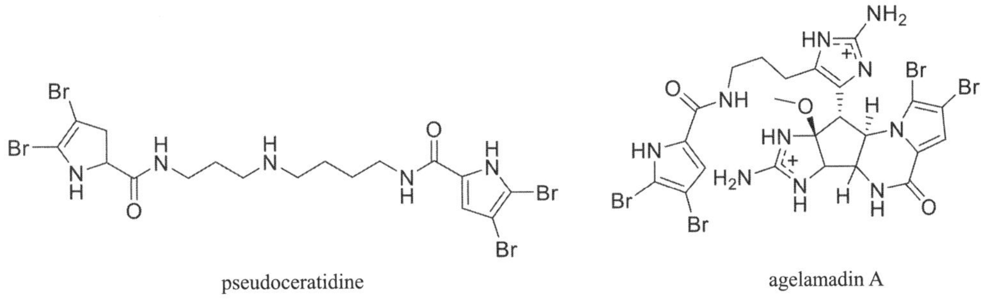

pseudoceratidine

agelamadin A

lynamicins A–E 是从海洋专属放线菌海孢菌（*Marinispora* sp. NPS008920）中

获得的双吲哚吡咯类生物碱，这些化合物对敏感和耐药的金黄色葡萄球菌和肠球菌（*Enterococcus faecium*）均有抗菌活性，以 lynamicin B 的活性最强，其最低抑制浓度（MIC）值分别为 1.8~2.2 μg/mL 和 3.3~4.4 μg/mL[42]。从海洋青霉菌（*Penicillium* sp. ZZ380）中分离得到系列结构新颖的吡咯类生物碱，该类化合物对耐甲氧西林金黄色葡萄球菌和大肠杆菌都有抗菌活性，以 pyrrospirone F 和 penicipyrroether A 的活性最强，其 MIC 值为 1.7~3.0 μg/mL[32]。

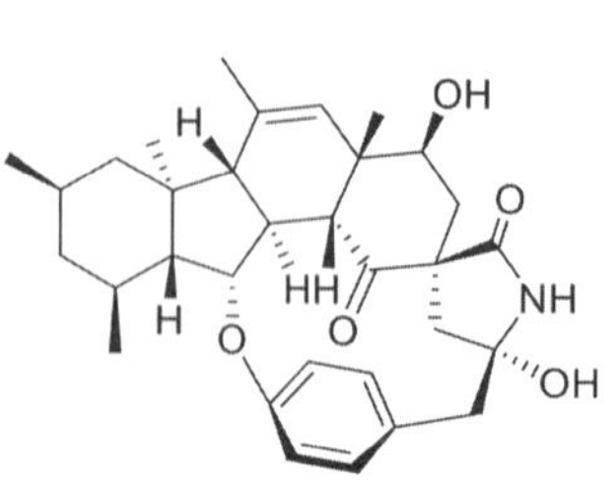

pyrrospirone F 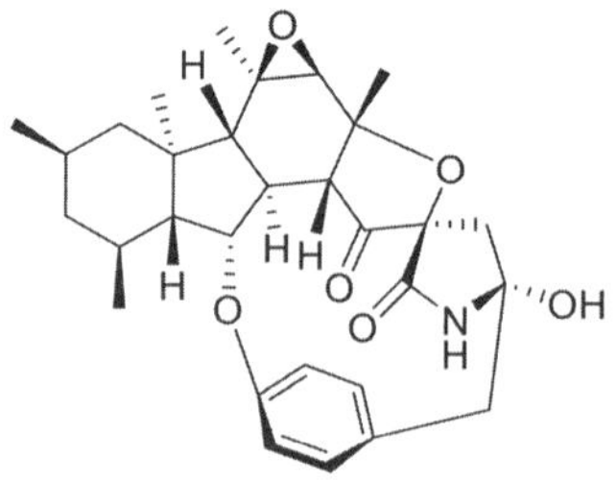   penicipyrroether A

三、抗真菌活性

从红树林植物（*Myoporum bontioides*）的内生青霉菌（*Penicillium. chrysogenum* V11）中获得的 chaetoglobsin 类生物碱，大多数具有抗真菌活性[43]，其中 chaetoglobosins A-E 对植物病害真菌（*Rhizoctonia solani* Kühn）的抗真菌活性要强于阳性对照药多菌灵（carbendazim）。versicoloids A-B 是从深海曲霉菌（*Aspergillus versicolor* SCSIO 05879）中分离得到的两个结构新颖的生物碱，对植物炭疽病菌（*Colletotrichum acutatum*）具有显著的杀灭作用（MIC=1.6 μg/mL），其活性强于阳性药环己酰亚胺（cycloheximide, MIC=6.4 μg/mL）[44]。hamacanthin A 是从海绵（*Hamacantha* sp.）中分离得到的一个含溴吲哚生物碱，对病原白色念珠菌（*Candida albicans*）和新型隐球菌（*Cryptococcus neoformans*）的生长具有良好的抑制活性，其 MIC 值分别为 1.6 和 3.1 μg/mL[45]。

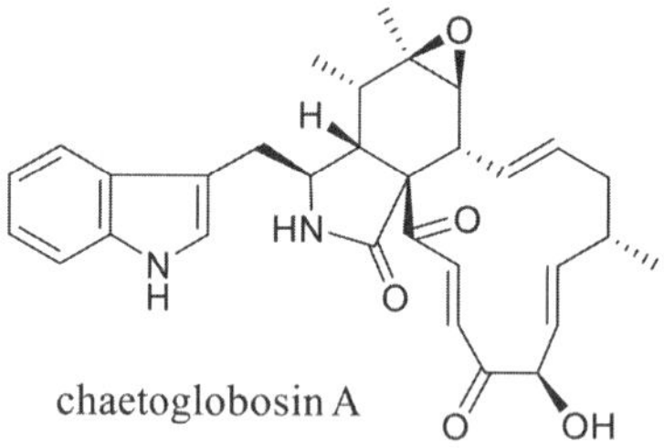

chaetoglobosin A 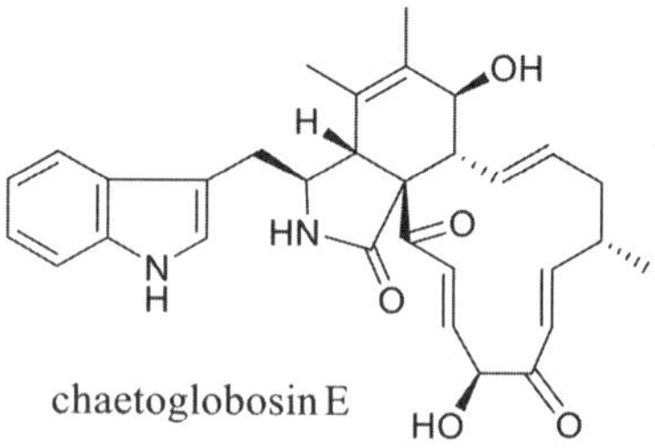   chaetoglobosin E

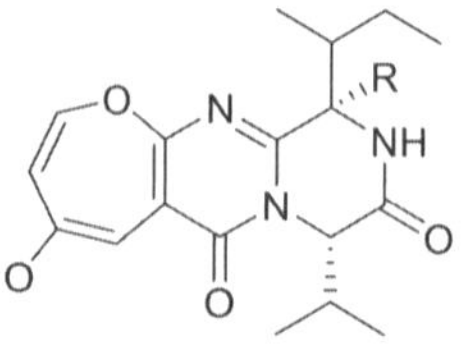

versicoloid A: R = H
versicoloid B: R = OH   hamacanthin A

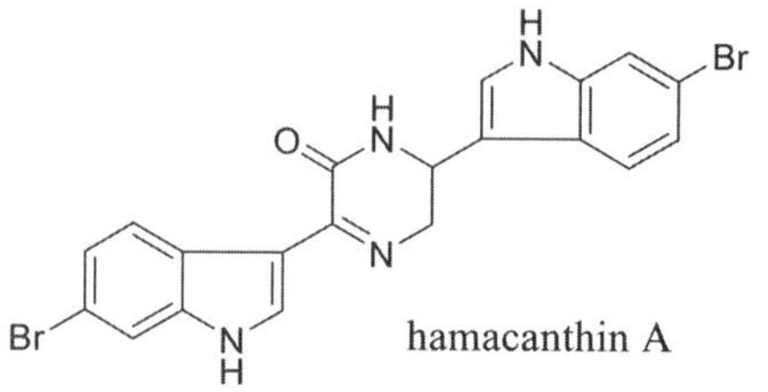

四、抗病毒活性

ptilomycalin A 是从加勒比海绵（*Ptilocaulis spiculefer*）和红海海绵（*Hemimycale* sp.）中分离得到的第一个胍（guanidine）类生物碱，对单纯疱疹病毒（HSV）具有很强的抑制活性，其 MIC 值为 0.2 μg/mL[46]。batzelladine A 是从加勒比海绵（*Batzella* sp.）中分离得到的另一个胍类生物碱，具有抗 HIV 病毒活性，其作用机制是通过阻止 HIV-1 病毒的糖蛋白 gp120 与人 T4 细胞的 CD4 抗原分子选择性地结合以避免 T 细胞的感染[47]。lamellarin-20 sulfate 是从海鞘中分离得到的一个含硫酸基的 lamellarin 类生物碱，具有抗艾滋病病毒 HIV 活性，对 HIV-1 整合酶具有显著的抑制作用。通过化学合成获得了系列该化合物的类似物，构型关系研究表明，结构中的磺酸基和五环母核是其活性的必需结构[3]。

eudistomin 类化合物是 *Eudistoma* 属海鞘中的代表性 β-咔啉类生物碱，该类化合物具有很强的抗病毒活性，其中含有氧硫杂环（oxathiazepine）的四氢 β-咔啉类生物碱比全芳香环的化合物的活性更强。代表性化合物 eudistomin K 对 HSV 病毒和脊髓灰质炎病毒具有显著的抗病毒活性[21]。

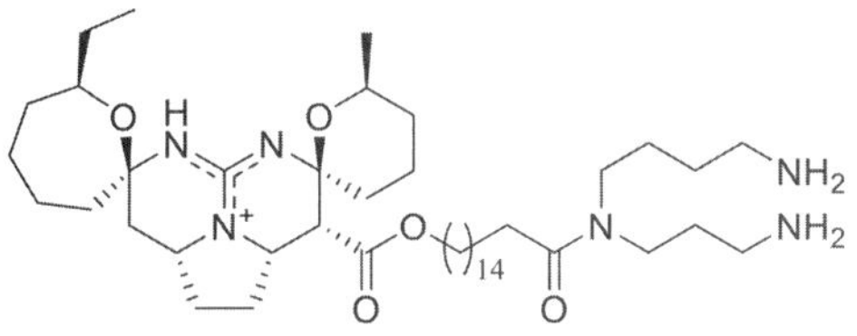

ptilomycalin A

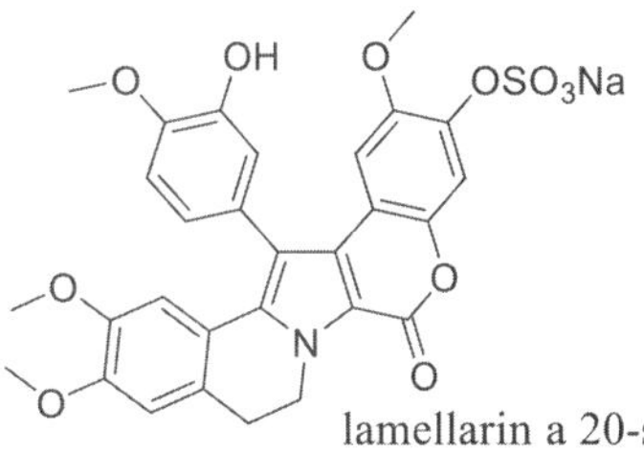

lamellarin a 20-sulfate

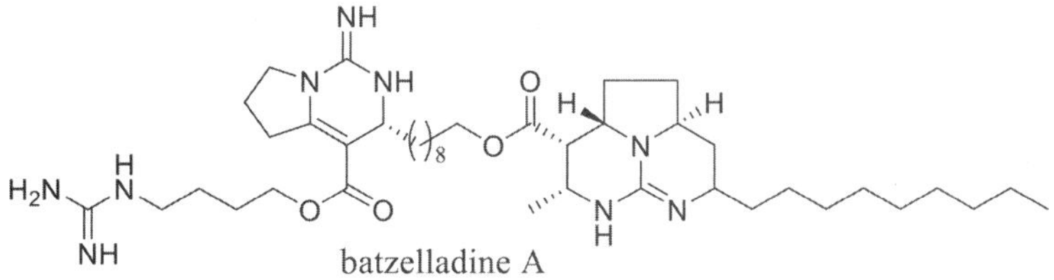

batzelladine A

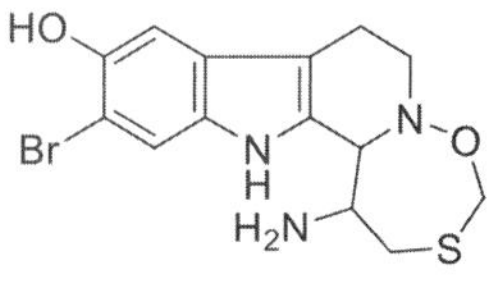

eudistomin K

五、抗疟原虫活性

manzamine A 是从海绵（*Haliclona* sp.）中分离鉴定的一个 β-咔啉类生物碱，具有非常强的体外抗疟原虫（*Plasmodium falciparum*）活性，其最低抑制浓度为 0.0045 μg/mL，强于对照药氯喹（0.0155 μg/mL）和青蒿素（0.010 μg/mL）的抗疟活性，小鼠一次性腹腔注射 50 μmol/kg 或 100 μmol/kg，能够抑制小鼠体内伯氏疟原虫（*Plasmodium berghei*）的生长，使超过 90% 的处于无性红内期的疟原虫受到抑制。而且，manzamine A 具有生物利用度高、持续抗疟原虫活性、无明显的毒性作用和类似氯喹的治疗指数[48]。

六、抗炎

转录因子 NF-κB 参与多种疾病的病理过程，在调剂机体的免疫和炎症反应等方面具有重要作用。炎症反应的激活是导致关节滑膜增生、骨和软骨破坏的重要因素，而 NF-κB 可激活炎症反应[49]。hymenialdisine 是存在于 *Axinella* 和 *Acanthella* 属海绵中的一种含有胍基的溴吡咯生物碱。该化合物能够诱导荧光素酶的产生，同时选择性地作用于 NF-κB。电泳迁移率变动实验证明，hymenialdisine 可直接作用于 NF-κB，并抑制 NF-κB 与寡核苷酸的结合。功能实验研究表明，hymenialdisine 可降低 U973 细胞中的白细胞介素-8（IL-8）的产生和 IL-8 mRNA 的形成，这都与 NF-κB 抑制过程有关。进一步研究发现，在牛关节软骨和软骨衍射的软骨细胞中，hymenialdisine 能够抑制 IL-1 诱导的蛋白糖的酵解、蛋白多糖的合成、一氧化氮（NO）的产生和 NO 调控酶 iNOS 基因的表达。这些研究结果证明，hymenialdisine 作为 NF-κB 抑制剂具有良好的抗炎作用[49-51]。

preussin 是从海洋曲霉菌（*Aspergillus flocculosus* 16D-1）中分离得到的一类四氢吡咯生物碱，其中 preussins G 和 I 在脂多糖（LPS）诱导的 THP-1 细胞中显著抑制白细胞介素-6 的生成，其 IC_{50} 值分别为 0.11 和 0.19 μmol/L[52]。asperversiamide 也是从海洋曲霉菌（*Aspergillus versicolor*）中分离得到的一类结构新颖的吲哚生物碱，其中 asperversiamide G 在浓度 11.2 μmol/L 下可抑制炎症因子一氧化氮（NO）的生成，在浓度 5.39 μmol/L 下可降低 NO 调控酶 iNOS 的表达[53]。这些研究结果表明，preussin G 和 asperversiamide G 具有抗炎作用。

zoanthamine 是从珊瑚（*Zoanthus kuroshio*）中分离得到的一类生物碱，该类生物碱多有抗炎活性，其中 5α-iodozoanthenamine 可通过抑制超氧阴离子生成和弹性蛋白酶（elastase）释放而发挥抗炎活性。

hymenialdisine

asperversiamide G

preussin G

preussin I

5α-iodozoanthenamine

七、对中枢神经系统的作用

包括石房蛤毒素（saxitoxin）、新石房蛤毒素（neosaxitoxin）和膝沟藻毒素（gonyautoxin）在内的麻痹性贝毒（paralytic shellfish poison, PSP）毒素是一类含四氢嘌呤结构的生物碱。该类生物碱最初是从巨石房蛤（*Saxidomus gigantus*）中分离得到的，但实际上是甲藻链膝沟藻（*Gonyamax catenella*）、亚历山大藻属（*Alexandrium*）、绿甲藻属（*Gymnodinium*）和涡鞭甲藻属（*Pyrodinium*）等多种藻的代谢产物。该类生物碱可阻断神经细胞膜电压门控 Na⁺ 通道，导致神经系统传导障碍，从而引起麻痹性毒性，小鼠腹腔注射的半数致死量为 9.0~11.6 μg/kg[54]。

Notch 信号调控神经干细胞（NSCs）的分化和死亡，在阿尔茨海默病（AD）的发展进程中起重要作用，而非编码小分子 miR-9 可提高神经元分化和促进神经生成，但是在阿尔茨海默病的表达中是降低的。zoanthamine 是从 *Zoanthus* 属珊瑚中分离得到一种生物碱，研究发现该化合物可通过提高 miR-9 的表达来调控 Notch 信号从而促进神经干细胞（NSCs）分化，显示了该化合物在防治阿尔茨海默病的应用潜力[55]。

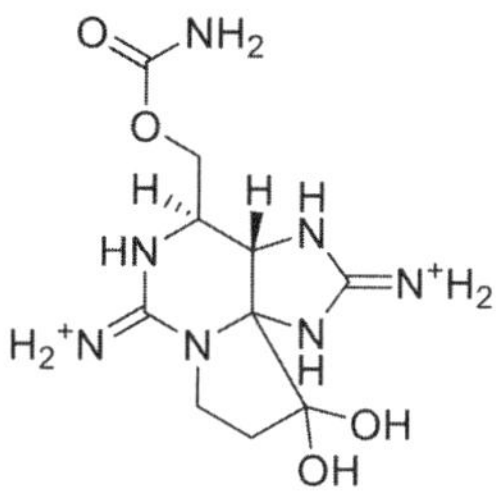

saxitoxin 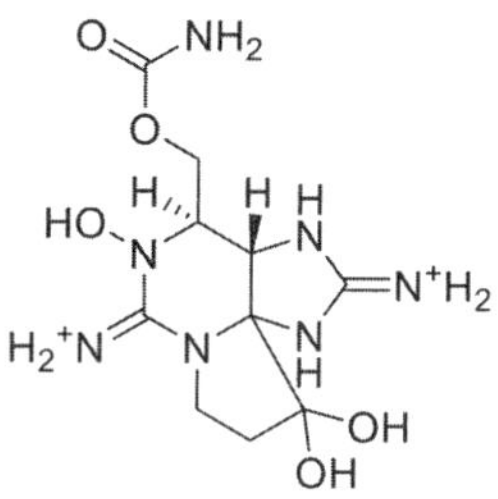　　　neosaxitoxin 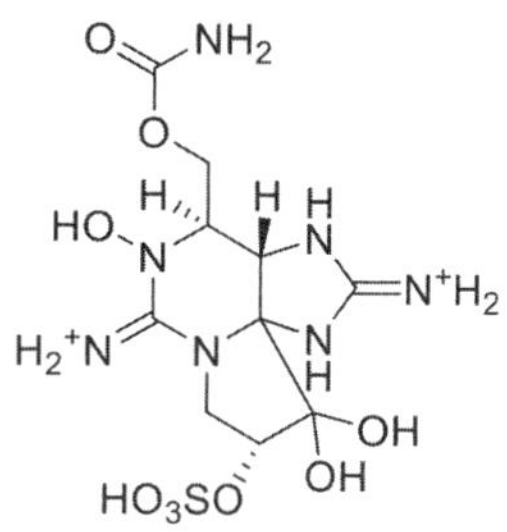　　　gonyautoxin 1 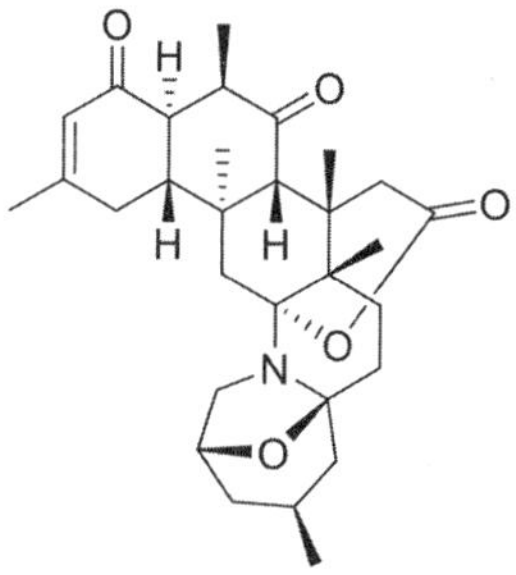　　　zoanthamine

第七节　海洋生物碱的临床药物

目前从海洋生物中已经发现了大量有活性的生物碱，成为药物先导化合物或候选药物的重要资源，其中，最有代表性的是抗癌药曲贝替定（trabectedin, ecteinascidin 743, ET-743），商品名为 Yondelis[54]。

一、ET-743 的发现

海鞘素（ecteinascidin）是从加勒比海鞘（*Ecteinascidia turbinata*）中分离得到的系列四氢异喹啉类生物碱，包括 ET-594、ET-596、ET-597、ET-637、ET-652、ET-639、ET-701、ET-729、ET-732、EF-736、ET738、ET-743、ET-745、ET-759A、ET-770、ET-808 和 ET-815 等，化合物代号 ET 后面的数字代表经 FAB-MS 法测得的各化合物的 [M-H₂O]⁺ 离子峰或分子量。该类化合物在体外具有很强的广谱抗肿瘤活性，其中以 ET-743 的生物活性最强，是最有开发潜力的化合物，因此对 ET-743 进行了系统的化学和生物学研究。

ET-743 具有非常新颖独特的化学结构，整个分子由 9 个环组成，包括 3 个四氢异喹啉单元（A、B、C），其中 A 和 B 单元通过并联形成一个六环体系而成二聚体，C 单元通过形成一个含硫的十元内酯环与这个二聚体相结合，形成化合物的骨架。整个分子含有 7 个手性中心，有十元环、螺环和桥环等结构。

二、ET-743 的抗肿瘤活性和构效关系

ET-743 具有很强的抗肿瘤活性。体外细胞实验表明，ET-743 对白血病、乳腺癌、卵巢癌、子宫癌、肺癌、前列腺癌、黑色素瘤和肠癌等多种肿瘤细胞均有极强的细胞毒活性，甚至在 1 pmol/L 的极低浓度下也表现出有效的细胞毒活性，其活性比临床上广泛使用的抗癌药紫杉醇、喜树碱、阿霉素、丝类霉素 C 和博来霉素等的活性高 1~3 个数量级。构效关系研究发现，ET-743 比其 C-21 位脱氧类似物 ET-745 的细胞毒活性高 175 倍；ET-743 的 *N*-C-OH 氧化成内酰胺环成 ET-759A，其活性降低至 1/17；C-21 位上的羟基被丙二醇基取代成 ET-815，或被氰基取代成 ET-770，细胞毒性也大大降低。这些发现说明，ET-743 结构中的 *N*-C-OH 是重要的活性基团。其他结构变化对细胞毒活性也有明显的影响。比如，ET-701 是 ET-743 的脱乙酰基化合物，其活性降低至 1/40，而 *N*-12 去甲基类似物 ET-729，活性提高 10 倍。C 单元中的酚羟基被乙酰化或甲基化对活性无明显影响，但是，C 单元中芳香基团的存在对活性具有重要作用。

ET-701: $R_1 = CH_3$, $R_2 = OH$, $R_3 = H$
ET-729: $R_1 = H$, $R_2 = OH$, $R_3 = Ac$
ET-743: $R_1 = CH_3$, $R_2 = OH$, $R_3 = Ac$
ET-745: $R_1 = CH_3$, $R_2 = H$, $R_3 = Ac$
ET-759A: $R_1 = CH_3$, $R_2 = O$, $R_3 = Ac$
ET-770: $R_1 = CH_3$, $R_2 = CN$, $R_3 = Ac$
ET-815: $R_1 = CH_3$, $R_2 = CH(CHO)_2$

ET-732: $R_1 = H$, $R_2 = OH$
ET-736: $R_1 = CH_3$, $R_2 = OH$
ET-738: $R_1 = CH_3$, $R_2 = H$
ET-808: $R_1 = CH_3$, $R_2 = CH(CHO)_2$

ET-594: R = O
ET-637: R = NHAc
ET-652: R = NHCOCH$_2$NH$_2$

ET-596: R = O
ET-597: R = NH$_2$
ET-639: R = NHAc

各种鼠和人肿瘤细胞的裸鼠移植动物实验证明，ET-743 对乳腺癌、卵巢癌、黑色素、非小细胞肺癌、前列腺癌、白血病和肾癌等动物模型都有较好的广谱抗癌疗效。特别是，临床 I 期研究发现软组织肉瘤患者在使用曲贝替定之后能够产生应答或者疾病稳定，临床 II 期研究确证了曲贝替定对于软组织肉瘤治疗的有效性。这样，ET-743（曲贝替定）在 2007 年获欧盟批准用于治疗晚期软组织肉瘤。曲贝替定的上市为那些蒽环类和异环磷酰胺药物治疗失败的患者以及不适合这些药物治疗的晚期软组织肉瘤患者提供了新的治疗选择。2009 年欧盟批准曲贝替定用于治疗卵巢癌。2015 年，曲贝替定获得 FDA 批

准在美国上市，用于接受过蒽环类药物治疗后有不可切除或转移性脂肪肉瘤或平滑肌肉瘤患者的治疗。

三、ET-743 的抗肿瘤作用机制

ET-743 的作用机制极其复杂，具有多重作用机制，主要包括：

（1）抑制 DNA 合成。ET-743 能够与 DNA 双螺旋小沟处鸟嘌呤残基的 *N*-2 氨基结合，引起 DNA 双链断裂，从而阻断 DNA 的合成和复制，抑制肿瘤细胞生长。

（2）阻滞细胞周期。ET-743 可阻滞细胞周期 G_1 到 G_2 期的生长，引起 G_2-M 期的积累，干扰肿瘤细胞周期，抑制肿瘤细胞生长。

（3）抑制微管蛋白聚合。ET-743 能够减少肿瘤细胞的微管纤维导致微管分布的变化，干扰微管网络，抑制微管蛋白聚合。

（4）抑制拓扑异构酶 I（TOP I）活性。ET-743 可与 DNA 拓扑异构酶 I 发生交联，导致 DNA 的结构破坏。

（5）改善微环境。ET-743 能够影响肿瘤细胞的微环境，从而抑制肿瘤细胞的生成和转移。

四、ET-743 的化学合成

ET-743 在海鞘中的含量极低（0.0001%），海洋中海鞘的天然资源有限，提取分离过程复杂且成本高。种种原因导致不可能通过直接从海鞘中提取 ET-743 以满足临床应用所需要的样品量。化学合成（图 6-6）是解决 ET-743 实现工业化生产的重要途径。

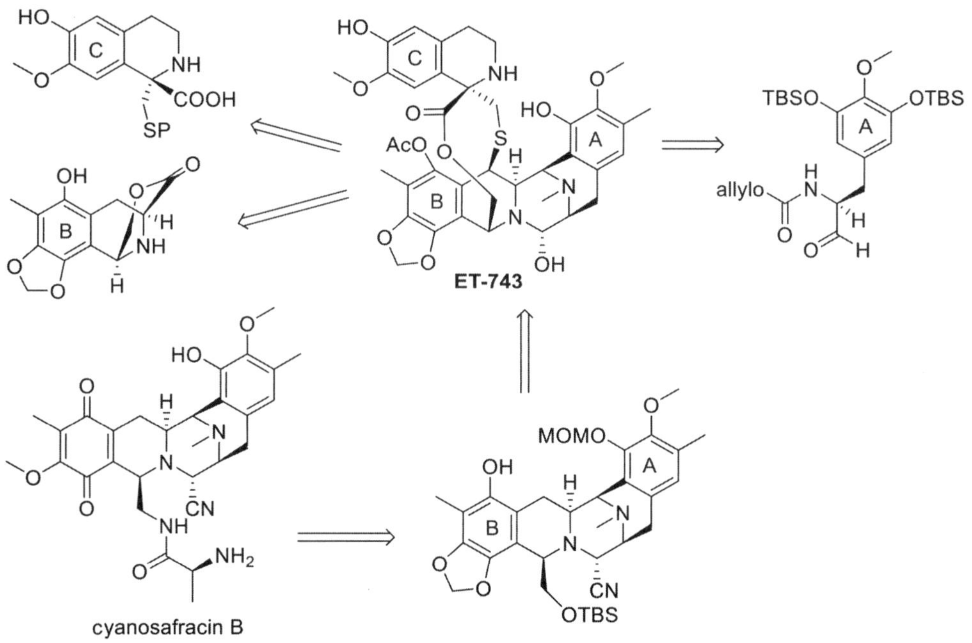

图 6-6　化合物 ET-743 化学合成的合成策略

ET-743 具有复杂的化学结构，其化学合成颇具挑战性，众多学者对 ET-743 进行了合成或半合成的研究[56]。Corey 等首先完成了 ET-743 的全合成研究，其合成策略是将 ET-743 按四氢异喹啉的结构单元拆分为三个主要结构片段，分别合成各结构片段，再缩合这三个结构片段，最后得到完整的 ET-743。该合成策略巧妙地利用了两个经典反应，即 Strecher 反应和 Manich 反应，经过 40 多步反应，以总收率为 0.53% 得到目标化合物。

A 和 B 两个结构片段的二聚体六环化合物是合成 ET-743 的重要中间体。该二聚体中间体以番红菌素 B（cyanosafracin B）为起始原料，通过半合成而获得。而番红菌素 B 可从细菌（*Pseudomonas forescens*）的代谢产物中获得。通过优化细菌发酵条件实现了大规模生成，为 ET-743 提供了一种价格便宜的合成原料。番红菌素 B 的发现和基于番红菌素 B 的半合成策略解决了曲贝替定工业化的瓶颈，为药品最终的上市铺平了道路。但是，目前曲贝替定的工业化生产依然面临很多障碍，其全年产量仍然维持在很低的水平。主要原因之一：番红菌素 B 发酵产率不高，本身稳定性差，后续的半合成反应路线仍然超过 20 步，总体合成收率还是不高。

五、ET-743 的临床试验

ET-743 的 I 期临床试验主要考察 ET-743 对晚期实体恶性肿瘤患者的剂量限制性毒性、最大耐受剂量、药代动力学、药效学和药物不良反应等[57]。据统计，至少有 12 个 I 期临床试验报告，涉及 491 名患者，其中有 7 个 I 期临床试验是单独使用 ET-743，5 个 I 期临床试验是 ET-743 与阿霉素、脂质体阿霉素（PLD）、吉西他滨或顺铂合用。I 期临床试验推荐给 II 期临床试验的剂量范围是静脉输注 $1.05 \sim 1.65$ mg/m^2/d，获得的生物半衰期依给药方式而不同，其范围在 $27 \sim 89$ 小时。I 期临床试验的结果还表明，ET-743 和阿霉素合用治疗晚期软体组织肉瘤，其疾病的控制率（DCR）为 74%。

ET-743 的 II 期临床试验主要评估 ET-743 对标准化疗失败的软体组织肉瘤患者的安全性和有效性。目前，全球已经报导至少有 9 个 ET-743 的 II 期临床试验，涉及患者 825 人。II 期临时试验采用双盲法和 I 期临床试验推荐的剂量。比如，在有 104 名患者参与的 II 期临床试验中，使用 1.5 mg/m^2/d 静脉输注治疗晚期软体组织肉瘤患者，其平均无进展生存期（PFS）是 3.4 个月，平均存活期是 9.2 个月。II 期临床试验结果加速了欧盟批准 ET-743 新药用于晚期软体组织肉瘤的治疗。

此外，还有两个 ET-743 的 III 期临床试验的报道。第一个 III 期临床试验是比较 ET-743 和阿霉素治疗 121 例易位相关的肉瘤。试验结果证明，ET-743 治疗效果不如阿霉素。第二个 III 期临床试验是比较 ET-743 和达卡巴嗪（dacarbazine）分别治疗 345 例和 173 例晚期、不可切除和转移性的平滑肌肉瘤和脂肪肉瘤患者。试验结果显示，ET-743 和达卡巴嗪的平均无进展生存期分别是 4.2 和 1.5 个月。根据 ET-743 的比较长的无进展生存期，FDA 在 2015 年批准 ET-743 用于平滑肌肉瘤和脂肪肉瘤的治疗。

关于 ET-743 治疗卵巢癌的 II 期临床试验也有很多报道[58]。在 141 例顺铂敏感和顺铂耐药的复发卵巢癌患者的 II 期临床试验中，ET-743 治疗 23 例顺铂敏感卵巢癌患者的无进展生存期为 5.1 个月，治疗 39 例部分顺铂敏感卵巢癌患者的无进展生存期为 4 个月，治疗 79 例顺铂耐药卵巢癌患者的无进展生存期为 2 个月。患者对 ET-743 具有好的耐受性，只有 7% 的患者因为突发的不良反应而中断治疗。在 ET-743 的 III 期双盲临床试验中，比较考察了 ET-743 和脂质体阿霉素（PLD）合用与 PLD 单用治疗 672 例复发性卵巢癌的疗效，试验结果显示 ET-743 和 PLD 合用与 PLD 单用的无进展生存期分别为 7.3 和 5.8 个月，说明 ET-743 与 PLD 合用可能是治疗复发性卵巢癌的选择。

◎　**思考题**

1. 简述海洋生物碱的主要结构类型和结构特点。

2. 简述海洋生物碱在创新药物研究与开发中的重要作用。

3. 从 ET-743 的发现到抗肿瘤药曲贝替定的研发成功的范例，谈谈你对海洋药物研究开发的认识。

◎　**进一步文献阅读**

1. Carmen C, Andrés F. 2009. Development of Yondelis (trabectedin, ET-743): a semisynthetic process solves the supply problem[J]. Natural Product Reports, 26(3): 322-337.

2. Fukuda T, Ishibashi F, Iwao M. 2020. Lamellarin alkaloids: isolation, synthesis, and biological activity [J]. The Alkaloids: Chemistry and Biology, 83: 1-112.

3. Hu J F, Hamann M T, Hill R, et al. 2003. The manzamine alkaloids[J]. The Alkaloids: Chemistry and Biology, 60: 207-285.

4. Michael J P. 2002. Indolizidine and quinolizidine alkaloids[J]. Natural Product Reports, 19(6): 719-741.

5. Moser B R. 2008. Review of cytotoxic cephalostatins and ritterazines: isolation and synthesis[J]. Journal of Natural Products, 71(3): 487-491.

6. Rane R, Sahu N, Shah C, et al. 2014. Marine bromopyrrole alkaloids: synthesis and diverse medicinal applications[J]. Current Topics in Medicinal Chemistry, 14(2): 253-273.

◎　**参考文献**

[1]　姚新生 . 2002. 天然药物化学 [M]. 北京：人民卫生出版社 .

[2]　孔令义 . 2015. 天然药物化学 [M]. 北京：中国医药科技出版社 .

[3]　Fukuda T, Ishibashi F, Iwao M. 2020. Lamellarin alkaloids: isolation, synthesis, and biological activity[J]. The Alkaloids: Chemistry and Biology, 83: 1-112.

[4]　Rane R, Sahu N, Shah C, et al. 2014. Marine bromopyrrole alkaloids: synthesis and diverse medicinal applications[J]. Current Topics in Medicinal Chemistry, 14(2): 253-273.

[5]　Boonlarppradab C, Kauffman C A, Jensen P R, et al. 2008. Marineosins A and B, cytotoxic spiroaminals from a marine-derived actinomycete[J]. Organic Letters, 10(24): 5505-5508.

[6]　Kwon H C, Espindola A P D M, Park J S, et al. 2010. Nitropyrrolins A-E, cytotoxic farnesyl-α-

nitropyrroles from a marine-derived bacterium within the actinomycete family Streptomycetaceae[J]. Journal of Natural Products, 73(12): 2047-2052.

[7] Fu P, MacMillan J B. 2015. Spithioneines A and B, two new bohemamine derivatives possessing ergothioneine moiety from a marine-derived *Streptomyces spinoverrucosus*[J]. Organic Letters, 17(12): 3046-3049.

[8] Jun'ichi K, Masami I. 2000. Bioactive secondary metabolites from Okinawan sponges and tunicates[J]. Studies in Natural Products Chemistry, 23: 185-231.

[9] Segraves N L, Phillip C. 2005. A Madagascar sponge *Batzella* sp. as a source of alkylated iminosuga[J]. Journal of Natural Products, 68(1): 118-121.

[10] Michael J P. 2002. Indolizidine and quinolizidine alkaloids[J]. Natural Product Reports, 19(6): 719-741.

[11] Raub M F, Cardellina J H, Choudhary M I, et al. 1991. Clavepictines A and B: cytotoxic quinolizidines from the tunicate *Clavelina picta*[J]. Journal of the American Chemical Society, 113(8): 3178-3180.

[12] Kuramoto M, Tong C, Yamada K, et al. 1996. Halichlorine, an inhibitor of VCAM-1 induction from the marine sponge *Halichondria okadai* Kadota[J]. Tetrahedron Letters, 37(22): 3867-3870.

[13] Omarsdottir S, Wang X, Liu H B, et al. 2018. Lepadins I–K, 3-*O*-(3′-methylthio) acryloyloxy-decahydroquinoline esters from a Bahamian ascidian *Didemnum* sp. assignment of absolute stereostructures[J]. Journal of Organic Chemistry, 2018, 83(22): 13670-13677.

[14] Hassan H M, Boonlarppradab C, Fenical W. 2016. Actinoquinolines A and B, anti-inflammatory quinoline alkaloids from a marine-derived *Streptomyces* sp., strain CNP9[J]. Journal of Antibiotics, 69(7): 511-514.

[15] Takada K, Uehara T, Nakao Y, et al. 2004. Schulzeines A-C, new α-glucosidase inhibitors from the marine sponge *Penares schulzei*[J]. Journal of the American Chemical Society, 126(1): 187-193.

[16] Ecoy G A U, Chamni S, Suwanborirux K, et al. 2019. Jorunnamycin A from *Xestospongia* sp. suppresses epithelial to mesenchymal transition and sensitizes anoikis in human lung cancer cells[J]. Journal of Natural Products, 82(7): 1861-1873.

[17] Niwa H, Yoshida Y, Yamada K. 1988. A brominated quinazolinedione from the marine tunicate *Pyura sacciform*[J]. Journal of Natural Products, 51(2): 343-344.

[18] Yi W W, Li Q, Song T F, et al. 2019. Isolation, structure elucidation, and antibacterial evaluation of the metabolites produced by the marine-sourced *Streptomyces* sp. ZZ820[J]. Tetrahedron, 75: 1186-1193.

[19] Hu J F, Hamann M T, Hill R, et al. 2003. The manzamine alkaloids[J]. The Alkaloids: Chemistry and Biology, 60: 207-285.

[20] Qin L, Yi W W, Lian X Y. et al. 2020. Bioactive alkaloids from the marine actinomycete *Actinoalloteichus* sp. ZZ1866[J]. Journal of Natural Products, 83(9): 2686-2695.

[21] Menna M, Fattorusso E, Imperatore C. 2011. Alkaloids from marine ascidians[J]. Molecules, 16: 8694-8732.

[22] Stonard R J, Andersen R J. 1980. Celenamides A and B, linear peptide alkaloids from the sponge *Cliona celata*[J]. Journal of Organic Chemistry, 45(18): 3687-3691.

[23] Taylor M S, Stahl-Timmins W, Redshaw C H, et al. 2014. Toxic alkaloids in *Lyngbya majuscula* and related tropical marine cyanobacteria[J]. Harmful Algae, 31: 1-8.

[24] Shao C L, Xu R F, Wang C Y, et al. 2015. Potent antifouling marine dihydroquinolin-2(1H)-one-containing alkaloids from the gorgonian coral-derived fungus *Scopulariopsis* sp.[J]. Marine Biotechnology, 17(4): 408-415.

[25] Boyd K G, Harper M K, Faulkner D J. 1995. Oceanapamine, a sesquiterpene alkaloid from the Philippine sponge *Oceanapia* sp.[J]. Journal of Natural Products, 58(2): 302-305.

[26] Qi S H, Zhang S, Li X, et al. 2005. A cytotoxic sesquiterpene alkaloid from the South China Sea gorgonian *Subergorgia suberosa*[J]. Journal of Natural Products, 68(8): 1288-1289.

[27] Abdjul D B, Yamazaki H, Kanno S, et al. 2015. Structures and biological evaluations of agelasines isolated from the Okinawan marine sponge *Agelas nakamurai*[J]. Journal of Natural Products, 78(6): 1428-1433.

[28] Harms H, Rempel V, Kehraus S, et al. 2014. Indoloditerpenes from a marine-derived fungal strain of *Dichotomomyces cejpii* with antagonistic activity at GPR18 and cannabinoid receptors[J]. Journal of Natural Products, 77(3): 673-677.

[29] Sunassee S N, Ransom T, Henrich C J, Beutler J A, et al. 2014. Steroidal alkaloids from the marine sponge *Corticium niger* that inhibit growth of human colon carcinoma cells[J]. Journal of Natural Products, 77(11): 2475-2480.

[30] Morinaka B I, Masuno M N, Pawlik J R, at al. 2007. Amaranzole A, a new *N*-imidazolyl steroid from *Phorbas amaranthus*[J]. Organic Letters, 9(25): 5219-5222.

[31] Moser B R. 2008. Review of cytotoxic cephalostatins and ritterazines: isolation and synthesis[J]. Journal of Natural Products, 71(3): 487-491.

[32] 宋腾飞. 2019. 海洋青霉菌 (*Penicillium* sp. ZZ380) 的代谢产物及其生物活性的研究 [D]. 杭州：浙江大学.

[33] 丛浦株. 1987. 质谱在天然有机化合物中的应用 [M]. 北京：科学出版社, 85-463.

[34] Crabb T A. 1975, 1978, 1982. Nuclear Magnetic Resonance of Alkaloids [M]//Annual Reports on NMR Spectroscopy. New York: Academic Press, vol. 6A: 250-4387; vol. 8: 1-198; vol. 13: 60-210.

[35] 于德泉, 杨峻山, 谢晶曦. 1989. 分析化学手册 (第五分册)：核磁共振波谱分析 [M]. 北京：化学工业出版社, 57-674.

[36] Ibrahim S R M, Mohamed G A. 2016. Marine pyridoacridine alkaloids: biosynthesis and biological activities[J]. Chemistry & Biodiversity, 13(1): 37-47.

[37] Fu P, Zhuang Y, Wang Y, et al. 2012. New indolocarbazoles from a mutant strain of the marine-derived actinomycete *Streptomyces fradiae* 007M135[J]. Organic Letters, 14: 6194-6197.

[38] Wang J N, Zhang H J, Li J Q, et al. 2018. Bioactive indolocarbazoles from the marine-derived *Streptomyces* sp. DT-A61[J]. Journal of Natural Products, 81: 949-956.

[39] Zhou B, Hu Z J, Zhang H J, et al. Bioactive staurosporine derivatives from the *Streptomyces* sp. NB-A13[J]. Bioorganic Chemistry, 82: 33-40.

[40] Parra L L L, Bertonha A F, Severo I R M, et al. 2018. Isolation, derivative synthesis, and structure-activity relationships of antiparasitic bromopyrrole alkaloids from the marine sponge *Tedania brasiliensis*[J]. Journal of Natural Products, 81: 188-202.

[41] Kusama T, Tanaka N, Sakai K, et al. 2014. Agelamadins A and B, dimeric bromopyrrole alkaloids from a marine sponge *Agelas* sp.[J]. Organic Letters, 16: 3916-3918.

[42] McArthur K A, Mitchell S S, Tsueng G, et al. 2008. Lynamicins A-E, chlorinated bisindole pyrrole antibiotics from a novel marine actinomycete[J]. Journal of Natural Products, 71: 1732-1737.

[43] Huang S, Chen H, Li W, et al. 2016. Bioactive chaetoglobosins from the mangrove endophytic fungus *Penicillium chrysogenum*[J]. Marine Drugs, 14(10): 172.

[44] Wang J, He W, Huang X, et al. 2016. Antifungal new oxepine-containing alkaloids and xanthones from the deep-sea-derived fungus *Aspergillus versicolor* SCSIO 05879[J]. Journal of Agricultural and Food Chemistry, 64(14): 2910-2916.

[45] Gunasekera S P, McCarthy P J, Kelly-Borges M. 1994. Hamacanthins A and B, new antifungal bis indole alkaloids from the deep-water marine sponge, *Hamacantha* sp.[J]. Journal of Natural Products, 57(10): 1437-1441.

[46] Kashman Y, Hirsh S, McConnell O J, et al. 1989. Ptilomycalin A: a novel polycyclic guanidine alkaloid of marine origin[J]. Journal of the American Chemical Society, 111(24): 8925-8926.

[47] Patil A D, Kumar N V, Kokke W C, et al. 1995. Novel alkaloids from the sponge *Batzella* sp.: inhibitors of HIV gp120-human CD4 binding[J]. The Journal of Organic Chemistry, 60: 1182-1188.

[48] Ang K K H, Holmes M J, Higa T, et al. 2000. In vivo antimalarial activity of the beta-carboline alkaloid manzamine A[J]. Antimicrobial Agents and Chemotherapy, 44: 1645-1649.

[49] 于广利, 谭仁祥. 2016. 海洋天然产物与药物研究开发 [M]. 北京 : 科学出版社.

[50] Breton J J, Chabot-Fletcher M C. 1997. The natural product hymenialdisine inhibits interleukin-8 production in U937 cells by inhibition of nuclear factor-κ B[J]. Journal of Pharmacology and Experimental Therapeutics, 282(1): 459-466.

[51] Badger A M, Cook M N, Swift B A, et al. 1999. Inhibition of interleukin-1-induced proteoglycan degradation and nitric oxide production in bovine articular cartilage/chondrocyte cultures by the natural product, hymenialdisine[J]. Journal of Pharmacology and Experimental Therapeutics, 290(2): 587-593.

[52] Gu B B, Jiao F R, Wu W, et al, 2018. Preussins with inhibition of IL-6 expression from *Aspergillus flocculosu*s 16D-1, a fungus isolated from the marine sponge *Phakellia fusca*[J]. Journal of Natural Products, 81(10): 2275-2281.

[53] Li H Q, Sun W G, Deng M Y, et al. 2018. Asperversiamides, linearly fused prenylated indole alkaloids from the marine-derived fungus *Aspergillus versicolor*[J]. Journal of Organic Chemistry, 83(15): 8483-8492.

[54] 王长云, 邵长伦. 2011. 海洋药物学 [M]. 北京 : 科学出版社.

[55] Li F, Chen A, Zhang J. 2019. miR-9 stimulation enhances the differentiation of neural stem cells with zoanthamine by regulating Notch signaling[J]. American Journal of Translational Research, 11(3): 1780-1788.

[56] Carmen C, Andrés F. 2009. Development of Yondelis (trabectedin, ET-743): a semisynthetic process solves the supply problem[J]. Natural Product Reports, 26(3): 322-337.

[57] Gordon E M, Sankhala K K, Chawla N, et al. 2016. Trabectedin for soft tissue sarcoma: current status and future perspectives[J]. Advance in Therapy, 33(7): 1055-1071.

[58] Ventriglia J, Paciolla I, Cecere S C, et al. 2018. Trabectedin in ovarian cancer: is it now a standard of care[J]. Clinical Oncology, 30(8): 498-503.

第七章

肽类化合物

视频讲解与
教学课件

◎ **学习目标**

1. 掌握肽类化合物的结构特征及分类。
2. 掌握肽类化合物的鉴别方法，理化性质及常用提取分离方法。
3. 熟悉肽类化合物的生物活性及其用途。

    海洋肽类化合物广泛存在于海洋动物、植物和微生物中，是海洋药物和功能产品开发的重要功能分子，且部分肽类化合物已经成功开发成为药物或者进入临床研究（表7-1）[1-3]。例如，芋螺毒素（conotoxin，CTX）对不同离子通道及神经受体显示出高度专一性，而与天然芋螺毒素 ω-conotoxin 的等价合成肽类化合物齐考诺肽（ziconotide，商品名为 Prialt）是唯一经美国 FDA 及欧洲药品管理局（EMA）认可且无阿片类成分的鞘内注射镇痛剂，现已被推荐为一线临床镇痛药物[4-6]。plitidepsin 被 FDA 授权用于罕见病多发性骨髓瘤和急性淋巴性白血病的治疗，2018 年，Aplidin 作为抗肿瘤药物在澳大利亚上市[7-9]。

表 7-1　来自海洋生物的药物和处于不同临床阶段的肽类化合物及其衍生物[2]

药品名称	海洋生物来源	适应证和作用靶点 / 机制	进展
齐考诺肽（ziconotide）	芋螺（*Conus magus*）	疼痛，阻止神经元上的 Ca^{2+} 涌入阻断脊髓背角痛觉传入神经释放的早期痛觉神经递质	上市
Aplidin（plitidepsin）	地中海海鞘（*Aplidium albican*）	实体瘤，血液疾病，多发性骨髓瘤，细胞凋亡受体 CD295、P38 丝裂原活化蛋白激酶	上市
HTI-286	海绵（*Hemiasterella minor*）	前列腺癌患者的雄性激素依赖或非依赖型肿瘤，vinca-肽结合位点	I 期临床
E7974（hemiasterlin）	海绵（*Hemiasterella minor*）	胰腺癌、三阴性乳腺癌等顽固的实体瘤，抑制微管聚合（基于微管蛋白的抗核作用机制）	I 期临床
TZT-1027（solidotin）	海兔（*Dolabella auricularia*）	抗肿瘤，干扰微管聚合及其稳定性，使细胞从 G_2 期到 M 期的分化停滞，导致细胞凋亡	III 期临床
ILX-651（tasidotion，Synthadotin）	海兔（*Dolabella auricularia*）	抑制小鼠白血病细胞 P388 生长及抑制肿瘤细胞微管聚合，减缓缩减速率（从肿瘤细胞微管增长到缩减的转换频率）减少微管增长的时间	II 期临床

药品名称	海洋生物来源	适应证和作用靶点／机制	进展
PM02734（elisidepsin）	海蛞蝓（*Elysia rufescens*）	抗肿瘤，选择性改变肿瘤细胞的溶酶体膜，干扰溶酶体功能且并不阻滞细胞周期和降解DNA	II期临床
LU103793（cemadotin）	海兔（*Dolabella auricularia*）	乳腺癌、肺癌、卵巢癌、前列腺癌和结肠癌，使细胞分裂停留在细胞周期 G_2–M，阻滞有丝分裂	II期临床

第一节　概　述

肽类化合物对人类健康有重要作用，涉及抗肿瘤、抗炎、镇痛、抗氧化、降血压、降血糖、免疫调节、促进皮肤与骨髓健康等多种活性，是当前医疗和食品等健康领域极具开发前景的功能分子[10-11]。海藻、腔肠动物、软体动物、被囊动物等海洋生物及其共附生微生物代谢大量的肽类化合物。与陆源肽类化合物比较，海洋肽类化合物有较大不同，常含有 D-氨基酸、羟基酸、新的 α-氨基酸与 β-氨基酸、噻吩及噁唑环，有的还含有烯键与炔键[1]。除常见氨基酸外，还有大量的特殊氨基酸，如 β-氨基异丁酸、L-baikiain、α-kainic acid（海人草酸）、domoic acid（软骨藻酸）等。特异性缩肽或缩酚酸肽（depsipeptide）是海洋生物中存在数量较多的一类天然生物活性物质，在陆生生物中含量极少[1,3]。海洋肽类化合物主要有抗肿瘤、抗炎、抗菌、抗病毒、抗疟疾和病原虫等作用[3]。下面主要介绍肽类化合物的结构与分类、理化性质、分离以及生物活性等基础内容。

第二节　肽类化合物的结构与分类

肽类化合物是指氨基酸通过肽键连接而成的聚合体。肽键是由一分子氨基酸 α-氨基与另一分子氨基酸 α-羧基发生脱水缩合反应形成的酰胺键。根据所含氨基酸残基的数目，肽类化合物分为二肽、三肽、四肽等，少于 10 个氨基酸残基的称为寡肽，10~50 个氨基酸残基的称为多肽。蛋白质与多肽之间以含有 51 个氨基酸残基的胰岛素作为标准，由 51 个及以上数目氨基酸残基构成的多肽即为蛋白质。

根据来源，肽类化合物分为天然肽和人工合成肽两类。天然肽分为内源性肽和外源性肽。内源性肽是指人体自身的组织器官产生的对人体具有生理调节作用的肽类物质，例如内分泌腺分泌的肽类激素（促甲状腺激素、生长激素释放激素等），作为神经递质或神经活动调节因子的神经多肽，血液中的 α-球蛋白经专一的蛋白酶作用后释放的组织激肽（缓激肽、血管紧张素等）等。外源性肽是指由生物代谢而天然产生于其体内，经过合适的提取分离工艺得到的肽类化合物，主要包括天然提取活性肽、蛋白质转化活性肽两类。天然提取活性肽是指由于动物、植物和微生物代谢而天然产生于其体内，经过特殊提取分离工艺即可直接得到的一类生物活性肽，主要分为环肽和链肽。

一、海洋环肽

根据组成肽环分子的氨基酸种类，环肽分为杂环肽（heterodetic cyclopeptide）和纯环肽（homodetic cyclopeptide）。肽环全是由 α- 氨基酸组成的则为 homodetic 型，反之则为 heterodetic 型 [3]。环肽类化合物根据其成环时氨基酸数量的多寡，分为环二肽、环三肽、环四肽等。

jaspamide 也称 jasplakinolide，是从海绵 *Jaspis johnstoni* 中分离得到的一种具有 15 碳的大环和 3 个氨基酸残基的环状缩酚酸肽。jaspamide 表现出促 jurkat T 细胞凋亡和增加 caspase-3 活性的功能 [12]。另外，jaspamide 还表现出显著的抑菌和抗寄生虫活性 [1,13]。microsclerodermins A 和 B 是从海绵（*Microscleroderma* sp.）中制备得到的环六肽化合物，能够抑制白色念珠菌的生长 [14-15]。

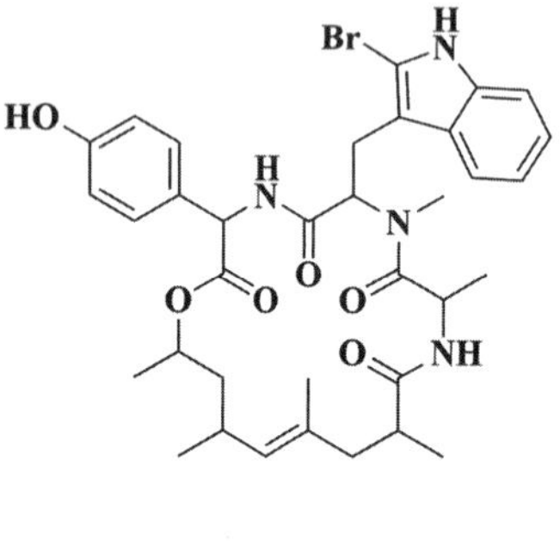

jasplakinolide

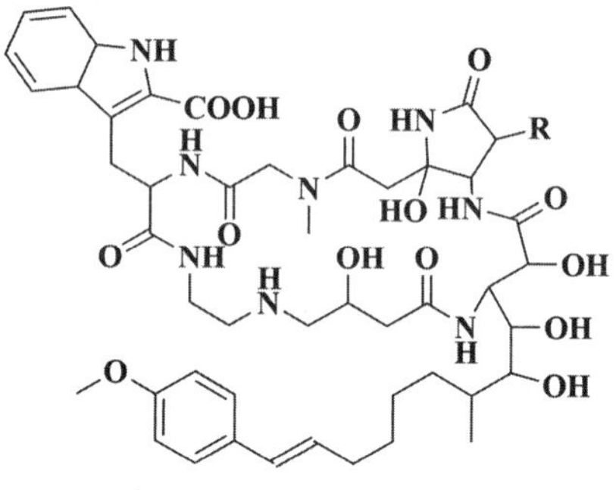

microsclerodermins A（R=OH）and B(R=H)

axinastatin 是从海绵 *Pseudoaxinella massa* 中分离得到的环七肽。axinastatin 1 对小鼠白血病细胞 P388 以及人鼻咽癌细胞株 KB 有抑制活性，且有抗菌作用。axinastatinxs 2 和 3 在 GI_{50} 值为 0.35~0.0072 μg/mL 时，对 6 个人类癌细胞株具有细胞抑制作用，而 axinastatin 3 对 PS 白血病细胞具有抑制作用，ED_{50} 值为 0.4 μg/mL [16-18]。wainunuamide 是从斐济群岛海绵 *Stylotella aurantium* 中分离得到的环七肽，含有 3 个脯氨酸残基和 1 个组氨酸残基，对卵巢癌细胞 A-2780 和白血病细胞 K-562 的 ID_{50} 值分别为 19.15 μg/mL 和 18.36 μg/mL [19]。

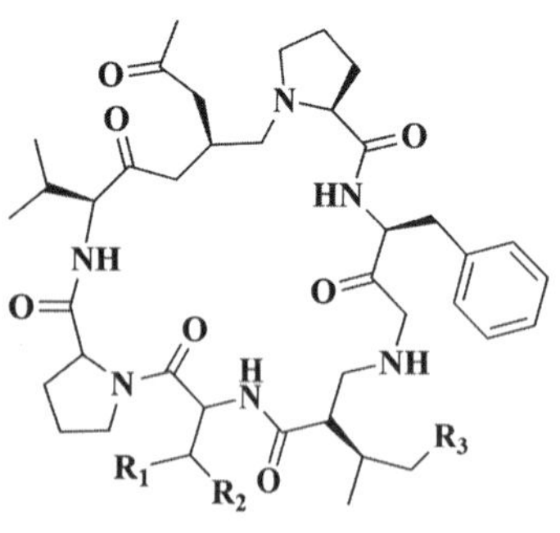

axinastatin 1:R1=Me R2=Me R3=H
axinastatin 2:R1=iPro R2=H R3=H
axinastatin 3:R1=iPro R2=Me R3=Me

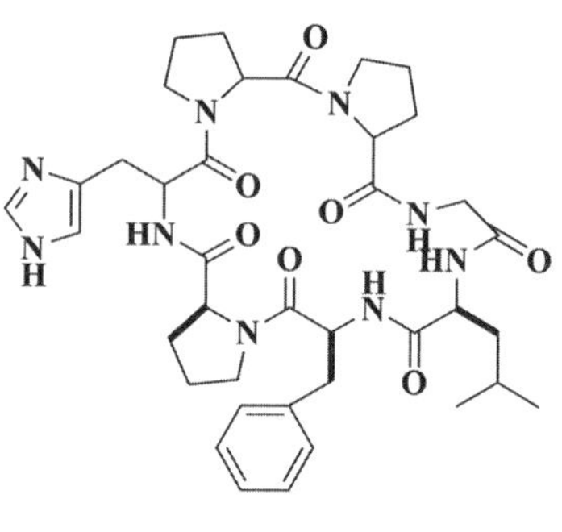

wainunuamide

cycloxazoline 是从海鞘 *Lissoclinum bitratum* 中制备的环六肽，可将 HL-60 白血病细胞阻止在 G_2-M 期，对 T24 和 MRC5CV1 细胞的 IC_{50} 值为 0.5 µg/mL [12,20]。

diazonamides C-E 分离于印尼海鞘 *Diazona* sp.，对人肺癌细胞 A-549、结肠癌细胞 HT-29 和乳腺癌细胞 MDA-MB-231 具有中等强度的细胞毒活性 [21]。

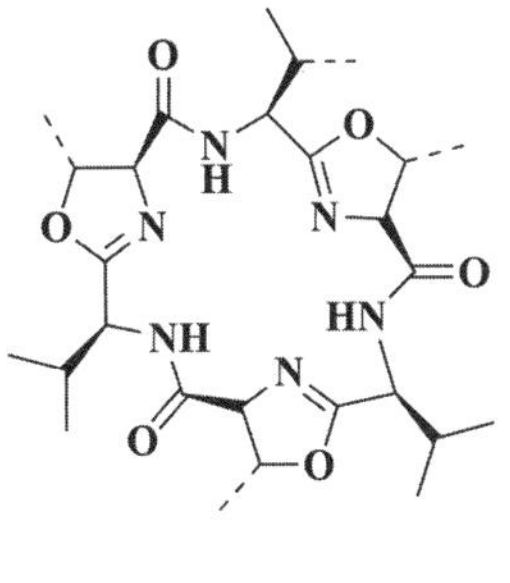

cycloxazoline 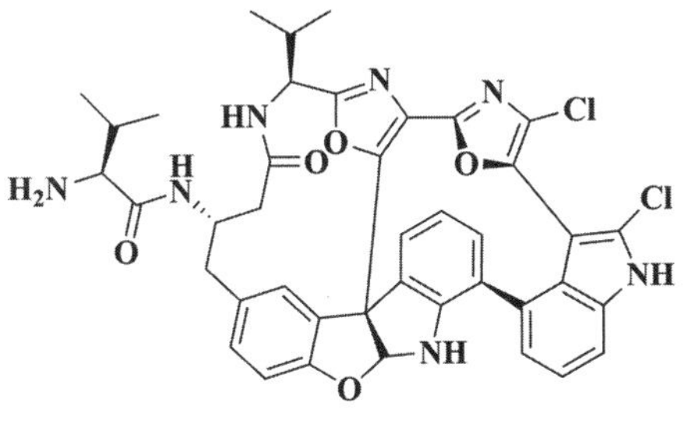　　　　　　diazonamide C 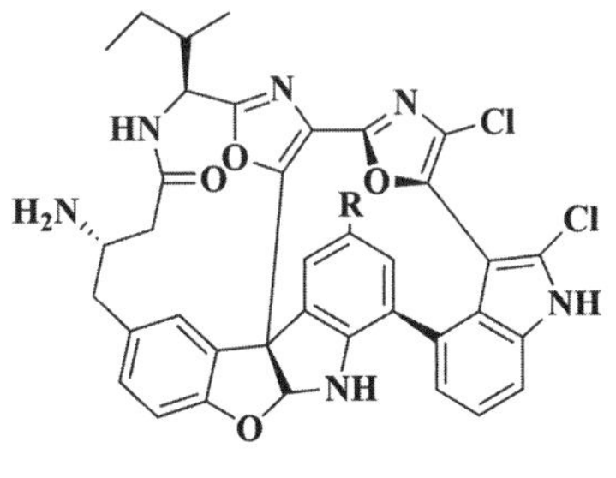　　　　　diazonamide D:R=Cl
diazonamide E:R=H

vitilevuamide 是从海鞘 *Didemnum cuculiferum* 和 *Polusyncrato lithostrotum* 中分离得到的，已作为抗肿瘤药物进入临床前研究 [12,22]。

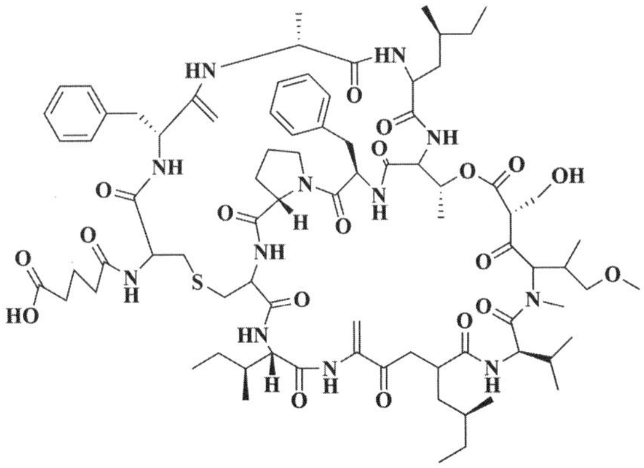

vitilevuamide

bistratamides C-J 是分离于菲律宾 Tables 岛海鞘 *Lissoclinum bistratum* 的 8 种环状六肽，其中 bistratamides E-J 对人结肠癌细胞 HCT-116 有中等细胞毒活性 [12,23]。

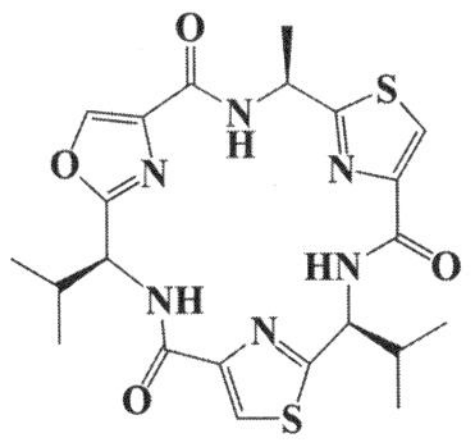

bistrataminde C 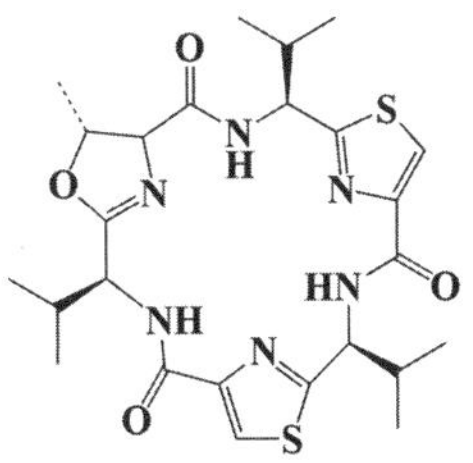　　　　bistrataminde D 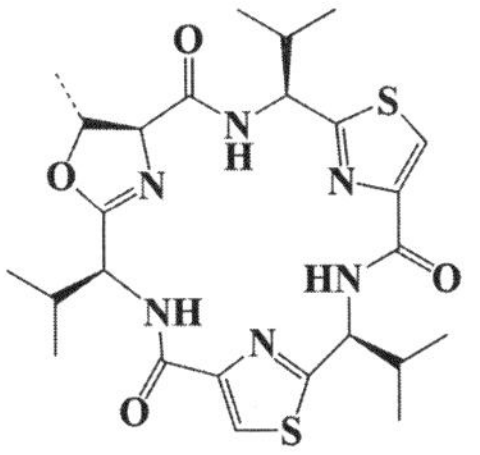　　　　bistrataminde E 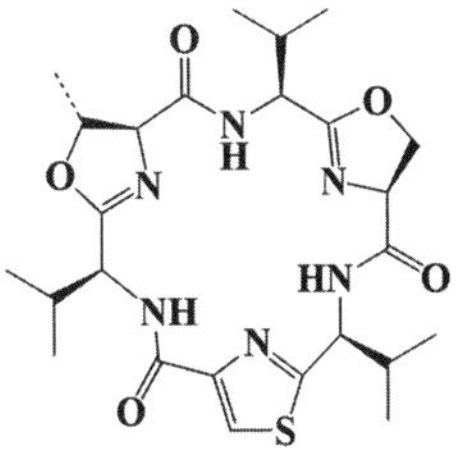　　　　bistrataminde F bistrataminde G   bistrataminde H   bistrataminde I   bistrataminde J

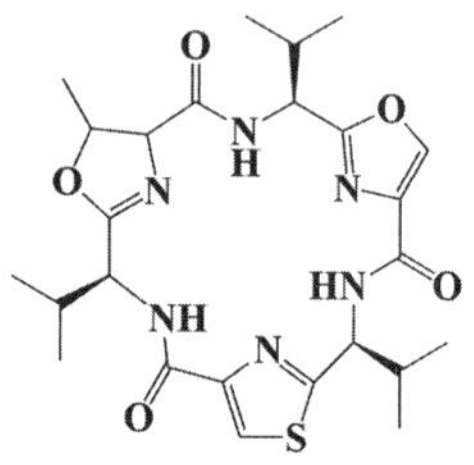

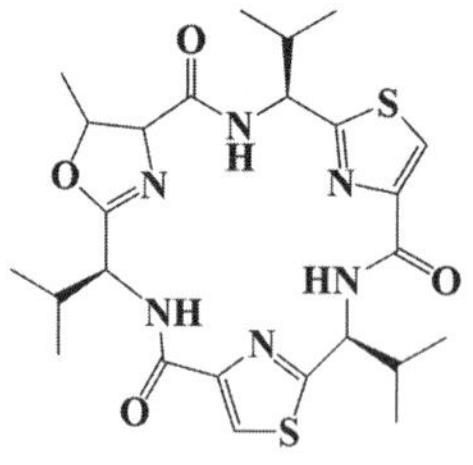

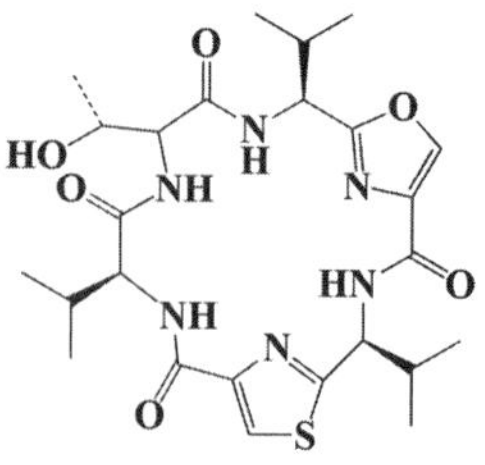

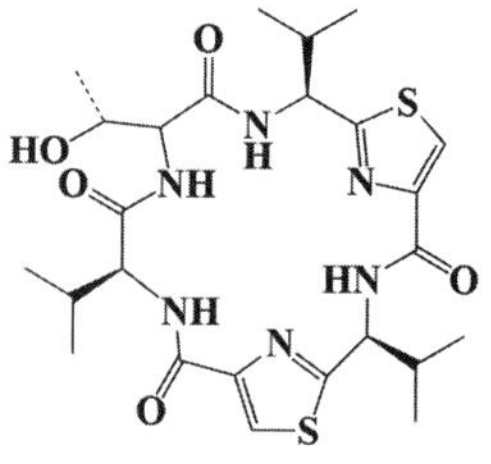

cis, cis-ceratospongamide 和 *trans, trans*-ceratospongamide 来源于印度尼西亚 Biaro 岛红藻 *Ceratodictyon spongiosum*，显示出了中等强度的卤虫致死活性，LD_{50} 值为 13~19 μmol/L；而且，*cis, cis*-ceratospongamide 具有抗炎活性，是人体非胰腺磷脂酶 A2 的抑制剂（ED_{50}=32 nmol/L）[24]。

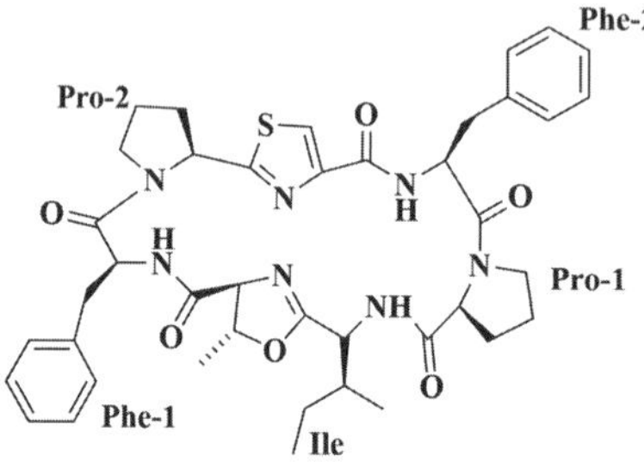

cis,cis-ceratospongamide 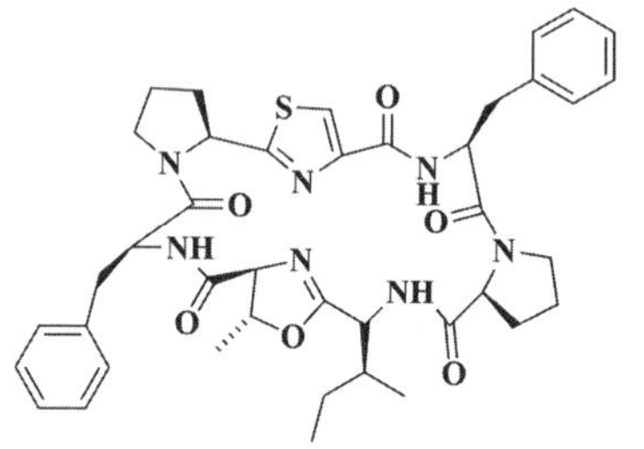   *trans,trans*-ceratospongamide

cryptophycin 1 是从蓝绿藻 *Nostoc* sp. 中分离出的强细胞毒环缩肽，因其对丝状真菌 *Cryptococcus*（隐球菌属）的良好抑制活性而得名，但因其显著的毒性而被放弃作为抗真菌药物研究。后续研究发现，cryptophycin 1 对肿瘤细胞具有选择性的细胞毒性，作用机制是与微管蛋白发生紧密结合，抑制其组装成微管，阻断细胞有丝分裂，从而抑制细胞的增殖过程[25]。cryptophycin 1 已在美国进入临床研究。

环酯肽 lyngbyabellins A 和 B 是从巨大鞘丝藻 *L. majuscule* 中分离得到的，其中 lyngbyabellin A 对人鼻咽癌细胞 KB 和人结肠腺癌细胞 LoVo 显示出中等强度的细胞毒性，IC_{50} 值分别为 0.03 μg/mL 和 0.50 μg/mL。体内试验显示，lyngbyabellin A 对小鼠具有毒性，其致死量为 2.4~8.0 mg/kg，半数致死量为 1.2~1.5 mg/kg。lyngbyabellin B 对人鼻咽癌细胞 KB 和人结肠腺癌细胞 LoVo 亦显示出细胞毒性，IC_{50} 值分别为 0.1 μg/mL 和 0.83 μg/mL[26,27]。

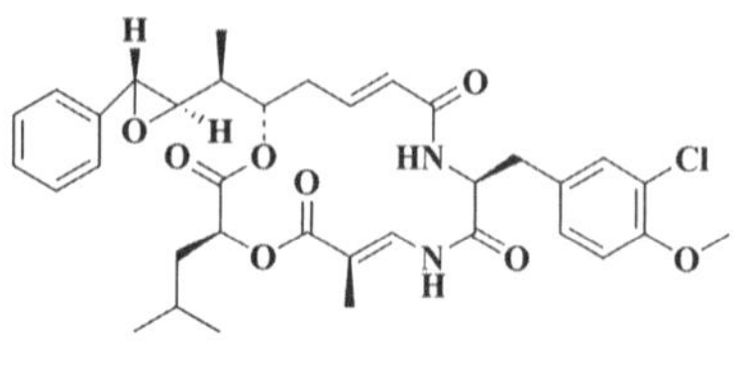

cryptophycin 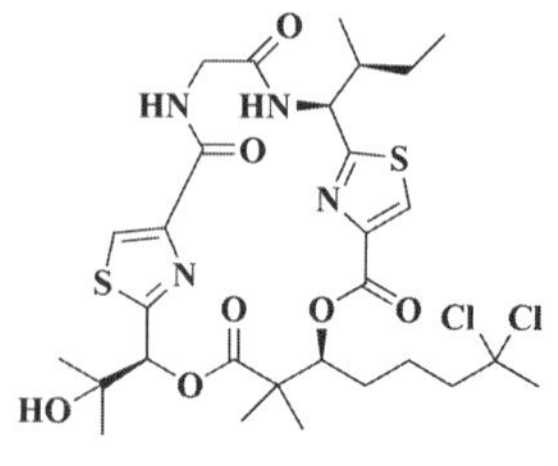   lyngbyabellin A 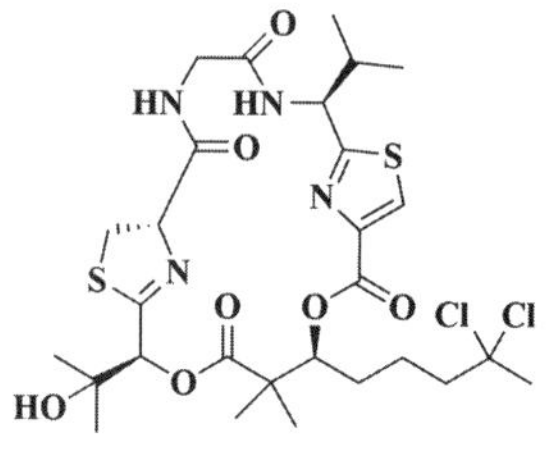   lyngbyabellin B discodermins A-H 是从海绵 *Discodermia* sp. 中分离得到的具有细胞毒活性的十四肽，对小鼠白血病细胞 P388 和人类肺癌细胞 A549 的 IC_{50} 值为 0.02~20 μg/mL[28-31]。同时，discodermin A 对枯草杆菌 *Bacillus subtilis* 和奇异变形菌 *Proteus mirabilis* 具有抑制活性[28]。

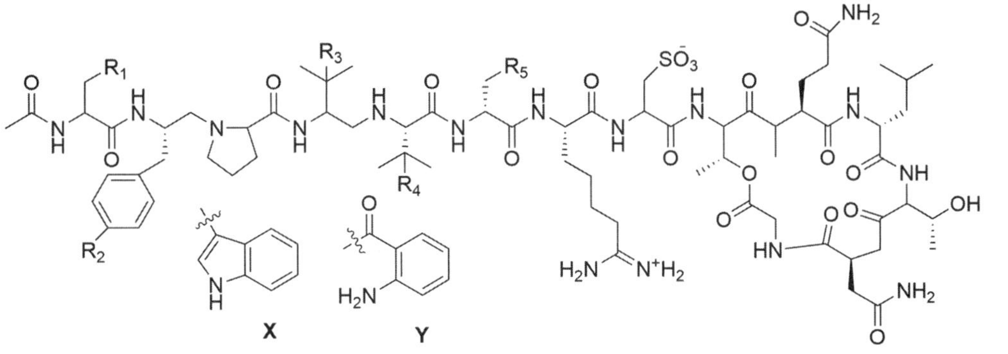

discodermin A：$R_1=R_2=H$，$R_3=R_4=Me$，$R_5=X$
discodermin B：$R_1=R_2=R_3=H$，$R_4=Me$，$R_5=X$
discodermin C：$R_1=R_2=R_4=H$，$R_3=Me$，$R_5=X$
discodermin D：$R_1=R_2=R_3=R_4=H$，$R_5=X$

discodermin E：$R_1=R_2=H$，$R_3=R_4=Me$，$R_5=Y$
discodermin F：$R_1=R_2=H$，$R_3=Me$，$R_4=Et$，$R_5=X$
discodermin G：$R_1=R_3=R_4=Me$，$R_2=H$，$R_5=X$
discodermin H：$R_1=H$，$R_2=OH$，$R_3=R_4=Me$，$R_5=X$

二、海洋链肽

海洋链肽类化合物的数量明显少于环肽类化合物。kasumigamide 是一种线性四肽，最初从淡水藻青菌铜绿微囊藻中分离出来，后来从海绵 *Discodermia calyx* 中分离得到[32-33]。kasumigamide 具有 *N*-末端 α-羟基酸，并显示出抑藻作用，最低抑制浓度（MIC）为 2 μg/mL[32]。lyngbyapeptins A-D 是从 *Lyngbya bouillonii* 中分离得到的化合物，但在浓度小于 5.3 μM 时，对人鼻咽癌细胞 KB 和人结肠腺癌细胞 LoVo 均未显示出细胞毒性[33-35]。

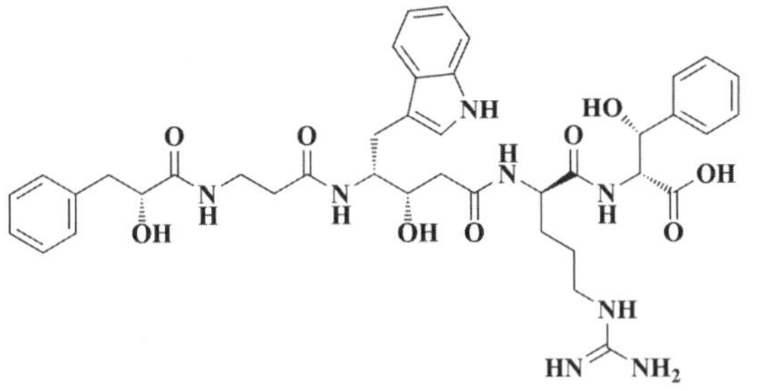

kasumigamide

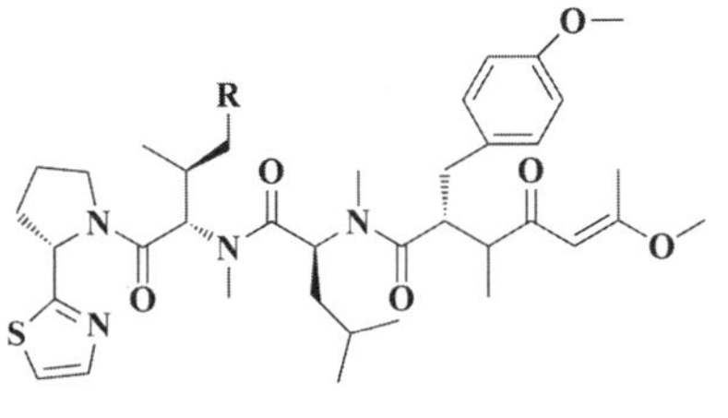

lyngbyapeptin A：R=Me
lyngbyapeptin D：R=H

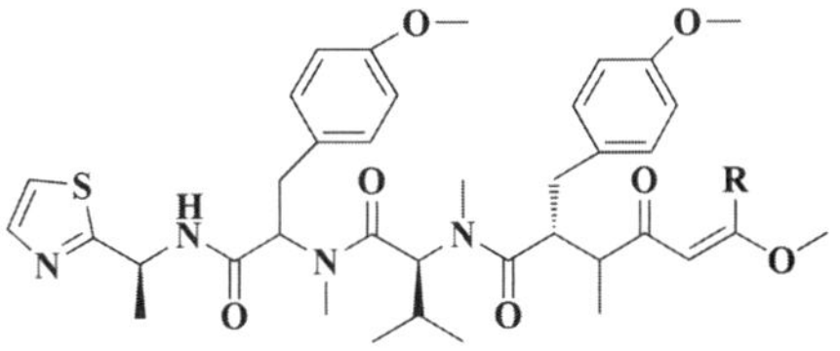

lyngbyapeptin B：R=Me
lyngbyapeptin C：R=Et

milnamides A 和 D 从海绵 *Cymbastela* sp. 中分离得到，对 p53- 缺陷型和 HCT-116 结直肠癌细胞的 IC_{50} 值分别为 1.65 μmol/L 和 66.8 nmol/L。milnamides A 和 D 具有抑制微管蛋白聚合作用，IC_{50} 值分别为 6.02 和 16.90 μmol/L[36-37]。milnamide C 从海绵 *Auletta* sp. 中分离得到，具有抑制 MDA-MB-435 癌细胞的活性，IC_{50} 值为 1.48×10^{-4} g/mL[37]。此外，milnamides A-G 对前列腺癌（PC3）和人类新生儿包皮成纤维细胞非癌症（NFF）细胞系显示出细胞毒性[38]。

hemiasterlin（milnamide B）是从海绵 *Hemiasterella minor*、*Cymbastela* sp.、*Siphonochalina* sp. 和 *Auletta* sp. 中分离得到的天然三肽，可结合于微管蛋白中的 vinca 肽位点，破坏正常微管动力学和诱导微管解聚，对 HCT-116 结直肠癌细胞系的 IC_{50} 值为 6.8 nmol/L[39]。

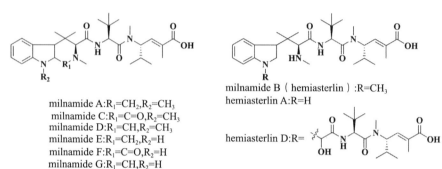

milnamide A:R_1=CH$_2$,R_2=CH$_3$
milnamide C:R_1=C=O,R_2=CH$_3$
milnamide D:R_1=CH,R_2=CH$_3$
milnamide E:R_1=CH$_2$,R_2=H
milnamide F:R_1=C=O,R_2=H
milnamide G:R_1=CH,R_2=H

milnamide B（hemiasterlin）:R=CH$_3$
hemiasterlin A:R=H

hemiasterlin D:R=

callipeltins E-K 是从海绵 *Latrunculia* sp. 中分离得到的线性肽，具有独特的氨基酸如 D-别苏氨酸、D-精氨酸、亮氨酸、*N*-甲基谷氨酰胺、*N*-甲基丙氨酸和甲氧基酪氨酸[40]。callipeltins F-I 在 10^{-4} mol/L 时对白念珠菌表现出抗菌活性[41]。callipeltins K 和 J 可抑制白念珠菌的生长，MIC 值为 10^{-4} mol/L[42]。

callipeltin E

callipeltin F

callipeltin I

callipeltin G

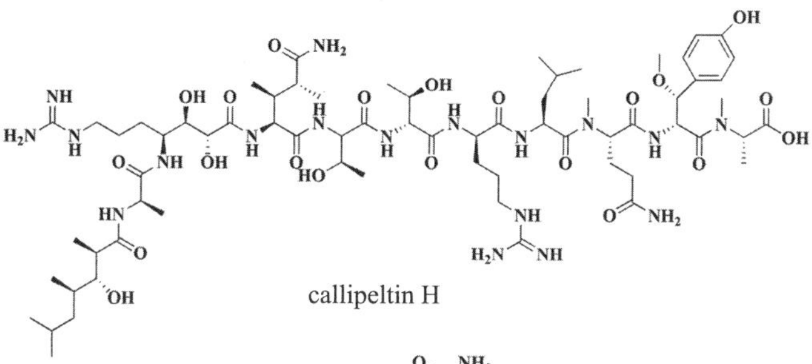

callipeltin H

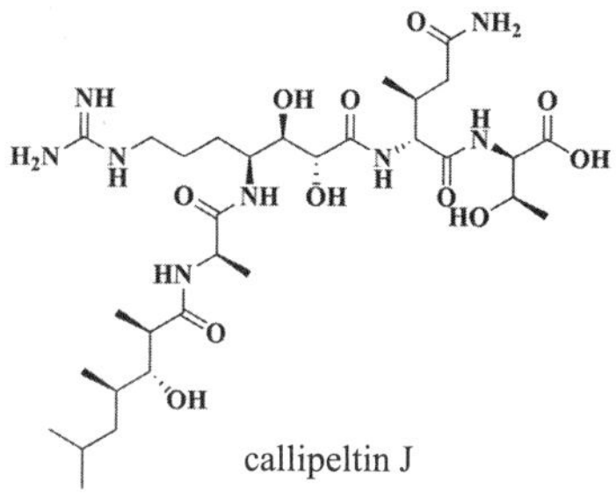

callipeltin J

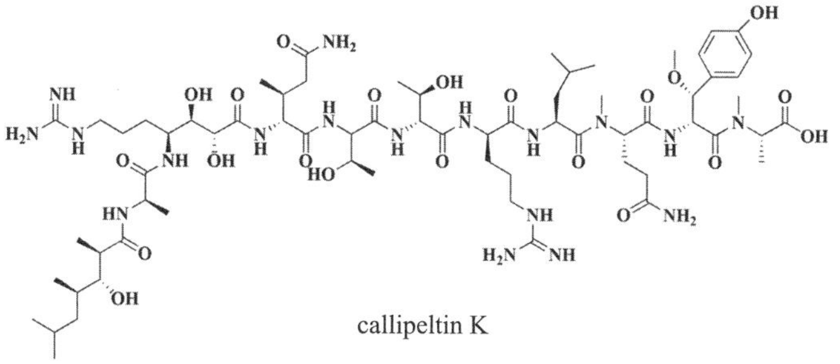

callipeltin K

dolabellin 是从日本海兔 *Dolabella auricularia* 中分离得到的新型细胞毒代谢产物。dolabellin 含有一种新的脱氯 β-羟基酸和两种噻唑羟基酸，对 Hela S3 细胞具有细胞毒性，IC_{50} 值为 6.1 μg/mL[43]。

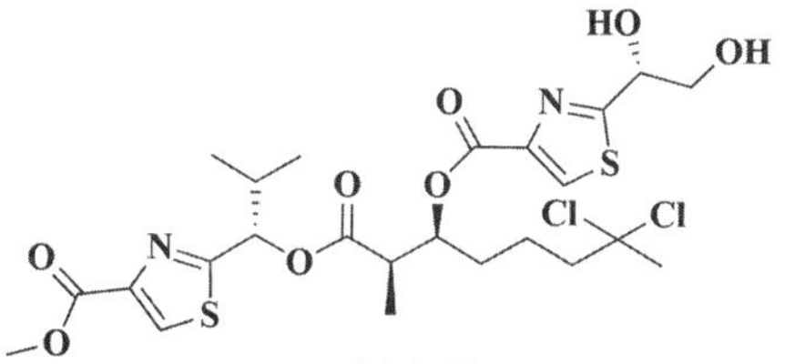

dolabellin

蛋白质转化活性肽是指通过酶解、酸解或者微生物发酵法降解生物组织中的蛋白质，经分离纯化而制备的一类活性肽[1]。海洋生物的生理结构与生理过程和陆生生物差别较大，是外源性活性肽的资源宝库。目前已经从鱼肉、鱼皮、鱼鳞和鱼骨中制备出系列具有抗氧化、降血压、抗肿瘤等生理功能的活性肽[44]。该类活性肽原料广泛易得，资源量大，肽的得率产量也较高，已经成为研究的热点。

另外，依据肽的原料来源，外源性生物活性肽又可分为动物源、植物源、微生物源活性肽等。按照生物活性，肽类化合物可分为抗肿瘤肽、降压肽、抗菌肽、抗氧化肽、神经活性肽、免疫活性肽等类型。

第三节　肽类化合物的理化性质

肽类化合物继承了许多氨基酸特有的理化性质（如两性与等电点、特有颜色反应等），且其性质受到构成氨基酸残基的数目、种类和排列位置的影响。

一、肽的两性解离和等电点

多肽在水溶液中是以两性离子的形式存在的，其酸碱性主要取决于肽链两端的游离氨基、羧基以及各氨基酸残基 R 基上的可解离基团。当溶液 pH 较低时，肽链中可解离基团质子化，整体净电荷为正，为阳离子形式，在电泳中移向负极；当 pH 较高时，肽链本身净电荷为负，为阴离子形式，在电泳中移向正极；而当溶液 pH 达到中间某一特定值时，多肽所带正、负电荷数目相等，净电荷为零，多肽失去电泳特性。此时溶液 pH 即为多肽的等电点（pI）。酸性氨基酸倾向于最先解离出 R 基团中的氢，等电点较低，因此含酸性氨基酸较多的肽的等电点也较低；含碱性氨基酸较多的肽，则与之相反。肽在其等电点的环境中溶解度最小，易于聚沉，可借助 pI 进行多肽的分离。

二、肽的光学性质

凭借芳香族氨基酸（Trp、Tyr 和 Phe）在近紫外区的光吸收特性和荧光特性，可对含有芳香族氨基酸的多肽进行定量检测，也可以通过测定氨基酸光学性质的变化来考察多肽的构象变化。

三、肽的颜色反应

直链多肽含有游离 α-氨基，可发生茚三酮反应、Sanger 反应和 Edman 反应。由此，可以借助上述反应进行直链多肽的定量分析、N-末端氨基酸鉴定和序列分析。

四、双缩脲反应

肽键具有双缩脲类似的结构，可与碱性硫酸铜反应生成紫红色或紫蓝色络合物。因此，可利用分光光度法进行肽的定量分析。

五、水溶性

肽分子含有较多氨基酸的亲水侧链基团，如羟基、羧基、酰胺基等，水溶性较好。但是少数肽含疏水性氨基酸过多，或亲水基团被包围于肽空间结构内部而疏水性较强。因此，具有亲水基团，而碳链又不至太长的氨基酸（如 Ser、Asn、Asp 和 Glu）水溶性较好，它们的存在也有利于肽的亲水性。

第四节　肽类化合物的提取分离

一、提取

根据肽类化合物的性质，设计合理的提取分离工艺，可以制备存在于动物、植物和微生物中的天然肽。微波和超声波辅助提取可改善提取速度和效率，节省溶剂用量，常应用于肽类化合物的提取。

（一）微波辅助提取

其原理是通过分子内和分子间的摩擦，以及大量带电离子的运动碰撞，促使反应体系温度骤升，最终导致细胞壁与生物膜系统的破损瓦解。电磁波频率一般在 300 MHz 到 300 GHz 之间。

（二）超声波辅助提取

其原理是借助超声波产生的微孔颗粒中空泡破裂、微射流形成、微涡流、高速度的粒子碰撞和微扰等效应，提高提取率。多使用低频率（16~100 kHz）、高能量（10~1000 W/cm²）的超声波。

二、分离

肽类化合物常用的分离方法包括膜分离（超滤、纳滤等）、色谱技术（离子交换色谱、排阻色谱、亲和色谱和反相液相色谱等）、电泳技术等。

（一）膜分离技术

膜分离是以滤膜为分离介质，以膜两侧的压力差为推动力，利用不同孔径的膜对混合物料进行分子质量截留筛分的物理分离方法。根据滤膜孔径和可截留物质分子质量，膜分离技术可分为超滤和纳滤等类型。

超滤一般可截留分子质量 1~500 ku 的化合物。现在研究的活性肽多由 3~20 个氨基酸残基组成，远小于较大的蛋白质分子。因此，选用较大截留分子质量的超滤膜，可实现肽和蛋白质的分离。后续，可根据目标肽的分子质量选择截留分子质量 1~10 ku 的超滤膜进一步分离。纳滤膜的孔径一般在 1~10 nm，截留分子质量为 200~1000 u。纳滤膜的截留分子质量小，常用于肽的浓缩和脱盐。膜过滤的优点是在常温下进行，过滤过程中无化学反应，适合肽的规模制备。

（二）离子交换色谱（IEC）

IEC 是利用离子交换剂上的可交换离子与周围介质中被分离的各种离子的亲和力不同，经过交换平衡达到分离目的的一种柱色谱法。IEC 的工作原理为离子交换剂带有的电离基团可与不同带电粒子静电结合。当溶液 pH 高于肽的 pI 时，带负电荷的肽分子与阴离子交换树脂结合，保留在色谱柱上。后续通过洗脱液盐浓度梯度洗脱或 pH 梯度洗脱，改变树脂与肽的静电作用状态，逐步洗脱吸附在色谱柱上的肽。当溶液 pH 低于肽的 pI 时，肽分子则带正电荷，可与色谱柱中阳离子交换树脂结合，完成分离过程。IEC 的优点是可与质量分离技术互为补充，显著节省时间，提高分离准确度。

（三）凝胶过滤色谱（GFC）

GFC 又称为凝胶排阻层析或分子筛，是利用具有网状结构的凝胶颗粒作为分子筛，根据被分离物质的分子质量大小来进行分离。在分离过程中，小分子肽钻入凝胶颗粒的孔洞中，在洗脱过程中所走路程较长。相反，大分子肽或者蛋白质则被排除在凝胶颗粒外部，洗脱时较快流出。GFC 的优点是洗脱条件可视样品类型和后续的纯化、分析、贮存而定，且对分离效果影响较小。相较于 IEC，GFC 更适于分离对 pH、金属离子等因素敏感的生物分子。

（四）反相高效液相色谱（RP-HPLC）

RP-HPLC 是以表面非极性载体为固定相，以比固定相极性强的溶剂为流动相的一种液相色谱分离方法。它是基于样品中不同组分和分离基质疏水基团间疏水作用的强弱不同而分离的。RP-HPLC 的主要优点包括使用简便、高分辨性和高敏感性，而且相比 GFC 和 IEC 显著缩短分离所需时间。

（五）电泳技术

电泳技术可用来分离和鉴定多肽。常见的电泳技术包括十二烷基硫酸钠 - 聚丙烯酰胺凝胶电泳（SDS-PAGE）、等电聚焦电泳（IEF）、蛋白质双向电泳（2-DE）、毛细管电泳（CE）等。这些电泳方法各具特点与适用范围。例如，IEF 是根据样品等电点不同而使它们在 pH 梯度中互相分离的一种电泳技术；2-DE 是进行两次方向互相垂直的一种电泳分离技术，分辨率极高；CE 分离速度快，用样量极少。

第五节　肽类化合物的波谱学特征

一、质谱分析

质谱分析主要用于测定肽的一级结构，包括：相对分子质量、氨基酸排列顺序以及肽链中二硫键的位置和数目。液相色谱 - 质谱联用技术（HPLC-MS），是以液相色谱作为分离系统，质谱为检测系统，已成为鉴定肽序列的标准方法。肽质谱分析主要采用一些软电离技术，如电喷雾离子化（ESI）、快速原子轰击离子化（FAB）和基质辅助激光解吸离子化（MALDI）等技术。

二、其他技术

核磁共振、蒸发光散射检测、氨基酸序列分析、圆二色光谱、紫外 - 可见吸收光谱、生物鉴定法及免疫学方法都已应用于肽结构的鉴定。

第六节　肽类化合物的生物活性

一、抗肿瘤活性

抗癌药物研究在海洋药物研究中一直起着主导作用，多个抗肿瘤活性显著的海洋肽类化合物已经成功上市或者进入临床研究。

didemnin B（膜海鞘素 B）和 aplidine（dehydrodidemnin B，脱氢膜海鞘素 B）：源于加勒比海鞘 *Trididemnum solidum*，体外显示出强的抗小鼠白血病细胞 P388 和 B-16 黑色素瘤活性[45]，didemnin B 因为临床毒性最后被淘汰。aplidine 对 RNA 合成无明显抑制作用，但可以抑制 DNA 合成，在 10~100 nmol/L 浓度下即可激活细胞凋亡受体 CD295，引发细胞凋亡；同时 aplidine 也可以激活 P388 丝裂原活化蛋白激酶 (MAPK)，有效抑制 DNA 复制和蛋白质合成，使其阻滞于细胞周期中 G_1 和 G_2 期，特别的是其能抑制鸟氨酸脱羧酶和白血病细胞血管内皮生长因子的表达，具有广泛的抗肿瘤活性[9-11]。aplidin 在 II 期临床主要用于实体瘤、血液疾病如 T 细胞淋巴瘤的治疗，且已被欧洲药品管理局（EMA）和美国 FDA 作为孤儿药用于多发性骨髓瘤的治疗。2018 年，aplidine 作为抗肿瘤药物在澳大利亚上市[4]。

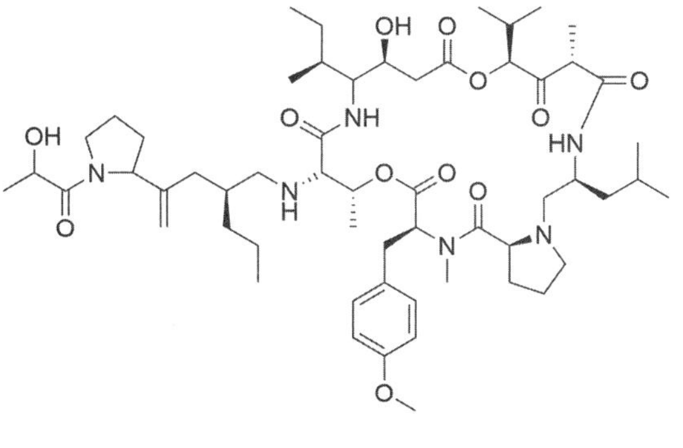

didemnin B 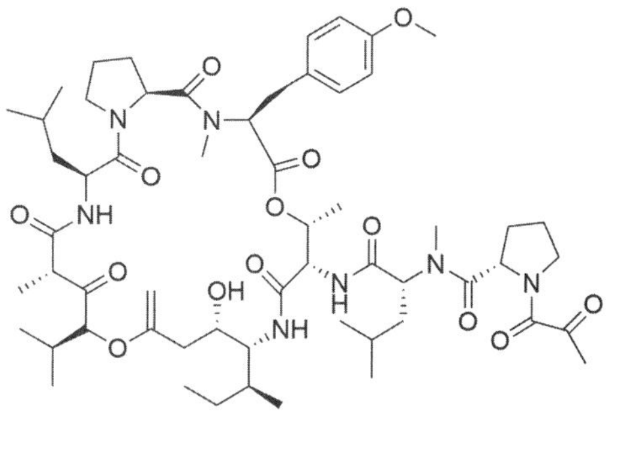   aplidine

dolastatin 是源于耳状截尾海兔 Dolabella auricularia 的链型缩肽类化合物，能够抑制微管聚合，促进其解聚，干扰肿瘤细胞的有丝分裂，并诱导细胞周期阻滞于 G_2 期到 M 期，为一类新型的海洋来源的细胞生长抑制剂[46]。其中，dolastatin 10 对卵巢癌和前列腺癌等癌细胞有很强的抑制作用[47]。在裸鼠体内能完全抑制前列腺癌细胞 DU-14 的隔膜侵袭。另外，dolastatin 10 能降低肿瘤 90% 的血流量，为实体瘤的治疗和抗转药物的研究提供了新途径。soblidotin（TZT-1027）是 dolastatin 10 的全合成衍生物，可通过化学键连接到微管蛋白上，干扰微管聚合及其稳定性，使细胞从 G_2 期到 M 期的分化停滞，导致细胞凋亡。tasidotin 是 dolastatin 15 的一种微管靶向衍生物，通过减缓缩减速率以及减少微管增长时间发挥抗肿瘤作用[48]。tasidotin 最早由雅培公司开发，但结构复杂、化学合成产率低及水溶性差等原因均阻碍了对其药效的临床评价，一度被中止。2003 年，Genzyme 赛诺菲公司完成口服 tasidotin 盐酸盐治疗非小细胞肺癌、恶性黑色素瘤和非激素依赖性的前列腺癌的 II 期临床研究。cemadotin（LU-103793）是 dolastatin 15 的合成水溶性类似物，在多种肿瘤动物模型中显示突出活性，其对乳腺癌、肺癌、卵巢癌、前列腺癌和结肠癌患者的治疗仍在进行 II 期临床试验[4,49]。

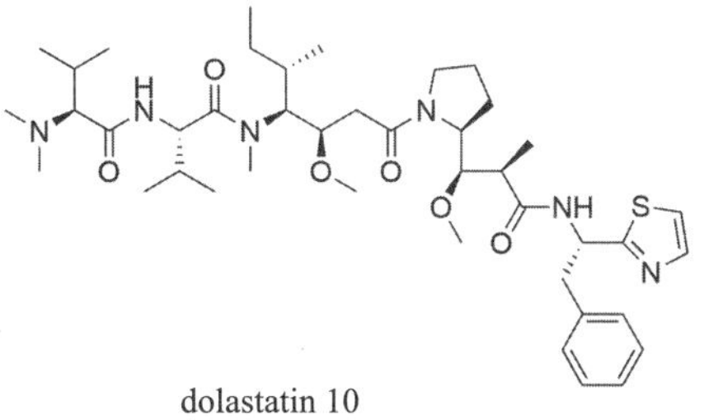

dolastatin 10 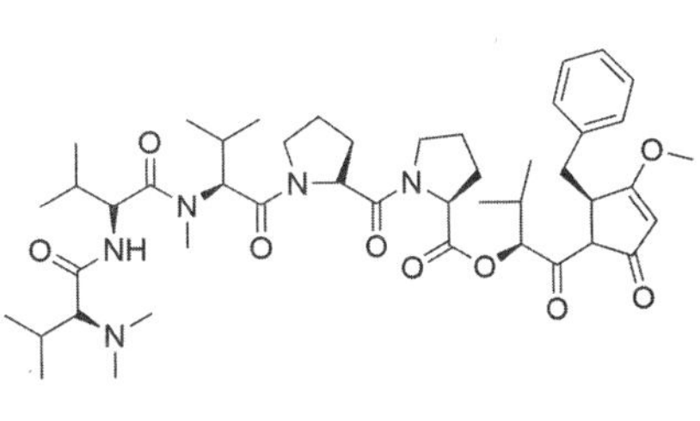   dolastatin 15

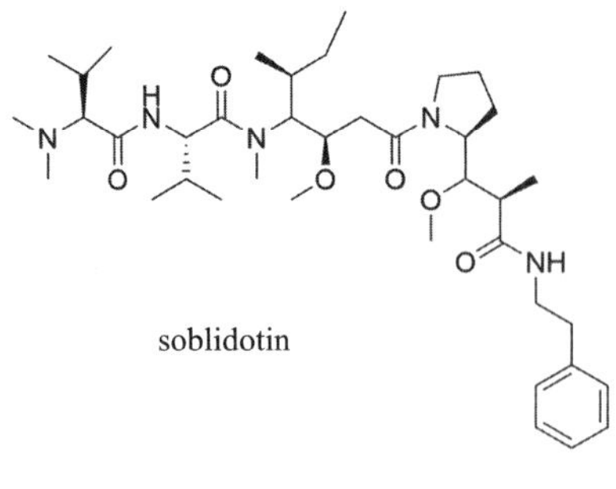

soblidotin

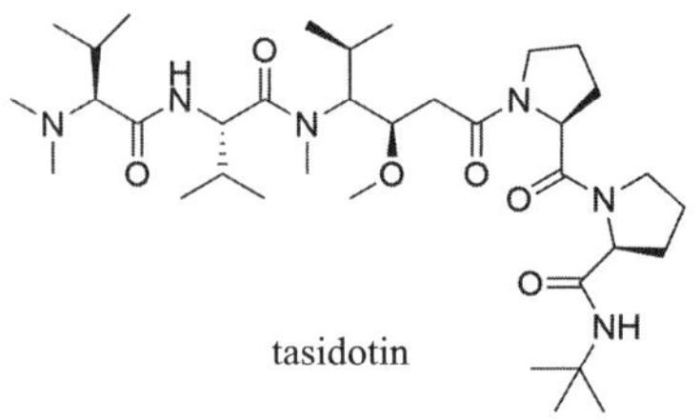

tasidotin

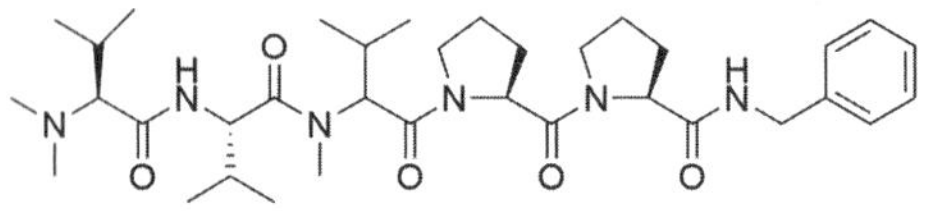

cemadotin

kahalalide F 源于海洋软体动物海蛞蝓 *Elysia rufescens*，对多种人类实体瘤细胞系具有好的体外细胞毒活性，IC$_{50}$ 值为 0.07~0.28 mmol/L ；而且 kahalalide F 对非小细胞肺癌和卵巢癌也显示了强细胞毒活性。kahalalide F 选择性地改变肿瘤细胞的溶酶体膜，干扰溶酶体功能，通过非凋亡机制的死亡程序诱导细胞死亡，且不阻滞细胞周期和降解 DNA[4,50]。由 PharmaMar 公司开发的 elisidepsin（PM02734）即为一种合成的 kahalalide F 类环缩酚酞，可引起典型的坏死性细胞死亡，并导致肿瘤细胞形态学发生极大改变[51]。2016 年 2 月，该化合物已经完成 II 期试验，用于治疗雄性激素非依赖性前列腺癌和肝癌等实体瘤。

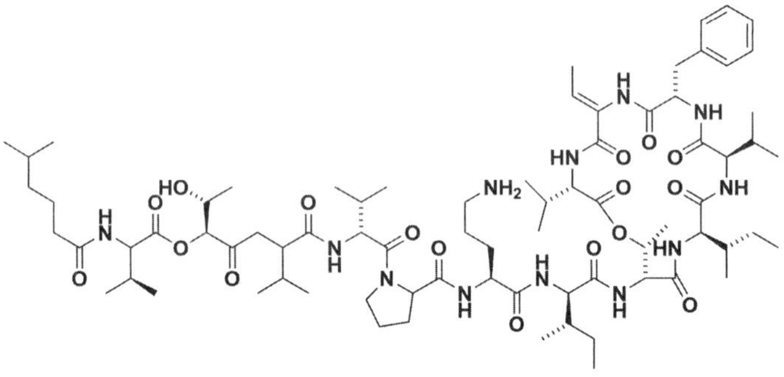

kahalalide F

hemiasterlin（E7974）和 taltobulin（HTI-286）：hemiasterlin（E7974） 源 于 海 绵 *Hemiasterella minor* 的三肽衍生物，是有效的抗有丝分裂剂，通过与 vinca 肽结合位点结合有效抑制微管蛋白聚合[52-53]。taltobulin（HTI-286）是 hemiasterlin 中 *N*- 甲基吲哚环被苯基取代的合成类似物，其与微管蛋白结合的位点与 vinca 结合位点接近但不同，是在 1 个位于微管蛋白亚基界面的独特位点与 α 微管蛋白异二聚体结合[54]。HTI-286 在极低浓度下能干扰纺锤体微管动力学，在体内和体外对紫杉醇耐药的细胞系都表现出比 hemiasterlin 更强的活性。HTI-286 是 P- 糖蛋白（MDR1）的不良底物，降低了多药耐药，与紫杉醇或常规化学治疗药物相比，HTI-286 对治疗膀胱癌更具有优势[55]。

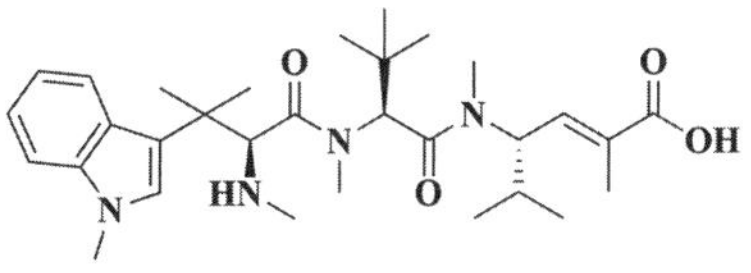

hemiasterlin 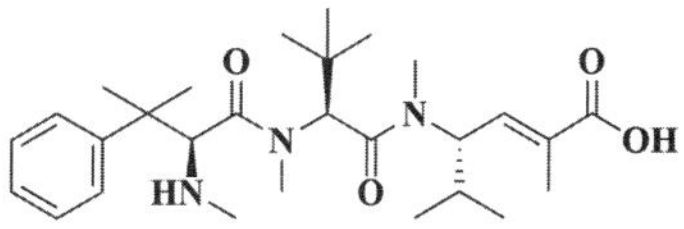　　　　　　　　　　taltobulin(HTI-286)

phenylahistin 和 plinabulin：phenylahistin 是源于海洋曲霉菌 *Aspergillus* sp. 的环二肽，plinabulin 是其合成衍生物[4]。plinabulin 可选择性地作用于内皮微管蛋白中秋水仙碱结合位点，抑制微管蛋白聚合，阻断微管装配，从而破坏内皮细胞骨架，抑制肿瘤血流，且不伤害正常的血管系统[56]。plinabulin 可释放免疫防御蛋白 GEF-H1，是使树突细胞成熟的最有效的微管蛋白靶向制剂之一[57-58]。在 I 期临床试验中发现，与多西紫杉醇联合用药可明显提高 plinabulin 的生物利用度且两者互相不产生干扰作用，可用于预防多西紫杉醇化疗诱导的中性粒细胞减少症。

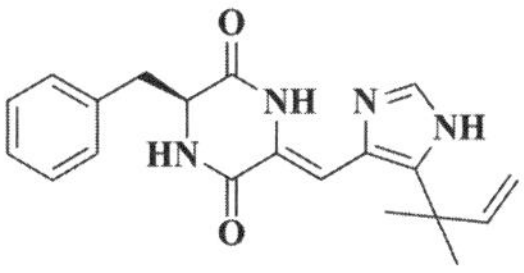

phenylahistin 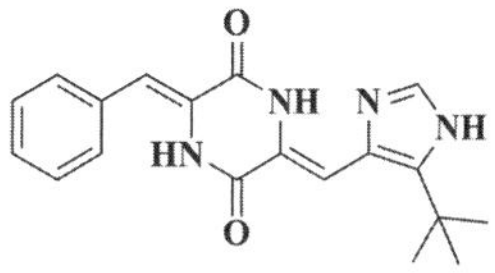　　　　　　　　　　plinabulin

二、镇痛活性

海洋肽类毒素，如海葵毒素、芋螺毒素、海蛇毒素等，约有 40 类，显示出很强的镇痛、麻醉、强心、抗癌、抗菌和抗病毒作用。芋螺毒素（CTX）是芋螺 *Conus magus* Linnaeus 的毒液管和毒囊内壁的毒腺分泌出来的、由多达 200 种毒肽组成的混合毒素，主要化学成分对不同离子通道及神经受体具有高度专一性。芋螺毒素不仅可直接作为药物，还可作为理想的分子模板用于发现新药先导化合物，对研究神经生物学也具有重要意义[59-60]。

齐考诺肽（ziconotide，商品名为 Prialt）是芋螺毒素 ω-conotoxin 的等价合成肽类化合物，其含有三个罕见的二硫醚（disulfide）结构[61]。Prialt 通过阻断脊髓处的 *N*-型电敏感钙离子通道来抑制主要传出神经元的中心电端释放与疼痛有关的神经传导物质起作用[6-8]。Elan 公司生产的 Prialt 通过鞘内注射用于治疗慢性严重疼痛。2004 年 2 月 28 日 Prialt 被美国 FDA 批准上市，2005 年 2 月 22 日被欧洲药品管理局（EMA）批准上市。Prialt 是目前唯一一个经 FDA 和 EMA 批准的无阿片类成分的鞘内注射镇痛药，镇痛效果是吗啡的上千倍，但没有吗啡的成瘾性，已被推荐作为一线药使用。

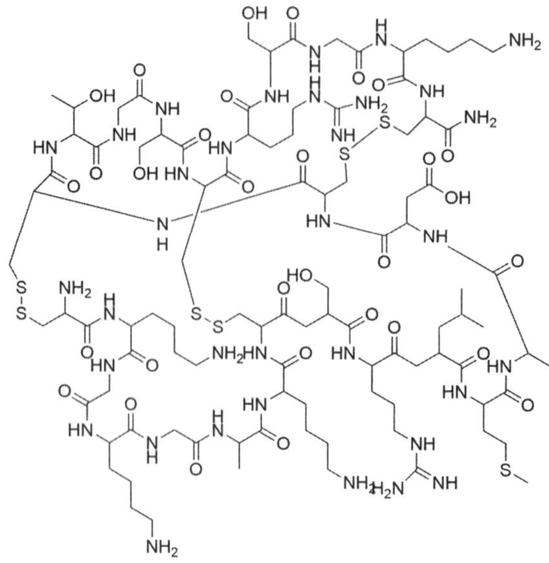

zizonotide

nobilamides A-E 是从分离于高贵千手螺 *Chicoreus nobilis* 的链霉菌中分离得到的一类肽类代谢产物。nobilamide B 和 A-3302-B 是人和小鼠瞬时受体电位 vanilloid-1 通道的长效拮抗剂，可作为炎症和疼痛介质[62]。

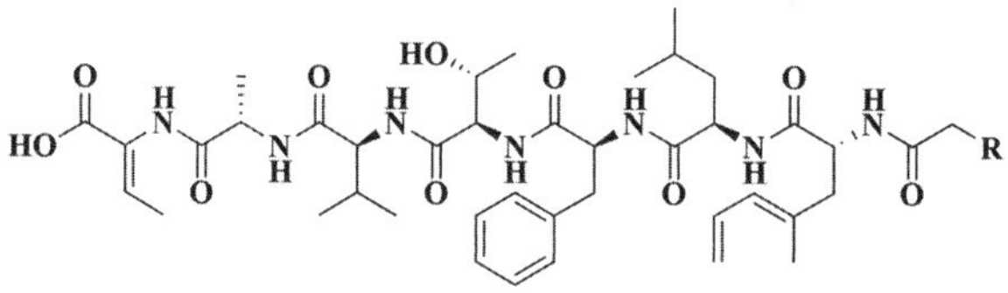

nobilamide A:R=H
nobilamide B:R=Me

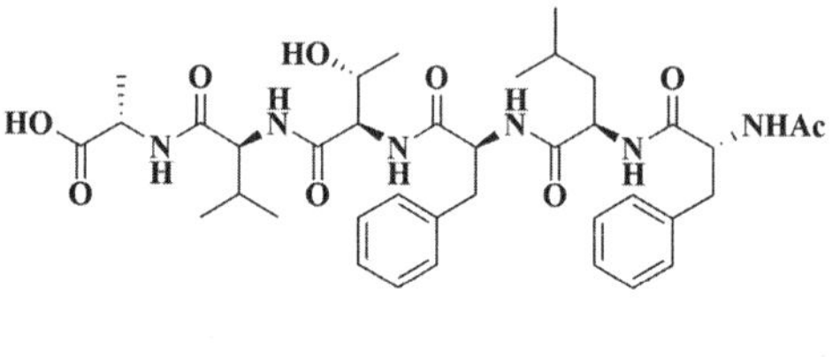

nobilamide C

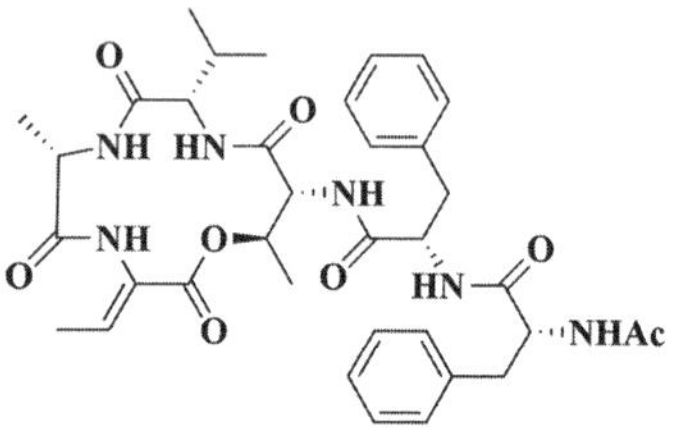

nobilamide D

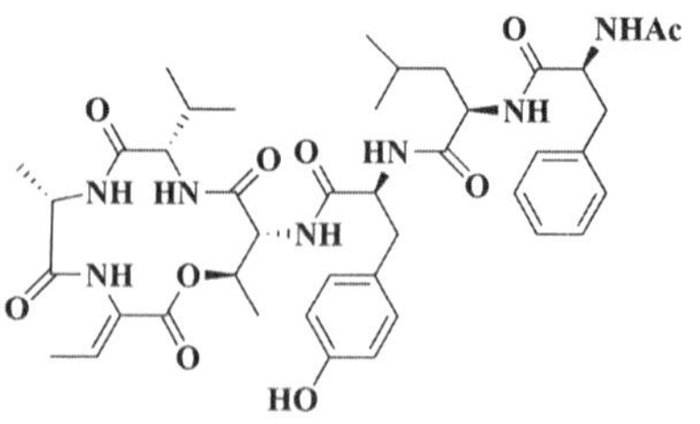

nobilamide E

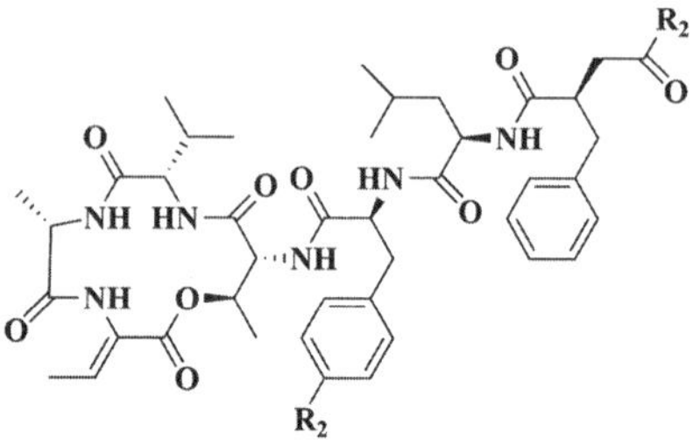

A-3302-A:R_1=CH$_3$，R_2=H
A-3302-B:R_1=CH$_2$CH$_3$，R_2=H

三、抗菌活性

theopapuamide 和 theopapuamides B-D 分别从海绵 *Theonella swinhoei* 和 *S. mirabilis* 中获得，对两性霉素 B 耐药的白色念珠菌 *Candida albicans* 显示出强的抑制作用[63]。

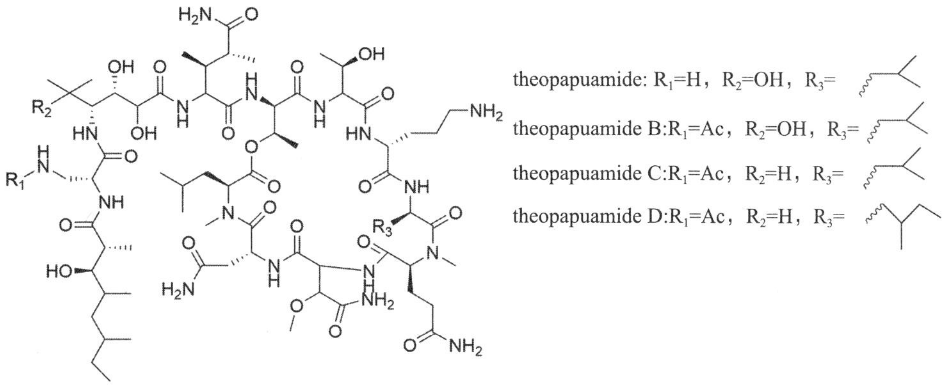

theopapuamide: R₁=H，R₂=OH，R₃=

theopapuamide B:R₁=Ac，R₂=OH，R₃=

theopapuamide C:R₁=Ac，R₂=H，R₃=

theopapuamide D:R₁=Ac，R₂=H，R₃=

microcionamides A 和 B 分离于菲律宾海绵 *Clathria (Thalysias) abietina*，肽的末端被 2-苯乙胺基团阻断，通过半胱氨酸部分环化。microcionamides A 和 B 对结核分枝杆菌 H37Ra 具有抑制活性作用，MIC 值为 5.7 μmol/L。此外，microcionamides A 和 B 对人乳腺癌细胞株 SKBR-3 和 MCF-7 具有潜在的细胞毒性[64-65]。

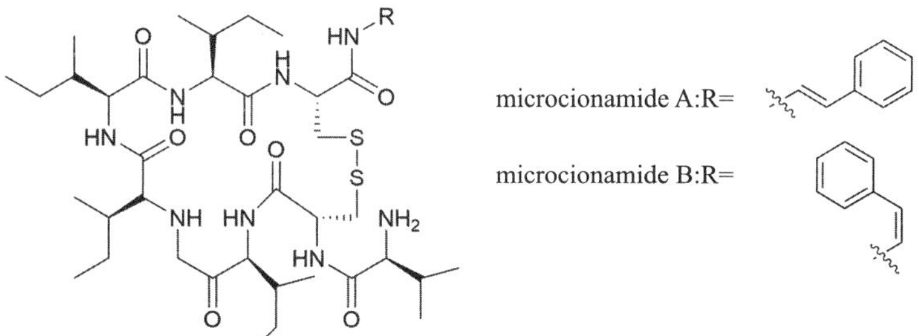

microcionamide A:R=

microcionamide B:R=

hymenamides A 和 B 是从海绵 *Hymeniacidon* sp. 中分离出的富含脯氨酸的环状七肽。hymenamides A 和 B 在 MIC 值分别为 33 和 66 μg/mL 时对白色念珠菌有抑制活性，在 MIC 值大于 133 和 33 μg/mL 时对新生隐球菌有抑制活性[66]。

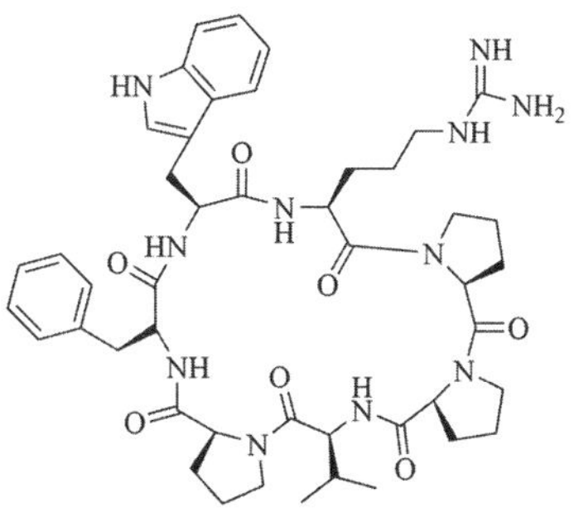

hymenamide A

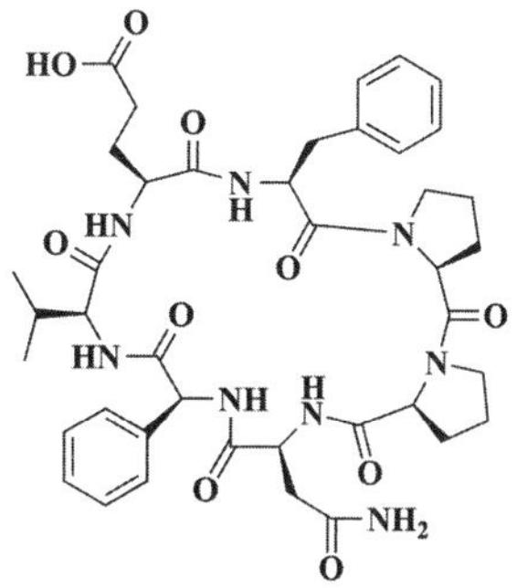

hymenamide B

microsclerodermins A-E 是从海绵 *Microscleroderma* sp. 中分离出来的环状六肽。在 2.5 μg/dish 时，microsclerodermins A 和 B 对白色念珠菌具有抑制活性；在 5 μg/dish 时，microsclerodermins C-E 对白色念珠菌具有抑制活性 [67-68]。

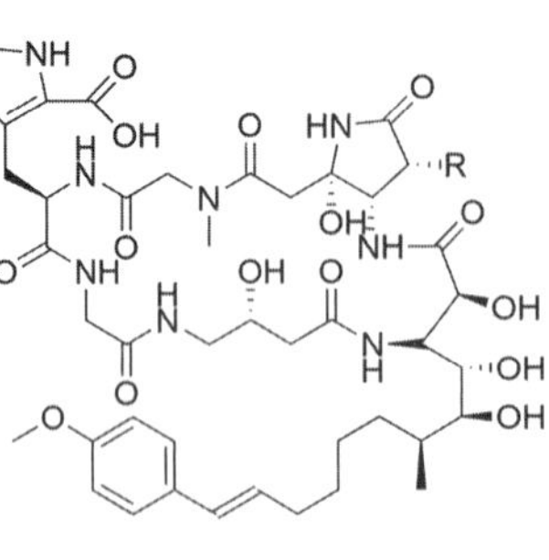

microsclerodermin A:R=OH
microsclerodermin B:R=H

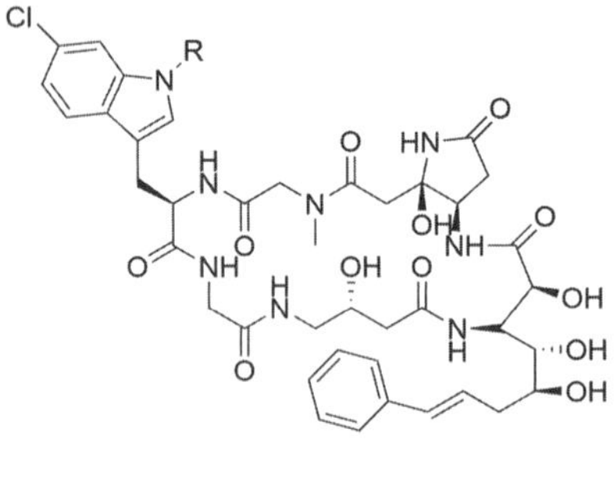

microsclerodermin C:R=CONH₂
microsclerodermin D:R=H

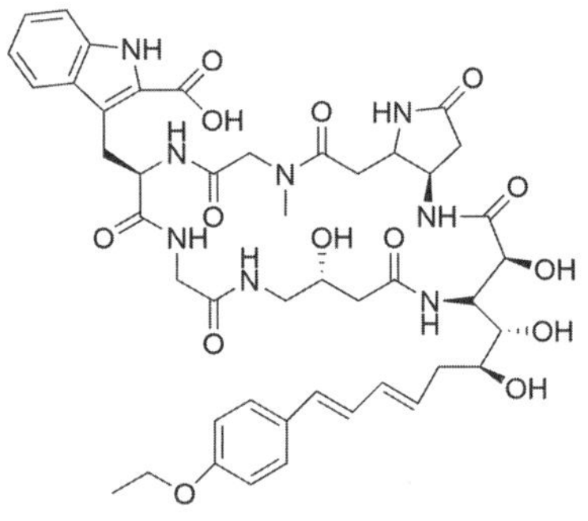

microsclerodermin E

theonellamide G 源于海绵共附生真菌 *Theonella swinhoei*，对野生型及两性霉素 B 耐药的白色念珠菌具有抑制活性，IC$_{50}$ 值分别为 4.5、2.0 μmol/L [69]。

lobocyclamides A-C 源于丝状鞘丝藻 *Lyngbya confervoides*。纸片扩散试验中，lobocyclamides A-C 在 150 μg/dish 浓度下对氟康唑耐药性真菌、白色念珠菌和光滑假丝酵母显示出中等强度的抗真菌活性；微量肉汤稀释试验中，lobocyclamide A 对白色念珠菌具有抑制活性，MIC 值为 100 μg/dish；lobocyclamide B 在 30~100 μg/dish 时表现出相似的活性 [70]。

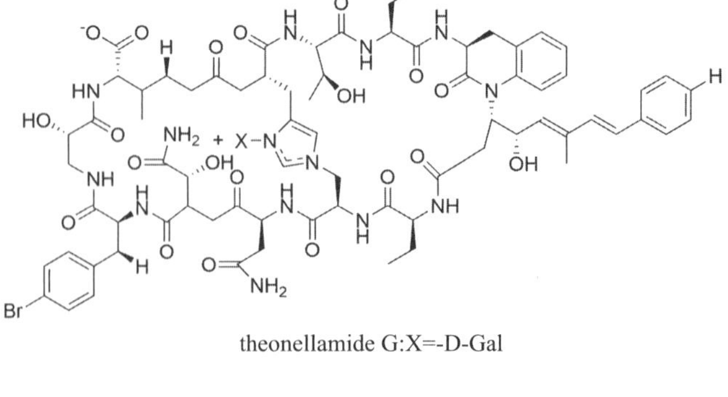

theonellamide G:X=-D-Gal

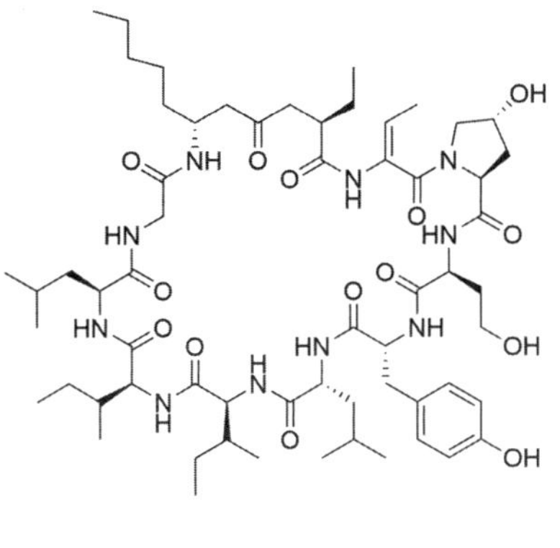

lobocyclamide A

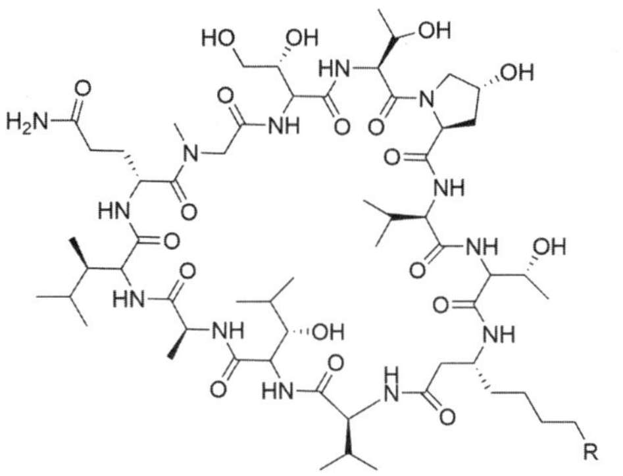

lobocyclamide B:R=Et
lobocyclamide C:R=H

四、抗病毒活性

mirabamides A-H 分离自海绵 *Siliquariaspongia mirabilis*，通过与 HIV-1 包膜糖蛋白的相互作用在膜融合水平上抑制 HIV-1。mirabamide A 抑制 HIV-1 融合与中和活性的 IC_{50} 值分别为 140 和 40 nmol/L，而 mirabamides C 和 D 活性较弱，其 IC_{50} 值分别为 1.3 和 140 μmol/L，3.9 和 190 μmol/L[71-72]。mirabamides E-H 分离于 *Stelletta clavosa*，在中和试验中表现出较强的 HIV-1 抑制作用，IC_{50} 值分别为 121、62、68 和 41 nmol/L[73]。

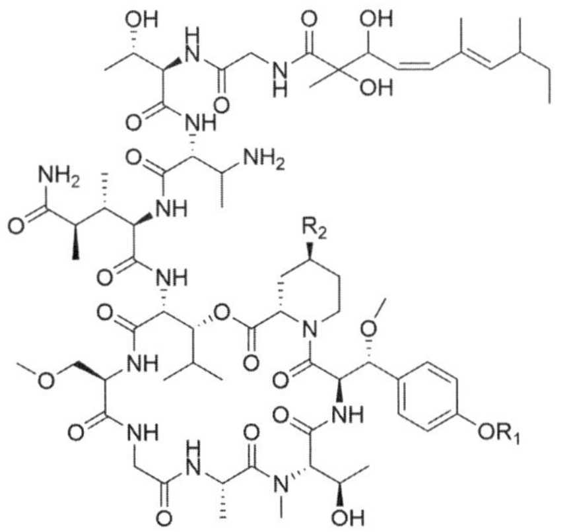

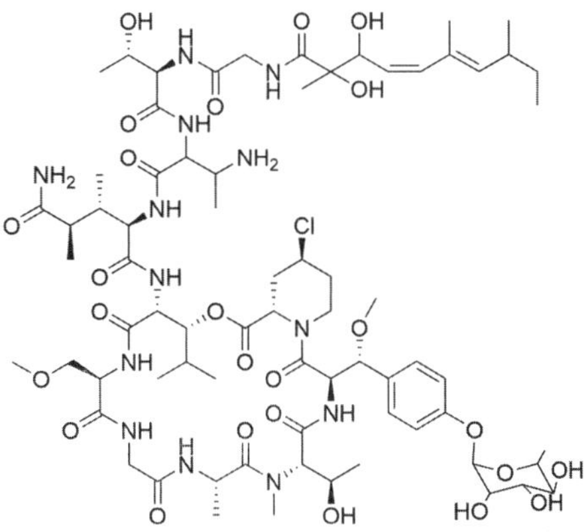

mirabamide A:R₁=
R₂=Cl

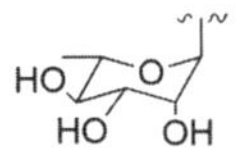

mirabamide C:R₁=H
R₂=Cl

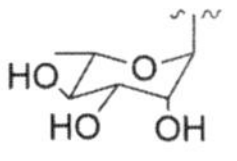

mirabamide D:R₁=
R₂=H

mirabamide B

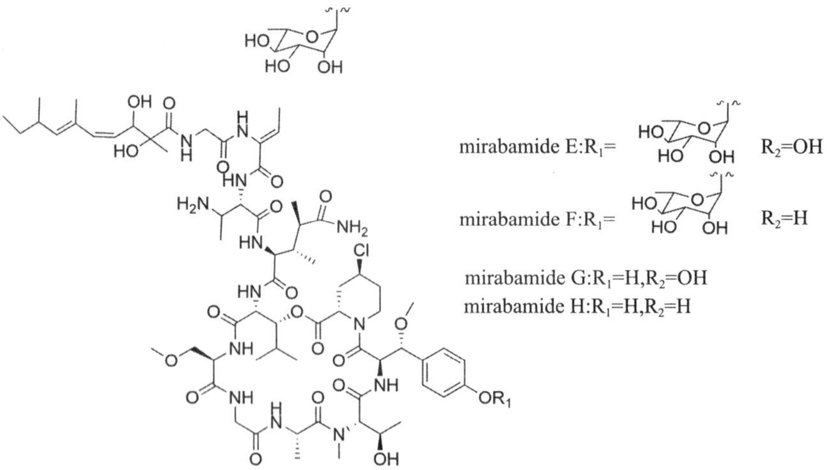

mirabamide E:R₁= R₂=OH

mirabamide F:R₁= R₂=H

mirabamide G:R₁=H,R₂=OH
mirabamide H:R₁=H,R₂=H

celebesides A-C 分离于海绵 *Siliquariaspongia mirabilis*。其中，celebeside A 在中和试验中显示出对 HIV-1 的抑制活性，IC$_{50}$ 值为（1.9 ± 0.4）μg/mL[74]。

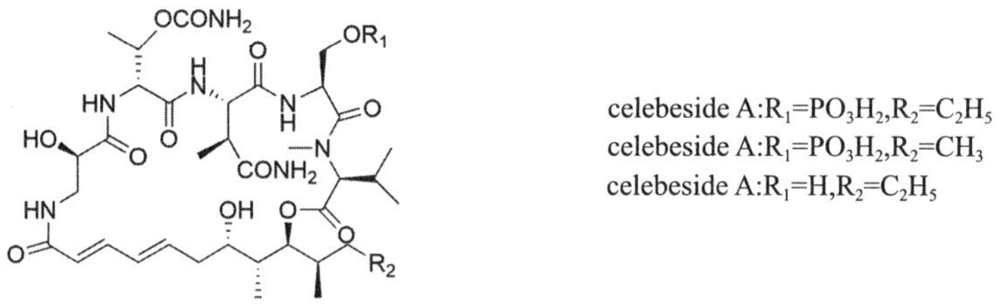

celebeside A:R₁=PO₃H₂,R₂=C₂H₅
celebeside A:R₁=PO₃H₂,R₂=CH₃
celebeside A:R₁=H,R₂=C₂H₅

homophymines 源于海绵 *Homophymia* sp.。其中，homophymine A 显示出对 HIV-1 感染细胞的保护活性，IC$_{50}$ 值为 75 nmol/L；homophymines B-E 和 A1-E1 对人类癌症细胞系的 IC$_{50}$ 值为 2~100 nmol/L[75]。

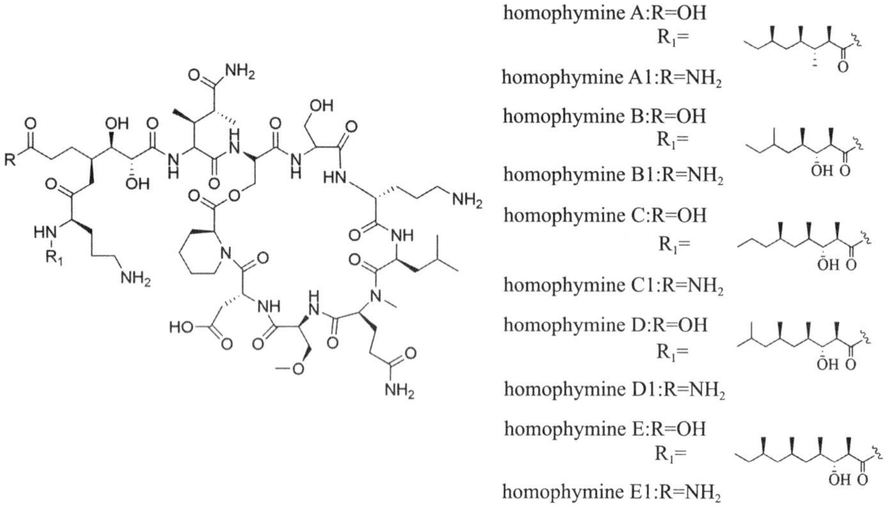

homophymine A:R=OH R₁=
homophymine A1:R=NH₂
homophymine B:R=OH R₁=
homophymine B1:R=NH₂
homophymine C:R=OH R₁=
homophymine C1:R=NH₂
homophymine D:R=OH R₁=
homophymine D1:R=NH₂
homophymine E:R=OH R₁=
homophymine E1:R=NH₂

papuamides A-D 是从巴布亚新几内亚采集的海绵 *Theonella mirabilis* 和 *T. swinhoei* 中分离得到的 HIV-1 抑制剂。在 710 nmol/L 浓度下，papuamides A 和 B 显示 80% 的 HIV

病毒进入抑制活性；而在大约 40 倍和 20 倍的浓度下，papuamides C 和 D 分别显示 30% 和 55% 的进入抑制活性[76]。

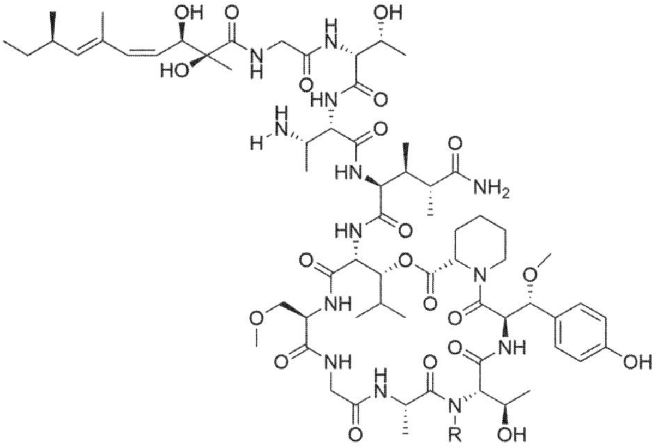

papuamide A:R=CH₃

papuamide B:R=H

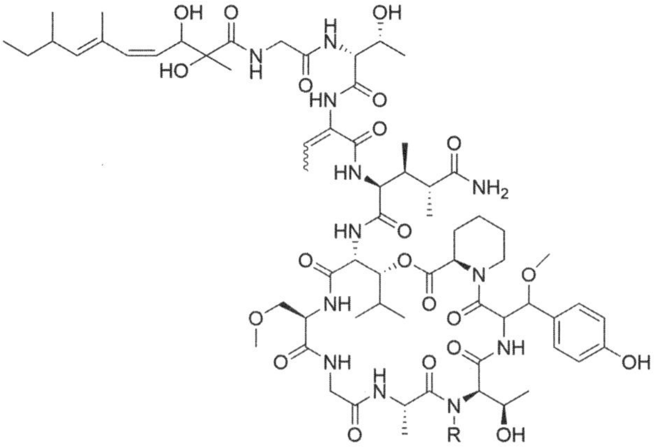

papuamide C:R=CH₃

papuamide D:R=H

五、抗疟疾和寄生虫作用

dragonamides A-E、dragomabin 和 carmabins A-B 是从鞘丝藻 *Lyngbya majuscula* 和 *L. polychroa* 中分离得到的。其中，dragomabin、carmabin A 和 dragonamide A 表现出良好的抗疟活性，IC_{50} 值分别为 6.0、4.3 和 7.7 $\mu mol/L$[77-78]。

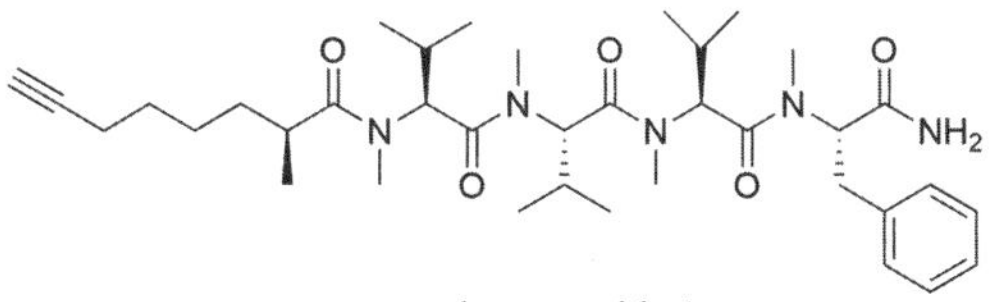

dragonamide A

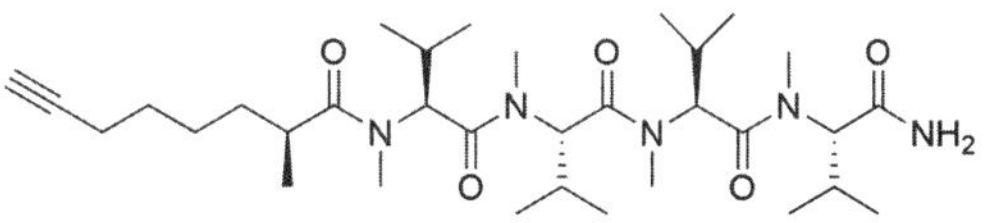

dragonamide B

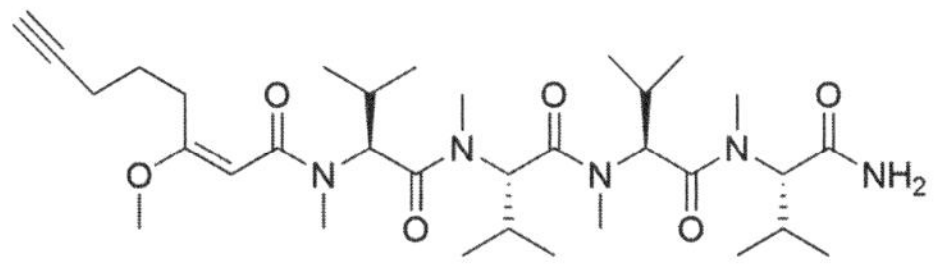

dragonamide C

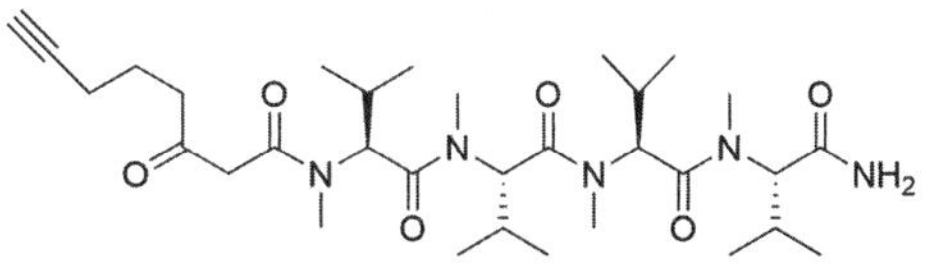

dragonamide D

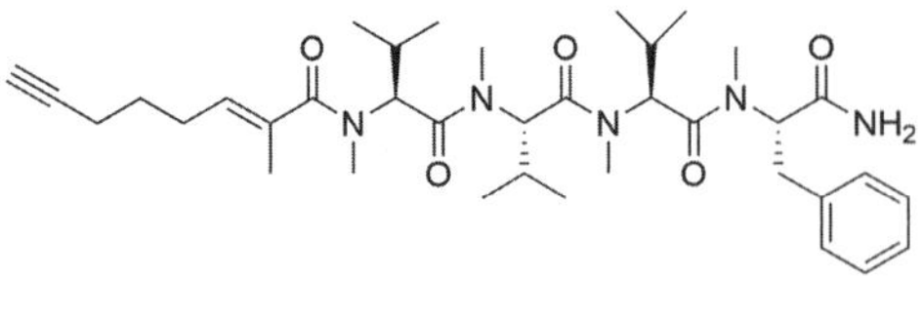

dragonamide E

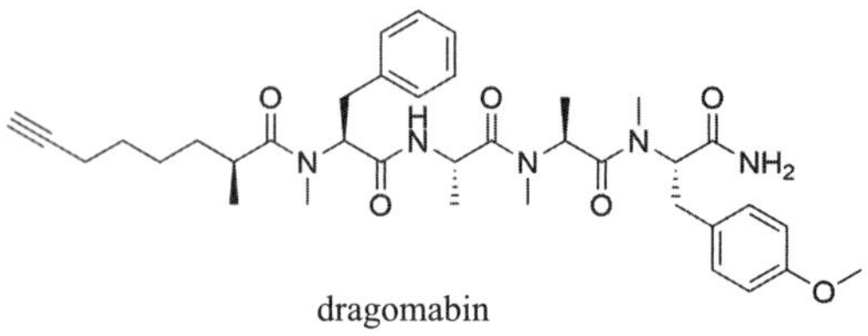

dragomabin

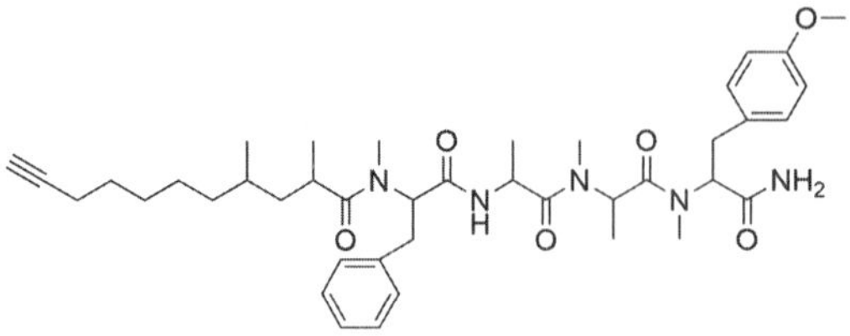

carmabin A

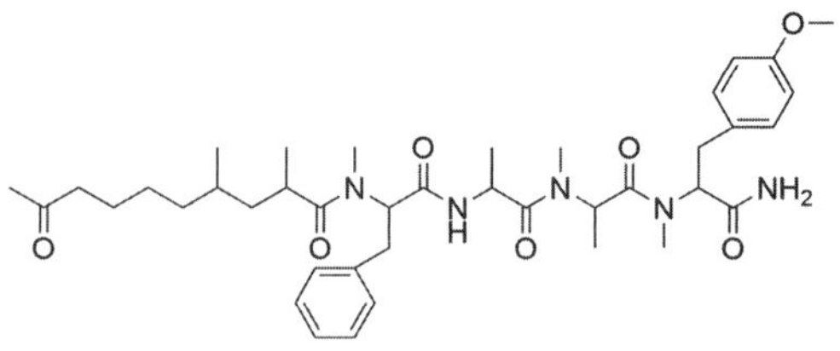

carmabin B

dudawalamides A-E 是从鞘丝蓝藻 *Lyngbya* sp. 中分离得到的环状脂肽。dudawalamides A、B、D 和 E 对恶性疟原虫的 IC_{50} 值分别为 2.7、7.6、3.7 和 7.7 μmol/L，对利什曼原虫的 IC_{50} 值分别为 25.9、14.7、2.6 和 2.6 μmol/L。dudawalamide E 对克氏锥虫的 IC_{50} 值为 7.3 μmol/L[3,79]。

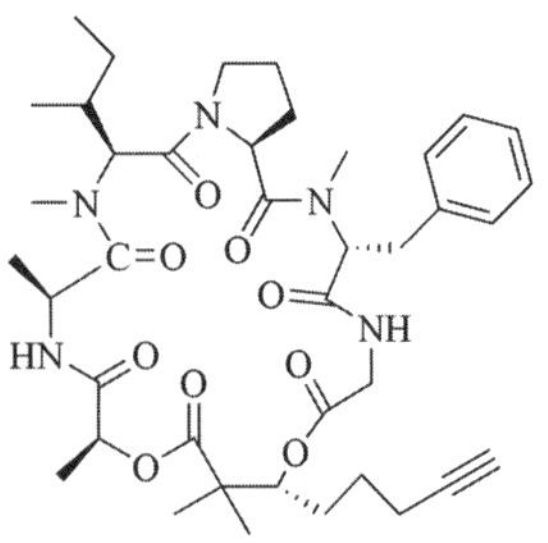

dudawalamide A

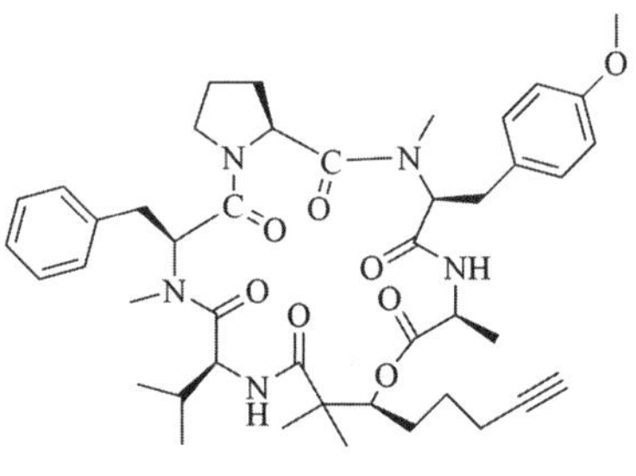

dudawalamide B

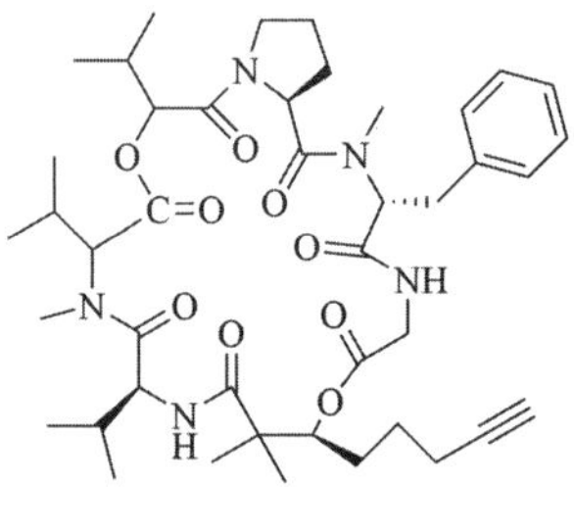

dudawalamide C

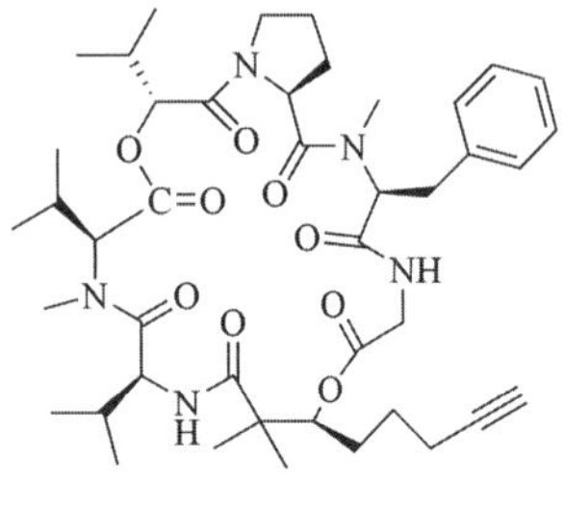

dudawalamide D

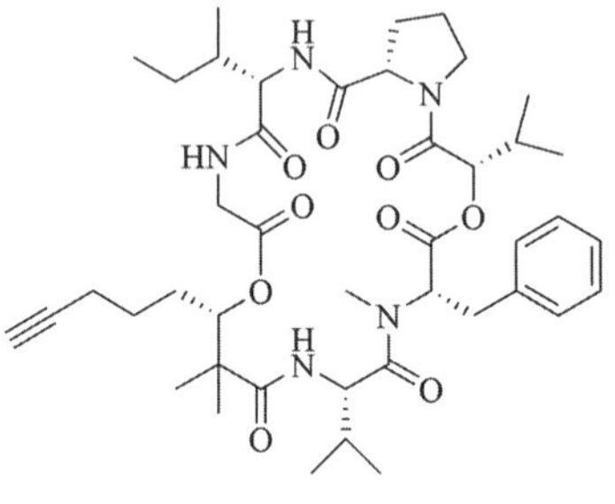

dudawalamide E

symplostatin 4 是从蓝细菌 *Symploca* sp. 中分离得到的线性肽，对恶性疟原虫的 IC_{50} 值为 36~100 nmol/L。symplostatin 4 可在疟原虫感染的红细胞中引起食泡表型，抑制病原体的复制，其 IC_{50} 值为 0.7 μmol/L[80]。

gallinamide A 是从蓝细菌 *Schismzothrix* sp. 中分离出的抗疟肽，对恶性疟原虫 W2 氯喹耐药株表现出抗疟活性，IC_{50} 值为 8.4 μmol/L[81]。venturamides A 和 B 是从海洋蓝藻 *Oscillatoria raoi* 中分离出的环六肽，对恶性疟原虫 W2 氯喹耐药株表现出抗疟活性，IC_{50} 值分别为 8.2 和 5.6 μmol/L[82]。

symplostatin 4

gallinamide A

venturamide A

venturamide B

◎ 思考题

1. 肽类化合物的主要来源途径有哪些？如何克服来源途径对肽类化合物开发的影响？

2. 影响肽类新药研发中主要因素有哪些？

◎ 进一步文献阅读

1. Cheung R C F, Ng T B, Wong J H. 2015. Marine peptides: bioactivities and applications[J]. Marine Drugs, 13(7): 4006-43.

2. Gogineni V, Hamann M T. 2018. Marine natural product peptides with therapeutic potential: chemistry, biosynthesis, and pharmacology[J]. BBA - General Subjects, 1862: 81-196.

3. Jin Q, Yu H, Li P. 2018. The evaluation and utilization of marine-derived bioactive compounds with anti-obesity effect[J]. Current Medicinal Chemistry, 25(7): 861-878.

4. Kang H K, Choi M C, Seo C H, et al. 2018. Therapeutic properties and biological benefits of marine-derived anticancer peptides[J]. International Journal of Molecular Sciences, 19(3): 919.

5. Wang X, Yu H, Xing R, et al. 2017. Characterization, preparation, and purification of marine bioactive peptides[J]. Biomed Research International, 2017: 9746720.

6. Youssef F S, Ashour M L, Singab A N B, et al. 2019. A comprehensive review of bioactive peptides from marine Fungi and their biological significance[J]. Marine Drugs, 17(10): 559.

7. 王成，张国建，刘文典，等. 2019. 海洋药物研究开发进展 [J]. 中国海洋药物，38(6): 35-69.

◎ 参考文献

[1] 王长云，邵长论. 2015. 海洋药物学 [M]. 北京：科学出版社.

[2] 王成，张国建，刘文典，等. 2019. 海洋药物研究开发进展 [J]. 中国海洋药物，38(6): 35-69.

[3] Gogineni V, Hamann M T. 2018. Marine natural product peptides with therapeutic potential: chemistry, biosynthesis, and pharmacology[J]. BBA - General Subjects, 1862: 81-196.

[4]   Raphael J H, Duarte R V, Southall J L, et al. 2013. Randomised, double-blind controlled trial by dose reduction of implanted intrathecal morphine delivery in chronic non-cancer pain[J]. BMJ Open, 23(3): 312-314.

[5]   Webster L R. 2015. The relationship between the mechanisms of action and safety profiles of Intrathecal morphine and ziconotide: a review of the literature[J]. Pain Medcine, 16(12): 1265-1277.

[6]   Deer T R, Pope J E, Hayek S M, et al. 2017. The poyanagesic consensus conference (PACC): recommendations on intrathecal drug infusion systems best practices and guidelines[J]. Neuromodulation, 20(2): 96-132.

[7]   Tourneau C L, Faivre S, Ciruelos E, et al. 2009. Reports of clinical benefit of plitidepsin (aplidine), a new marine-derived anticancer agent, in patients with advanced medullary thyroid carcinoma[J]. Journal of Clinical Oncology, 33(2): 132-136.

[8]   Barboza N M, Medina D J, Budak-Alpdogan T, et al. 2012. Plitidepsin (Aplidin) is a potent inhibitor of diffuse large cell and Burkitt lymphoma and is synergistic with rituximab[J]. Cancer Biology & Therapy, 13(2):114-122.

[9]   Van A L, Rosing H, Tibben M M, et al. 2018. Metabolite profiling of the novel anti-cancer agent, plitidepsin, in urine and faeces in cancer patients after administration of 14C-plitidepsin[J]. Cancer Chemotherapy and Pharmacology, 82(3): 441-455.

[10] 罗永康 . 2019. 生物活性肽功能与制备 [M]. 北京 : 中国轻工业出版社 .

[11] 汪少芸 . 2019. 功能肽的加工技术与活性评价 [M]. 北京 : 科学出版社 .

[12] Zheng L H, Wang Y J, Sheng J, et al. 2011. Antitumor peptides from marine organisms[J]. Marine Drugs, 9: 1840-1859.

[13] Crews P, Manes L V, Boehler M.1986. Jasplakinolide, a cyclodepsipeptide from the marine sponge, *Jaspis* sp.[J]. Tetrahedron Letters, 27(25): 2797-2800.

[14] Bewley C A, Debitus C, Faulkner D J. 1994. Microsclerodermins A and B: antifungal cyclic peptides from the Lithistid sponge *Microscleroderma* sp.[J]. Journal of the American Chemical Society, 116: 7631-7636.

[15] Schmidt E W, Faulkner D J. 1998. Microsclerodermins C-E, antifungal cyclic peptides from the Lithistid marine sponges *Theonella* sp. and *Microscleroderma* sp.[J]. Tetrahedron, 54: 3043-3056.

[16] Pettit G R, Gao F, Cerny R L, et al. 1994. Antineoplastic agents. 278. Isolation and structure of axinastatins 2 and 3 from a Western Caroline Island marine sponge[J]. Journal of Medicinal Chemistry, 37: 1165-1168.

[17] Konat R K, MathäB, Winkler J, et al. 1995. Axinastatin 1 or malaysiatin? Proof of constitution and 3D structure in solution of a cyclic heptapeptide with cytostatic properties[J]. Eur J Org Chem, 1995: 765-774.

[18] Kong F, Burgoyne D L, Andersen J, et al. 1992. Pseudoaxinellin, a cyclic heptapeptide isolated from the Papua New Guinea sponge *Pseudoaxinella massa*[J]. Tetrahedron Letters, 33: 3269-3272.

[19] Tabudravu J, Morris L A, Kettenes-van den Bosch J J, et al. 2001. Wainunuamide, a histidine-containing proline-rich cyclic heptapeptide isolated from the Fijian marine sponge *Stylotella aurantium*[J].

Tetrahedron Letters, 42: 9273-9276.

[20] Hambley T W, Hawkins C J, Lavin M F, et al. 1992. Cycloxazoline: a cytotoxic cyclic hexapeptide from the ascidian *Lissoclinum bistratum*[J]. Tetrahedron, 48: 341-348.

[21] Fernández R, Martín M J, Rodríguez-Acebes R, et al. 2008. Diazonamides C-E, new cytotoxic metabolites from the ascidian *Diazona* sp.[J]. Tetrahedron Letters, 49: 2283-2285.

[22] Edler M C, Fernandez A M, Lassota P, et al. 2002. Inhibition of tubulin polymerization by vitilevuamide, a bicyclic marine peptide, at a site distinct from colchicine, the vinca alkaloids, and dolastatin 10[J]. Biochemistry and Pharmacology, 63: 707-715.

[23] Perez L J, Faulkner D J. 2003. Bistratamides E-J, modified cyclic hexapeptides from the Philippines ascidian *Lissoclinum bistratum*[J]. Journal of Natural Products, 66: 247-250.

[24] Tan L T, Williamson R T, Gerwick W H, et al. 2000. *cis, cis*-and *trans, trans*-Ceratospongamide, new bioactive cyclic heptapeptides from the Indonesian red alga *Ceratodictyon spongiosum* and symbiotic sponge *Sigmadocia symbiotica*[J]. Journal of Organic Chemistry, 65: 419-425.

[25] 查慧艳, 姚祝军. 2006. 抗癌活性天然产物 Cryptophycins 的研究进展 [J]. 有机化学, 26(1): 27-42.

[26] Luesch H, Yoshida W Y, Moore R E, et al. 2000. Isolation, structure determination, and biological activity of Lyngbyabellin A from the marine cyanobacterium *Lyngbya majuscula*[J]. Journal of Natural Products, 63(5): 611-615.

[27] Luesch H, Yoshida W Y, Moore R E, et al. 2000. Isolation and structure of the cytotoxin lyngbyabellin B and absolute configuration of lyngbyapeptin A from the marine cyanobacterium *Lyngbya majuscula*[J]. Journal of Natural Products, 63(10): 1437-1439.

[28] Matsunaga S, Fusetani N, Konosu S. 1985. Bioactive marine metabolites VII: structures of discodermins B, C, and D, antimicrobial peptides from the marine sponge *Discodermia kiiensis*[J]. Tetrahedron Letters, 26: 855-856.

[29] Matsunaga S, Fusetani N, Konosu S. 1984. Bioactive marine metabolites VI:structure elucidation of discodermin A, an antimicrobial peptide from the marine sponge *Discodermia kiiensis*[J]. Tetrahedron Letters, 25: 5165-5168.

[30] Ryu G, Matsunaga S, Fusetani N. 1994. Discodermin E, a cytotoxic and antimicrobial tetradecapeptide, from the marine sponge *Discodermia kiiensis*[J]. Tetrahedron Letters, 35: 8251-8254.

[31] Ryu G, Matsunaga S, Fusetani N. 1994. Discodermins F-H, cytotoxic and antimicrobial tetradecapeptides from the marine sponge *Discodermia kiiensis*: structure revision of discodermins A-D[J]. Tetrahedron, 50: 13409-13416.

[32] Ishida K, Murakami M. 2000. Kasumigamide, an antialgal peptide from the cyanobacterium *Microcystis aeruginosa*[J]. Journal of Organic Chemistry, 65: 5898-5900.

[33] Nakashima Y, Egami Y, Kimura M, et al. 2016. Metagenomic analysis of the sponge *Discodermia* reveals the production of the cyanobacterial natural product kasumigamide by 'Entotheonella' [J]. PLoS One, 11: e0164468.

[34] Klein D, Braekman J C, Daloze D. 1999. Lyngbyapeptin A, a modified tetrapeptide from *Lyngbya bouillonii* (*Cyanophyceae*) [J]. Tetrahedron Letters, 40: 695-696.

[35] Matthew S, Salvador L A, Schupp P J, et al. 2010. Cytotoxic halogenated macrolides and modified peptides from the apratoxin-producing marine cyanobacterium *Lyngbya bouillonii* from Guam[J]. Journal of Natural Products, 73: 1544-1552.

[36] Chevallier C, Richardson A D, Edler M C, et al. 2003. A new cytotoxic and tubulin-interactive milnamide derivative from a marine sponge *Cymbastela* sp.[J]. Organic Letters, 5: 3737-3739.

[37] Sonnenschein R N, Farias J J, Tenney K, et al. 2004. A further study of the cytotoxic constituents of a milnamide-producing sponge[J]. Organic Letters, 6: 779-782.

[38] Tran T D, Pham N B, Fechner G A, et al. 2014. Potent cytotoxic peptides from the Australian marine sponge *Pipestela candelabra*[J]. Marine Drugs, 12: 3399-3415.

[39] Liu C, Masuno M N, MacMillan J B, et al. 2004. Enantioselective total synthesis of (+)-milnamide A and evidence of its autoxidation to (+)-milnamide D[J]. Angew Chem Int Ed, 43: 5951–5954.

[40] Zampella A, Randazzo A, Borbone N, et al. 2002. Isolation of callipeltins A–C and of two new open-chain derivatives of callipeltin A from the marine sponge *Latrunculia* sp. A revision of the stereostructure of callipeltins[J]. Tetrahedron Letters, 43: 6163-6166.

[41] Kikuchi M, Nosaka K, Akaji K, et al. 2011. Solid phase total synthesis of callipeltin E isolated from marine sponge *Latrunculia* sp.[J]. Tetrahedron Letters, 52: 3872-3875.

[42] Sepe V, D'Orsi R, Borbone N, et al. 2006. Callipeltins F–I: new antifungal peptides from the marine sponge *Latrunculia* sp.[J]. Tetrahedron, 62: 833-840.

[43] Sone H, Kondo T, Kiryu M, et al. 1995. Dolabellin, a cytotoxic bisthiazole metabolite from the sea hare *Dolabella auricularia*: structural determination and synthesis[J]. Journal of Organic Chemistry, 60: 4774-4781.

[44] Sila A, Bougatef A. 2016. Antioxidant peptides from marine by-products: isolation, identification and application in food systems. A review[J]. Journal of Functional Foods, 21: 10-26.

[45] Rinehart K L Jr, Gloer J B, Hughes R G Jr, et al. 1981. Didemnins: antiviral and antitumor depsipeptides from a caribbean tunicate[J]. Science, 212(4497): 933-935.

[46] Supko J G, Lynch T J, Clark J W, et al. 2000. A phase 1 clinical and pharmacokinetic study of the dolastatin ana logue cemadotin administered as a 5-day continuous intravenous infusion[J]. Cancer Chemotherapy and Pharmacology, 46(4): 319-328.

[47] Aherne G W, Hardcastle A, Valenti M, et al. 1996. Antitumour evaluation of dolastatins 10 and 15 and their measurement in plasma by radioimmunoassay[J]. Cancer Chemotherapy and Pharmacology, 38(3): 225-232.

[48] Ray A, Okouneva T, Manna T, et al. 2007. Mechanism of action of the microtubule-targeted antimitotic depsipeptide tasidotin (formerly ILX651) and its major metabolite tasidotin C-carboxylate[J]. Cancer Research, 67(8): 3767-3776.

[49] Rawat D S, Joshi M C, Joshi P, et al. 2006. Marine peptides and related compounds in clinical trial[J]. Anti-Cancer Agents in Medicinal Chemistry, 6(1): 33-40.

[50] Faircloth G, Cuevas C. 2006. Kahalalide F and ES285: potent anticancer agents from marine molluscs[J]. Progress in Molecular and Subcellular Biology, 43: 363-379.

[51] Hamann M T, Otto C S, Scheuer P J, et al. 1996. Kahalalides: Bioactive peptides from a marine mollusk Elysia rufescens and its algal diet Bryopsis sp.[J]. Journal of Organic Chemistry, 61(19): 6594-6600.

[52] Gamble W R, Durso N A, Fuller R W, et al. 1999. Cytotoxic and tubulin-interactive hemiasterlins from *Auletta* sp. and *Siphonochalina* spp. sponges[J]. Bioorganic and Medicinal Chemistry, 7(8): 1611-1615.

[53] Kuznetsov G, TenDyke K, Towle M J, et al. 2009. Tubulin-based antimitotic mechanism of E7974, a novel analogue of the marine sponge natural product hemiasterlin[J]. Molecular Cancer Therapeutics, 8(10): 2852-2860.

[54] Ravi M, Zask A, Rush T S. 2005.Structure-based identification of the binding site for the hemiasterlin analogue HTI-286 on tubulin[J]. Biochemistry, 44(48): 15871-15879.

[55] Loganzo F, Discafani C M, Annable T, et al. 2003. HTI-286, a synthetic analogue of the tripeptide hemiasterlin, is a potent antimicrotubule agent that circumvents P-glycoprotein-mediated resistance in vitro and in vivo[J]. Cancer Research, 63(8): 1838-1845.

[56] Pereira R B, Evdokimov N M, Lefranc F, et al. 2019. Marine-derived anticancer agents: clinical benefits, innovative mechanisms, and new targets[J]. Mar Drugs, 17(6): 329.

[57] Ma M, Ding Z, Wang S, et al. 2019. Polymorphs, co-crystal structure and pharmacodynamics study of MBRI-00l, a deuterium-substituted plinabulin derivative as a tubulin polymerization inhibitor[J]. Bioorganic & Medicinal Chemistry, 27: 1836-1844.

[58] Cimino P J, Huang L, Du L, et al. 2019. Plinabulin, an inhibitor of tubulin polymerization, targets KRAS signaling through disruption of endosomal recycling[J]. Biomedical Reports, 10(4): 218-224.

[59] Mir R, Karim S, Kamal M A, et al. 2016. Conotoxins: Structure, therapeutic potential and pharmacological applications[J]. Current Pharmaceutical Design, 22(5): 582-589.

[60] Halai R, Craik D. J. 2009. Conotoxins: natural product drug leads. Natural Product Reports, 26(4): 526-536.

[61] Wie C S, Derian A. 2020. Ziconotide [M]//Stat Pearls Internet. Treasure Island (FL): StatPearls Publishing.

[62] Lin Z, Reilly C A, Antemano R. 2011. Nobilamides A-H, longacting transient receptor potential vanilloid-1 (TRPV1) antagonists from mollusk associated bacteria[J]. Journal of Medicinal Chemistry, 54: 3746-3755.

[63] Plaza A, Bifulco G, Keffer J L, et al. 2009. Celebesides A-C and theopapuamides B-D, depsipeptides from an Indonesian sponge that inhibit HIV-1 entry[J]. Journal of Organic Chemistry, 74: 504-512.

[64] Davis R A, Mangalindan G C, Bojo Z P, et al. 2004. Microcionamides A and B, bioactive peptides from the Philippine sponge *Clathria* (*Thalysias*) *abietina*[J]. Journal of Organic Chemistry, 69: 4170-4176.

[65] Hill R A. 2005. Marine natural products. Annual Reports on the Progress of Chemistry[J]. Section B: Organic Chemistry, 101: 124-136.

[66] Kobayashi J I, Tsuda M, Nakamura T, et al. 1993. Hymenamides A and B, new proline-rich cyclic heptapeptides from the Okinawan marine sponge *Hymeniacidon* sp.[J]. Tetrahedron, 49: 2391-2402.

[67] Bewley C A, Debitus C, Faulkner, D J. et al. 2002. Microsclerodermins A and B, antifungal cyclic peptides from the Lithistid sponge *Microscleroderma* sp.[J]. Journal of the American Chemical Society,

116: 7631-7636.

[68] Schmidt E W, Faulkner D J. 1998. Microsclerodermins C-E, antifungal cyclic peptides from the Lithistid marine sponges *Theonella* sp. and *Microscleroderma* sp.[J]. Tetrahedron, 54: 3043-3056.

[69] Youssef D T A, Shaala L A, Mohamed G A, et al. 2014. Theonellamide G, a potent antifungal and cytotoxic bicyclic glycopeptide from the Red Sea marine sponge *Theonella swinhoei*[J]. Marine Drugs, 12: 1911-1923.

[70] MacMillan J B, Ernst-Russell M A, de Ropp J S, et al. 2002. Lobocyclamides A-C, lipopeptides from a cryptic cyanobacterial mat containing *Lyngbya confervoides*[J]. Journal of Organic Chemistry, 67: 8210-8215.

[71] Gogineni V, Schinazi R F, Hamann M T. 2015. Role of marine natural products in the genesis of antiviral agents[J]. Chemical Reviews, 115: 9655-9706.

[72] Plaza A, Gustchina E, Baker H L, et al. 2007. Mirabamides A-D, depsipeptides from the sponge *Siliquariaspongia mirabilis* that inhibit HIV-1 fusion[J]. Journal of Natural Products, 70: 1753-1760.

[73] Lu Z, Van Wagoner R M, Harper M K, et al. 2011. Mirabamides E-H, HIV-inhibitory depsipeptides from the sponge *Stelletta clavosa*[J]. Journal of Natural Products, 74: 185-193.

[74] Plaza A, Bifulco G, Keffer J L, et al. 2009. Celebesides A-C and theopapuamides B-D, depsipeptides from an Indonesian sponge that inhibit HIV-1 entry[J]. Journal of Organic Chemistry, 74: 504-512.

[75] Zampella A, Sepe V, Bellotta F, et al. 2009. Homophymines B–E and A1–E1, a family of bioactive cyclodepsipeptides from the sponge *Homophymia* sp.[J]. Organic & Biomolecular Chemistry, 7: 4037-4044.

[76] Andjelic C D, Planelles V, Barrows L R. 2008. Characterizing the anti-HIV activity of papuamide A[J]. Marine Drugs, 6: 528-549.

[77] Hooper G J, Orjala J, Schatzman R C, et al. 1998. Carmabins A and B, new lipopeptides from the Caribbean cyanobacterium *Lyngbya majuscule*[J]. Journal of Natural Products, 61: 529-533.

[78] Liu L, Rein K S. 2010. New peptides isolated from *Lyngbya* species: a review[J]. Marine Drugs, 8: 1817-1837.

[79] Malloy K L. 2011. Structure elucidation of biomedically relevant marine cyanobacterial natural products[EB/OL]. (2016-07-15)[2021-10-15]. https://escholarship.org/uc/item/2v22c1c5.

[80] Stolze S C, Deu E, Kaschani F, et al. 2012. The antimalarial natural product symplostatin 4 is a nanomolar inhibitor of the food vacuole falcipains[J]. Chemistry & Biology, 19: 1546-1555.

[81] Linington R G, Clark B R, Trimble E E, et al. 2009. Antimalarial peptides from marine cyanobacteria: isolation and structural elucidation of gallinamide A[J]. Journal of Natural Products, 72: 14-17.

[82] Linington R G, González J, Ureña L D, et al. 2007. Venturamides A and B: antimalarial constituents of the Panamanian marine cyanobacterium *Oscillatoria* sp.[J]. Journal of Natural Products, 70: 397-401.

第八章

萜类化合物

视频讲解与
教学课件

◎ 学习目标

1. 掌握萜类化合物的结构特征及分类。

2. 掌握萜类化合物的结构类型及其代表性化合物。

3. 掌握萜类化合物常用提取分离方法。

4. 熟悉萜类化合物的生源途径、分布以及生物活性。

5. 了解萜类化合物的结构鉴定以及在海洋药品开发中的应用。

萜类化合物 (terpenoid) 是所有异戊二烯聚合物及其衍生物的总称，在自然界中分布广泛，种类繁多，是天然物质中最多的一类。萜类成分一直是较为活跃的研究领域，海洋生物中同样广泛分布着各类萜类化合物，是海洋药物生物活性成分的主要来源。

第一节 概　述

萜类化合物是所有异戊二烯聚合物及其衍生物的总称。萜类化合物中的烃类常单独称为萜烯。萜类化合物除以萜烯的形式存在外，还以各种含氧衍生物的形式存在，包括醇、醛、羧酸、酮、酯类以及苷等。萜类化合物在自然界中分布广泛，种类繁多，估计有 1 万种以上，是天然物质中最多的一类。

一、萜类的含义和分类

萜类化合物（terpenoid）是天然产物中数量最多的一类化合物，其分布广泛，骨架复杂多样，具有多种多样的生物活性，一直以来是天然药物活性成分的重要来源，在海洋生物中同样分布广泛。

从化学结构来看，萜类化合物是分子骨架以异戊二烯（C_5 单元）为基本结构单元的化合物。从生源来看，甲戊二羟酸（mevalonic acid，MVA）是其生物合成的前体物。因此，萜类化合物是由甲戊二羟酸衍生，且分子结构符合（C_5H_8）$_n$ 通式的化合物及其衍生物。

萜类化合物通常根据分子骨架中异戊二烯单元数进行分类，分为半萜、单帖、倍半萜、二萜、三萜、多聚萜等（表8-1）。自然界中的萜类化合物多数是其含氧衍生物，所以萜类化合物又可以分成萜醇、萜醛、萜酮、萜羧酸以及萜酯等。

表 8-1 萜类化合物的分类和来源

分类	碳原子数	异戊二烯单元数（n）	来源
半萜（hemiterpeniod）	5	1	植物叶
单萜（monoterpenoid）	10	2	红藻、海兔
倍半萜（sesquiterpeniod）	15	3	海绵、红藻、木果楝
二萜（diterpenoid）	20	4	海绵、珊瑚、红藻、褐藻
二倍半萜（sesterterpeniod）	25	5	海绵、微生物代谢产物
三萜（triterpeniod）	30	6	海绵、红藻
四萜（tetraterpeniod）	40	8	虾青素、虾红素
多聚萜（polyterpeniod）	$7.5 \times 10^3 \sim 3 \times 10^5$	> 8	橡胶、硬橡胶

萜类化合物在自然界中分布广泛，蕨类、苔藓类、裸子植物、被子植物等中均有广泛存在，其中在种子植物的被子植物中最为丰富。在海洋动植物的珊瑚、海藻、海绵等中同样发现大量萜类化合物。[1-2]

单萜和倍半萜多具有芳香气味，呈油状，常温下可以挥发，称为挥发油（volatile oil），又称精油（essential oil），在香料和医药工业中应用广泛。海兔中分离得到卤代单萜类化合物和倍半萜类化合物；二萜类化合物在珊瑚中大量被发现，其结构新颖，复杂多变，与陆地生物中发现的二萜类化合物有巨大的区别；海绵中分离的三萜类化合物以异臭椿三萜为代表，其化合物具有强烈的抗肿瘤活性；四萜类化合物多为脂溶性色素，如虾青素或虾红素，广泛分布于红树植物以及甲壳类动物中，其中以胡萝卜素和虾青素最为常见；多萜类化合物主要是橡胶和硬橡胶。

本章主要介绍来源于海洋生物的单萜、倍半萜、二萜、三萜类化合物。四萜及多聚萜类化合物本章不再赘述。

二、萜类化合物的生源学说

由于萜类化合物的分子骨架是由数量不等的异戊二烯单元（C_5单元）构成的，表明它们具有共同的生源途径。对萜类化合物的生源途径的认识，随着化学和生物技术的发展，经历了经验的异戊二烯法则到生源的异戊二烯法则的一个进程。

（一）经验的异戊二烯法则（empirical isoprene rule）

在早期萜类化学的研究过程中，曾经一度认为异戊二烯是萜类化合物在植物体内形成的前体物质，其理由如下：

（1）大多数萜类化合物的基本碳架结构是由异戊二烯单位以头-尾顺序相连而成的。

（2）将橡胶进行焦化反应，或将松节油的蒸气经氮气稀释后，在低压下通过红热的铂丝网时，均能获得产率很高的异戊二烯。

（3）1875年，Bouchardat 曾将异戊二烯加热至 280 ℃，发现两分子异戊二烯由 Diels-Alder 反应聚合而成二戊烯。二戊烯是柠檬烯的外消旋体，是典型的萜类化合物，广泛存在于自然界中。

基于以上事实，Wallach 于 1887 年提出"异戊二烯法则"，认为自然界中存在的萜类化合物均是由异戊二烯衍生而来，是异戊二烯的聚合体或者衍生物，并以分子骨架是否符合异戊二烯法则作为判断是否是萜类化合物的一个重要原则。其合成途径如图 8-1 所示。

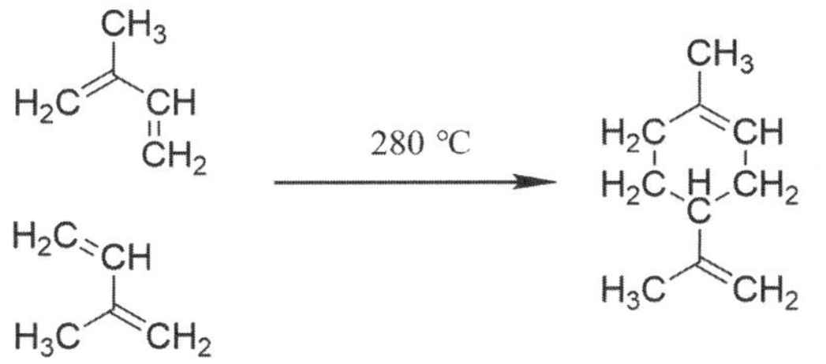

二戊烯（dipentene）

图 8-1　经验的异戊二烯法则合成途径

但是，后来研究发现，许多萜类化合物的分子骨架无法用异戊二烯的基本单元来划分，而且以当时的条件，在植物的代谢过程中也没有找到异戊二烯的存在，所以，Lavoslav Ružička 称上述法则为"经验的异戊二烯法则"，并提出所有的萜类化合物的前体物是"活的异戊二烯"的假设，由此提出了生源的异戊二烯法则。

（二）生源的异戊二烯法则

Ružička 提出假设，首先由 Lynen 证明焦磷酸异戊烯酯（Δ^3-isopentenylpyrophosphate，IPP）的存在而得到初步验证，随后 Folkers 又于 1956 年证明 3R- 甲戊二羟酸（3R-mevalonic acid，MVA）是 IPP 的关键前体物，由此证实了萜类化合物由甲戊二羟酸衍生，这就是"生源的异戊二烯法则"。

在萜类化合物的生物合成中，首先由乙酰辅酶 A（acetyl CoA）与乙酰乙酰辅酶 A（acetoacetyl CoA）合成 3- 羟基 -3- 甲基戊二酸单酰辅酶 A（3-hydrooxy-3-methylglutaryl CoA，HMG CoA），后者还原生成甲戊二羟酸（MVA）。MVA 经数步反应生成焦磷酸异戊二烯酯（Δ^3-isopentenylpyrophosphate，IPP），IPP 经硫氢酶（sulphydrylenzyme）及焦磷酸异戊酯异构酶（IPP isomerase）转化为焦磷酸 γ，γ- 二甲基丙烯酯（γ, γ-dimethyallyl pyrophosphate，DMAPP）。IPP 和 DMAPP 两者均可转化为半萜，并在酶的作用下，头尾相接缩合成焦磷酸香叶酯（geranyl pyrophosphate，GPP），衍生为单萜化合物，或继续与 IPP 分子缩合衍生为其他萜类物质，其生物合成途径如图 8-2、图 8-3 所示。因此，甲戊二羟酸是萜类化合物生物合成的关键前体，IPP 以及 DMAPP 则是生物体内的"活性异戊二烯"，在生物合成中起着延长碳链的作用。

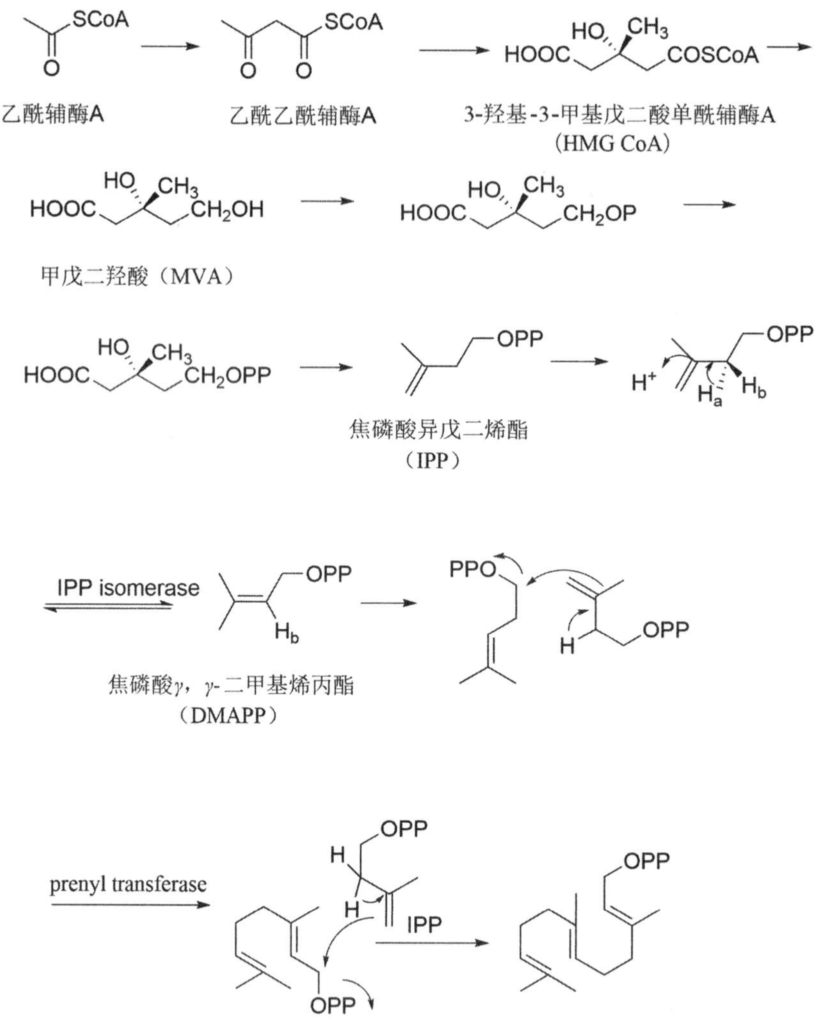

图 8-2 异戊烯链的生物合成途径

　　天然的异戊二烯属于半萜类（hemiterpenoid），是生物合成萜类的中间代谢产物，半萜的焦磷酸异戊烯酯（IPP）和焦磷酸 γ，γ-二甲基丙烯酯（DMAPP）是萜类化合物的关键前体，往往进一步合成为各种萜类，或以支链形式结合在非萜类化合物结构的母核上，形成异戊二烯支链。有些萜类化合物的分子骨架不符合异戊二烯法则或者其分子骨架的碳原子数不是 5 的倍数，则是因为其在生物合成过程中发生重排或者产生脱羧等降解反应。

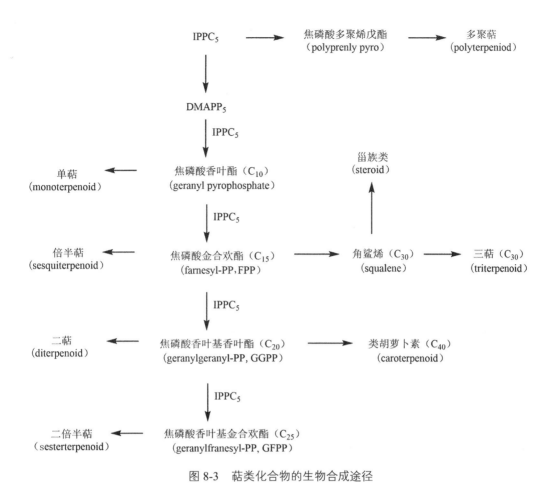

图 8-3 萜类化合物的生物合成途径

第二节 萜类化合物的结构与分类

一、单萜

单萜（monoterpenoid）是指分子骨架由两个异戊二烯单位构成，含 10 个碳原子的化合物。海洋单萜类化合物富含卤素，有些化合物是迄今为止发现的含卤素比例最高的天然产物。其中，海洋单萜主要来源于海兔和红藻，因海兔以藻类为食物，也有研究者认为海兔中某些单萜类化合物其实源自红藻。

（一）链状单萜

链状单萜一般是指具有两个异戊二烯单元首尾连接而成的碳骨架结构，分子内部多数含有碳碳双键或手性碳原子，因此，它们大多存在几何异构体或对映异构体。而海洋天然产物中的链状单萜一般含有卤素基团。

从海兔中分离得到了一系列的多卤代链状单萜化合物。卤代单萜在海藻（红藻）中大量存在，而海兔以海藻为食，因此认为海兔中这类化合物的最初来源是其食用的海藻。

从海兔 *Aplysia kurodai* 中分离获得了卤代单萜 kurodainol。[3]

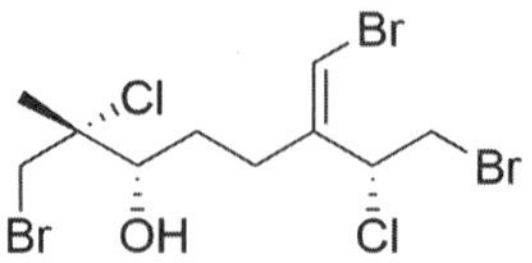

kurodainol

（二）环状单萜

海洋来源的环状单萜类化合物多为卤代单环单萜，基本碳骨架是两个异戊二烯之间形成一个 6 元环状结构。

从海兔 *Aplysia kurodai* 的消化腺中分离获得了多卤代单环单萜化合物 aplysiaterpennoid A 和环氧的卤代单环单萜化合物 aplysiapyranoids A-D。[4]其中 aplysiapyranoids C 和 D 显示了细胞毒性。尽管 aplysiapyranoids A 和 B 是最先从海兔中分离得到的，但是随后的研究显示，aplysiapyranoid A 是红藻 *plocamium hamatum* 的主要代谢产物。

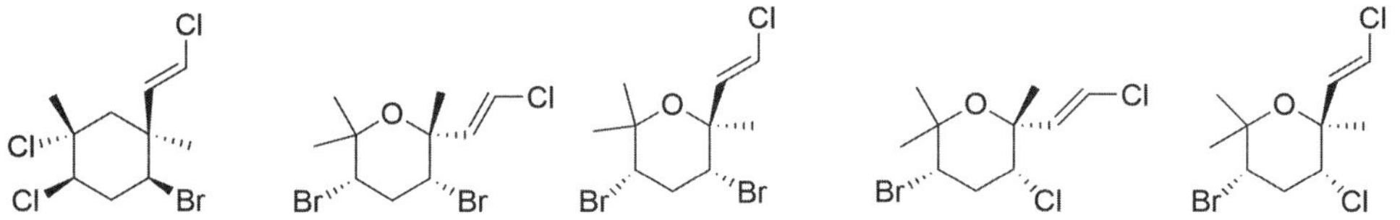

| aplysiaterpenniod A | aplysiapyranoid A | aplysiapyranoid B | aplysiapyranoid C | aplysiapyranoid D |

二、倍半萜

倍半萜（sesquiterpenoid）是指分子骨架由 3 个异戊二烯单元构成，含有 15 个碳原子的化合物类群。生源上是来自焦磷酸金合欢酯（farnesylpyrophosphate，FPP）。

（一）呋喃倍半萜

呋喃倍半萜化合物的结构特点是分子长链的末端是一个呋喃环，变化在于呋喃环的 C-13 甲基可以被氧化成羧酸或羧酸酯，长链的 C-5 /C-6，C-9 / C-10，C-11 /C-12，C-10 /C-15 可以形成双键，有双键构型的差异，还有 C-9 被取代。

capillofuranocarboxylate 是 Cheng 等从采自中国东沙礁的条状短指软珊瑚中得到的呋喃倍半萜类化合物。[5]其结构中的 C-13 甲基被氧化成羧酸甲酯，长链的末端形成了共轭双键。

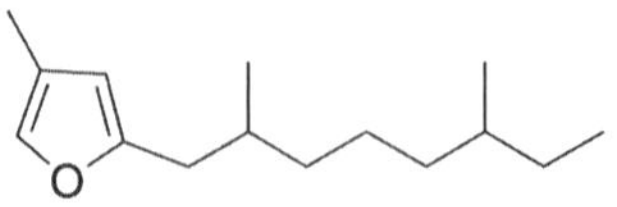

呋喃倍半萜 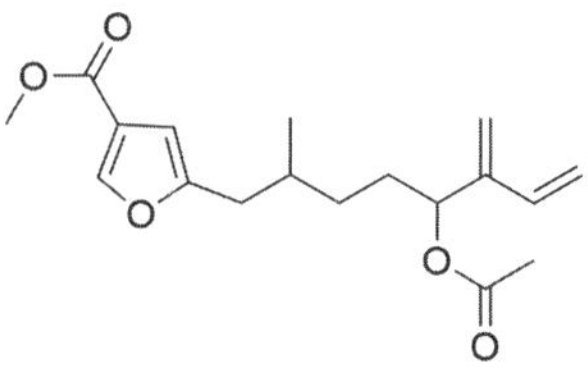   capillofuranocarboxylate

（二）hamigeran 类倍半萜

hamigeran 类倍半萜化合物的结构特征是具有独特的 [5,6,6] 或 [5,7,6]- 三环体系，其中，一个芳环与具有顺式 [4.3.0] 或 [5.3.0] 结构的双环体系稠合。

从海绵 *hamigera tarangaensis* 中分离得到 7 种 hamigeran 类倍半萜化合物：hamigerans A-D，debromohamigerans A、E，4-bromohamigeran B。[6] 其中，多种化合物被溴取代。其中 hamigeran D 对小鼠白血病细胞 P388 具有较强的抑制作用（IC_{50} = 8 μmol/L）；hamigerans B、C，以及 4-bromohamigeran B 也具有一定的抑制作用（IC_{50} 值分别为 13.5、13.9、16.0 μmol/L）。

hamigeran 倍半萜

hamigeran A　　debromohamigeran A　　hamigeran B　　4-bromohamigeran B

hamigeran C　　hamigeran D　　debromohamigeran E

（三）puupehenone 类倍半萜

puupehenone 类化合物是从深海海绵中提取的一类双环倍半萜类化合物，该类化合物的化学骨架由双环倍半萜基 A-B 和 C-6 莽草酸的 D 环头部通过中间的四氢呋喃环 C 连接而成。[7] puupehenone 是这类化合物的典型代表。

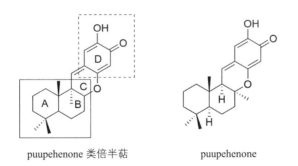

puupehenone 类倍半萜　　　　puupehenone

从夏威夷群岛的海绵中提取分离出了一种与莽草酸来源的 C-6 片段相连的倍半萜 puupehenone，其对结核分枝杆菌 H37Rv 株的生长有抑制作用，MIC 值为 12.5 μg/mL，IC_{50} 值为 2.0 μg/mL。

（四）环化溴代倍半萜

从红藻 *Laurenciacf palisade* 中分离得到了 6 种环化溴代倍半萜类代谢产物：palisol、aplysistatin、palisadins A-B、12-hydroxypalisadin B、5-acetoxypalisadin B。[8]

palisol

aplysistatin

palisadin A

palisadin B

12-hydroxypalisadin B

5-acetoxypalisadin B

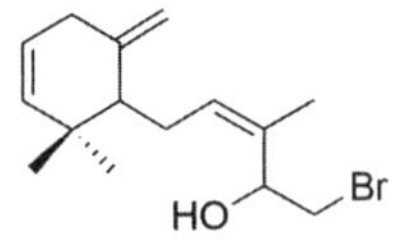

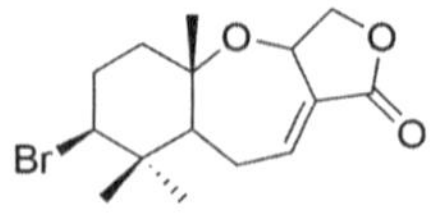

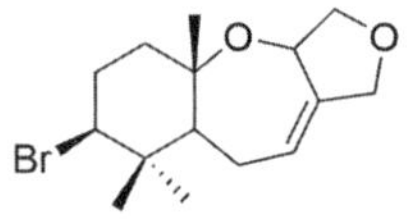

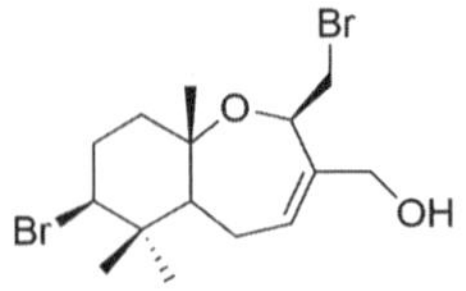

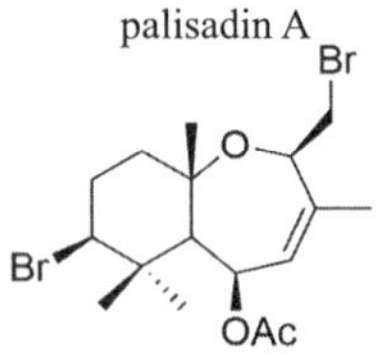

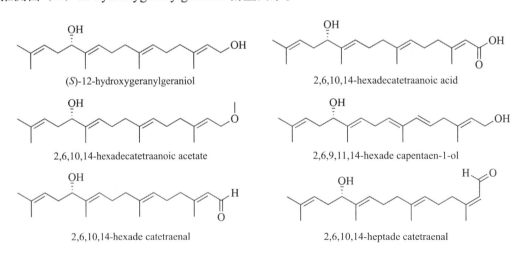

三、二萜

二萜（diterpenoid）是指分子骨架由 4 个异戊二烯单元构成，含 20 个碳原子的化合物类群。二萜广泛分布在自然界中，是由焦磷酸香叶酯（geranylgeranylpyrophosphate，GGPP）衍生而来的，几乎都呈环状结构，许多二萜的含氧衍生物具有多方面的生物活性。

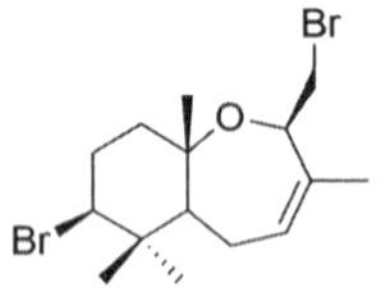

（一）线型二萜

线型二萜一般是指具有 4 个异戊二烯单元首尾连接而成的碳骨架结构。

从大西洋摩洛哥海域的褐藻 *Bifurcaria bifurcate* 中分离获得了一系列的线型二萜，推测由（*S*）-12-hydroxygeranylgeraniol 衍生而来。[9]

(*S*)-12-hydroxygeranylgeraniol

2,6,10,14-hexadecatetraanoic acid

2,6,10,14-hexadecatetraanoic acetate

2,6,9,11,14-hexade capentaen-1-ol

2,6,10,14-hexade catetraenal

2,6,10,14-heptade catetraenal

（二）amphilectane 型二萜

amphilectane 型二萜的基本骨架是 3 个六元环彼此稠合而成的三环体系，其中 1 个六元环除了连甲基外，还连有异丁基。

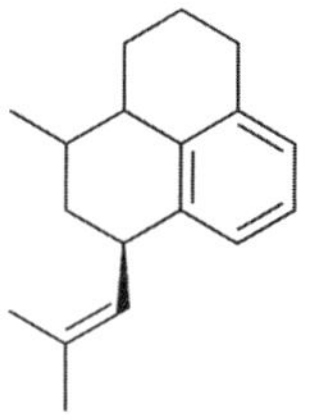

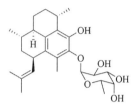

amphilectanc 型二萜

从柳珊瑚 *Pseudoptero gorgiaelisabethae* 中分离得到了 pseudopterosins A-V，其中 pseudopterosins A-D 具有抗炎活性和止痛作用，效果优于吲哚美沙酮；pseudopterosin E 具有抗炎抗过敏活性，且毒性相对较低。[10-12]

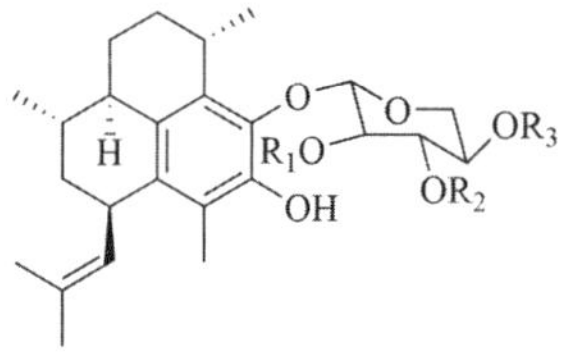

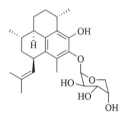

pseudopterosin A:R$_1$=R$_2$=R$_3$=H
pseudopterosin B:R$_1$=Ac,R$_2$=R$_3$=H
pseudopterosin C:R$_1$=H,R$_2$=Ac,R$_3$=H
pseudopterosin D:R$_1$=R$_2$=H,R$_3$=Ac

pseudopterosin E

pseudopterosin F

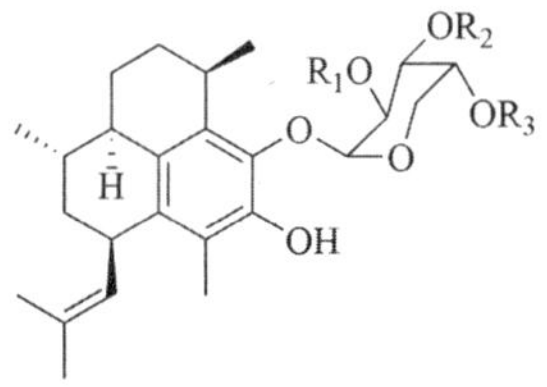

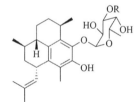

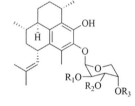

pseudopterosin G:R$_1$=R$_2$=R$_3$=H
pseudopterosin H:R$_1$=Ac,R$_2$=R$_3$=H
pseudopterosin I:R$_1$=H,R$_2$=Ac,R$_3$=H
pseudopterosin J:R$_1$=R$_2$=H,R$_3$=Ac

pseudopterosin K:R=H
pseudopterosin I:R=Ac

pseudopterosin M:R$_1$=Ac,R$_2$=R$_3$=H
pseudopterosin N:R$_1$=H,R$_2$=Ac,R$_3$=H
pseudopterosin O:R$_1$=R$_2$=H,R$_3$=Ac

（三）cembrane 型二萜

cembrane 型二萜化合物即西松烷型二萜，是珊瑚中最常见、种类最多、分布最广的一类次级代谢产物。其基本骨架为一个异丙基取代的 14 元环，C-1 位为异丙基及其衍生基团，C-4、C-8、C-12 位对称分布三个甲基。

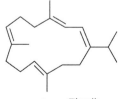

cembrane 型二萜

该类化合物不但普遍具有细胞毒性，而且部分化合物还具有抗炎作用，所以受到广泛的关注。已从各个海域的珊瑚中分离出了大量 cembrane 型二萜类化合物。

1. 内酯型 cembrane 二萜　bipinnatin 系列化合物是从珊瑚中分离得到的内酯型 cembrane 型二萜。从软珊瑚 *Pseudoptero gwgiabipinnat* 中得到一系列 cembrane 型二萜内酯 bipinnatins A-Q。[13-14] 其中 bipinnatins A、B、D 对小鼠白血病细胞 P388 显示出细胞毒性，IC$_{50}$ 值分别为 0.9、3.2、1.5μmol/L；bipinnatin B 还能够阻断魏氏梭状芽孢杆菌毒素与受体的结合；bipinnatin I 对黑毒瘤细胞株具有强的增殖抑制作用，GI$_{50}$ 值为 6~10 mol/L。[15]

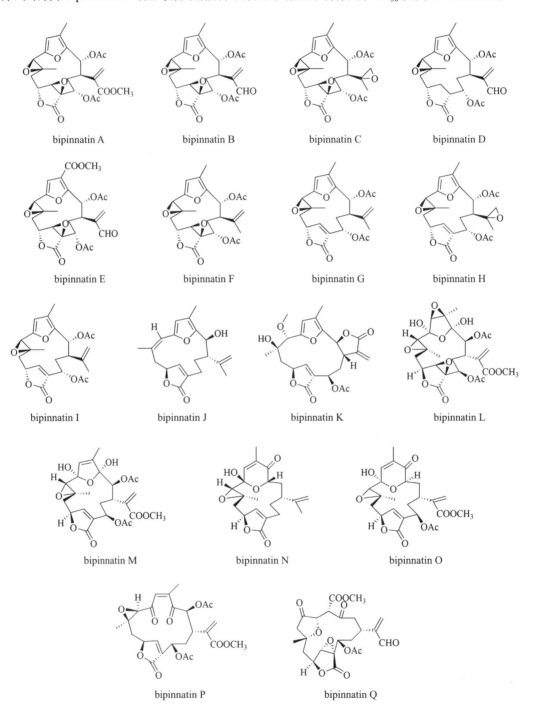

bipinnatin A　　bipinnatin B　　bipinnatin C　　bipinnatin D

bipinnatin E　　bipinnatin F　　bipinnatin G　　bipinnatin H

bipinnatin I　　bipinnatin J　　bipinnatin K　　bipinnatin L

bipinnatin M　　bipinnatin N　　bipinnatin O

bipinnatin P　　bipinnatin Q

2. cembrane 型二萜二聚体　研究发现珊瑚中存在 cembrane 型二萜二聚体化合物，推测是由两种 cembrane 型二萜化合物通过 Diels-Alder 反应合成而来。采自中国南海的软珊瑚 *Sarcophton tortuosum* 中分离得到了 ximaolides A-E。[16]

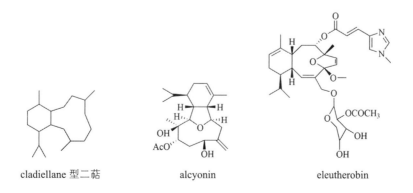

ximaolide A　　　　　　　ximaolide B　　　　　　　ximaolide C

ximaolide D　　　　　　　ximaolide E

（四）cladiellane 型二萜

cladiellane 型二萜类化合物的基本框架为 6/9 骈合的双环结构，在骈合处往往存在四氢呋喃环。

cladiellane 型二萜类化合物是在珊瑚中发现的一类重要活性代谢产物。在日本冲绳海域软珊瑚 *Sinularia flexibilis* 中发现了 cladiellane 型二萜类化合物 alcyonin，其对狂犬疫苗 Vero 细胞具有细胞毒性。[17] 在澳大利亚西部的珊瑚 *Eleutherobiaalb flora* 中发现了二萜糖苷类化合物 eleutherobin，抗肿瘤作用及机制研究发现，其与紫杉醇一样具有稳定微管蛋白的活性，对乳腺癌、肾癌、卵巢癌、肺癌细胞株具有细胞毒性。[18]

cladiellane 型二萜　　　　　　alcyonin　　　　　　eleutherobin

（五）dolabellane 型二萜

在巴西海域的褐藻 *Dictyota pfaffii* 中分离得到一种 dolabellane 型二萜化合物 4,6-cyclopen-tacycloundecenediol，其对海胆、鱼类等海洋食草动物具有拒食作用。[19]

（六）dolastane 型二萜

在南非海域的软珊瑚 *Sarcophyton glaucum* 中发现了新骨架的三环二萜 sarcoglane，是 dolasrane 型二萜，该化合物对海胆受精卵细胞具有细胞毒性。[20]

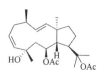

4,6-cyclopen-tacycloundecenediol   sarcoglane

四、二倍半萜

二倍半萜（sesterterpenoid）是指分子骨架由 5 个异戊二烯单元构成，含有 25 个碳原子的化合物类群。这类化合物在生源上是由焦磷酸香叶基金合欢酯（geranylfarnesypyrophosphate，GFPP）衍生而成，多为结构复杂的多环化合物。与其他类型的萜类化合物相比，数量相对较少。

美国加利福尼亚大学 Scripps 海洋研究所从栖息于海洋漂浮木的海洋真菌的菌丝体提取物中分离出三种 C_{25} 重排的卤代二倍半萜化合物 neomangicols A-C，代表了一类新型的重排二倍半萜类化合物，由非典型的萜类生物合成途径产生。[21] 与 neomangicol 相关的化合物在陆生真菌中尚未见报道，neomangicols A-B 分别被氯化和溴化，充分说明该真菌适应了海洋环境。对其进行了 18S RNA 研究，以探讨基因的改变在大多程度上表征微生物对海洋环境的适应性。这三种化合物是首例天然来源的卤化二倍半萜类化合物。

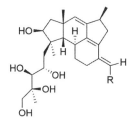

neomangicol A:R=Cl   mangicol A:R_1=OH，R_2=H
neomangicol B:R=Br   mangicol B:R_1=H，R_2=OH

五、三萜

三萜（triterpenoid）是指分子骨架由 6 个异戊二烯单元构成，含有 30 个碳原子的化合物类群。该类化合物在自然界中广泛存在，有的以游离形式存在，有的与糖结合形成糖苷。

（一）三环三烯萜聚醚类

凹顶藻中分离出了三环三烯萜聚醚类化合物 teurilene，推测这种聚醚的生物合成起源于羟基离子从末端的环氧化物进攻具有光学活性的三环角鲨烯，由此形成具有一系列环化结构的骨架。这类化合物具有一定的细胞毒性。[22]

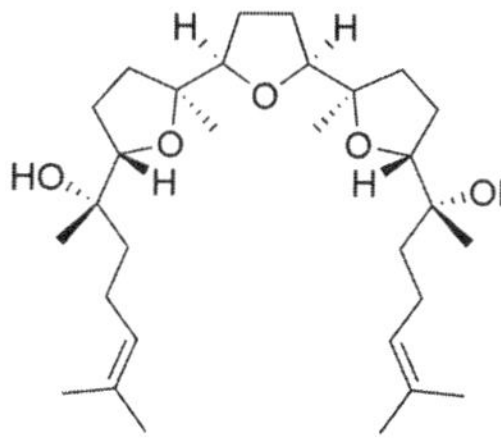

teurilene

（二）异臭椿类

异臭椿类三萜化合物（isonalabaricane triterpene）因为具有很强的抗肿瘤活性和抗病毒活性而备受关注。异臭椿类三萜化合物为含有共轭侧链的三环三萜化合物，在 C-12 位含有羰基官能团。由于该类化合物光敏性高，稳定性差，在常温光照和高磁场状态下都有可能出现异构现象，大大增加了结构鉴定和活性测定的难度。[23]

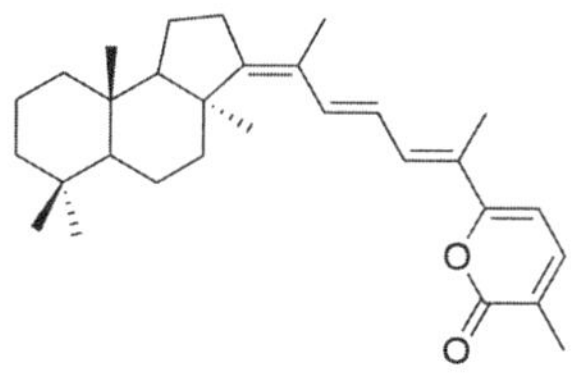

异臭椿三萜

影响异臭椿类三萜化合物生物活性的因素主要体现在以下三方面：①取代基的影响，异臭椿三萜中常见的取代基有羰基、羟基、乙酰基、酯基等，一般地，化合物结构中 3 位的羟基取代活性较高；② $\Delta^{13}Z$、E 构型的影响，Δ^{13} 的立体结构（13Z 和 13E 异构体）影响这些化合物的生物活性，当 C-13 位为 E 构型时抗肿瘤活性比 Z 构型的强；③末端共轭链的影响，末端共轭链的长短对生物活性的影响甚小，具有末端内酯环的化合物具有较好的生物活性。

从一种 *Stelletta* 属海绵中分离得到了 7 种新型的异臭椿类三萜化合物 stellettins A-G，具有极强的细胞毒性，是一种高效抗肿瘤活性成分。[24-25]

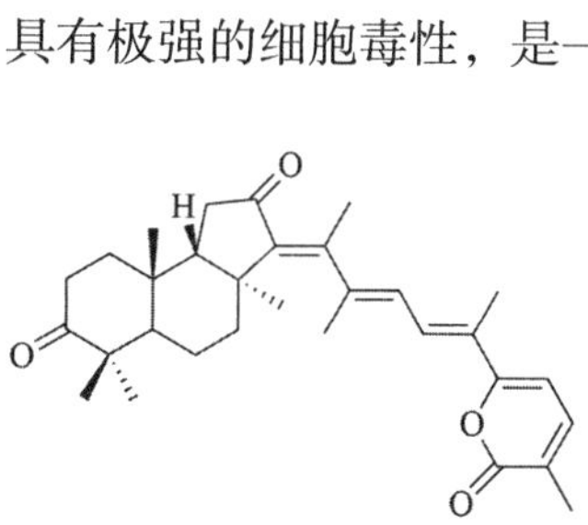

stellettin A 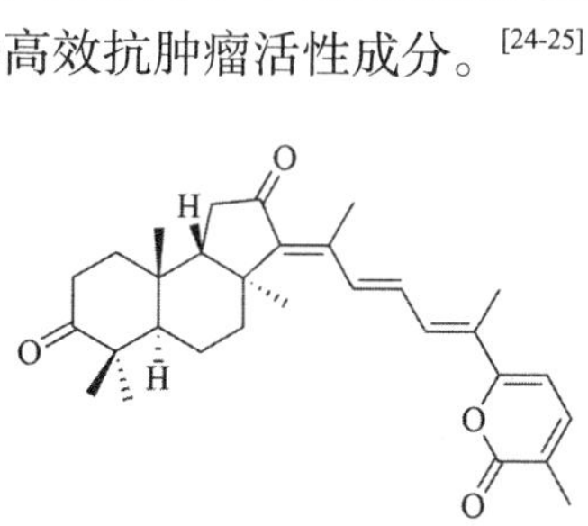　　　　stellettin B 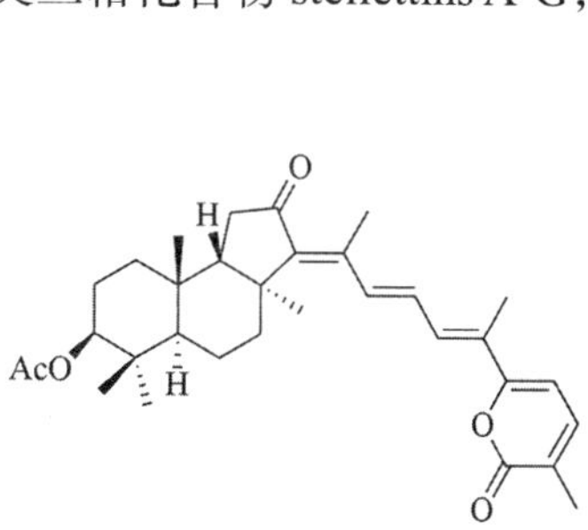　　　　stellettin C

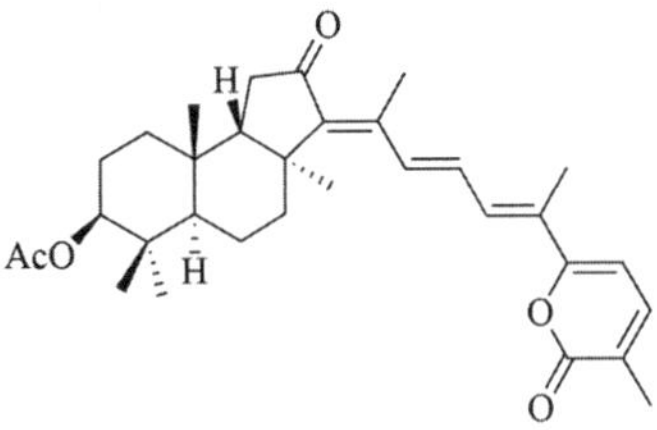

stellettin D

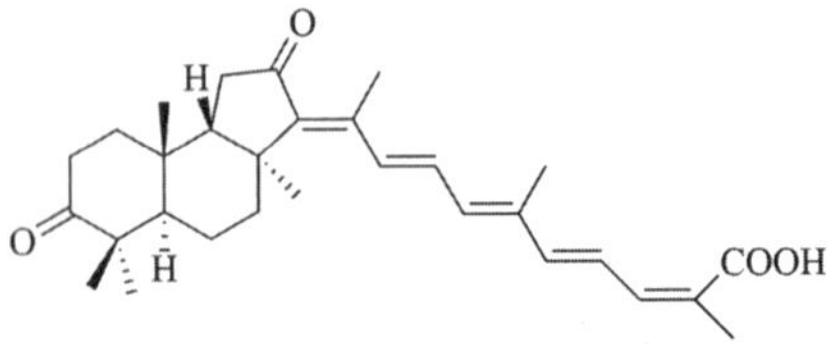

stellettin E

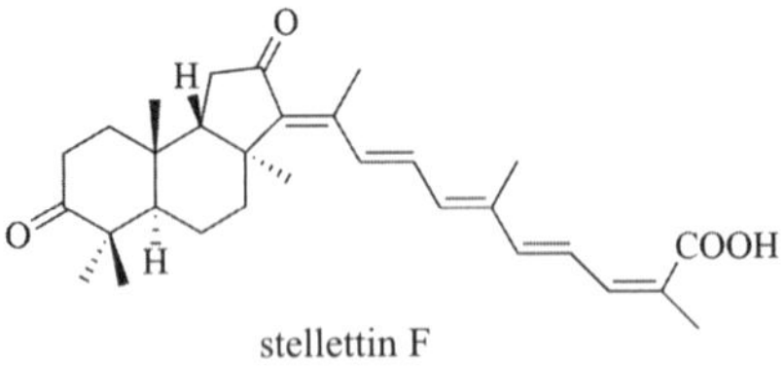

stellettin F

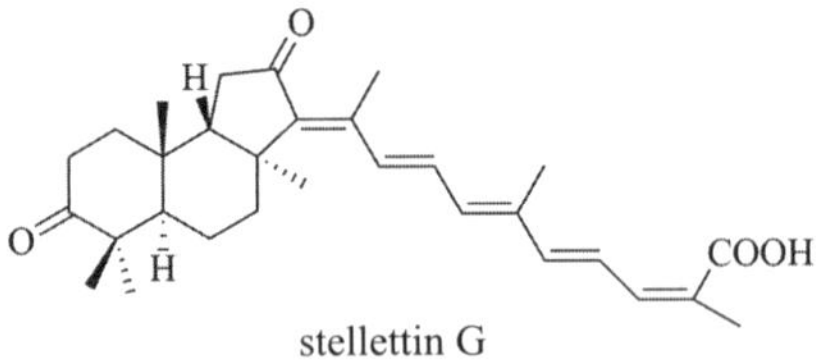

stellettin G

第三节 萜类化合物的理化性质

一、性状

（一）形态

单萜和倍半萜类多为具有特殊香气的油状液体，在常温下可以挥发，或凝固为低熔点的固体。可利用此沸点的规律性，采用分馏的方法将它们分离开来。二萜和二倍半萜多为结晶性固体。

（二）味

萜类化合物多具有苦味，有的味极苦，所以萜类化合物又称苦味素。但有的萜类化合物具有强的甜味。

（三）旋光性

大多数萜类具有不对称碳原子，具有光学活性。

二、溶解性

萜类化合物亲脂性强，易溶于醇及脂溶性有机溶剂，难溶于水。含氧官能团的增加或具有苷的萜类，则水溶性增加。具有内酯结构的萜类化合物能溶于碱水，酸化后又自水中析出，此性质可用于具内酯结构的萜类的分离与纯化。

萜类化合物对高温、光和酸碱较为敏感，或氧化，或重排，引起结构的改变。在提取分离或氧化铝柱层析分离时，应慎重考虑。

三、萜类化合物的化学性质

（一）加成反应

含有双键和醛、酮等羰基的萜类化合物，可与某些试剂发生加成反应，其产物往往是结晶性的。这不但可供识别萜类化合物分子中不饱和键的存在和不饱和的程度，还可借助加成产物完好的晶型，用于萜类的分离与纯化。

（二）氧化反应

不同的氧化剂在不同的条件下，可以将萜类成分中的各种基团氧化，生成各种不同的氧化产物。常用的氧化剂有臭氧、铬酐（三氧化铬）、四醋酸铅、高锰酸钾和二氧化硒等，其中以臭氧的应用最为广泛。

（三）脱氢反应

环萜碳架上的氢经脱氢反应，能把环萜转变为芳香烃类衍生物。通常在惰性气体的保护下，用铂黑或钯作催化剂，将萜类成分与硫或硒共热（200~300 ℃）而实现脱氢反应。有时可能导致环的裂解或环合。

（四）分子重排反应

在萜类化合物中，特别是双环萜在发生加成、消除或亲核取代反应时，常常发生碳架的改变，产生重排。目前工业上由 α-蒎烯合成樟脑的过程，就是应用萜类化合物的重排反应，再氧化制得。

第四节　萜类化合物的提取分离

一、萜类的提取

大部分萜类在提取时最常用的方法是溶剂梯度萃取，常用水、甲醇、乙醇、稀丙酮溶液、正丁醇、乙酸乙酯等作为提取溶剂。亦可采用冷渗液法和热回流提取法。

（一）溶剂提取法

将采集晾干的海洋产物研磨成粉末，用乙醇或甲醇提取，蒸去溶剂后，以20%~50%乙醇处理，尽量使倍半萜溶于醇中，再以苯、乙醚、乙酸乙酯、氯仿萃取，分别蒸去溶剂后，据其是否带苦味做定性检查。有时，上述提取液在浓缩时即有晶体析出。将上述提取物分别进行硅胶或氧化铝吸附色谱分离，个别结构极为相似、化学性质相似的，可采用高效液相分离，以进一步纯化分离得纯品。应该注意的是，石油醚提取物中可能含有倍半萜内酯，可直接浓缩后析出晶体或采用色谱法纯化。

（二）酸碱溶酸沉淀法

倍半萜化合物中不少具有内酯结构，它在热碱溶液中开环成盐而溶于水中，酸化后，闭环而复得原化合物。利用此特性可将倍半萜内酯提取出来或纯化。但是当用酸碱处理时，可能会引起构型的改变，在操作过程中应予注意。

二、萜类的分离

系统提取分离法：海洋动植物粗粉常用甲醇抽提，浓缩干燥；海洋微生物培养液一般使用乙酸乙酯萃取，浓缩干燥。

干燥后的浸膏称重，采用多种色谱相组合的方法进行分离，即一般先通过硅胶柱色谱进行分离后，再结合低压或中压柱色谱、反相柱色谱、薄层色谱、高效液相色谱或凝胶色谱等方法进行进一步的分离，得到单一化合物。

三、萜类的分离提取实例

短指软珊瑚属（*Sinularia*）珊瑚在分类学上现被划分至八放珊瑚亚纲下的软珊瑚目（*Alcyonacea*，又称海鸡冠目）软珊瑚科（*Alcyoniidae*），下分 90 多个种。它们栖息于珊瑚礁或岩礁区浅水域，广泛分布于东非到西太平洋。短指软珊瑚含有丰富的次级代谢产物，这与其生存的高压、高盐、缺氧等特殊的海洋环境密切相关。最新的研究显示，马来西亚的科学家们在短指软珊瑚中发现了一系列 cembrane 型二萜，这些化合物的分离和解析过程如图 8-4 所示。

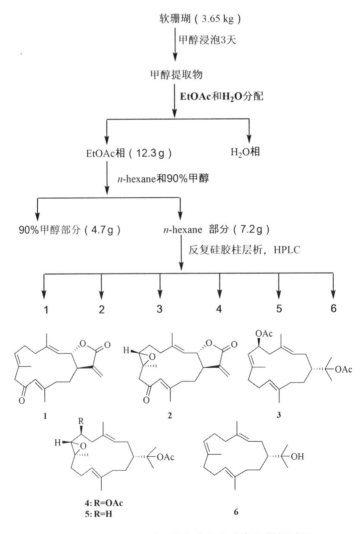

图 8-4　cembrane 型二萜化合物的分离和解析过程

第五节　萜类化合物的波谱学特征

一、萜类化合物的鉴定方法

萜类化合物作为一类重要的有机化合物，目前主要依靠多种现代谱学技术相结合的办法来确定和表征其分子结构。常用的谱学技术有紫外光谱、红外光谱、质谱、核磁共振等。此外，对于固态（粉末或晶体等）化合物，如果能培养出单晶体，可采用 X 射线晶体衍射法确定结构。

（一）紫外光谱

紫外光谱（UV）的特征和数据与结构信息之间有着密切的关系。具有共轭双键的萜类化合物在紫外区产生吸收，在结构鉴定中具有一定意义。一般共轭双键在 $\lambda_{max} = 215\sim270$ nm（$\varepsilon = 2500\sim3000$）有最大吸收，而含有 α, β-不饱和羰基的萜类则在 $\lambda_{max} = 220\sim250$ nm（$\varepsilon = 10000\sim17500$）有最大吸收。

（二）红外光谱

红外光谱（IR）的吸收带的位置、强度、峰的数目与组合等特征与化合物分子的内部结构特点之间有着密切的对应关系，分子结构中微小的结构差异都会引起红外光谱的不同。通过红外光谱中特征频率区的吸收峰的位置和强度等，可以判断分子中官能团的存在及其所处状态。

萜类化合物中多存在双键、共轭双键、甲基、偕二甲基、环外亚甲基或含氧官能团，一般比较容易分辨。如偕二甲基在 $\nu_{max}=1370$ cm^{-1} 吸收峰处裂分，出现两条吸收带。萜内有内酯键存在的情况下，在 $\nu_{max}=1850\sim1735$ cm^{-1} 出现强烈的羰基吸收峰，位置与内酯环大小和共轭程度有关。

（三）质谱

质谱（MS）在有机化合物结构鉴定中的主要作用如下：①通过质谱中分子离子峰或准分子离子峰，确定有机化合物的分子量；②通过高分辨质谱数据，确定有机化合物的分子式；③通过质谱中的碎片离子峰的裂解规律，推断有机化合物的碳骨架或佐证化合物的结构；④通过质谱中碎片的裂解次序，可以推断有机化合物分子中结构片段的连接顺序，特别如糖苷中多个糖基的连接次序、卤素鉴定等。

萜类化合物裂解一般有如下规律：①萜类化合物的分子离子峰除以基峰形式出现外，一般较弱；②环状萜类化合物中常常发生逆 Diels-Alder 裂解；③在裂解过程中常伴随分子离子重排，尤其以麦氏重排多见；④裂解方式受官能团的影响较大，得到的裂解峰主要是失去官能团的离子碎片。

（四）核磁共振谱

核磁共振谱（NMR）普遍应用于化学、医药、工业等各个领域。NMR 技术在有机化合物结构确定和表征领域，尤其是在复杂天然产物结构确定方面具有广泛应用和重要的价值。NMR 谱图能提供大量有关有机化合物结构的信息，人们已总结了大量结构特征和相关信息（化学位移、裂分特征和偶合常数）之间的关系和规律。因此，NMR 相关技术和谱图及其所提供的信息已成为有机化合物结构确定的有力工具之一。从一张完成良好的 NMR 谱图中能够获得准确的结构信息，推断出合理的结构，NMR 谱图将成为确定有机化合物结构的基础和根本保证。

鉴于萜类化合物类型多、骨架复杂、结构庞杂，其结构的鉴定往往需要依赖 2D-NMR 技术。

例 8-1　马来西亚的科学家们在短指软珊瑚中发现了一系列 cembrane 型二萜（其分离和解析过程见图 8-4），其中化合物 nephthecrassocolide A 的解析过程如下。[26]

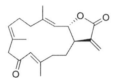

nephthecrassocolide A

1. 理化常数测定

nephthecrassocolide A 为无色油状。

2. 分子式的确定

HRESI-MS 显示其准分子离子峰为 [M + H]$^+$ m/z 315.1952，推测不饱和度为 8，^{13}C-NMR 显示有 20 个碳（表 8-2），故确定化合物结构式为 $C_{20}H_{26}O_3$。

表 8-2　NMR spectral data of nephthecrassocolide A in CDCl$_3$

position	nephthecrassocolide A		position	nephthecrassocolide A	
	δ_H（J in Hz，600Hz）	δ_C, type（150 Hz）		δ_H（J in Hz，600Hz）	δ_C, type（150 Hz）
1		161.4, qC	12		74.4, qC
2	5.48, d, (14.0)	79.2, CH	13	1.68, m; 1.70, m	39.7, CH$_2$
3	4.81, d, (14.0)	122.9, CH	14	2.18, m; 2.48, m	23.0, CH$_2$
4		142.0, qC	15		122.9, qC
5	1.9, m; 2.14, m	35.6, CH$_2$	16		175.4, qC
6	1.75, m; 1.90, m	25.3, CH$_2$	17	1.86, s	9.1, CH$_3$
7	4.82, d, (10.0)	74.4, CH	18	1.85, s	16.4, CH$_3$
8		74.3, qC	19	1.20, s	24.7, CH$_3$
9	2.20, m;2.28, m	42.9, CH$_2$	20	1.36, s	25.7, CH$_3$
10	5.48, m	124.5, CH	1'		170.3, qC
11	5.47, d, (16.0)	140.0, CH	2'	2.08, s	21.1, CH$_3$

3. 官能团的解析

IR 显示在 1759、1270、1139 cm^{-1} 处有吸收峰，表明存在羰基和烷氧基（来自酯基），^{13}C-NMR 显示有 20 个碳，DEPT 和 HSQC 测定了它们的多样性，分别为 3 个甲基、6 个亚甲基、5 个甲基和 6 个季碳。δ_H 6.26, 5.57 (each, 1H, br d, J = 2.8 Hz), 4.86 (1H, dd, J =

8.9, 5.5 Hz), 2.61(1H, m) 以及 IR 在 1759 cm^{-1} 处有吸收峰说明存在 α-亚甲基-γ-内酯部分；δ_C 144.0 (qC), 123.2 (CH), 131.3 (qC), 131.1 (CH), 156.6 (qC), 122.9 (CH); δ_H 5.09 (1H, d, J = 8.9 Hz), 5.18 (1H, t, J = 6.9), 6.17(1H, brs)，说明化合物 1 含有三元取代的双键，另外，在 δ_H 1.81, 1.62, 2.17 显示 3 个单峰被认为是属于烯烃的。

^{1}H-^{1}H COSY 光谱分析确定了两个自旋系统，这些部分结构通过 HMBC 相关性确定 H$_3$-18 与 C-3、C-4 和 C-5 相连；H$_3$-19 与 C-7、C-8 和 C-9 相连；H$_3$-20 与 C-11、C-12 和 C-13 相连；H$_2$-17 与 C-1、C-15 和 C-16 相连；同时，HMBC 显示 H$_2$-9 与 C-10 和 C-11 有关联峰、H-11 与 C-10 有关联峰，14 元环闭环由此形成。

4. 立体构型的确定

乙烯基甲基在 C-18（δ_C 18.0）、C-19（δ_C 17.4）和 C-20（δ_C 19.5）的 ^{13}C-NMR 化学位移小于 20 ppm，结合 H-3/H$_2$-5、H-7/H$_2$-9 和 H-11/H$_2$-13 之间的 NOE 相关性，表明所有三取代双键都具有 E 构型；其他 NOE 关联表明 H$_3$-18/H-7/H-9β 这些质子位于 α、β 位。根据 H-2/H-13β（δ_H 2.37）与 H-2/H3-18 之间的 NOE 相关性，确定了 H-2 的 β 相对构型。根据 H-1 与 H-14α（δ_H 1.83）和 H-3 的 NOE 相关性以及 $^3J_{1-2}$ = 5.5 Hz 确定反式 γ- 内酯环。乙烯基甲基 H$_3$-20 在 δ_H 2.17 处出现异常的下电场，可能是由于 α, β-不饱和羰基的存在导致甲基脱屏蔽。乙烯基甲基 H$_3$-20 位移在低场 δ_H 2.17，可能是由于 α, β-不饱和羰基的存在导致甲基去屏蔽效应。sartone E 具有相似的环状结构，但不含 α, β-不饱和羰基，这意味着它在 H$_3$-20（δ_H 1.77）的烯甲基被屏蔽了。根据上述 NOE 关联式和化学位移值，确定了 nephthecrassocolide A 的 C-1 和 C-2 的相对构型分别为 1R*、2S*。

第六节　临床药物或正在临床研究的萜类化合物

从加勒比海域的柳珊瑚 *Pseudopterogorgia elisabethae* 中分离得到的 amphilectane 型二萜 pseudopterosin 的半合成类似物 OAS-1000 或 VM-301 是强的 PGHS-1 抑制剂，已作为抗炎、抗创伤药物进入 II 期临床研究阶段。

◎ **思考题**

1. 海洋萜类化合物主要有哪几类？
2. 萜类化合物的生源途径有哪些？
3. 萜类化合物的提取分离方法有哪些？

◎ **进一步文献阅读**

1. 迟玉森，张付云. 2019. 海洋生物活性物质 [M]. 北京：科学出版社.
2. 管华诗，王曙光. 2009. 海洋天然产物 [M]. 北京：化学工业出版社.
3. 匡海学. 2017. 中药化学 [M]. 3 版. 北京：中国中医药出版社.
4. 裴月湖. 2016. 天然药物化学 [M]. 7 版. 北京：人民卫生出版社.

5. 王长云，绍长伦 . 2011. 海洋药物学 [M]. 北京 : 科学出版社 .

6. 易杨华，焦炳华 . 2009. 现代海洋药物学 [M]. 北京 : 科学出版社 .

7. 于广利，谭仁祥 . 2016. 海洋天然产物与药物研究开发 [M]. 北京 : 科学出版社 .

◎ 参考文献

[1] Anjaneyulu A S R, Rao G V. 1995. The chemical constituents of the soft coral species of *Sinularia genus*[J]. Journal of Scientific and Industrial Research, 54(11): 637-649.

[2] Cheng S Y, Huang K J, Wang S K, et al. 2010. Antiviral and anti-inflammatory metabolites from the soft coral *Sinularia capillosa*[J]. Journal of Natural Products, 73(4):771-775.

[3] Katayama A, Ina K, Nozaki H, et al. 1982. Structural elucidation of Kurodainol, a novel halogenated monoterpene from sea hare (*Aplysia kurodai*) [J]. Agricultural and Biological Chemistry, 46(3):859-860.

[4] Hartung J, Greb M. 2003. A new synthesis of the 2,2,3,5,6,6-substituted tetrahydropyran aplysiapyranoid A and its 5-epimer [J]. Tetrahedron Letters, 44(32):6091-6093.

[5] Cheng S Y, Huang K J, Wang S K, et al. 2010. Antiviral and anti-inflammatory metabolites from the soft coral *Sinularia capillosa*[J]. Journal of Natural Products, 73(4):771-775.

[6] Dattelbaum J D, Singh A J, Field J J, et al. 2014. The nitrogenous hamigerans: Unusual amino acid-derivatized aromatic diterpenoid metabolites from the new zealand marine sponge *Hamigera tarangaensis*[J]. Journal of Organic Chemistry, 80(1):304-312.

[7] Wu Y C, Cheng Y F, Li H J. 2019. Organic Synthesis[M]. Intechopen.

[8] Vairappan C S, Tan K L. 2005. Halogenated secondary metabolites from sea hare *Aplysia dactylomela*[J]. Malaysian Journal of Science, 24(1):17-22.

[9] Culioli G, Daoudi M, Ortalo-Magné A, et al. 2001. (S)-12-hydroxygeranylgeraniol-derived diterpenes from the brown alga *Bifurcaria bifurcata*[J]. Phytochemistry, 57(4):529-535.

[10] Rodríguez A D, Shi J G, Huang S D. 1999. Highly oxygenated pseudopterane and cembranolide diterpenes from the Caribbean Sea feather Pseudopterogorgia bipinnata[J]. Journal of Natural Products, 62(9):1228-1237.

[11] Moya C E, Jacobs R S. 2006. Pseudopterosin A inhibits phagocytosis and alters intracellular calcium turnover in a pertussis toxin sensitive site in Tetrahymena thermophila[J]. Comparative Biochemistry and Physiology Part C: Toxicology & Pharmacology, 143(4):436-443.

[12] Ganguly A K, Mccombie S W, Cox B, et al. 1990. Stereospecific synthesis of the aglycone of pseudopterosin E[J]. Pure and Applied Chemistry, 62(7):1289-1291.

[13] Marrero J, Benitez J, Rodriguez A D, et al. 2008. Bipinnatins K-Q, minor cembrane-type diterpenes from the West Indian gorgonian Pseudopterogorgia kallos: Isolation, structure assignment, and evaluation of biological activities[J]. Journal of Natural Products, 71(3):381-389.

[14] Tang B C, Paton R S. 2019. Biosynthesis of providencin: Understanding photochemical cyclobutane formation with density functional theory[J]. Organic Letters, 21(5):1243-1247.

[15] Bai D, Sattelle D B, Abramson S N. 1993. Actions of a coral toxin analogue (bipinnatin-B) on an insect nicotinic acetylcholine receptor[J]. Archives of Insect Biochemistry & Physiology, 23(4):155-159.

[16] Rui J, Guo Y W, Mollo E, et al. 2008. Further new bis-cembranoids from the Hainan soft coral Sarcophyton tortuosum[J]. Helvetica Chimica Acta, 91(11):2069-2074.

[17] Kusumi T, Uchida H, Ishitsuka M O, et al. 1988. Alcyonin, a new cladiellane diterpene from the soft coral Sinularia flexibilis[J]. Chemistry Letters, 24(6):1077-1078.

[18] Long B H, Carboni J M, Wasserman A J, et al. 1998. Eleutherobin, a novel cytotoxic agent that induces tubulin polymerization, is similar to paclitaxel (Taxol)[J]. Cancer Research, 58(6):1111-1115.

[19] Barbosa J P, Teixeira V L, Villaa R, et al. 2003. A dolabellane diterpene from the Brazilian brown alga Dictyota pfaffii[J]. Biochemical Systematics and Ecology, 31(12):1451-1453.

[20] Fridkovsky E, Rudi A, Benayahu Y, et al. 1996. Sarcoglane, a new cytotoxic diterpene from Sarcophyton glaucum[J]. Tetrahedron Letters, 37(38):6909-6910.

[21] Renner M K, Jensen P R, Fenical W. 1998. Neomangicols: Structures and absolute stereochemistries of unprecedented halogenated sesterterpenes from a marine fungus of the genus Fusarium[J]. Journal of Organic Chemistry, 63(23):8346-8354.

[22] Hashimoto M, Harigaya H, Yanagiya M, et al. 1988. A short step synthesis of teurilene. Stereocontrolled sequential double cyclization of the C30-tetraenetetraol to the tandem tetrahydrofuran system[J]. Tetrahedron Letters, 29(46):5947-5948.

[23] 吕芳, 林文翰. 2005. 海洋异臭椿类三萜化学结构与生物活性的关 [J]. 中国天然药物, 3(2):74-77.

[24] Su J Y, Meng Y H, Zeng LM, et al. 1994. Stellettin A, a new triterpenoid pigment from the marine sponge Stelletta tenuis[J]. Journal of Natural Products, 57(10):1450-1451.

[25] Wang R, Zhang Q, Peng X, et al. 2016. Stellettin B induces G1 arrest, apoptosis and autophagy in human non-small cell lung cancer A549 cells via blocking PI3K/Akt/mTOR pathway[J]. Scientific Reports, 6:27071.

[26] Tani K, Kamada T, Phan C S, et al. 2017. Nephthecrassocolides A and B, new bioactive cembranoids from Bornean soft coral genus Nephthea[C]. International Conference for Young Chemists.

第九章

甾体化合物

视频讲解与
教学课件

◎ 学习目标

1. 掌握甾体化合物的结构特征及分类。

2. 掌握甾体化合物的鉴别方法、理化性质及常用提取分离方法。

3. 掌握甾体化合物紫外光谱、红外光谱、质谱与核磁共振波谱特征。

4. 熟悉常见甾体化合物的名称及结构。

5. 了解甾体化合物的生物活性及在天然药物研究开发中的应用。

1993 年，美国乔治城大学医学中心 Zasloff 博士从黑缘刺鲨 *Centrophorus atromarginatus Garman* 的肝脏组织中分离得到了具有甾体母核结构的胆固醇类成分角鲨胺 (squalamine)。药理研究结果显示，角鲨胺具有血管生成抑制作用和抗病毒作用。目前全身使用角鲨胺（商品名为 Squalamax）治疗 AMD（age-related macular degeneration）眼的脉络膜新生血管（CNV）正在进行 II 期临床试验[1]。

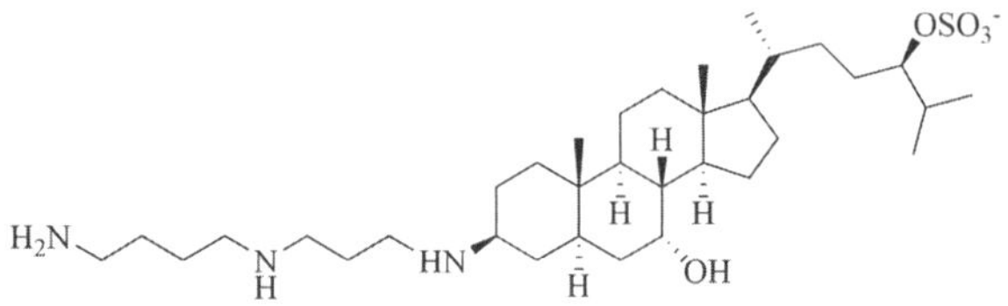

squalamine

第一节　概　述

甾体化合物是一类重要的天然有机化合物，广泛存在于自然界的动植物、昆虫以及微生物等生物体内，其对生命代谢活动主要起着协同和调节的生理作用，在生物体内扮演着不可或缺的角色。在自然界中，甾体化合物主要有甾醇（胆固醇、麦角甾醇）、胆甾酸、甾型激素（雌二醇、孕甾醇）、强心苷和甾体皂苷等[2]。

甾体化合物的海洋来源包括海洋植物（如海藻），海洋多孔动物（如海绵）、刺胞动物（如珊瑚）、棘皮动物（如海星、海盘车）等无脊椎动物，以及其他海洋动物（如海兔、白斑角鲨）等。其中，海洋动物是生产甾体激素和类激素的重要来源。许多鱼类的生殖腺、肾间组织或血浆中含有睾酮、孕酮等激素类化合物。海洋来源的甾体类化合物具有多种生物活性，包括抗肿瘤、抗菌、抗病毒、抗感染、降血压等[2]。

第二节　甾体化合物的结构与分类

甾体化合物具有环戊烷骈多氢菲四环甾核骨架。甾体化合物的英文名为"steroid"，因为"steros"在希腊文中表示固体，"ol"在化学命名中表示"醇"，而"-oid"则表示类似某一类别的化合物，所以直译为类固醇。在中文化学命名中，将类固醇称为甾体化合物。"甾"是根据 steroid 的化学结构而创造的会意字，田字代表四个环，环上的 C-10 和 C-13 位上各有一个甲基，称为角甲基，C-17 位有侧链，就像在田字上面有 3 条辫子，所以称这类化合物为"甾"类化合物（图9-1）[3]。

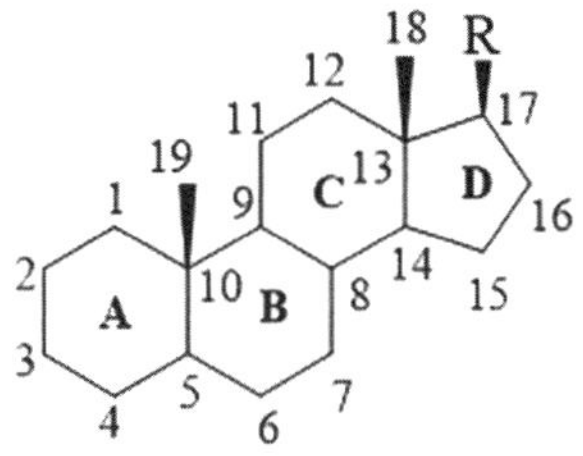

图 9-1　环系和碳原子编号

一、甾环中的手性碳原子的构型

在甾体化合物的基本碳架——环戊烷骈多氢菲中，共有 7 个手性中心，理论上应有 2^7 个异构体。但事实上，天然存在的甾体化合物中甾环的构型基本上是固定的，目前已知的甾环碳架主要是如图 9-2 所示的 3 种，而且以（1）为主，（2）和（3）仅分别在胆酸和强心苷类中出现。习惯上，当甾体化合物的构型与（1）相同时，不必特别将其构型标明，只有当构型与（1）不同时，才将有关碳的构型标出[3]。

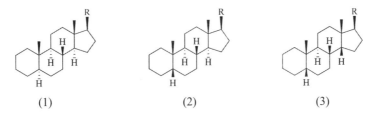

(1)　　　　　　　　　(2)　　　　　　　　　(3)

图 9-2　甾体化合物的构型

甾核上的取代基，可以在环平面之前，也可以在环平面之后，一般将甾体化合物分子中环平面之上的基团称为 β 构型，用实线表示；把在环平面之下的基团称为 α 构型，用虚线表示。天然甾体成分的 C_{10}、C_{13} 和 C_{17} 侧链大多是 β 构型。C_3 位有羟基取代，由于此羟基的空间排列，具有两种异构体；C_3-OH 和 C_{10}-CH_3 为顺式，称为 β 型；C_3-OH 和 C_{10}-CH_3 为反式，称为 α 型或 epi-（表 -）型[4]。

5α-胆甾烷-3-醇的两种异构体如图 9-3 所示。

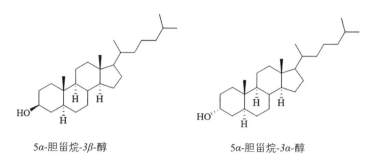

5α-胆甾烷-3β-醇   5α-胆甾烷-3α-醇

图 9-3 5α-胆甾烷-3-醇的两种异构体

二、甾环的构象

图 9-4 中的甾环构象（1）及（2）式依次相应于图 9-2 中的甾环构型（1）和（2）[3]。

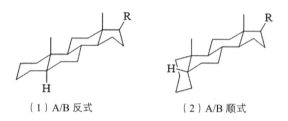

（1）A/B 反式   （2）A/B 顺式

图 9-4 甾体化合物环系的构象

三、甾体化合物的分类

从海洋生物次生代谢产物中已发现 500 余种甾体化合物，其结构中除具有普通甾体类化合物的胆甾核及 C_8~C_{10} 的侧链外，多数与陆生生物甾体类化合物具有迥然不同的结构，海洋来源甾体化合物的类型和侧链变化更为丰富，在结构上含有较多的羟基、羰基和磺酸基团的含氧取代基，也可与含氮物质连接构成甾体生物碱；C-17 位上没有侧链或仅含烷基化的侧链，分子结构具有不同的立体构型等。含多个氧原子的甾体类化合物具有更好地参与细胞增殖的作用，很可能是潜在的治疗癌症的药物。根据甾核是否裂环，可分为裂环甾体和正常甾体两大类；正常甾体依据侧链不同，进一步划分为孕甾、胆甾、麦角甾和豆甾等类型（图 9-5）[5]。

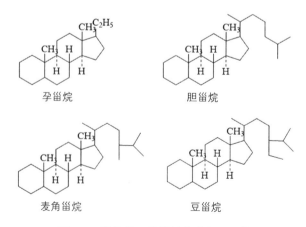

孕甾烷   胆甾烷

麦角甾烷   豆甾烷

图 9-5 常见的正常甾体化合物的母核

根据海洋甾体化合物的结构中含有取代基的不同，可分为单羟基和多羟基甾醇、氧化甾醇及硫酸酯、硫酸盐、甾体皂苷、甾体生物碱等。下面列举了不同类型的甾体化合物。

（一）甾醇类

图 9-6 列举了 13 种不同结构的甾醇类化合物 [3, 6]，其中化合物 cholesterol 为胆甾醇，它是最常见的也是最典型的甾醇；还有母核骨架变化甾醇：如 C 环裂环化合物 (22S)-3β,11,22-trihydroxy-9,11-seco-cholest-5-en-9-one[7]；A 环失碳甾醇 the ethyl esters of 2β-hydroxy-4,7-diketo-A-norcholest-5-en-2-oic acid[8]；4α-甲基甾醇 peridinosterol[9]；母环开裂的化合物 calicogoria A[10]；B 环收缩甾醇 parguesterol A[11]。

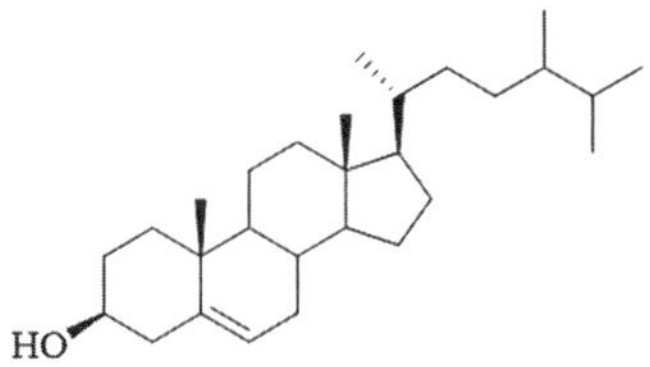

cholesterol

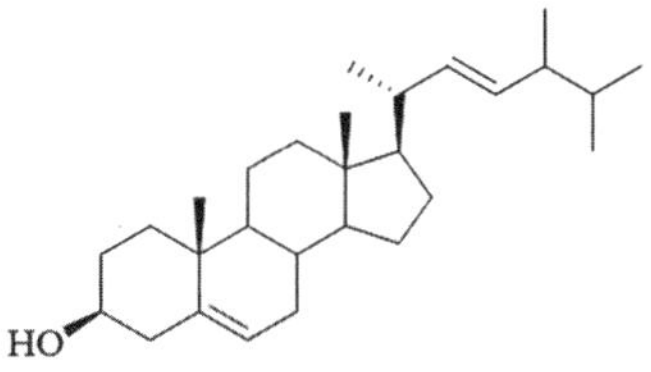

22-trans-24-ethylcholesta-
5,22-dien-3β-ol

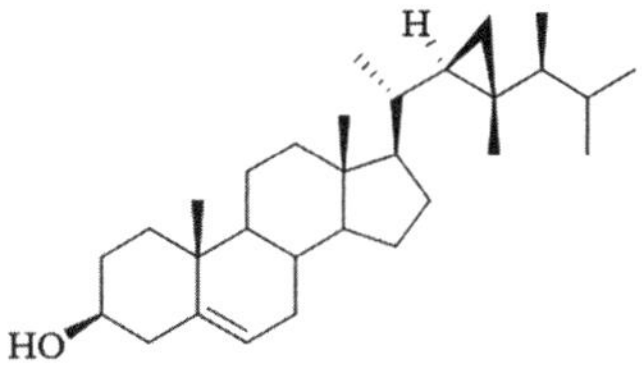

gorgosterol

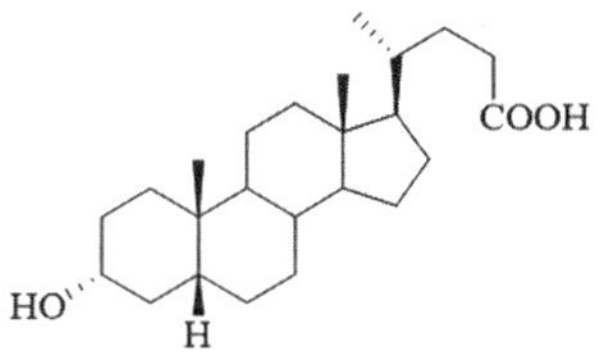

(3α,5β)-3-hydroxycholan-
24-oic acid

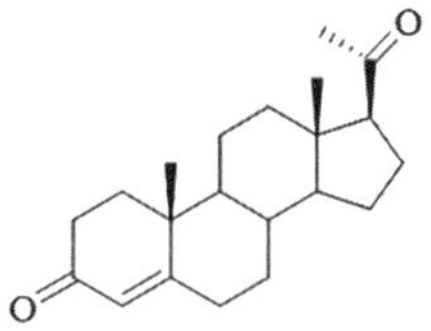

pregn-4-ene-3,20-dione

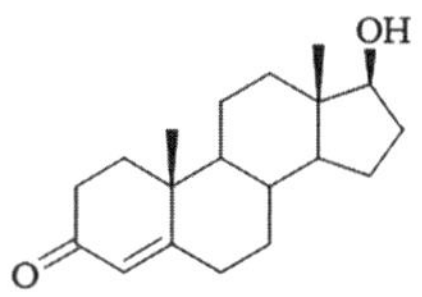

(17β)-17-hydroxyandrost-
4-en-3-one

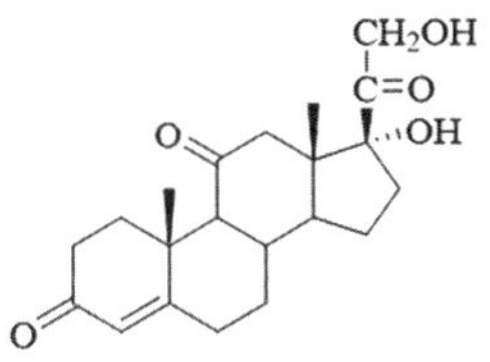

17,21-dihydroxypregn-
4-ene-3,11,20-trione

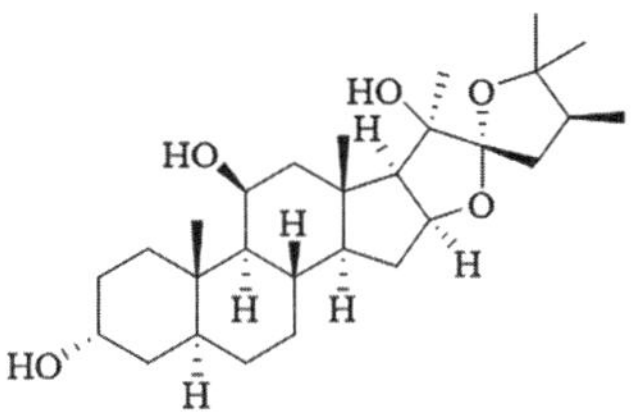

22-epihippuristanol

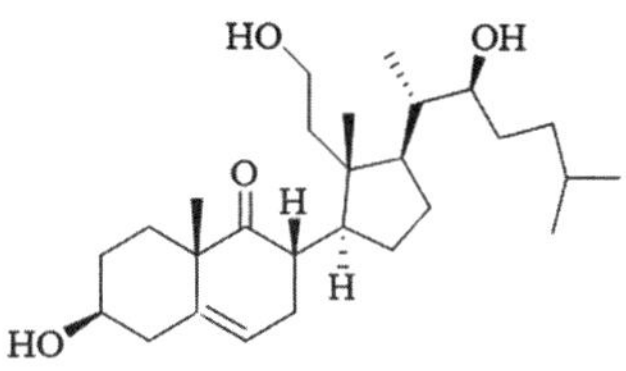

(22S)-3β,11,22-trihydroxy-
9,11-seco-cholest-5-en-9-one

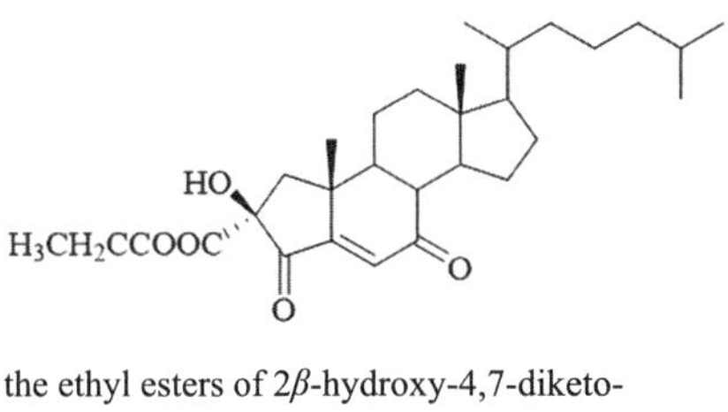

the ethyl esters of 2β-hydroxy-4,7-diketo-
A-norcholest-5-en-2-oic acid

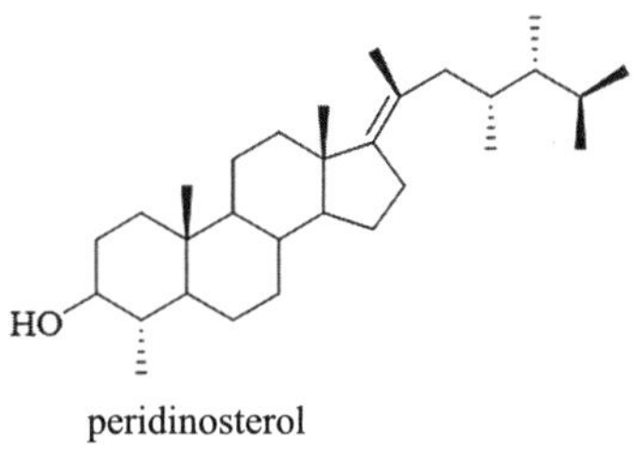

peridinosterol

calicogoria A

parguesterol A

图 9-6　甾醇类化合物的结构类型

（二）甾体生物碱

化合物 anandins A 和 B 为两种结构罕见的甾体衍生化的内酰胺，两者均具有一个断环的 A 环和一个缩环的 B 环甾核结构[12]。化合物 plakinamines N 和 O 是从菲律宾海绵 *Corticium niger* 中提取分离得到的 2 个新的甾体生物碱[13]。

anandin A

anandin B

plakinamine N

plakinamine O

（三）甾体硫酸酯化合物

Imperatore 等[14]从地中海海鞘 *Phallusia fumigata* 中分离得到 2 个新的硫酸化甾醇 phallusiasterols A 和 B。其中，phallusiasterol A 能诱导 HepG2 细胞 PXR 转激活，并在同一细胞系中刺激 PXR 靶基因 CYP3A4 和 MDR1 的表达。

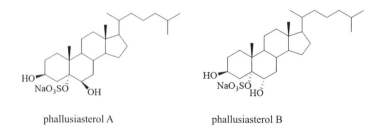

phallusiasterol A

phallusiasterol B

（四）甾体皂苷化合物 [15,16]

甾体皂苷化合物是在海洋甾体化合物中较为重要的一类化合物。皂苷主要分布于陆地高等植物中，海洋生物中皂苷主要见于棘皮动物中，如海参、海星、海胆、海燕等。而甾体皂苷主要分布在海星纲中，称为海星皂苷。海星皂苷是海星的主要次生代谢产物和化学防御物质，具有细胞毒性和抗真菌等多种生物活性。

海星中的甾体皂苷根据其结构特征的不同，分为环式甾体皂苷（cyclic steroidal saponin）、多羟基甾体皂苷（polyhydroxysteroidal glycoside）和海星皂苷（asterosaponin），其中以多羟基甾体皂苷和海星皂苷为主。从海星中分离得到的甾体皂苷类化合物所含单糖种类有奎诺糖（Qui）、岩藻糖（Fuc）、木糖（Xyl）、半乳糖（Gal）、葡萄糖（Glc），少见的有阿拉伯糖（Ara）、D-6-去氧-木-4-己酮糖（D-DXHU）。所有糖基几乎均以吡喃形式存在。除阿拉伯糖为 α 构型外，其余糖基的苷键均为 β 构型。

1. 环式甾体皂苷 环式甾体皂苷是一类结构非常新奇的化合物，分子中不含硫酸基，但含 1 分子葡萄糖醛酸（连接于苷元 3 位），甾体母核为Δ^7-3β,6β- 二羟基结构，寡糖基由 3 个单糖基组成，第 3 个糖基的 6 位羟基与苷元 6 位成苷，组成环状结构，状若环醚。现仅从 Echinaster 属 2 种海星中发现过不足 10 个环式甾体皂苷，在化学分类学上被认为是该属的特征物质，如 sepositoside A。

sepositoside A

2. 多羟基甾体皂苷 多羟基甾体皂苷类化合物在海星中普遍存在，其由一个含有多个羟基取代的甾体皂苷元和数量不等（多数为一至两个，少数含有三个）的单糖结构组成。它们多具有 3β、6α (或 6β)、8β、15α (或 15β) 和 16β 位 - 五羟基胆甾烷母核，少数在 4β、5α 、7α (或 7β)、14α 等位置上连接 1 个或多个羟基。在侧链的 C-24、C-26 位出现羟基取代，也可能存在其他官能团。这类化合物既有硫酸化的，也有非硫酸化的，但分离得到的糖苷多具有硫酸基。在多羟基甾体皂苷中，单糖结构一般处于苷元的 C-3 和 C-6 位，侧链在 C-24 和 C-26 位，少数在 C-16 和 C-28 位出现。根据化合物羟基、所连接糖链的不同位置，多羟基甾体皂苷类化合物可以分为 4 类 [17]：① 6α- 糖基化皂苷，如 forbeside E；② 3β- 硫酸基，侧链糖基化皂苷，如从日本滑海盘车中分离得到的 aphelasteroside A；③ 3β-OH，侧链糖基化皂苷，如 halityloside 1；④ 3β- 糖基化甾体皂苷，如 aphelasteroside B。其中以第 2 和第 3 类皂苷的种类最多。

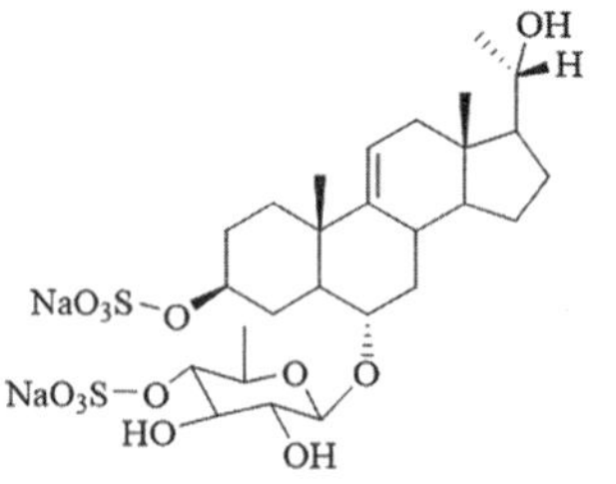

forbeside E

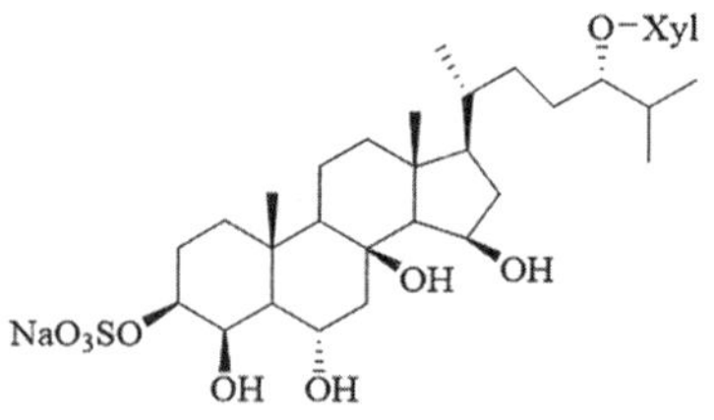

aphelasteroside A

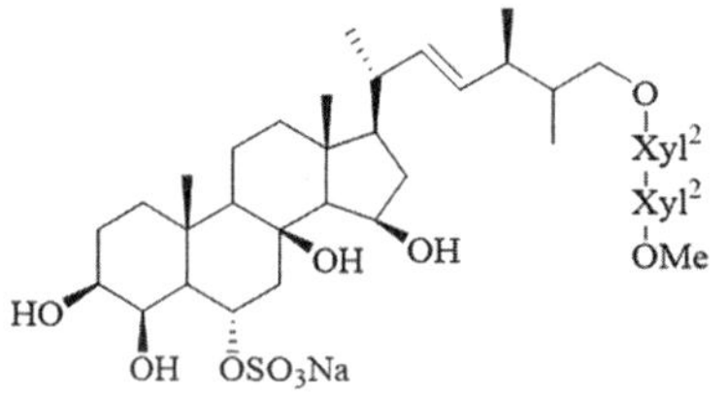

halityloside 1

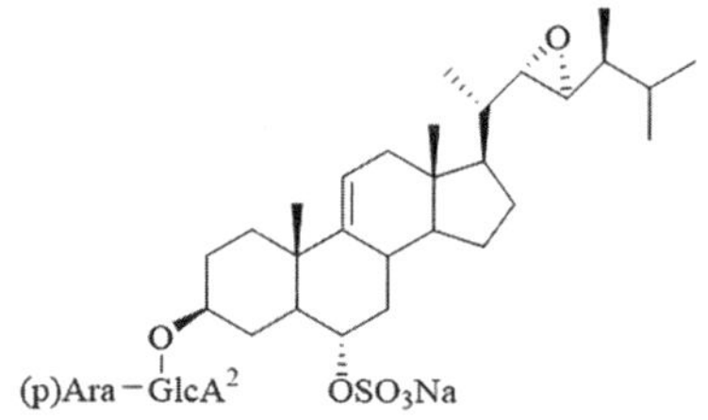

aphelasteroside B

3. 海星皂苷 海星皂苷（asterosaponins）一词原来统称从海星中获得的所有毒性甾体皂苷，现在用来专指具有Δ$^{9(11)}$-3β,6α-二羟基甾体母核，并在3位硫酸化、6位糖基化的一类特定的大分子甾体化合物。1978年Hashimoto等成功分离出第一个海星皂苷thornasteroside A，并鉴定了其结构，该皂苷广泛分布于多种海星中。

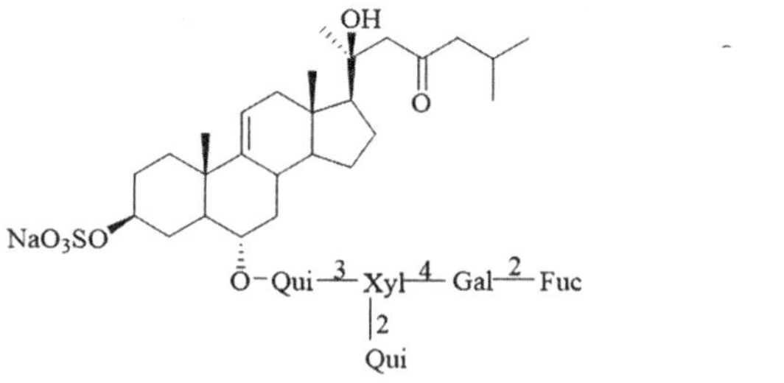

thornasteroside A

除前述的基本特征外，海星皂苷的结构一般还具有如下特点：①侧链至少有一个位置被氧化，形成羟基、酮羰基或环氧基团，而甾体母核除3位、6位外一般无含氧基团。例外的如皂苷 tenuispinoside C。②除3位为硫酸基外，甾体母核、侧链和糖基上均无其他硫酸基团。例外的如化合物 forbeside E。③苷元的侧链一般由8个碳原子骨架组成，类似于胆甾烷，一些化合物有失碳现象，碳原子至少2个，另有一些在C-24位连接额外的1或2个碳原子。④糖基的个数以5或6个的情况居多，常见糖的种类为奎诺糖（Qui）、岩藻糖（Fuc）、木糖（Xyl）、半乳糖（Gal）、葡萄糖（Glc），少见的有阿拉伯糖（Ara）、D-6-去氧-木-4-己酮糖（D-DXHU）。所有糖基几乎均以吡喃形式存在。除阿拉伯糖为α构型外，其余糖基的苷键均为β构型。⑤寡糖链具有相似的连接方式。多具有1个分支（从苷元起第2个糖基，多为木糖或奎诺糖），在分支糖基的2位连接1个末端奎诺糖；少数具有2个分支或无分支。起始糖基多为奎诺糖或葡萄糖。除个别例外（如 santiagoside），每一位置上糖基的苷化位置基本固定，即：

$$\text{苷元} \overset{6\rfloor}{\quad} G \overset{3\rfloor}{\quad} \underset{\underset{G}{\overset{\mid}{1}}}{\overset{\mid}{\underset{2}{G}}} \overset{4\rfloor}{\quad} G \overset{2\rfloor}{\quad} G \overset{3\rfloor}{\quad} G$$

最常出现的起始 3 个糖基及其连接为：

$$\text{苷元} \overset{6\rfloor}{\quad} \underset{\underset{Qui}{\overset{\mid}{1}}}{\overset{\mid}{\underset{2}{Qui}}} \overset{3\rfloor}{\quad} Xyl \overset{4\rfloor}{\quad} \qquad \text{或} \qquad \text{苷元} \overset{6\rfloor}{\quad} Glc \overset{3\rfloor}{\quad} \underset{\underset{Qui}{\overset{\mid}{1}}}{\overset{\mid}{\underset{2}{Qui}}} \overset{4\rfloor}{\quad}$$

第三节　甾体化合物的理化性质

一、性状

普通甾类、甾醇通常有较好晶形。甾体皂苷极性大，不宜产生晶体，多为无色不定形粉末，味苦而辛辣，对人体黏膜有强烈的刺激性。

二、溶解性

普通甾类、甾醇能溶于亲脂性溶剂，不溶于水。甾体皂苷一般可溶于水，易溶于热水、稀醇、热甲醇和热乙醇中，含水丁醇或戊醇对皂苷的溶解度较好，难溶于石油醚、苯、乙醚等亲脂性溶剂。

三、表面活性及溶血作用

甾体皂苷多具有发泡性，其水溶液振荡后可产生持久性泡沫。甾体皂苷具有溶血作用。

四、沉淀反应

（1）甾体皂苷的水溶液可以和碱式醋酸铅或氢氧化钡等碱性盐类生成沉淀。利用这一性质可进行皂苷的提取和初步分离。

（2）甾体皂苷与甾醇形成分子复合物，甾体皂苷的乙醇溶液可被甾醇（常用胆甾醇）沉淀。生成的分子复合物用乙醚回流提取时，胆甾醇可溶于醚，而皂苷不溶，从而达到纯化皂苷的目的和检查是否有皂苷类成分的存在。除胆甾醇外，其他凡是含有 C_3 位 β-OH 的甾醇（如 β- 谷甾醇、豆甾醇、麦角甾醇等）均可与皂苷结合生成难溶性分子复合物。若 C_3-OH 为 α 构型，或者是当 C_3-OH 被酰化或者生成苷键，就不能与皂苷生成难溶性的分子复合物。而且当甾醇 A/B 环为反式相连，或具有 Δ^5 的结构，形成的分子复合物溶度积最小。三萜皂苷与甾醇形成的分子复合物不及甾体皂苷稳定。

五、定性鉴别反应 [5,16]

Liebermann-Burchard 反应（乙酸酐 - 浓硫酸反应），将样品溶于乙酸酐，加浓硫酸 - 乙酸酐（1：20），产生红→紫→蓝→绿→污绿等颜色变化，最后褪色。

Molish 反应（α- 萘酚反应）显紫色，用于鉴定糖的存在。

六、糖链的化学反应[16]

（一）水解反应

取适量皂苷溶解于 2 mol/L 盐酸或三氟乙酸中，封管后于 100~200 ℃加热 1~2 h，反应产生的苷元用二氯甲烷萃取。水层回收至干，溶于适量的吡啶中，加入适量的盐酸羟胺，100 ℃下反应 1 h，得糖醇衍生物，加入适量的乙酸酐，100 ℃继续反应 1 h，得糖腈乙酰酯衍生物，进行气相色谱 - 质谱（GC-MS）分析，与标准糖的糖腈乙酰酯衍生物对照，比较保留时间，确定皂苷中所含糖的种类，根据峰面积，推测单糖的比例。

（二）甲基化反应

将皂苷溶解于适量的无水二甲基亚砜（DMSO）中，与 NaOH 反应 20 min 后，加入碘甲烷进行甲基化反应。生成的甲基化皂苷用氯仿萃取，再进行酸水解和乙酰化，得到的甲基化糖醇乙酰酯衍生物进行 GC-MS 分析。根据乙酰化的位置，推测皂苷中各个单糖之间的连接位置。

（三）乙酰化反应

将皂苷溶于吡啶 - 乙酸酐（2∶1）的混合溶剂中，室温放置数小时或加热回流 10 min，反应物倒入冰水中搅拌，析出沉淀物，过滤得到乙酰化皂苷衍生物。必要时可通过硅胶柱色谱纯化。将乙酰化皂苷衍生物进行 ESI-MS 测定，分析裂解碎片离子，推测糖的连接顺序。也可将乙酰化衍生物进行 ^{1}H-NMR 测定，通过分析乙酰基信号，推测糖的数目。

第四节　甾体化合物的提取分离

一、提取

（一）甾体化合物的提取

甾体化合物是以环戊烷骈多氢菲为母核的结构，因此绝大多数的甾体化合物极性都较低。目前，通常采用不同极性的有机溶剂对海洋来源样品进行浸提，减压浓缩，得到粗浸膏。

（二）甾体皂苷的提取

海洋来源甾体皂苷的水溶性较大，易溶于极性溶剂中。常采用含水乙醇（50%~80%）或甲醇提取，冷浸或加热回流。提取液蒸去溶剂后得流浸膏。

二、分离

（一）甾体化合物的分离

将粗提物均匀分散于水中，水溶液用石油醚萃取，除去油脂性成分，再用二氯甲烷或乙酸乙酯萃取，得甾体类化合物。然后再运用硅胶、凝胶和反相高效液相等色谱方法对粗分样品进行分离纯化。

（二）甾体皂苷的分离 [5]

提取获得的粗提物可采用大孔树脂除盐。将浸膏分散于水中，用小极性溶剂如石油醚除去脂溶性成分，用正丁醇萃取获得甾体皂苷总浸膏。甾体皂苷的分离现在多采用现代色谱分离技术进行分离纯化。如采用硅胶柱色谱分离，则多用水饱和的有机溶剂（如正丁醇-甲醇-水、氯仿-甲醇-水）进行洗脱分离。也可采用反相柱色谱、RP-HPLC 等色谱方法分离纯化，即可获得甾体皂苷单体。

例 9-1　海星（starfish）属于棘皮动物门（*Echinodermata*）海星纲（*Asteroidea*），在传统中药中海星具有清热解毒、软坚散结、和胃止痛等功效，主治甲状腺肿大、淋巴结核、瘰疬、瘿瘤、胃痛泛酸、腹泻和中耳炎等症。甾体皂苷类成分是海星主要的也是最重要的次生代谢产物，并已被证实具有抗肿瘤、抗菌、抗溃疡、神经保护和溶血等多种药理活性。采自中国南海西沙群岛永兴岛附近海域的面包海星（*Culcita novaeguineae*）80 kg（湿重，冷藏保存），切碎后用 75% 的乙醇溶液热回流提取 3 次，每次 2 h，合并回收提取液得到乙醇浸膏。浸膏用足量的水分散，依次用等体积的氯仿和水饱和正丁醇各提取 3 次，回收水饱和正丁醇层得到总皂苷部分（240 g）。面包海星提取物的水饱和正丁醇萃取部分（240 g）先用正相硅胶柱进行分离纯化，用 $CHCl_3 : CH_3OH : H_2O$（50 : 1 : 0 ~ 6.5 : 3.5 : 1）梯度洗脱，得到 18 个主要部分（Fr.1 ~ Fr.18）。Fr.10 部分用正相硅胶柱分离纯化，用 $CHCl_3 : CH_3OH : H_2O$（10 : 1 : 0.5 ~ 7 : 2 : 1）梯度洗脱，得三个部分，然后这三个部分再分别用 Sephadex LH-20 凝胶柱色谱、RP-C_{18} 反相柱色谱和半制备 HPLC 分离纯化得到化合物 linckoside L3；用 Sephadex LH-20 凝胶柱色谱、RP-C_{18} 反相柱色谱和半制备 HPLC 等分离纯化方法从 Fr.15 中分离得到化合物 sodium(20S)-6α-O-{β-D-fucopyranosyl-(1-2)-α-L-arabinopyranosyl-(1-4)-[β-D-quinovopyranosyl-(1-2)]-β-D-glucopyranosyl-(1-3)-β-D-quinovopyranosyl}-20-hydroxy-23-oxo-5α-cholest-9(11)-en-3β-yl sulfate [18]。

linckoside L3

sodium(20S)-6α-O-{β-D-fucopyranosyl-(1-2)-α-L-arabinopyranosyl-(1-4)-
[β-D-quinovopyranosyl-(1-2)]-β-D-glucopyranosyl-(1-3)-β-D-quinovopyranosyl}-
20-hydroxy-23-oxo-5α-cholest-9(11)-en-3β-yl sulfate

三、化学合成

海星皂苷 goniopectenoside B 的合成[16]：由于海星皂苷含量微小、对酸碱不稳定以及伴生现象严重，其分离异常困难。这也阻碍了关于其生物活性和构效关系的深入研究。合成化学家对这类复杂的高极性、活性多样的物质展开了合成研究和结构改造。

1993 年，Schmidt 等[19] 对海星糖苷 forbesides E3 和 E1 的合成代表了早期全合成天然皂苷的实例。2013 年，Yu 等[20] 基于金催化糖基邻炔基苯甲酸酯糖苷化方法，采用汇聚式合成策略，首次完成了 goniopectenoside B 的全合成。

如图 9-7 所示，以化合物 **1~5** 作为原料，通过常规的羟基保护和脱保护操作，利用三氯亚胺酯糖苷化的合成策略，完成了 goniopectenoside B 五糖链的合成。需要指出的是，利用二糖 **7** 中木糖 4-OH 比 2-OH 亲和性强的特性，可通过选择性糖苷化反应以 82% 的产率得到 β-（1→4）连接的三糖产物 **8**，有效地缩短了合成步骤并提高了合成效率。

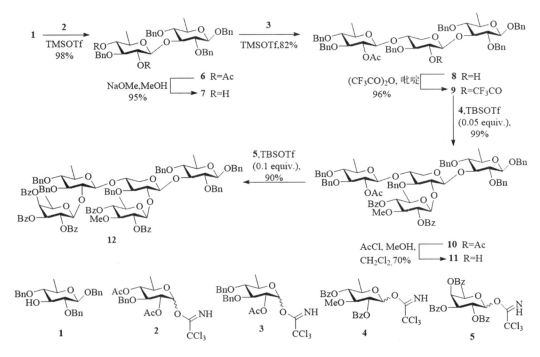

图 9-7　海星皂苷 goniopectenoside B 寡糖链的合成路线（1）

如图 9-8 所示，以肾上腺甾酮 **13** 为原料，通过 17 步反应，以 8.9% 的收率完成了 goniopectenoside B 苷元 **14** 的合成。在室温条件下，以 [Au(PPh₃)OTf](0.2 equiv.) 作为催化剂，过量的 **15**（5.0 equiv.）与 **14** 反应以 80% 的产率得到五糖糖苷后，再脱除 3 位 TBS，用 SO₃·pyridine 引入磺酸基和 MeONa 脱除 10 个苯甲酰基，以 80% 的产率得到了 goniopectenoside B。这样从肾上腺甾酮出发，通过汇聚式合成策略以 21 步和 4.3% 的总产率实现了对 goniopectenoside B 的全合成。该项研究为这类海洋天然产物的合成结构改造提供宝贵经验和技术路线，也为它们的活性和构效关系研究奠定坚实的物质基础。另外，需要指出的是，金催化的羰基邻炔基苯甲酸酯糖苷化是合成寡糖和糖缀合物温和而有效的新型反应，该反应适用于中性反应条件下与弱亲核性的受体和对酸敏感的化合物的糖苷化[21-31]。

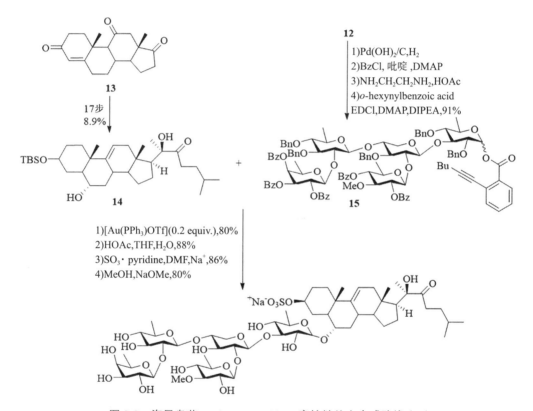

图 9-8　海星皂苷 goniopectenoside B 寡糖链的全合成路线（2）

第五节　甾体化合物的波谱学特征

一、紫外光谱

饱和的甾体化合物，在 200~400 nm 间没有吸收峰。但当 A 环或 B 环芳香化或存在共轭体系（结构中引入孤立双键、羰基、α,β-不饱和酮基或共轭双键）时，也会在 210~400 nm 表现相应的紫外特征。一般来说，含孤立双键苷元在 205~225 nm 有吸收峰

（ $\varepsilon \approx 900$ ），含羰基苷元在 285 nm 有一弱吸收峰（ $\varepsilon =500$ ）。具有 α , β - 不饱和酮基在 240 nm 有特征吸收峰（ $\varepsilon =11000$ ），同环共轭双烯在 270 nm 左右，异环共轭双烯在 230 nm 左右有吸收峰[5]。

二、红外光谱

一般情况下，甾体化合物红外光谱特征吸收峰有：① 1450 cm^{-1} 和 1380 cm^{-1} 附近分别出现甲基的不对称和对称弯曲振动吸收峰；② 3600~3200 cm^{-1} 和 1130~1030 cm^{-1} 分别出现羟基的 O—H 和 C—O 伸缩振动吸收峰；③ 1680~1630 cm^{-1} 和 1600 cm^{-1} 附近分别出现共轭烯酮的羰基和双键的特征吸收峰；④ 1750~1700 cm^{-1} 和 1300~1180 cm^{-1} 分别出现酯羰基和酯 C—O 伸缩振动吸收峰（若羟基被酯化）；⑤ 1800~1680 cm^{-1} 出现酮羰基的特征吸收峰（若羟基被氧化为酮），但其大小与羰基在甾核上的位置及其附近的立体构型相关，如 6- 羰基的 IR 就与 H-5 的构型有关：1715~1710 cm^{-1}（ 5-αH ）和 1709~1705 cm^{-1}（ 5-βH ）。此外，还有 1070 cm^{-1}（硫酸酯基）、1000 cm^{-1}（苷键）等吸收带[5]。

三、核磁共振波谱

（一）^{1}H-NMR

在甾体皂苷元的核磁共振氢谱中，表现为 δ 1.5~2.5 间质子信号的强烈重叠。但在高场部分（ δ 0.6~1.5 ）往往出现 2~6 个甲基的特征吸收峰；2 个单峰甲基（ CH$_3$-18 和 CH$_3$-19 ），3 个双峰甲基（胆甾类）或 4 个双峰甲基（麦角甾类）及 1 个三峰甲基（谷甾类），结合骨架碳原子数 19、21、27、28 或 29，可推测分子为相应的雄甾烷、孕甾烷、胆甾烷、麦角甾烷或谷甾烷骨架；其他甲基的化学位移：δ 3~4（甲氧基）、δ 2~3（乙酰甲基）、δ 1.8~2.2（双键甲基）。如分子中还存在双键，则会在 δ_H 4.6~6 出现烯氢的信号；若 22,23- 为双键，则在 δ 5~6 出现位置很近的 2 个烯氢的多重峰信号。如甲基被氧化为醛，则在 δ 9~10 会出现 -CHO 的特征峰，如进一步被氧化为酸，则在 δ 10~13 会出现 -COOH 的特征峰。连氧碳氢信号出现在 δ 3~4.5，糖苷的端基质子信号一般出现在 δ 4.6~6.2。若 A 环或 B 环芳香化，则在 δ 6~8.5 会出现芳香氢的信号；若形成环丙烷片段，则在 δ 0.1~0.6 会出现环丙烷质子的特征峰。通过 CH$_3$-21 的 ^{1}H-NMR 可确定 C-20 的绝对构型，20R-（ 20-βH ）比 20S-（ 20-αH ）向低场位移 δ 0.1 ；如在 CDCl$_3$ 中测定，CH$_3$-21 的 ^{1}H-NMR 则为 δ 0.91（ 20R- ）/0.81（ 20S- ）（ 22,23- 饱和 ）、1.04（ 20R- ）/0.94（ 20S- ）（ 22,23- 双键 ）[5,32]。

（二）^{13}C-NMR

一般出现 19、21、27、28 和 29 个骨架碳原子的吸收信号，分别相应于雄甾烷、孕甾烷、胆甾烷、麦角甾烷和谷甾烷骨架。甾体化合物母核结构中甲基数目较少，且连在季碳上的甲基数目最多也不会超过 3 个。这可与三萜类化合物相区别（三萜类化合物母核结构中甲基的数目可达到 8 个）。18、19、21 位的 3 个甲基的化学位移值均低于 δ 20 ；5-C 和 19-C 信号受甾体母核构型变化的影响最大。当 5-αH 异构体（ A/B 反式 ），5-C 和 19-C 信号分别出现在 δ 44.9 和 δ 12.3 ；5-βH 异构体（ A/B 顺式 ），5-C 和 19-C 信号

分别出现在 δ 36.5 和 δ 23.9。酮羰基碳信号一般在 δ 190~220、醛基碳信号在 δ 180~200、羧基碳信号在 δ 180 左右；其他羰基碳信号：δ 165~180（酯羰基）、160~170（酰胺羰基）。碳原子形成双键后，将向低场位移至 δ 115~150；连氧碳信号在 δ 60~90、甲氧基碳信号在 δ 50~60 [5,32]。

海星皂苷具有 $\Delta^{9(11)}$ 甾体母核，C-9 的化学位移在 δ 145 左右，C-11 的化学位移在 δ 116 左右；18 位和 19 位的角甲基分别位于 δ 13 和 δ 19 左右 [16]。

端基碳的化学位移在 δ 103~106，不同的糖的端基碳的化学位移均有所差异。例如，羟基被糖取代，所连接的碳原子发生苷化位移，向低场位移至 δ 8~11；羟基被硫酸酯基取代，则发生酯化位移，向低场位移至 δ 5~8 [16]。

四、质谱

由于海洋甾体多为多羟基取代的化合物，故 EI-MS 谱中除了分子离子峰 [M]$^+$ 之外，还常常出现 [M-H$_2$O]$^+$、[M-CH$_3$]$^+$、[M-H$_2$O-CH$_3$]$^+$、[M-CO]$^+$（若甾核上有羰基）、[M-R]$^+$（R = 17- 侧链烃基）或发生麦氏重排（McLafferty rearrangement，22- 或 23- 为双键）生成 [M-RH]$^+$。此外，可能的裂解还包括 D 环的裂解，生成 m/z 218（或 217+ 甾核上取代基）的峰；对于 5,6- 双键的海洋甾体也可能发生 B 环的逆 Diels-Alder 裂解，产生 m/z M-（124+A 环取代基）的峰 [5]。

例如，从南沙海域采集的 *Rhaphisia pallida* Ridley 海绵样品中分离得到的混合甾类样品，采用气相色谱 - 质谱法鉴定其组分 [33]。

1. **饱和甾核类甾醇**　二氢化胆甾醇：m/z 388 [M]$^+$，相应分子式是 $C_{27}H_{48}O$，不饱和度为 4，质谱图中 m/z 233 和 215 丰度高，表明该化合物是一个饱和甾醇化合物。m/z 233 是饱和甾核从 C_{13}-C_{17} 打开 D 环并失去 D 环上三个碳原子所生成的饱和甾醇类化合物的特征碎片峰，此碎片峰再失去一个水分子，则生成 m/z 215（基峰）的碎片峰（图 9-9）。

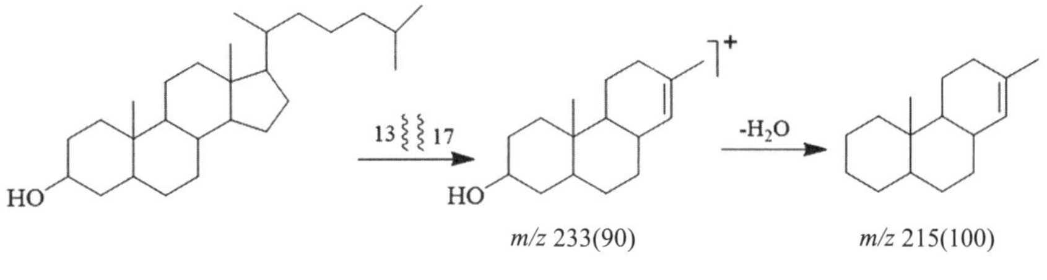

图 9-9　二氢化胆甾醇的质谱解析

2. **甾酮类化合物**　麦角甾 - Δ^{22}- 烯 -3- 酮：m/z 398 [M]$^+$，分子式是 $C_{28}H_{46}O$，不饱和度为 6，推算出除四个甾核环外，还应存在两个不饱和键。该化合物的质谱图上 [M]$^+$ 丰度很强 (70) 且不存在 M-18(失水) 峰，m/z 55 是基峰，是 A 环 3 位上酮基发生裂解的 3 位甾酮的特征。m/z 300(60) 是 Δ^{22} 位上裂解生成的碎片离子峰，表明分子中存在 Δ^{22} 位上的双键。经辅以计算机检索，确定该化合物为麦角甾 - Δ^{22}- 烯 -3- 酮（图 9-10）。

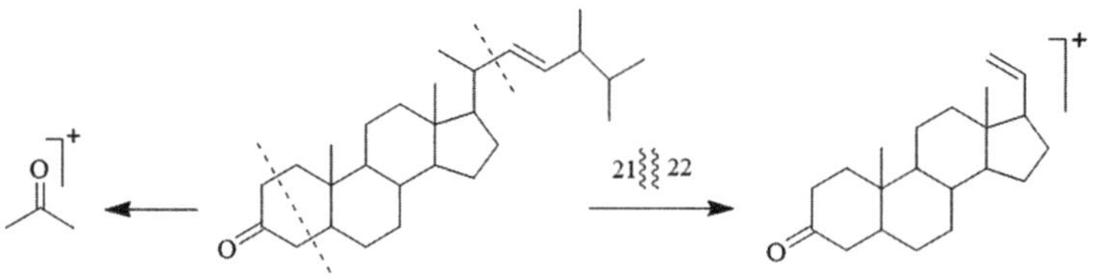

图 9-10　麦角甾 -Δ^{22}-烯 -3- 酮的质谱解析

3. Δ^{5}- 甾醇类化合物　Δ^{5}- 甾醇的主要特征峰，如 M-18，*m/z* 273、255、231、213 等特征碎片峰[34]。Δ^{5}- 甾醇裂解规律如图 9-11 所示。

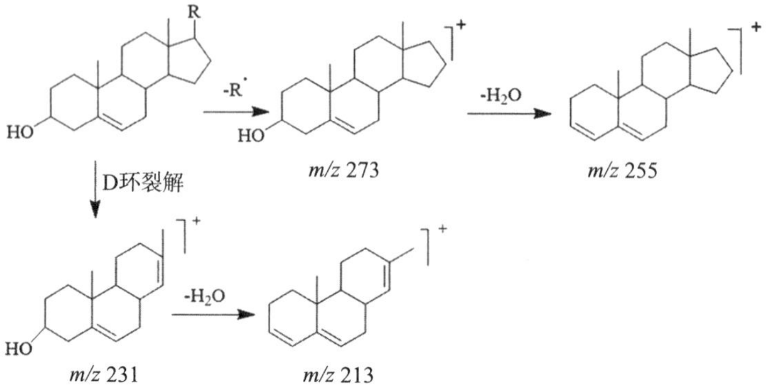

图 9-11　Δ^{5}- 甾醇的裂解规律

4. Δ^{5,22} 甾醇化合物　豆甾 -Δ^{5,22}- 二烯 -3β- 醇：*m/z* 412(M$^+$)，分子式为 $C_{29}H_{48}O$，不饱和度为 6。该化合物除了含有 4 个甾核环外，还含有两个不饱和键。其质谱中除了特征的 Δ^{5} 甾醇碎片峰 *m/z* 273、255、231、213 外，还含有 Δ^{22} 甾醇的特征碎片峰 *m/z* 300。因为该化合物的质谱中没有出现 *m/z* 299、296、281 的碎片峰，这些是 Δ^{24} 双链经麦氏重排及脱水、脱甲基后的特征峰。由此可排除双键位于 24 位上，而确定了该化合物的结构。

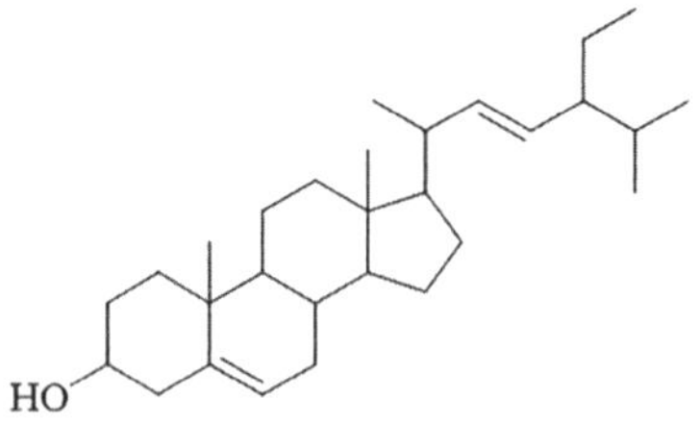

豆甾 -Δ^{5,22}- 二烯 -3β- 醇

5. Δ^{7} 甾醇　麦角甾 -Δ^{7}- 烯 -3- 醇：*m/z* 400(M$^+$)，分子式为 $C_{28}H_{48}O$，不饱和度为 5。该化合物的质谱中出现较强的分子离子峰，*m/z* 273、255、246、231、228、213、94、69 等碎片离子特征峰，说明该化合物是 Δ^{7} 甾醇化合物。

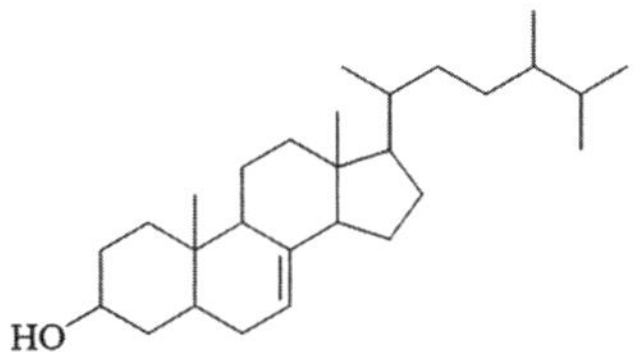

麦角甾 - Δ^7 - 烯 - 醇

　　皂苷由于连接多个糖分子，没有挥发性且高温易分解，不能采用 EI-MS 进行测定，故常采用 FAB-MS 或 ESI-MS 进行测定，除了可以得到分子离子峰外，还能观察到一系列逐个糖开裂产生的碎片离子以及脱硫酸酯基离子，可以帮助推测糖的数目、连接顺序及糖的种类[16]。

第六节　甾体化合物的生物活性

　　甾体化合物结构的特异性使其呈现出多种生物学活性，海洋来源的甾体化合物具有抗肿瘤、抗炎、抗菌、抗病毒和酶抑制等生物活性[35]。

一、抗肿瘤活性 [35-36]

　　海洋生物来源的甾体化合物具有活性强、结构复杂的特点，现已发现不少海洋生物中甾体类化合物具有显著的抗肿瘤活性，并成为新药先导化合物研究的热点。例如，从韩国海星 *Certonardoa semiregularis* 的甲醇提取物中分离得到的硫酸酯化甾体皂苷化合物对肺癌细胞（A549）、卵巢癌细胞（SK-OV-3）、皮肤癌细胞（SK-MEL-2）、胶质瘤细胞 XF498 和人结直肠腺癌细胞（HCT15）具有一定的抑制活性，其中对 SK-MEL-2 的抑制效果最好，ED_{50} 值为 2.67 μg/mL。Gauvin 等从海绵 *Luffariella cf. variabilis* 中分离得到 10 种多羟基甾醇，结构上都具有 5α,8α- 环二氧的结构单元。生物活性测试显示，这些化合物的混合物对人乳腺癌细胞系 MCF_7WT 具有抑制活性。

二、抗炎活性

　　从中国台湾软珊瑚 *Umbellulifera petasites* 中提取分离获得甾体化合物 petasitosterones B 和 C，结构分析发现化合物 petasitosterone C 是稀有的 A/B 螺［5，4］癸烷体系甾体衍生物。在生物活性测试中发现，两者能够通过抑制激活的中性粒细胞产生超氧阴离子表现出抗炎活性，其中化合物 petasitosterone B 对抑制一氧化氮的产生表现出显著的活性[36]。

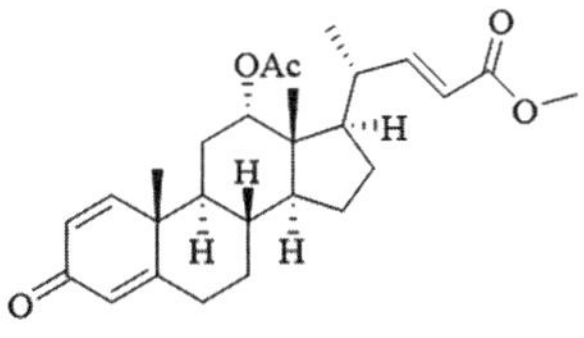

petasitosterone B 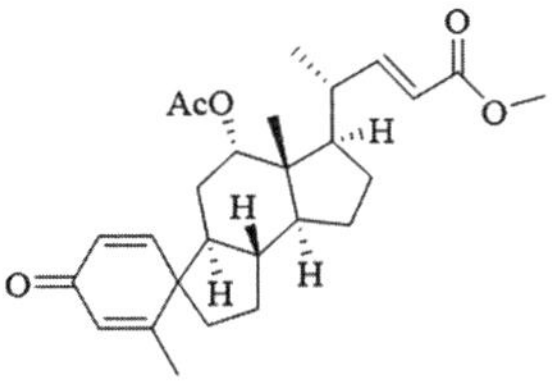　　　　　　　　petasitosterone C

海洋天然产物化学

三、抗菌活性

结核分枝杆菌引起的结核病是危害人类生命健康的慢性传染性疾病，多重耐药结核菌正在全球迅速蔓延。Wei 等[37] 从加勒比海海绵 *Svenzeazeai* 的乙醇 - 氯仿提取液中分离得到具有［6-5-6-5］甾核结构的新型 5（6→7）abeo-sterols 化合物 parguesterols A 和 B，两种化合物可有效地抑制结核菌 *Mycobacterium tuberculosis* H37Rv 的活性，MIC 值分别为 7.8、11.2 μg/mL。

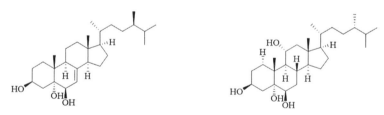

parguesterol A　　　　　　　　　　　parguesterol B

从印度红海海绵 *Lamellodysidea herbacea* 的二氯甲烷提取物中分离得到 2 个新的多羟基甾体化合物 cholesta-8,24-dien-3β,5α,6α-triol 和 cholesta-8（14），24-dien-3β,5α,6α-triol，通过抗菌试验发现其对热带假丝酵母 *Candida tropicalis* 具有一定的抑菌活性，在浓度 10 μg/dish 下其抑菌圈直径分别为 13、11 mm[38]。

四、抗病毒活性

病毒是由一个核酸分子与蛋白质构成的非细胞形态的靠寄生生活的生命体，近年来，危害性最大的是人类免疫缺陷病毒（HIV）和乙型肝炎病毒（HBV），现已发现部分海洋生物中的甾体类化合物具有抗病毒活性[35]。Gong 等[40] 从中国南海软珊瑚 *Sarcophyton* sp. 的甲醇提取液中分离得到化合物（24R）-methylcholest-7-en-3β,5α,6β-triol 和（24S）-ergost-3β,5α,6β,11α-tetraol，经细胞模型上的抗病毒药物活性鉴定发现，这两种化合物可有效抑制甲型 H1N1 流感病毒的活性，其 IC$_{50}$ 值分别为 19.6、36.7 μg/mL。

(24R)-methylcholest-7-en-3β,5α,6β-triol　　　(24S)-ergost-3β,5α,6β,11α-tetraol

从红海海绵 *Clathria* sp. 的甲醇 - 乙酸乙酯提取物中分离得到化合物 clathsterol，经细胞模型上的抗病毒药物活性鉴定发现，在浓度 10 μg / mL 时，该化合物可有效抑制人类免疫缺陷病毒 1 型（HIV-1）逆转录酶的活性[40]。

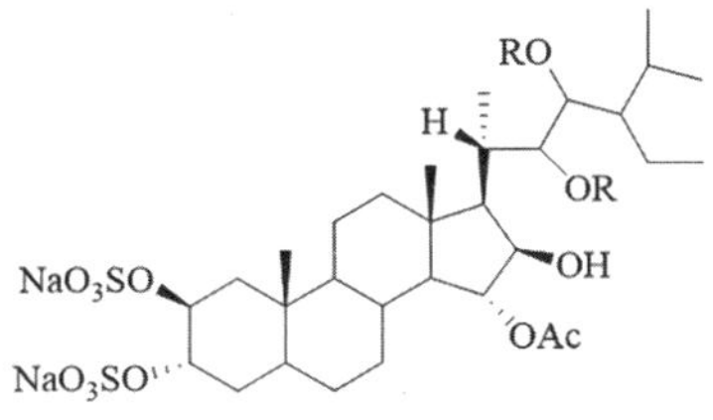

R=C3H7CO

clathsterol

五、其他活性

从印尼海绵 *Topsentia* sp. 的甲醇提取液中分离得到的化合物 topsentinol K trisulfate 具有显著的天冬氨酸蛋白酶（BACE1）的抑制活性，其 IC_{50} 值为 1.2 μmol/L[41]。

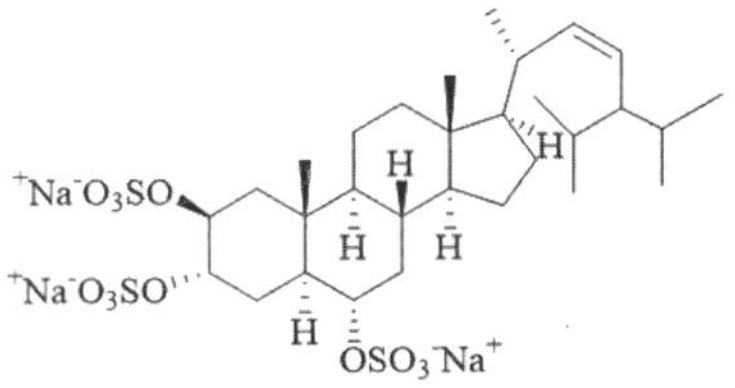

topsentinol K trisulfate

Rao 等[42] 从印度马纳尔湾海绵 *Callyspongia fibrosa* 中分离得到化合物 24*S*-24 methyl-cholestane-3*β*,5*α*,6*β*,25-tetraol-25-monoacetate，该化合物对恶性疟原虫（ *Plasmodium falciparum* ）有中等抑制活性。

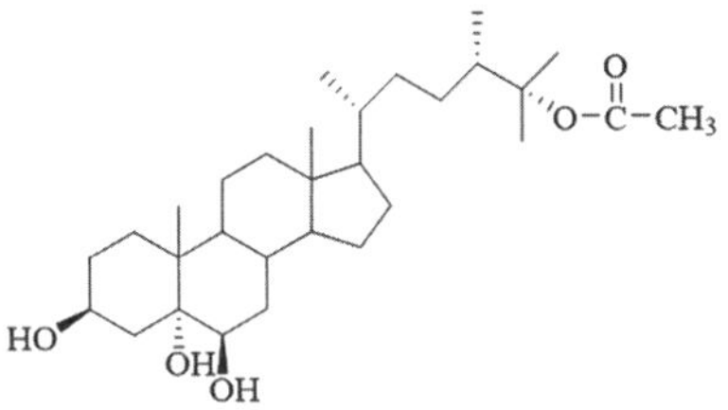

24*S*-24 methyl-cholestane-3*β*,5*α*,6*β*,25-tetraol-25-monoacetate

第七节　临床药物或正在临床研究的甾体化合物

临床上有很多能够治疗细菌感染的药物，但有效的抗病毒药物并不多。1993 年，美国乔治城大学医学中心 Zasloff 博士从黑缘刺鲨 *Centrophorus atromarginatus Garman* 的肝脏组织中分离得到了具有甾体母核结构的胆固醇类成分角鲨胺（squalamine）[1]。Zasloff 等[43] 认为持有正电荷的角鲨胺分子进入细胞后，能够特异性地与带有负电荷的细胞膜内侧像纽扣一样连接，并占有那些病毒感染时依赖性地粘贴在细胞内膜上的正电荷蛋白质空间位置，从而降低了细胞对病毒的易感性。角鲨胺在体内外的抗病毒实验中均显示了较好的药效活性，有望用于抑制登革热及肝炎等部分病毒细胞的增

殖。同时在实验动物研究中也注意到，角鲨胺对黄热病、马脑炎病毒、巨细胞病毒
（cytomegalovirus）也显示出一定的药效活性。因此，角鲨胺的抗病毒作用的研发具有
一定的理论和社会意义[44,45]。目前全身使用角鲨胺（商品名为 Squalamax）治疗 AMD
（age-related macular degeneration）眼的脉络膜新生血管（CNV）正在进行 II 期临床试验。

squalamine

◎ **思考题**

1. 海洋甾体化合物主要有哪几类？其分布如何？

2. 海洋甾体化合物的结构特点有哪些？

3. 海星中的甾体皂苷主要有哪几类？

4. 甾体类化合物核磁共振的典型特征有哪些？

5. 甾体皂苷的性质有哪些？

◎ **进一步文献阅读**

1. Dias A C D, Couzinet-Mossion A, Ruiz N, et al. 2019. Steroids from marine-derived fungi: evaluation of antiproliferative and antimicrobial activities of eburicol[J]. Marine Drugs, 17(6): 372.

2. Palanisamy S K, Arumugam V, Rajendran S, et al. 2019. Chemical diversity and anti-proliferative activity of marine algae[J]. Natural Product Research, 33(14): 2120-2124.

3. Zhang D, Cai F, Zhou X, et al. 2003. A concise and stereoselective synthesis of squalamine[J]. Organic Lerrers, 18(5): 3257-3259.

◎ **参考文献**

[1] 王思明, 王于方, 李勇, 等 . 2016. 天然药物化学史话: 来自海洋的药物 [J]. 中草药 , 47(10): 1629-1642.

[2] 袁海燕, 陈爽, 黄燕敏, 等 . 2018. 海洋生物中甾体化合物的研究进展 [J]. 化学通报 , 81(6): 501-506.

[3] 易杨华, 焦炳华 . 2006. 现代海洋药物学 [M]. 北京 : 科学技术出版社 .

[4] 裴月湖 . 2016. 天然药物化学 [M]. 7 版 . 北京 : 人民卫生出版社 .

[5] 张文 . 2012. 海洋药物导论 [M]. 2 版 . 上海 : 上海科学技术出版社 .

[6] Qi S H, Miao L, Gao C H, et al. 2010. New steroids and a new alkaloid from the gorgonian isis minorbrachyblasta: structures, cytotoxicity, and antilarval activity[J]. Helvetica Chimica Acta, 93(3): 511-516.

[7] Rodríguez Brasco M F, Genzano G N, Palermo J A. 2007. New C-secosteroids from the gorgonian

Tripalea clavaria[J]. Steroids, 72: 908-913.

[8] Qiu Y, Deng Z W, Xu M J, et al. 2008. New A-nor steroids and their antifouling activity from the Chinese marine sponge Acanthella cavemosa[J]. Steroids, 73: 1500-1504.

[9] Wendy S, Bruce T, Jon C, et al. 1980. Peridinosterol-a new Δ^{17}-unsaturated sterol from two cultured marine algae[J]. Tetrahedron Letters, 21(49): 4663-4666.

[10] Ochi M, Yamada K, Kotsuki H, et al. 1991. Two novel secosterols possessing brine-shrimp lethality from Gorgonian Calicogoria sp.[J]. Chemistry Letters, 231: 427-430.

[11] Wei X M, Rodriguez A D, Wang Y H, et al. 2007. Novel ring B abeo-sterols as growth inhibitors of *Mycobacterium tuberculosis* isolated from a Caribbean Sea sponge, *Svenzea zeai*[J]. Tetrahedron Letters, 48: 8851-8854.

[12] Zhang Y M, Liu B L, Zheng X H, et al. 2017. Anandins A and B, two rare steroidal alkaloids from a marine *Streptomyces anandii* H41-59[J]. Marine Drugs, 15(11): 355.

[13] Sunassee S N, Ransom T, Henrich C J, et al. 2014. Steroidal alkaloids from the marine sponge *Corticium niger* that inhibit growth of human colon carcinoma cells[J]. Journal of Natural Products, 77(11): 2475-2480.

[14] Imperatore C, D'Aniello F, Aiello A, et al. 2014. Phallusiasterols A and B: two new sulfated sterols from the mediterranean tunicate *Phallusia fumigata* and their effects as modulators of the PXR receptor[J]. Marine Drugs, 12(4): 2066-2078.

[15] 汤海峰, 易杨华, 张淑瑜, 等. 2004. 海星皂苷的研究进展 [J]. 中国海洋药物杂志, 23(6): 48-57.

[16] 于广利, 谭仁祥. 2016. 海洋天然产物与药物研究开发 [M]. 北京: 科学出版社.

[17] Kornprobst J M, Sallenave C, Barnathan G. 1998. Sulfated compounds from marine organisms[J]. Comp Biochem Physiol, 119B(1): 1.

[18] 陆云阳. 2018. 面包海星中的甾体苷成分及其抗胶质瘤机制研究 [D]. 西安: 中国人民解放军空军军医大学.

[19] Schmidt R R, Jiang Z H, Han X B, et al. 1993. Micromolding of a highly fluorescent reticular coordination polymer: solvent mediated[J]. Liebigs Ann Chem, 1179-1184.

[20] Yu R I, Kompella S N, Adams D J, et al. 2013. Determination of the α-conotoxin Vel.1 binding site on the $\alpha 9 \alpha 10$ nicotinic acetylcholine receptor[J]. Journal Medicinal Chemistry, 56: 3557-3567.

[21] Li Y, Yang Y, Yu B, et al. 2008. An efficient glycosylation protocol with glycosyl ortho-alkynylbenzoates as donors under the catalysis of Ph$_3$PAuOTf[J]. Tetrahedron Letters, 49: 3604-3608.

[22] Li Y, Yang X Y, Yu B, et al. 2010. Gold (I)-catalyzed glycosylation with glycosyl ortho-alkynylbenzoates as donors:General scope and application in the synthesis of a cyclic triterpene saponin[J]. Chemistry A European Journal, 16:1871-1882.

[23] Zhu Y G, Yu B. 2011. Characterization of the isochromen-4-yl-gold (I) intermediate in the gold (I)-catalyzed glycosidation of glycosyl ortho-akynylbenzoates and enhancement of the catalytic efficiency thereof[J]. Angewandte Chemie International Edition, 50: 8329-8332.

[24] Yu J, Sun J S, Yu B. 2012. Construction of interglycosidic N-O linkage via direct glycosylation of sugar oximes[J]. Organic Letters, 14: 4022-4025.

[25] Zhang J, Shi H F, Yu B, et al. 2012. Expeditious synthesis of saponin P57, an appetite suppressant from Hoodia plants[J]. Chemical Communications, 48: 8679-8681.

[26] Ma Y Y, Li Z Z, Yu B, et al. 2011. Assembly of digitoxin by gold（Ⅰ）-catalyzed glycosidation of glycosyl *o*-alkynylbenzoates[J]. The Journal of Organic Chemistry, 76: 9748-9756.

[27] Zhang Q J, Sun J S, Yu B, et al. 2011. An efficient approach to the synthesis of nucleosides: gold（Ⅰ）-catalyzed *N*-glycosylation of pyrimidines and purines with Glycosyl *ortho*-alkynyl benzoates[J]. Angewandte Chemie International Edition, 50: 4933-4936.

[28] Yang W Z, Sun J S, Yu B, et al. 2010. Synthesis of kaempferol 3-*O*-(3",6"-di-*O*-*E*-*p*-coumaroyl)-*β*-D-glucopyranoside, efficient glycosyltion of flavonol 3-OH with glycosyl *o*-alkynylbenzoates as donors[J]. The Journal of Organic Chemistry, 75: 6879-6888.

[29] Yang Y, Li Y, Yu B. 2009. Total synthesis and structural revision of TMG-chitotriomycin, a specific inhibitor of insect and fungal *β*-*N*-Acetylglucosaminidases[J]. Journal of the Ametican Chemical Society, 131: 12076-12077.

[30] Tang Y, Li J K, Yu B, et al. 2013. Mechanistic insights into the Gold（Ⅰ）-Catalyzed activation of Glycosyl ortho-alkynylbenzoates for glycosidation[J]. Journal of the Ametican Chemical Society, 135: 18396-18405.

[31] Nie S Y, Li W, Yu B. 2014. Total synthesis of nucleoside antibiotic A 201A[J]. Journal of the Ametican Chemical Society, 136: 4157-4160.

[32] 吴立军. 2009. 实用有机化合物光谱解析 [M]. 北京：人民卫生出版社.

[33] 岑颖洲, 苏镜娱. 1997. 海绵 *Rhaphisia pallida* Ridley 中甾类成分的质谱分析 [J]. 分析测试学报, 16(4): 31-34.

[34] 丛浦珠. 1987. 质谱学在天然有机化学中的应用 [M]. 北京：科学出版社, 755.

[35] 吴靖娜, 刘智禹, 潘南, 等. 2015. 海洋来源甾体化合物的生物活性研究进展 [J]. 福建水产, 37(4): 325-337.

[36] Huang C Y, Chang C W, Tseng Y J, et al. 2016. Bioactive Steroids from the formosan soft coral *Umbellulifera petasites*[J]. Marine Drugs, 14(10): 180.

[37] Wei X, Rodríguez A D, Wang Y, et al. 2007. Novel ring B abeo-sterols as growth inhibitors of *Mycobacterium tuberculosis* isolated from a Caribbean Sea sponge, Sv-enzea zeai[J]. Tetrahedron Letters, 48(50): 8851-8854.

[38] Sauleau P，Bourguet-Kondracki M L. 2005. Novel poly-hydroxysterols from the Red Sea marine sponge *Lamel-lodysidea herbacea* [J].Steroids, 70(14): 954-959.

[39] Gong K K, Tang X L, Zhang G, et al. 2013. Polyhydroxy-lated steroids from the South China Sea soft coral *Sarcophyton* sp. and their cytotoxic and antiviral activities[J]. Marine drugs, 11(12): 4788-4798.

[40] Rudi A, Yosief T, Loya S, et al. 2001. Clathsterol，a novel anti-HIV-1 RT sulfated sterol from the sponge Clathria species[J]. Journal of natural products, 64(11): 1451-1453.

[41] Dai J, Sorribas A, Yoshida W Y, et al. 2010. Topsentinols, 24-isopropyl steroids from the marine sponge *Topsentia* sp.[J]. Journal of Natural Products,73(9): 1597-1600.

[42] Rao T S P, Sarma N S, Murthy Y L N, et al. 2010. New polyhydroxy sterols from the marine sponge *Callyspongia fibrosa* (Ridley & Dendly) [J]. Tetrahedron Letters, 51(27): 3583-3586.

[43] Zasloff M, Adams A P, Beckerman B, et al. 2011. Squalamine as a broad-spectrum systemic antiviral agent with therapeutic potential[J]. PNAS, 108(38): 15978-15983.

[44] Moore K S, Wehrli S, Roder H, et al. 1993. Squalamine: an aminosterol antibiotic from the shark[J]. PNAS, 90(4): 1354-1358.

[45] Harrison C. 2011. Antiviral drugs: dogfish shark chemical hasbroad-spectrum activity[J]. Nature Reviews Drug Discovery, 10(11): 816-819.

第十章

醌类化合物

视频讲解与
教学课件

◎ **学习目标**

1. 掌握醌类化合物的结构特征及分类。

2. 掌握醌类化合物的鉴别方法、理化性质及常用提取分离方法。

3. 掌握醌类化合物紫外光谱、红外光谱、质谱与核磁共振波谱特征。

4. 熟悉常用醌类药物的名称及结构。

5. 了解醌类化合物的生物活性及在天然药物研究开发中的应用。

泛醌（ubiquinone）又称辅酶 Q（coenzyme Q, CoQ），为一类脂溶性醌类化合物，带有由不同数目（6~10 个）异戊二烯单位组成的侧链。其苯醌结构能可逆地加氢还原成对苯二酚化合物，是呼吸链中的氢传递体。哺乳动物细胞内的 CoQ 含有 10 个异戊二烯单位，故又称 Q10。CoQ 可接受一个电子和一个 H^+ 还原成半醌式，再接受一个电子和一个 H^+ 还原成二氢泛醌。CoQ 也有三种不同存在形式，即氧化型、半醌型和还原型，在呼吸链中传递一个或两个电子。

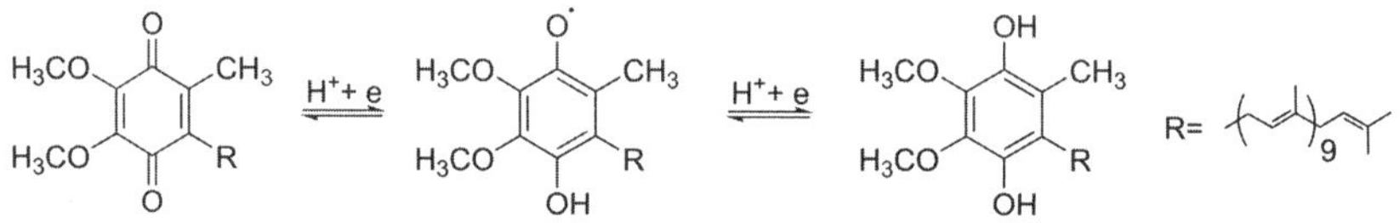

泛醌（氧化型）　　泛醌 H（半醌型）　　二氢泛醌（还原型）

第一节　概　述

醌类化合物是一类重要的天然色素，也是自然界中存在的一类重要的天然产物。醌类化合物在很多海洋生物中有着广泛的分布，如真菌、放线菌、海胆、海绵及其共生菌等。另外，在生物体内醌类化合物辅酶 Q（泛醌）作为电子传递链中唯一的非蛋白电子载体参与氧化呼吸链进程，起着举足轻重的作用。

天然醌类化合物主要有苯醌、萘醌、菲醌和蒽醌四种类型。其中蒽醌类化合物是被发现最多类型的化合物。近年来随着对海洋天然产物研究的不断深入，人们不断发现众多结构新颖且活性良好的醌类化合物，这些化合物具有抑菌、抗氧化、诱导肿瘤细胞凋亡等方面的生物活性[1, 2]。

第二节　醌类化合物的结构与分类

一、苯醌类

苯醌可以分为对苯醌和邻苯醌两类，天然存在的主要为对苯醌的衍生物。

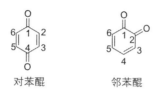

对苯醌　　　邻苯醌

从青霉菌 *Penicillium dipodomyicola* 发酵产物中获得 peniphenones C，该化合物具有强烈抑制结核杆菌（*Mycobacterium tuberculosis*）的蛋白酪氨酸磷酸酶 B（Mptp B）活性[3]。

从海洋真菌 FOM-8108 的肉汤发酵液中分离得到 chlorogentisylquinone，该化合物能抑制小鼠脑膜神经磷脂酶活性（IC_{50} = 1.2 μmol/L）。[4]

从采自日本三重县 Gokasyo 海底沉积物的真菌 *Emeericella variecolor* GF10 的发酵液中，分离得到 6-epi-ophiobolin N。经活性筛选发现，该化合物对神经细胞瘤 Neuro 2A 有细胞毒性作用[5]。

peniphenones C　　　chlorogentisylquinone　　　6-epi-ophiobolin N

从放线菌中获得四个二氮杂醌类化合物：diazaquinomycin A（DAQA）、diazaquinomycin E（DAQE）、diazaquinomycins F（DAQF）和 diazaquinomycin G（DAQG）。其中，DAQF 和 DAQA 对 OVCAR5 细胞均有中等抑制活性，IC_{50} 值分别为 9.0 和 8.8 μmol/L[6]。

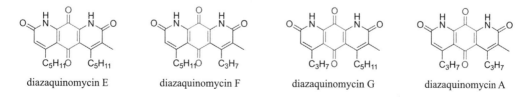

diazaquinomycin E　　　diazaquinomycin F　　　diazaquinomycin G　　　diazaquinomycin A

二、萘醌类

天然存在的萘醌类化合物多数为 1,4-二萘醌的衍生物，多为橙色或橙红色晶体，少数呈紫色。

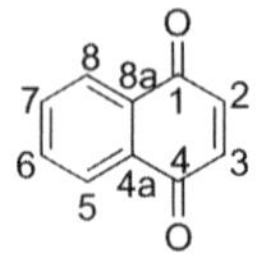

萘醌

thioquinomycins A–D 是一类具有萘醌的母核结构，与传统萘醌母核相比，该结构在萘醌环上多一个噻吩环，又称为 naphthothiophenediones。这四个化合物对 PKCα 和 ROCK2 酶均有一定的抑制活性，IC$_{50}$ 值为 0.64~8.89 μmol/L。[7]

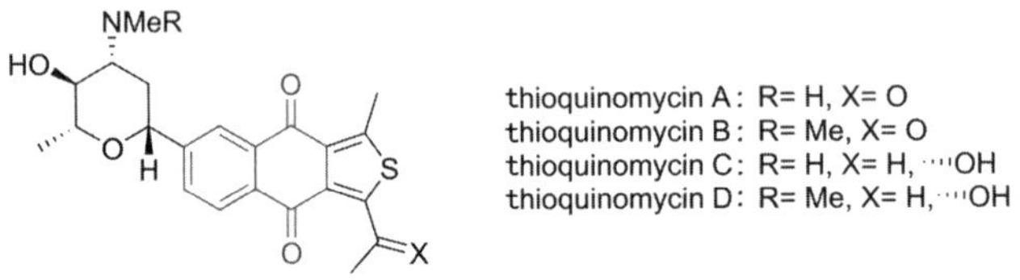

thioquinomycin A：R= H, X= O
thioquinomycin B：R= Me, X= O
thioquinomycin C：R= H, X= H, ''''OH
thioquinomycin D：R= Me, X= H, ''''OH

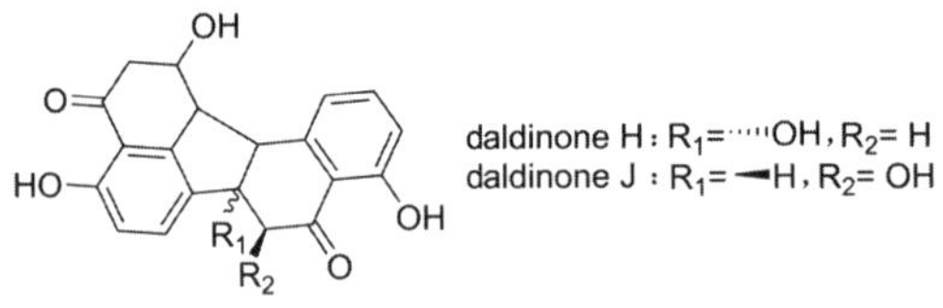

daldinone H：R$_1$= ''''OH, R$_2$= H
daldinone J：R$_1$= —H, R$_2$= OH

从香灰菌中分离得到两个二聚萘醌类化合物 daldinones H 和 J。对其生物合成途径进行推测，1,8-dihydroxynaphthalene（DHN）可能是其前体化合物，将 DHN 作为前体化合物喂养到发酵培养基中后，发现 daldinones H 和 B 在发酵液中不断积累，初步证实了这些化合物的生物合成途径可能是通过氧化两分子的 DHN 单元而形成的假设。[8]

rifsalinike 是从 *Salinispora arenicola* 中分离得到的，其结构已经全合成验证。rifsalinike 为利福平（rifamycin）类似化合物，其母核结构为氨基萘醌结构，氨基萘醌再与不饱和脂肪酸以酰胺键连接。[9]

化合物 seriniquinone 最早是合成产物，在丝氨酸球菌属 *Serinicoccus* sp. 放线菌中发现了这个化合物，活性筛选表明该化合物具有潜在的抗肿瘤活性，并有一定的选择性。[10]

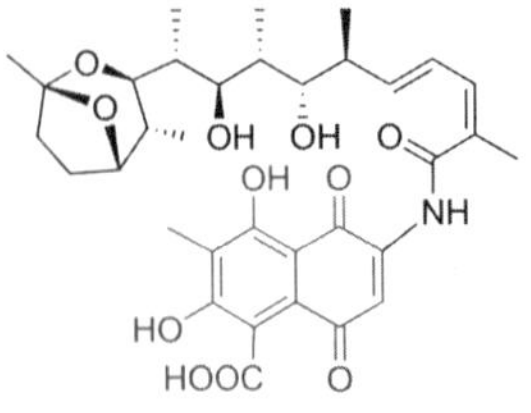

rifsalinike

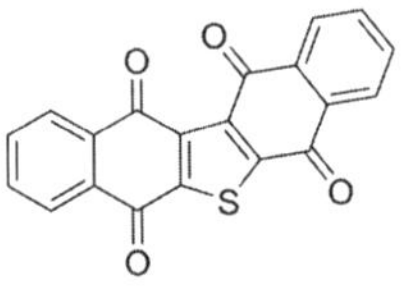

seriniquinone

mirabiquinone 是一种多取代的二聚萘醌类化合物，它是从海胆（*Sea urchin Scaphechinus mirabilis*）中分离得到的一种不对称二聚蒽醌化合物，它具有出色的捕获 DPPH（1,1-二苯基-2-苦肼基）自由基的能力。[11]

bostrycin 最早是从 *Bostrichonema alpestre* 真菌的发酵液中分离得到的，从中国南海红树植物 *Kandelia candel*（L.）的内生真菌（No. 1403）中分离得到该化合物。该化合物在 100 mmol/L 的剂量下，对结核杆菌中 Mptp B（酪氨酸磷酸酶）的活性抑制率为（37±3.3）%。[12]

mirabiquinone   bostrycin

从印度洋礁滩中采集到的四种常见海胆 *Echinometra mathaei*、*Diadema savignyi*、*Tripneustes gratilla* 和 *Toxopneustes pileolus* 中提取得到了 echinochrome A，spinochromes A、C、D、E 五个萘醌类化合物[13]。从中国黄海的海胆中也分离得到了 spinochromes A、C、E 等萘醌类化合物[14]。经研究发现这些化合物的最大吸收波长在 470 nm 处，显示可以作为潜在的抗紫外辐射功能材料进行应用开发。同时，这些化合物还具有捕获 DPPH 自由基、Fe^{2+} 螯合剂和还原的能力。

echinochrome A   spinochrome A   spinochrome C

spinochrome D   spinochrome E

三、菲醌类

菲醌主要分为邻菲醌和对菲醌两大类型，邻菲醌又存在 I 型和 II 型两种。

对菲醌　　　　　　邻菲醌（I 型）　　　　　　邻菲醌（II 型）

菲醌在自然界中存在较少，有报道的在中药丹参中发现的丹参醌类化合物均为菲醌类化合物，如丹参醌Ⅰ和丹参新醌甲等化合物。另外，Liu 等[15] 报道从西藏杓兰中发现cypritibetquinones A 和 B 两个对菲醌类化合物。

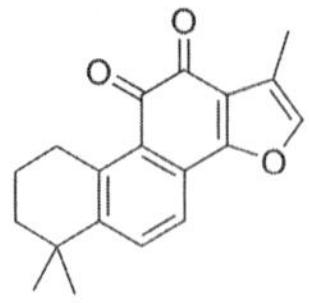

丹参醌Ⅰ

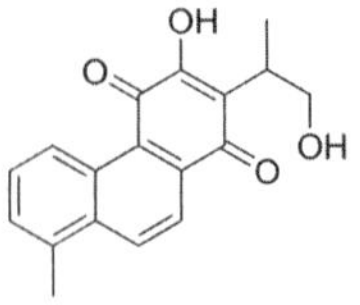

丹参新醌甲

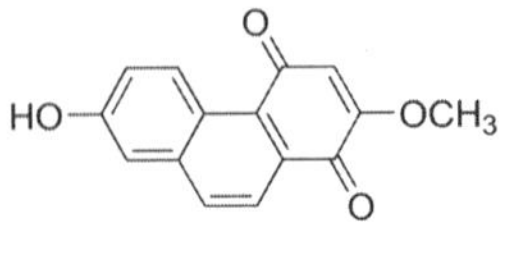

cypritibetquinone A

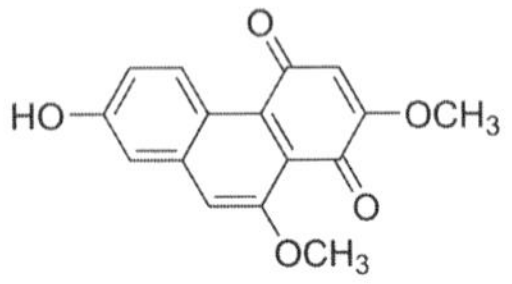

cypritibetquinone B

四、蒽醌类

天然蒽醌以 9,10- 蒽醌最为常见，由于整个分子形成一个共轭体系，C_9、C_{10} 又处于最高氧化水平，比较稳定。

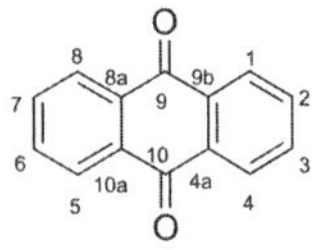

9,10- 蒽醌

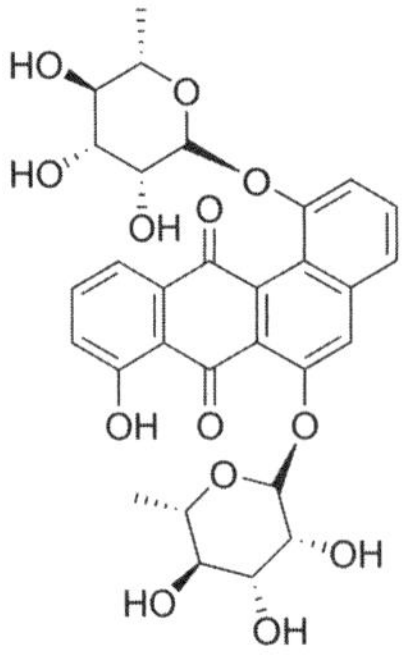

actinosporin A

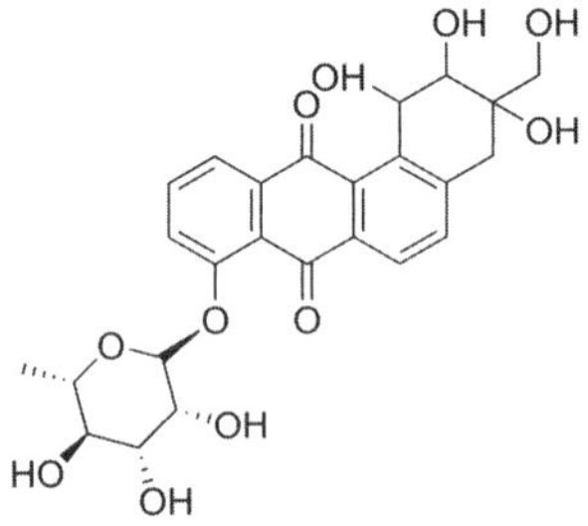

actinosporin B

利用 OSMAC（one-strain many-compounds）策略，通过统计分析确定适合岸栖放线动孢菌产生次生代谢产物的最佳培养条件，从中分离得到糖基取代的四环素类化合物 actinosporins A 和 B，其中化合物 actinosporin A 具有中度抑制布氏锥虫（*Trypanosoma brucei*）导致的昏睡病活性。[16]

碳苷取代的苯并蒽醌衍生物 urdamycinones E 和 G、dihydroxy-aquayamycin 和 *N*-glycosylated arenimycin 是从来源于泰国 Sichang 岛的 *Xestospongia* sp. 海绵共生放线菌分离得到的。其中 urdamycinones E 和 G、dehydroxyaquayamycin 这 3 个化合物对结核分枝杆菌具有广泛的抗结核活性，MIC 值分别为 5.88、24.32、14.40 和 14.04 mmol/L。而 *N*-glycosylated arenimycin 则对 *Mycobacterium tuberculosi* 有着强烈的抑制活性，MIC 值为 1.50 mmol/L[17,18]。

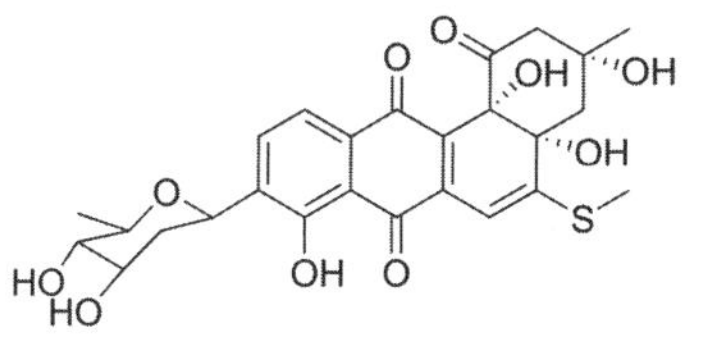

urdamycinone E

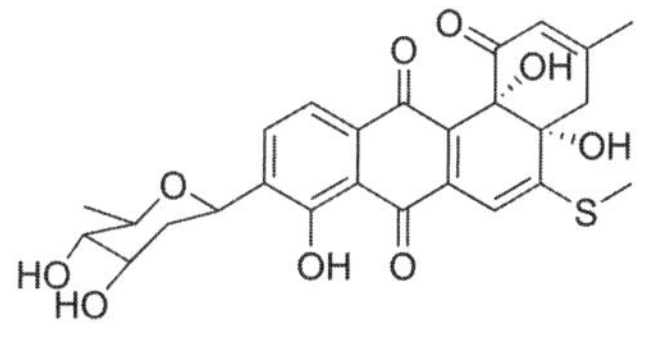

urdamycinone G

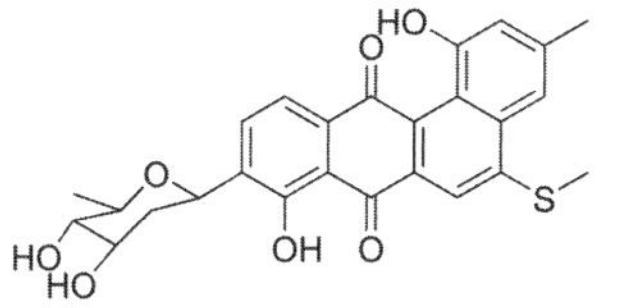

dehydroxyaquayamycin

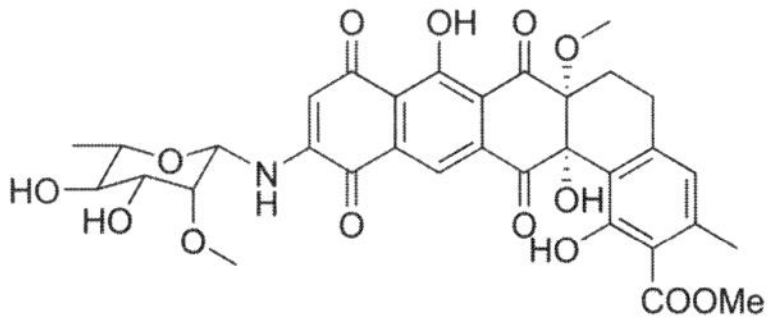

N-glycosylated arenimycin

曲霉属真菌一直是新型代谢产物的丰富来源。将两种不同发育阶段的蒜曲霉（*Aspergillus alliaceus*）共培养产生氯化二聚蒽醌 A。通过不同培养条件的筛选进行深入研究，发现氯化二聚蒽醌 A 由两个不同发育阶段的蒜曲霉共培养才能产生。[19]

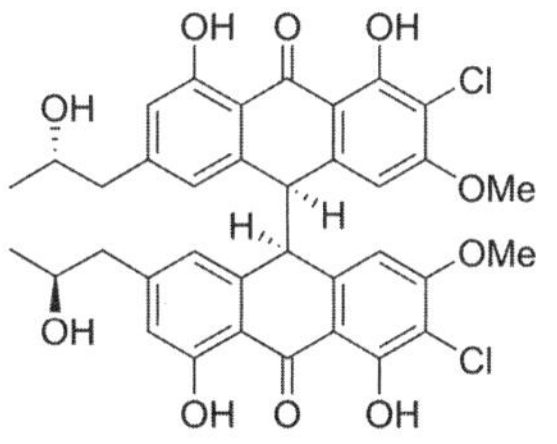

氯化二聚蒽醌 A

来自深海的花斑曲霉（*Aspergillus versicolor*）经培养可以产生一系列的芳香族类化合物，其中包括 aspergilols A 和 B，这两个化合物拥有新型的骨架结构，将苔黑素通过碳碳键连接在蒽醌的结构上。[20]

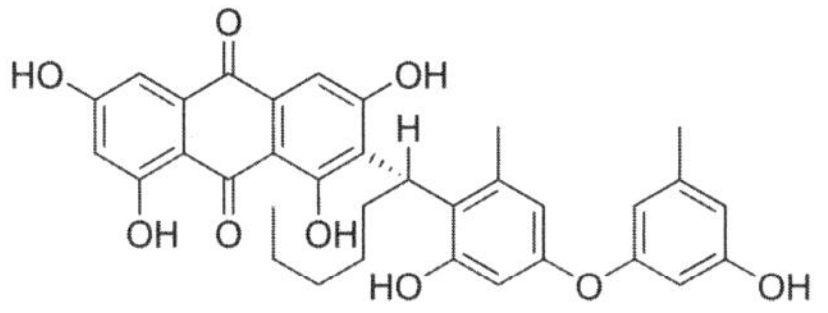

aspergilol A

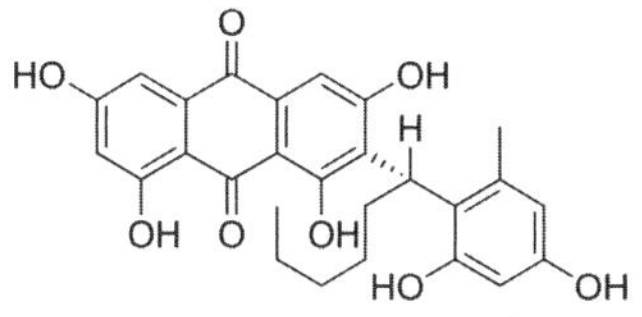

aspergilol B

五、萜–醌杂合类

halioxepines C 分离自蜂海绵属海绵，它的结构由一个取代环己烷通过亚甲基连接到一个环氧环上，再通过碳链与苯醌相连。该化合物对多种肿瘤细胞株具有细胞毒活性[21]。

均质处理后的海绵 *Verongula rigida* 提取物具有潜在的强氧化能力，将其加入到均质化的 *Smenospongia aurea* 和 *S. cerebriformis* 中，在乙醇中孵育一周后提取次生代谢产物。结合 LC-MS 分析，分离提取物获得新的 4, 9-friedodrimane meroterpenoid。虽然 4, 9-friedodrimane meroterpenoid 可能是乙醇孵育的人工产物，但其骨架结构可能是次生代谢产物，可以调节 Wnt/β-catenin 信号通路，进而抑制肿瘤细胞生长。[22]

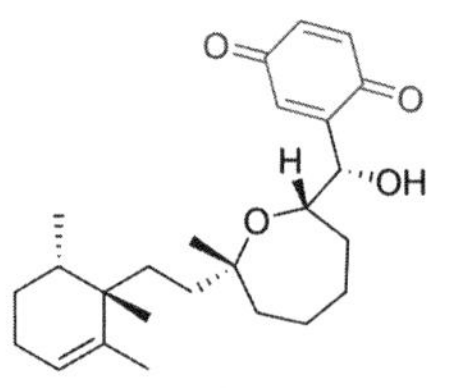

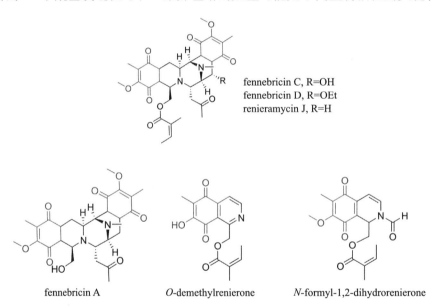

halioxepines C 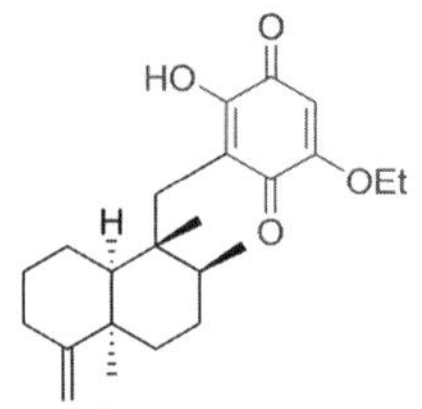   4, 9- friedodrimane meroterpenoid

六、生物碱-醌杂合类

从南海裸鳃海蛞蝓和它的主要食物 *Xestospongia* sp. 海绵中分离得到一系列生物碱-醌杂合类化合物[23]。其中化合物 fennebricins C 和 D、renieramycin J、fennebricin A 和 *N*-formyl-1,2-dihydrorenierone 显示了显著的 NF-κB 抑制活性，IC_{50} 值分别为 9.7、5.7、7.1、1.0 和 1.5 μmol/L。另外，fennebricin A 和 *O*-demethylrenierone 还显示出对 A549 细胞毒性和 HL-60 肿瘤细胞毒活性，IC_{50} 值为 2~7 μmol/L。初步的 SAR 研究表明，单体异喹啉的 *N*-甲酰基或吡啶环、二聚异喹啉的羟基可能是不同生物活性的关键官能团。

fennebricin C, R=OH
fennebricin D, R=OEt
renieramycin J, R=H

fennebricin A   *O*-demethylrenierone   *N*-formyl-1,2-dihydrorenierone

第三节　醌类化合物的理化性质 [1,2]

一、性状

蒽醌类化合物都为黄色至橙红色固体，有一定的熔点。一般分子中无酚羟基呈黄色，有酚羟基呈橙色或红色。游离的蒽醌化合物都有完好的晶体形状，可以溶于乙醇、乙醚和苯中，微溶于水。而大多数蒽醌糖苷类较难得到完好的晶体。另外，蒽醌类化合物大多数有荧光，并在不同 pH 值时显示不同的颜色。

二、化学性质

（一）酸性

醌类分子中一般具有酚羟基，故有酸性，能溶于碱液，加酸酸化后可以再析出，这可以作为提取醌类的方法。

（二）Karius 反应

醌类化合物（蒽醌除外）溶解在石油醚中可与二乙胺发生颜色反应，呈现出不同的颜色。

（三）Feigl 反应

醌类化合物在碱性条件下与甲醛和邻二硝基苯加热发生氧化还原反应，将邻二硝基苯氧化变成紫色。

（四）Michael 加成反应

苯醌和萘醌结构中的 α, β- 不饱和双键可以在碱性条件下与活性亚甲基的化合物发生加成反应，产物经氧化后呈蓝色，逐渐变为紫色，最后变为暗红黄色。

（五）锌粉干馏

羟基蒽醌衍生物与锌粉混合进行干馏时，蒽醌中除烷烃取代基之外，如羟基、甲氧基、羧基均可以被还原除去，生成相应的母核结构。

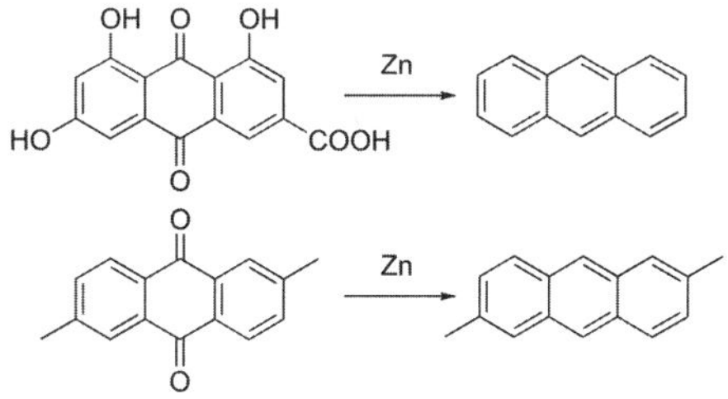

（六）氧化反应

未取代的蒽醌一般难以氧化，如环上有羟基取代就有氧化开环的可能，氧化产物为苯二甲酸的衍生物，在不同氧化试剂和条件下，可以生成不同的产物，最常用的氧化剂是三氧化铬和碱性高锰酸钾。

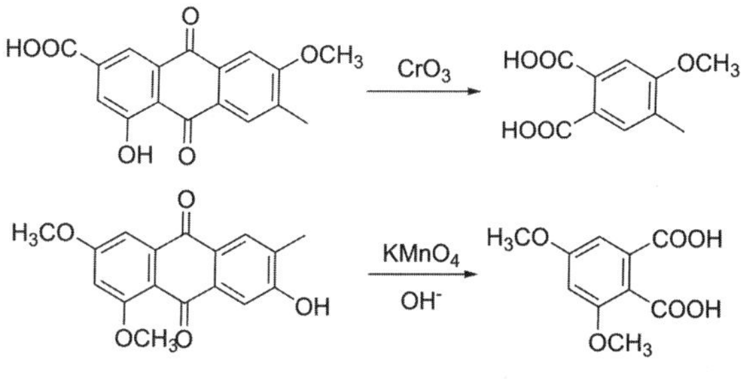

三、定性反应

（一）Bornträger 反应

羟基蒽醌衍生物遇碱性溶液显红色或红紫等颜色，这是检验羟基蒽醌成分存在的最常用方法。

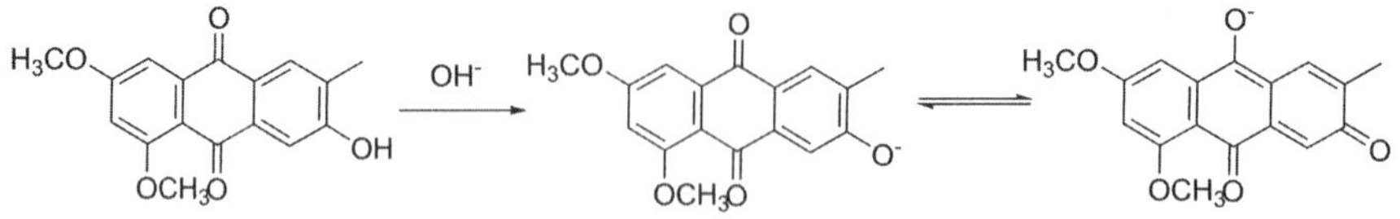

红色

（二）乙酸镁反应

羟基蒽醌在 0.5% 乙酸镁的醇溶液中生成稳定的橙红色、紫红色或紫色的配合物，反应灵敏度高，可以用来定性或定量蒽醌。

（三）对亚甲基-二苯胺反应

9 位或 10 位未取代的羟基蒽酮类化合物，其与酮基对位的亚甲基的氢可与 0.1% 对亚硝基-二苯胺吡啶溶液反应，缩合生成各种有颜色的产物。

第四节　醌类化合物的提取分离

一、提取

醌类化合物由于种类较多，各种类型之间在极性和溶解度性质上存在差异，其提取方法也是多种多样的。如中等极性蒽醌可以考虑使用乙醇作为提取溶剂，不同类型的蒽醌提取出来，再进行分离。如低极性的醌类化合物，可以考虑使用乙醚或石油醚用索氏提取器进行抽提，条件合适的时候，就可以看见析出的沉淀或晶体。

二、分离 [24]

（一）萃取法

在初步分离极性差异较大的醌类和醌苷类成分时，萃取法较为有效。一般使用氯仿可以提取醌类成分，使用正丁醇或乙酸乙酯可以提取醌苷类成分。

（二）大孔树脂法

在处理大批量样品时，大孔树脂法有着得天独厚的优势：价格低廉，实验重复性好。洗脱的时候使用水 - 乙醇体系，逐渐增加乙醇比例，在乙醇和水的体积比例为 40%~50%时一般苷类成分先洗脱下来，在 70% 以上乙醇 - 水洗脱下，醌类苷元成分也逐渐洗脱出来，一般会有较好分离效果。

（三）硅胶柱色谱法

使用硅胶柱色谱法分析，一般优选氯仿 - 甲醇体系，如果所要分离的醌类化合物极性较低，可以选择正己烷 / 石油醚 - 乙酸乙酯体系。硅胶柱色谱作为精细分离的首选方法，具有载样量大、价格低廉的优点。当然，醌苷类化合物含有较多酚羟基时，会有一定量的化合物可能会不可逆地吸附在硅胶材料上，这就要求尽快完成柱色谱操作，尽可能减少不必要的损失。

（四）凝胶柱色谱法

醌类化合物一般具有颜色，因此可以使用凝胶柱色谱进行精细分离，根据颜色不同的色带进行组分的收集。该方法可以和硅胶柱色谱法交叉使用，能够分离大多数的醌类化合物。

（五）高效液相制备法

高效液相制备法有可视化操作优势，是分离结构类似的同系物的首选方法。随着技术的不断进步，不断涌现出一些新的制备技术。如循环高效液相技术让一些分离难度大的混合物也能够得到高效的分离。

例 10-1

海洋放线菌 WBF-16 中蒽醌糖苷成分的研究[25]

海洋放线菌 WBF-16 是从山东威海海域海底沉积物中筛选得到的。该放线菌经 16S rDNA 和生理生化指标鉴定为浅霉灰链霉菌新变种。应用液质联用在线检测、制备液相等分离及动态抗肿瘤活性追踪的集成技术，快速从海洋放线菌假浅霉灰链霉菌新变种 WBF-16 代谢产物中分离得到 2 个新的具有抗肿瘤活性的蒽环糖苷类化合物（分离流程见图 10-1）: strepnoneside A（SA-1）和 strepnoneside B（SA-2）。下面我们以 SA-1 为例，了解一下蒽醌类化合物的分离鉴定过程。

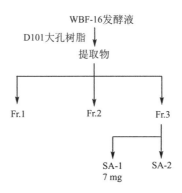

图 10-1　化合物 SA-1 分离流程

SA-1 为橙红色粉末，易溶于氯仿，微溶于甲醇，紫外 254 nm 下有暗斑，365 nm 下有橙红色荧光，Molisch 反应呈阳性，提示可能为羟基蒽醌苷类化合物。ESI-MS 显示准分子离子峰为 643.1[M-H]⁻。

strepnoneside A（SA-1）

^{1}H-NMR 谱（表 10-1，表 10-2）显示 6 个甲基信号：δ_H 1.30（3H, d, $J=2.5$ Hz, Me），1.31（3H, d, $J=2.5$ Hz, Me），2.18（3H, s, MeCO），2.24（3H, s, Me），3.61（3H, s, MeO），3.98（3H, s, MeOOC）；两个端基质子信号：δ_H 5.20（1H, d, $J=3.0$ Hz），5.42（1H, dd, $J=2.0, 9.5$ Hz），说明糖基部分为二糖片段，且糖苷键构型分别为 α 构型和 β 构型；三个芳环氢质子信号：δ_H 7.54（1H, s），提示一侧环上为三取代，δ_H 7.91（1H, d, $J=1.5$ Hz），8.38（1H, d, $J=1.5$ Hz），提示另一侧环上为间二取代；δ_H 12.12（1H, s, OH），12.33（1H, s, OH），为芳环上的两个酚羟基，且为 α-羟基，位于同一羰基的两侧，为 1,8-位酚羟基，初步确定苷元为蒽醌类衍生物。δ_H 5.13（1H, s），为糖上 -OH 氢信号；δ_H 4.04~1.54（10H, m），为糖环上氢质子信号。

^{13}C-NMR 谱（表 10-1，表 10-2）：δ_C 96.9, 95.4 为端基碳信号，糖苷键构型为 α 构型。δ_C 106.5, 125.4, 120.1 为与三个芳环质子相连的碳信号，分别为 C-5，C-4，C-2；δ_C 20.7 为 MeCO 碳信号；δ_C 8.5 为芳环上的 Me 碳信号；δ_C 17.3, 16.7 为糖环上的 Me 碳信号。由 HSQC 相关峰可得直接相连的 C-H 信号。

表 10-1　化合物 SA-1 苷元部分核磁共振谱图数据 [25]

No.	aglycone of SA-1			No.	aglycone of SA-1		
	δ_H	δ_C	HMBC		δ_H	δ_C	HMBC
1	—	162.3		11	2.24 s	8.5	C-6, 8
2	7.91 d (1.5)	125.4	C-1, 4, 9a, 12	12	—	164.9	
3	—	137.3	—	13	3.98 s	52.8	C-12
4	8.38 d (1.5)	120.1	C-9a, 10, 12	4a	—	133.8	
5	7.54 s	106.6	C-6, 7, 8a, 10, 10a	8a	—	111.1	
6	—	161.5		9a	—	118.4	
7	—	122.3		10a	—	132.3	
8	—	162.7	—	OH at C1 OH at C4	12.12 s, —		C-2
9	—	191.4	—	OH at C8	12.33 s		C-7, 8a
10	—	180.9	—				

表 10-2　化合物 SA-1 糖苷部分核磁共振谱图数据 [25]

No.	glycoside of SA-1			No.	glycoside of SA-1		
	δ_H	δ_C	HMBC		δ_H	δ_C	HMBC
1′	5.42 dd (9.5, 2.0)	95.4	C-6	1″	5.13 br s	96.9	C-4′, 3″, 5″
2′	2.22 m, 2.11 m	32.8		2″	1.79 m	33.5	
3′	4.04 m	70.0		3″	3.98 m	65.9	
4′	5.20 br d (3.0)	67.2	C-3′, 7′	4″	3.23 br d (3.0)	81.5	

No.	glycoside of SA-1			No.	glycoside of SA-1		
	δ_H	δ_C	HMBC		δ_H	δ_C	HMBC
5′	3.92 br q (7.0)	70.1	C-4′	5″	3.87 br q (7.0)	67.1	C-4″
6′	1.30 d (7.0)	16.6		6″	1.31 d (7.0)	17.2	
7′	—	170.7	—	7″	3.61 s	62.3	C-4″
8′	2.18 s	20.8	C-7′				

HMBC 谱中芳环部分（表 10-1）：δ_H 8.38，7.91 与 δ_C 164.9 相关，δ_H 8.38 与 δ_C 180.9 相关，δ_H 7.91 与 δ_C 162.3 相关，δ_H 3.98 与 δ_C 164.9 相关，说明 3 位碳上连有一个 COOMe，且 H-4 为 α-H，H-2 为 β-H，右边芳环部分结构基本确定。

δ_H 7.54，2.24 与 δ_C 161.5 相关，δ_H 7.54 与 δ_C 180.9 相关，δ_H 2.24 与 δ_C 162.7 相关，说明 δ_H 7.54 为 α-H，依次连接糖环、甲基，确定芳环左边的取代基位置，芳环部分通过 6 位与糖相连，7 位连有甲基。

δ_C 180.9，191.4 分别为 10 位、9 位羰基碳，δ_C 162.7，162.3，161.5，137.3，133.8，132.3，125.4，122.3，120.1，118.4，111.1，106.6 为芳环碳信号，由 HMBC 谱可知其具体位置。

HMBC 谱中糖基片段（表 10-2）：δ_H 2.18 与 δ_C 170.73 相关，为 4′ 位 COCH$_3$，δ_C 96.97，95.4 为端基碳，δ_C 81.5，70.1，70.0，67.2，67.1，65.9，33.5，32.8 为糖环上的碳信号。

综上所述，化合物 SA-1 鉴定为 6-O-[3-O-α-D-4-O-methyloliosyl-(1 → 3)-β-D-4-O-acetyl-olioside] 1, 6, 8- trihydroxy-7-methyl-3-methoxycarbonyl- anthraquinone。

第五节 醌类化合物的波谱学特征

一、紫外光谱 [26, 27]

醌类化合物紫外光谱主要存在 5 种吸收谱带，各个吸收谱带及产生原因见表 10-3。

表 10-3 醌类化合物紫外光谱吸收带类型

编号	λ_{max}/nm	产生原因	编号	λ_{max}/nm	产生原因
1	≈ 230	苯酰结构引起	4	305~389	醌结构引起
2	240~260	醌结构引起	5	> 400	羰基结构引起
3	262~295	苯酰结构引起			

二、红外光谱 [26, 27]

醌类化合物红外光谱特征是 1685~1665 cm^{-1} 有羰基的伸缩振动吸收峰，而 1650~1600 cm^{-1} 存在烯键的吸收峰。醌类化合物常见官能团振动吸收区域见表 10-4。

表 10-4 醌类化合物常见官能团振动吸收区域

官能团	吸收频率 /cm^{-1}		
	4000~2500	2000~1500	1500~900
Ar-CO-		1700~1680 极强，[尖]	
Ar-CO-Ar		1670~1660 极强，[尖]	

续表

官能团	吸收频率 /cm^{-1}		
	4000~2500	2000~1500	1500~900
1, 2 苯醌		1690~1660, 极强 [尖]	
酚	3610, 中 [尖]		1200弱, [尖]
螯合氢键	3200~2500, 宽 [弱]		
苯环		1600, 弱 [尖]；1580, 1500, 弱 [尖]	

三、核磁共振波谱 [26,27]

苯醌类化合物的核磁共振信号相对单一。对于苯醌，核磁共振氢谱的吸收峰主要为双键的信号，由于羰基的 π-π 共轭作用，使得 β 位的双键上氢移向低场，δ_H 6.5~7.0。

蒽醌母核的核磁共振氢谱信号较为复杂一些，主要分为两大类：α-芳氢和 β-芳氢。其中，α-芳氢与羰基空间距离较近，受到羰基场效应的影响化学位移移向低场，δ_H 达到 8.0 附近；而 β-芳氢受影响较小，δ_H 6.5~7.0。另外，蒽醌中经常出现酚羟基活泼氢的信号，特别是可以和羰基形成氢键的 α-羟基，化学位移值处于 δ_H 11.5~12.5，具体和羟基的数量有关，单个 α-羟基化学位移高一些，达到 δ_H 12.25，两个 α-羟基可以使分子内氢键减弱，信号处于 δ_H 11.5~12.0。

蒽醌化合物的核磁共振碳谱，其母核主要有 14 个碳信号峰，大概分为 4 类：α 碳、β 碳、季碳和羰基碳。一般无取代蒽醌化学位移值：羰基碳（δ_C 182.5）> β 碳（δ_C 134.3）> 季碳（δ_C 132.9）> α 碳（δ_C 126.6）。当然如果有羟基取代的芳香碳，其化学位移会向低场位移至 δ_C 150 附近。

当然，由于蒽醌类化合物均为芳香碳信号，化学位移比较接近，最好还是通过二维核磁共振谱，包括异核单量子相干（HSQC）和异核多键相关（HMBC）对其信号进行归属分析。

四、质谱 [26,27]

在醌类化合物的质谱中，特别是蒽醌类化合物，最强峰一般就是化合物的分子离子峰。通常还会存在失去两分子的 CO 的特征离子峰。

第六节　醌类化合物的生物活性

一、抗肿瘤作用

至今，大多数新发现的海洋醌类化合物都已进行过抗肿瘤活性的筛选，发现了其中大量具有抗肿瘤活性的醌类化合物。但是，对于醌类化合物抗肿瘤活性的靶点和作用机制的报道相对较少。蒽环酮类化合物是 20 世纪 70 年代发现的抗肿瘤抗生素，这类化合物主要通过直接作用于肿瘤细胞的 DNA 达到抗肿瘤活性的目的。具体机制为化合物嵌入 DNA 后增大碱基对之间的距离，最终引起 DNA 的裂解 [4]。

另外，有文献报道蒽醌化合物抗癌机制是抑制一些调控细胞生长增殖的关键激酶的活性，具体关键激酶包括：CK2、HER-2/neu 和 Ras 等原癌基因产物，MAPK 家族成员 ERK 和 JNK 等。一些蒽醌类衍生物能诱导肺癌细胞、肝癌细胞和人类早幼粒白血病细胞等多种癌细胞系发生凋亡，凋亡通路包括 caspases 依赖性和 P53、P21 蛋白依赖性通路。

二、抗炎作用

蒽醌类化合物可以不同程度地抑制 PTK、PKC、CaMPK 等多种激酶的活性，并降低 LPS 诱发的细胞内 Ca^{2+} 浓度升高，从而显著抑制炎性介质的释放。

三、抗菌作用

蒽醌类化合物具有抑菌的活性，对耐甲氧西林金黄色葡萄球菌（MRSA）有明显抑制作用。另外，醌类化合物对白色念珠菌生物被膜的形成也有抑制活性。

四、其他活性作用

由于醌类化合物存在酚羟基、$α, β-$ 不饱和双键等官能团，因此还具有抗氧化、捕获自由基和 Fe^{2+} 螯合剂、抗紫外等活性。如从海胆共生微生物中发现的 echinochrome A，spinochromes A、C、D、E 等苯醌类化合物[14]，经研究发现这些化合物的最大吸收波长在 470 nm 处，显示可以作为潜在的抗紫外辐射功能材料进行应用开发。同时，这些化合物还具有捕获 DPPH 自由基、Fe^{2+} 螯合剂和还原的能力。

第七节　临床药物或正在临床研究的醌类化合物

一、蒽环酮类抗菌素

蒽环酮类抗菌素大多来源于链霉属放线菌，它们很多具有抗菌和抗肿瘤活性，属于抗肿瘤蒽醌类抗生素，其中主要代表药物是阿霉素（adriamycin）和柔红霉素（daunorubicin）。其中，阿霉素是广泛应用的重要抗肿瘤及抗菌药物。

二、利福霉素类药物

利福布汀是一种半合成利福霉素类药物，与利福平有相似的结构和活性，除具有抗革兰氏阴性菌和阳性菌的作用外，还有抗结核杆菌和鸟分枝杆菌（M. avium）的活性。最近的研究表明，在 HIV 感染的淋巴细胞中，使用利福布汀 0.1 μg/mL，对 92% 的逆转录酶有抑制作用。该药适应证有 AIDS（艾滋病）病人鸟分枝杆菌感染综合征、肺炎以及慢性抗药性肺结核。

daunorubicin: R= COCH₃
adriamycin: R= COCH₂CH₃

利福布汀

◎ **思考题**

1. 醌类化合物有哪些主要分类？

2. 临床上有哪些醌类药物？临床适应证是什么？具体作用机制是什么？

3. 醌类化合物有哪些生物活性？具体作用机制是什么？

◎ **进一步文献阅读**

1. Feng Y, Liu J, Carrasco Y P, et al. 2016. Rifamycin biosynthetic congeners: Isolation and total synthesis of Rifsaliniketal and total synthesis of salinisporamycin and saliniketals A and B[J]. Journal of the American Chemical Society, 138: 7130-7142.

2. Li H, Jiang J, Liu Z, et al. 2014. Peniphenones A-D from the mangrove fungus *Penicilliun dipodomyicola* HN4-3A as inhibitors of mycobacterium tuberculosis phosphatase MptpB[J]. Journal of Natural Products, 77: 800-806.

3. Tarazona G, Benedit G, Fernández R, et al. 2018. Can stereoclusters separated by two methylene groups be related by DFT studies? The case of the cytotoxic meroditerpenes halioxepines[J]. Journal of Natural Products, 81: 343-348.

4. Trzoss L, Fukuda T, Costa-Lotufo L, et al. 2014. Seriniquinone, a selective anticancer agent, induces cell death by autophagocytosis, targeting the cancer-protective protein dermcidin[J]. Proceedings of the National Academy of Sciences, 111: 14687-14692.

◎ **参考文献**

[1] 徐任生. 2004. 天然产物化学 [M]. 北京：科学出版社.

[2] 匡海学. 2003. 中药化学 [M]. 北京：中国中医药出版社.

[3] Li H, Jiang J, Liu Z, et al. 2014. Peniphenones A-D from the Mangrove fungus *Penicilliun dipodomyicola* HN4-3A as inhibitors of *Mycobacterium tuberculosis* phosphatase MptpB[J]. Journal of Natural Products, 77: 800-806.

[4] Uchida R, Tomoda H, Arai M, et al. 2001. Chlorogentisylquinone, a new neutral sphingomyelinase inhibitor, Produced by a marine fungus[J]. The Journal of Antibiotics, 54: 882-889.

[5] Wei H, Itoh T, Kinoshita M, et al. 2004. Cytotoxic sesterterpenes, 6-epi-ophiobolin G and 6-epi-ophiobolin N, from marine derived fungus *Emericella variecolor* GF10[J]. Tetrahedron, 60: 6015-6019.

[6] Michael M, Hainmhireóe, Shaikh A, et al. 2014. Diazaquinomycins E–G, Novel diaza-anthracene analogs from a marine-derived *Streptomyces* sp.[J]. Marine Drugs, 12: 3574-3586.

[7] Zhang D S, Jiang Y J, Li J Q, et al. 2018. Thioquinomycins A-D, novel naphthiophenediones from the marine-derived *streptomyces* sp. SS17F[J]. Tetrahedron, 74: 6150-6154.

[8] Liu Y, Stuhldreier F, Kurtan T, et al. 2017. Daldinone derivatives from the mangrove-derived endophytic fungus *Annulohypoxylon* sp. [J]. RSC Advances, 7: 5381-5393.

[9] Feng Y, Liu J, Carrasco Y P, et al. 2016. Rifamycin biosynthetic congeners: Isolation and total synthesis of Rifsaliniketal and total synthesis of Salinisporamycin and Saliniketals A and B[J]. Journal of the American Chemical Society, 138: 7130-7142.

[10] Trzoss L, Fukuda T, Costa-Lotufo L, et al. 2014. Seriniquinone, a selective anticancer agent, induces cell death by autophagocytosis, targeting the cancer-protective protein dermcidin[J]. Proceedings of the National Academy of Sciences, 111: 14687-14692.

[11] Mishchenko N P, Vasileva E A, Fedoreyev S A, et al. 2014. Mirabiquinone, a new unsymmetrical binaphthoquinone from the sea urchin *Scaphechinus mirabilis*[J]. Tetrahedron Letters, 55: 5967-5969.

[12] Chen H, Zhong L L, Long Y H, et al. 2012. Studies on the synthesis of derivatives of marine-derived bostrycin and their structure-activity relationship against tumor cells[J]. Marine Drugs, 10: 932-952.

[13] Brasseur L, Hennebert E, Fievez L, et al. 2017. The roles of spinochromes in four shallow water tropical sea urchins and their potential as bioactive pharmacological agents[J]. Marine Drugs, 15: 179.

[14] Zhou D, Qin Y, Zhu L, et al. 2011. Extraction and antioxidant property of polyhydroxylated naphthoquinone pigments from spines of purple sea urchin *Strongylocentrotus nudus*[J]. Food Chemistry, 129: 1591-1597.

[15] Liu D, Ju J, Zou Z, et al. 2005. Isolation and structure determination of cypritibetquinone A and B, two new phenanthraquinones from *Cypripedium tibeticum*[J]. Acta Pharmaceutica Sinica, 40: 255-257.

[16] Abdelmohsen U R, Cheng C, Viegelmann C, et al. 2014. Dereplication strategies for targeted isolation of new antitrypanosomal actinosporins A and B from a marine sponge associated- *Actinokineospora* sp. EG49[J]. Marine Drugs, 12: 1220-1244.

[17] Supong K, Thawai C, Suwanborirux K, et al. 2012. Antimalarial and antitubercular C-glycosylated benz[a] anthraquinones from the marine-derived *Streptomyces* sp. BCC45596[J]. Phytochemistry Letters, 5: 651-656.

[18] Asolkar R N, Kirkland T N, Jensen P R, et al. 2010. Arenimycin, an antibiotic effective against rifampin- and methicillin-resistant *Staphylococcus aureus* from the marine actinomycete *Salinispora arenicola*[J]. The Journal of Antibiotics, 63: 37-39.

[19] Mandelare P E, Adpressa D A, Kaweesa E N, et al. 2018. Coculture of two developmental stages of a marine-derived *Aspergillus alliaceus* results in the production of the cytotoxic bianthrone allianthrone A[J]. Journal of Natural Products, 81: 1014-1022.

[20] Wu Z, Wang Y, Liu D, et al. 2016. Antioxidative phenolic compounds from a marine-derived fungus

Aspergillus versicolor[J]. Tetrahedron, 72: 50-57.

[21] Tarazona G, Benedit G, Fernández R, et al. 2018. Can stereoclusters separated by two methylene groups be related by DFT studies? The case of the cytotoxic meroditerpenes halioxepines[J]. Journal of Natural Products, 81: 343-348.

[22] Hwang H, Oh J, Zhou W, et al. 2015. Cytotoxic activity of rearranged drimane meroterpenoids against colon cancer cells via down-regulation of β Catenin expression[J]. Journal of Natural Products, 78: 453-461.

[23] Huang R, Chen W, Kurtán T, et al. 2016. Bioactive isoquinolinequinone alkaloids from the South China Sea nudibranch. Jorunna funebris and its sponge-prey *Xestospongia* sp.[J]. Future Medicinal Chemistry, 8: 17-27.

[24] 汪茂田 . 2004. 天然有机化合物提取分离与结构鉴定 [M]. 北京 : 化学工业出版社 .

[25] Lu Y, Xing, Y, Chen C, et al. 2012. Anthraquinone glycosides from marine *Streptomyces* sp. strain[J]. Phytochemistry Letters, 5: 459-462.

[26] 宁永成 . 2000. 有机化合物结构鉴定与有机波谱学 [M]. 北京 : 科学出版社 .

[27] 孔令义 . 2016. 波谱解析 [M]. 北京 : 人民卫生出版社 .

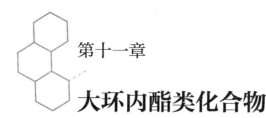

第十一章

大环内酯类化合物

视频讲解与
教学课件

◎ **学习目标**

1. 掌握大环内酯类化合物的结构特征及分类。
2. 掌握大环内酯类化合物的理化性质及常用提取分离方法。
3. 掌握大环内酯类化合物紫外光谱、红外光谱、质谱与核磁共振波谱特征。
4. 了解已上市的海洋来源的大环内酯类药物的名称、结构、适应证及作用机制。

　　大环内酯类化合物目前已经是临床中广泛使用的抗菌药物，其中有大家熟知的药物罗红霉素和阿奇霉素，是主要作用于革兰氏阳性菌、厌氧菌、衣原体和支原体等的新一代大环内酯类抗生素。大环内酯化合物是海洋来源的重要的生物活性物质，很多都具有抗菌和细胞毒活性[1]，海洋特殊的环境，赋予大环内酯化合物独特的结构和活性，也是目前药物研发的重点方向之一。

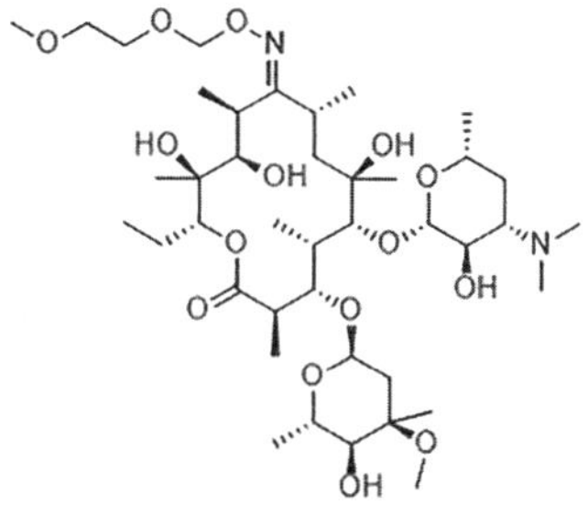

罗红霉素

第一节　概　述

　　大环内酯（macrolide）是一类以内酯环为基本结构特征的复杂化合物，环的大小不一，有十二元环、十九元环甚至是六十元环。海洋类大环内酯类化合物主要存在于海洋微生物、海绵、海藻、软体动物等海洋生物中，许多都具有抗菌、抗病毒、抗肿瘤以及抗炎和免疫调节活性。

　　海洋来源的大环内酯类化合物，以内酯环为基本的结构特征，是复杂的多元环化合物。根据分子中酯键的数量，可以分为大环一内酯、大环二内酯、大环四内酯；根据内酯环的大小，可以分为十元环大环内酯、十二元环大环内酯、十四元环大环内酯以及十七元环大环内酯甚至六十元环大环内酯；根据化学特征，可以分为简单大环内酯（脂链大环内酯）、内酯环含有氧环的大环内酯、大环多内酯和其他类型大环内酯等。本章我们将从结构类型、理化性质、提取分离方法、生物活性以及已上市药物等多方面对海洋来源的大环内酯类化合物进行详细的介绍。

第二节　大环内酯类化合物的结构

一、简单大环内酯

　　简单大环内酯（脂链大环内酯），结构相对简单，含有一个内酯官能团，环上仅有羟基或者烷基取代，为长链脂肪酸形成的内酯。内酯官能团的羰基可以被还原或者甲基取代，当相邻的碳原子被氧化时，形成含氧环大环内酯。

　　化合物 modiolide A 属于十元环大环内酯，曾从海洋真菌 *Paraphaeosphaeria* sp. strain N-119 和 *Curvularia* sp. strain 中分离获得，对多种细菌及真菌表现出良好的抑菌活性 [2]。

　　化合物 lasiodiplodin 是十二元环大环内酯，从中国湛江海域马尾藻属褐藻共生真菌（No. ZZF36）中分离得到 [3]，对金黄色葡萄球菌、枯草芽孢杆菌和枯萎病菌的生长均有抑制作用 [4]。

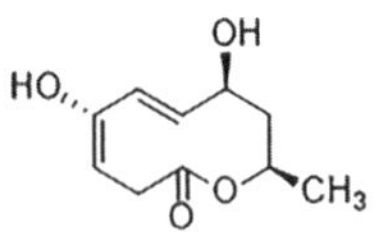

modiolide A 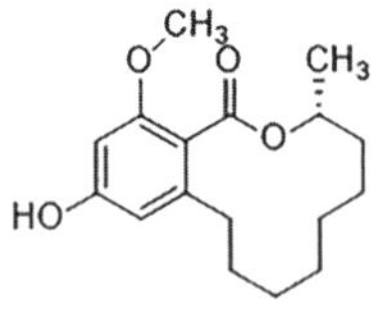　　　　　lasiodiplodins

　　化合物 zearalenone 是分离自青霉菌的十四元环大环内酯 [5]，显示出对真菌稻瘟病菌的强抑制作用 [6]。

　　从褐藻 *Ecklonia stolonifera* 中分离得到的 ecklonialactone F 为脂肪酸衍生的十九元环大环内酯 [7]。

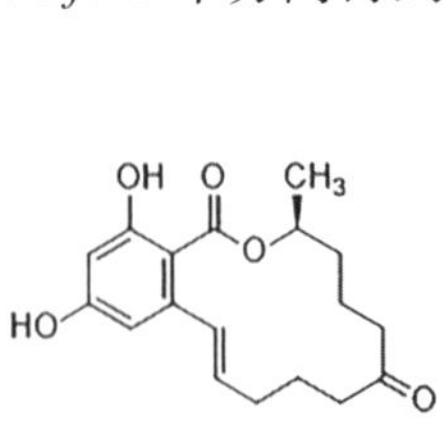

zearalenone 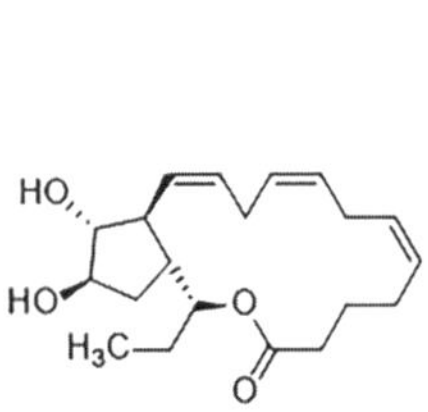　　　　　ecklonialactone F

　　细菌 C-237 是一种革兰氏阳性菌，是从加利福尼亚海岸深海的沉积物中分离得到的一种深海菌。从这种菌的发酵液中，分离得到了一系列大环内酯 macrolactin。macrolactins A、E、F 是二十四元环大环内酯，其中 macrolactin A 显示出中等抑菌活性 [8,9]。

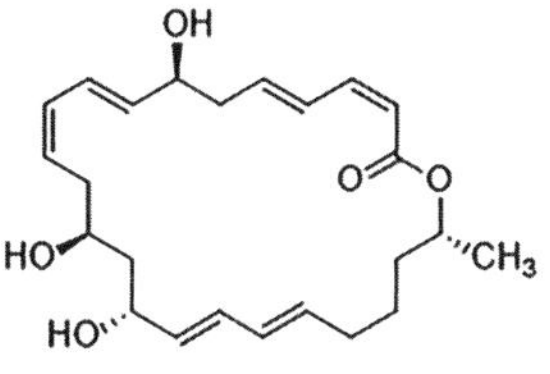

macrolactin A 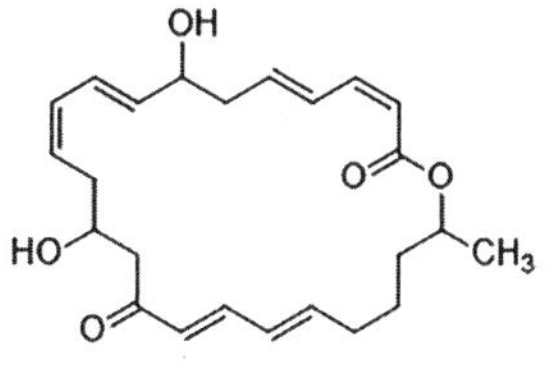　　　　macrolactin E 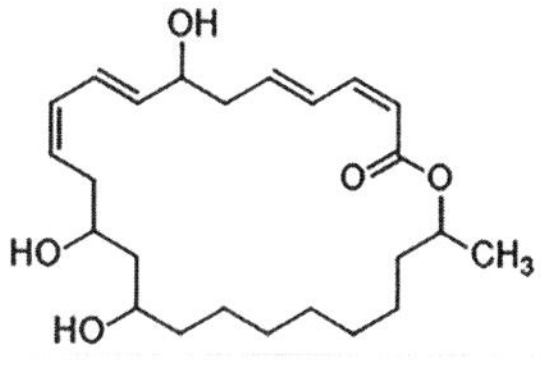　　　　macrolactin F

从海洋链霉菌 *Streptomyces youssoufiensis* OUC6819 和 *Streptomyces* sp. CHQ-64 中分离得到的化合物 reedsmycin[10,11]，是具有抗真菌活性的三十一元环大环内酯。

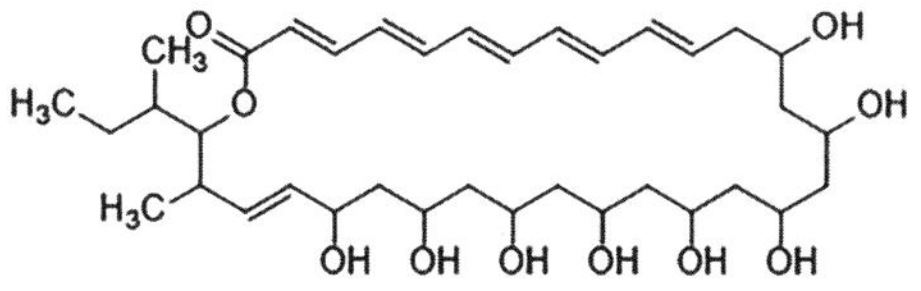

reedsmycin A

amantelide A 分离自关岛土蒙湾海域的颤藻中的灰色藻青菌，是四十元环大环内酯，对海洋盐沼小树状霉菌、镰胞菌有较好的抑制作用，对金黄色葡萄球菌和铜绿假单胞菌表现出微弱的抑菌作用[12]。

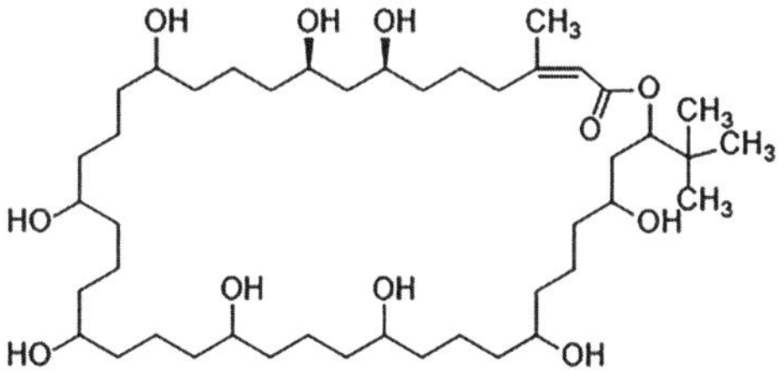

amantelide A

二、内酯环含有氧环的大环内酯

氧环大环内酯由于环结构上含有双键、羟基等基团，能够在次生代谢过程中氧化、脱水，形成三元氧环、五元氧环、六元氧环等含氧环大环内酯类化合物。

latrunculin A 是分离自红海海绵 *Latrunculia magnifola* 的含有氧环的 2- 噻唑烷酮大环内酯[13]。

curvulide A 是从阿普拉港和关岛刺五加红藻的共生真菌 *Curvularia* sp. strain M12 中分离得到的含有氧环的大环内酯[14]。

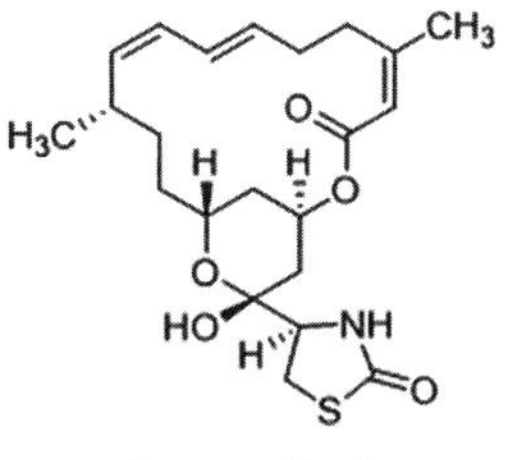

latrunculin A 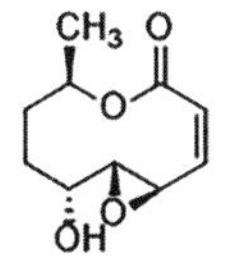　　　　curvulide A

化合物 neomaclafungin A 分离自日本高知县美国湾的海洋沉积物中的异壁放线菌 NPS702，是含有氧环的寡霉素大环内酯类化合物[15]，在体外实验中对毛癣菌 ATCC 9533 表现出显著的抑制活性。

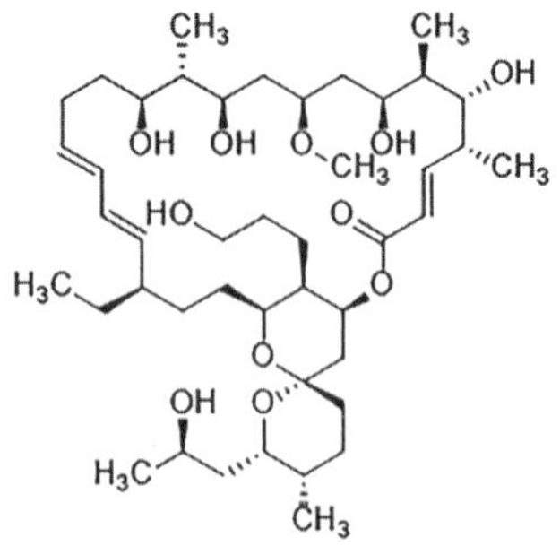

neomaclafungin A

聚烯多醇化合物 marinisporolide A[16] 分离自加利福尼亚海洋放线菌 *Marinispora* strain CNQ-140，是三十四元环含氧环大环内酯。

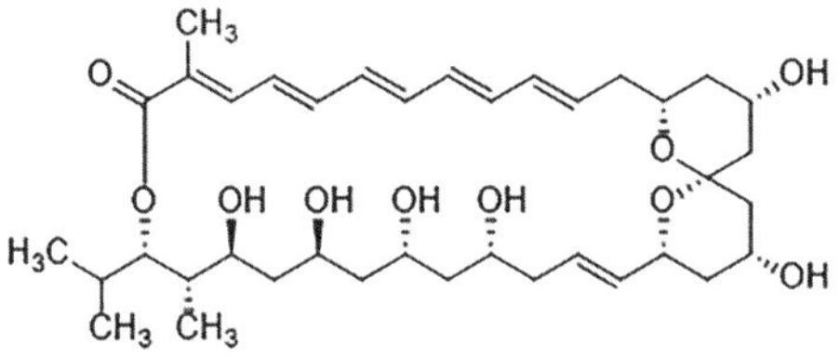

marinisporolide A

三、大环多内酯

大环多内酯是指酯环上有两个以上酯键存在的大环内酯类化合物。如从上述加利福尼亚海洋放线菌 *Marinispora* sp. CNQ-140 中还分离得到了大环多内酯化合物 marinomycin A，其对 6 种黑色素瘤细胞（LOXIMVI、M4、SK-MEL-2、SK-MEL-5、UACC-257、UACC-62）具有强烈的抑制作用[17]。

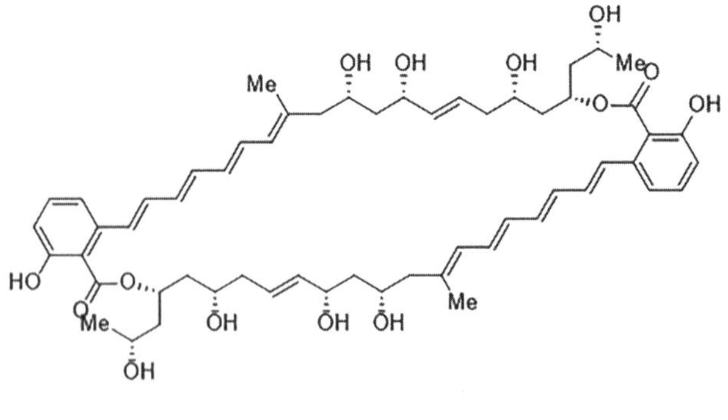

marinomycin A

从海洋微生物 *Hypoxylon oceanium* LL-15G256 中分离得到的化合物 15G256α 和 15G256β，是含有多个内酯键结构的大环多内酯[18]，具有抗真菌活性。

化合物 misakinolideA 是从日本冲绳岛海绵 *Theonella* sp. 中分离得到的二十元环的多内酯，显示对白色念珠菌的抑菌作用，常以二聚体形式存在 [19,20]。

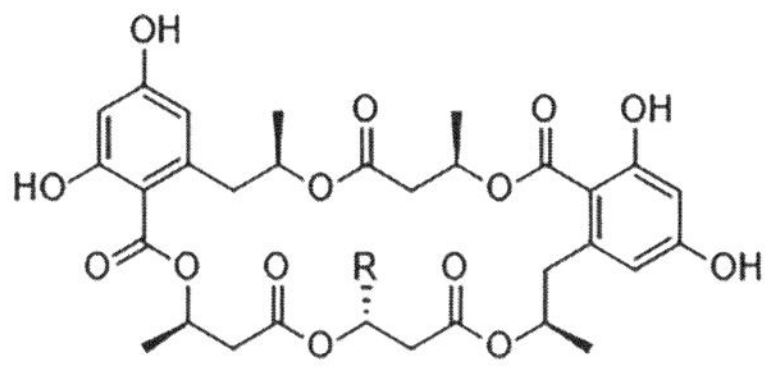

15G256α: R=OH
15G256β: R=H

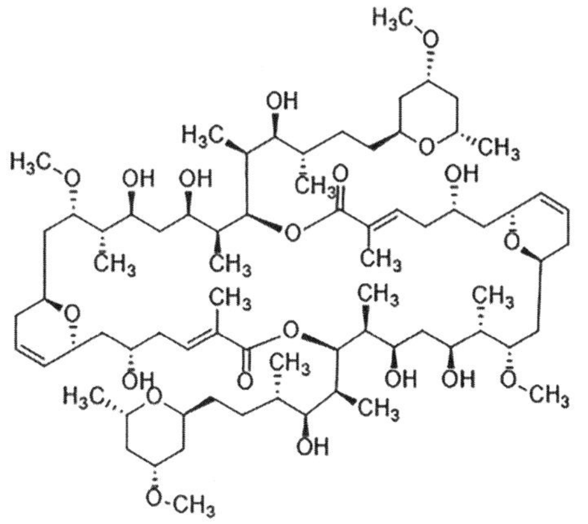

misakinolide A

四、其他类型大环内酯

大环内酯类化合物是海洋天然产物中发现较多的一类化合物，结构类型复杂多样，除了上述我们介绍的几类以外，还有结构中含有磺酸酯、噁唑环、噻唑环以及硼元素、氢化吡喃环的复杂结构大环内酯。

从浅海淤泥中分离出一种灰色链球菌 *Streptomyces griseum*，在含有昆布的培养基中会产生一种抗菌素 Aplasmomycin，体外试验显示出有抑制革兰氏阳性菌的作用，体内试验显示出有抗疟作用。对其银盐做 X 射线衍射分析确定了其结构，它是以硼为中心的对称分子 [21]。

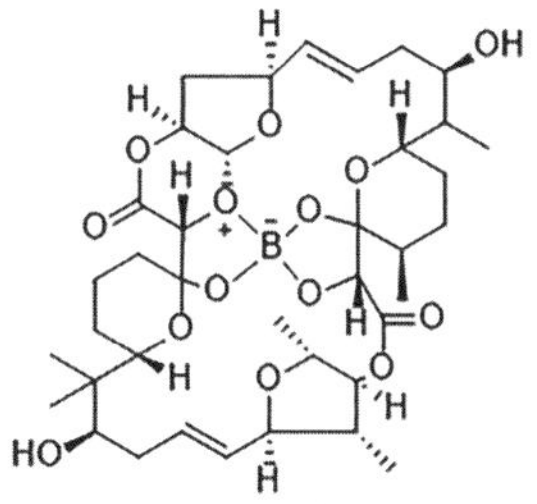

aplasmomycin

化合物 theonezolides A-B 从日本冲绳蒂壳海绵 *Theonella* sp. 中分离得到，它们是具有强细胞毒性的含氮和硫的大环内酯，该类结构特征在于含有两条脂肪酸链，并在链上连有磺酸酯、噁唑环、噻唑环氨基和烷氧基等，并通过酰胺键连接一条长支链，表现出抗肿瘤活性 [22]。

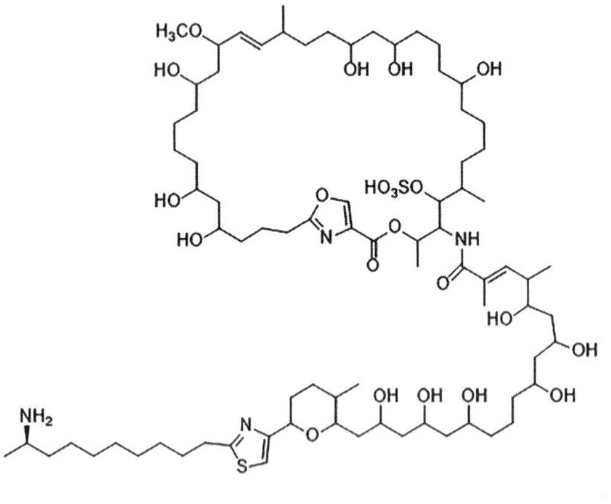

theonezolide A

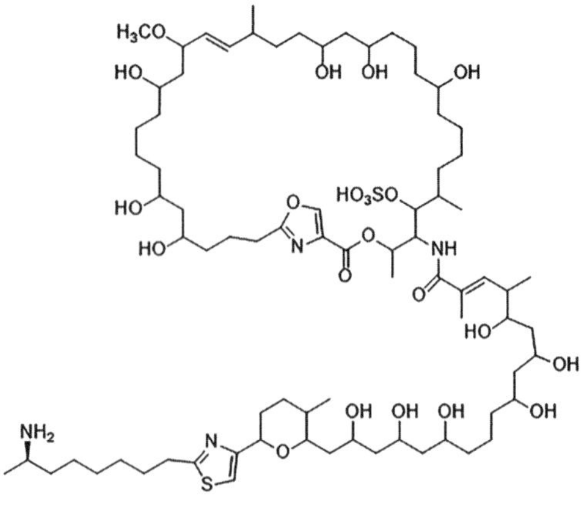

theonezolide B

分离自海绵 *Hyrtios altum* 的化合物 altohyrtins A-C，是含有氢化吡喃环的大环内酯类化合物，表现出强细胞毒性[23]。

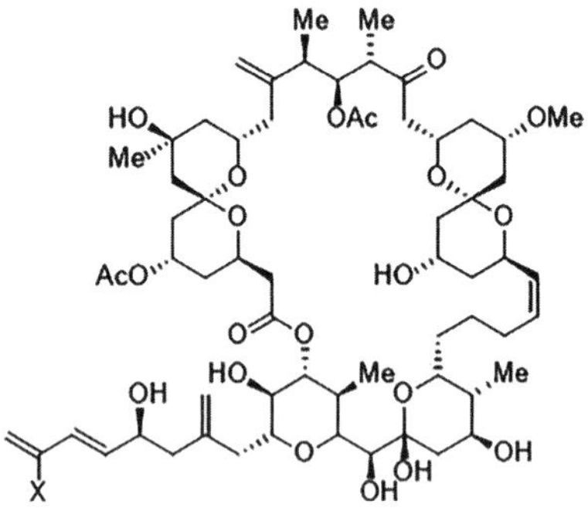

altohyrtin A:X=Cl
altohyrtin B:X=Br
altohyrtin C:X=H

化合物 kulolide 是从软体动物 *Phillinopsis speciosa* 中分离得到的二十五元环大环内酯，也是一个具有细胞毒活性的环肽[24]。

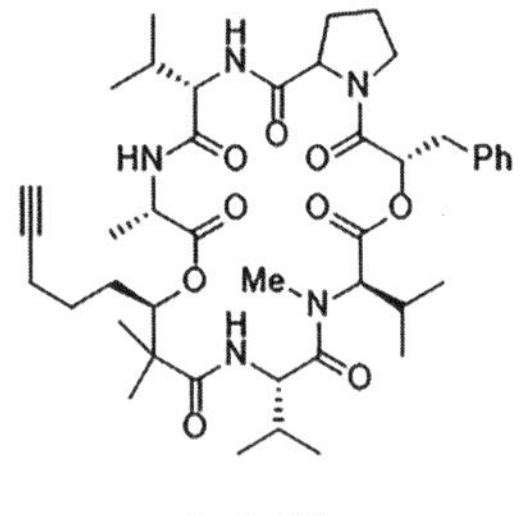

kulolide

第三节　大环内酯类化合物的理化性质

一、性状

大环内酯类化合物大多为无色油状或白色无定形固体，熔点多在 167~231 ℃，易溶于甲醇、乙醇、氯仿等有机溶剂，旋光度 $[\alpha]_D$ 为 -126.6°~48°，范围较宽。

二、化学性质

（一）内酯开环闭环反应

内酯类化合物的共同特性就是在碱性水溶液中能够开环，尤其是在加热情况下，内酯开环生成羟基酸盐而溶解，加酸酸化后由于重新闭环为内酯体而使溶液变混浊，或者析出沉淀。

（二）Diels-Alder 反应

Diels-Alder 反应是大环内酯类化合物合成的基础，大环内酯类化合物可以与活化的烯烃或炔烃发生 Diels-Alder 反应，即共轭二烯与烯烃或者炔烃发生 1,4-加成反应，能够生产六元环。

（三）异羟肟酸铁反应

在异羟肟酸铁反应中，酯与羟胺作用可生成异羟肟酸，再与三氯化铁作用即生成呈紫红色或红色的异羟肟酸铁。这可以作为内酯类化合物的定性检测方法。

取样品醇提取液 1 mL，加新鲜的 1 mol/L 盐酸羟胺甲醇液数滴、6 mol/L 氢氧化钾甲醇液 2~3 滴，加热至沸，冷后加 5% 盐酸调至 pH 值为 3~4，最后加 1% 三氯化铁溶液 1~2 滴，如果呈现紫红色或者红色，表明有内酯类化合物的存在。此方法同样适用于鉴定香豆素类化合物。

（四）亲核试剂和亲电试剂反应

大环内酯类化合物的羰基碳原子容易受到亲核试剂的进攻，亲核试剂比如伯胺可以与大环内酯反应，生成 N-取代的大环内酯；亲电试剂则易发生大环内酯 α 位取代反应，比如溴代，高温下大环内酯类化合物与溴反应生成 α-溴大环内酯，低温下定量生成反式加成产物。

第四节　大环内酯类化合物的提取分离

一、提取

海洋来源大环内酯类化合物，目前主要采用有机试剂或者水溶剂进行提取，因内酯环和取代基结构差异较大，所用溶剂也有很大差别。

常用的有机溶剂有石油醚、乙醚、二氯甲烷以及氯仿、乙酸乙酯、甲醇等。样品中大环内酯极性较大时，石油醚一般起到溶解去除脂溶性杂质的作用；低极性的大环内酯或者在连续加热回流过程中，一些大环内酯也会溶解在石油醚中，通过浓缩冷却，可以得到大环内酯晶体。乙醚也是低极性大环内酯提取的较好试剂，中等极性的大环内酯可以用二氯甲烷以及氯仿、乙酸乙酯进行提取，极性较大的大环内酯化合物用乙醇或者甲醇提取，效果较佳。

二、分离

粗提取以后，经过柱色谱进一步分离最终得到纯化合物，一般采用硅胶色谱、凝胶色谱、高效液相色谱等系列方法，以二氯甲烷、氯仿、乙酸乙酯及甲醇等溶剂为洗脱剂进行分离纯化。

例 11-1

中国南海总合草苔虫中新的抗癌活性成分 bryostain19 的研究

1. 原料

新鲜中国南海总合草苔虫 Bugula neritina，采自中国南海海域。

2. 提取分离

如图 11-1 所示，新鲜采集的总合草苔虫 Bugula neritina 样本，洗净，置阴凉通风处阴干，用 CH_2Cl_2 冷浸提取，提取物混悬于 MeOH：H_2O（9：1）溶液中，用正己烷萃取，含水甲醇层再加水至 MeOH：H_2O（4：1），用 CCl_4 萃取，得 CCl_4 部分，经多次 Sephadex LH-20 凝胶柱色谱和硅胶柱色谱，再经 HPLC 制备，最终得到化合物 4（COM20）。色谱条件为：Waters 510 高效液相仪，Bondapak C_{18} 色谱柱（9 mm×500 mm），洗脱剂为 80% MeOH/H_2O，流速 2 mL/min，检测波长为 228 nm。

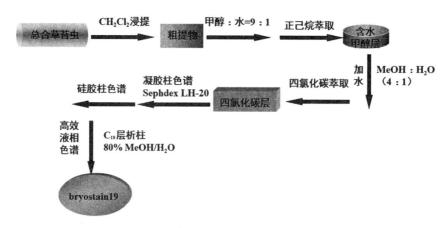

图 11-1　化合物 bryostain19 的分离流程

3. 结构鉴定

经上述方法得到的大环内酯类化合物 COM20，利用光谱方法（IR、UV、ESI-MS、2D-NMR），鉴定了 COM20 的结构，为新型大环内酯，命名为 bryostain 19。

bryostain 19，白色无定形粉末；熔点 140~142 ℃；元素分析：实测值 C(61.0%)、H（7.7%），理论值 C(61.5%)、H（7.51%）；ESI-MS：m/z 902（M+Na+H）$^+$，918（M+K+H）$^+$，推算出相对分子量为 878，分子式 $C_{45}H_{66}O$；IR（KBr，cm^{-1}）υ：3457（OH），2950（CH_3，CH_2），1795（C＝O，五元内酯环），1740（C＝O），1600，1290，1245，1160）。采用高分辨核磁共振仪（600 Hz）测定了该化合物的 DQF-COSY、HMQC、TOCSY、NOESY 等二维相关谱，确定了该化合物的所有碳原子和氢原子的信号归属（表 11-1）。

表 11-1 化合物 bryostain 19 的 ^{1}H- 和 ^{13}C-NMR 数据

序号	^{1}H	^{13}C	序号	^{1}H	^{13}C
1		172.51	22	4.47（d, J = 8.9 Hz）	81.34
2	2.50(d, J = 12.0 Hz)	41.93	23	3.76（m）	69.06
3	4.06（Brs）	68.32	24α	2.37（m）	32.95
4α	1.60（Brd, J = 15.0 Hz）	39.38	24β	1.88（m）	
4β	2.00（Brt, J = 15.0, 13.0 Hz）		25	5.06（ddd, J = 9.2, 5.3, 3.0 Hz）	72.87
5	4.22（Brt, J = 11.9 Hz）	65.77	26	3.86（m）	69.57
6α	1.72（ddd, J = 12.0, 7.0 Hz）	33.15	27	1.23（d, J = 6.6 Hz）	19.19
6β	1.44（m）		28	1.04（s）	21.21
7	5.13（dd, J = 11.9, 4.6 Hz）	72.27	29	0.95（s）	17.04
8		41.28	30	5.71（s）	114.61
9		101.79	31		166.79
10α	1.67（d, J = 14.8 Hz）	42.12	32	1.04（s）	21.03
10β	2.10（dd, J = 14.8, 7.9 Hz）		33	1.15（s）	24.49
11	3.86（Brt, J = 6.3 Hz）	71.25	34	5.83（s）	114.30
12α	2.09（d, J = 1.48 Hz）	44.01	35		171.90
12β	2.19（dd, J = 18.2, 7.9 Hz）		36	3.71（s）	51.10
13		156.23	1'		177.51
14α	3.68（d, J = 19.0Hz）		2'		39.04
14β	1.90（d, J = 19.0 Hz）		3'	1.20（s）	27.16
15	4.15（m）	78.17	4'	1.20（s）	27.16
16	5.43（dd, J = 15.8, 8.3 Hz）	132.58	5'	1.20（s）	21.76
17	5.72（d, J = 15.8 Hz）	136.37	1''		172.10
18		45.24	2''	2.43（t, J = 7.6 Hz）	36.13
19		101.57	3''	1.70（m）	18.28
20	5.83（s）	68.61	4''	0.98（t, J = 7.6 Hz）	13.74
21		166.75			

化合物 bryostain 19

4. 活性研究

体外活性实验表明，bryostain 19 对 U937 单核细胞白血病细胞株有极强的杀灭作用，ED_{50} 值为 $2.8×10^{-3}$ μg/mL，同时对 HL-60 早幼粒细胞的白血病和 K562 红白细胞白血病等细胞株均有显著的抗癌活性。

第五节　大环内酯类化合物的波谱学特征

一、紫外光谱

大环内酯类化合物的主要吸收谱带为 280 nm、240 nm 以及 220~240 nm，有强弱不同的吸收峰，常伴有末端吸收。

二、红外光谱

大环内酯类化合物的红外光谱特征是在 1715~1740 cm^{-1} 有内酯羰基的伸缩振动吸收，而在 1650~1600 cm^{-1} 存在烯键的吸收峰。当化合物结构变化，比如含有氧环或者有多个内酯键后，红外光谱略有不同：含有氧环氧桥结构时，比如 amphidinilide 的酯羰基吸收峰在 1725 cm^{-1}；大环多内酯，比如 sphinxolide 的酯羰基吸收峰在 1701 cm^{-1}。若化合物为酯键与双键共轭的多烯大环内酯，酯羰基的红外吸收向低波长处移动，有时会与醛酮基或者羧基重叠及被掩盖，无明显吸收峰。比如，化合物 macrolactin A 的红外光谱主要是在 3550~3200 cm^{-1}，1695 cm^{-1}，1680 cm^{-1} 和 1640 cm^{-1} 处有吸收峰。

三、质谱

大环内酯类化合物一般具有明显的特征分子离子峰，[M-CO]$^+$ 和 [M-COOCH$_2$]$^+$；当化合物在质谱中因羰基氧激发而产生 α, β-不饱和双键时，会出现 [M-18]$^+$。氧环大环内酯化合物，当结构中有多个羟基存在的时候，会出现 [M-18]$^+$、[M-2H$_2$O]$^+$、[M-3H$_2$O]$^+$ 的碎片峰。

四、核磁共振波谱 [25]

大环内酯类化合物的烯烃质子耦合常数高是其典型特征，一般为 10 Hz，有时高达 15 Hz。

内酯环上的饱和烷烃质子信号在 δ_H 1.65~2.40，如果有多个内酯键则向低场移动；内酯环上的烯烃质子信号在 δ_H 5.8~7.8；环上靠近—O—的质子信号在 δ_H 4.0~5.0；环氧质子信号在 δ_H 2.5~3.8；侧链上的含氧基团质子信号在 δ_H 2.5~4.5。

大环内酯化合物的碳谱化学位移，会受到结构中不同取代基的影响。一般情况下，羰基碳的化学位移（δ_C）为 165~183，若有 α, β-不饱和键、苯基取代，化学位移向高场移动；由于电子离域效应，大环多内酯中的羰基碳的化学位移为 164~170。大环内酯化合物的烯烃碳为 sp^2 杂化，化学位移为 100~150；大环内酯的饱和碳的化学位移为 100~150；含氧环大环内酯的环氧 α 碳的化学位移为 40~70。

二十元环简单大环内酯化合物 levantilide A，分离自地中海深处海洋沉积物中的小单孢菌，羰基碳的化学位移为 166.1；从海绵中分离得到的含有氧环的大环内酯化合物 exiguolide，羰基碳的化学位移向低场移动到 170.7 [26]。化合物 halichoblelide B 分离自海鱼中的链霉菌，是大环多内酯化合物，羰基碳的化学位移为 169.5 [27]。

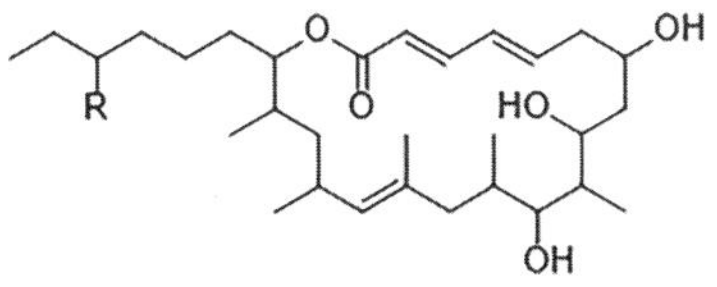

levantilide A:R=OH

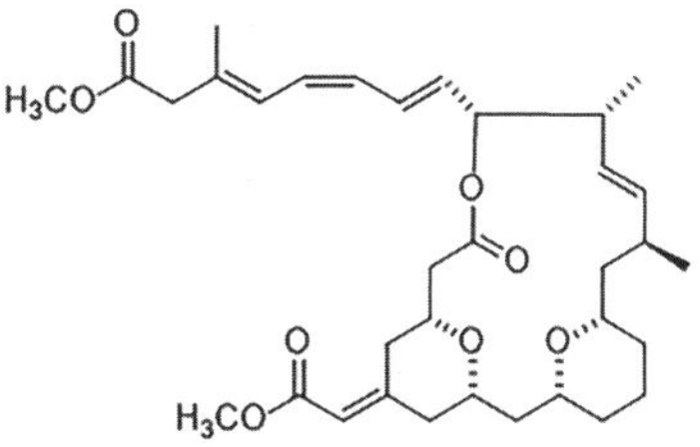

exiguolide

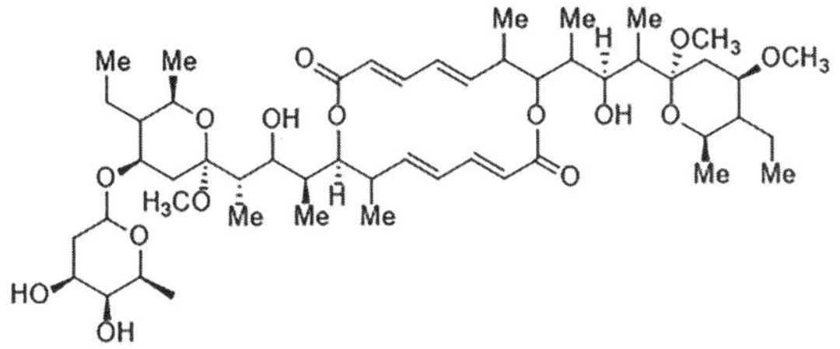

halichoblelide B

第六节　大环内酯类化合物的生物活性

一、抗菌

微生物对抗生素耐药性的不断增加是一个严重的问题，海洋天然产物是目前寻找抗菌尤其是抗耐药菌先导化合物的一个重要方向。在海洋来源的大环内酯中，很多化合物都具有不同程度的抗菌活性。目前临床大环内酯类抗生素，主要用于治疗需氧革兰氏阳性菌和阴性菌、某些厌氧菌以及军团菌、支原体、衣原体等感染。

一般认为大环内酯类为第 I 类型的蛋白质合成抑制剂，即阻断 50S 中肽酰转移酶中心的功能，使 P 位上的肽酰 tRNA 不能与 A 位上的氨基酰 tRNA 结合形成肽键，大环内酯类抗生素与 50S 核糖体亚单位可逆性地结合，阻断肽链的延伸，抑制细菌蛋白质的合成[28]。

前面提到过的从加利福尼亚海孢菌 Marinispora sp. CNQ-140 中分离得到的大环多内酯化合物 marinomycin A，它对甲氧西林耐药金葡菌（MRSA）和耐万古霉素的粪链球菌（VRSF）的 MIC_{90} 值均为 0.13 μmol/L。

抗真菌的大环内酯类通过与麦角甾醇结合的疏水区域插入真菌脂质双分子层。因此，形成了多聚微孔，增加真菌膜的通透性，使 K^+、Ca^{2+} 和 Mg^{2+} 等阳离子可以通过，促进细胞内离子的快速耗尽和真菌细胞的死亡，也可以与其他甾醇结合，如胆固醇；但亲和力较低，也能通过诱导氧化损伤发挥抗真菌作用[29]。化合物 sporiolide A 分离自日本冲绳岛海绵 Actinotrichia fragilis 中的真菌 Cladosporium sp.，表现出对白色念珠菌、粗糙脉孢菌、黑曲霉菌和新生隐球菌的抑制效果（ MIC 值为 8.4~16.7 μg/mL ）[30,31]。

二、抗肿瘤

海洋来源的大环内酯类化合物，许多表现出对多种肿瘤细胞的抑制作用。目前认为，大环内酯类化合物的抗肿瘤作用机制主要包括以下几种途径：

（1）大环内酯类化合物能够竞争性地结合肿瘤细胞膜 P-糖蛋白的通道，抑制化疗药物在肿瘤细胞内的主动排出，提高化疗药物胞内浓度，增强抗癌作用；

（2）大环内酯类化合物可以逆转或延缓化疗药物耐药性；

（3）大环内酯类化合物能够增加细胞因子和免疫细胞活性，增强抗癌效果；

（4）大环内酯类化合物能够抑制肿瘤血管生成，从而抑制肿瘤细胞生长。

苔藓虫素 1（bryostain 1）是 1982 年从采集自加利福尼亚海湾的无脊椎动物总合草苔虫中分离得到的第一个具有抗癌活性的大环内酯类化合物，能够竞争性地抑制佛波醇酯与 PKC（蛋白激酶 C）的结合，在诱导细胞凋亡中发挥关键作用。其主要作用机制是竞争性地抑制佛波醇酯与蛋白激酶 C（PKC）结合，进一步调节细胞内信号转导途径以及作用于细胞核中的转录因子参与基因表达的调控，实现对肿瘤细胞的生长、分化、侵袭以及转移、凋亡的调节[32,33]。

从海绵 *Hyattella* sp. 中分离得到的化合物 laulimalide，属于内酯环含有氧环的大环内酯，具有促进微管蛋白聚合的作用，是一个有效的微管稳定剂，目前虽未进入临床研究，但是是一个很有前途的抗癌药物先导化合物[34,35]。

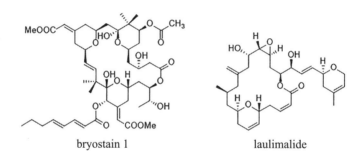

bryostain 1   laulimalide

三、抗病毒

大环内酯类化合物，可以通过抑制细胞间黏附分子 1 上调发挥抗病毒作用[36]。加利福尼亚海岸深海细菌中分离得到的化合物 macrolactin A 对单纯疱疹病毒 Herpes simpler virus（$IC_{50} = 5.0\ \mu g/mL$）和人类免疫缺陷病毒 HIV（$IC_{50} = 10\ \mu g/mL$）均有抑制作用，对 HIV 具有潜在的抑制作用。目前 Simth 等采用 Stille 跨环偶联法成功合成了 macrolactin A 及相关衍生物。

四、其他活性

海洋来源的大环内酯类化合物，抗菌、抗肿瘤、抗病毒活性的报道相对较多，除此以外还有其他一些生物活性，比如：分离自冲绳岛 *Lissoclimum* 属海鞘的 haterumalide B，具有细胞毒活性，并能抑制海胆受精卵分裂作用；前文中提到的来自红海海绵 *Latrunculia magnifolia* 的 latrunculin 能够隔离 G-肌动蛋白，并防止 F-肌动蛋白的聚集，有很强的毒鱼活性。

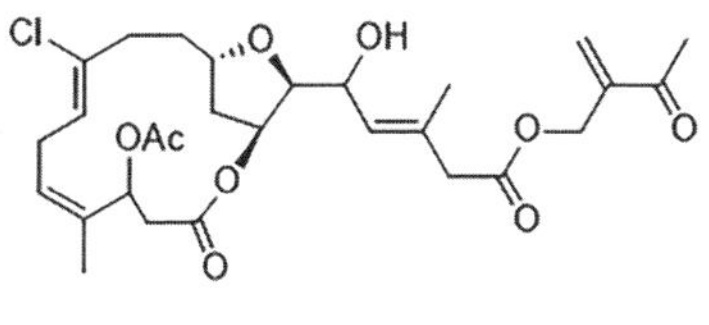

haterumalide B

第七节　临床药物或正在临床研究的大环内酯类化合物

一、药物来源与发现

1985 年，日本名古屋大学首先从日本黑海绵中分离得到 norhalichondrin A，该化合物表现出极强的细胞毒作用，抗黑色素 B16 的 IC_{50} 值为 5 ng/mL；随后，又从这种海绵中分离得到 7 种 halichondrin 系列化合物，其中 halichondrin B 抗黑色素 B16 活性最强，IC_{50} 值仅为 0.0093 ng/mL。1993 年，美国国家癌症研究所基于 60 个癌细胞系对软海绵素 B 的活性进行了系统评价，发现软海绵素 B 具有极强的体外抗肿瘤活性。

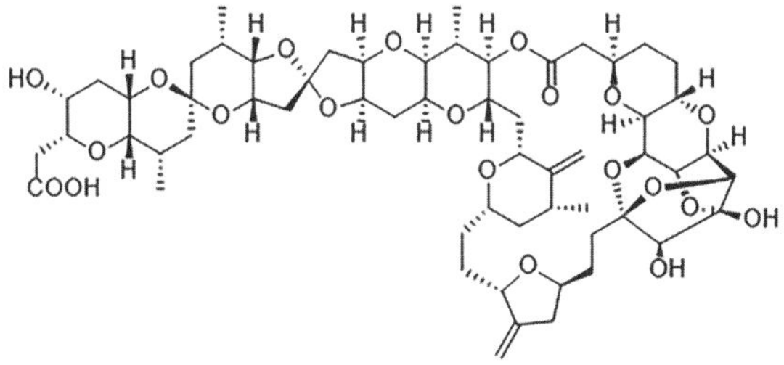

norhalichondrin A

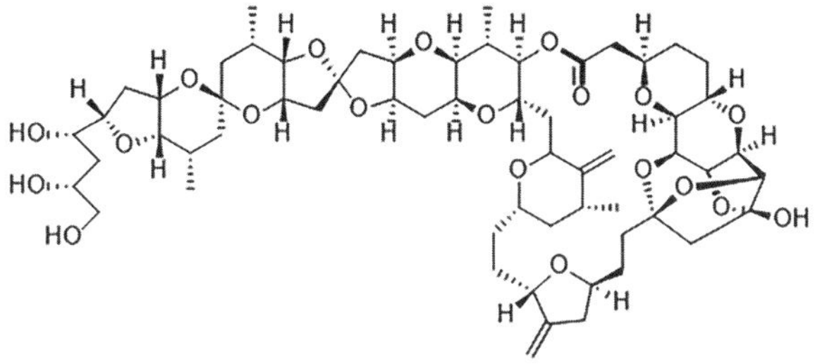

halichondrin B

其衍生物甲磺酸艾日布林，体内外试验研究显示其具有亚纳摩尔水平的抗肿瘤活性；在此基础上，日本卫材（Eisai）公司研发了 halaven 作为替代 halichondrin B 的一种抗癌药。halaven 是一种经过结构简化的 halichondrin B 类似物，更容易人工合成、成本更低、药用活性更好。

二、结构特点

从结构上来说，halaven 是大环内酯类化合物 halichondrin B 的衍生物，分子式为 $C_{40}H_{59}NO_{11} \cdot CH_4O_3S$，相对分子量为 826.00，CAS 登录号为 441045-17-6。halichondrin 族

化合物的结构特征为含有一个 2,6,9- 三氧杂三环、一个二十二元内酯环、两个环外双键及多个吡喃环和呋喃环。艾日布林的成功研制得益于软海绵素 B 的全合成,艾日布林是迄今用纯化学合成的方法研制并生产的结构最复杂的药物,分子中含有 19 个手性碳原子,由简单的工业原料经 62 步反应合成。

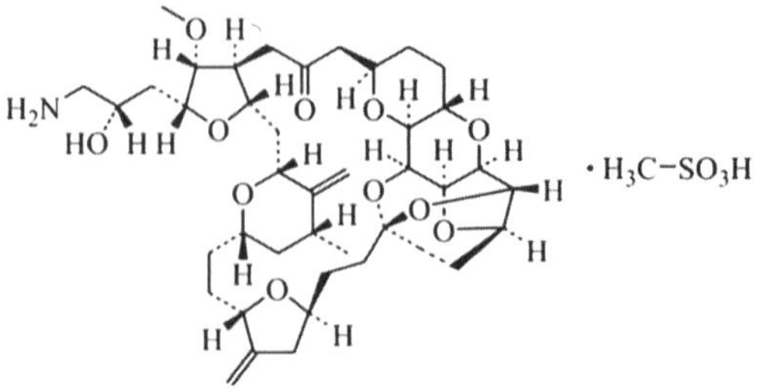

halaven

三、药理活性

　　halaven 是具有全新作用机制的微管蛋白抑制剂,它通过抑制微管蛋白聚合而破坏肿瘤细胞的有丝分裂进程,促进肿瘤细胞凋亡而发挥抗肿瘤作用。微管是真核细胞中普遍存在的细胞骨架成分。它们由蛋白质微管蛋白亚基组装成长管状结构,平均直径为 24 nm,长度可变。微管在细胞的核分裂、细胞与细胞间运动、胞质组织、细胞形态和信号转导等许多生长发育过程中起着重要的作用。因此,微管蛋白是许多化疗和抗真菌药物的有效靶点。根据药物与微管蛋白的作用机制及能否干扰代表性药物与微管蛋白的结合,可将微管蛋白结合剂类药物分成不同的类型:秋水仙碱型、长春花碱型、长春碱和长春新碱型以及根霉素和美登霉素型。halaven 能够抑制 4~6 倍寡聚体的形成,还能够抑制由长春新碱诱导的螺旋多聚体的形成,能抑制微管蛋白多聚物的形成,破坏微管蛋白分子间界面的联系,也能够扰乱微管蛋白间的联系,是一类具有独特的作用于微管蛋白的活性的药物。

四、适应证

　　（1）已接受过含蒽环类药物方案治疗的晚期或转移性脂肪肉瘤患者。
　　（2）适用于转移乳腺癌的治疗,治疗患者既往至少曾接受两种化疗方案,包括一种蒽环类和一种紫杉烷类。

◎　**思考题**

　　1. 大环内酯类化合物的分类及结构特点有哪些?
　　2. 详述已上市药物 halaven 的先导化合物来源、结构特点、适用症以及作用机制。

◎　**进一步文献阅读**

1. Mathieu S B, Prashant N P, Arianna D P, et al. 2011. Pharmacokinetic drug interactions of antimicrobial drugs: a systematic review on oxazolidinones, rifamycines, macrolides, fluoroquinolones, and beta-lactams[J]. Pharmaceutics, 3:865-913.

2. Rajeev K J, Xu Z R. 2004. Biomedical compounds from marine organisms[J]. Mar Drugs, 2: 123-146.

3. 邓松之 . 2007. 海洋天然产物的分离纯化与结构鉴定 [M]. 北京 : 化学工业出版社 .

4. 林永成 , 周世宁 . 2003. 海洋微生物及其代谢产物 [M]. 北京 : 化学工业出版社 .

5. 龙康候 , 巫忠德 . 1983. 海洋天然产物化学 (第一卷) [M]. 北京 : 海洋出版社 .

6. 徐任生 . 2004. 天然产物化学 [M]. 北京 : 科学出版社 .

7. 易杨华 , 焦炳华 , 等 . 2006. 现代海洋药物学 [M]. 北京 : 科学出版社 .

8. 张文 . 2012. 海洋药物导论 [M]. 2 版 . 上海 : 上海科学技术出版社 .

◎　**参考文献**

[1] Tomasz M K. 2019. Marine macrolides with antibacterial and/or antifungal activity[J]. Mar Drugs,17: 1-25.

[2] Tsuda M, Mugishima T, Komatsu K, et al. 2003. Modiolides A and B, two new 10-membered macrolides from a marine-derived fungus[J]. J Nat Prod, 66: 412-415.

[3] Xu J, Jiang C S, Zhang Z L, et al. 2014. Recent progress regarding the bioactivities, biosynthesis and synthesis of naturally occurring resorcinolic macrolides[J]. Acta Pharmacol Sin, 35: 316-330.

[4] Yang R Y, Li C Y, Lin Y C, et al. 2006. Lactones from a brown alga endophytic fungus (No. ZZF36) from the South China Sea and their antimicrobial activities[J]. Bioorg Med Chem Lett, 16: 4205-4208.

[5] Yang X, Khong T T, Chen L, et al. 2008. 8'-Hydroxyzearalanone and 2'-hydroxyzearalanol: resorcyclic acid lactone derivatives from the marine-derived fungus *Penicillium* sp.[J]. Chem Pharm Bull(Tokyo), 56: 1355-1356.

[6] Zhao L L, Gai Y, Kobayashi H, et al. 2008. 50-Hydroxyzearalenol, a new β -resorcylic macrolide from *Fusarium* sp. 05ABR26[J]. Chin Chem Lett, 19: 1089-1092.

[7] Kazuya K, Kazuya T, Kazunari S, et al. 1993. Ecklonialactones C-F from the brown alga *Ecklonia stolonifera*[J]. Phytochemistry, 33: 155-159.

[8] Nagao T, Adachi K, Sakai M, et al. 2001. Novel macrolactins as antibiotic lactones from a marine bacterium[J]. J Antibiot(Tokyo), 54: 333-339.

[9] Jaruchoktaweechai C, Suwanborirux K, Tanasupawatt S, et al. 2000. New macrolactins from a marine *Bacillus* sp. Sc026[J]. J Nat Prod, 63: 984-986.

[10] Yao T, Liu Z, Li T, et al. 2018. Characterization of the biosynthetic gene cluster of the polyene macrolide antibiotic reedsmycins from a marine-derived *Streptomyces* strain[J]. Microb Cell Fact, 17: 98.

[11] Che Q, Li T, Liu X, et al. 2015. Genome scanning inspired isolation of reedsmycins A-F, polyene-polyol macrolides from *Streptomyces* sp. CHQ-64[J]. RSC Adv, 5: 22777-22782.

[12] Salvador-Reyes L A, Sneed J, Paul V J, et al. 2015. Amantelides A and B, polyhydroxylated macrolides with difffferential broad-spectrum cytotoxicity from a Guamanian marine cyanobacterium[J]. J Nat Prod, 78: 1957-1962.

[13] Kashman Y, Groweiss A, Shmueli J. 1980. Latrunculin, a new 2-thiazolidinone macrolide from the marine sponge *Latrunculia magnifica*[J]. Tetrahedron Lett, 21(37):3629-32.

[14] Bernd S, Kunz O. 2013. Bidirectional cross metathesis and ring-closing metathesis/ring opening of a C2-symmetric building block: a strategy for the synthesis of decanolide natural products. Beilstein[J]. J Org Chem, 9: 2544-2555.

[15] Sato S, Iwata F, Yamada S, et al. 2012. Neomaclafungins A-I: oligomycin-class macrolides from a marine-derived actinomycete[J]. J Nat Prod, 75: 1974-1982.

[16] Kwon H C, Kauffffman C A, Jensen P R, et al. 2009. Marinisporolides, polyene-polyol macrolides from a marine actinomycete of the new genus *Marinispora*[J]. J Org Chem, 74: 675-684.

[17] Davis R A, Carroll A R, Pierens G K, et al. 1999. New lamellarin alkaloids from the Australian ascidian, didemnum chartaceum[J]. J Nat Prod, 62:419-424.

[18] Abbanat D, Leighton M, Maiese W, et al. 1998. Cell wall active antifungal compounds produced by the marine fungus Hypoxylon oceanicum LL15G256. I. Taxonomy and fermentation[J]. J Antibiot, 51:296-302.

[19] Sakai R, Higa T, Kashma Y. 1986. Misakinolide A, an antitumor macrolide from the marine sponge *Theonella* sp.[J]. Chem. Lett, 1499-1502.

[20] Kato Y, Fusetani N, Matsunaga S, et al. 1987. Antitumor macrodiolides isolated from a marine sponge sp.: structure revision of misakinolide A[J]. Tetrahedron Lett, 28: 6225-6228.

[21] Shimizu Y, Ogasawara Y, Matsumoto A, et al. 2018. Aplasmomycin and boromycin are specific inhibitors of the futalosine pathway[J]. Journal of antibiotics,71: 968-970.

[22] Kondo K, Ishibashi M, Kobayashi J. 1994. Isolation and structures of Theonezolides B and C from the Okinawan marine sponge *Theonella* sp.[J]. Tetrahedron, 50: 8355-8362.

[23] Pietruszka J. 1998. Spongistatins, cynachyrolides, or altohyrtins? Marine macrolides in cancer therapy[J]. Angew Chem Int Ed, 37: 2629-2636.

[24] Junji K, Yuuki T, Tomoko I, et al. 1996. Kulolide: a cytotoxic depsipeptide from a cephalaspidean mollusk, philinopsis speciosa[J]. J Am Chem Soc, 118: 11081-11084.

[25] 张文 . 2012. 海洋药物导论 [M]. 2 版 . 上海：上海科学技术出版社 .

[26] Takeshi Y, Takashi K, Reiko T, et al. 2012. Halichoblelides B and C, potent cytotoxic macrolides from a *Streptomyces* species separated from a marine fish[J]. Tetrahedron Letters, 53: 2842-2846.

[27] Shinji O, Mylene M U, Mihoko Y, et al. 2006. Exiguolide, a new macrolide from the marine sponge *Geodia exigua*[J]. Tetrahedron Letters, 47: 1957-1960.

[28] Bolhuis M S, Panday P N, Pranger A D, et al. 2011. Pharmacokinetic drug interactions of antimicrobial drugs: A systematic review on oxazolidinones, rifamycines, macrolides, flfluoroquinolones, and beta-lactams[J]. Pharmaceutics, 3: 865-913.

[29] Mesa-Arango A C, Scorzoni L, Zaragoza O. 2012. It only takes one to do many jobs: amphotericin B as antifungal and immunomodulatory drug[J]. Front Microbiol, 3: 286.

[30] Shigemori H, Kasai Y, Komatsu K, et al. 2004. Sporiolides A and B, new cytotoxic twelve-membered macrolides from a marine-derived fungus *Cladosporium* species[J]. Mar. Drugs, 2: 164-169.

[31] Du Y, Chen Q, Linhardt R J. 2006. The fifirst total synthesis of sporiolide A[J]. J Org Chem, 71: 8446-8451.

[32] Griner Erin M, Kazanietz Marcelo G. 2007. Protein kinase C and other diacylglycerol effectors in cancer[J]. Nature Reviews Cancer, 7: 281-294.

[33] Hale K J, Hummersone M G, Manaviazar S, et al. 2002.[J]. Natural Product Reports, 19: 413-453.

[34] Corley D G, Herb R, Moore R E, et al. 1988. Laulimalides-new potent cyto-toxic macrolides from a marine sponge and a nudibranch predator[J]. J Org Chem, 53: 3644-3646.

[35] Kanakkanthara A, Eras J, Northcote P T, et al. 2014. Resistance to peloruside A and laulimalide: functional significance of acquired beta I-tubulin mutations at sites important for drug-tubulin binding[J]. Current Cancer Drug Targets, 14: 79-90.

[36] Min J Y, Jang J J. 2012. Macrolide therapy in respiratory viral infections[J]. Mediators of Inflammation, Article ID 649570.

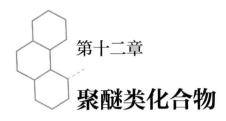

第十二章

聚醚类化合物

视频讲解与
教学课件

◎ 学习目标

1. 掌握聚醚类化合物的结构特征及分类。
2. 掌握聚醚类化合物的理化性质和常用提取分离方法。
3. 掌握聚醚类化合物的波谱特征和检测方法。
4. 了解聚醚类化合物的生物活性及在天然药物研究开发中的应用。

西加毒素[1]（ciguatoxin, CTX），又名雪卡毒素，是一类富集于珊瑚礁鱼体内的聚醚类化合物，主要来自剧毒岗比藻（Gambierdiscus toxicus，图 12-1），它可以通过食物链，由小鱼到大鱼层层传递积累，因此在某些鱼类如鳗鱼（Gynnothorax jauanicus）中也能获取。来自岗比藻的 CTX 极性较小、毒性也小些，而来自鱼类的化合物含氧较多、极性较大、毒性也大。CTX 由 13~14 个环组成，其毒理和药理作用均十分特殊，分别对神经系统、消化系统、心血管系统和细胞膜有较高的选择性，属于新型电压依赖性的 Na^+ 通道激动剂，是引起人类中毒分布最广的一种毒素，可作为研究兴奋细胞膜结构与功能以及局麻药作用机制的分子探针。人类食用有毒珊瑚鱼会引发西加鱼毒素中毒（ciguatera fish poisoning, CFP）。西加毒素是已知的危害性较严重的海洋生物毒素之一，中毒症状呈多样性，主要取决于食用的毒素量、毒素种类及中毒者敏感性。常见症状包括腹泻、呕吐、腹痛、温度感觉颠倒、肌痛、眩晕、焦虑、低血压和神经麻痹等。

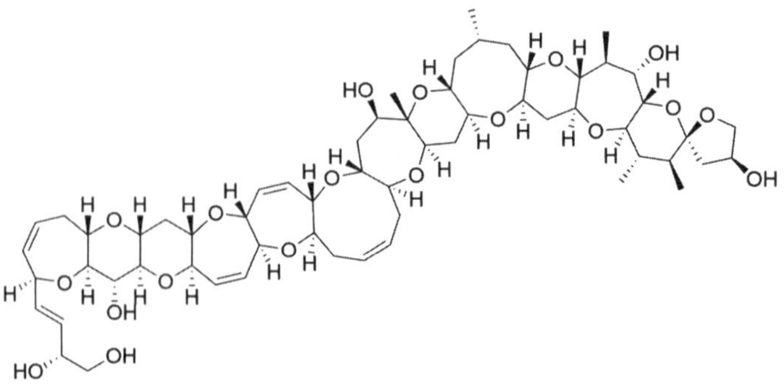

西加毒素（ciguatoxin, CTX）

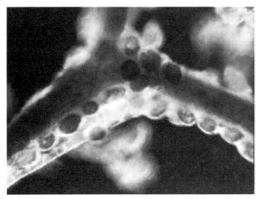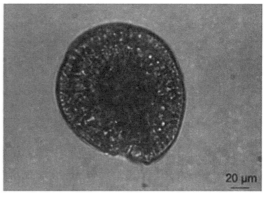

图 12-1　岗比藻

第一节　概　述

在所研究的海洋生物中，海洋有毒生物具有突出的地位。由于有毒生物引起食物中毒或对人类造成伤害，国际上对海洋有毒生物的研究较早，海洋生物毒素研究也是海洋生物活性物质研究中进展最为迅速的领域。海洋毒素研究取得的重要进展对于天然产物化学、分子毒理学、分子生物学等许多基础学科的发展起了重大的推动作用。海洋生物毒素是海洋天然产物的重要组成部分，海洋生物毒素资源丰富，分布广，种类多，已报道的有 1000 多种，确定结构的上百种。在众多海洋生物毒素的家族中，最引人注意的有三大类化合物，即海洋生物碱、聚醚类毒素和肽类毒素。

聚醚类化合物（polyether）是一类结构独特、毒性极大的海洋毒素，该类化合物结构特殊、新颖、分子量大，其结构特点是杂原子对碳原子的比例很高。聚醚类化合物最大的特点是结构中含有多个以五元环、六元环为主的环状结构，醚环间以反式／顺式构型骈合，环中氧原子相间排列，因此将该类化合物命名为聚醚。其代表性的化合物有西加毒素、岩沙海葵毒素、刺尾鱼毒素等[2]。

目前已发现的聚醚类化合物大部分存在于甲藻、蓝藻、海绵、腔肠动物、软体动物、被囊动物以及鱼类中，但追踪其原始来源却是一些海洋有毒藻类。1958 年，Randall[3] 曾提出著名的食物链假说，指出西加毒素可能来源于热带海洋中的底栖藻类，分析其毒素是通过食物链传递，即一些海洋动物通过滤食有毒藻类后而将该类化合物富集于体内，其中食物链级别较高的大型鱼类毒性最强。也有一些化合物来源于藻类与海洋动物共生、附生过程中产生的代谢物。

研究表明，聚醚类化合物的生物活性强，广谱药效、作用机制独特，通常具有剧毒，某些结构巨大的聚醚类化合物会因其毒性强而著名。根据对人的中毒症状和毒素来源，可将常见的海洋聚醚类毒素分为五类，具体如表 12-1 所示。

表 12-1　海洋聚醚类毒素的种类 [4]

毒素种类	缩写	代表化合物
腹泻性贝类毒素	DSP（diarrhetic shellfish poisoning）	扇贝毒素（pectenotoxin）
神经性贝类毒素	NSP（neurotoxic shellfish poisoning）	短裸甲藻毒素（brevetoxin, BTX）
记忆缺失性贝类毒素	ASP（amnesic shellfish poisoning）	软骨藻酸（domoic acid, DA）
西加鱼毒素	CFP（ciguatera fish poisoning）	西加毒素（ciguatoxin, CTX）

聚醚类化合物的毒理和药理作用十分特殊，具有多方面的生物活性和特异性选择作用，对神经系统、消化系统、心血管系统及细胞膜可产生较高的选择性活性，由于许多高毒性聚醚类毒素的中毒是对生物神经系统或心血管系统有高特异性作用，这些毒素及其作用机制研究已成为发现新的神经系统或心血管系统药物的重要线索。因此，海洋聚醚类化合物在研究细胞信息传递机制、细胞癌变机制和胚胎发生发育调控机制以及揭示生命现象的本质方面具有极其重要的价值和广阔的研究前景，有望在研制新型心血管药和抗肿瘤药中发挥重要作用。

第二节　聚醚类化合物的结构与分类

目前已发现的聚醚类化合物，按其化学结构特征主要可分为四类：聚醚梯（ladder-like or ladder-shaped polyether）、线性聚醚（linear polyether）、大环内酯聚醚（macrolide polyether）和聚醚三萜（polyether triterpenoid），下面我们将根据结构类型分别进行阐述 [2,5,6]。

一、聚醚梯（ladder-like or ladder-shaped polyether）

聚醚梯，也称梯形稠环聚醚。此类聚醚的化学结构极为特殊，其分子骨架全部由一系列含氧五元至九元醚环邻接稠合而成，醚环间反式骈合，氧原子相间排列，形成一个像梯子一样的结构，因此将其命名为"聚醚梯"。聚醚梯类化合物的分子结构具有以下共同特征：

（1）分子骨架具有相同的立体化学特征，稠环间均以反式/顺式构型连接，相邻醚环上的氧原子交替位于环的上端或下端；

（2）各个醚环上的氧原子与邻接环上的氧原子构成单原子桥键；

（3）聚醚梯上存在无规则取代的甲基；

（4）分子的两端大多为醛、酮、酯、硫酸酯、羟基等极性基团。

除了上述共同结构特征外，此类聚醚化学结构的主要差异在于其分子骨架的醚环数目及种类。聚醚梯的代表性化合物主要有短裸甲藻毒素 1、2、3（BTX-A,B,C）、虾夷扇贝毒素（yessotoxin，YTX）、西加毒素（CTX）和刺尾鱼毒素（maitotoxin，MTX）等。其中 BTX-A 由 10 个五到九元环的稠环醚构成，而 BTX-B, C 由 11 个六到八元环的稠环醚构成。在世界范围内发生的主要赤潮中，都发现有 BTX 的存在。MTX 是一种著名的海洋毒素，是目前发现的结构最复杂的一个聚醚梯类化合物。MTX 的分子式为

$C_{164}H_{256}O_{68}S_2Na_2$，相对分子质量为 3422。它由 142 个碳、32 个醚环、28 个羟基及 2 个硫酸酯基组成，除 L/M 和 N/O 环为顺式稠环外，大多数为反式稠环，有 21 个甲基、36 个亚甲基和 5 个次甲基，其中含有 4 个双键，但无羰基存在。MTX 的结构鉴定是通过 2D-NMR 和 3D-NMR 技术、化学降解、与已知的合成小分子比较等多种测试手段综合完成的，MTX 结构分析的完成代表着现代鉴定技术在天然产物化学结构研究中的应用水平。

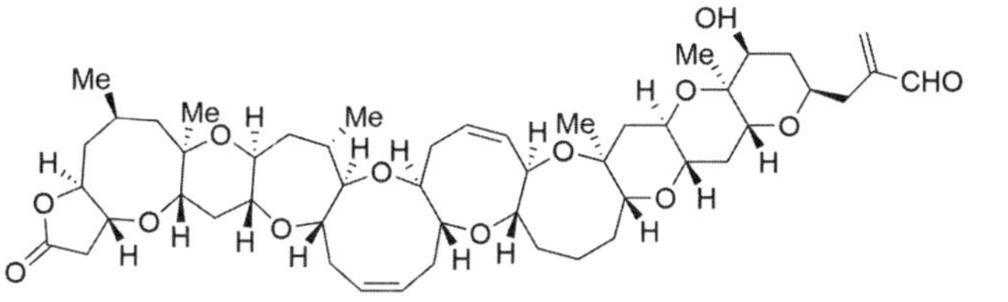

BTX-1

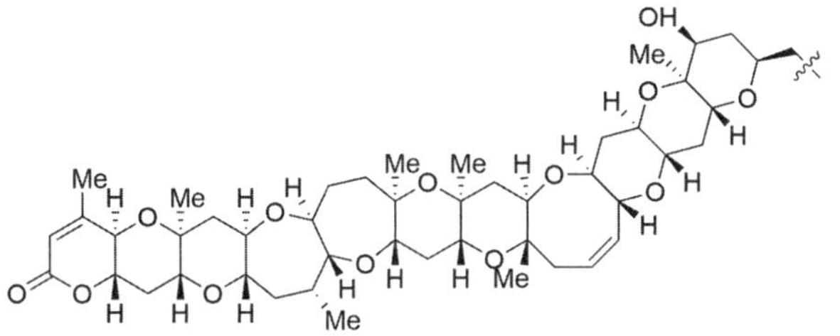

BTX-2： 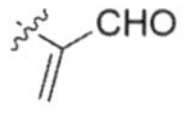　　CHO　　　BTX-3：　　CH₂Cl

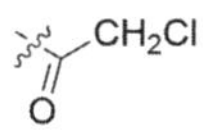

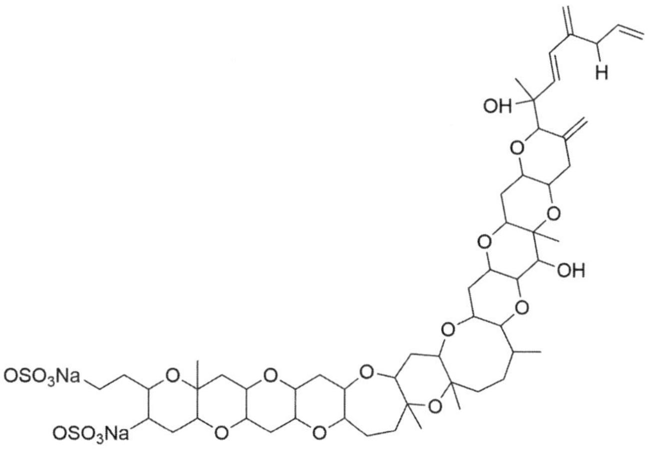

YTX

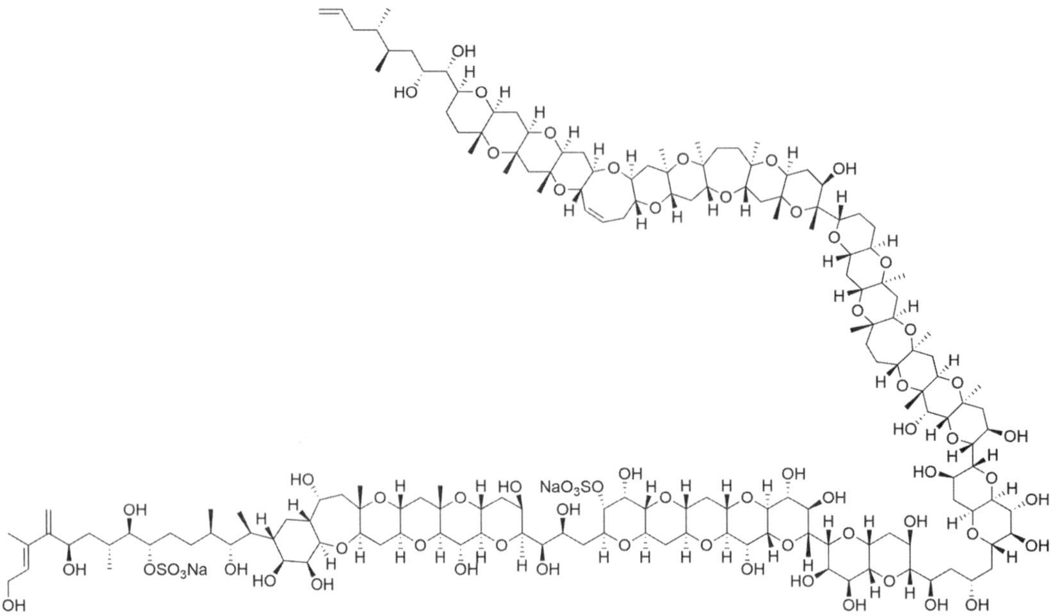

MTX

二、线性聚醚（linear polyether）

线性聚醚，也称脂链聚醚，其结构特点是同样含有高度氧化的碳链，但仅部分形成醚环，多数含有游离羟基，因此大多属于水溶性聚醚。线性聚醚根据其结构特征可分为两类：一类是具有 C_{38} 脂肪酸多醚结构的系列衍生物，其分子骨架均是由 38 碳脂肪酸形成的线性结构，其代表性化合物有大田软海绵酸（okadaic acid，OA）和鳍藻毒素（dinophysistoxin，DTX）。OA 也称为冈田酸，多具有脂溶性。OA 最初是从大田软海绵中分离出来，因此而得名，随后又从佛罗里达暗礁采集到的隐爪软海绵中分离得到，最后证实 OA 实际上是由上述两种海绵共生的一种微藻——利马原甲藻产生的，海绵通过滤食此种微藻而将 OA 富集于体内。DTX-1,3 是倒卵形鳍藻（*Dinophysis fortii*）的代谢物，属于腹泻性贝类毒素。

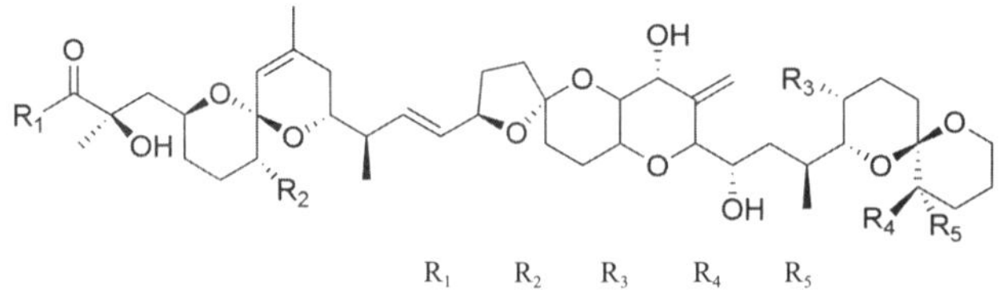

	R_1	R_2	R_3	R_4	R_5
OA	OH	OH	CH₃	H	H
DTX-1	OH	OH	CH₃	CH₃	H
DTX-2	OH	OH	H	H	CH₃
DTX-3	OH	Ac	CH₃	CH₃	H

另一类线性聚醚是结构复杂的大分子化合物，此类化合物是一些不饱和脂肪链和若干环醚单元构成的含有 64 个不对称手性中心的复杂有机分子，其代表性化合物为岩沙海葵毒素。岩沙海葵毒素（palytoxin，PTX），也称沙海葵毒素，是目前已知的毒性最强

的非蛋白类物质之一，其毒性仅次于刺尾鱼毒素。PTX 的基本分子结构包括 1 个环状醚键、64 个手性中心、40~42 个羟基和 2 个酰胺基、8 个甲基和 1 个氨基。PTX 主要来源于软珊瑚、甲藻及蓝藻等。PTX 最初发现于夏威夷六放珊瑚的沙海葵科剧毒岩沙海葵，目前已发现它还有其他结构类似物，如高岩沙海葵毒素、双高岩沙海葵毒素、新岩沙海葵毒素、脱氧岩沙海葵毒素、异岩沙海葵毒等。

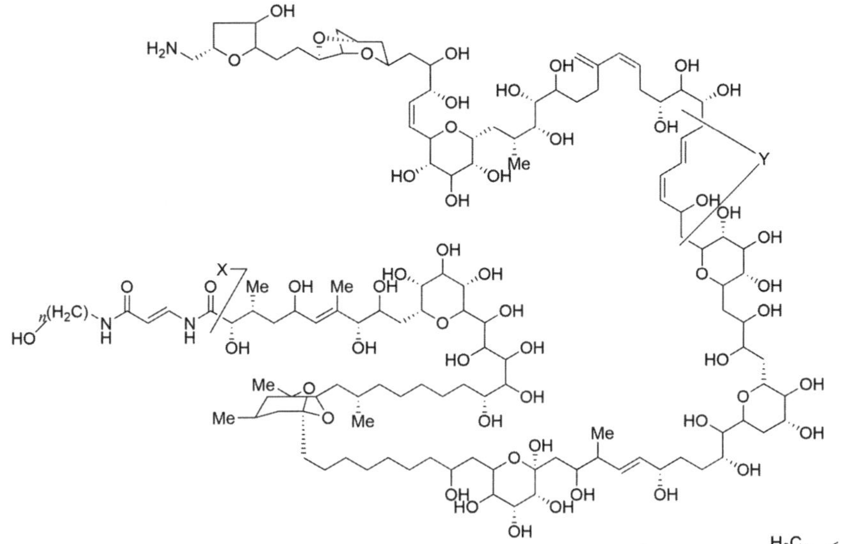

岩沙海葵毒素	$n=1$	新岩沙海葵毒素	$n=1$, X=
高岩沙海葵毒素	$n=2$	脱氧岩沙海葵毒素	$n=1$, Y= $-^{78}CH_2CH=CHCH=CHCH_2CH_2-$
双高岩沙海葵毒素	$n=3$	异岩沙海葵毒素	$n=1$, Y= $-^{78}CH_2CH-CHCH=CHCHOHCH_2-$

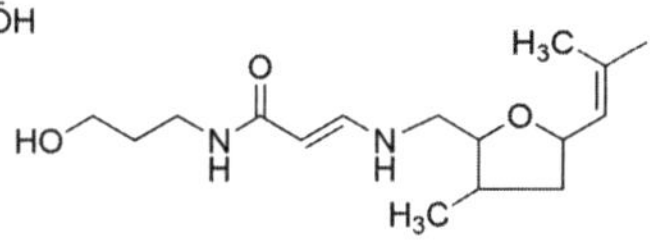

三、大环内酯聚醚（macrolide polyether）

有的聚醚类化合物结构中含有内酯环，可以首尾或局部以酯键相连成环形成大环内酯结构，因此将此类聚醚归类为大环内酯聚醚。大环内酯聚醚大多来自扇贝、海绵、甲藻和苔藓虫等海洋生物，大多具有肝脏毒性。此类聚醚的代表性化合物主要有来自微藻和贝类的扇贝毒素（pectenotoxin，PeTX）及来自海绵（*Spongia* sp. 和 *Spirastrella spinispirulifera*）的海绵抑制素类化合物（spongistatin）。迄今为止，已从世界各地微藻和贝类中发现了 20 多种 PeTX 的同系物，在这个家族中 PeTX1、PeTX2、PeTX3、PeTX4、PeTX6 和 PeTX7 具有相同的骨架，仅在 C-43 位上有区别。PeTX 目前是已知结构的非肽类天然产物中毒性最强和结构最复杂的化合物。海绵抑制素类化合物的家庭成员也非常丰富，研究证明 spongistatin 具有细胞毒性、抗有丝分裂和抑制微管聚合的作用，它是一种非竞争性的抑制剂。

PeTX-1	R=CH_2OH	C-7*R*
PeTX-2	R=CH_3	C-7*R*
PeTX-3	R=CHO	C-7*R*
PeTX-4	R=CH_2OH	C-7*S*
PeTX-6	R=COOH	C-7*R*
PeTX-7	R=COOH	C-7*S*

扇贝毒素

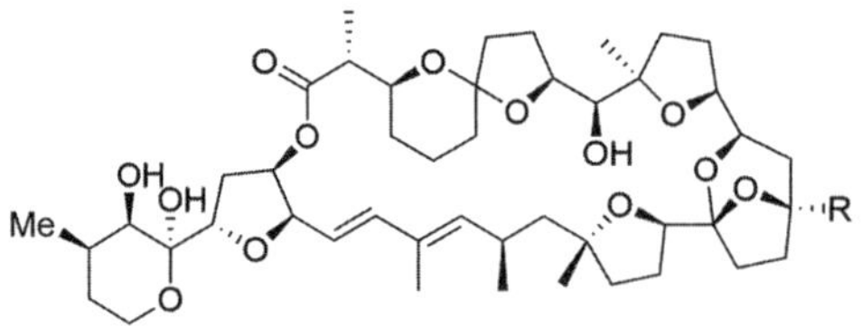

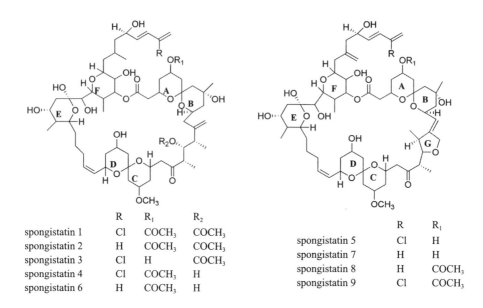

	R	R_1	R_2
spongistatin 1	Cl	$COCH_3$	$COCH_3$
spongistatin 2	H	$COCH_3$	$COCH_3$
spongistatin 3	Cl	H	$COCH_3$
spongistatin 4	Cl	$COCH_3$	H
spongistatin 6	H	$COCH_3$	H

	R	R_1
spongistatin 5	Cl	H
spongistatin 7	H	H
spongistatin 8	H	$COCH_3$
spongistatin 9	Cl	$COCH_3$

四、聚醚三萜（polyether triterpenoid）

海洋聚醚三萜与来源于陆生植物的三萜一样，都是由角鲨烯衍生而来的，是一类结构新颖，含有多个手性中心的三萜类聚醚化合物。海洋聚醚三萜大多来自红藻、海绵和软体动物等海洋生物，具有较好的生物活性，特别是抗肿瘤和蛋白质磷酸酯酶抑制活性。大多数聚醚三萜的分子骨架主要呈链状，氧化程度高，此类型聚醚的代表性化合物有来自海绵的 sodwanone 系列化合物及来自红藻的 teurilene 和 intricatetraol 等。

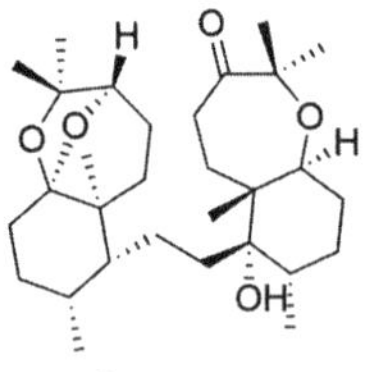

sodwanone E

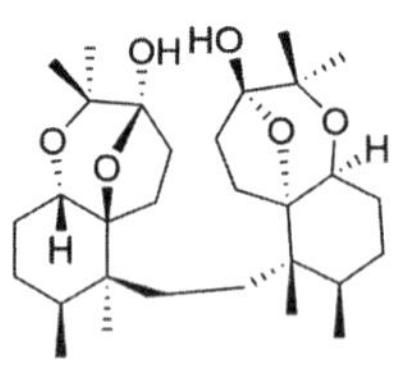

sodwanone F

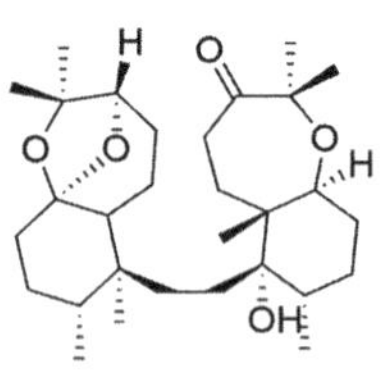

sodwanone M

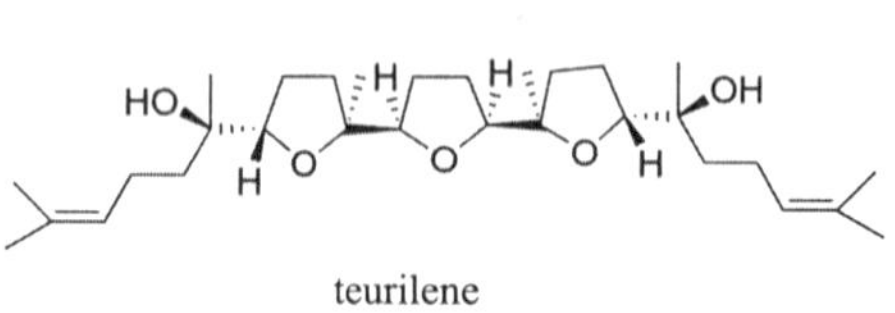

teurilene

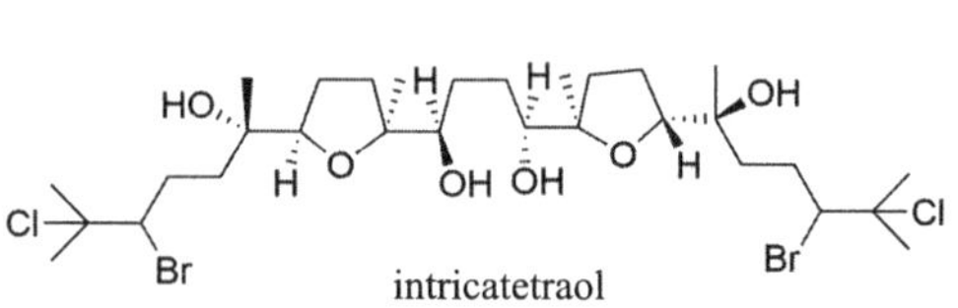

intricatetraol

第三节　聚醚类化合物的理化性质

聚醚类化合物的种类很多，不同类型的聚醚，其分子量、结构与性质差异会很大，但它们的分子结构中具有共性的特征，除了醚键结构外，绝大多数具有双键、羟基和活泼氢、手性中心、含氧程度高等，因而具有一些相同的理化性质，下面仅就其共性进行简要介绍[2,5,6]。

一、物理性质

（一）性状

聚醚类化合物分子量相对较大，是一类结构复杂的次生代谢产物，分子高度氧化是其重要结构特点。该类化合物大多为无定形白色粉末，因而不容易得到固定的熔点。但也有部分聚醚为无色晶状固体，有固定的熔点。如从短裸甲藻中分离纯化得到的短裸甲藻聚醚毒素 BTX-6 为一种细粒晶体，熔点为 295~297 ℃。

（二）溶解性

在聚醚类化合物中聚醚梯通常极性较低，因此水溶性较差；而线性聚醚有高度氧化的碳链，仅部分羟基成醚环，多数羟基游离，因此极性较大，水溶性较聚醚梯好。聚醚化合物在含氧较多、游离羟基较多时极性较大，通常在低极性有机溶剂中溶解性较差，在高极性有机溶剂及水中溶解性较好。

（三）旋光性和折光性

大多数聚醚类化合物具有手性碳原子，具有光学活性，且多有异构体存在。低分子聚醚具有较高的折光率。

二、化学性质

（一）加成反应

含有双键或羰基的聚醚类化合物可以进行加成反应，常生成结晶性化合物，可应用于此类化合物的分离和不饱和键的检识。

（二）氧化反应

聚醚分子结构中的双键、羟基均可被氧化剂氧化。不同氧化条件下的氧化产物是不同的。根据生成的产物，可提供化合物结构信息，例如分子结构中双键的位置及数目等。

第四节　聚醚类化合物的提取分离

一、提取

聚醚类化合物结构差异较大，常常根据其化合物的极性选择适宜的溶剂进行提取，一般规律是首先用甲醇、乙醇、丙酮、异丙醇、正丁醇、二氯甲烷、氯仿、石油醚、正己烷等有机溶剂萃取，有时也需要多种有机溶剂综合使用，如二氯甲烷 - 甲醇、正己烷 - 甲醇混合溶剂等。

二、分离

（一）有机溶剂分离法

通常聚醚类化合物由于分子结构的差异导致极性的不同，根据相似相溶的原理，可以采用不同极性的有机溶剂梯度萃取法进行分离。

（二）柱色谱

经有机溶剂萃取初步分离后，可继续采用柱色谱法分离聚醚。常用的柱色谱类型有硅胶柱色谱、Sephadex 系列凝胶柱色谱等，Sephadex 系列凝胶柱色谱中最常用的填料为 Sephadex LH-20。

（三）重结晶

有些聚醚类化合物是晶状固体，经柱色谱分离纯化后可采用重结晶的方法进一步分离提纯。

（四）高效液相色谱（HPLC）

经柱色谱分离纯化后也可采用 HPLC 法进一步分离纯化。通常选用 C_{18} 色谱柱，以乙腈-水为流动相进行梯度洗脱。

三、案例

短裸甲藻毒素（BTX）是由短裸甲藻（*Ptychodiscus brevis* 或 *Gymnodinium breve*）产生的一类典型的聚醚梯类海洋聚醚类化合物，短裸甲藻是引起赤潮的最主要海藻之一。由于不同研究人员分别在不同的实验室先后分离和鉴定出该类物质，导致现有报道中关于短裸甲藻毒素的拉丁文学术名常常不统一。

目前已先后从短裸甲藻中分离鉴定出 10 种聚醚梯类化合物 BTX-1~BTX-10，同时还分离出具有细胞毒性的半短裸甲藻毒素（hemibrevetoxins A-C），并发现其对生物合成 BTX 具有重要意义。

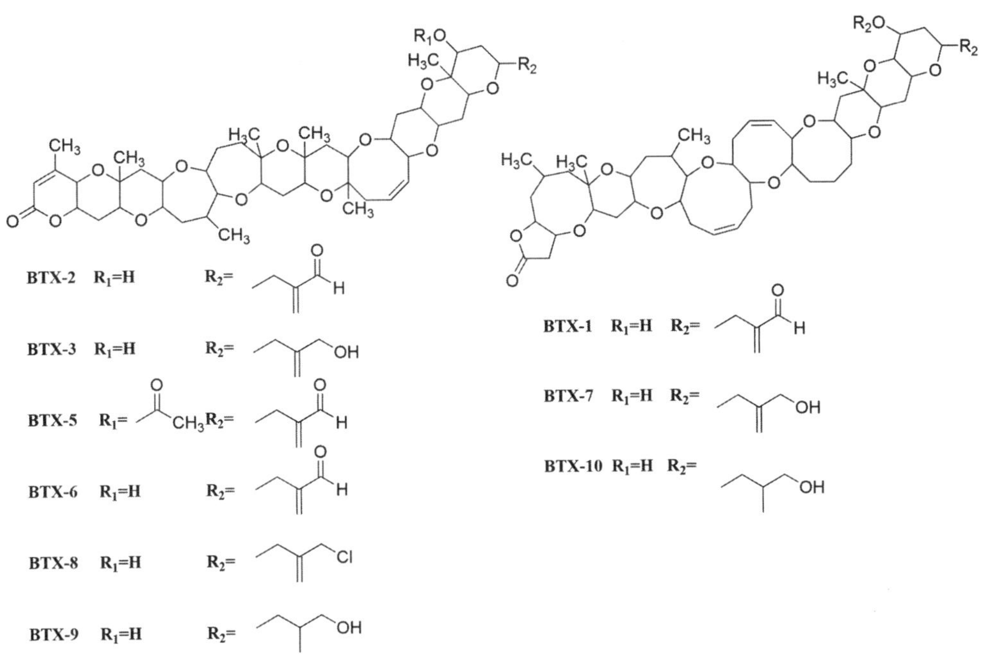

BTX-2　R₁=H　　R₂=

BTX-3　R₁=H　　R₂=

BTX-5　R₁=CCH₃　R₂=

BTX-6　R₁=H　　R₂=

BTX-8　R₁=H　　R₂=

BTX-9　R₁=H　　R₂=

BTX-1　R₁=H　R₂=

BTX-7　R₁=H　R₂=

BTX-10　R₁=H　R₂=

例 12-1

短裸甲藻中短裸甲藻毒素（BTX-A,B,C）的提取分离[7,8]

1. 提取

短裸甲藻取样自墨西哥海湾的赤潮，将其分离并培养在人工海水培养基中，25 ℃恒温培养 21 天，将培养基（50 L，包含 5×10^8 细胞）酸化至 pH 5.5，用乙醚提取，可得到 BTX 粗提物。

2. 分离

采用快速柱色谱法，以甲醇的二异丙醚溶液（5%，v/v）为洗脱剂，将 BTX 粗提物进行反复分离纯化，可得到 BTX-A、BTX-B、BTX-C。其中 BTX-B 可以用乙腈重结晶的方法进一步提纯。

例 12-2

BTX-A 的合成[9,10]

如图 12-2 所示，具有 B、C、D、E 环的化合物 a 在正丁基锂的作用下会产生磷化氢氧化物阴离子，该阴离子会与具有 G、H、I、J 环的化合物 b 中的醛基发生反应，生成两个非对映的羟基氧化物 c 和 d。在 c 和 d 的混合物中加入 KH，发生缩合反应，脱去二苯基磷酰基和水分子生成不饱和双键，可获得化合物 e。在 e 中加入乙酸，使 E 环中二甲基甲氧基取代基从体系中断裂，生成相应的羟基二硫代酮，然后在 AgClO₄ 试剂条件下，进行 F 环的环化准备，生成 S,O- 缩酮的结构。该缩酮能被间氯过氧苯甲酸氧化为相应的砜，通过还原去除砜基和随后的脱三氮作用，在 BF₃·OEt₂ 存在的情况下，用 Et₃·SiH 处理就可以得到具有 B、C、D、E、F、G、H、I、J 环骨架的化合物 f。再分别通过两种不同试剂 NMO 和 NaClO₂ 的连续氧化，重氮甲烷的甲基化以及在 HF·py 作用下完全脱除甲硅基，就能得到具有 γ-内酯结构的化合物 g。最后，用 Eschenmoser's 盐（CH₂＝NMe₂I）选择性氧化端基的羟基为烯醛共轭结构，最终完成 BTX-A 的全合成。

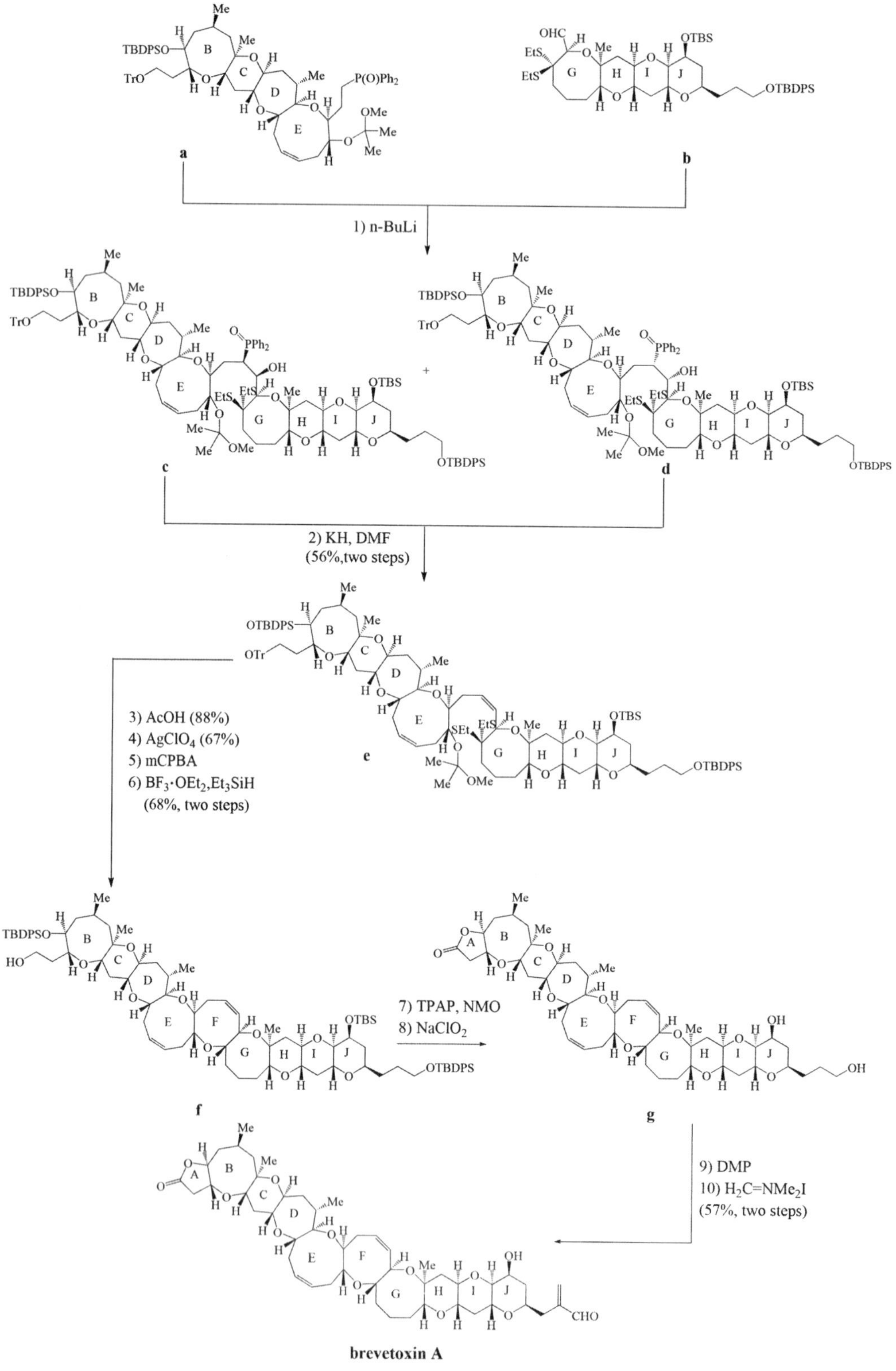

图 12-2　BTX-A 的全合成途径

第五节　聚醚类化合物的测定

一、聚醚类化合物的波谱学特征 [5,6]

海洋聚醚类化合物是一类结构复杂的次生代谢产物，分子量相对较大、分子高度氧化是其重要结构特点，这在波谱学中显示出明显的特征。

（一）紫外光谱

聚醚类化合物由于分子结构中缺少共轭体系，因此紫外吸收表现较弱，通常仅在近紫外区有一定吸收，其最大吸收波长一般接近于 210 nm，属于末端紫外吸收。

（二）红外光谱

由于聚醚类化合物分子中含有大量的醚键及自由羟基的存在，其 IR 光谱中在 3300 cm^{-1} 及 1100 cm^{-1} 附近，通常能够观测到典型的 C–O 弯曲振动和伸缩振动吸收峰。

（三）核磁共振波谱

1. ^{1}H-NMR　聚醚作为高氧化取代的复杂分子，分子中通常含有相当多的饱和连氧碳原子及相应质子，这一结构特点在 ^{1}H-NMR 谱图上表现为在高场区 δ 1.2~2.4 有大量重叠的饱和亚甲基和次甲基质子信号，以及在中场区 δ 3.3~4.3 也有大量的饱和连氧碳上的质子信号。

2. ^{13}C-NMR　聚醚类化合物在 δ 12~40 及 δ 65~80 可以观察到较为集中的饱和碳信号及连氧饱和碳信号。根据聚醚的理化性质可知，这类化合物的性状常常表现为无定形粉末，因此很难通过晶体衍射技术进行结构解析，核磁共振波谱技术是聚醚类化合物结构分析的常用方法。但是聚醚分子的复杂结构往往导致其核磁共振波谱信号严重重叠，给聚醚化合物的结构鉴定带来了很大困扰和挑战，二维和三维核磁共振波谱技术的广泛使用与有机化学技术的紧密结合，通常是解决这一问题的最终手段。以从海绵毒素中分离得到的 spongistatin 5 为例，采用多维核磁共振波谱的分析结果见表 12-2。

表 12-2　spongistatin 5 的 NMR 信号归属（测定溶剂 CD$_3$OD，括号内数字为耦合常数）

序号	^{13}C-NMR（100 MHz）	^{1}H-NMR（400 MHz）	HMBC（500 MHz，C to H）
1	173.80		H–2，H–41
2	40.15	2.70*，2.70*	
3	63.28	4.56m	H–2，H–4
4	37.92	1.78*，1.63*	H–6
5	65.54	4.07 br. s	H–6
6	40.62	1.86*，1.74*	H–8
7	101.49		H–8，H–5，H–6
8	45.99	1.74*，1.58*	H–9a，H–10
9	69.46		H–9a，H–8
9a	30.05	1.14s	H–10

续表

序号	¹³C-NMR（100 MHz）	¹H-NMR（400 MHz）	HMBC（500 MHz，C to H）
10	45.01	1.57*，1.48 dd（11,22）	H−9a，H−8
11	67.23	5.28 br. dd（9,11）	H−10
12	120.13	5.24 br. d（11）	H−13a，H−10
13	148.64		H−14a，H−13a
13a	70.72	4.47 br. d（13） 4.09 br. d（13）	H−12，H−14
14	37.82	3.29 br. m	H−14a，H−12，H−16
14a	15.09	1.01 d（6.7）	H−15
15	84.46	3.92 dd（3.7,10）	H−16a，H−14a，H−13a，H−16
16	47.03	2.86 dq（7,11）	H−16a
16a	14.56	1.14 d（7.0）	H−16
17	213.24		H−16a，H−18，H−15
18	50.99	2.95 dd（10,19） 2.82 br. d（19）	
19	66.79	4.14 br. t（11）	H−18，H−20
20	38.06	2.07*，1.03*	H−22
21	74.60	3.58m	H−20，H−OCH₃，H−22
22	44.14	2.05*，1.18 ddd(12,12,12)	
23	100.17		H−22，H−24
24	34.77	2.40 br. d(14)，1.63*	H−22
25	65.12	4.02 br.s	H−24
26	39.14	1.62*，1.62*	H−24
27	61.91	5.04 ddd(5,9,0)	H−29
28	131.26	5.38 dd(10,1)	H−30
29	134.05	5.47 dt(7,11)	H−30
30	28.30	2.13*，2.13*	H−29
31	27.42	1.65*，1.25*	H−30
32	33.21	1.46*，1.30*	H−30
33	67.99	4.21 br. d(9)	H−34a，H−35
34	39.57	1.62*	H−34a，H−36
34a	11.49	0.90 d(7.1)	H−34，H−33
35	72.03	3.75*	H−34a，H−36，H−34
36	34.26	2.00*，1.63*	H−38
37	99.40		H−38，H−36，H−35
38	73.32	3.38 br.s	
39	81.76	3.76*	H−40a，H−40
40	37.60	2.02*	H−40a，H−41
40a	13.00	0.85 d(6.7)	H−41，H−40
41	80.72	4.88 dd(9,11)	H−40a，H−42，H−39，H−40
42	73.81	3.18 t(9)	H−41，H−44
43	79.69	3.44 br. t(11)	H−42，H−39，H−44
44	40.49	2.80*，2.19*	H−45a，H−46，H−42
45	143.83		H−44，H−46，H−47，H−45a，H−43
45a	116.34	4.97 br. s，4.95 br. s	H−44，H−46

序号	^{13}C–NMR（100 MHz）	^{1}H–NMR（400 MHz）	HMBC（500 MHz，C to H）
46	44.34	2.34 br. dd(7.3,14)	H–45a，H–44，H–47
		2.25 br. dd(6.1,14)	
47	71.03	4.38 ddd(6.5,6.5,6.5)	H–46，H–48，H–49
48	138.77	6.13 br. dd(6,15)	H–46，H–47
49	127.87	6.41 br. d(15)	H–51，H–47
50	139.61		H–48，H–49，H–51
51	116.16	5.42 br. s	H–49
		5.33 br. s	
OCH$_3$	55.87	3.31s	H–21

注：★偶合常数因信号重叠而无法测定。

（四）质谱[11]

　　某些聚醚类化合物因其具有醚键和自由羟基等结构特征，对钠离子具有很高的亲和力，即使钠离子只作为杂质存在时，也会导致其在进行质谱测定时产生大量的 [M+Na]$^+$ 离子。因离子电荷倾向于保持在钠原子上，在低能量碰撞诱导解离 MS/MS 实验中，为了产生多环骨架碎片离子，就要破坏至少两个共价键，结果会很难获得丰富的产物离子。有研究发现在甲醇 - 水溶液中添加酸性试剂（草酸、三氟乙酸、盐酸）会使 [M+H]$^+$ 离子量更加丰富，[M+H]$^+$ 前体离子在低能量碰撞诱导解离 MS/MS 实验中能够提供易于检测的产物离子，使聚醚的质谱分析能够获得更多的有用数据。前体离子扫描和中性丢失扫描两种扫描模式适用于筛选存在于天然混合物中不同结构的聚醚。图 12-3 和图 12-4 分别列出了 BTX-2 的分子结构和质谱信息。

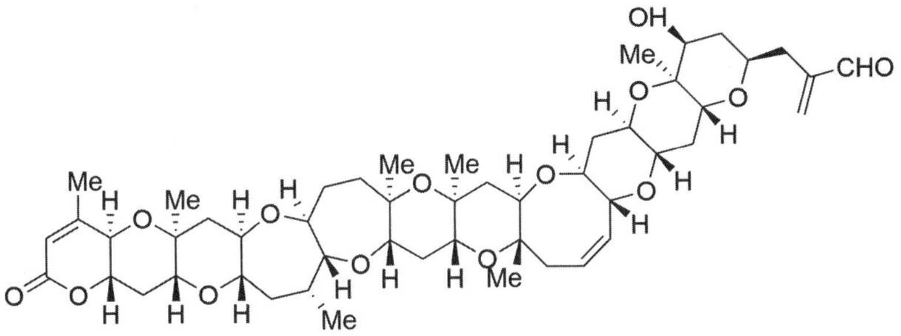

图 12-3　BTX-2 的分子结构

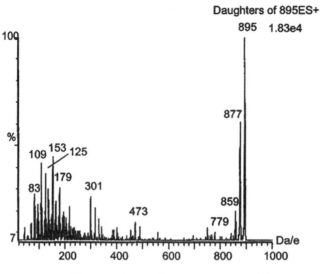

图 12-4　BTX-2 的 ESI-MS/MS 谱图 [11]

注：2.0 × 10⁻⁵ mol/L BTX-2 溶于含有 0.002mol/L HCl 的甲醇 / 水（=4/1）溶剂中。

二、聚醚类化合物毒性检测 [4]

海洋聚醚类化合物也是海洋毒素的重要类别，为了应对海洋毒素带来的威胁，降低海洋活动的风险，多种检测聚醚类海洋毒素的方法已经开发成熟。其中建立最早、使用最广泛的方法是小鼠生物检测法（mouse bioassay, MBA）。目前研究比较多的检测方法还有细胞毒性检测法（cytotoxicity assay）、免疫检测法（immunoassay）和高效液相色谱检测法（HPLC）等。

（一）小鼠生物检测法

小鼠生物检测法（MBA）是通过评估毒素对小鼠的毒性大小来检测毒素的一种技术，也是目前美国和欧盟指定的标准检测方法。MBA 的原理是将待检样品的提取液直接注射到小鼠体内，通过比较小鼠的存活时间和中毒症状对毒素的毒性及含量进行评估。此方法能够直接体现生物对毒素的反应，通常作为前期判断被检测物毒性大小的依据。小鼠生物检测法一般用丙酮提取被检测物中的聚醚毒素，减压浓缩后通过乙醚-水体系萃取，将毒素转移至乙醚中，萃取物经减压浓缩至干后，残留物用生理盐水溶解，注射入小鼠体内，通过观察其存活情况可计算其毒性大小。

（二）细胞毒性检测法

细胞毒性检测法是利用毒素对细胞的毒性来检测毒素的一种技术。此法的原理是将被检测物加入细胞培养液中培养细胞，通过观察被检测物对细胞生长和增殖的影响，评价被检测物对细胞的潜在毒性作用，再与标准物对照分析，判断被检测物中所含毒素的种类和含量。细胞毒性检测法灵敏度高，已经成为非常有用的研究有毒贝类毒素成分的方法。研究表明，细胞毒性检测法的检测结果可以反映短裸甲藻毒素及其类似物的毒性和浓度，通过适当的实验设计，还可以区分毒素激活（如短裸甲藻毒素、西加毒素）或阻塞（如河豚毒素、石房蛤毒素）几种电压门控钠通道。

（三）免疫检测法

免疫检测法的基础是毒素与抗体的特异性结合反应。制备好的毒素抗体可以通过多种手段实现检测，包括酶联免疫吸附试验（ELISA）、检测试纸条、横向流动免疫测定（LFIA）和基于表面等离子体共振的生物传感器（SPR）等。美国 Abraxis 公司开发出一系列符合 AOAC、GB 等相应的标准的 ELISA 检测试剂盒，可用于相应毒素的检测，适合检测贝类食品、海水、血清等样品中 DSP、ASP、NSP 等毒素的含量。加拿大 Jellett 公司生产的贝类毒素快速检测试纸条可以对 DSP、ASP 等聚醚类毒素进行快速检测，目前可购买的部分商用海洋聚醚类毒素免疫检测试剂盒见表 12-3。我国也已建立采用免疫检测法检测 DSP 和 ASP 的行业检验标准，见表 12-4。

表 12-3　商用海洋毒素免疫检测试剂

检测试剂	ASP 试剂盒	DSP 试剂盒	NSP 试剂盒	CTX 检测试纸条	ASP 检测试纸条	DSP 检测试纸条
抗体	单克隆	单克隆	单克隆	单克隆	单克隆	单克隆
检测方法	ELISA	ELISA	ELISA	检测试纸条	检测试纸条	检测试纸条
孵育时间 /min	60+15	60+30	60+30	无	无	无
检测时间 /min	120	120	130	10	35	35
检测范围 /ppb	0.16~10000	0.2~5	0.01~10	>1	>10	>400
检测限 /ppb	<0.16	<0.2	<0.01	1	10	400
生产商	Abraxis	Abraxis	Abraxis	Cigua	Jellett	Jellett

表 12-4　免疫检测法检测毒素的相关标准

毒素种类	标准名称	标准级别	标准编号
腹泻性贝类毒素 DSP	贝类中腹泻性贝类毒素检验方法　酶联免疫吸附法	行业标准	SN/T 1996—2007
记忆缺失性贝类毒素 ASP	贝类中失忆性贝类毒素检验方法　酶联免疫吸附法	行业标准	SN/T 2663—2010

（四）高效液相色谱法

HPLC 分辨率比较高，非常适用于从复杂的粗提物中分离聚醚类毒素，同样该方法也可以用于聚醚类毒素的快速定性和定量检测。根据检测器的不同，高效液相色谱检测法又可分为高效液相色谱-紫外（HPLC-UV）法、高效液相色谱-荧光（HPLC-FLD）法、高效液相色谱-质谱（HPLC-MS）法等。利用 HPLC-MS 方法在复杂混合物中可以定量鉴定单个聚醚毒素，但需要使用该毒素的标准品。目前研究人员建立了许多用于检测短裸甲藻毒素及其代谢物的 HPLC-MS 方法，已被广泛地用于贝类、鱼类和藻类中 BTX 毒素的定性和定量分析。我国也已经建立采用高效液相色谱法检测部分 DSP 和 ASP 的相关国家标准和行业标准，见表 12-5。

表12-5　HPLC检测毒素的相关标准

毒素种类	标准名称	标准级别	标准编号
腹泻性贝类毒素DSP	水产品中腹泻性贝类毒素残留量的测定　液相色谱－串联质谱法	地方标准	DB33/T 743—2009
	食品液相色谱－质谱联用仪（LC–MS/MS）测定贝壳类动物和贝壳类动物产品内的亲脂藻毒素（冈田酸根毒素、虾夷扇贝毒素、贝类毒素、扇贝毒素）	行业标准	BS EN 16204—2012
记忆缺失性贝类毒素ASP	贝类记忆丧失性贝类毒素软骨藻酸的测定	国家标准	GB/T 5009.198—2003
	进出口贝类中记忆丧失性贝类毒素检验方法	行业标准	SN/T 1070—2002

第六节　聚醚类化合物的生物活性 [2,4-6]

聚醚类化合物毒性强烈，具有广泛且十分特殊的生物活性，对神经系统、消化系统、心血管系统及细胞膜可产生较高的选择性活性，常作用于控制生命过程的关键靶位，如神经受体、离子通道、生物膜等，在研究细胞信息传递机制、细胞癌变机制和胚胎发生发育调控机制以及揭示生命现象的本质方面具有极其重要的价值和广阔的研究前景。

一、毒性

海洋生物毒素是海洋天然产物的重要组成部分，其中聚醚类化合物是海洋中一大类毒性成分，因此通常直接将聚醚类化合物称为聚醚毒素。岩沙海葵毒素（PTX）对小鼠的毒性比河豚毒素大25倍，静脉注射 $LD_{50} = 0.15\ \mu g/kg$。PTX的毒性作用于心血管系统，可使冠状动脉强烈收缩，其强度比血管紧张素Ⅱ的作用强100倍。小鼠腹腔注射PTX 5~25 min后，会相继出现步态不稳、运动失调、活动减少、呼吸缓慢、步履艰难，继而卧倒不动、肌肉弛缓、翻正反射消失、呼吸困难、惊厥、小便失禁，最后循环呼吸衰竭、心跳停止而死亡的症状。兔耳缘静脉注射0.5~1.5 h后，动物会出现运动失调、翻正反射消失、肌肉松弛、四肢无力、呼吸困难、惊厥、小便失禁、散瞳，随之死亡。猴中毒后出现运动失调、嗜睡、四肢无力、虚脱衰竭而死亡。而狗中毒早期症状为上吐下泻，继而会出现运动失调、全身无力、虚脱、死亡，死前半小时出现休克、体温下降、胃肠道出血等症状。

二、抗肿瘤

关于海洋聚醚类化合物的抗肿瘤活性的报道较多，如对软海绵聚醚类化合物的活性研究发现，它们是微管蛋白的强抑制剂，可非竞争性地结合到微管蛋白的长春碱结合位点并导致细胞阻滞于 G_2-M 期且伴随有丝分裂的纺锤体断裂。如从来自密克罗尼亚的海绵中得到了非常有效的抗肿瘤聚醚成分 halistatin-3，它对人癌细胞的 GI_{50} 值分别为：脑（SF295，3.5 mg/L）、肺（NC1460，2.5×10^{-5} mg/L）、结肠（KM2062，5.1×10^{-6} mg/L）、卵巢（OVCAR3，1.3×10^{-5} mg/L）、肾（A498，5.6×10^{-5} mg/L）、黑素瘤（SK-MEL5，2.5×10^{-5} mg/L）。

此外，还有研究表明 PTX 也具有显著的抗肿瘤活性，当注射剂量为 0.84 ng/kg 时，能有效抑制艾氏腹水瘤细胞的生长。

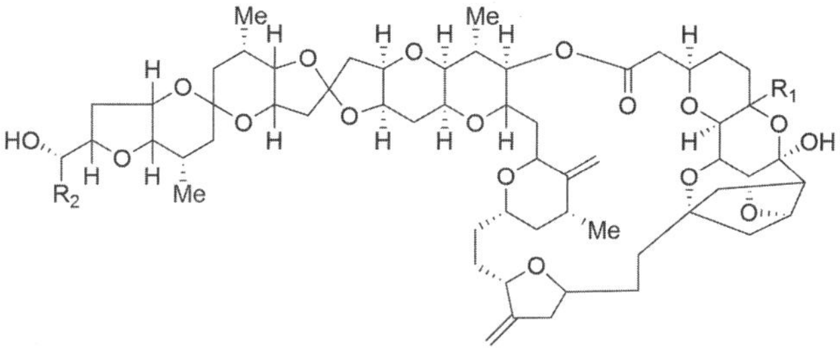

halistatin–3: R_1=OH, R_2=CH$_2$CH(OH)CH$_2$OH

三、离子通道激动活性

离子通道是神经、肉、腺体等许多组织细胞膜上的基本兴奋单元。它们产生和传导电信号，具有重要的生理功能。根据报道很多聚醚类化合物对神经系统、消化系统、心血管系统及细胞膜产生较高的选择性作用，通常是通过引起离子通道的通透性增加，导致神经-肌肉可兴奋细胞膜去极化，从而诱发效应器官的一系列药理学和毒理学作用。如西加毒素（CTX）就属于新型的 Na^+ 通道激动剂，它可诱发大鼠脑突触体神经递质（γ-氨基丁酸和多巴胺）的释放，此作用可被河豚毒素完全阻断。CTX 不影响 Na^+、K^+-ATP酶的活性，膜去极化作用及其兴奋传导的改变，也完全不是由 Na^+、K^+-ATP 酶抑制作用所致。神经递质的释放也不是由于 CTX 对慢通道的作用，因为钙通道的拮抗剂对其无作用。当过剩的 Ca^{2+} 存在时，CTX 也不影响成神经细胞瘤细胞的电性质。CTX 在引起膜去极化剂量水平时，可产生自发振动和重复动作电位。研究表明，CTX 选择性地作用于神经、肌肉细胞及突触末梢部位的电压依赖性 Na^+ 通道，并与钠通道受体靶部位Ⅵ结合，引起 Na^+ 通道持续激活开放，药理学上称之为 Na^+ 通道激动剂。

此外，还有研究证实刺尾鱼毒素（MTX）是一种新型的 Ca^{2+} 通道激动剂，可增加细胞膜对 Ca^{2+} 的通透性，是研究钙通道药理作用特异性工具药。实验表明在非常低的浓度（10^{-5} mg/L）下即可引起大鼠嗜铬细胞 Ca^{2+} 内流增加，及钙离子依赖性 [^{3}H]- 去甲肾上腺素从嗜铬细胞瘤细胞的释放明显增加。它激活大鼠嗜铬细胞瘤细胞和肾上腺素能神经末梢，引起 Ca^{2+} 依赖性平滑肌收缩，神经递质从副交感神经释放、催乳激素从培养的垂体细胞释放。MTX 作用于回肠钙通道引起组胺反应的部分抑制，并可直接作用于平滑肌，但不作用于钙通道载体，其作用是在于通过电压敏感性钙通道增加 Ca^{2+} 的通透性，引起心肌兴奋作用，对主动脉收缩也有正变力作用。即 MTX 引起的平滑肌收缩，是钙通道开放的缘故。

四、抗真菌活性

有研究报道某些聚醚还具有抗真菌活性，如岗比毒酸（gambieri acid）。岗比毒酸的分子结构与 CTX 相似，但其分子末端被氧化成 -COOH，是有一个孤立环的醚环梯状大分子化合物，它具有非常强的抗真菌活性。研究发现，岗比毒酸 A、B 的抗真菌活性受到含铁化合物影响，$FeCl_3$ 和 $Fe_2(SO_4)_3$ 的存在可使其抗真菌活性增强；$FeCl_2$ 和 $FeSO_4$ 存在时，活性增强不显著，预测是 Fe^{3+} 的存在对增强活性起了重要作用。此外，有研究显示从印度洋红藻中提取的含溴三萜聚醚 armatols A 和 F 也具有抗真菌的活性。从涡鞭毛藻 *Amphidinium klebsii* 中分离得到的一组特殊的聚醚 amphidinol，大多具有抗真菌活性。

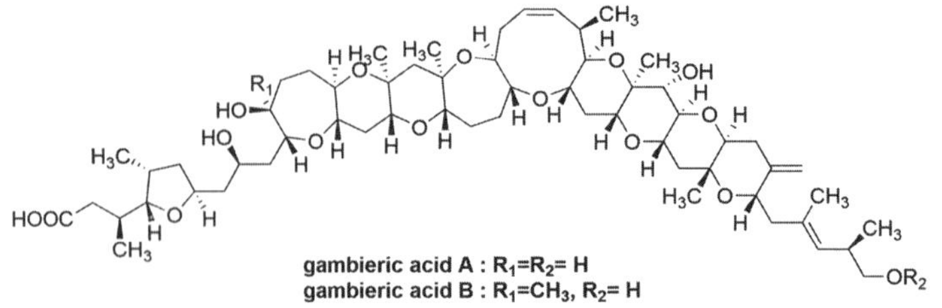

gambieric acid A : R₁=R₂= H
gambieric acid B : R₁=CH₃, R₂= H

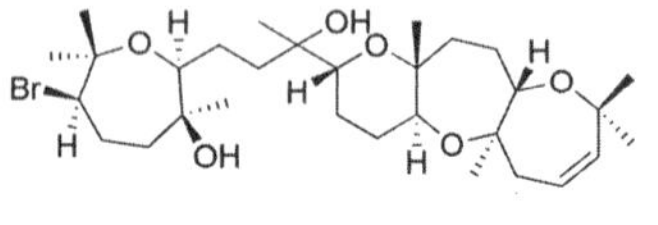

armatol A

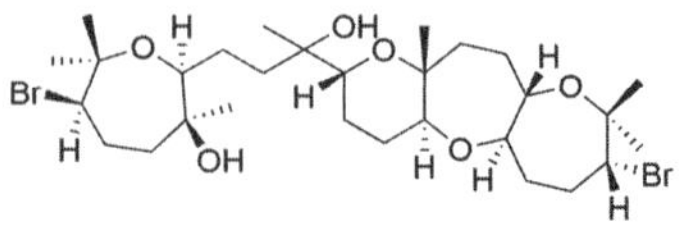

armatol F

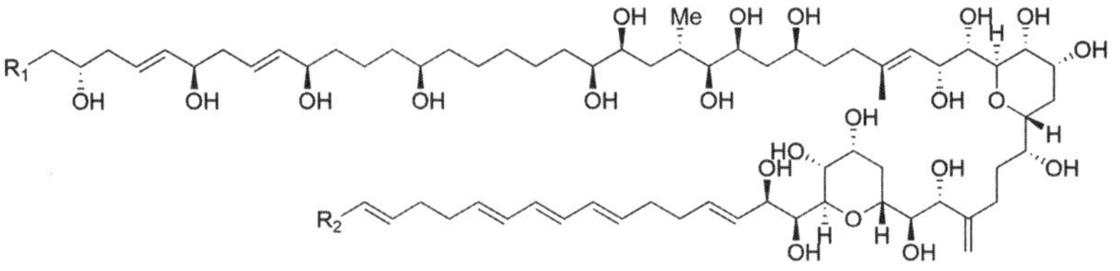

amphidinol

五、蛋白质磷酸酯酶抑制活性

蛋白质磷酸酯酶即催化磷酸化氨基酸残基脱磷酸的酶。它与蛋白激酶一起配合可调节底物蛋白的磷酸化作用，调控多种细胞生物学过程。根据底物蛋白质分子上磷酸化的氨基酸残基的种类，蛋白磷酸酯酶主要分为蛋白丝氨酸 / 苏氨酸磷酸酶、蛋白酪氨酸磷酸酶和双特异性磷酸酶。蛋白磷酸脂酶 1（PP1）为丝氨酸 / 苏氨酸蛋白酶的一种，蛋白丝氨酸 / 苏氨酸磷酸酯酶还包括 PP2A、PP2B、PP2C 等。通过一系列实验证实，大田软海绵酸（OA）是 PP1 和 PP2A 的强力抑制剂。OA 早在 1998 年就已成功合成，迄今已有不少公司相继开发出产品投入市场。此外，文献报道从海绵 *Spirastrella coccinea* 中分离得到的 spirastrellolides A 和 B 也具有抑制蛋白质磷酸酯酶的活性。

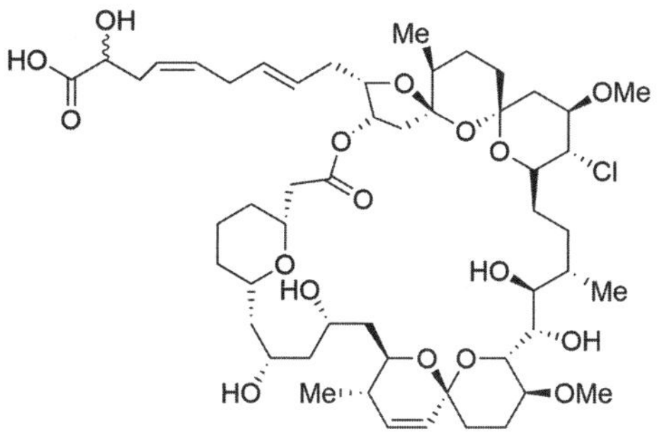

spirastrellolide A 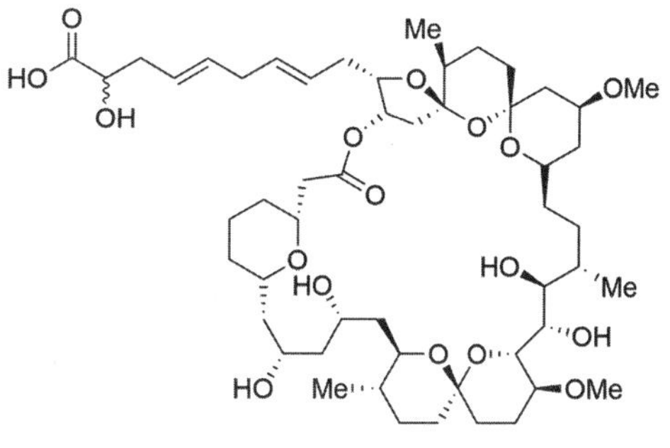　　　　　　　　spirastrellolide B

六、抗白血病

海洋聚醚类化合物在白血病的治疗领域也取得突破。根据文献报道，从引起食物中毒的牡蛎（*Pinna muricata*）中分离得到的毒性成分 pinnatoxin D 是含有氢化呋喃吡喃螺环的大环聚醚生物碱，它有良好的细胞毒性，对小鼠白血病细胞 P388 的 IC_{50} 值为 2.5 μg/mL。OA 对小鼠白血病细胞 P388 和 L1210 的 IC_{50} 值分别为 1.7 μg/L 和 17 μg/L，小鼠腹腔注射 OA 120 μg/kg 即产生毒性症状，其 LD_{50} 值为 192 μg/kg。深入研究发现，OA 可促进花生四烯酸从细胞磷脂中释放，并加强它的代谢；能刺激环氧合酶代谢；低浓度时可刺激人外周血单核细胞白介素 -1 的合成，高浓度时则抑制这种合成。

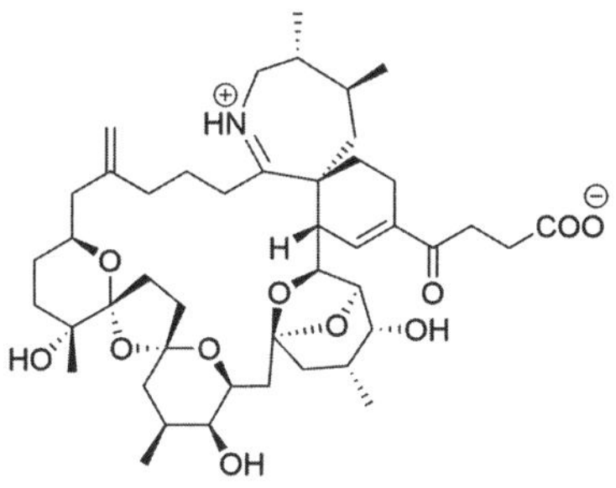

pinnatoxin D

七、其他活性

海洋聚醚除以上活性外，还有其他许多生物活性。文献报道 PTX 和 amphidinol 具有溶血活性，PTX 还是一种新型的溶细胞素。spirastrellolides A 和 B 被证实具有抗有丝分裂的活性。从印度洋红藻（*Chondria armata*）中分离得到的聚醚除了抗真菌活性外，还显示具有抗病毒和抗细菌活性。

第七节　临床药物或正在临床研究的聚醚类化合物 [12-13]

岩沙海葵毒素（palytonxin, PTX）是从岩沙海葵（*Palythora toxicus*）中分离得到的线性聚醚类化合物。研究表明，PTX 具有显著的抗肿瘤活性，当注射剂量为 0.84 ng/kg

时，能抑制艾氏腹水瘤细胞的生长，增加剂量不但可以使肿瘤消失，同时还可以使生物存活。

一、来源

PTX 最早由两个分别在夏威夷和日本的研究小组发现，他们在调查西加鱼时发现一种疑似西加鱼的豚鱼（*Alutera scripta*）中含有一种剧毒物质，而后在这种鱼的内脏中发现了珊瑚虫 *P. tuberculosa*（图 12-5），这种腔肠动物被认定为 PTX 的真正来源。1971 年由 Moore 和 Scheuer 在夏威夷的软珊瑚（*Palythoa toxica*）中首次分离得到 PTX，随后又从许多其他生物如海藻和贝类中分离出来。近年来，研究人员发现了几种与 PTX 类似的成分，这些物质基本都来自鞭毛藻属的物种。

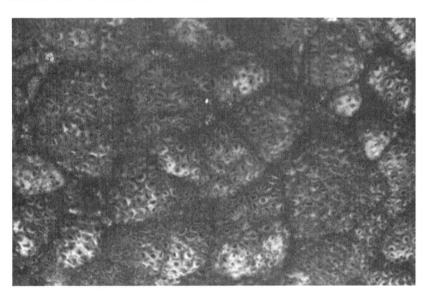

图 12-5　日本冲绳石垣岛的珊瑚虫

二、化学结构

PTX 是一种大型非蛋白质分子。它是一种具有很长的部分不饱和脂肪链组成的多元醇，含有五个以 OH 基团开始，以 NH_2 基团结束的糖基；40~42 个羟基和 2 个酰胺基，8 个甲基和 1 个氨基，存在超过 10^{21} 个可能的异构体。PTX 既具有亲脂性又具有亲水性，由于它具有已知天然产物中最长的连续碳链，因此被称为超碳链化合物。它热稳定性好，加热至沸腾后不灭活，在中性水溶液中可以长期稳定存在，而在酸性或碱性条件下会迅速分解，导致其毒性的丧失。

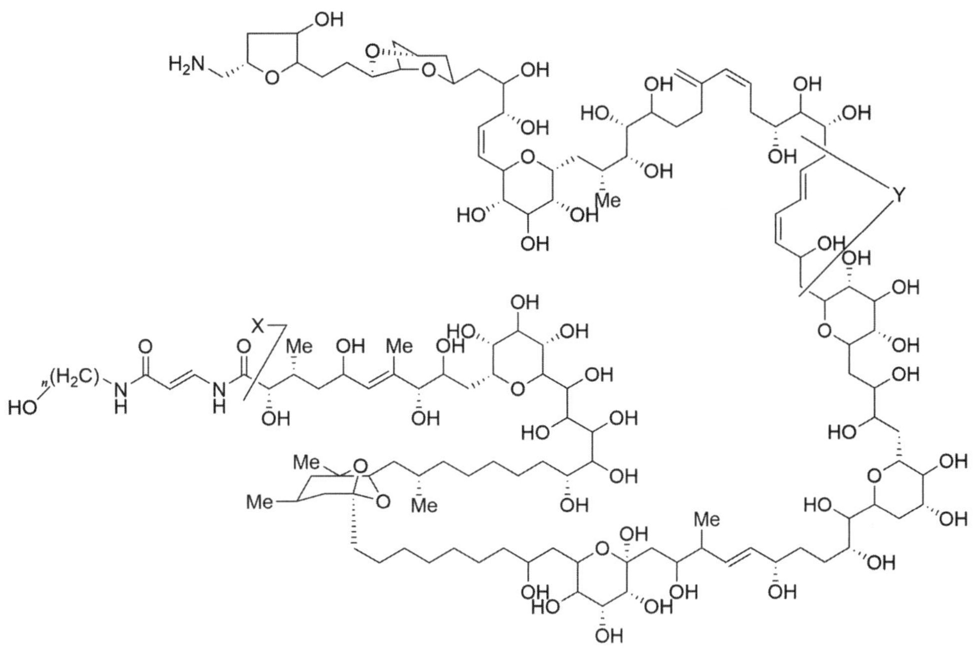

三、药理作用

研究表明，对大鼠、小鼠、豚鼠、兔子、狗和猴子静脉注射 PTX，致死剂量为 $0.033\sim0.45\ \mu g/kg$。PTX 毒性作用于心血管系统，PTX 中毒死亡原因为：①休克和尿毒症性的肾功能衰竭；②血管坏死性出血；③充血性心力衰竭；④大面积或广泛性出血性肺炎；⑤间发或伴发感染。PTX 引起血管收缩可能有两种机制：①快速型，毒素直接作用于血管壁平滑肌，引起血管收缩；②慢速型，通过刺激去甲肾上腺素的释放，间接引起血管收缩。PTX 同时又是一种强的组胺释放剂，其量效曲线呈钟形。

在许多细胞和组织中，PTX 主要由于增加了对毒素敏感的 Na^+ 通透性而诱导强力的膜去极化，从而产生兴奋和抑制作用。在许多细胞中，PTX 激活的钠通道发挥调节离子运动的作用，Na^+、K^+-ATP 酶是 PTX 在敏感系统中毒性的潜在分子靶点，它可以将携带离子的酶根据浓度梯度转化为非选择性阳离子通道，允许离子被动流动。研究表明，PTX 会干扰钠钾泵内、外闸门之间的正常耦合，控制离子进入 Na^+、K^+-ATP 酶，使闸门在 Na^+ 流入细胞和 K^+ 流出细胞的同时打开，从而导致去极化并引发一系列不良的生物效应。PTX 的作用机制侧重于 K^+ 从细胞内释放，这一过程与细胞内钙和钙调蛋白有关；毒素在肾组织和红细胞间形成离子通道，与 ATP 酶有关；$0.01\sim0.1\ mol/L$ 的 PTX 促进 K^+ 从兔红细胞中释放，$100nmol/L$ 时抑制 ATP 酶。另外，PTX 抑制 K^+ 释放不是通过抑制 ATP 酶实现的，而是通过半糖苷起作用的。各种属的红细胞对 PTX 的溶血性差异很大，这与 K^+ 浓度有密切关系。猪红细胞最敏感，人则最不敏感。PTX 是一种新型的溶细胞素，可使红细胞膜形成小通道，产生的通道使 Ca^{2+} 及硼酸盐自由通透性增高而导致渗透性溶解，特别在 K^+ 聚集的红细胞尤易溶解。不仅如此，PTX 使许多正常细胞阳离子通透性增高，这一效应在低浓度时即可出现，而且还不能被一般的离子通道阻滞剂阻滞。通道的形成也并非全是 PTX 直接作用的结果，部分与花生四烯酸代谢产物形成有关。

◎ **思考题**

1. 根据结构特征，聚醚主要可分为哪几类？

2. 海洋聚醚类毒素可分为几类？各举一例说明其代表性化合物。

3. 聚醚分子中饱和连氧碳原子的结构特点在 ^{1}H-NMR 和 ^{13}C-NMR 谱图上的特征表现是什么？

4. 聚醚有哪些典型的生物活性？

5. 西加鱼是一种味道鲜美的热带鱼，但是每年全球却有几万人因为食用它中毒，引起中毒的原因是什么？

◎ **进一步文献阅读**

1. Mayer M S, Gustafson K R. 2008. Marine pharmacology in 2005—2006: antitumour and cytotoxic compounds[J]. European Journal of Cancer, 44: 2357-2387.

2. Yeung B K S. 2011. Natural product drug discovery: the successful optimization of ISP-1 and halichondrin B[J]. Current Opinion in Chemical Biology, 15: 523-528.

◎ **参考文献**

[1] 徐轶肖，江涛. 2014. 雪卡毒素产毒藻（岗比亚藻）研究进展 [J]. 海洋与湖泊，45(2): 244-252.

[2] 杨世林，热娜•卡斯木. 2010. 天然药物化学 [M]. 北京：科学出版社.

[3] Randall J E. 1958. A review of ciguatera, tropical fish poisoning, with a tentative explanation of its cause[J]. Bulletin of Marine Science of the Gulf and Caribbean, 8: 236-267.

[4] 于广利，谭仁祥. 2016. 海洋天然产物与药物研究与开发 [M]. 北京：科学出版社.

[5] 张文. 2012. 海洋药物导论 [M]. 2 版. 上海：上海科学技术出版社.

[6] 易杨华，焦炳华. 2006. 现代海洋药物学 [M]. 北京：科学出版社.

[7] Chou H N, Shimisu Y. 1987. Biosynthesis of brevetoxins: evidence for the mixed orgin of the backbon chain and the possible involvement of dicarboxylic acids[J]. J Am Chem Soc, 109(7): 2184-2185.

[8] Lin Y-Y, Martin R. 1981. Isolation and Structure of Brevetoxin B from the "Red Tide" inoflagellate Ptychodiscus brevis (Gymnodinium breve)[J]. J Am Chem Soc, 103: 6773-6775.

[9] Nicolaou K C, Hale C R, Nilewski C. 2012. A total synthesis trilogy: calicheamicin gamma l(Ⅰ). Taxol, and brevetoxin A [J]. Chem Rec, 12(4): 407-441.

[10] Chou H N, Shimisu Y. 1987. Biosynthesis of brevetoxins: evidence for the mixed orgin of the backbon chain and the possible involvement of dicarboxylic acids[J]. J Am Chem Soc, 109(7): 2184-2185.

[11] Yousheng H, Richard B C. 2000. Electrospray ionization tandem mass spectrometry for structural elucidation of protonated brevetoxins in red tide algae[J]. Anal Chem, 72(2): 376-383.

[12] Patocka J, Gupta R C, Wu Q-H, et al. 2015. Toxic potential of palytoxin[J]. J Huazhong Univ Sci Technol, 35(5):773-780.

[13] Uemura D. 1991. Bioactive Polyethers[J]. Bioorganic Marine Chemistry, 4: 2-9.

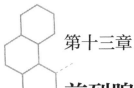

第十三章

前列腺素类化合物

视频讲解与
教学课件

◎ **学习目标**

1. 掌握前列腺素类化合物的结构特征及分类。

2. 掌握前列腺素类化合物的理化性质及常用提取分离方法。

3. 了解前列腺素类化合物紫外光谱、红外光谱、质谱与核磁共振波谱特征。

4. 熟悉几种常见海洋前列腺素类活性化合物的名称及结构。

5. 了解前列腺素类化合物的生物活性及在药物研究开发中的应用。

从美丽的珊瑚中所发现的天然产物，最有意义的当属前列腺素类化合物。1969 年美国的 Weinheimer 等[1] 从加勒比海域的柳珊瑚代谢产物中发现了含量极为丰富且具有独特化学结构、强烈生物活性的前列腺素前体。在珊瑚这种低等的腔肠动物体内，竟然含有与哺乳动物体内相同或相似的"神药"前列腺素。迄今为止，已从柳珊瑚、软珊瑚、海绵、贻贝、龙虾、海胆、牡蛎、扇贝、红藻等多种海洋生物中发现 100 多种前列腺素类代谢产物，这大大拓宽了前列腺素的天然来源，给众多需要使用前列腺素类化合物治疗疾病的患者带来了福音。

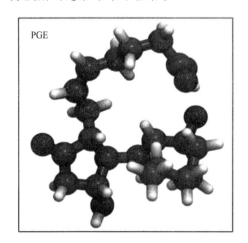

前列腺素（prostaglandins, PGs），是一类具有生物活性的不饱和脂肪酸衍生物，广泛存在于哺乳动物的身体组织和体液中，能引起平滑肌的收缩、炎症和疼痛等防卫反应。尽管其在体内含量极少，却在细胞增殖、分化、凋亡、妊娠、分娩以及心血管系统平衡中发挥至关重要的作用。作为一种内源性天然产物，其毒性较小，在医学上具有重要意义。

最初前列腺素只能从高级哺乳动物体内获得，量少且价格昂贵，故难以在临床上广泛应用。直到1969年从柳珊瑚这个"前列腺库"中发现了丰富的前列腺素类化合物，才从根本上改变了这种被动的局面。

第一节 概 述

自然界中的哺乳动物体内各组织和体液中均含有前列腺素。在体内，它能兴奋妊娠子宫、胃肠道和心脏平滑肌，参与并维持生殖功能、神经细胞活动，并有细胞保护作用和其他生物活性功能作用，具有广泛的生理作用和药理活性。

1933—1934年，英国的Goldebatt和瑞典的Von Euler分别从人类精液和羊的囊状腺体中发现一种可以引起平滑肌及血管收缩的液体成分，它在各种生物组织中含量极低（< 1 μg/g），最开始认为，这类物质可能是由前列腺分泌的，故命名为前列腺素。1957年，Bergstrom及其同事[2]首次在羊的精囊中分离得到两种PG纯品（PGF_1和$PGF_{2\alpha}$）。前列腺素来源困难，致使其生物活性和临床应用的深入研究受到阻碍，直到1969年从加勒比海的柳珊瑚 *Plexaura homomalla* 中发现了丰富的前列腺素 15-epi-PGA_2 及其衍生物 15-epi-PGA_2 acetate methyl ester（含量分别为干燥珊瑚的0.2%和1.35 %）[1]。这两种化合物与从哺乳动物体内获得的前列腺素 PGA_2 在结构上的差别仅是C-15取代基的构型不同（图13-1），且 PGA_2 很容易转变为高活性的 PGE_2 和 PGF_2。这一发现引起了科学家对海洋天然产物中前列腺素的关注。

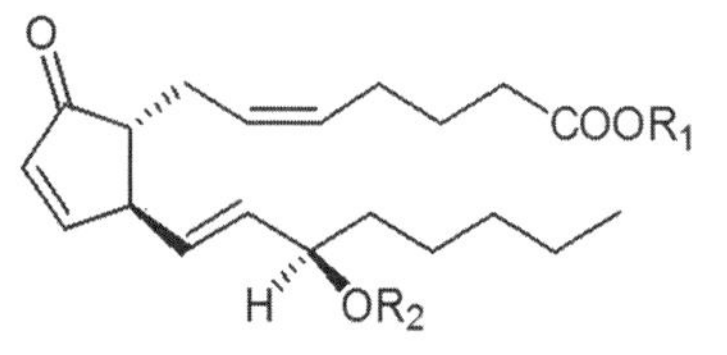

(15R)-PGA_2: R_1=R_2=H
(15R)-PGA_2 acetate methyl ester: R_1=Me, R_2=Ac

(a)

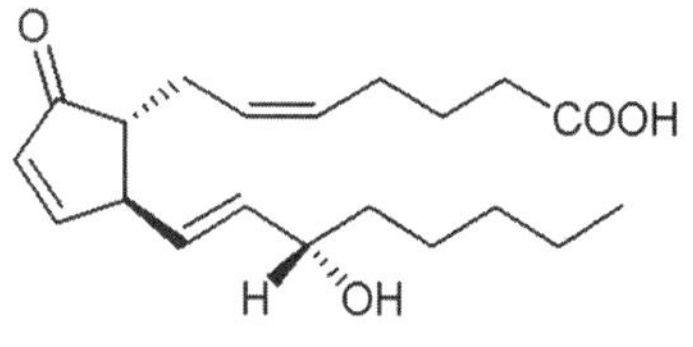

(15S)-PGA_2

(b)

图13-1 *Plexaura homomalla* 中的两种前列腺素（a）和哺乳动物体内的前列腺素 PGA_2（b）

珊瑚属海洋无脊椎动物腔肠动物门珊瑚虫纲，分为八放珊瑚和六放珊瑚两个亚纲，全球共计有6100多种之多，广泛分布于热带、亚热带到两极的各个海域中，以软珊瑚和柳珊瑚为最多。珊瑚早在《本草纲目》中就有详细记载，其中的柳珊瑚、软珊瑚、石珊瑚（图13-2）等均可作为药材利用。

图 13-2 常见的珊瑚

20 世纪 70 年代，科学家陆续从采自加勒比海不同海域的同种珊瑚 *Plexaura homomalla* 中分离得到了一系列的前列腺素类化合物，包括 15*R*- 和 15*S*- 的 PGA、PGB、PGE 和 PGF 型化合物 15*S*-PGA$_2$、15*S*-PGA$_2$ methyl ester、15*S*-PGE$_2$ methyl ester、15*R*-PGE$_2$ methyl ester、PGF$_{2\alpha}$ 以及它们的衍生物等 [1, 3-5]，另外从日本海域的一种软珊瑚 *Clavularia viridis* 中也分离得到数十种结构新颖的前列腺素，如 clavulones I-III、C-10 位氯代的前列腺素衍生物 chlorovulones I-IV 以及 chlorovulone I 的溴代和碘代物（图 13-3），这些卤代的前列腺素可能与海水中丰富的卤素成分有关 [6-11]。目前已从多种珊瑚及其他海洋动植物中分离得到 100 多种前列腺素类代谢产物。

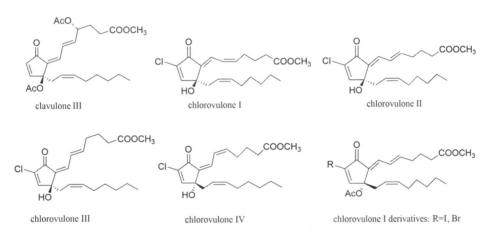

图 13-3 从珊瑚中分离得到的部分前列腺素类化合物

第二节 前列腺素的结构与分类

前列腺素（prostaglandins，PGs），为一类具有相同前列烷酸（prostanoic acid, PA）基本骨架（一个五元脂肪环带有两个侧链的 20 个碳）的脂肪酸类衍生物（图 13-4），其中上侧链（α 链）一般为 7 个碳，带有羧基基团，下侧链（ω 链）为 8 个碳，亦可将其归属为脂肪酸的一种。

图 13-4 前列烷酸的基本骨架

前列腺素在命名时以数字表示官能团的位置，处于环上的取代基以 α、β 表示，两条侧链上的取代基以 *S*、*R* 构型表示。另外，在侧链上双键的构型以顺、反表示。在图 13-5 中，该化合物按照系统命名法命名为 11α, 15*S*-二羟基 -9- 酮基-5-顺-13-反前列二烯酸。

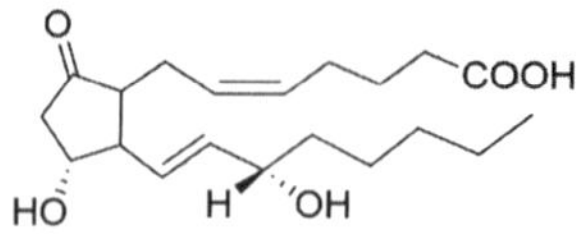

图 13-5　化合物 11α, 15*S*-二羟基 -9- 酮基-5-顺-13-反前列二烯酸

根据前列烷酸中五元环取代形式的不同，又可将前列腺素结构分为 A、B、C、D、E、F 等类型，分别为 PGA、PGB、PGC、PGD、PGE 和 PGF 等（图 13-3），其中 PGA、PGB、PGC 型五元环中均具有 9 位羰基和双键基团，PGA 型五元环中的双键基团在 $\Delta^{10(11)}$，PGB 型的双键异位至 $\Delta^{8(12)}$，而 PGC 型的双键异位至 $\Delta^{11(12)}$；PGD 型五元环中的羟基和羰基分别在 9-位和 11-位，PGE 型五元环中的羟基和羰基所在位置与 PGD 相反；PGF 型的具有 9-位和 11-位两个羟基。每种结构再根据五元环上脂肪碳链上所含双键的数目，加上脚注，以示区别，如 PGE_1、PGF 结构中再根据五元环上 9-位羟基的立体构型在数字之后加上 α 或 β，如 $PGF_{2\alpha}$。

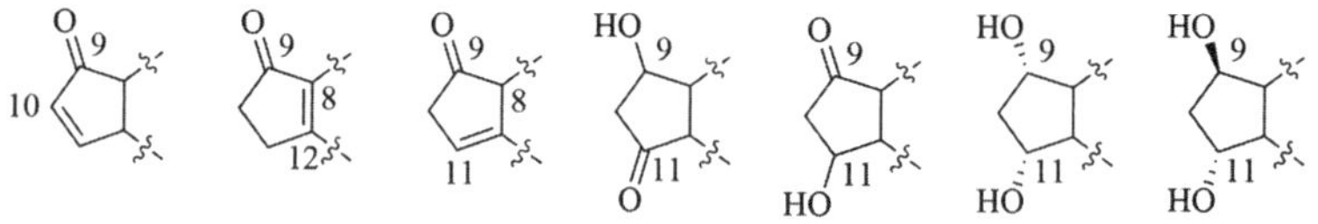

PGA　PGB　PGC　PGD　PGE　PGF_α　PGF_β

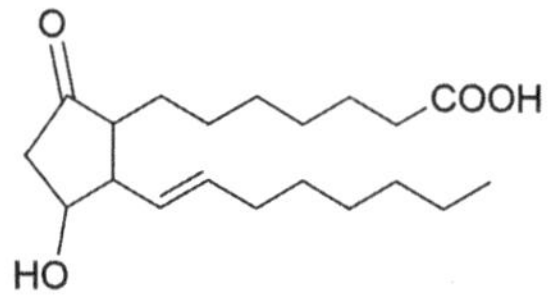

PGE_1

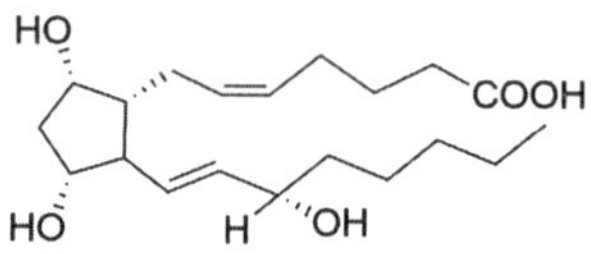

$PGF_{2\alpha}$

如临床使用的米索前列素为 PGE_1 型、他氟前列腺素为 $PGF_{2\alpha}$ 型。

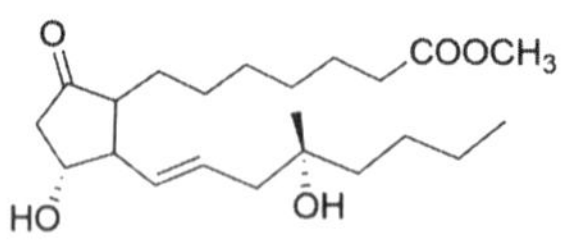

米索前列素

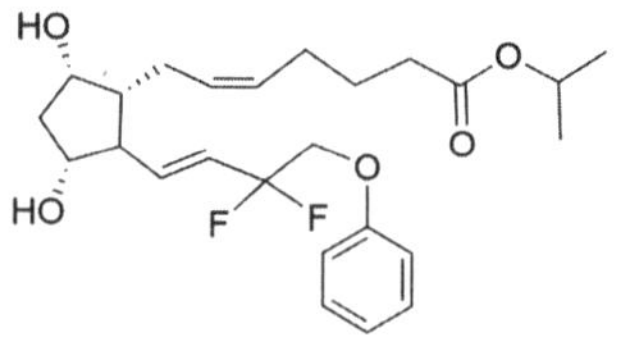

他氟前列腺素

另外，若某些前列腺素取代基与天然的构型相反，则可加“表”（epi）进行区别，若两条侧链的构型与天然前列腺素的相反，则用“异”（iso）以示区别。天然存在的前列腺素结构类型主要为四种类型：PGA、PGB、PGE 和 PGF。

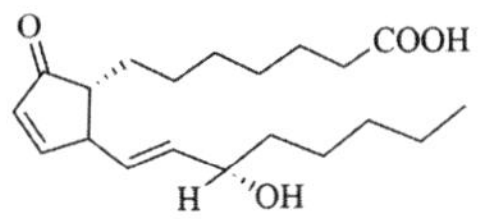

PGA₁ PGA₂ PGA₃ PGA₄ PGB₁ 19-OH-PGB₁ PGB₂ 19-OH-PGB₂ PGE₁ PGE₂ PGE₃ PGF₁ₐ PGF₂ₐ PGF₃ₐ

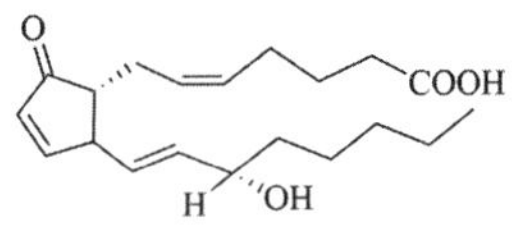

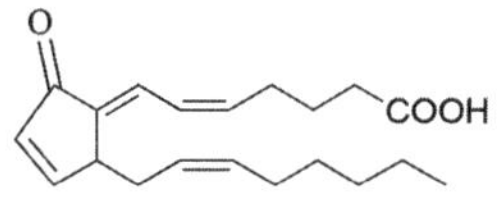

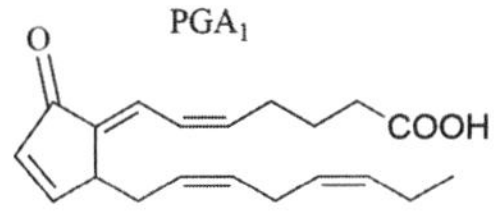

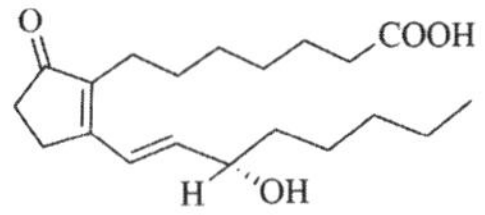

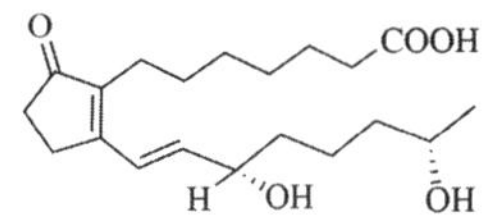

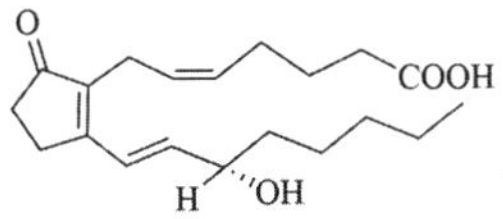

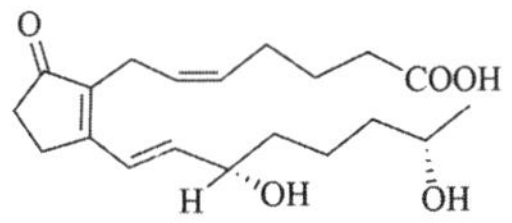

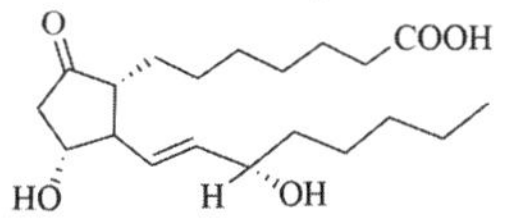

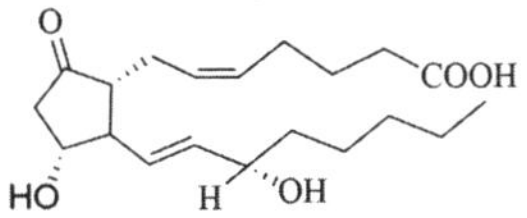

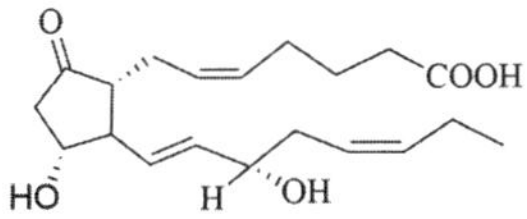

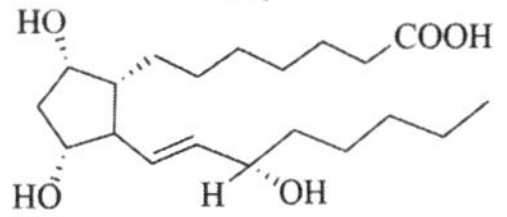

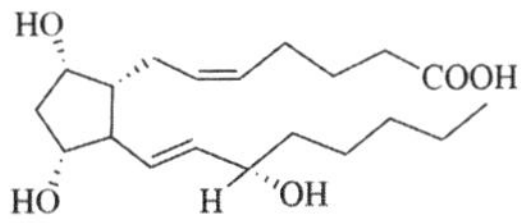

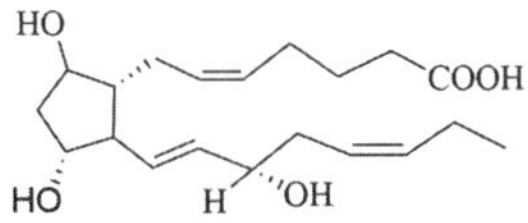

第三节　前列腺素的理化性质

一、物理性状

天然前列腺素在常温下以白色或黄色晶体，亦有无色或浅黄色油状液体形式存在，如从日本冲绳石垣岛软珊瑚 *Clavularia viridis* 中获得的前列腺素 17, 18-dehydroclavulone I 和 clavulolactone I 为无色油状液体。天然前列腺素一般不稳定，需低温或惰性气体条件下保存。对光敏感，久置被空气氧化而色泽加深，易溶于弱极性有机溶剂中，多数具有一定的旋光性。前列腺素 PGE₁（商品名：前列地尔、保达新、凯时等），存在于绵羊的前列腺及牛胸腺中，为白色或淡黄色针状晶体，熔点（melting point）为 115~117℃，比旋光度为 -61.6°（ *c* = 0.56，THF），易溶于乙醚。

一些常见的天然前列腺素熔点见表 13-1。

表 13-1　常见天然前列腺素的熔点和比旋光度

前列腺素名称	熔点 /℃	比旋光度 [*α*]_D
PGA₁	42~44	—
d−PGB₁	73	+26°（CHCl₃）
l−PGB₁	73	−26°（CHCl₃）
d−PGE₁	114~117	+57°（THF）

续表

前列腺素名称	熔点 /℃	比旋光度 [α]$_D$
l−PGE$_1$	115~117	−61.6°（THF）
l−PGE$_2$	68~69	−61°（THF）
l−PGE$_3$	—	−48.9°（THF）
l−11− 表 −PGE$_2$	—	−26°（CH$_3$CH$_2$OH）
l−11, 15− 表 −PGE$_2$		−26.7°（THF）
d−PGF$_{1\alpha}$	102~103	+30°（CH$_3$CH$_2$OH）
dl−PGF$_{1\alpha}$	81~82	—
dl−11− 表 −PGF$_{1\alpha}$	126.5~127	
dl−11,15− 表 −PGF$_{1\alpha}$	107.5~108	
l−PGF$_{1\beta}$	127~130	−20°（CH$_3$CH$_2$OH）
dl−PGF$_{1\beta}$	116.4~116.8	
l−PGF$_{2\alpha}$	35~37	+23.5°（THF）
dl−PGF$_{2\alpha}$	65~66.5	—
d−11− 表 −PGF$_{2\alpha}$	112~113.5	+80.6°（THF）
l−PGF$_{2\beta}$	96.5~97	−4°（CH$_3$CH$_2$OH）
d−PGF$_{3\alpha}$	—	+29.6°（THF）

二、化学性质

前列腺素类化合物在结构上具有多种官能团，如羟基、双键、羰基、羧基等，能够发生脱水、氧化、酯化等化学反应。

（一）羟基的脱水反应与异构化

由于前列腺素 PGE 型化合物结构中存在 β-羟基酮，在酸、碱等条件下极易发生脱水和异构化现象，如在酸或碱条件下，PGE$_1$ 环上 11-羟基脱水，生成具有 α, β-不饱和羰基共轭结构的 PGA$_1$，再经碱作用使 10（11）- 位双键发生移位至 8（12）- 位，形成共轭链更长的化合物 PGB$_1$（图 13-6）。故 PGE 型前列腺素在分离和样品保存时，温度条件应控制在 45 ℃以下，pH 值为 4~8。

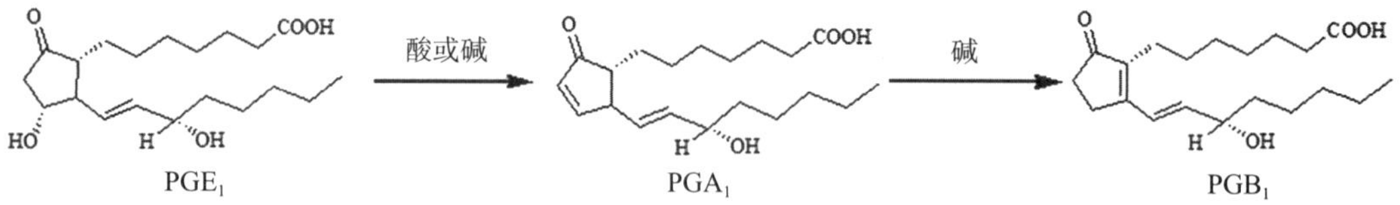

图 13-6　前列腺素 PGE$_1$ 在酸、碱条件下的反应

（二）双键的氧化反应及还原反应

前列腺素 PGA、PGB、PGE、PGF 等化合物结构中的双键均可以在铬酸及臭氧存在下发生氧化反应，如从羊的前列腺中分离得到的两个晶体 PGE 和 PGF，质谱测定其分子式分别为 C$_{20}$H$_{32}$O$_5$ 和 C$_{20}$H$_{34}$O$_5$，采用铬酸氧化和臭氧降解等方法确定了两者均为有一个双键的不饱和酸。

另外，PGE 在硼氢化钠存在下可被还原得两个晶体 PGF_1 和 PGF_2，两者为立体异构体。

（三）羧基的反应

前列腺素为一类具有相同前列酸基本骨架的二十碳脂肪酸类衍生物，若结构中保留有羧基，则可以发生一系列的化学反应，如酯化、酰化、磺酸化等。

第四节　前列腺素的提取分离

一、样品处理

新鲜的珊瑚等样品采集后，洗去泥沙及杂物，运输过程中需加冰块或冰冻保存。采用加干冰或液氮冷冻后研磨成粗粉待用。

二、定性及定量分析

（一）生物方法

可利用前列腺素对豚鼠回肠平滑肌的兴奋作用或对大鼠降血压作用来进行微量前列腺素的测定。

（二）酸碱水解法

对于前列腺素 PGE，可以利用碱性或酸性条件下使结构中的羟基脱水生成 α,β-不饱和酮，再经异构化形成共轭双烯酮（图 13-6），结合紫外光谱法可以分析测定其含量。

（三）显色剂

前列腺素类化合物可以在薄层板上展开，加入显色剂后进行鉴别。可使用的薄层色谱显色剂有多种，如 10% 磷钼酸-乙醇溶液、1% 五氯化锑溶液、1% 香草醛溶液等，具体见表 13-2。

表 13-2　前列腺素常用的显色剂

显色剂	显色条件及结果
10% 磷钼酸－乙醇溶液	100 ℃加热 5~10 min，PGE 型前列腺素斑点为黄棕色，PGF 型化合物斑点为深蓝色
1% 五氯化锑的四氯化碳－二氯乙烷（6∶1）溶液	薄层板加热至 120 ℃，立即浸入显色剂中，PGF 型由红色转为暗灰棕色，PGE 型呈红棕色，PGA 型由绿色变为棕色，PGB 型为柠檬色
1% 香草醛－磷酸（85%）的乙醇溶液	PGE 型斑点呈黄色，PGF 型斑点呈蓝色
3% 醋酸铜的 15% 磷酸溶液	PGF 型斑点呈紫色，PGE 型和 PGA 型呈绿色，PGB 型呈黄色

三、提取

前列腺素类化合物常采用有机溶剂提取法进行提取。常用甲醇作为有机溶剂浸提，然后再用乙酸乙酯等萃取得到富含前列腺素的提取物。一般，在浸提前可用石油醚或己烷除杂。

四、分离

前列腺素类化合物可以用常规的硅胶柱色谱、反相柱色谱、硝酸银-硅胶薄层色谱、气相色谱、树脂柱色谱等分离，再经重结晶等方法纯化或经 HPLC 分离得到。

（一）硅胶柱色谱

PGA、PGE、PGF、19-羟基的前列腺素化合物可采用硅胶柱色谱进行分离，每克样品大约用 10 倍量硅胶，以氯仿-甲醇作为溶液进行梯度洗脱。一般在氯仿-甲醇 98∶2 时洗脱得到 PGA，氯仿-甲醇 96∶4 时洗脱得到 PGE，氯仿-甲醇 90∶10 时洗脱得到 PGF 和 19-羟基的前列腺素。亦有采用己烷-乙酸乙酯、苯-乙酸乙酯的混合溶剂进行梯度洗脱，获得相应前列腺素。

（二）硝酸银络合色谱

使用普通的硅胶板可以对 PGA、PGB、PGE 和 PGF 进行分离，但对于结构上仅差一个或多个双键的 PGE_1、PGE_2、PGE_3、$PGF_{1\alpha}$ 和 $PGF_{2\alpha}$ 或双键异构化的前列腺素，用硝酸银络合色谱则可以很方便地将上述问题解决。

分离原理主要是依前列腺素化合物中双键的多少和位置不同，与硝酸银形成 π 络合物的难易程度和稳定性的差别而得到分离（图 13-7）。具体规律为：①双键越多，吸附能力越强；②末端双键吸附力大于一般双键；③顺式的吸附力大于反式；④环外双键的吸附力大于环内双键。

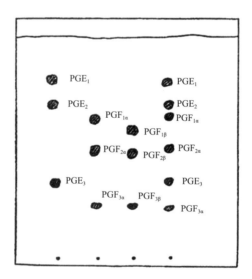

图 13-7　用溶剂展开系统⑤分离前列腺素（硝酸银硅胶板）[12]

常用的溶剂展开系统有如下几种：①苯-二氧六环（5∶4）；②乙酸乙酯-甲醇-水（8∶2∶5）；③乙酸乙酯-甲醇-水（16∶2.5∶10）；④苯-二氧六环-醋酸（20∶20∶1）；

⑤乙酸乙酯-醋酸-甲醇-2,2,4- 三甲基戊烷-水（110∶30∶35∶10∶100）。其中，溶剂展开系统②、③、⑤配制后要先平衡 2 h，取其上层液使用。

另外可采用10% 硝酸银硅胶作为柱色谱填料，以乙酸乙酯-乙酸-三甲戊烷-水（173∶38∶96∶192，平衡 2 h，弃水层）作为洗脱剂，可大量分离 PGE$_1$ 和 PGE$_2$。

（三）气相色谱

前列腺素（游离酸）结构中具有羧基或羟基，沸点较高，高温会分解，可将其衍生化，制成甲醚甲酯或乙酰甲酯进行气相色谱分析分离。但 PGE 型化合物（PGE$_1$、PGE$_2$、PGE$_3$）由于其甲酯或乙酰甲酯衍生物在较低的柱温条件下均能发生降解，且得到同一个单峰，故可将 PGE 以碱脱水转化为 PGB 后，再衍生成其乙酰甲酯产物，利用 PGB 乙酰甲酯的稳定性，可以实现三种 PGE 的分离。如测得有 PGB$_1$-Me 及 PGB$_2$-Me 的色谱峰，则可间接证明碱解前的 PGE 为 PGE$_1$ 和 PGE$_2$ 的混合物。PGF 的乙酰甲酯衍生物较为稳定，可以直接进入气相色谱进行分析分离。

另外，三甲基硅醚化的前列腺素较其酰化产物更有利于气相色谱的分析分离，具有衍生化条件温和、硅醚化产物对热稳定性高等优点。使用的硅醚化试剂主要有三甲基氯硅烷、六甲基二硅胺烷、双三甲基硅三氟乙酰胺、三甲基硅醚唑等。

Vane 等[13] 研究发现，PGE 型前列腺素可以直接进行衍生化，而不用先碱化生成 PGB。PGE 先与甲氧胺盐酸盐反应，然后再与双三甲基硅三氟乙酰胺反应生成甲氧肟 -三甲硅醚，三甲硅酯衍生物，直接进行气相色谱分析分离即可（图 13-8）。

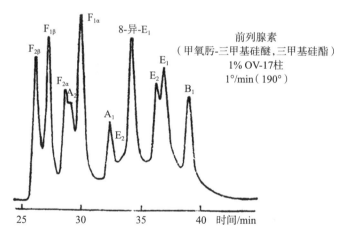

图 13-8　气相色谱分离 PGA$_1$、B$_1$、E$_1$、E$_2$、8-异-PGE$_1$、PGF$_{2\alpha}$[13]

（四）离子交换色谱

前列腺素 PGE$_1$ 和 PGE$_2$，PGA$_1$ 和 PGA$_2$，PGF$_{1\alpha}$ 和 PGF$_{2\alpha}$ 在结构上往往只差一个双键，因而在分离上非常困难。采用银交换的磺酸型阳离子交换树脂（Amberlyst-15 树脂），可以很容易地实现 PGE$_1$ 和 PGE$_2$ 等结构相差一个双键的化合物的分离。具体过程：树脂以 5% 硝酸银进行处理，使其完全由 H 型转化为银型（注意：必须完全交换，否则少量的磺酸基团所具有的酸性足以使 PGE$_1$ 等酯化或脱水）。再用 95% 乙醇洗至流出液中不

含 Ag^+ 为止，取 2 g 左右 PGE_1 和 PGE_2（或 $PGF_{1\alpha}$ 和 $PGF_{2\alpha}$）混合物，加入到 100 g 转化好的树脂柱中，用乙醇洗脱得到 PGE_1，用 5% 环己烯-乙醇混合液洗脱得到 PGE_2。

（五）高效液相色谱

前列腺素类化合物还可采用反相高效液相色谱进行分离纯化，以乙腈-水、甲醇-水作为流动相。

例 13-1

从柳珊瑚 *Plexaura homomella* 中提取分离得到 PGA_2 和 PGB_2

加勒比海的柳珊瑚 *Plexaura homomella* 中含有大量的前列腺素类化合物。目前已从中分离得到 15(*R*)-PGA_2 及其衍生物 15(*R*)-PGA_2 的双酯、PGA_2、PGB_2 及它们的酯类衍生物。

Anthony Prince 等对 *Plexaura homomella* 进行前列腺素类化合物的分离纯化，具体过程为：将柳珊瑚加入干冰冷冻后研磨成粉，取 10 kg 干粉悬浮于 25 L 0.05 mol/L $CaCl_2$ 和 0.1mol/L NaCl 组成的盐溶液中，加入适量 0.5 mol/L 的 NaOH 调节 pH 值至 7.4，搅拌至过夜，然后加入 80 L 丙酮，均匀搅拌后静置，上清液经离心，滤饼再用 10 L 丙酮洗两次，收集滤液，并将 pH 值调整到 7，用 1 kg 活性炭脱色，过滤后，低温条件下除去丙酮。保持温度在 30 ℃以下，含水溶液中加入 40 L 碳酸氢钠溶液，以 30 L 二氯甲烷萃取三次，萃取液再用碳酸氢钠洗涤，碳酸氢钠洗涤液用稀盐酸酸化至 pH 值为 3.6，然后再用二氯甲烷萃取三次，萃取液再用水洗两次，除去溶剂后得到橘红色的油状物 310 g，λ_{max}=217 nm（ε 8163，MeOH），纯度为 82.6%（含 7.6% 的 PGB_2）。

例 13-2

从软珊瑚 *Clavularia viridis* 中提取分离 Clavulone I-III[10]

湿重 5 kg 的软珊瑚 *Clavularia viridis*（采自日本冲绳的小浜岛）以甲醇进行提取，提取物混悬水中，以乙酸乙酯萃取，得到的乙酸乙酯萃取物（30 g）进行硅胶柱色谱分离，苯-乙酸乙酯的混合溶液洗脱得到组分 1~组分 4，其中组分 4 经聚苯乙烯柱色谱、甲醇洗脱脱色后，再经硅胶柱色谱、苯-乙酸乙酯洗脱得到 clavulone I（870 mg），组分 3 和组分 2 同样分离得到化合物 clavulone II（844 mg）和 clavulone III（255 mg）。

clavulone I　　　　　　clavulone II　　　　　　clavulone III

第五节　前列腺素的生物合成和化学合成

由于 PGs 的天然来源相对较少，在体内代谢迅速（如 PGE 的半衰期小于 30 s），通过合成制备前列腺素显得尤为重要。目前对于前列腺素的合成主要有生物合成和化学合成两种途径。

一、前列腺素的生物合成

人和动物众多组织中有"前列腺素合成酶"，可以将全顺式花生三烯酸 $\Delta_{8,11,14}$、全顺式花生四烯酸 $\Delta_{5,8,11,14}$ 和全顺式花生五烯酸 $\Delta_{5,8,11,14,17}$ 转化为 PGE_1、PGE_2、PGE_3，以及 PGF_α 前列腺素类化合物（图 13-9）。1964 年 Van Dorp 等[14] 和 Bergstrom 等[15] 分别报道经绵羊贮精囊匀浆孵育花生四烯酸 AA 得到 PGE_2。

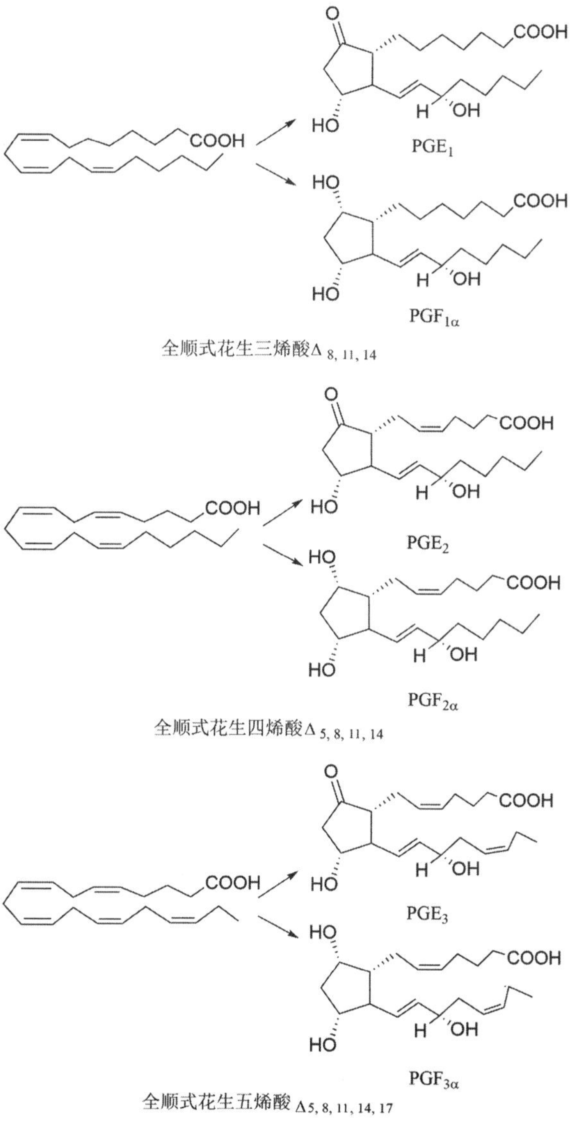

图 13-9　PGE 和 PGF 的生物合成

与 AA 同类的二十碳不饱和脂肪酸亦可发生类似转化，如 8, 11, 14- 二十碳三烯酸可转化为 PGE₁，5, 8, 11, 14, 17- 二十碳五烯酸可转化为 PGE₃。

在多不饱和脂肪酸制备前列腺素的过程中，孵育条件对其产率影响很大。主要的影响因素有：①孵育液的 pH 值在 7.5~8.5 为适宜，缓冲剂以 EDTA 的二钠盐为最好。②孵育液中加入一定量谷胱甘肽可以增加 PGE₂ 的产率，一般为加入 2 μg 谷胱甘肽 /mL 孵育液。③加入一定的抗氧化剂有利于前列腺素产量的增加，如对苯二酚、没食子酸丙酯等。④孵育过程需要通入一定量的空气或氧气，以提供形成 PGE₁ 羟基中的氧。⑤孵育温度以 30~38 ℃为适宜，温度过低，生成的 PGE 产量降低。

例 13-3

绵羊贮精囊匀浆孵育进行 PGE₂ 的生物合成[16]

冰冻的绵羊贮精囊 75 kg 研磨，加入 0.1M NH₄Cl、500 mg 谷胱甘肽、50 mg 对苯二酚和 0.1M 的 EDTA 二钠盐缓冲液混合进行匀浆，并以氨水调 pH 值为 8.5 后，加入 37 g AA（花生四烯酸），37 ℃下通入空气孵育 1 h。

取孵育液加入 3 倍体积的丙酮继续搅拌 1 h。过滤并浓缩液体为原体积的 1/5，调整 pH 值为 7，以正己烷提取，水层加入柠檬酸调 pH 值为 3，再以二氯甲烷提取，得到的粗提取物中含有 8~12 g 的前列腺素混合物。混合物再以硅胶柱色谱纯化，以氯仿-甲醇（96∶4）洗脱得到 PGE，以氯仿-甲醇（90∶10）洗脱得到 PGF。经硅胶纯化后的 PGE 混合物再经银离子处理的 Amberlyst-15 树脂柱进一步分离纯化，并以乙酸乙酯 - 戊烷重结晶即可得到 PGE₂。

二、前列腺素的化学合成

（一）由分离得到的前列腺素类化合物经结构修饰获得

前列腺素来源困难，即使是采用全合成也较为不易，如以溴代甲基丁二烯为原料，合成 *dl*-PGE₁ 需要经过 20 步反应才能获得，故对其生物活性和临床应用的深入研究产生巨大影响。直到 1969 年从柳珊瑚中发现了丰富的前列腺素类似物，并经结构修饰，获得了大量具有生物活性的前列腺素。

例如，从 15R-PGA₂ 衍生物转化为 15S-PGA₂：从加勒比海柳珊瑚 *Plexaura homomalla* 中分离得到了 PGA₂-15 的差向异构体（1）及其二酯化合物（2），含量分别是柳珊瑚干重的 0.2% 和 1.3%。化合物（1）和哺乳动物体内存在的前列腺素 15S-PGA₂ 在结构上互为异构体，唯一的差别是 C-15 位构型不同（图 13-10）。

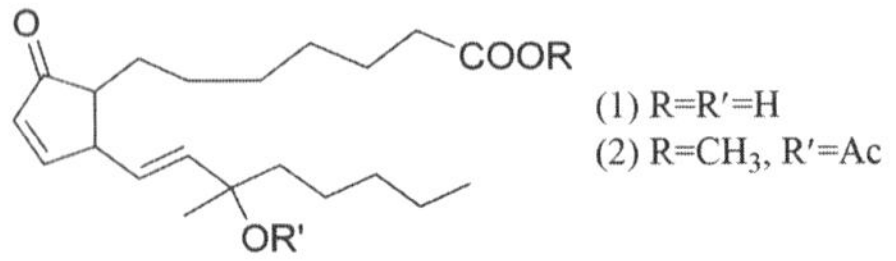

(1) R=R′=H
(2) R=CH₃, R′=Ac

图 13-10　从柳珊瑚 *Plexaura homomalla* 中分离得到的两种前列腺素类化合物

柳珊瑚中存在的是 15R-PGA₂，没有显著的生物活性，只需将分子中的 C-15 位构型转化为 15S，即可获得具有明显药理作用的 PGA$_2$。具体的操作过程如下：

将 15R-PGA$_2$ 的甲酯溶于吡啶，并用甲酰氯处理后，将甲酰化产物用丙酮 - 水分解，即可得到 C-15 位构型转化的 15S-PGA$_2$ 的甲酯，再脱甲酯基团，即可得到目标产物 15S-PGA$_2$。

又如，从 15S（R）-PGA$_2$ 衍生物转化为 15S-PGE$_2$ 和 15S-PGF$_2$ 衍生物：具有强烈生物活性和药理活性的前列腺素 PGE$_2$ 和 PGF$_2$ 可以方便地经由柳珊瑚中分离得到的 PGA$_2$ 转化得到。

将从柳珊瑚中分离得到的前列腺素 15S-OAc-PGA$_2$ 的甲酯化衍生物，由碱性的 H$_2$O$_2$ 氧化，生成差向异构体的环氧化物混合物，不需分离直接经 Cr(OAc)$_2$ 还原可以得到 15S- 乙酰化的 PGE$_2$ 甲酯类化合物，水解后得到产率为 56% 的 15S-PGE$_2$，其光谱数据与标准品完全一致。反应式见图 13-11。

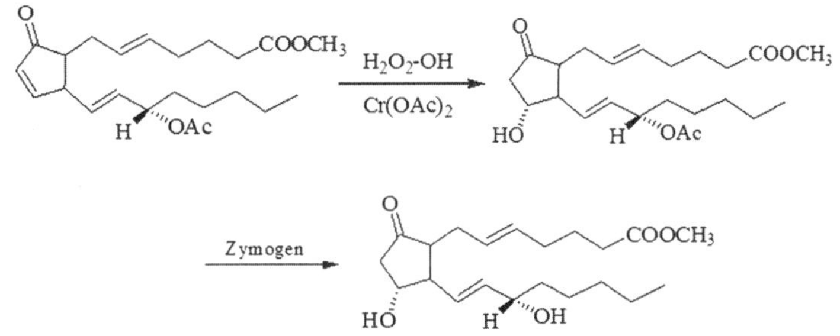

图 13-11　前列腺素 15S-OAc-PGA$_2$ 的甲酯转化为 PGE$_2$ 甲酯

将从柳珊瑚中分离得到的前列腺素 15R-OAc-PGA$_2$ 的甲酯化衍生物，由碱性的 H$_2$O$_2$ 氧化，再用铝汞齐进行还原，选择性地得到 11-OH 的差向异构体（其中 11β-OH 的差向异构体占 75%），经由柱色谱分离后，以硼氢化钠作为还原剂进行还原，得到 9α, 11β- 二羟基的衍生物，经水解后得到 15R-PGF$_2$ 甲酯，再经二氯二腈苯醌试剂将 15-OH 氧化，乙二醇二甲醚作溶剂采用硼氢化锌进行还原可以得到 15-OH 的 PGF$_2$ 甲酯化合物，其中 15S- 和 15R-PGF$_2$ 两种异构体的比例为 3 : 1。反应式见图 13-12。

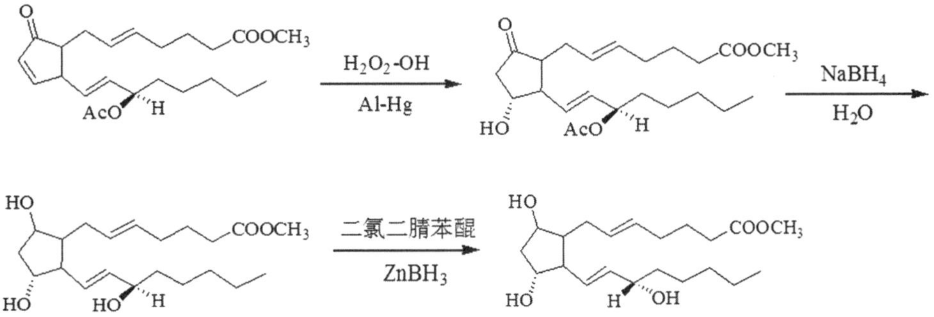

图 13-12　15-OH 的 PGE$_2$ 甲酯化合物的转化

（二）经由化学全合成获得 [17-19]

2012 年 9 月，Coulthard 等发表了以丁二醛为原料经 7 步反应全合成制得 PGF$_{2\alpha}$ 的方法，有望降低工业生产相关药物的成本。

PGs 的合成策略主要分为以下三种：

1. 利用 Corey 内酯作为关键中间体合成 PGs   Corey 内酯包括内酯二醇 ((1S, 5R, 6R, 7R)-6- 羟甲基 -7- 羟基 -2- 氧杂双环 [3.3.0] 辛 -3- 酮，**1**) 和 Corey 内酯醛（**2**），是合成 PGs 最常用的中间体。合成 Corey 内酯主要有三种方法：

以环戊二烯和 2, 5- 降冰片为原料（合成过程见图 13-13）。2008 年，冯泽旺等人以环戊二烯（**2**）和二氯乙酰氯（**3**）为原料，经环加成、脱氯及 Baeyer-Villiger 氧化得到一对对映体 (**4**)，再经碱性开环得（ 2- 羟基环戊 -4- 烯 -1- 基）乙酸（**5**），经碱性拆分剂 α- 甲基苄胺 (PEA) 成盐拆分、再内酯化，经 Prins 反应后水解得 **1**[图 13-13(a)]。2012 年，赵育磊等用 4 和二氧化硫、PEA 反应生成 α- 羟基磺酸 -(R)-(+)- 苯乙胺复盐，直接拆分，再经碳酸钠碱化得到光学纯 (1R, 5S) 的 **4**，收率 26.2% [图 13-13(b)]。以 2, 5- 降冰片（**6**）为原料经 Prins 反应、Jones 氧化得消旋体 2- 氧代三环 [2.2.1.0^{3,5}] 庚烷 -7- 羧酸（**7**），7 再经多步反应得到 **2**。以 (S)-(−)-N- 苄基 -α- 甲基苄胺（**8**）为拆分剂、乙酸异丙酯为溶剂，对消旋体 7 进行拆分得光学纯 (+)-7，拆分收率 57%，ee 值大于 99%。

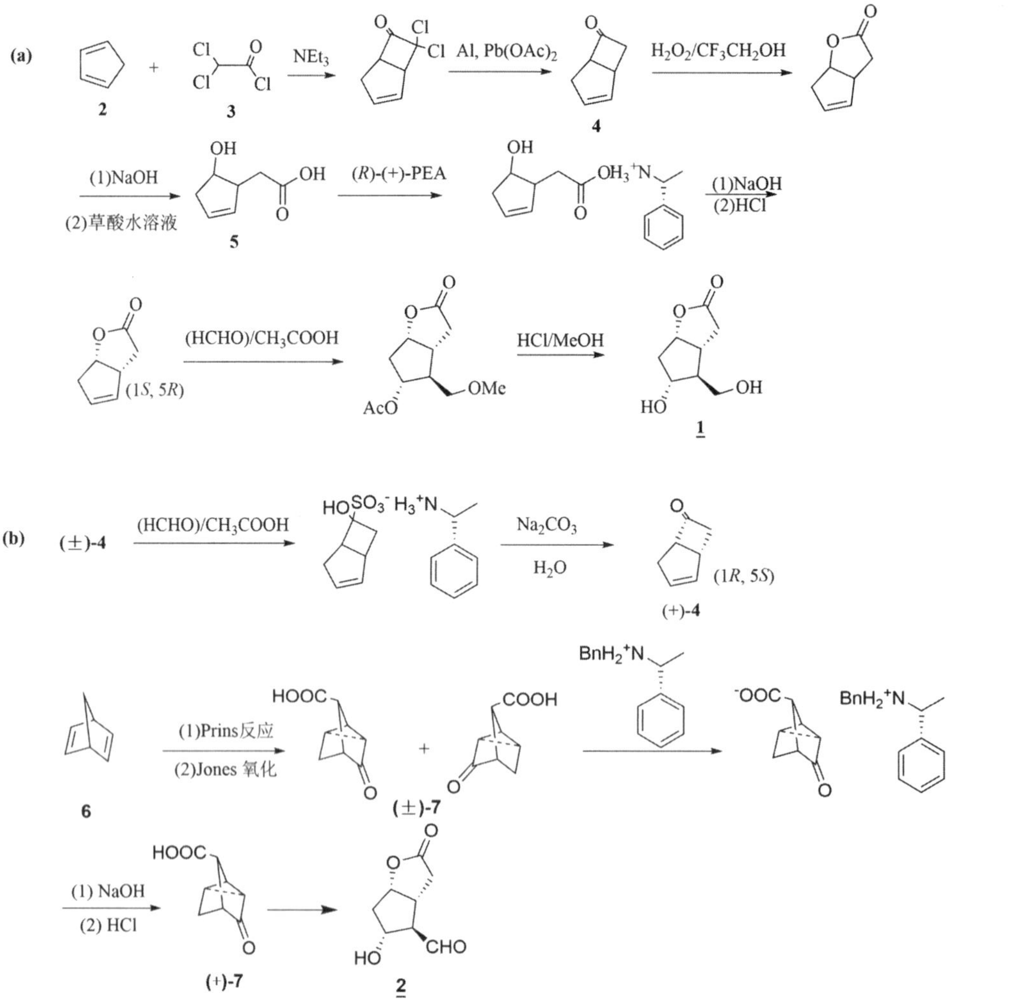

图 13-13　以环戊二烯和 2, 5- 降冰片为原料合成 Corey 内酯

2. 不对称合成法及手性源法 如图 13-14 所示，Doyle 等以 **9** 为原料，经 3 步反应先得到重氮乙酰化产物 **10**，再经铑化合物催化剂催化的不对称碳氢键插入反应得到 **11**（收率 73%，ee 值 91%），此法步骤较短，可得到多种 PGs 中间体。

Paul 等采用手性源法以 (S)-(−) 苹果酸（**12**）为原料，乙酰化后与氯化锌反应生成酰氯（**13**），与丙二酸单酯反应得 **14**。**14** 在碱性条件下成环得到环戊烯酮 **15** 和 **16**，两者含量比为 4 : 1，直接结晶可得光学纯 **15**。**15** 再经钯催化氢化得反式加氢产物 **17**，通过柱色谱分离纯化，产物收率接近 80%。**17** 再经硼氢化钠还原羰基，内酯化、羧酸还原及羟基乙酰化最终得到 Corey 内酯 **19**。

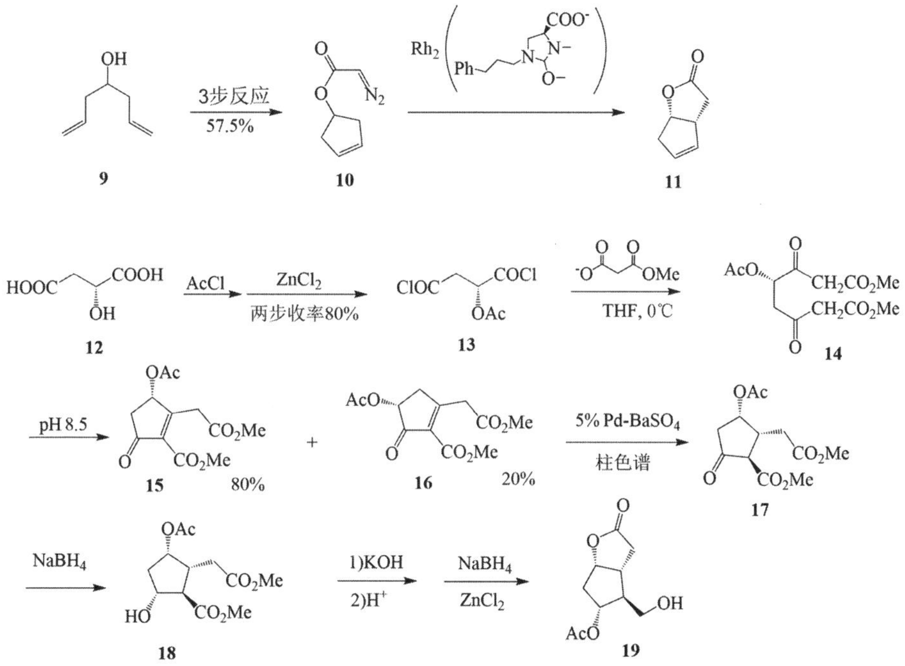

图 13-14 不对称合成法及手性源法合成 Corey 内酯

获得了 Corey 内酯关键中间体，再在 α 和 ω 位分别接入两个脂肪侧链，即可得到 PGs 类化合物。拉坦前列素为一种新型的苯基取代的丙基酯类前列腺素，是美国 FDA 批准的首个 PGs 类抗青光眼药物，$PGF_{2\alpha}$ 的选择性受体激动剂。如图 13-15 所示，辉瑞公司以 Corey 醛 **20** 为原料，采用苯甲酰基保护后经 Horner-Wadsworth-Emmons 反应接入 ω 链，得反式烯烃 **22**。以 (−)- 二异松蒎基氯硼烷（DIP-Cl）手性还原羰基得 **23**，再经钯碳还原双键、脱苯甲酰基保护得 **24**。用乙烯基乙醚（EE）保护羟基，经 DIBALH 还原得化合物 **25**，**25** 由 Wittig 试剂 **26** 连上侧链，再去除保护基，与异丙基成酯，最终采用柱色谱分离纯化得 **28**。整条路线只使用一次柱色谱分离，故在操作上简便可行。

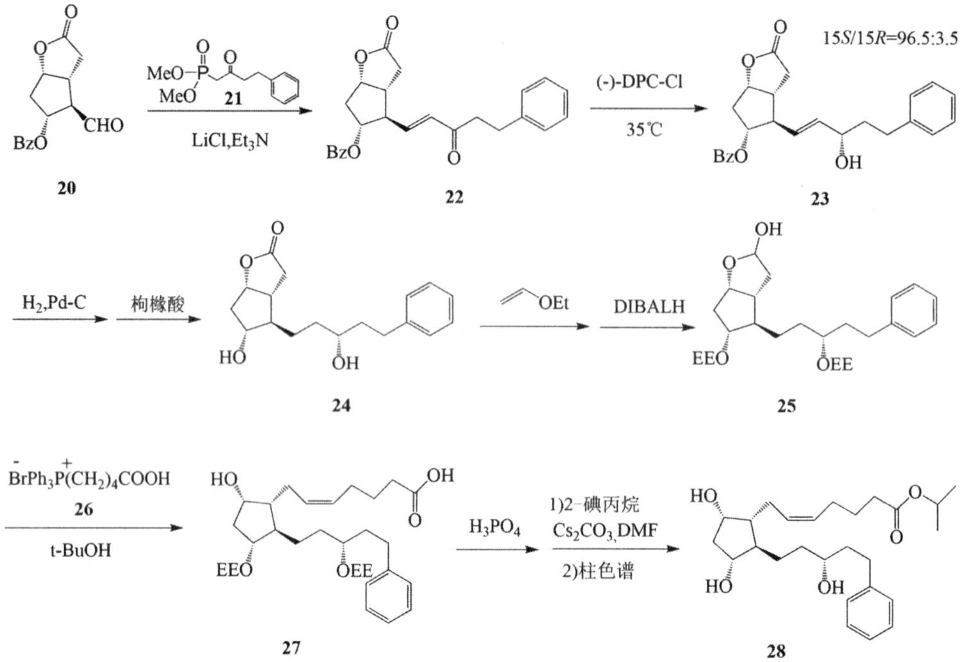

图 13-15　经 Corey 内酯合成拉坦前列素

3. 采用 Corey 内酯作为关键中间体合成 PGs，是目前工业生产前列腺素的主要方法

（1）经环戊酮关键中间体合成 PGs

常见的环戊酮中间体有三种（图 13-16），其设计思路是先合成带有任意一条侧链的五元环结构，然后通过 1, 4- 加成引入另一侧链，从而完成 PGs 的高效合成。

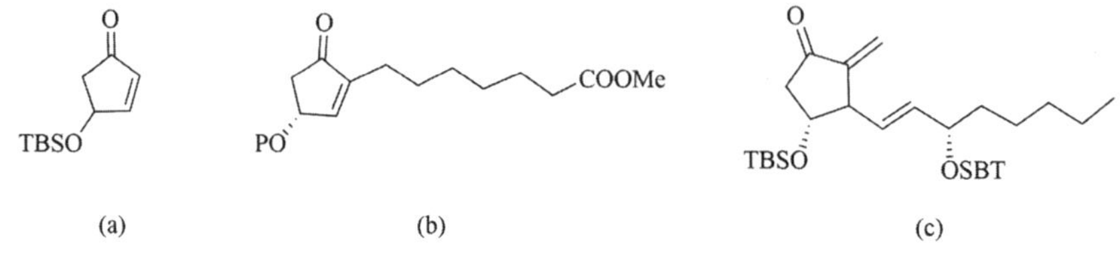

图 13-16　常见的环戊酮中间体

米索前列醇是前列腺素 E_1 的衍生物，可用于治疗十二指肠溃疡、预防抗炎引起的消化性溃疡和抗早孕。具有抑制胃酸分泌的作用和防止溃疡形成，从而保护胃黏膜，同时对妊娠子宫有收缩作用。Harikrishna 等以带有侧链的环戊酮［图 13-16(b)］为原料，经 Bayer-Villiger 氧化、开环、氧化、分子内环合及异构化等 7 步反应，再与烯基三正丁基锡在氰化酮催化下发生 1,4- 加成，脱去保护基团得米索前列醇（图 13-17）。

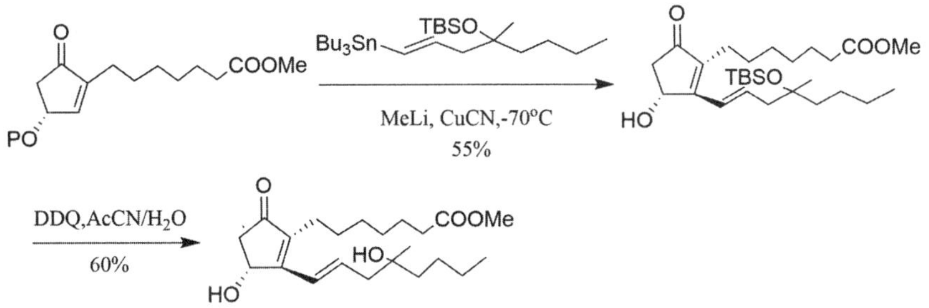

图 13-17　经由带侧链的环戊酮合成米索前列醇

亚甲基环戊酮中间体 [图 13-16 (c)] 广泛应用于 PGE 类化合物的合成。Ono 等人以其类似物为原料，经 1,4- 加成反应、水解，再经脱保护反应制得 PGE_1 类似物利马前列素（图 13-18）。

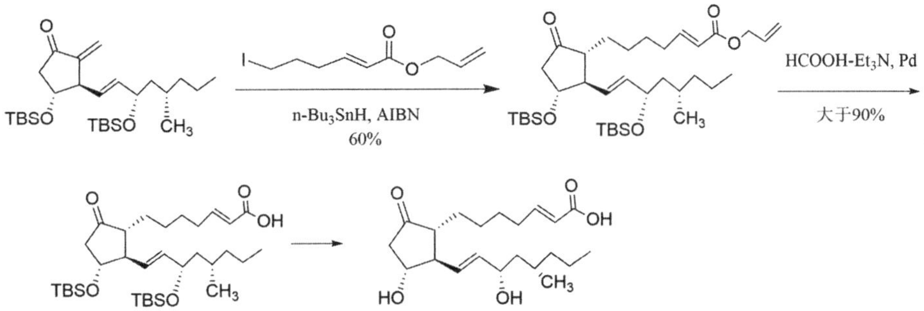

图 13-18　利马前列素的合成

（2）经由双环烯醛合成 PGs

Coulthard 等以 2，5- 二甲氧基四氢呋喃经水解得丁二醛，丁二醛在（S）- 脯氨酸和二苄胺三氟乙酸盐催化下发生羟醛缩合，再脱水、甲基化反应得双环烯醛中间体。

双环烯醛中间体在三乙胺和 TMSCl 存在下与铜锂试剂经 1, 4- 加成接上 ω 链后，再经臭氧化、硼氢化钠立体选择性还原，酸性条件脱保护后，再与 Wittig 试剂发生反应，可得到 $PGF_{2\alpha}$（图 13-19）。

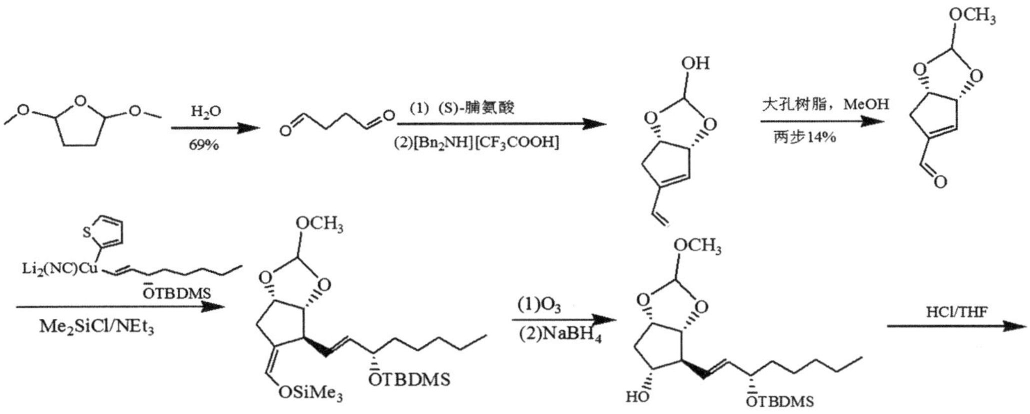

图 13-19　经由双环烯醛合成 $PGF_{2\alpha}$

第六节　前列腺素的波谱学特征

一、紫外吸收光谱

天然的前列腺素在结构上主要为 PGA、PGB、PGE 和 PGF，侧链上存在有一个、二个或三个双键，五元环上有羰基、双键或羟基，紫外区显示特征的吸收光谱，如 PGA 和 PGB 结构中存在 α、β 不饱和羰基，其紫外最大吸收分别为 217 nm、278 nm。PGE 以碱处理 30 min 后易发生羟基的脱水和异构化，转化为 PGB，紫外最大吸收由原来的 217 nm 变为 278 nm，可作为 PGE 的定性鉴定方法之一。

二、红外吸收光谱

在前列腺素分子中，存在重要的特征结构单元——羰基（羧基及 PGA、PGB、PGE 中的五元环酮）、顺 / 反式双键（五元环和侧链）及羟基，其在红外吸收光谱中有明显的特征吸收峰（表 13-3）。

（一）羰基

在 PGE 中，五元环酮 C ＝ O 的伸缩振动比游离羧基中 C ＝ O 的伸缩振动处于较高波数，且在 1690~1730 cm^{-1} 出现两个伸缩振动峰，而 PGF 的红外光谱只有一个（无五元环酮），可以用来区别 PGF。

而在 PGA 和 PGB 中，由于五元环酮 C ＝ O 与环内 C ＝ C 共轭，其伸缩振动波数较 PGE 中的要略小，在 1720 cm^{-1} 左右。

表 13-3　几种常见前列腺素的主要红外光谱吸收峰

化合物名称	主要吸收峰 /cm^{-1}		
	−C＝O	共轭 C=C	反式 C=C
PGA_1	1719, 1717sh, 1703	1585	979 和（或）962
PGB_1	1725, 1668	1635, 1596	970
PGE_1	1725, 1677		980 和（或）964
PGE_2	1728, 1703		965
$PGF_{1\alpha}$	1697		975
$PGF_{1\beta}$	1730（1695）		970
$PGF_{2\alpha}$	1710		975
$PGF_{2\beta}$	1697		977 和（或）968

（二）双键

前列腺素 PGA 和 PGB 型化合物的五元环结构中存在双键，一般在 1620~1680 cm^{-1} 有 C＝C 的伸缩振动吸收峰，但由于分子在此区域存在着强烈的羰基吸收峰，五元环内双键的吸收峰弱，不明显。侧链中的反式双键在 970~980 cm^{-1} 有明显的面外弯曲振动，是所有前列腺素的特征吸收峰之一。在 PGA 和 PGB 中存在 α、β 或 α、β、γ、δ 不饱和羰基吸收峰。

（三）羟基

在 2500~3000 cm^{-1} 处存在有一系列弱的羧基吸收峰，在 3200~3500 cm^{-1} 有 O-H 的伸缩振动吸收峰是前列腺素类化合物的特征峰。常见的前列腺素化合物的 IR 图如图 13-20 所示。

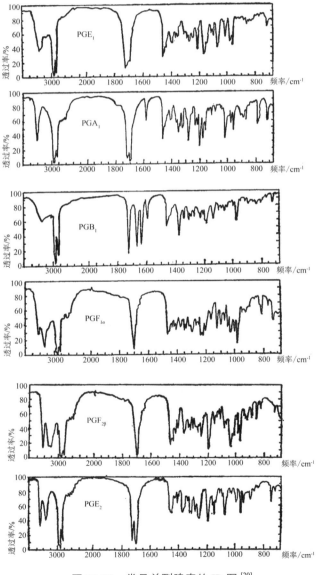

图 13-20　常见前列腺素的 IR 图[20]

三、质谱

前列腺素类化合物在结构上分为酮型和羟基型两大类，质谱是鉴定该类化合物的主要方法之一。1962 年 PGE$_1$ 的结构确定后，陆续又分离出 PGE$_2$、PGE$_3$ 等，PGE$_1$、PGE$_2$ 和 PGE$_3$ 有相似的 IR 和 ORD，在碱性条件下发生反应后，在 UV 中都有 278 nm 的紫外吸收峰，在质谱中能很方便地检识其结构（表 13-4）。

表 13-4 PGE$_1$、PGE$_2$ 和 PGE$_3$ 甲酯的质谱峰

质谱峰	PGE$_1$–CH$_3$	PGE$_2$–CH$_3$	PGE$_3$–CH$_3$
[M−H$_2$O]$^+$	350	348	346
[M−2H$_2$O]$^+$	332	330	328
[M−H$_2$O−CH$_3$]$^+$	319	317	315
[M−2H$_2$O−OCH$_3$]$^+$	301	299	297
[M−H$_2$O−C$_5$H$_{11}$]$^+$	279	277	
[M−2H$_2$O−C$_5$H$_{11}$]$^+$	261	259	
[M−H$_2$O−C$_5$H$_9$]$^+$			277
[M−2H$_2$O−C$_5$H$_9$]$^+$			259
[M−2H$_2$O−C$_8$H$_{15}$O$_2$+H]$^+$	190		
[M−H$_2$O−C$_8$H$_{13}$O$_2$+2H]$^+$	192	190	188

PGE$_1$-CH$_3$、PGE$_2$-CH$_3$ 和 PGE$_3$-CH$_3$ 三种化合物经氢化后的产物均为 PGE$_1$-CH$_3$，与质谱鉴定结果相同。质谱中，PGE$_1$-CH$_3$ 的分子量比 PGE$_2$-CH$_3$ 和 PGE$_3$-CH$_3$ 分别少 2 和 4，故 PGE$_2$ 分子中存在两个双键，PGE$_3$ 中有三个双键。

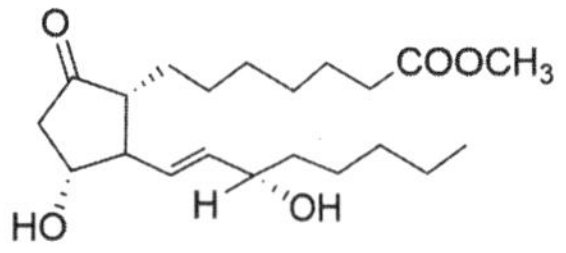

PGE$_1$-Me 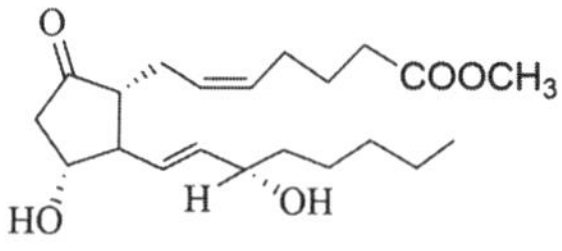　　　　　　　　PGE$_2$-Me 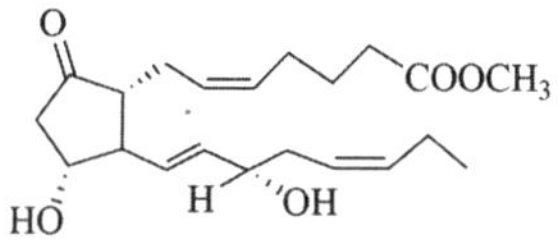　　　　　　　　PGE$_3$-Me

四、核磁共振波谱

核磁共振波谱是研究前列腺素结构最有力的工具。一般来说，前列腺素类化合物有两条较长的脂肪碳链，极性相对较弱，适宜选用弱极性或非质子性的有机溶剂进行溶解样品，如 CHCl$_3$-d$_1$、CH$_3$SOCH$_3$-d$_6$、DMF-d$_7$ 等。

（一）核磁共振氢谱（^{1}H-NMR）

在前列腺素类化合物中，由于结构中存在双键、羟基、羧基等官能团，使得所连碳上氢信号化学位移具有一定的规律性。如 PGE$_1$ 中的 Δ$_{13,14}$ 氢信号化学位移主要在 δ 5.6 左右，PGE$_2$ 中的 Δ$_{5,6}$、Δ$_{13,14}$ 氢信号化学位移分别在 δ 5.37、δ 5.70 左右，H-15 一般为连氧氢，化学位移在 δ 4.00 左右（表 13-5）。另外可以根据偶合常数 J 来判断结构中各双键的顺 / 反式。如图 13-21 中的化合物 1 和 2 为 PGA$_3$ 型化合物，Δ$_{5,6}$ 氢信号的偶合常数分别为 10.7Hz 和 15.5Hz，可以推测化合物 1 和 2 的 Δ$_{5,6}$ 分别为顺式和反式，而 Δ$_{14,15}$

氢信号的偶合常数均为 11.0Hz，则两化合物的 $\Delta_{14,15}$ 双键为顺式。

表 13-5　几种常见前列腺素类化合物的核磁共振氢谱数据

前列腺素种类	氘代试剂	化学位移（δ）	质子数目	质子位置
PGE$_1$	DMF-d$_7$	5.65	2	H-13,14
		4.08	2	H-11,15
		1.8~2.6	5	H-2, 8, 10
		0.90	3	H-20
PGE$_2$	CDCl$_3$	5.37	2	H-5, 6
		5.70	2	H-13, 14
		4.12, 4.00	2	H-11, 15
		5.9~6.6	2	COOH、15-OH
PGA$_1$	CDCl$_3$	6.17, 7.49	各 1	H-10, 11
		5.62	2	H-13, 14
		6.60	2	COOH、15-OH
		4.12	1	H-15
		3.23	1	H-12
PGF$_{1\alpha}$	CH$_3$SOCH$_3$-d$_6$	5.50	2	H-13, 14
		4.74	4	COOH、15-OH
		3.75~4.30	3	H-9, 11, 15
		0.88	3	H-20

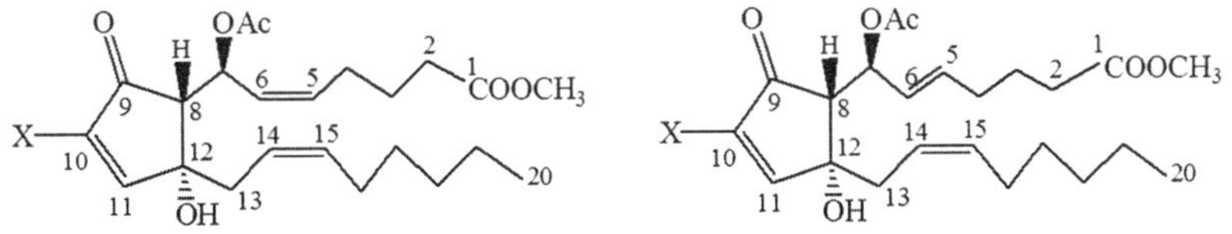

1:　X=I
3:　X=Br

2:　X=I
4:　X=Br

图 13-21　从软珊瑚 *Clavularia viridis* 中分离的化合物 1~4

（二）核磁共振碳谱（^{13}C-NMR）

同样，在前列腺素类化合物中，结构中的双键、羟基、羧基等官能团，在核磁共振碳谱中有明显的化学位移。在 PGA、PGB、PGE 中，可能会出现两个羰基碳化学位移，如 C$_1$OOH 信号在 δ 170~180，C$_9$＝O 信号在 δ 190~200。而羟基酰化后会多出酯基碳信号，其碳信号在 δ 170 左右。两条侧链上双键碳信号成对出现，其信号在 δ 120~140，通过 δ 120~140 的碳信号数目可以初步推测侧链中的双键数目。在 PGA 型结构中，除侧链上的双键碳信号，在五元环上还有与羰基共轭的双键碳信号，受羰基的影响，双键碳（C$_{10}$ 和 C$_{11}$）的化学位移则分别为 δ 130~140 和 δ 160~170，若 C$_{10}$ 上发生卤素取代后，受相连卤素的影响，双键碳 C$_{10}$ 的化学位移为 δ 100~110，C$_{11}$ 为 δ 170 左右。除此以外，连氧碳信号化学位移一般在 δ 50~60，乙酰基上的甲基碳信号则在 δ 20 左右。

从软珊瑚 *Clavularia viridis* 中分离的化合物 1~4（结构式见图 13-21），其 ^{1}H-NMR

和 ^{13}C-NMR 数据如表 13-6[6] 所示。

表 13-6　软珊瑚 *Clavularia viridis* 中分离的化合物 1~4 的 ^{1}H- 和 ^{13}C-NMR 数据

position	1		2		3		4
	^{13}C[a]	^{1}H[b]	^{13}C[a]	^{1}H[b]	^{13}C[a]	^{1}H[b]	^{1}H[b]
1(C)	174.0		173.9		174.0		
2(CH$_2$)	33.4	2.32(t,7.4)	33.3	2.30(t,7.4)	33.4	2.33(t,7.3)	2.30(t,7.5)
3(CH$_2$)	24.4	1.72(quintet,7.4)	23.9	1.72(quintet,7.4)	24.4	1.72(m)	1.72(quintet,7.5)
4(CH$_2$)	27.0	2.20(m)	31.4	2.19(m)	27.0	2.21(m)	2.09(m)
5(CH)	133.5	5.59(dt,10.7,7.6)	134.8	5.73(dt,15.5,6.5)	133.6	5.60(dt,10.7,7.6)	5.73(dt,15.5,6.5)
6(CH)	126.6	5.84(dd,10.7,9.7)	126.8	5.82(dd,15.5,7.8)	126.6	5.84(dd,10.7,9.7)	5.82(dd,15.5,7.8)
7(CH)	68.0	5.92(dd,9.7,3.1)	73.1	5.60(dd,7.8,3.1)	68.0	5.94(dd,9.7,3.1)	5.63(dd,7.7,3.1)
8(CH)	55.7	2.67(d,3.1)	55.6	2.72(d,3.1)	56.7	2.68(d,3.1)	2.73(d,3.1)
9(C)	198.9		198.8		196.9		
10(C)	103.4		103.4		126.6		
11(CH)	170.7	7.77(s)	170.74	7.77(s)	162.7	7.53(s)	7.52(s)
12(C)	81.0		81.0		78.6		
13(CH$_2$)	39.2	2.51(br.dd,14.1,8.1)　2.37(br.dd,14.1,6.7)	39.1	2.51(br,dd,14.3,8.1)　2.36(br,dd,14.3,6.8)	39.3	2.54(br.dd,14.2,8.2)　2.39(br.dd,14.2,7.1)	2.53(br.dd,14.3,8.2)　2.38(br.dd,14.3,7.2)
14(CH)	121.3	5.33(br.ddd,10.9,8.1,6.7)	121.2	5.31(br,ddd,11.0,8.3,6.8)	121.2	5.34(br,ddd,11.0,8.2,7.1)	5.33(br.ddd.11.0,8.2,7.2)
15(CH)	136.0	5.64(br.dt,10.9,7.4)	136.2	5.65(br.dt11.0,7.4)	136.1	5.65(br.dt,11.0,7.4)	5.66(br.dt.11.0,7.4)
16(CH$_2$)	27.5	1.98(m)	27.5	2.02(m)	27.5	2.00(m)	2.00(m)
17(CH$_2$)	29.1	1.34(m)	29.1	1.33(m)	29.1	1.34(m)	1.35(m)
18(CH$_2$)	31.5	1.26(m)	31.5	1.27(m)	31.5	1.28(m)	1.28(m)
19(CH$_2$)	22.5	1.28(m)	22.5	1.30(m)	22.5	1.30(m)	1.30(m)
20(CH$_2$)	14.0	0.88(t,7.0)	14.0	0.89(t,7.0)	14.0	0.88(t,7.0)	0.89(t,6.9)
OCH$_3$	51.6	3.68(s)	51.5	3.68(s)	51.6	3.67(s)	3.67(s)
CH$_3$CO	170.6		170.67		170.5		
CH$_3$CO	21.2	1.99(s)	21.3	2.01(s)	21.1	1.99(s)	2.01(s)
OH		3.38(s)				3.27(s)	

注：[a] multiplicities of ^{13}C resonances were achieved by DEPT expriments. [b] multiplicities and *J*(Hz) value are presented in parentheses.

例 13-4

化合物 7-acetoxy-7,8-dihydroiodovulone I 的结构研究[6]

　　采集日本冲绳石垣岛的软珊瑚 *Clavularia viridis* Quoy and Gaimard 冻干样品 470 g，依次以己烷（2 L）、乙酸乙酯（2 L）和甲醇（2 L）各提取 2 次，减压蒸馏后得到己烷提取物 14.5 g，乙酸乙酯提取物 3.7 g，甲醇提取物 33.4 g。

　　取己烷提取物部分 6.83 g 行硅胶柱色谱，以己烷（1 L）、己烷-乙酸乙酯（3:1，850 mL）和乙烷-乙酸乙酯（1:1，700 mL），甲醇（700 mL）依次进行洗脱。己烷-乙酸乙酯（3:1）洗脱部分再经正相柱色谱，己烷-乙酸乙酯（9:1，8:2，7:3）洗脱及正相的中低压制备色谱，己烷-乙酸乙酯（8:2）反复洗脱得到卤化的前列腺素粗品。进一步的分离纯化则采用正相 HPLC（流动相：己烷-乙酸乙酯 8:2 和 7:3）、反相 HPLC

（流动相：乙腈-水 8∶2）获得化合物 7-acetoxy-7,8-dihydroiodovulone I（29.8 mg，结构式见图 13-22）。

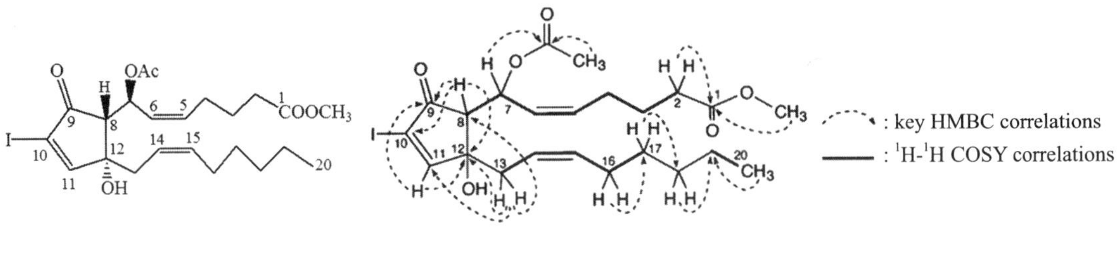

图 13-22　7-acetoxy-7, 8-dihydroiodovulone I 的结构式及 HMBC、COSY 关联[6]

化合物 7-acetoxy-7, 8-dihydroiodovulone I，无色油状液体，$[\alpha]_D$ +22.7 ℃（*c* 0.67, $CHCl_3$），CD (MeOH) λ_{ext} nm（Δ*ε*）332.5 (+2.97)，266.4 (-3.95)，249.0 (-3.99)，215.8 (-2.63)。EIMS (*m/z*) $[M]^+$532，HREIMS 给出分子式为 $C_{23}H_{33}O_6I$，472.1109 $[M-CH_3CO_2H]^+$（计算值 $C_{21}H_{29}O_4I$，472.1111）。UV 中给出 λ_{max} 251 nm（*ε* 3500），可以推测结构中存在 *α*,*β*- 不饱和羰基基团。IR 中 1732 cm^{-1}、1240 cm^{-1} 和 3470 cm^{-1} 的振动峰提示存在乙酯和羟基。

在 ^{13}C-NMR 中共给出 23 个碳信号，包括 3 个甲基、8 个亚甲基、7 个次甲基和 5 个季碳原子。其化学位移值表明结构中存在两种酯羰基 *δ* 174.0（C，C-1）和 *δ* 170.6（C，CH_3CO），两个二取代双键 *δ* 133.5（CH，C-5），*δ* 126.6（CH，C-6），*δ* 121.3（CH，C-14）和 *δ* 136.0（CH，C-15），以及两个含氧碳 *δ* 68.0（CH，C-7）和 *δ* 81.0（C，C-12）。通过与化合物 2-I-2- 环戊烯酮的化学位移值比较，其余三个碳原子中 δ_C 198.9（C，C-9），103.4（C，C-10）和 170.7（CH，C-11），推测该化合物结构中存在 *α*-I-*α*, *β*- 不饱和环戊烯酮基团。另外结合 ^{1}H-NMR 乙酰甲基 *δ* 1.99（3H，s），甲氧基氢信号 *δ* 3.68（3H，s），末端甲基氢信号 *δ* 0.88（3H，t，*J* = 7.0 Hz，H-20），五个烯烃质子 *δ* 5.59（1H，dt，*J* = 10.7，7.6 Hz，H-5），*δ* 5.84（1H，dd，*J* = 10.7，9.7 Hz，H-6），*δ* 7.77（1H，s，H-11），*δ* 5.33（1H，br. ddd，*J* = 0.9，8.1，6.7 Hz，H-14），*δ* 5.64（1H，br. dt，*J* = 10.9，7.4 Hz，H-5）。在 HMBC 谱中，*δ* 5.92（1H，dd，*J* = 9.7，3.1 Hz，H-7）与次甲基烯丙位上乙酰基碳相关。*δ* 81.0（C，C-12）处的季碳可以推测连有羟基。分析 ^{1}H-^{1}H COSY 谱（图 13-22）可以发现，*δ* 2.32（2H，t，*J* = 7.4 Hz，H-2）到 *δ* 2.67（1H，d，*J* = 3.1 Hz，H-8）之间氢相互相关，提示 H-2 到 H-8 在环戊酮的 α-侧链上，即图中的粗线部分。*δ* 2.51（1H，br dd，*J* = 14.1，8.1 Hz，H-13）信号和 2.37（1H，br dd，*J* = 14.1，6.7 Hz，H-13）到 *δ* 1.34（2H，m，H-17）相关，说明该部分在 ω-侧链上。在 HMQC 谱中，从 H 和 C 的相关性对该化合物的碳、氢信号进行了详细归属（表 13-6）。

立体化学方面，（5*Z*，14*Z*）构型是根据 H-5、H-6 及 H-14、H-15 的偶合常数 $J_{5,6}$ = 10.7 Hz，$J_{14,15}$ = 10.9 Hz，以及烯丙基碳 C-4 和 C-16 的化学位移 *δ* 27.0 和 *δ* 27.5 来确定的。α-和 ω-边链的反向排列可以通过 NOESY 谱中 H-8 和 H-13，H-7 和 C-12 上连接的羟基氢 δ_H 3.38（1H，s）之间的 NOE 效应确定。C-12 的绝对构型由化学方式转化为 iodovulone I，并比较它们的 CD 谱确定为 *R* 构型，则 C-8 亦为 *R* 构型。而 C-7 的绝对

构型则是通过改良的 Mosher 法最终得以确定为 7*S*。综上推断，该化合物为 7-acetoxy-7, 8-dihydroiodovulone I。

五、旋光谱与圆二色光谱

当平面偏振光通过手性化合物时，能使其偏振平面发生偏转，这种现象称为旋光。组成平面偏振光的左旋圆偏光和右旋圆偏光在通过手性介质时还会因为吸收系数不同而导致"圆二色性"。

前列腺素类化合物结构中的五元环和侧链上均有可能存在手性碳原子而产生旋光性和"圆二色性"，对于其绝对构型的测定具有一定的帮助。

PGE_1 和 PGE_2 旋光谱均具有强烈的负 Cotton 效应［图 13-23（a）］，主要原因是环戊酮和环戊烷相类似，较稳定的构象是半椅式［图 13-24（a）］和信封式［图 13-24（b）］。五元环上羰基的位置投影式如图 13-24 所示。构象（a）$_1$ 中手性碳 3 和 4 对旋光的影响彼此增强，根据八区率规律，应有最大的 Cotton 效应振幅，而在（a）$_4$ 和（b）$_1$ 中不对称碳的旋光贡献彼此削弱或抵消，推测有较小的振幅。因而在 PGE_1 和 PGE_2 化合物中，五元环为半椅式构象（a）$_1$，环上的三个取代基均为较稳定的横键（e 构型），有较大的负 Cotton 效应。

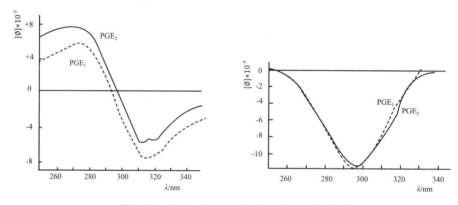

图 13-23 PGE_1 和 PGE_2 的 ORD 谱和 CD 谱

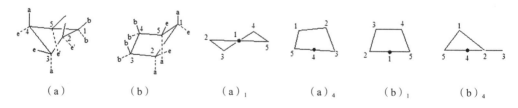

图 13-24 PGE 型前列腺素的构象

PGA 型前列腺素结构中的五元环为环戊烯酮，其构象易发生互变。环戊烯酮系统的手性决定了 Cotton 效应正负。实验结果表明，PGA_1 旋光光谱中在 256 nm 为正的 Cotton 效应（π → π* 跃迁），在 220 nm 处具有负的 Cotton 效应（n → π* 跃迁）。在 CD 谱中，230 nm 和 320 nm 处出现波峰波谷，提示 PGA_1 的构象为图 13-25 中的（a）。

ORD 谱和 CD 谱都是由于化合物分子不对称性所产生的光学活性的表现。在研究化合物的立体结构时，ORD 谱和 CD 谱应呈现出相同的立体化学结果。

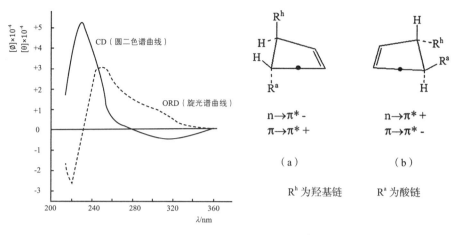

图 13-25 PGA$_1$ 的 ORD 谱、CD 谱和可能的构象

第七节 前列腺素的生理作用及药理活性 [21-23]

前列腺素是一类具有广泛生物活性的内源性物质，存在于哺乳动物许多生理组织中，由花生四烯酸转化成多种结构形式的前列腺素。PGs 最早由美国学者 Von Euler 于 1930 年发现并命名，1969 年 Willis 首次提出 PGs 是体内的一种炎症介质，随后其生理、药理活性得到了极大关注。不同的前列腺素对不同的细胞会产生不同的作用。

PGs 的功能是与细胞膜系统紧密联系在一起的。细胞膜上的磷脂通过磷脂酶水解而形成 PGs 的前体——多不饱和脂肪酸。多不饱和脂肪酸本身可能作为具有膜蛋白特性的一些酶的组成成分，可以使各种酶维持在细胞膜的特定位置上。因此，多不饱和脂肪酸链的长短、不饱和程度以及含量的多少不仅影响膜的性质，同时影响膜的一系列生理功能。由于 PGs 是在细胞膜上由不饱和脂肪酸合成的，所以 PGs 的合成量极微，但活性高、作用快、代谢迅速。当激素或生物活性物质到达细胞时，很可能就是 PGs 在细胞膜酶系作用下，对细胞内的生理生化过程起着调节作用。

一、对生殖系统的调节作用

早在 1947 年就有人提出哺乳动物精液中的前列腺素含量或许与生育功能有关。通过比较有生育能力的和患功能性不育男子精液中的前列腺素含量发现，40% 不育者体内的 PGE 的含量要低于 11 μg/mL。故可以通过降低或提高体内的前列腺素含量达到控制男子生育或治疗男性不育症。试验中发现，3 例服用阿司匹林药物一周后，精液分泌的前列腺素短暂降低。

前列腺素作用于下丘脑的神经内分泌细胞，增加黄体生成素释放激素的释放，再刺激垂体前叶黄体生成素和卵泡刺激素分泌，从而使睾丸激素分泌增加。前列腺素也能直接刺激睾丸间质细胞分泌，可增加大鼠睾丸重量、核糖核酸含量、透明质酸酶活性和精子数量，增加精子活动。精液中的前列腺素可被阴道吸收，引起子宫的收缩。前列腺素影响生殖系统的平滑肌作用，同时又对激素作用有影响。不同类型的前列腺素对生殖系统不同部位的平滑肌作用不同，PGE 型化合物可以收缩一般平滑肌，而对离体非妊娠子宫颈肌产生松弛作用，可以兴奋子宫。PGF 型化合物具有兴奋妊娠和非妊娠子宫，舒张宫颈肌肉的作用。

除此以外，前列腺素还具有抗生育作用，如 PGE_2 可能起着延缓受精卵在输卵管运行的作用，$PGF_{2\alpha}$ 有明显的溶解妊娠动物黄体作用，使体内血液黄体酮含量降低，假孕动物黄体提前萎缩，着床期胚胎吸收、流产，故产生抗生育作用。

二、对心血管系统的作用

人体几乎所有的组织和细胞都能产生 PGs，尽管参与循环的 PGs 浓度很低，却具有很强的生物活性，可以通过自分泌和旁分泌的方式作用于本身或周围组织，从而产生大量的生物信号，包括血管的舒张与收缩、血小板聚集。PGs 含量的变化与多种心血管疾病的发生有关，如高血压、动脉粥样硬化、心肌缺血、心肌梗死和中风等。

早在 20 世纪 30 年代，Von Euler 就已经发现前列腺素有降低血压的作用，如 PGE 可以使多种实验动物血压降低，可能是通过增加心脏输出、扩张血管、降低外周抗力，或经由中枢传导来实现。采用静脉滴注 PGE_1 7 μg/（kg·min），可以使血压下降，心跳加快，有胸闷感。此外，PGE_1 体外能够抑制胶原纤维、凝血酶原、肾上腺素和腺苷二磷酸酯等诱发血小板聚集的物质，从而减少血小板聚集的发生。PGE_2 对心血管系统的影响较小，若引起血压下降、心跳加快所需的剂量要比 PGE_1 大，主要是使血管平滑肌细胞中的 cAMP 升高，胞浆内游离的 Ca^{2+} 浓度降低，从而引起血管扩张，血压降低。

前列腺素 PGF 对心血管的影响会因动物品种的不同呈现不同的作用，如对兔和猫产生降压作用，而对大鼠和狗则起升压作用。PGA 也是较强的血管舒张剂，主要起生理性调节肾脏血压的作用。实验表明，动物结扎肾血管或滴注血管紧张素 II 造成高血压时，可以发现 PGE_2 的释放。从高血压病人肾静脉血中分离出 PGE_2，而正常血压者则没有。采用静脉滴注 PGA_1 或 PGA_2 治疗原发性高血压患者，可以发现患者的血压短暂下降，外周阻力下降，肾血流量和心输出增加，尿量和 Na^+ 的排泄量增多。

三、对胃肠道消化系统的调节作用

天然的 PGE 和 PGF 型前列腺素参与正常胃肠道的调节。PGE_1、PGE_2、$PGF_{1\alpha}$、$PGF_{2\alpha}$ 可收缩纵肌，PGE_1 和 PGE_2 使环肌收缩受到抑制，并抑制兴奋剂的作用。但 PGF 可收缩环肌，据此可以区别 PGE 和 PGF。

多数动物的胃黏膜中含有 PGE 和 PGF 两类前列腺素，对胃酸的分泌起着调节作用，蠕动时或兴奋迷走神经时自然释放。胃黏膜中含有前列腺素合成酶和代谢酶，能转化花生四烯酸和阻止多余前列腺素进入血液中。PGE 和 PGA 可抑制大鼠和狗胃液的分泌，具有预防和治疗胃溃疡或十二指肠溃疡的作用。对小肠、结肠、胰腺等均具有一定保护作用，此外，还具有刺激肠液、胆汁的分泌及胆囊的收缩等作用。

四、对神经系统的作用

前列腺素广泛分布于脑、脊髓、外周神经，与神经系统有密切关系。在自然状态，或是电流、化学药物、激素等刺激下，神经末梢都能释放前列腺素。自然状态下释放的多为 $PGF_{2\alpha}$，而在条件刺激下释放的多为 PGE 和 PGF 的混合物。

一般来说，PGE 型前列腺素具有持续镇静的作用，$PGF_{2\alpha}$ 虽无镇静作用，但对运动通路有协调作用。由于其对中枢系统有持续效应，推测其作用机理可能是通过改变环 AMP 水平，对神经介质的释放和活动起调节作用，而不是作为传递神经冲动的介质。

脑内给予一定量的 PGE_1、PGE_2、PGD_2 能抑制由药物引起的惊厥反应，作用具有剂量依赖关系，推测是脑内产生的 PGD 能抑制惊厥。

五、对呼吸系统的调节作用

哺乳动物体内肺组织中前列腺素的含量较高，对豚鼠来说，1 g 肺中含 0.5 μg 的前列腺素，其中主质细胞中主要为 PGF 型，而在支气管中主要为 PGE_2 型。肺部是前列腺素代谢的主要场所，含有的前列腺素合成酶在体外可以转化花生四烯酸，产生 $PGF_{2\alpha}$。

肺组织中的 PGF 和 PGE 两者互相对抗，可能对支气管和肺血管肌肉的张力起调节作用。PGE 使支气管肌肉松弛，减少空气通路的阻力，并能抑制支气管痉挛剂所引起的刺激作用。PGF 则是支气管的收缩剂，哮喘患者对 $PGF_{2\alpha}$ 的敏感程度要远高于正常人，故推测其肺部的 $PGF_{2\alpha}$ 含量可能与支气管哮喘有关。

前列腺素可以使充血肿胀的鼻黏膜收缩，故可起到通气的作用。局部给药 30~50 μg 的 PGE_1 可使鼻黏膜收缩 0.5 h，剂量加大到 75 μg 可使鼻黏膜持续收缩 10~14 h。

六、对泌尿系统的作用

前列腺素 PGE_2、$PGF_{2\alpha}$ 等可以通过调节肾血流、肾小球的滤过作用，对 Na^+ 和水代谢起着重要调节作用。主要机理是 PGE_2 可以抑制促垂体后叶分泌抗利尿激素 AVP 活化腺苷酸环化酶 AC，降低细胞内的 cAMP 含量减少，减少水再吸收。另外，PG 直接抑制肾小管对 Na^+ 的再吸收。

七、对内分泌系统的作用

前列腺素参与调控内分泌系统，是通过影响内分泌细胞内腺苷 -3′, 5′ - 环单磷酸酯（环 AMP）的高低水平，来影响各种激素的合成与释放。

前列腺素有模拟甲状腺素的作用，可以促进甲状腺素的分泌、兴奋腺苷环酶、增加环 AMP 含量，促进糖氧化、降低促甲状腺素的反应等。外源性前列腺素可以促进肾上皮质激素的合成，调节醛酮的分泌，女性滴注 $PGF_{2\alpha}$ 能间接增加皮质醇的分泌。

前列腺素与卵巢甾体激素有密切关系。在体内，外源性的 $PGF_{2\alpha}$ 能溶解黄体，而在体外实验中，加入 PGF_2 则促进黄体的合成。体内 $PGF_{2\alpha}$ 溶解黄体的作用通过加入外源性的黄体酮、促黄体素、促乳素所抵消。在促黄体激素的作用下，可增加卵巢前列腺素的合成。

另外，前列腺素中的 PGE_1 可以作用 β - 胰岛细胞，影响环 AMP 和胰岛素的释放，如加入 PGE_2 的量影响小鼠血浆中胰岛素含量的增加。外源性前列腺素有胰岛素样作用，可促进糖原的合成。

八、其他作用

（一）与炎症反应的关系

皮内注射 PGE_1、PGE_2 能引起皮肤的炎症反应，停止注射后症状消失，而 $PGF_{2\alpha}$ 不引起皮肤的炎症反应。豚鼠的皮肤烧伤后其尿液中可分离出的 PGE_1 和 PGE_2 代谢产物量较正常情况增加 5~10 倍。炎症发生时渗出液中的前列腺素含量增加，组织损伤时释放 PGE 和 $PGF_{2\alpha}$，$PGF_{2\alpha}$ 引起溶酶体膜变化，水解酶释放量增加，PGE_1 可阻止外周白血球溶酶体水解酶的释放。给予阿司匹林类药物可通过抑制前列腺素的生物合成，或抑制肾上腺素作用拮抗前列腺素的释放来达到消除炎症的目的。

（二）对眼睛的作用

对兔眼前房注射一定剂量的 PGE_1 后，可致兔眼瞳孔放大、眼内压上升。青光眼患者晶体内的 PGE_1 比白内障患者的多。

此外，从海洋珊瑚中分离得到的前列腺素化合物还具有一些特殊的生物活性，如抗肿瘤活性。从珊瑚（*Clavularia viridis* Quoy and Gaimard）中分离得到的 chlorovulone I 是 10 位氯代的 PGA 型前列腺素，具有极强的抗 HL-60 细胞增殖和细胞毒活性，其抑制 HL-60 细胞的 IC_{50} 值为 0.03 μmol/L。

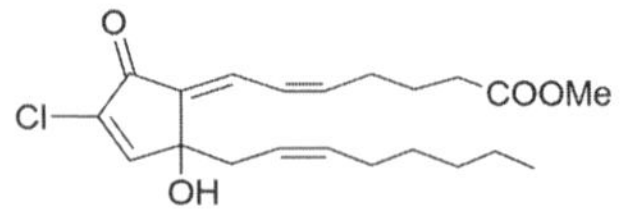

chlorovulone I

科学家们通过从珊瑚中获得的前列腺素，再经简单的结构修饰与转化，可以很方便地获得高活性有药用价值的前列腺素药物。

第八节　临床药物或正在临床研究的化合物

截至 2013 年，美国 FDA 已批准 14 个 PGs 类药物 [17]，主要包括：

（1）青光眼治疗药：拉坦前列素（1atanoprost）、乌诺前列酮异丙酯（unoprostone isopropyl）、曲伏前列素（travoprost）、贝美前列素（bimatoprost）、他氟前列素（Zioptan，tafluprost）。

前列腺素衍生物类（Prostaglandin analogs，PGAs）已成为推荐治疗原发性开角型青光眼的一线用药选择之一。拉坦前列素是美国 FDA 的首个 PGs 类抗青光眼药物，于 1996 年上市，为一种新型的苯基取代的丙基酯类前列腺素，是选择性 $PGF_{2\alpha}$ 型的受体激动剂。此外，乌诺前列酮异丙酯、曲伏前列素、贝美前列素和他氟前列素分别于 2000 年、2001 年、2001 年和 2012 年经美国 FDA 批准上市，用于治疗青光眼。

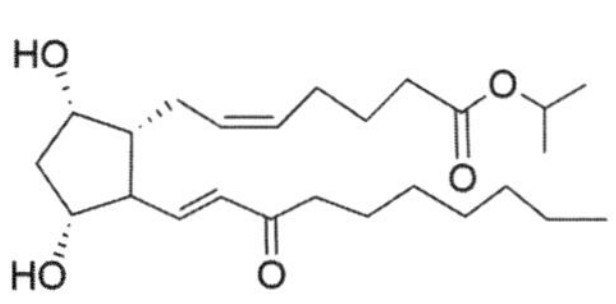

乌诺前列酮异丙酯 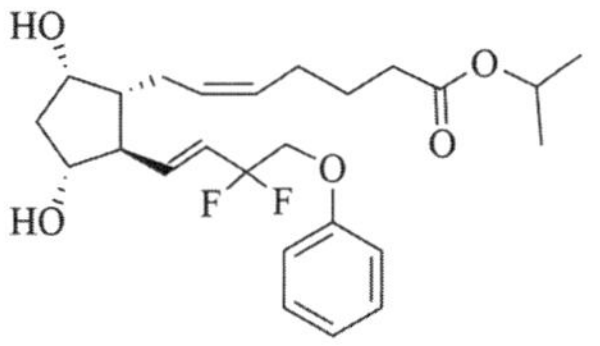　　　　　　　他氟前列腺素 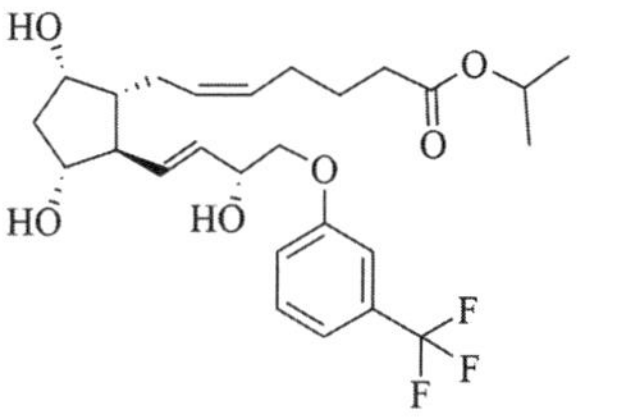　　　　　　　曲伏前列腺素

　　青光眼是一种常见眼疾，高眼压是青光眼发病的主要风险因素之一，因此治疗青光眼通常从降低眼压着手，以防视神经损伤并维持视力。众多的临床研究证实，该类降眼压药物具有良好的降眼压疗效、眼部耐受性和依从性，是唯一降压幅度超过 25% 且可达 30% 以上的眼局部降眼压药物。PGAs 通过促进房水外流而降低眼压，并且与巩膜表面静脉压的高低无关、与体位无关，因此该途径又称非压力依赖途径。

　　（2）动脉高压（PAH）治疗药：依前列醇（epoprostenol，1995）、曲伏前列腺素（treprostinil，2002）、伊洛前列素（iloprost，2004）。

　　依前列醇、曲伏前列素、伊洛前列素分别为 1995 年、2002 年和 2004 年批准上市的治疗原发性肺动脉高血压的前列腺素类药，具有抗血小板和舒张血管作用，可防止血栓形成。

　　（3）胃溃疡、十二指肠溃疡等治疗药：米索前列醇（misoprostol，1988）、地诺前列素（dinoprost，1992）。

　　（4）抗早孕、引产药物：卡前列素（carboprost，1982）、地诺前列酮（dinoprostone，1982）。

　　（5）血管治疗药：前列地尔（alprostadil，1995）。前列地尔具有明显的扩张血管、抑制血小板聚集、增强红细胞变形能力等作用。

　　（6）便秘治疗药：鲁比前列酮（1ubiprostone，2006）。鲁比前列酮是美国 FDA 批准治疗便秘的首个上市化学合成药。迄今为止，它也是唯一获准在瑞士治疗长期慢性特发性便秘的一种处方药。与其他缓泻剂相比，其不仅具有很好的便秘治疗效果，而且长期应用耐药性发生率低，同时还具有剂量小的优点。它为一局限性氯离子通道激活剂，可选择性活化位于胃肠道上皮尖端管腔细胞膜上的 II 型氯离子通道（ClC-II），增加肠液的分泌和肠道的运动性，从而增加排便，减轻慢性特发性便秘的症状，且不改变血浆中 Na^+ 和 K^+ 的浓度。

◎ **思考题**

1. 前列腺素的结构类型主要有哪几类？其中 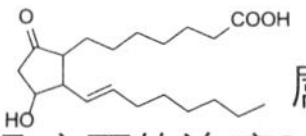 属于哪种类型？

2. 目前上市的前列腺素类药物主要集中于哪几方面的治疗？

3. 根据前列腺素的性质，设计从柳珊瑚 *Plexaura homomalla* 中分离纯化 PGA2。

4. NMR 中如何确定前列腺素类化合物中双键的数目和构型？

◎ 进一步文献阅读

1. Gerwick W H. 1993. Carbocyclic oxylipins of marine origin[J]. Chem Rev, 93: 1807-1823.

2. Harikrishna M, Mohan H R, Dubey P K, et al. 2009. Synthesis of 2-normisoprostol, methyl-6-(3-hydroxy-2-((E)-4-hydroxy-4-methyloct-1-enyl)-5-oxocyclopentyl) hexanoate[J]. Synth Commun, 39(15): 2763-2775.

3. Nair S K, Henegar K E. 2010. Latanoprost(Xalatan): a prostanoid FP agonist for glaucoma[M]. New Jersey: John Wiley & Sons, 329-338.

4. Ramwell P W, Shaw J E, Clarke G B, et al. 1971. Chem. Fats Lipids[M]. Seven Part Prostaglandins, 231-273.

◎ 参考文献

[1]   Weinheimer A J, Spraggins R L. 1969. The occurrence of two new prostaglandin derivatives (15-epi-PGA$_2$ and its acetate, methyl ester) in the gorgonian *Plexaura homomalla* chemistry of coelenterates. XV[J]. Tetrahedron Lett, 59: 5185-5188.

[2]   Bergstorm S, Sjovall J. 1957. The isolation of prostaglandins[J]. Acta Chem. Scand. 11: 1086-1087.

[3]   Schneider W P, Bundy G L, Lincoln F H, et al. 1977. Isolation and chemical conversions of prostaglandins from *Plexaura homomalla*: preparation of prostaglandin E$_2$, prostaglandin F$_{2\alpha}$, and their 5,6-trans isomers[J]. J Am Chem Soc, 99: 1222-1232.

[4]   Carmely S, Kashman Y. 1980. New prostaglandin (PGF) derivatives from the soft coral *Lobophyton Depressum*[J]. Tetrahedron Lett, 21: 875-878.

[5]   Coll J C. 1992. The chemistry and chemical ecology of octocorals (Coelenterata, Anthozoa, Octocorallia) [J]. Chem Rev, 92: 613-631.

[6]   Watanabe K, Sekine M, Takahashi H, et al. 2001. New halogenated marine prostanoids with cytotoxic activity from the Okinawan soft coral *Clavularia viridis*[J]. J Nat Prod, 64: 1421-1425.

[7]   Iwashima M, Okamoto K, Konno F, et al. 1999. New marine prostanoids from the Okinawan soft coral, *Clavularia viridis*[J]. J Nat Prod, 62: 352-354.

[8]   Iguchi K, Kaneta S, Mori K, et al. 1985. Chlorovulones, new halogenated marine prostanoids with antitumor activity from the stolonifer *Clavularia_viridis* Quoy and Gaimard[J]. Tetrahedron Letters, 26(47): 5787-5790.

[9]   Iwashima M, Okamoto K, Iguchi K, et al. 1999. A new type of marine oxylipins with growth-inhibitory activity from the Okinawan soft coral, *Clavularia viridis*[J].Tetrahedron Letters, 40: 6455-6459.

[10]   Kikuchi H, Tsukitani Y. 1983. Absolute stereochemistry of new prostanoids clavulone I, II and III from *Clavularis viridis* Quoy and Gaimard[J]. Tetrahedron Letters, 24(14): 1549-1552.

[11]   Kikuchi H, Tsukitani Y.1982. Chlorovulones, new type of prostanoids from the stolonifer *Clavularia viridis* Quoy and Gaimard [J].Tetrahedron Letters, 23(49): 5171-5174.

[12]   刘志煜. 朱丽中. 蔡祖恽. 1975. 前列腺素 [M]. 上海：上海人民出版社.

[13]   Vane F, Horning M G. 1969. Separation and characterization of the prostaglandins by gas chromatography

and mass spectrometry[J].Anal Lett, 2(7): 357-371.

[14] Van Dorp D A, Beerthuis R K, Nugteren D H, et al. 1964. The biosynthesis of prostaglandins[J]. Biochim Biophys Acta, 90: 204-207.

[15] Bergstrom S, Danielsson H, Samuelsson B. 1964. The enzymatic formation of prostaglandin E_2 from arachidonic acid prostaglandins and related factors 32[J]. Biochim Biophys Acta, 90: 207-210.

[16] Daniels E G, Pike J E. 1968. Prostaglandin symposium of the Worcester foundation for Exp. Biol. Ramwell P W, Shaw J E (ed.). Interscience, New York, 379-387.

[17] 葛渊源, 蔡正艳, 周伟澄 .2013. 前列腺素类药物全合成的研究进展 [J]. 中国医药工业杂志, 44 (7): 720-728.

[18] 克莱伯 . 1982. 天然和改良的前列腺素合成 [J]. 吴向荣, 译 . 生殖与避孕, 2 (3): 8-14.

[19] 文耀智 . 2000. 前列腺素合成研究的进展 [J]. 合成化学, 8(5): 404-409.

[20] Ramwell P W, Shaw J, Clarke G B, et al. 1971. Chem. Fats Lipids[M]. Seven part Prostaglandins, 231-273.

[21] 戴媛媛, 陈雪苗, 崔亚娇, 等 . 2017. 前列腺素的血管活性及其与心血管疾病的关系 [J]. 药学研究, 36(1): 40-43, 47.

[22] 孙兰芳, 于玉伟 . 1990. 前列腺素的生物活性和药理作用 [J]. 佳木斯医学院学报, 13(1): 68-71.

[23] 陈玉军 . 2011. 前列地尔的作用机制以及临床应用进展 [J]. 黑龙江医药, 24(3): 449-450.

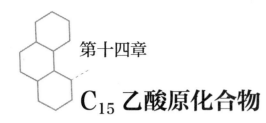

第十四章

C₁₅ 乙酸原化合物

视频讲解与
教学课件

◎ **学习目标**

1. 掌握 C₁₅ 乙酸原化合物的结构特征及分类。

2. 掌握 C₁₅ 乙酸原化合物的理化性质及常用提取分离方法。

3. 掌握 C₁₅ 乙酸原化合物的紫外光谱、红外光谱、质谱与核磁共振波谱特征。

4. 熟悉常见 C₁₅ 乙酸原化合物的名称及结构。

5. 了解 C₁₅ 乙酸原化合物的生物活性及在天然药物研究开发中的应用。

1965 年 从 红 藻（*Laurencia glandulifera*）中 获 得 了 第 一 个 C₁₅ 乙 酸 原 化 合 物
（laurencin）。自此至今，经过 50 余年的研究，从红藻中发现 200 余个此类化合物。C₁₅
乙酸原化合物是凹顶藻属（*Laurencia*）红藻的标志性代谢产物，也是凹顶藻属红藻在化
学分类学上的重要依据。这些化合物具有显著的抗菌、杀虫、细胞毒等生物活性。

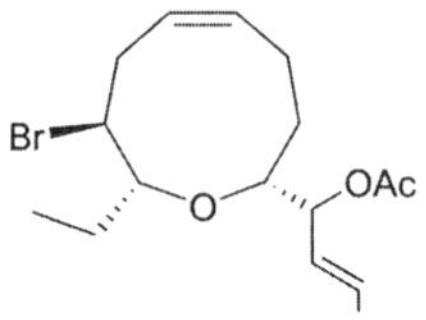

laurencin

乙酸原化合物（acetogenin）是指从乙酸或乙酰辅酶 A 生物合成而来的化合物。
C₁₅ 乙酸原化合物是指含有 15 个碳原子的乙酸原化合物，主要存在于海洋凹顶藻属
（*Laurencia*）红藻中。[1] 其结构中含有 15 个碳原子、多个双键或者三键、氧原子，以链
状或环氧形式存在，多数为卤化结构、多个双键或烯炔共轭系统，特别是含有溴原子和
（或）氯原子，是区别于陆地生物中该类化合物的最大特征。

第一节 概　述

C_{15}乙酸原化合物是来自乙酸或乙酰辅酶A途径的次级代谢产物，长期以来一直被认为是凹顶藻属（*Laurencia*）红藻的特性成分。来自红藻类的C_{15}乙酸原化合物不同于其他植物来源的C_{15}乙酸原化合物，红藻类来源的C_{15}乙酸原化合物通常以链状或环氧（多数为八元环）形式存在，多数为卤化结构，含有多个双键或烯炔共轭系统。1965年从凹顶藻属藻（*L. glandulifera*）中分离获得第一个C_{15}乙酸原化合物（laurencin），距今已有50余年。[2] 随着提取分离和结构鉴定技术的发展，目前，从凹顶藻属红藻中得到了200多个C_{15}乙酸原化合物，有一些结构非常新颖。这些化合物主要发现于中国、日本、澳大利亚、印度洋等海域所产的红藻，在中国主要来源于渤海、南海等海域采集的凹顶藻属红藻。[3] 由于它们结构独特，以含有卤素、环氧化和多个手性中心为特点，一直是合成化学家们挑战的领域，也取得很多的重要突破。随着合成生物学的快速发展，参与这一类化合物卤化、全合成的酶以及反应过程，将是未来关注的新热点。

第二节 C₁₅乙酸原化合物的结构与分类

C_{15}乙酸原类化合物的母核结构中含有15个碳原子。[4] 根据结构是否成环以及环的大小，分为直链化合物（*trans*-laurediol）、环氧化合物、碳环型化合物（*cis*-maneonene B）和其他类似乙酸原化合物。[5] 环氧化合物根据环的大小可分为五元环氧化合物（9-acetoxy-6,13-dichloro-7：10-epoxypentadeca-3,11-dien-1-yne）、六元环氧化合物（bisezakyne B）、七元环氧化合物（isoprelaurefucin）、八元环氧化合物（10-acetoxy-6-chloro-9,12-dibromo-lauthisa-3-en-1-yne）、九元环氧化合物（4-epi-isolaurallene）、十到十三元环氧化合物（brasilenyne 和 chondrioallene）。

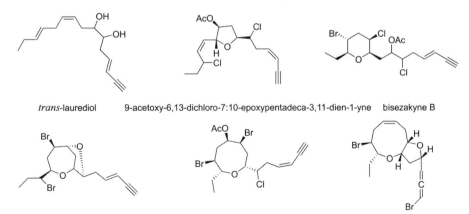

trans-laurediol　　9-acetoxy-6,13-dichloro-7:10-epoxypentadeca-3,11-dien-1-yne　　bisezakyne B

isoprelaurefucin　　10-acetoxy-6-chloro-9,12-dibromo-lauthisa-3-en-1-yne　　4-epi-isolaurallene

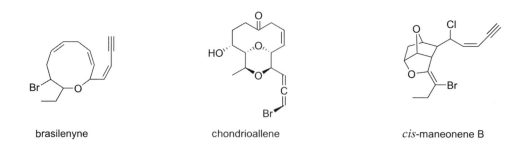

brasilenyne   chondrioallene   *cis*-maneonene B

一、直链化合物

直链 C₁₅ 乙酸原化合物常常含有双键、三键、羟基、卤素等取代基，根据是否有卤素取代分为卤素取代和非卤素取代两种类型。目前，共得到 8 个非卤素取代的直链 C₁₅ 乙酸原化合物，结构中多含有双键、三键和羟基，双键则多为顺式构型。直链 C₁₅ 乙酸原化合物脂溶性强，而羟基的引入会增加它们的极性。例如 (3E,9Z,12E)-6R,7R-dihydroxy-pentadeca-3,9,12-trien-1-yne 和 (3Z,9Z,12E)-6R,7R-dihydroxy-pentadeca-3,9,12-trien-1-yne 是 laurencenye 和 neolaurencenye 的前体，laurencenye 和 *trans*-laurencenye 以及 neolaurencenye 和 *trans*-neolaurencenye 分别互为对映体，区别在于双键 Δ³ 的构型不同。

(3E, 9Z, 12E)-6R,7R-dihydroxy-pentadeca-3,9,12-trien-1-yne
(3Z, 9Z, 12E)-6R,7R-dihydroxy-pentadeca-3,9,12-trien-1-yne

laurencenye
trans-laurencenye

(3E,6Z,12E)-pentadcea-3,6,9,12,14-pentaen-1-yne
(3Z,6Z,12E)-pentadcea-3,6,9,12,14-pentaen-1-yne

neolaurencenye
trans-neolaurencenye

含卤素取代的直链 C₁₅ 乙酸原化合物，其结构中往往含有一个或多个双键、三键基团。除此之外，结构中 C-7 位往往含有一个氯原子，C-6 位多被含氧基团（羟基、氧乙酰基）取代，而且结构中双键的构型多为顺式。也有一些化合物比较独特，例如化合物 (3Z,9Z,12E)-7-acetoxy-6-chloropentadeca-3,9,12-trien-1-yne 的氯原子取代在 C-6 位。

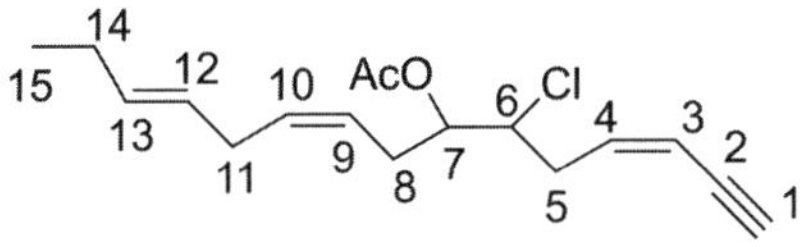

(3Z,9Z,12E)-7-acetoxy-6-chloropentadeca-3,9,12-trien-1-yne

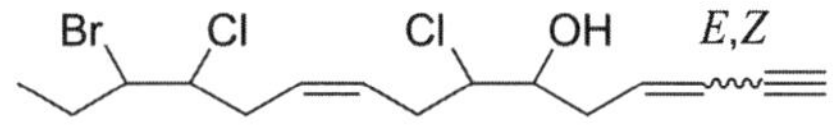

Z-adrienyne
E-adrienyne

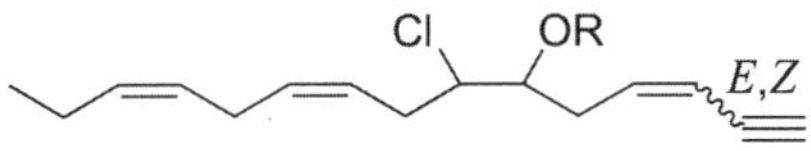

(3Z,9Z,12Z)-6R-hydroxy-7R-chloro-pentadeca-3,9,12-triene-1-yne：R=H
(3Z,9Z,12Z)-6R-acetoxy-7R-chloro-pentadeca-3,9,12-triene-1-yne：R=OAc
(3E,9Z,12Z)-6R-hydroxy-7R-chloro-pentadeca-3,9,12-triene-1-yne：R=H
(3E,9Z,12Z)-6R-acetoxy-7R-chloro-pentadeca-3,9,12-triene-1-yne：R=OAc

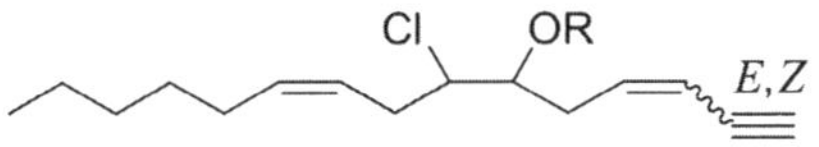

(3Z,9Z)-6R-hydroxy-7R-chloro-pentadeca-3,9-diene-1-yne：R=H
(3Z,9Z)-6R-acetoxy-7R-chloro-pentadeca-3,9-diene-1-yne：R=OAc
(3E,9Z)-6R-hydroxy-7R-chloro-pentadeca-3,9-diene-1-yne：R=H
(3E,9Z)-6R-acetoxy-7R-chloro-pentadeca-3,9-diene-1-yne：R=OAc

二、环氧化合物

（一）五元环氧化合物

五元环氧化合物是指结构中含有一个或者两个五元环的 C₁₅乙酸原化合物，结构中往往含有溴原子和（或）氯原子以及羟基、乙酰基等。根据五元环的数目，分为单四氢呋喃和双四氢呋喃 C₁₅乙酸原化合物。在双四氢呋喃 C₁₅乙酸原化合物中，有的两个四氢呋喃环彼此分开，如化合物 laureoxolane 等；有的两个四氢呋喃环骈合在一起，如化合物 obtusin、laurenidificin 等。

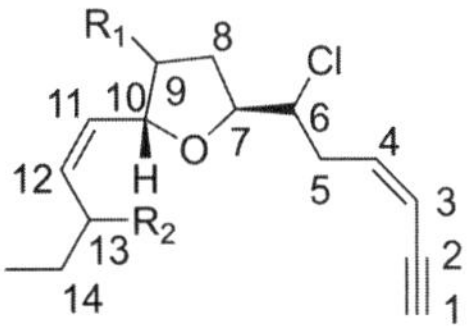

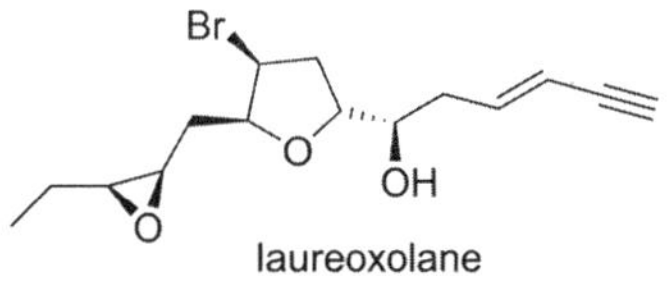

laureoxolane

9-acetoxy-6,13-dichloro-7:10-epoxypentadeca-3,11-dien-1-yne
9,13-dihydroxy-6-chloro-7:10-epoxypentadeca-3,11-dien-1-yne
6-chloro-9,13-dibromo-7:10-epoxypentadeca-3,11-dien-1-yne
13-methoxy-6-chloro-9-bromo-7:10-epoxypentadeca-3,11-dien-1-yne

R₁=OAc, R₂=Cl
R₁=OH, R₂=OH
R₁=Br, R₂=Br
R₁=Br, R₂=OCH₃

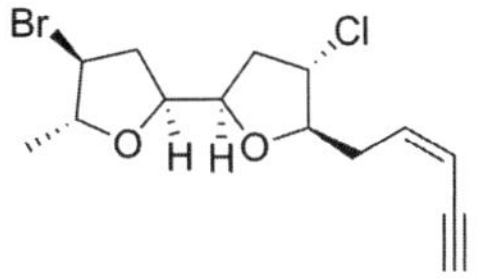

laurendecumenyne B

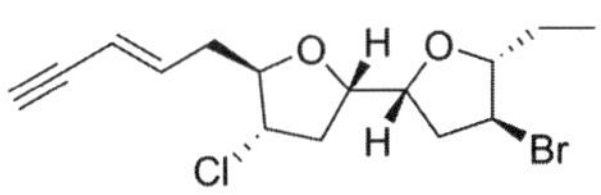

notoryne

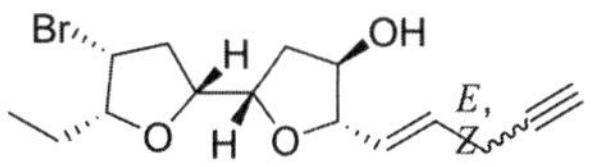

laurefurenynes A, B

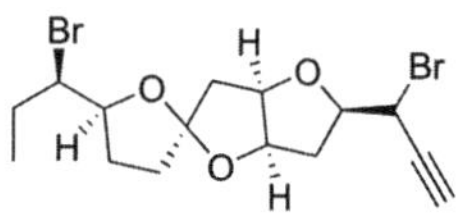

obtusin

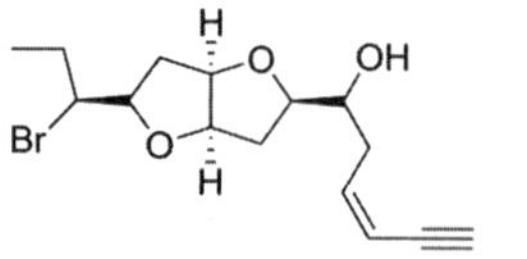

laurenidificin

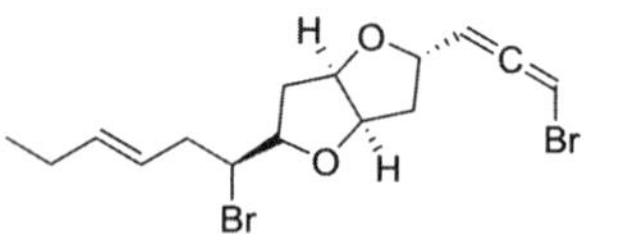

2,6-dioxabicyclo[3.3.0]octane kumausallene

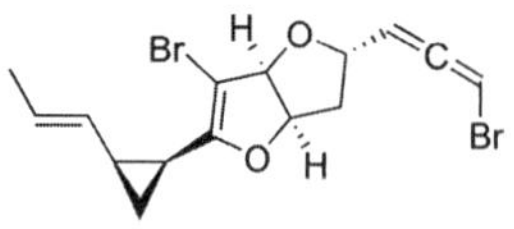

deoxykamurallene

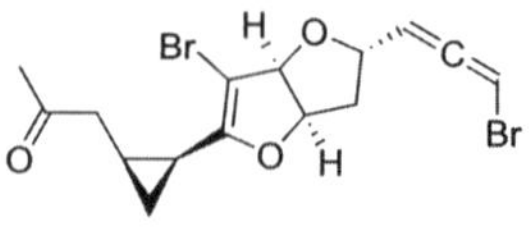

isokamurallene

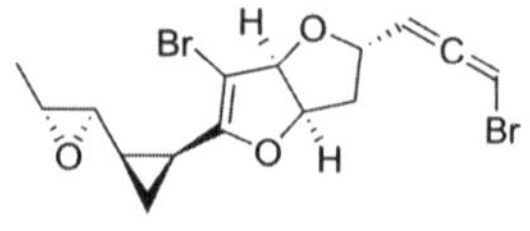

okamurallene

（二）六元环氧化合物

六元环氧化合物是指结构中含有一个或两个六元环的 C_{15} 乙酸原化合物。结构以一个四氢吡喃环、一个四氢吡喃环与一个四氢呋喃环骈合、两个四氢吡喃环骈合在一起等方式存在，如化合物 bisezakyne B、japonenyne A 和 elatenyne。

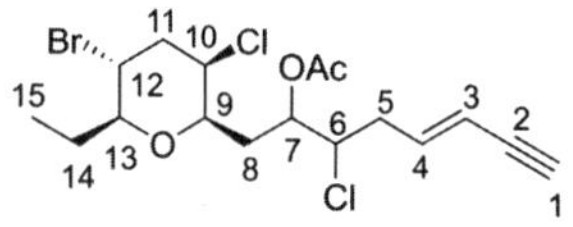

bisezakyne B

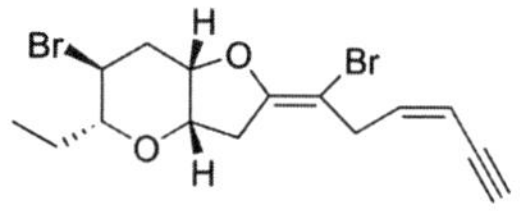

japonenyne A

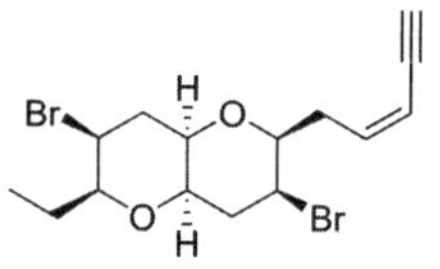

elatenyne

（三）七元环氧化合物

七元环氧化合物是指结构中含有一个七元含氧环的 C_{15} 乙酸原化合物，有的结构中含有 6,9 - 环氧戊烷片段，如化合物 isoprelaurefucin 等。

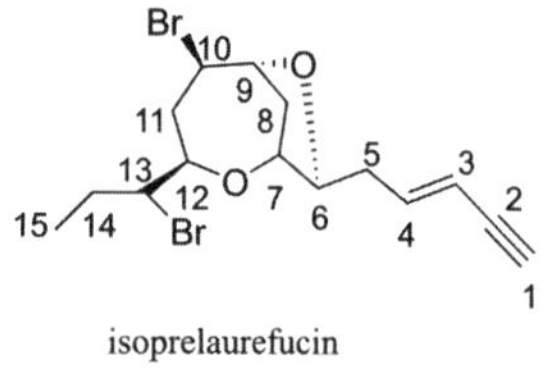

isoprelaurefucin

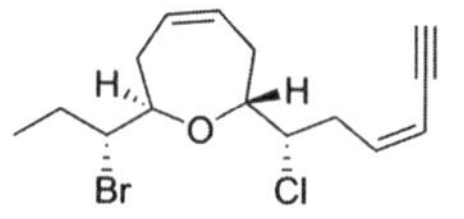

rogioloxepane A

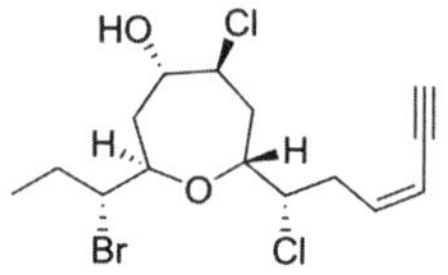

rogioloxepane C

（四）八元环氧化合物

八元环氧化合物是指结构中含有一个八元环的 C_{15} 乙酸原化合物。这类化合物是 C_{15} 乙酸原化合物中最多的一类。如结构中只含有一个八元环的 C_{15} 乙酸原化合物 pinnafidine、13-epilaurencienyne（3Z）等，八元环上含有一个 6,7 - 环氧戊烷 larallene，或者含有一个 6,9 - 环氧戊烷（3-E-chlorofucin）等。

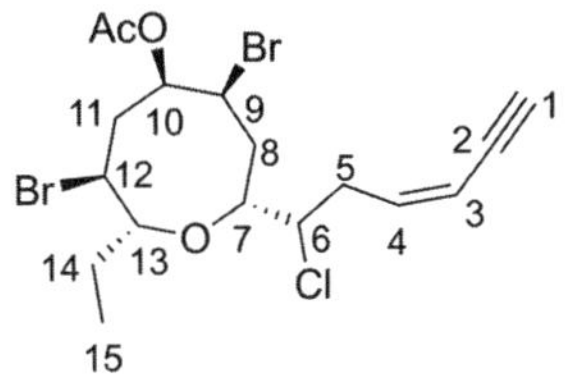

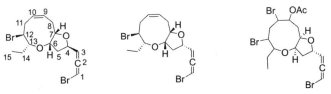

10-acetoxy-6-chloro-9,12-dibromo-lauthisa-3-en-1-yne

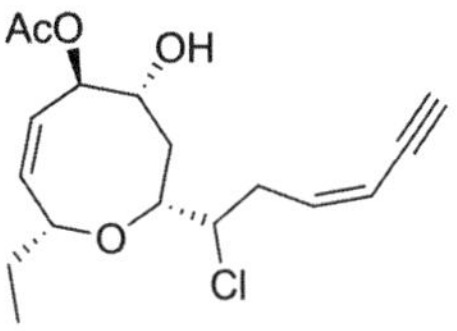

10-acetoxy-9-hydroxy-6-chlorolauthisa-3,11-dien-1-yne

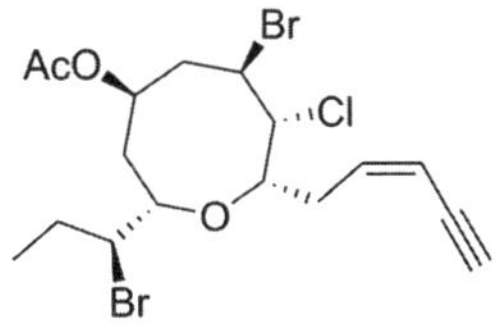

pinnatifidine

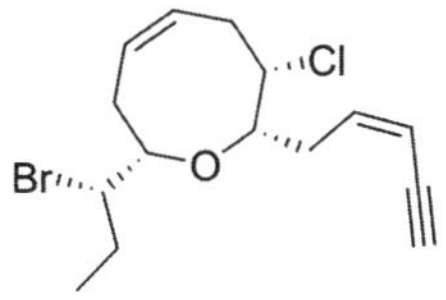

cis-pinnatifidenyne

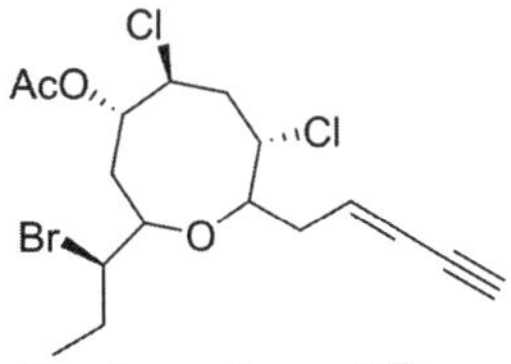

13-epilaurencienyne (3*Z*)

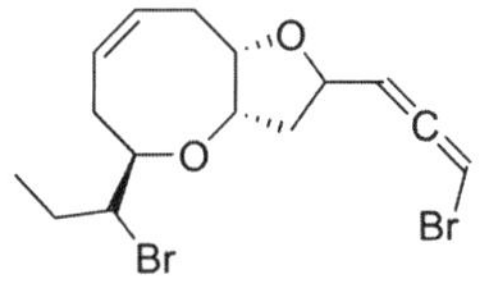

larallene

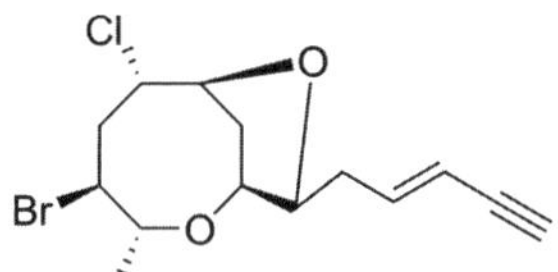

3-*E*-chlorofucin

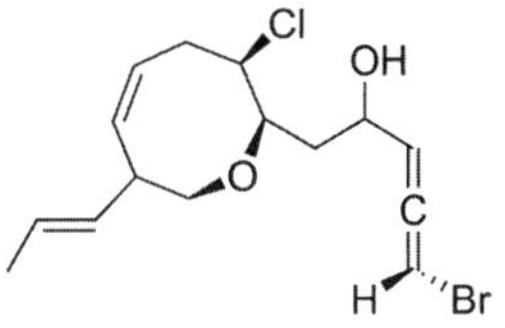

marilzallene

（五）九元环氧化合物

九元环氧化合物是指结构中含有一个九元环的 C₁₅ 乙酸原化合物，以九元环骈合四氢呋喃环（二氧杂双环 [7.3.0] 十二烯骨架）的结构最为常见。目前，从红藻中共分离得到 9 个此类化合物，其结构独特，是常见的 C₁₅ 乙酸原化合物之一。Isolaurallene（4-epi-isolaurallene）是 1982 年从北海道采集的红藻（*L. nipponica*）中获得的第一个含有二氧杂双环 [7.3.0] 十二烯骨架的 C₁₅ 乙酸原化合物。1984 年从北海道采集的红藻（*L. okamurai*）中分离得到了第二个含有二氧杂双环 [7.3.0] 十二烯骨架的 C₁₅ 乙酸原化合物（neolaurallene）。

1989 年，从汤斯维尔磁岛采集的红藻（*L. intricata*）中分离得到一个含有二氧杂双环 [7.3.0] 十二烯的 C₁₅ 乙酸原化合物 9-acetoxy-1,10,12-tribromo-4,7 : 6,13-bisepoxypentadeca-1,2-diene，通过波谱学方法确定了相对构型。该化合物的双键 Δ⁹ 被氧化且 9 位连接乙酰基，10 位连接溴原子。

2002 年，从日本冲绳岛采集的红藻（*L. intricata*）中又获得一个含有二氧杂双环 [7.3.0] 十二烯的 C₁₅ 乙酸原化合物 itomanallene A。

4-epi-isolaurallene

neolaurallene

9-acetoxy-1,10,12-tribromo-4,7:6,13-bisepoxypentadeca-1,2-diene

2007 年，从中国涠洲岛采集的红藻（*L. decumbens*）中分离得到两个此类化合物 laurendecumallenes A 和 B。这两个化合物的 Δ⁹ 双键发生氧化，分别连接一个羟基。laurendecumallene B 结构中溴原子连接在了 C-14 位。

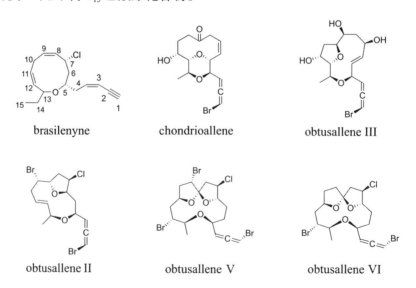

itomanallene A   laurendecumallene A   laurendecumallene B

2017 年，从马来西亚产红藻（*L. nangii*）中分离得到了 C-9 和 C-10 形成环氧的独特结构 nangallene A。2020 年，从马来西亚采集的红藻（*L. nangii*）中分离得到了互为差向异构体的两个化合物（4-epi-isolaurallene 和 4-epi-itomanallene A）。

nangallene A   4-epi-isolaurallene   4-epi-itomanallene A

（六）十到十三元环氧化合物

十到十三元环氧化合物是指结构中含有一个十元环、十二元环或十三元环的 C_{15} 乙酸原化合物，如十元环氧 C_{15} 乙酸原化合物（brasilenyne）、十二元环氧 C_{15} 乙酸原化合物（chondroallene、obtusallenes II 和 III）及十三元环氧 C_{15} 乙酸原化合物（obtusallenes V 和 VI）。从红藻中获得的十二元环 C_{15} 乙酸原化合物相对多一些，其他相对较少，迄今尚未发现十一元环氧 C_{15} 乙酸原化合物。

brasilenyne   chondrioallene   obtusallene III

obtusallene II   obtusallene V   obtusallene VI

三、碳环型化合物

碳环型化合物是 C_{15} 乙酸原类化合物中结构最特别的一类。根据结构可分为 maneonenes 型（*cis*-maneonene A、*cis*-maneonene B 和 *trans*-maneonene A）和 isomaneonenes 型（*iso*-maneonenes A 和 B）。maneonenes 型化合物结构中含有一个六元碳环，而 isomaneonenes 型化合物含有一个五元碳环。从海兔 *Aplysia brasiliana* 中获得一个具有苯环的化合物 panacene。

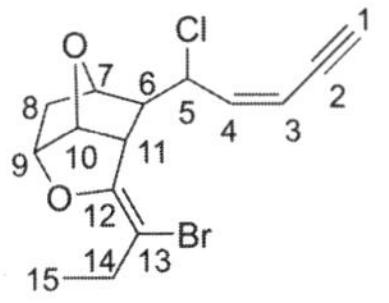

cis-maneonene A 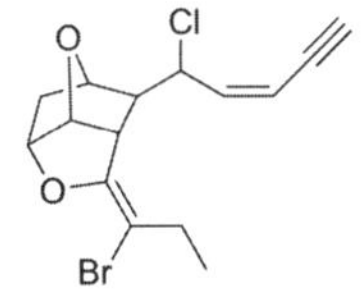   *cis*-maneonene B 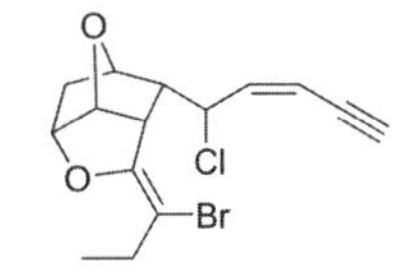   *trans*-maneonene A

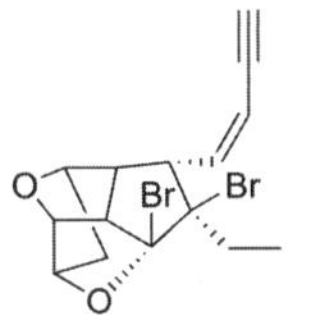

iso-maneonene A 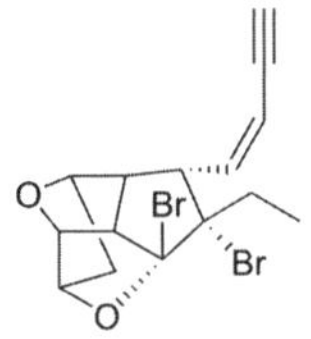   *iso*-maneonene B 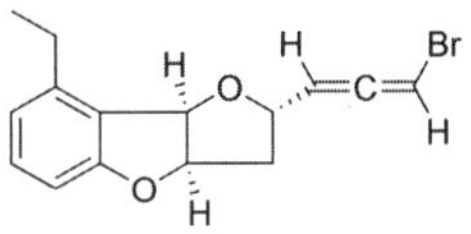   panacene

四、其他类似乙酸原化合物

从海洋生物中得到的一些化合物，结构中含有类似乙烯或者乙炔结构，成环或者直链，这些化合物的生源途径与 C_{15} 乙酸原化合物相同。例如从海绵（*Xestopomgia muta*）中分离得到的第一个炔酸 14,16-dibromo-hexadeca-7,13,15-trien-5-ynoic acid，属于十六碳的直链溴代不饱和酸。从海绵（*Xestopomgia testudinaria*）中分离得到的溴代二炔酸 18-bromooctadeca-9(*E*), 17(*E*)-dien-7, 15-diynoic acid 也属于乙酸原类似化合物。

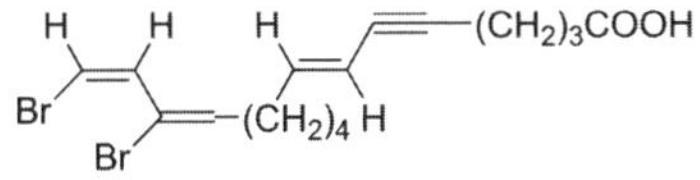

14,16-dibromo-hexadeca-7,13,15-trien-5-ynoic acid 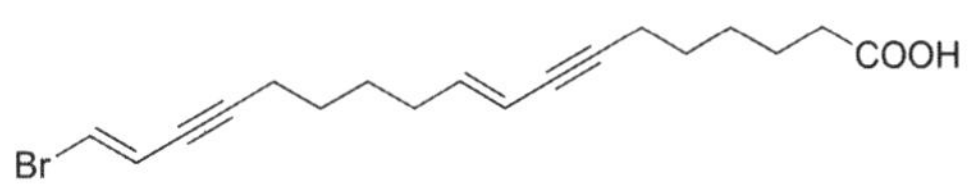   18-bromooctadeca-9(*E*), 17(*E*)-dien-7, 15-diynoic acid

第三节　C₁₅ 乙酸原化合物的理化性质

一、性状

C_{15} 乙酸原化合物在常温下多数为无色油状，有的呈淡黄色。由于其结构中含有多个双键或者三键，在空气中容易被氧化、不稳定，久置会发生变化，颜色也随之发生改变。

二、溶解性

多数 C_{15} 乙酸原化合物易溶于有机溶剂，如乙醚、氯仿、乙酸乙酯、乙醇等，难溶于水。

第四节　C₁₅乙酸原化合物的提取分离

一、分离

C₁₅乙酸原化合物一般极性较小，常用有机溶剂提取法进行提取，如用石油醚、二氯甲烷、三氯甲烷、乙酸乙酯或者二氯甲烷/甲醇（1∶1，v/v）混合溶剂进行提取。如将红藻干燥后，用乙酸乙酯等小极性有机溶剂进行提取，再将提取液浓缩。

二、提取

通常采用有机溶剂分离法，若红藻采集量比较少（1 kg及以内），处理后的红藻采用石油醚、二氯甲烷、乙酸乙酯或者二氯甲烷/甲醇（1∶1，v/v）混合溶剂进行提取，得到提取物后经凝胶柱色谱Sephadex LH-20进行分离，得到不同的馏分。由于C₁₅乙酸原化合物的极性都较小，多数采用正相硅胶柱色谱或者制备薄层色谱进行进一步分离纯化。

例14-1　冈村凹顶藻（*Laurencia okamurai*）为凹顶藻属红藻。冈村凹顶藻中C₁₅乙酸原化合物最为常见且以卤代著称。采自海南南澳岛的冈村凹顶藻（1.1 kg）经干燥粉碎后，采用氯仿/甲醇（1∶1，v/v）的混合溶剂在50 ℃下热提4次，每次2 h，将提取液合并后低温减压浓缩得到浸膏。浸膏悬浮于蒸馏水中，用乙酸乙酯萃取，得到乙酸乙酯萃取物28 g。乙酸乙酯萃取物干法上样，进行正相硅胶分离，采用石油醚-乙酸乙酯（100∶0~0∶100，v/v）梯度洗脱，得到10个组分 I~X。组分 VIII 经硅胶柱色谱（石油醚-丙酮=300∶1，v/v）得到三个组分 VIIIa~VIIIc。其中 VIIIb 经硅胶柱色谱（石油醚-氯仿-丙酮=50∶10∶1）分离纯化得到三个组分 VIIIb①~VIIIb③。其中 VIIIb①经薄层柱色谱分离，氯仿洗脱，得到化合物 neolaurallene，VIIIb②经制备薄层色谱（氯仿-甲醇=1∶1）展开3次，得到化合物 3Z-laureatin[6]。

neolaurallene　　　　　　　　3Z-laureatin

三、化学合成

对直链和不同环氧化 C₁₅乙酸原化合物的合成已成功实现（图14-1）。区域选择性和立体选择性环化法以及分子内烯丙基化反应是合成此类化合物的常用方法。如 Fujiwara 等以糖的衍生物为起始物，完成了对（+）-laurencin 的全合成。同时，通过区域环化和醚合成反应相结合，可有效合成中等大小的环醚结构。Crimmins 等利用不对称环氧化反应、不对称羧乙酸盐烷基化反应、布朗不对称烯丙基化反应和闭环反应合成了（+）-obtusenyne[7]。

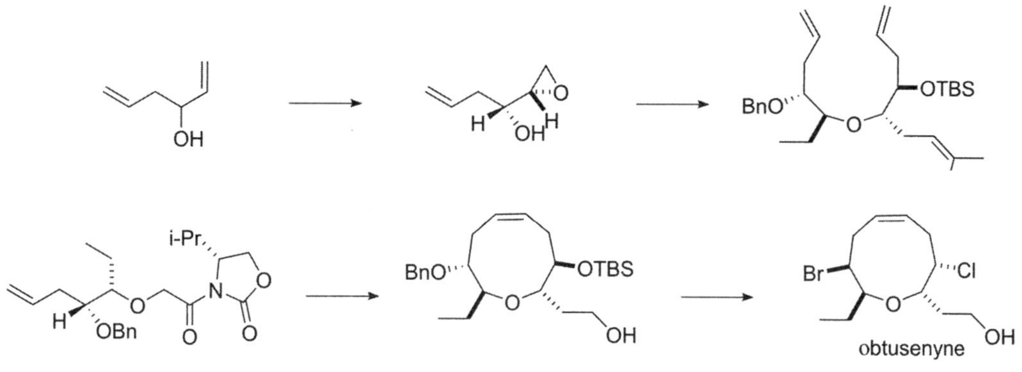

图 14-1　（＋）-obtusenyne 的合成 [7]

第五节　C₁₅ 乙酸原化合物的波谱学特征

一、紫外光谱

C₁₅ 乙酸原化合物在紫外区主要为末端吸收（210 nm 左右），有的存在共轭系统吸收会发生红移（240 nm 左右）。

二、红外光谱

红外光谱能够鉴别 C₁₅ 乙酸原化合物及分析其结构中是否存在羟基、顺 / 反式双键等官能团。C₁₅ 乙酸原化合物通常在高波数区域（3293 cm⁻¹、2326 cm⁻¹）有末端炔烃信号。

三、核磁共振波谱

（一）¹H-NMR

C₁₅ 乙酸原化合物的核磁共振特点较多，可以用来作为鉴别的依据。如核磁共振氢谱中给出的甲基信号、双键信号、炔烃信号，特别是连有卤素碳上的氢信号，可为此类化合物的鉴定提供依据（表 14-1）。

（二）¹³C-NMR

C₁₅ 乙酸原化合物的结构中往往含有甲基、羟基、双键、末端三键、环醚、卤代等，这些基团的化学位移容易辨识，是鉴定此类化合物的有力证据（表 14-1）。

表 14-1　C₁₅ 乙酸原化合物的典型基团核磁共振信号

典型基团	¹H 化学位移 /ppm	¹³C 化学位移 /ppm
—CH₃	0.9~1.5	10~30
=C—CH₃	1.5~2.0	
=CH₂	5.0~6.0	100~110
=CH—	5.0~6.0	120~130

续表

典型基团	^1H 化学位移 /ppm	^{13}C 化学位移 /ppm
Br =C—		120~140
—CH—O	4.0	70~75
—CH—Cl	4.0	65~70
—CH—Br	4.0	60~65
—C=C—=CH H H	双键：5.0~6.0 三键：2.9~3.1	顺式 140，110，80，81 反式 140，110，80，87
—CH=C=CH—Br	5.5，6.0	100，200，74
H O⟍C—	2.9~3.1	55~65
等环醚 CH-O-CH 基团	3.5~5.0	70~90

四、质谱

由于 C_{15} 乙酸原化合物中多数都含有卤素（溴原子、氯原子），因此在质谱中会出现同位素的离子峰。如从红藻（*L. viridis*）中分离得到的 C_{15} 乙酸原化合物 (3R,4S)-epoxy-pinnatifidenyne 的高分辨质谱（图 14-2），在 *m/z* 369.0227、371.0216 和 373.0201 给出三个离子峰，比例为 76：100：24，根据这个质谱信息，可以判定结构中存在一个溴原子和一个氯原子[8]。

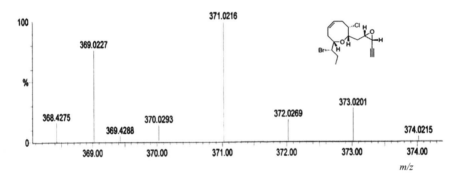

图 14-2　乙酸原化合物 (3R,4S)-epoxy-pinnatifidenyne 的高分辨质谱[8]

第六节　C_{15} 乙酸原化合物的生物活性

一、抗菌

C_{15} 乙酸原化合物最典型的生物活性为抗菌，其可以对多种细菌具有抑制作用，包括青紫色素杆菌、大肠杆菌、枯草芽孢杆菌、*Clostridum cellobioparum*、肠炎沙门氏菌等。

二、拒食杀虫

拒食杀虫剂是一种间接杀虫剂，是指能使昆虫接触后丧失饲食能力，直至饿死，而非直接将其毒杀的化合物。一些 C_{15} 乙酸原化合物具有拒食杀虫活性。从沙特洪海沿岸凹顶藻（ *L. papillosa* ）中发现一个新单溴取代的 C_{15} 乙酸原化合物（12*E* ）-*cis*-maneonene-E，它对面粉甲虫（ *Tribolium confusmum* ）幼虫和蚊子（ *culex pipiens* ）幼虫显示了非常好的杀虫效果，可以作为天然杀虫剂。

三、细胞毒

一些 C_{15} 乙酸原化合物具有细胞毒活性，如从沙特阿拉伯的 *L. obtusa* 中发现两种含有六氢呋喃并 [3,2-b] 呋喃基结构的 C_{15} 乙酸原化合物 isolaurenidificin 和 bromlaurenidificin，实验表明它们对 A549、HepG-2、HCT116、MCF-7 和 PC-3 细胞有较弱的细胞毒性，但对外周血嗜中性粒细胞具有较强的细胞毒活性。从科西嘉岛海岸线的 *L.obtuse* 中分离得到一个具有罕见五元氧环的 C_{15} 乙酸原化合物 sagonenyne，该化合物对人白血病单核细胞系具有细胞毒活性。

四、其他

一些 C_{15} 乙酸原化合物还具有蚂蚁毒活性，有些具有盐水虾毒活性等。

◎ **思考题**

1.C_{15} 乙酸原化合物主要有哪几类？其主要分布在哪些海洋生物中？

2.C_{15} 乙酸原化合物核磁共振波谱的典型特征有哪些？

3. 海兔中 C_{15} 乙酸原化合物的来源是什么？

◎ **进一步文献阅读**

1. Ishii T, Miyagi M, Shinjo Y, et al. 2020. Two new brominated C_{15}-acetogenins from the red alga *Laurencia japonensis*[J]. Natural Product Research, 34(19): 2787-2793.

2. Ji N Y, Li X M, Li K, et al. 2007. Diterpenes, sesquiterpenes, and a C_{15}-acetogenin from the marine red alga *Laurencia mariannensis*[J]. Journal of Natural Products, 70(12): 1901-1905.

3. Perdikaris S, Mangoni A, Grauso L, et al. 2019. Vagiallene, a rearranged C_{15} acetogenin from *Laurencia obtusa*[J]. Organic Letters, 21(9): 3183-3186.

4. Wanke T, Philippus A, Ztelli A, et al. 2015. C_{15} acetogenins from the *Laurencia* complex: 50 years of research-an overview[J]. Revista Brasileira de Farmacognosia, 25: 569-587.

◎ **参考文献**

[1] 裴月湖 . 2016. 天然药物化学 [M]. 7 版 . 北京 : 人民卫生出版社 .

[2] 匡海学 . 2017. 中药化学 [M]. 3 版 . 北京 : 中国中医药出版社 .

[3]　管华诗, 王曙光 . 2009. 海洋天然产物 [M]. 北京 : 化学工业出版社 .

[4]　迟玉森, 张付云 . 2019. 海洋生物活性物质 [M]. 北京 : 科学出版社 .

[5]　于广利, 谭仁祥 . 2016. 海洋天然产物与药物研究开发 [M]. 北京 : 科学出版社 .

[6]　梁毅 . 岗村凹顶藻中的倍半萜和 C_{15} 多聚乙酰类成分的研究 [M]. 中国科学院海洋研究所 , 2009.

[7]　Crimmins M T, Powell M T. 2003. Enantioselective total synthesis of (+)-Obtusenyne[J]. Journal of the American Chemical Society, 125(25): 7592-7595.

[8]　Morales-Amador A, Vera C, Márquez-Fernández O, et al. 2017. Pinnatifidenyne-derived ethynyl oxirane acetogenins from *Laurencia viridis*[J]. Marine drugs, 16: 5.

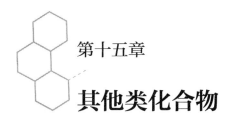

第十五章

其他类化合物

视频讲解与
教学课件

◎ 学习目标

1. 熟悉海洋天然产物中其他类化合物。

2. 熟悉海洋天然产物中含硫、炔类化合物的主要类型及生物活性。

3. 熟悉海洋天然产物中含氰及超级碳链的化合物。

4. 了解 psammaplin A 的分离提取、结构鉴定、活性、全合成及构效关系研究。

　　高牛磺酸（tramiprosate），类似于牛磺酸，相较于牛磺酸多一个亚甲基，是一种具有口服活性和可透过血脑屏障的天然氨基磺酸，存在于各种红色海藻中。tramiprosate 可以与可溶性 β 淀粉样蛋白（Aβ）结合，从而抵抗 Aβ 的异常沉积，保护纤维免受淀粉样蛋白水解。tramiprosate 还是一种 γ-氨基丁酸（GABA）类似物，具有神经保护、抗惊厥和抗高血压的作用。目前大量医学研究证实，阿尔茨海默病的典型病理特征为脑内的 Aβ 沉积。针对这一发病机理，众多研究机构和制药企业正试图开发出新药来减少脑内 Aβ 生产。Alzheon 公司的 ALZ-801 是一种小分子前体药物，是 tramiprosate 的左旋缬氨酸优化前体分子，可通过与 Aβ 结合来减少 Aβ 在脑内沉淀，从而改善阿尔茨海默病症状。相比较于 tramiprosate，ALZ-801 具有更好的耐受性和药代动力学特征。

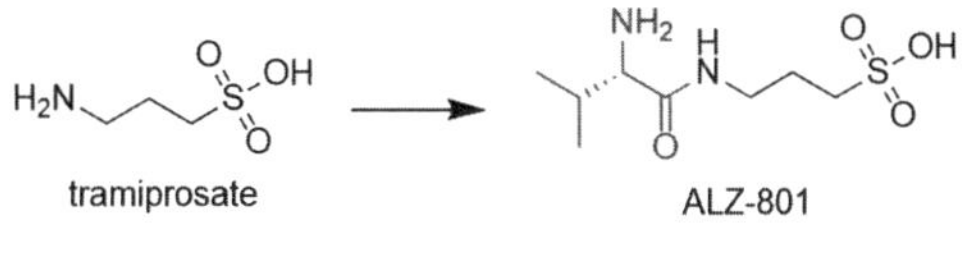

　　除了上述各章节所述的结构类型以外，海洋天然产物中还有一些其他类化合物，如含硫、炔类、含氰及超级碳链等化合物。生物活性研究也显示，部分化合物具有显著抗肿瘤、抗菌、抗疟和抗炎等活性。

第一节　含硫化合物

　　海洋来源的含硫次级代谢物是一类特殊而重要的天然产物。含硫化合物在很多海洋动植物中有着广泛的分布，如红树林植物、海绵、海鞘及海洋微生物等。含硫化合物包括二价硫化合物和高价硫化合物两大类，二价硫化合物主要有硫基、二硫醚、多硫醚和含 C＝S 键等类型，高价硫化合物主要有亚砜、砜和磺酸衍生物等类型[1-4]。其中二价硫化合物是被发现最多类型的化合物。

二价硫化合物的主要类型包括：

—SR	R-S-S-R	R-S$_x$-R ($x > 2$)	R-C-R (C=S)
硫基	硫基	硫基	C=S 键

高价硫化合物的主要类型包括：

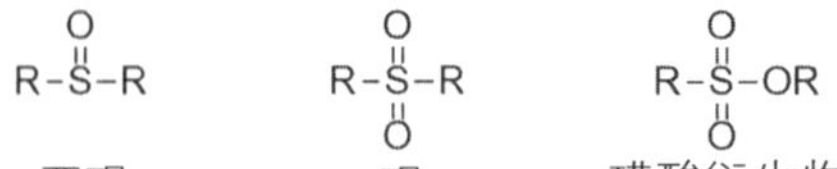

亚砜　　　　　砜　　　　磺酸衍生物

一、二价硫化合物

Molinski 等[5] 于 1989 年从斐济的被囊动物 *Lissoclinum vareau* 中分离得到两个含有硫甲基的吡啶并吖啶环衍生物 varamines A-B。这两个化合物均对小鼠白血病细胞 L1210 有细胞毒性，IC$_{50}$ 值分别为 0.03 和 0.05 μg/mL。Charyulu 等[6] 从被囊动物 *Diplosoma* sp. 中分离得到 diplamine。该化合物对小鼠白血病细胞 L1210 有抑制作用，其 IC$_{50}$ 值为 0.02 μg/mL，同时该化合物对大肠杆菌、金黄色葡萄球菌均有明显的抗菌活性。

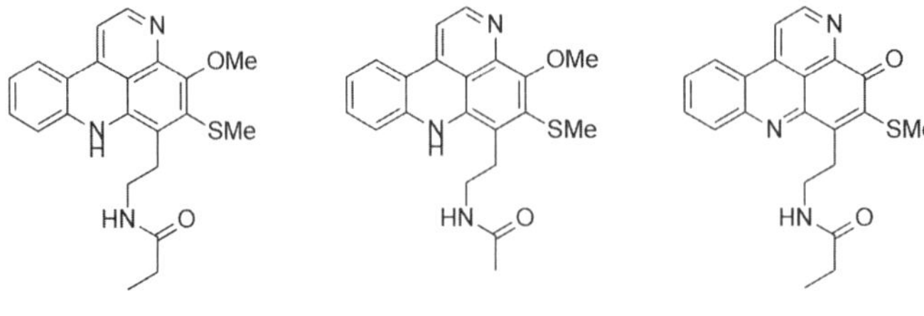

varamine A　　　　varamine B　　　　diplamine

polycarpamines A-D 是从菲律宾的被囊动物 *Polycarpa auzata* 中分离得到的一类罕见二硫键的苯环类化合物，体外活性研究显示，化合物 polycarpamine B 对酵母和白色念珠菌具有很强的抑制作用[7]。

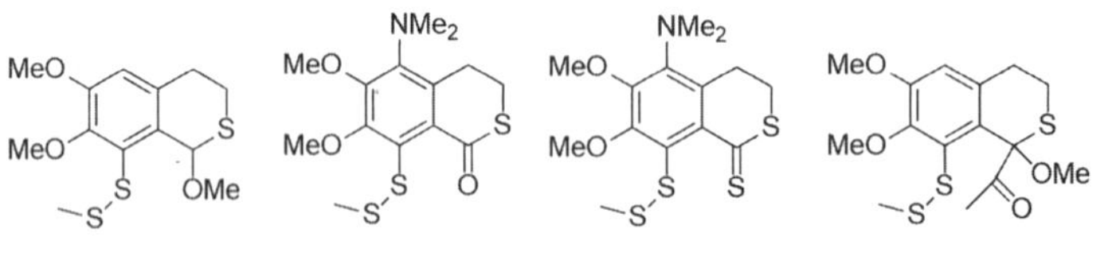

polycarpamine A　　polycarpamine B　　polycarpamine C　　polycarpamine D

郭跃伟课题组从红树林植物 *Bruguiera gymnorrhiza* 中分离获得 gymnorrhizol 和 neogymnrrhizaol，分别由 3 或 4 个重复的 2-羟基-1,3-丙二硫醇聚合形成的环十五元和二十元大环分子[8,9]。体外生物活性研究发现，gymnorrhizol 对 II 型糖尿病靶标分子人蛋白酪氨酸磷酸酯酶（hPTP1B）具有抑制活性，其 IC$_{50}$ 值为 14.9 μmol/L[10]。

gymnorrhizol　　**neogymnrrhizaol**

Rezanka 等[11] 于 2002 年从美国北卡罗来纳大西洋海岸 *Perophora viridis* 分离获得下列两个罕见的含有 1, 2, 3- 三硫代辛烷衍生物。活性研究显示，这两个化合物具有中等的抗菌活性，并对虾有毒性。

Davidson 等[12] 从 *Lissoclinum vareau* 中分离得到一个含有多硫键化合物 varacin，该化合物对白色念珠菌有较强的抑菌活性；同时对人结肠癌细胞 HCT-116 的 IC$_{90}$ 值为 0.05 μg/mL，抑制活性约是阳性对照氟尿嘧啶的 100 倍。Litaudon 等[13,14] 从被囊动物 *Lissoclinum perforatum* 中分离得到含有多硫键化合物 lissoclinotoxins A-B，其中化合物 lissoclinotoxin A 对部分细菌和真菌显示出抑制活性，在体外对白血病细胞有细胞毒活性（ID$_{50}$ 值为 4 μg/mL），在体内对老鼠有毒性（ID$_{50}$ < 50 μg/mL）。

varacin　　**lissoclinotoxin A**　　**lissoclinotoxin B**

二、高价硫化合物

Patil 等[15] 于 1997 年通过活性追踪法从南非海鞘（*Lissoclinum* sp.）的甲醇提取物中分离得到含有亚砜结构化合物 lissoclin disulfoxide，该化合物对 IL-8 R α 和 IL-8 R β 受体抑制作用的 IC$_{50}$ 值分别为 0.6、0.82 μmol/L。Castro 等[16] 通过优化发酵条件从海洋真菌 *Penicillium* sp. DRF2 中分离得到含有亚砜的衍生物 cyclosulfoxicurvularin。

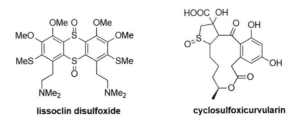

lissoclin disulfoxide　　**cyclosulfoxicurvularin**

Baunach 等 [17] 通过利用红树林来源内生菌 *Streptomyces* sp. 中 xiamycin 的生物合成基因簇成功在 *Streptomyces griseus* 菌中基因重组，并从该重组菌中分离得到 3 个含有磺酰基的二聚体生物碱 sulfadixiamycins A-C。

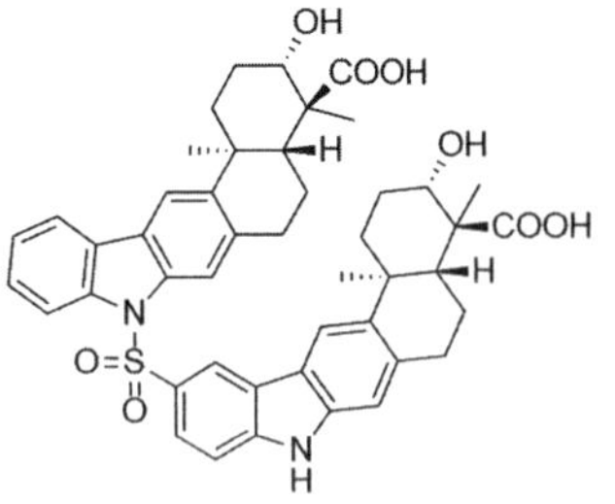

sulfadixiamycin A 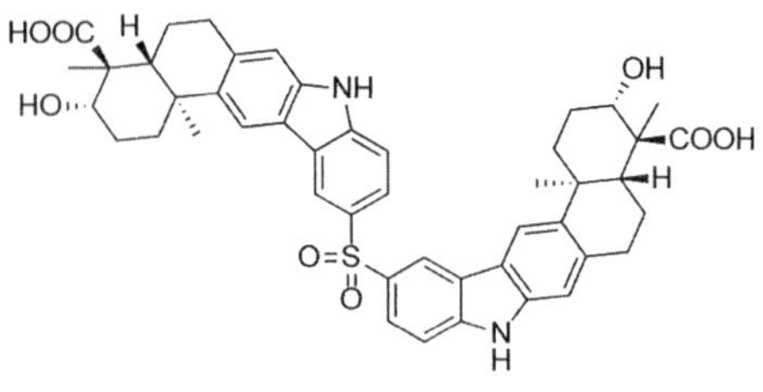   sulfadixiamycin B

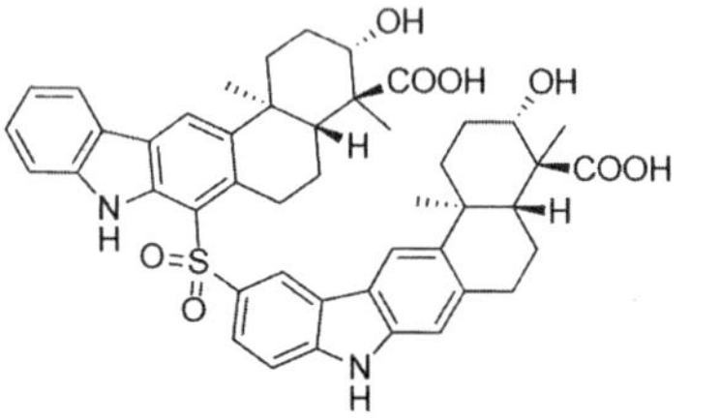

sulfadixiamycin C

Hermawan 等 [18] 通过活性追踪法从海百合纲动物 *Alloeocomatella polycladia* 中分离得到下列 2 个芳香硫酸盐类衍生物。这两个化合物均对 HCV NS3 解旋酶有中等抑制活性，IC_{50} 值分别为 7.0、5.0 μmol/L [19]。

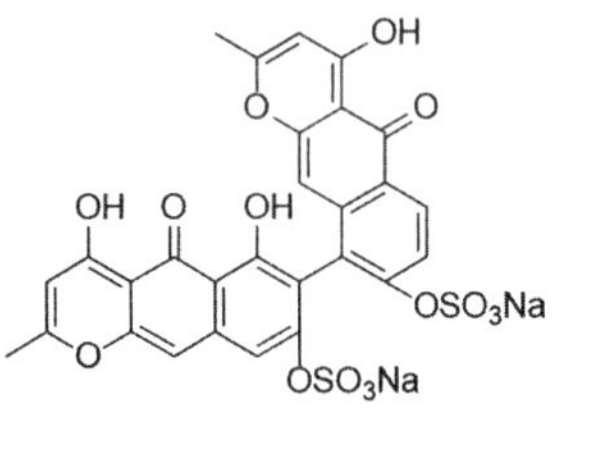

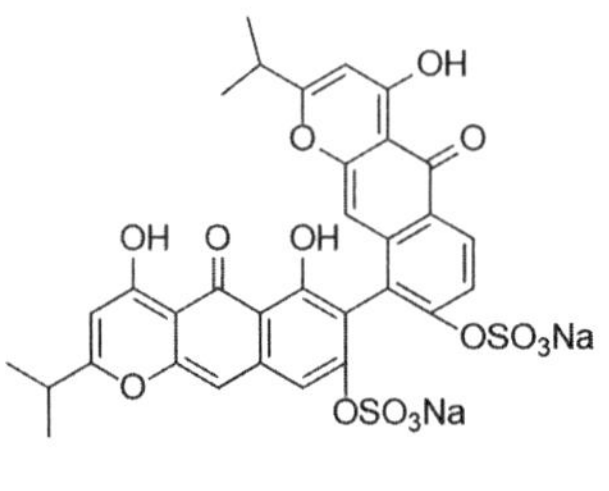

第二节　炔类化合物

　　炔类化合物是一种较特殊的海洋天然产物，此类化合物的主要特点是除具有不饱和三键结构外，往往还含有烯的结构，因而具有很高的化学活泼性。炔类化合物按碳架分类，有链炔类和环炔类两种类型；按炔的数目分类，有单炔、二炔和多炔等类型；按炔的位置分类，有端炔和内炔两种类型。

一、链炔和环炔类

　　Hitora 等 [20] 通过 HeLa 细胞毒活性追踪法从海绵 *Petrosia* sp. 中分离得到 6 个线性炔类似物 (−)-duryne 和 (−)-durynes B-F，它们对 HeLa 细胞株的 IC_{50} 值分别为 0.50、0.26、

0.26、0.10、0.08、0.34 μmol/L。

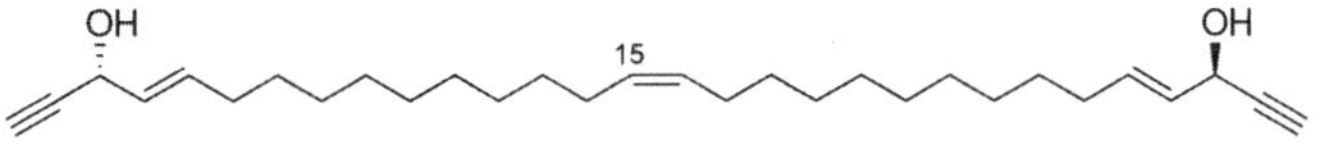

(−)-duryne

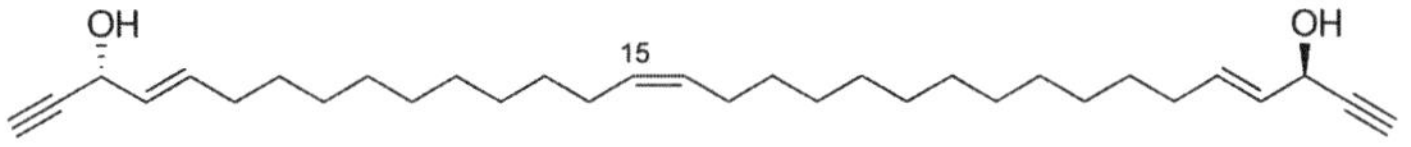

(−)-duryne B

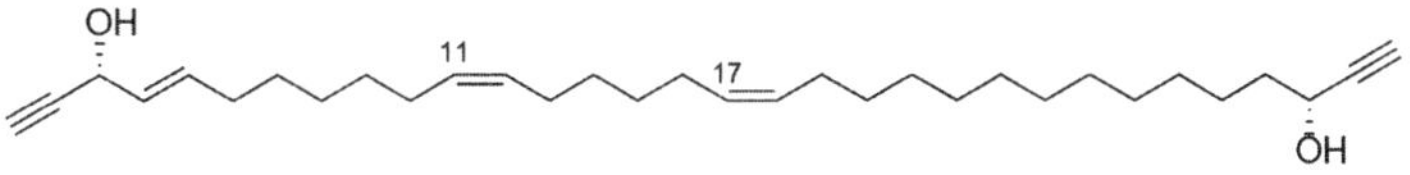

(−)-duryne C

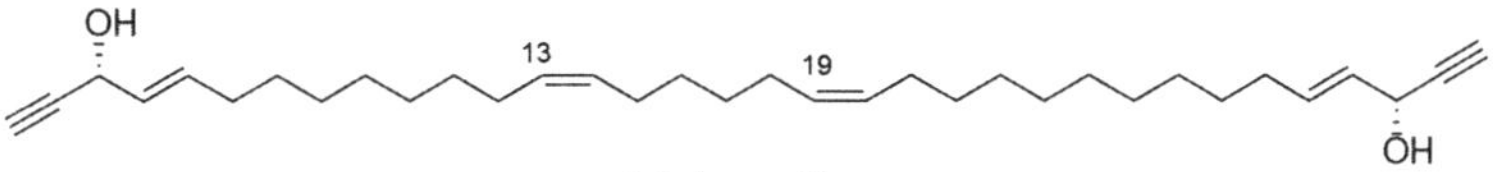

(−)-duryne D

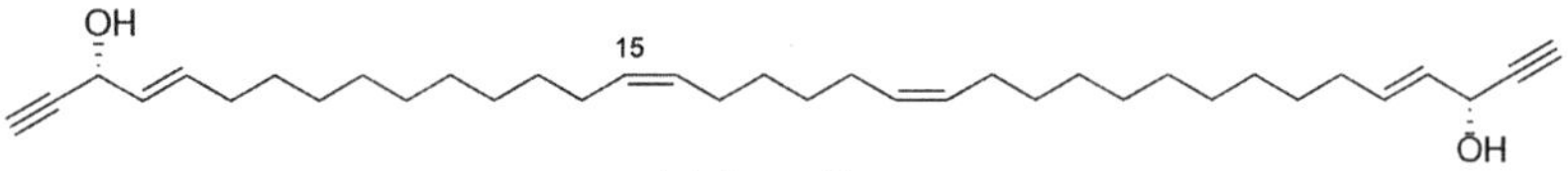

(−)-duryne E

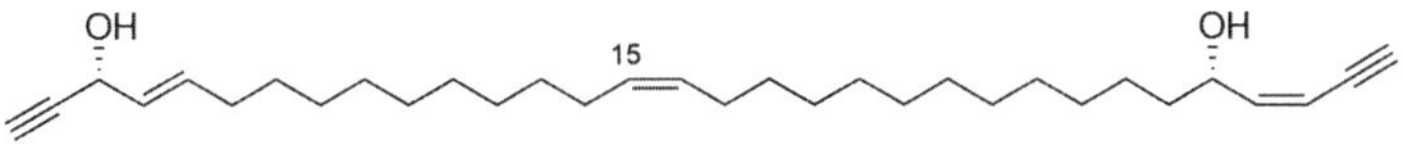

(−)-duryne F

McDonald 等[21] 于 1996 年从 *Polysyncraton lithostrotum* 中首次发现一个海洋来源的烯二炔类抗生素 namenamicin，该化合物对多个微生物具有明显的抗菌活性。2003年，Oku 等[22] 通过活性追踪法从 *Didemnum proliferum* 中分离得到 3 个烯二炔类抗生素 shishijimicins A-C，这 3 个化合物对 3Y1、HeLa 和 P388 细胞株均具有明显的细胞毒活性。

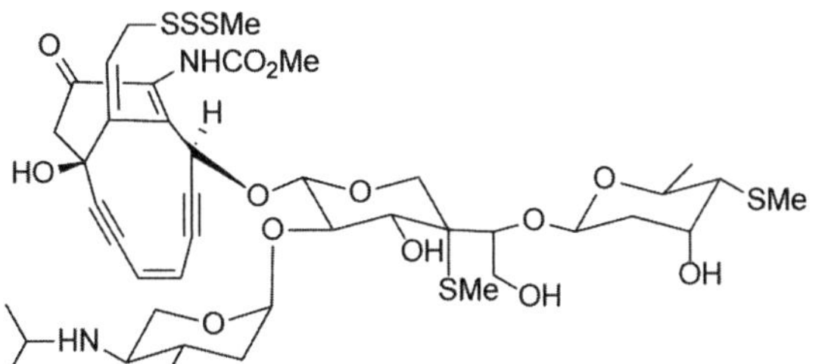

namenamicin

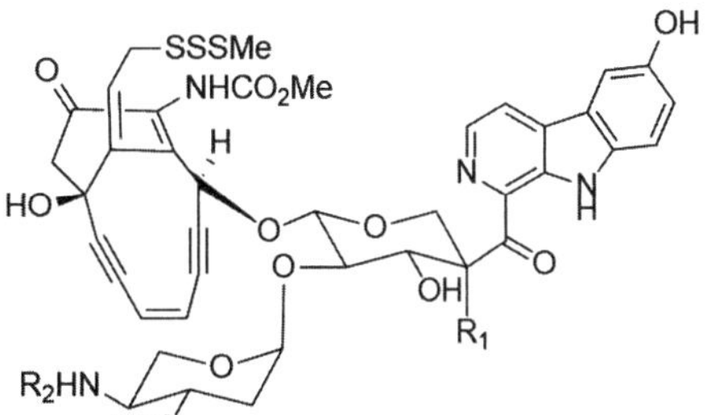

shishijimicin A: R₁=SMe, R₂=i-Pr
shishijimicin B: R₁=H, R₂=i-Pr
shishijimicin C: R₁=SMe, R₂=Et

二、二炔和多炔类

丁二炔类化合物是石珊瑚中含量丰富、种类较多的一类化合物，大多数具有显著的抗菌和抗肿瘤活性。Alam 等[23] 从石珊瑚 *Montipora* sp. 的甲醇粗提物中分离得到 10

个新丁二炔类化合物 montiporic acid C、methyl montiporate A、methyl montiporate B、montiporynes G-M，这些化合物具有明显的抗肿瘤活性。

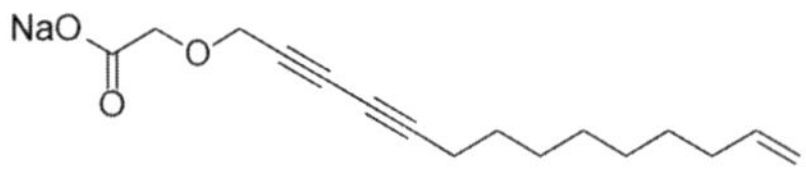

montiporic acid C

methyl montiporate A

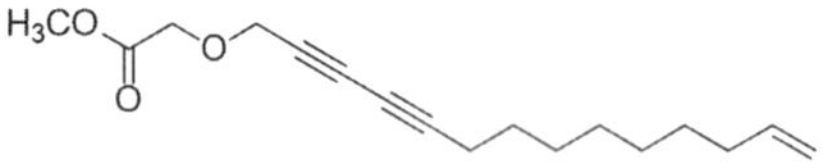

methyl montiporate B

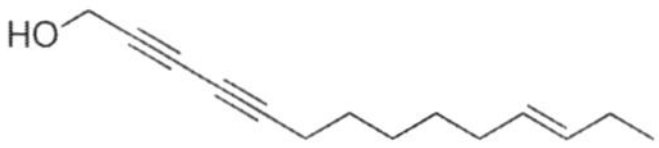

montiporyne G

montiporyne H

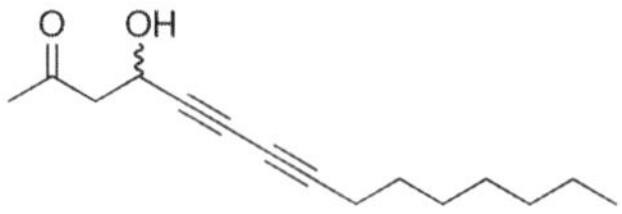

montiporyne I

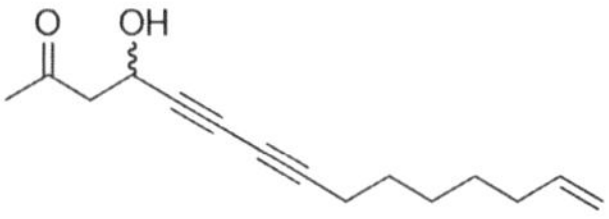

montiporyne J

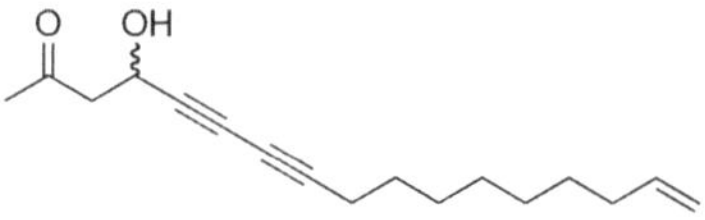

montiporyne K

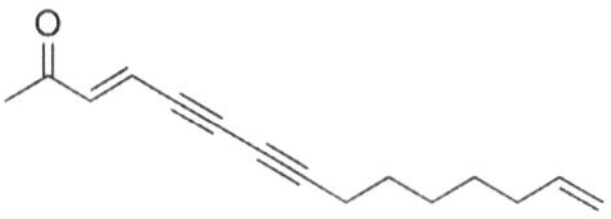

montiporyne L

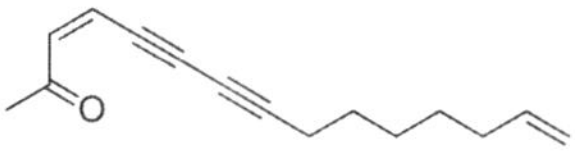

montiporyne M

Nuzzo 等[24]从地中海海绵 *Haliclona fulva* 的正丁醇粗提物中分离得到 9 个线性多炔类化合物 fulvynes A-I，所有化合物都对氯霉素有抗性的枯草芽孢杆菌 *Bacillus subtilis*（PY79）有抑制活性。

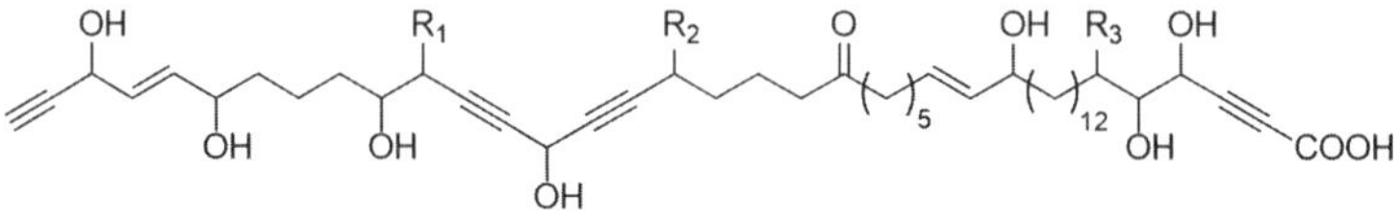

fulvyne A: R_1 = H, R_2 = R_3 = OH　**fulvyne F**: R_1 = R_3 = H, R_2 = OH
fulvyne C: R_1 = R_3 = OH, R_2 = H　**fulvyne G**: R_1 = OH, R_2 = R_3 = H
fulvyne E: R_1 = R_2 = H, R_2 = OH　**fulvyne I**: R_1 = R_2 = R_3 = H

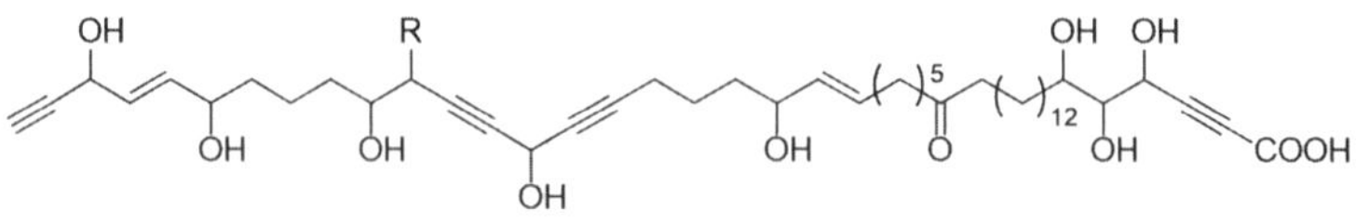

fulvyne B: R = OH　**fulvyne D**: R = H

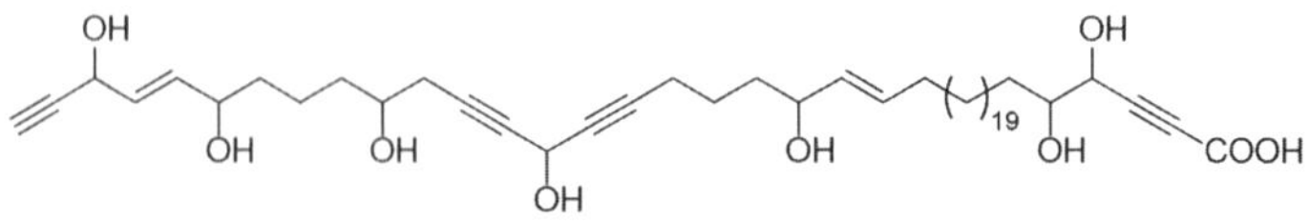

fulvyne H

三、端炔

Edwards 等 [25] 从海洋蓝藻菌 *Lyngbya majuscula* 中分离得到一个含有端炔的化合物 jamaicamide B，这个化合物对 H-460 人大细胞肺癌和 Neuro-2a 小鼠脑神经瘤细胞具有细胞毒活性。同时，该化合物还具有钠离子阻滞活性。Hooper 等 [26] 从加勒比藻青菌 *Lyngbya majuscula* 的正丁醇提取物中分离得到一个含有端炔的线性脂肽 carmabin A。经研究发现，carmabin A 具有良好的抗疟活性 [27]。

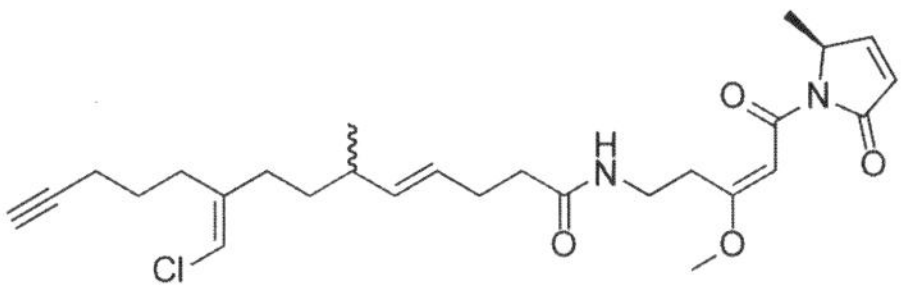

jamaicamide B

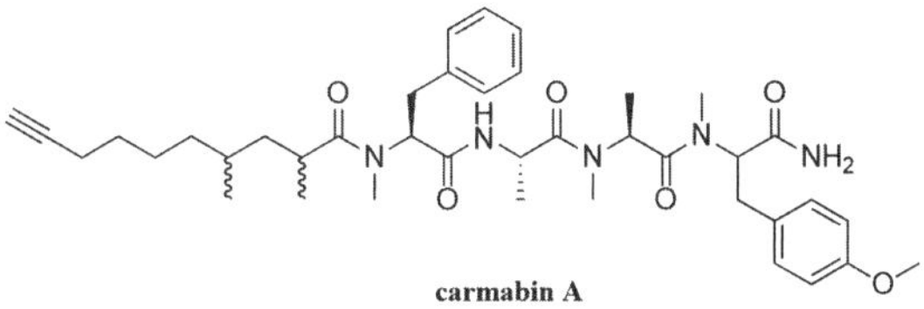

carmabin A

第三节　含氰化合物

含氰化合物常在海洋次级代谢产物中出现，此类化合物的主要特点是具有不饱和碳氮三键官能团。

一、axisonitrile 类

axisonitrile 是一类倍半萜异氰类化合物。Cafieri 等 [28-30] 于 1973 年通过生物活性筛选法从海绵 *Axinella cannabina* 中分离获得 axisonitrile-1，该化合物有显著的毒鱼活性，在最小浓度为 8 ppm 下可有效杀死海洋小热带鱼 *Chromis chromis* 和淡水金鱼 *Carassius carassius*，可作为海绵的防御分泌物。axisonitrile-2 和 axisonitrile-4 分别在 1973 年和 1977 年从同样的海绵 *Axinella cannabina* 中分离得到，但并未报道其活性 [31,32]。1976 年，Blasio 等 [33] 从海绵 *Axinella cannabina* 中分离得到 axisonitrile-3。虽然该化合物体外对 KB-3 细胞没有细胞毒活性，但经实验证实该化合物可通过与亚铁血红素相互作用，抑制疟原虫色素的形成，进而对恶性疟原虫株 D6 和 W2 展现出良好的抗疟活性，IC_{50} 值分别为 142 和 16.2 nM（氯喹的 IC_{50} 值分别为 1.95 和 22.8 nM）[34]。除此之外，Wright 等 [35,36] 于 2001 年及 2010 年还报道了 axisonitrile-3 对巨大芽孢杆菌、大肠杆菌和哈氏弧菌具有抗菌活性。

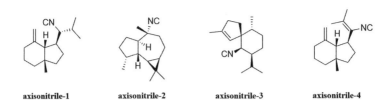

axisonitrile-1   axisonitrile-2   axisonitrile-3   axisonitrile-4

二、kalihinol 类

kalihinol 是一类结构类似的二萜化合物，每个化合物都带有两个或三个异氰基。Chang 等[37] 于 1987 年从两株来源太平洋的海绵 *Acanthella* spp. 中分离得到 11 个 kalihinols (A-H、X-Z)。这些化合物对枯草芽孢杆菌（*Bacillus subtilis*）、金黄色葡萄球菌（*Staphylococcus aureus*）和白色念珠菌（*Candida albicans*）均有抑制活性。同时，体外活性研究显示化合物 kalihinol A 还具有显著的抗疟活性[38]。

2012 年，Xu 等[39] 通过生物活性筛选法从中国南海收集的海绵 *Acanthella cavernosa* 中分离获得 kalihinols M-T。体外活性研究显示这些化合物的细胞毒性低，但具有明显的抗污损活性。

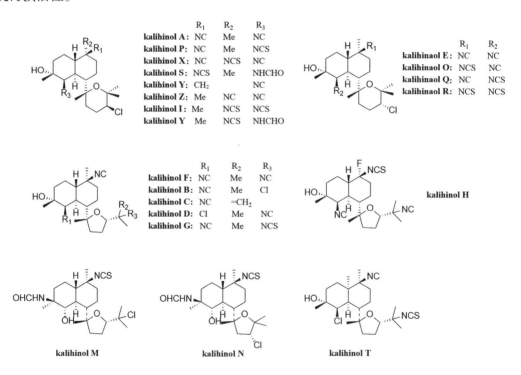

kalihinol M   kalihinol N   kalihinol T

三、monamphilectine A

Avilés 等[40] 通过生物活性筛选法从波多黎各海采集的海绵 *Hymeniacidon* sp. 中分离得到一个含有氰基的 β-内酰胺生物碱 monamphilectine A，并通过半合成法获得一个衍生物。活性研究显示 monamphilectine A 及其半合成衍生物对抗氯喹恶性疟原虫 W2 具有抗疟活性，IC_{50} 值分别为 0.60 和 0.04 μM；体外对 H37Rv 结核分枝杆菌有抗结核活性，

MIC 值分别为 15.3 和 3.2 μg/mL；而在 150 nM 浓度下，monamphilectine A 对大肠杆菌的抗菌活性分别是 β-内酰胺抗生素羧苄青霉素和氨苄青霉素的 43% 和 38%。

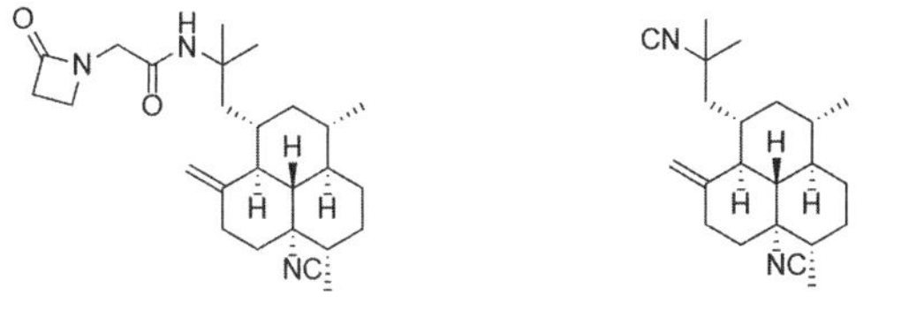

monamphilectine A　　　**monamphilectine A 的半合成衍生物**

四、fasicularin

1997 年，Patil 等[41] 从密克罗尼西亚波纳佩岛收集到的海鞘类生物 *Neptheis fasicularis* 中分离得到一个带有硫氰基的三环生物碱 fasicularin。该化合物对有缺陷的酵母菌株具有破坏 DNA 修复的生物活性。2005 年，Dutta 等[42] 通过序列凝胶分析，发现在 pH 7.0 缓冲液中使用 fasicularin 处理 5'-^{32}P 标记的 DNA 双链，会导致双链在鸟嘌呤残基处选择性裂解，其作用机制是 fasicularin 中的硫氰基被分子内的氮原子上的孤对电子对取代，形成一个中间离子中间体，中间体可以选择性对双链 DNA 上鸟嘌呤的 N-7 位烷基化，造成链断裂。

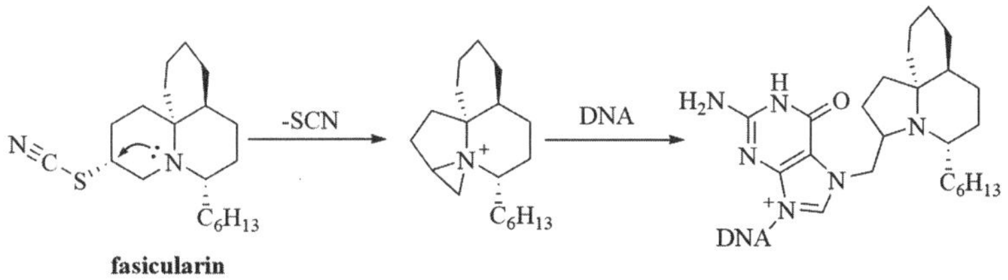

fasicularin

第四节　超级碳链化合物

超级碳链化合物（super-carbon-chain compound）是一类结构骨架为一高度氧化的从头彻尾碳碳连接而成的长碳链分子，为海洋天然产物的特有类型。其分子量大、碳手性中心多，使得结构鉴定难度巨大，尤其是绝对立体化学确立极具挑战性。但该类化合物具有显著和广泛的生物活性，如镇痛、抗破骨、抗肿瘤和离子通道激活等[43]。

目前发现的超级碳链化合物中仅 mmphidinol 3、karlotoxin 2、ostreol B、gibbosols A 和 B 五个分子的绝对立体化学得以完全确立，它们分别含有 25、28、24、37 和 37 个碳手性中心。其中，gibbosols A 和 B 是由南方医科大学吴军团队于 2020 年首次报道，是目前绝对立体化学得以完全确立的分子量最大的超级碳链化合物。

一、amphidinol 3（AM3）和 karlotoxin 2（KmTx2）

Satake 等[44] 于 1991 年从海洋甲藻 *Amphidinium klebsii* 中分离得到 amphidinol 3（AM3），该化合物具有显著的抗真菌和溶血活性。但由于分离的量极其有限且在分子长链碳上存在许多手性中心，使得其绝对构型的确定极具挑战。1999 年，Tachibana 课题组通过化学降解、偶合常数分析和改良的 Mosher 法首次报道其绝对构型之后，经历三次修正，直到 2020 年通过全合成法最终完成该化合物立体构型的确认[45-48]。Peng 等[49-50]于 2010 年从海洋甲藻 *Karlodinium veneficum* 中分离得到一个 AM3 的类似物 karlotoxin 2（KmTx2），并在 2015 年进行了结构修正，其结构中四氢呋喃环与 AM3 的环相反。该化合物显示出溶血、细胞毒性和鱼毒活性。

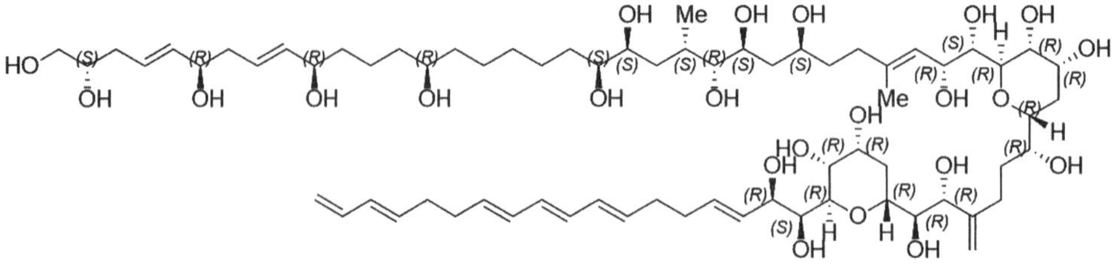

amphidinol 3 (proposed structure in 1999)

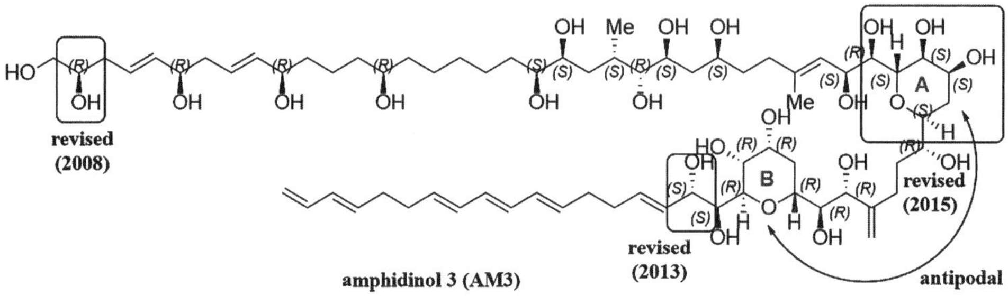

amphidinol 3 (AM3)

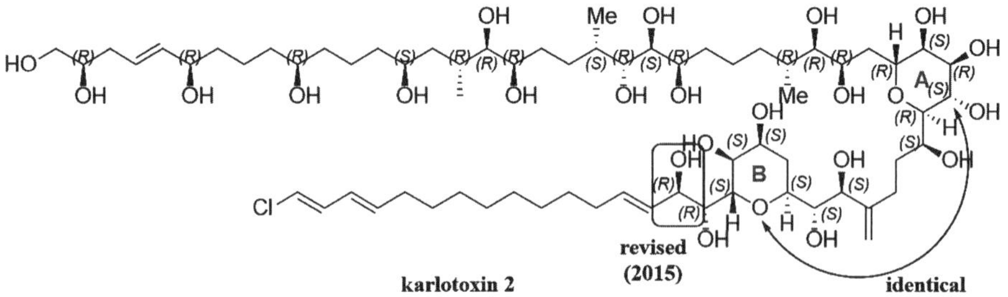

karlotoxin 2

二、ostreol B

Hwang 等[51] 于 2018 年从采自韩国的甲藻 *Ostreopsis cf. ovata* 中分离得到一个超级碳链化合物 ostreol B。基于耦合常数的构象分析、NOE 相关、改良 Mosher's MTPA 酯方法和化学降解等手段成功地确立了其绝对立体化学。该化合物对 HepG2、Neuro-2a 和 HCT-116 癌细胞株具有中度的细胞毒性活性。

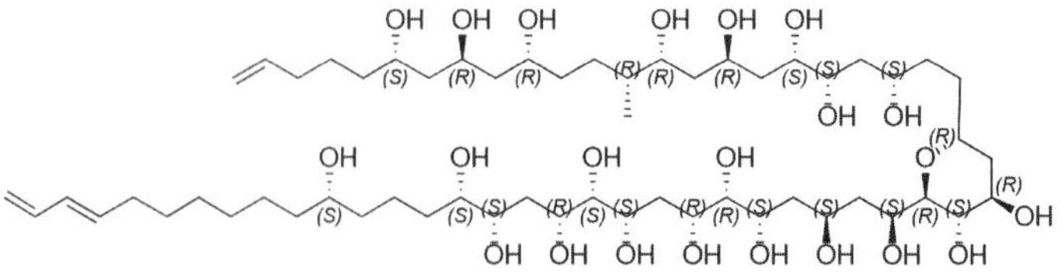

ostreol B

三、gibbosols A 和 B

Li 等[52] 从中国南海甲藻 *Amphidinium gibbosum* 中分离得到 2 个超级碳链化合物 gibbosols A 和 B，通过化学降解、波谱解析、量子化学计算三种方法，采用高碘酸钠降解、臭氧裂解、基于耦合常数的构象分析、NOE 效应、改良 Mosher's MTPA 酯方法、DFT-NMR ^{13}C 碳化学位移的量子化学计算（结合 DP4+ 统计分析）以及 Kishi 通用核磁共振数据库等技术手段成功地确立了其绝对立体化学。两个超级碳链化合物在结构上差异微小，但是活性却完全相反。gibbosol A 能够显著地促进细菌脂多糖诱导的人脐静脉内皮细胞的血管细胞黏附分子 -1 的表达；相反，gibbosol B 却显著地抑制血管细胞黏附分子 -1 的表达，可作为新型抗动脉粥样硬化活性化合物进行深入研究。

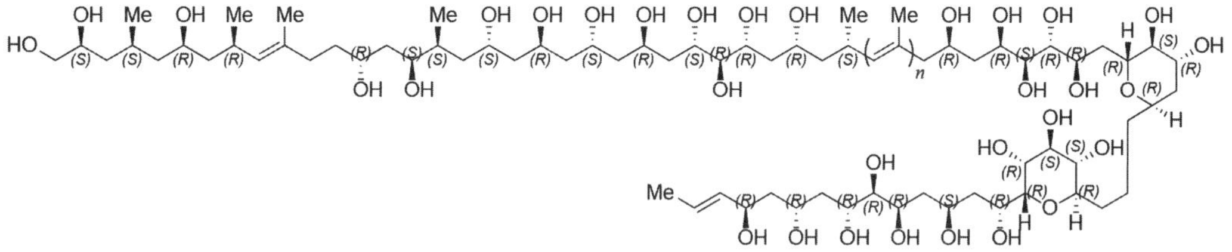

Gibbosol A: *n* = 1
Gibbosol B: *n* = 2

第五节　研究实例

溴酪氨酸类硫醚化合物是从海绵中分离得到的一类重要的、含有二硫键的活性次级代谢产物。目前已有 30 多个类似物被分离得到，其中多个发现具有较好的抗肿瘤活性，如来源于海绵 *Thorectopsamma xana* 的 psammaplin A 对多个癌细胞株具有细胞毒活性。

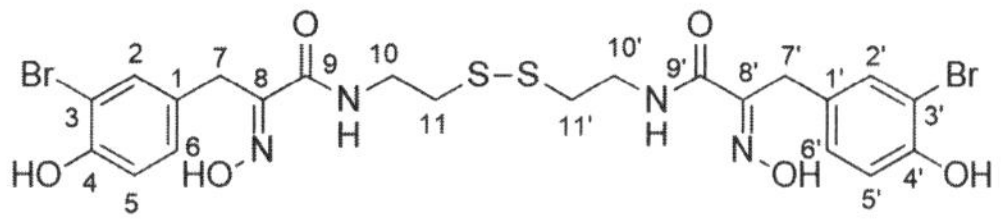

psammaplin A

一、psammaplin A 的分离及结构鉴定

从海绵中提取分离 psammaplin A 的流程如图 15-1 所示，将解冻的海绵 *Thorectopsamma xana* 样品（1.06 kg）加入乙醇（2 L）浸泡后，将乙醇提取物浓缩得到粗提物。粗提物混悬于水中，依次用正己烷、氯仿和正丁醇进行萃取。正丁醇萃取液浓缩后的浸膏悬浮于乙酸乙酯溶液中得到 psammaplin A 的混合物（4.6 g）。混合物通过 Sephadex LH-20 凝胶柱色谱（洗脱剂为 CH_2Cl_2：MeOH = 1：1）以及 HPLC（Partisil M9，流动相为 CH_2Cl_2：MeOH = 96：4）纯化后得到化合物 psammaplin A。

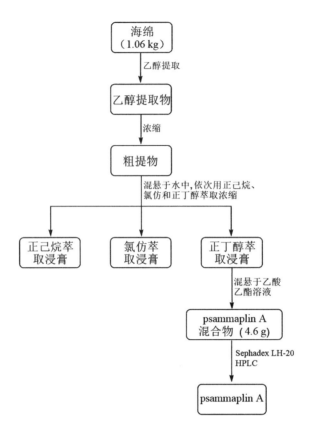

图 15-1 从海绵中提取分离 psammaplin A 的流程

psammaplin A 是海绵 *Thorectopsamma xana* 的主要化学成分，为无色半晶质固体。熔点为 65~75 ℃，无光学活性；紫外最大吸收分别在 217 nm 和 291 nm；红外光谱（KBr）：在 3500~3200 cm^{-1} 有宽的吸收峰，1670 cm^{-1}、1550 cm^{-1}、1500 cm^{-1}、1430 cm^{-1}、1200 cm^{-1} 和 980 cm^{-1} 有吸收峰；^{1}H 和 ^{13}C 核磁共振数据（表 15-1）表明，该化合物结构中含有 8 个 sp^2 和 3 个 sp^3 杂化碳原子、3 个芳香质子、2 个相邻亚甲基（δ_H 3.41，2.79）和一个孤立亚甲基（δ_H 3.67）；EI 质谱中没有产生分子离子峰，但出现几个碎片峰，可以推断出含有溴原子。通过 HR-EI 质谱数据（m/z 718.0129；计算值 718.0129）确定 psammaplin A 的分子式应该为 C$_{22}$H$_{24}$Br$_2$N$_4$O$_6$S$_2$。上述数据表明，psammaplin A 是一个对称的溴代酪氨酸衍生物，另外，化合物中的孤立亚甲基的化学位移 δ_H 3.67，与已知化合物 bastadins 肟基旁边的亚甲基位移值十分接近（δ_H 3.76 和 3.65，DMSO-d$_6$），因此该亚甲基位于苯环和肟基之间；而 2 个相邻亚甲基（δ_H 3.41，2.79）位于氮和硫之间，最后，整个分子结构鉴定也得到了 CSCM 和 INEPT 实验的验证。

表 15-1 psammaplin A 的核磁共振数据归属

No.	δ_C, type	δ_H, J in Hz
1/1'	110.45, C	
2/2'	134.39, CH	7.29, d (1.6)
3/3'	130.55, C	

No.	δ_C, type	δ_H, J in Hz
4/4'	153.59, C	
5/5'	116.99, CH	6.83, d (8.3)
6/6'	130.35, CH	7.00, dd (8.3, 1.6)
7/7'	28.67, CH2	3.67, s
8/8'	153.07, C	
9/9'	165.78, C	
10/10'	39.54, CH2	3.41, dt (7.0, 6.0)
11/11'	38.48, CH2	2.79, t (7.0)
–NH		8.05, t（6.0）

注：碳谱的测定溶剂为 methanol–d_4，氢谱的测定溶剂为 DMSO–d_6。

二、psammaplin A 的活性研究

（一）抗肿瘤活性

psammaplin A 对组蛋白去乙酰化酶 -1（HDAC1, IC_{50} = 4.2 nM）和 DNA 甲基转移酶（DNMT, IC_{50} = 18.6 nM）有抑制活性[53]，对 A549 和 MDA-MB-435 癌细胞有显著的抑制活性，IC_{50} 值分别为 1.35、1.35 μM；Jiang 等[54] 发现 psammaplin A 能显著抑制 SV40 DNA 复制，对小鼠单核巨噬细胞白血病细胞 RAW264.7 表现出显著的细胞毒活性；Kim 等[55] 还报道了 psammaplin A 能够抑制 DNA 修复，进而引起胶质母细胞瘤细胞 U-373MG 和肺癌细胞 A549 的辐射增敏。

（二）抗菌活性研究

Kim 等[56] 发现 psammaplin A 显示出显著的体外抗金黄色葡萄球菌（SA）和耐甲氧金黄色葡萄球菌（MRSA) 的活性，抗菌机制推测是通过抑制 DNA 促旋酶（IC_{50} = 100 μg/mL）而诱导细菌 DNA 合成停滞。除此之外，Lee 等[57] 发现 psammaplin A 能够显著抑制创伤弧菌诱导的细胞毒性，进而可用于预防和治疗创伤弧菌感染。

（三）杀虫活性

psammaplin A 是一种几丁质酶抑制剂，并可作为白蚁诱饵的有效活性成分。Husen 等[58] 通过对地下白蚁的无选择摄食生物测定，评估了 psammaplin A 对白蚁（*R. flavipes*）的影响，结果表明，几丁质酶抑制剂 psammaplin A 对 *R. flavipes* 具有显著毒性，且诱导死亡率呈非浓度依赖性。psammaplin A 还可作为治疗蚜虫的工具，Saguez 等[59] 报道了其显著的杀蚜效果，能够降低蚜虫繁殖能力，增加幼虫死亡率，并能够减小体型。

三、psammaplin A 的全合成及构效关系

有关 psammaplin A 的化学全合成的报道较多，这里介绍 Park 等于 2015 年开发的一种高效、简洁的全合成路线。该路线可合成 psammaplin A 及其衍生物，以 3-溴 -4-羟基苯甲醛和乙酰乙酸乙酯作为起始原料，以 Knoevenagel 缩合反应和 α-亚硝化作为关键步骤，总共 5 步反应，总产率为 41%，具体合成路线如图 15-2[60] 所示。

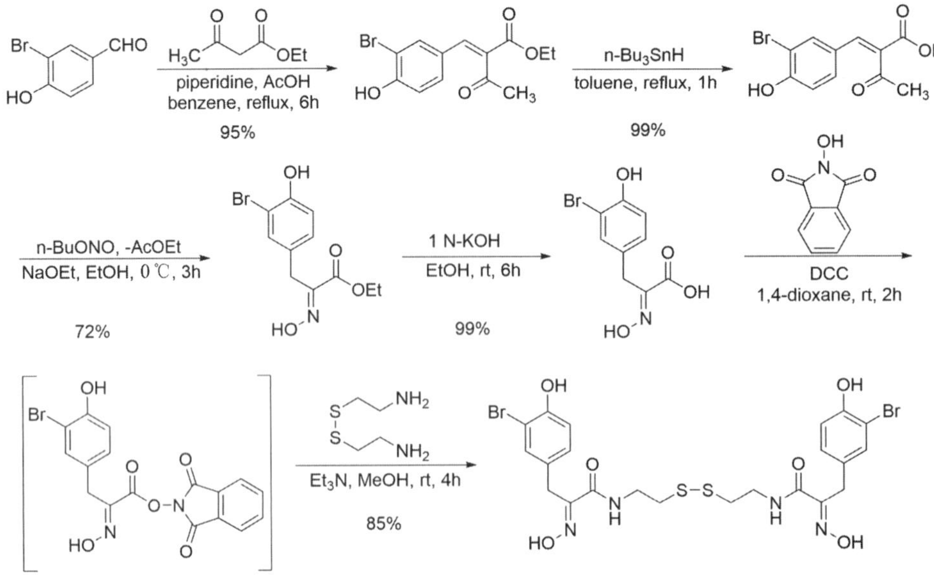

图 15-2 化合物 psammaplin A 的全合成路线

2011 年，Baud 等[61]合成了 70 多个 psammaplin A 类似物，并测定其对组蛋白去乙酰化酶（HDAC1 和 HDAC6）的抑制活性。结果显示，某些衍生物表现出比 psammaplin A 以及当前抑制剂 trichostatin A 和 SAHA 的活性更好且选择性更高，初步结构活性关系表明在苯环上引入吸电子基团或供电子基团后，酶抑制活性要高于 psammaplin A。次年，该小组进一步修饰二硫键、肟官能团及芳香基取代基构建一个 psammaplin A 衍生物库，旨在研究酶的选择性和对 DNA 甲基转移酶和组蛋白去乙酰化酶的作用机理[62]。HDAC 抑制活性测试显示，二硫类衍生物的活性明显低于其含游离硫醇的还原产物；肟官能团的改变能够显著改变化合物的选择性，在肟官能团改变的衍生物中，含肟的衍生物或含腙的衍生物的 HDAC 的抑制作用分别是含甲酮酰胺的衍生物的 444~611 倍和 80~83 倍。然而，芳基取代基的改变相比肟和游离硫醇的存在就显得十分微弱，且 psammaplin A 及其衍生物对 DNA 甲基转移酶的抑制作用较弱。

◎ **进一步文献阅读**

1. Jiang C S, Muller W E G, Schroder H C, et al. 2012. Disulfide- and multisulfide-containing metabolites from marine organisms[J]. Chemical Reviews, 112(4): 2179-2207.

2. Li W, Yan R, Yu Y, et al. 2020. Determination of the absolute configuration of super-carbon-chain compounds by a combined chemical, spectroscopic, and computational approach: Gibbosols A and B[J]. Angewandte Chemie International Edition, 59: 2-11.

3. Nuzzo G, Ciavatta M, Villani G, et al. 2012. Fulvynes, antimicrobial polyoxygenated acetylenes from the Mediterranean sponge *Haliclona fulva*[J]. Tetrahedron, 68(2):754-760.

4. Oku N, Matsunaga S, Fusetani N. 2003. Shishijimicins A-C, novel enediyne antitumor

antibiotics from the ascidian *Didemnum proliferum*[J]. Journal of the American Chemical Society, 125(8): 2044-2045.

◎ **参考文献**

[1] Jiang C S, Muller W E G, Schroder H C, et al. 2012. Disulfide- and multisulfide-containing metabolites from marine organisms[J]. Chemical Reviews, 112(4):2179-2207.

[2] 徐任生 . 2004. 天然产物化学 [M]. 北京 : 科学出版社 .

[3] 于广利 , 谭仁祥 . 2016. 海洋天然产物与药物研究开发 [M]. 北京 : 科学出版社 .

[4] 邢其毅 , 裴伟伟 , 徐瑞秋 , 等 . 2005. 基础有机化学 [M]. 3 版 . 北京 : 高等教育出版社 .

[5] Molinski T F, Ireland C M. 1989. Varamines A and B, new cytotoxic thioalkaloids from *Lissoclinum vareau*[J]. Journal of Organic Chemistry, 54(17):4256-4259.

[6] Charyulu G, Mckee T, Ireland C. 1989. Diplamine, a cytotoxic polyaromatic alkaloid from the tunicate *Diplosoma* sp.[J]. Tetrahedron Letters, 30(32):4201-4202.

[7] Lindquist N, Fenical W. 1990. Polycarpamines A-E, antifungal disulfides from the marine ascidian *polycarpa auzata*[J]. Tetrahedron Letters, 31(17):2389-2392.

[8] Sun Y Q, Guo Y W. 2004. Gymnorrhizol, an unusual macrocyclic polydisulfide from the Chinese mangrove *Bruguiera gymnorrhiza*[J]. 45(28):5533-5535.

[9] Sun Y Q, Zahn G, Guo Y W. 2004. Crystal structure of 1,2,6,7,11,12-hexathiacyclopentadecane-4,9,14-triol, C9H18O3S6[J]. New Crystal Structures, 219(2):121-123.

[10] 刘海利 , 沈旭 , 蒋华良 , 等 . 2008. 中国红树植物木榄 *Bruguiera gymnorrhiza* 中新颖罕见多聚二硫大环化合物的结构研究 [J]. 有机化学 , 28(2):246-251.

[11] Rezanka T, Dembitsky V. 2002. Eight-membered cyclic 1,2,3-trithiocane derivatives from *Perophora viridis*, an Atlantic tunicate[J]. European Journal of Organic Chemistry, 14:2400-2404.

[12] Davidson B, Molinski T, Barrows L, et al. 1991. Varacin: a novel benzopentathiepin from *Lissoclinum vareau* that is cytotoxic toward a human colon tumor[J]. Journal of the American Chemical Society, 113(12):4709-4710.

[13] Litaudon M, Guyot M. 1991. Lissoclinotoxin A, an antibiotic 1,2,3-trithiane derivative from the tunicate *Lissoclinum perforatum*[J]. Tetrahedron Letters, 32(7):911-914.

[14] Litaudon M, Trigalo F, Martin M, et al. 1994. Lissoclinotoxins: antibiotic polysulfur derivatives from the tunicate *Lissoclinum perforatum*. Revised structure of lissoclinotoxin A[J]. Tetrahedron, 50(18):5323-5334.

[15] Patil A, Freyera A, Killmer L, et al. 1997. Lissoclin disulfoxide, a novel dimeric alkaloid from the ascidian *Lissoclinum* sp. Inhibitor of interleukin-8 receptors[J]. Natural Product Letters, 10(3): 225-229.

[16] Marcos V, Ioca L, Williams D, et al. 2016. Condensation of macrocyclic polyketides produced by *Penicillium* sp. DRF2 with mercaptopyruvate represents a new fungal detoxification pathway[J]. Journal of Natural Products, 79(6):1668-1678.

[17] Baunach M, Ding L, Willing K, et al. 2015. Bacterial Synthesis of unusual sulfonamide and sulfone antibiotics by flavoenzyme-mediated sulfur dioxide capture[J]. Angewandte Chemie, International

Edition, 54(45):13279-13283.

[18] Hermawan I, Furuta A, Higashi M, et al. 2017. Four aromatic sulfates with an inhibitory effect against HCV NS3 helicase from the crinoid *Alloeocomatella polycladia*[J]. Marine Drugs, 15(4):117.

[19] Listunov D, Maraval V, Remi C, et al. 2015. Chiral alkynylcarbinols from marine sponges: asymmetric synthesis and biological relevance[J]. Natural Product Reports, 32(1):49-75.

[20] Hitora Y, Takada K, Okada S, et al. 2011. (-)-Duryne and its homologues, cytotoxic acetylenes from a marine sponge *Petrosia* sp.[J]. Journal of Natural Products, 74(5):1262-1267.

[21] McDonald L, Capson T, Krishnamurthy G, et al. 1996. Namenamicin, a new enediyne antitumor antibiotic from the marine ascidian *Polysyncraton lithostrotum*[J]. Journal of the American Chemical Society, 118(44): 10898-10899.

[22] Oku N, Matsunaga S, Fusetani N. 2003. Shishijimicins A-C, novel enediyne antitumor antibiotics from the ascidian *Didemnum proliferum*[J]. Journal of the American Chemical Society, 125(8): 2044-2045.

[23] Alam N, Bae B, Hong J, et al. 2001. Cytotoxic diacetylenes from the stony coral *Montipora* species[J]. Journal of Natural Products, 64(8):1059-1063.

[24] Nuzzo G, Ciavatta M, Villani G, et al. 2012. Fulvynes, antimicrobial polyoxygenated acetylenes from the Mediterranean sponge *Haliclona fulva*[J]. Tetrahedron, 68(2):754-760.

[25] Edwards D, Marquez B, Nogle L, et al. 2004. Structure and biosynthesis of the jamaicamides, new mixed polyketide-peptide neurotoxins from the marine cyanobacterium *Lyngbya majuscula*[J]. Chemistry & Biology, 11(6):817-833.

[26] Hooper G, Orjala J, Schatzman R, et al. 1998. Carmabins A and B, new lipopeptides from the Caribbean cyanobacterium *Lyngbya majuscula*[J]. Journal of Natural Products, 61(4): 529-533.

[27] Mcphail K, Correa J, Linington R, et al. 2007. Antimalarial linear lipopeptides from a Panamanian strain of the marine cyanobacterium *Lyngbya majuscula*[J]. Journal of Natural Products, 70(6):984-988.

[28] Cafieri F, Fattorusso E, Magno S, et al. 1973. Isolation and structure of axisonitrile-1 and axisothiocyanate-1 two unusual sesquiterpenoids from the marine sponge *Axinella cannabina*[J]. Tetrahedron, 29(24):4259-4262.

[29] Cimino G, Rosa S, Stefano D, et al. 1982. The chemical defense of four *Mediterranean nudibranchs*[J]. Comparative Biochemistry and Physiology Part B: Comparative Biochemistry, 73(3):471-474.

[30] Pawlik J. 1993. Marine invertebrate chemical defenses[J]. Chemical Reviews, 93(5):1911-1922.

[31] Fattorusso E, Magno S, Mayol L, et al. 1974. Isolation and structure of axisonitrile-2: a new sesquiterpenoid isonitrile from the sponge *Axinella cannabina*[J]. Tetrahedron, 30(21):3911-3913.

[32] Lengo A, Mayol L, Santacroce C. 1977. Minor sesquiterpenoids from the sponge *Axinella cannabina*[J]. Experientia, 33:11-12.

[33] Blasio B, Fattorusso E, Magno S, et al. 1976. Axisonitrile-3, axisothiocyanate-3 and axamide-3 Sesquiterpenes with a novel spiro[4,5]decane skeleton from the sponge *Axinella cannabina*[J]. Tetrahedron, 32(4):473-478.

[34] Angerhofer C, Pezzuto J. 1992. Antimalarial activity of sesquiterpenes from the marine sponge *Acanthella klethra*[J]. Journal of Natural Products, 55(12):1787-1789.

[35] Wright A, Wang H, Gurrath M, et al. 2001. Inhibition of heme detoxification processes underlies the antimalarial activity of terpene isonitrile compounds from marine sponges[J]. Journal of Medicinal Chemistry, 44(6):873-885.

[36] Wright A, McCluskey A, Robertson M, et al. 2010. Anti-malarial, anti-algal, anti-tubercular, anti-bacterial, anti-photosynthetic, and anti-fouling activity of diterpene and diterpene isonitriles from the tropical marine sponge *Cymbastela hooperi*[J]. Organic & Biomolecular Chemistry, 9(2):400-407.

[37] Chang C, Patra A, Baker J, et al. 1987. Kalihinols, multifunctional diterpenoid antibiotics from marine sponges *Acanthella* spp.[J]. Journal of the American Chemical Society, 109(20):6119-6123.

[38] Hiroaki M, Shimomura M, Kimura H, et al. 1998. Antimalarial activity of kalihinol A and new relative diterpenoids from the Okinawan sponge, *Acanthella* sp.[J]. Tetrahedron, 54(44):13467-13474.

[39] Xu Y, Li N, Jiao W, et al. 2012. Antifouling and cytotoxic constituents from the South China Sea sponge *Acanthella cavernosa*[J]. Tetrahedron, 68(13):2876-2883.

[40] Avilés E, Rodríguez A. 2010. Monamphilectine A, a potent antimalarial β-lactam from a marine sponge *Hymeniacidon* sp.: Isolation, structure, semisynthesis, and bioactivity[J]. Organic Letters, 12(22):5290-5293.

[41] Patil A, Freyer A, Reichwein R, et al. 1997. Fasicularin, a novel tricyclic alkaloid from the ascidian *Nephteis fasicularis* with selective activity against a DNA repair-deficient organism[J]. Tetrahedron Letters, 38(3):363-364.

[42] Dutta S, Abe H, Aoyagi S, et al. 2005. DNA Damage by Fasicularin[J]. Journal of the American Chemical Society, 127(43):15004-15005.

[43] Uemura D. 2006. Bioorganic studies on marine natural products-diverse chemical structures and bioactivities[J]. The Chemical Record, 6(5):235-248.

[44] Satake M, Murata M, Yasumoto T, et al. 1991. Amphidinol, a polyhydroxy-polyene antifungal agent with an unprecedented structure, from a marine dinoflagellate, *Amphidinium klebsii*[J]. Journal of the American Chemical Society, 113(26):9859-9861.

[45] Murata M, Matsuoka S, Matsumori N, et al. 1999. Absolute configuration of amphidinol 3, the first complete structure determination from amphidinol homologues: application of a new configuration analysis based on carbon−hydrogen spin-coupling constants[J]. Journal of the American Chemical Society, 121(4):870-871.

[46] Wakamiya Y, Ebine M, Murayama M, et al. 2018. Synthesis and stereochemical revision of the C31-C67 fragment of amphidinol 3[J]. Angewandte Chemie, International Edition, 57(21):6060-6064.

[47] Wakamiya Y, Ebine M, Murayama M, et al. 2018. Synthesis and stereochemical revision of the C31-C67 fragment of amphidinol 3[J]. Angewandte Chemie, International Edition, 130(21):6168-6172.

[48] Wakamiya Y, Ebine M, Murayama M, et al. 2020. Total synthesis of amphidinol 3: a general strategy for synthesizing amphidinol analogues and structure-activity relationship study[J]. Journal of the American Chemical Society, 142(7):3472-3478.

[49] Peng J, Place A R, Yoshida W, et al. 2010. Structure and absolute configuration of karlotoxin-2, an ichthyotoxin from the marine dinoflagellate *Karlodinium veneficum*[J]. Journal of the American Chemical

Society, 132(10):3477-3279.

[50] Waters A L, Oh J, Place A R, et al. 2015. Stereochemical studies of the karlotoxin class using NMR spectroscopy and DP4 chemical-shift analysis: insights into their mechanism of action[J]. Angewandte Chemie, International Edition, 54(52):15705-15710.

[51] Hwang B S, Yoon E Y, Jeong E J, et al. 2018. Determination of the absolute configuration of polyhydroxy compound ostreol B isolated from the dinoflagellate *Ostreopsis cf. ovata*[J]. The Journal of Organic Chemistry, 83(1):194-202.

[52] Li W, Yan R, Yu Y, et al. 2020. Determination of the absolute configuration of super-carbon-chain compounds by a combined chemical, spectroscopic, and computational approach: Gibbosols A and B[J]. Angewandte Chemie, International Edition, 59:2-11.

[53] Young A M, Jung H J , Jin N Y, et al. 2008. A natural histone deacetylase inhibitor, Psammaplin A, induces cell cycle arrest and apoptosis in human endometrial cancer cells[J]. Gynecologic Oncology 108(1):27-33.

[54] Jiang Y H, Ahn E, Ryu S H, et al. 2004. Cytotoxicity of psammaplin A from a two-sponge association may correlate with the inhibition of DNA replication[J]. BMC Cancer, 4(1):1-8.

[55] Kim H J, Kim J H, Chie E K, et al. 2012. DNMT (DNA methyltransferase) inhibitors radiosensitize human cancer cells by suppressing DNA repair activity[J]. Radiation Oncology, 7:39.

[56] Kim D, Lee S, Jung J H, et al. 1999. Psammaplin A, a natural bromotyrosine derivative from a sponge, possesses the antibacterial activity against methicillin-resistantStaphylococcus aureusand the DNA gyrase-inhibitory activity[J]. Archives of Pharmacal Research 22(1):25-29.

[57] Lee B C, Lee A, Jung J H, et al. 2016. In vitro and in vivo anti-Vibrio vulnificus activity of psammaplin A, a natural marine compound[J]. Molecular Medicine Reports, 14(3):2691-2696.

[58] Husen T J, Kamble S T. 2013. Delayed toxicity of two chitinolytic enzyme inhibitors (Psammaplin A and pentoxifylline) against eastern subterranean termites (Isoptera: rhinotermitidae)[J]. Journal of Economic Entomology, 106(4):1788-1793.

[59] Saguez J, Hainez R, Cherqui A, et al. 2005. Unexpected effects of chitinases on the peach-potato aphid (*Myzus persicae Sulzer*) when delivered via transgenic potato plants (Solanum tuberosumLinné) and in vitro[J]. Transgenic Research, 14(1):57-67.

[60] Suckchang H, Yoonho S, Myunggi J, et al. 2015. Efficient synthesis and biological activity of Psammaplin A and its analogues as antitumor agents[J]. European Journal of Medicinal Chemistry, 96:218-230.

[61] Baud M G J, Leiser T, Meyer-Almes F, et al. 2011. New synthetic strategies towards psammaplin A, access to natural productanalogues for biological evaluation[J]. Organic & Biomolecular Chemistry, 9 (3):659-662.

[62] Baud M G J, Leise T, Patricia H, et al. 2012. Defining the mechanism of action and enzymatic selectivity of psammaplin A against its epigenetic targets[J]. Journal of Medicinal Chemistry, 55(4):1731-1750.

海洋天然产物的开发

第十六章

海洋天然产物发现策略

视频讲解与
教学课件

◎ 学习目标

1. 掌握海洋天然产物的主要发现策略。

2. 熟悉常见的活性筛选模型。

3. 熟悉二、三代高通量测序技术及基本分析思路。

4. 熟悉典型具有化学生态学功能的海洋天然产物。

5. 了解主要的组学技术及其在海洋天然产物发现中的应用。

6. 了解人工智能技术在药物研发中的应用。

20 世纪 50 年代初，Bergman 和 Feeney 从采集自佛罗里达海域的海绵 *Cryptotethia crypta* 中分离出了 3 个核苷类化合物，其中之一被命名为海绵核苷（spongosine）。海绵核苷具有抗肿瘤、舒张血管、镇痛等活性，它的发现拉开了海洋天然产物发现的序幕。

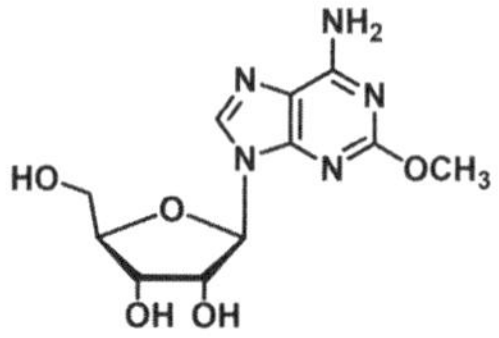

海绵核苷

第一节　概　述

海洋生态系统占地球近 90% 的生物栖息空间，拥有远高于陆地的系统发育多样性[1]，这意味着海洋天然产物的数量可能远超陆地天然产物数量。自 20 世纪 50 年代发现海绵核苷以来[2]，尤其从 70 年代开始，海洋天然产物的数量及发现速率均保持了快速增长。进入 21 世纪以来，平均每年都有超过 1000 个新海洋天然产物结构被报道，至今已发现了约 27000 个海洋天然产物。一方面，这得益于采样技术、分离纯化及结构鉴定技术等方面的进步，使我们可以获取以往无法获取的海洋样品，并实现高效率的产物分离和结构鉴定；另一方面，海洋天然产物的发现已经不再是化学实体的随机性发现，而是采用一定的策略去选择性地发现具有特定功能的化合物。同时，这必然要求在尽量避免重复性发现的前提下，更高效地发现具有特定功能或结构的海洋天然产物。

海洋天然产物领域的研究早已突破了原来占绝对主导地位的天然产物化学学科，涉及细胞生物学、分子生物学、生物化学、生物信息学、分析化学、合成生物学、化学生物学及人工智能等领域。因此，海洋天然产物的发现仍然是一个快速发展的交叉研究方向。各学科与天然产物化学的交叉融合，极大地提高了目标化合物的发现效率。本章中，我们将系统介绍主要的海洋天然产物发现策略。

第二节　基于活性筛选的海洋天然产物发现策略

活性筛选策略是最早发展起来的一种海洋天然产物发现方法。随着新活性靶点的发现及新型活性筛选方法的不断涌现，活性筛选依然是行之有效的活性海洋天然产物发现方法。海洋天然产物的生物活性筛选与通用的药物活性筛选并无二致。一个理想的活性筛选体系应具有简单、经济、高效、可靠、无偏差等特点。

一、活性筛选的类型

依据不同的标准可从不同角度将活性筛选分为不同的类型。

（一）依据活性筛选模型中的生命形式分类

依据活性筛选体系中的生命形式可将活性筛选分为：分子水平的活性筛选方法（如酶等），细胞层次的活性筛选方法（如肿瘤细胞等），低等生物层次的活性筛选方法（如微生物等），组织、器官水平及整体动物水平。生命形式尺度越微观则筛选灵敏度和效率通常越高；然而，整体动物水平更能准确地反映受试化合物在体内的真实作用。依据生命形式的完整性及其与母体之间的关系，可将生物活性筛选分为以下三类：①针对完整生命体的筛选方法，称为体内（in vivo）筛选方法；②针对分离自活体的组织、器官等的筛选方法，属于离体（ex vivo）筛选方法；③针对分子水平、亚细胞水平或者非完整生命体形式的细胞株系等，则属于体外（in vitro）筛选方法。

（二）依据筛选模型的通量分类

筛选本身意味着大数量的工作对象，因而活性筛选的效率一直是最受关注的问题之一。一般将筛选过程中处理样品的速率称为通量（throughput），20世纪80年代中期出现了高通量筛选（HTS）的概念[3]。依据每日可完成的测试样品数，通常可将生物活性筛选分为四个类别（表16-1），分别为低通量筛选、中通量筛选、高通量筛选（HTS）及超高通量筛选（uHTS）[4]。其中，HTS及uHTS是融合了自动控制（工业机器人）、数据处理、液体处理设备及高灵敏度检测器的自动化、高效率的活性筛选系统。这使活性筛选变得空前高效，已经成为世界顶级药物研发机构的基石性技术手段。然而，不同通量水平的筛选方法并不意味着方法学的优劣，也往往不能互相代替。这是因为通量级别与筛选模型中生命形式、物理尺度及实现自动化的难易程度有关，但与模型筛选结果的特异性及可靠性没有必然联系。

表16-1　依据筛选模型通量分类的生物活性筛选类型

筛选模型	每日测试样品数	案例
低通量筛选 (low-throughput screening)	1~500	动物模型 基于 LC/MS/MS 的体内代谢过程测试
中通量筛选 (medium-throughput screening)	500~10000	荧光细胞显微成像测定法 耗氧酶催化活性测定法
高通量筛选 (high-throughput screening)	10000~100000	荧光酶抑制测试 荧光素酶报告基因测试
超高通量筛选 (ultra-high-throughput screening)	> 100000	β-内酰胺酶细胞报告基因测定法 用于定量 5-HT2C 受体编辑的测定法

（三）依据筛选模型针对的作用对象分类

依据筛选模型的作用对象的分类方法，因其名称中含有作用对象，因而对生物活性的描述更具体、更直观。这里所指的作用对象涉及靶点、受体、细胞、组织、病原体乃至疾病本身。如酶抑制、受体抑制、细胞毒、抗真菌、抗肿瘤、镇痛、抗疟等筛选模型。这些筛选模型涵盖所有尺度的生命形式、疾病类型及通量级别。本章第2部分将依据该分类法对常见的筛选模型进行具体的介绍。

（四）依据生物活性筛选的特异性分类

依据生物活性筛选的特异性，可将活性筛选分为单一活性筛选（individual activity screening）和广谱活性筛选（broad biological screening）。前者针对某个特定的生物活性进行筛选，如细菌脂肪酸合酶抑制活性筛选等；后者则对待测物进行多种生物活性筛选，尽可能用多个不同的模型来探索它们的生物活性潜力[5]。

（五）依据生物活性筛选所处的筛选阶段分类

所有的活性筛选都无法通过一次性筛选达到预期目的，往往要经过两轮或者更多轮的筛选才能确定筛选结果。第一轮筛选通常被称为初筛（primary screening 或 preliminary screening）。其目的主要是发现待测物，包括生物（尤其是微生物）、提取物及化合物，是否具有产生活性物质的能力或特定的生物活性，因而初筛结果仅是定性或描述性的结果。

以活性海洋天然产物产生者（如微生物）的初筛为例，常用的手段有：拥挤平板法（crowded plate）、指示染料法（indicator dye）、富集培养法（enrichment culture）等，这些方法均具有简单易行的特点。以采用拥挤平板法筛选某海洋样品中抗菌活性菌株为例（图16-1），可将样品悬浮于溶液中进行连续梯度稀释，直至将其涂布在琼脂平板上时能够产生300~400个单菌落（即拥挤平板）。培养后，产生抗生素的菌株的周围会形成抑菌圈，挑取并纯化这些菌落即可得到具有抗生素潜力的菌株。在此基础上，还可选择特定的测试菌株（如病原菌）悬液倒入上述拥挤平板（含30~300个菌落），继续培养使测试菌株形成菌苔。菌苔上具有抑菌圈的菌株就是可产生对该测试菌株具有抗生素活性的菌株。抑菌圈的直径可粗略指示对测试菌株的活性强弱。

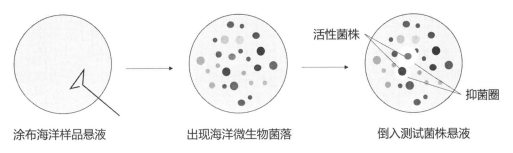

图 16-1　拥挤平板法筛选活性海洋微生物

　　初筛也可以用于粗提物、色谱馏分乃至纯化合物等样品。可采用一般抗菌活性测试体系，如琼脂扩散法、生物自显影法及基于 OD_{600} 的抗菌测试等。其他经典的方法还包括以卤虫、冠瘿瘤、秀丽隐杆线虫、果蝇等为测试生物的筛选体系。这些体系虽然灵敏度和特异性并不高，但其活性结果相对可靠，且具有很好的操作便捷性。需要注意的是，依据活性筛选的目的，初筛体系并不局限于上述广谱筛选体系，不同生命形式及通量水平的模型均可根据需要作为初筛的手段。

　　与初筛目的不同，复筛（secondary screening）的目的是进一步确认初筛结果。复筛定量地确定活性指标或评价待测物对其他模型的交叉活性，所以复筛反映的是待测物活性的定量性结果[6]。同时，复筛通常更有针对性，因而往往采用单一活性的筛选方法来进一步发现或者追踪感兴趣的活性天然产物。根据需要有时候还会进行更多轮次活性筛选[7]。

二、常见的海洋天然产物活性筛选方法

（一）抗病毒活性筛选模型

　　病毒可以造成许多人类感染性疾病，包括流感、水痘等一般疾病，以及天花、艾滋病、SARS、新冠肺炎等严重传染性疾病。许多病毒通过宿主细胞进行复制，很难用不破坏细胞的方法来杀灭病毒。病毒还可以通过变异来逃脱免疫系统及药物对它们的控制。因此，病毒对治疗或预防措施的抵抗力比任何其他形式的病原生物都强。然而当前抗病毒药物数量很少，远远无法满足临床治疗需求。

　　从作用对象上来说，抗病毒药物既可以作用于宿主细胞，也可以作用于病毒本身。前者通常会提供更广谱的活性且产生耐药性的可能性较低，但其毒性相对较高；后者通常具有更好的特异性且毒性较小，但其抗病毒活性谱较窄，且产生耐药性的可能性更高。

　　1. 以宿主细胞为作用对象的抗病毒天然产物的发现策略

　　（1）靶向病毒复制的宿主因子

　　有许多与病毒复制相关的宿主因子和途径可用于抗病毒海洋天然产物的筛选、发现及药物开发。其中，细胞脂质代谢是一个重要的作用靶点。如对磷脂酰肌醇合成的阻断可抑制丙型肝炎病毒（HCV）、人类免疫缺陷病毒（HIV）、乙型肝炎病毒（HBV）、登革热病毒（DENV）及黄热病病毒（YFV）的复制。溶血双磷脂酸（LBPA）是另一个脂

质代谢靶点。通过作用于 LBPA 可抑制流感病毒、水泡性口炎病毒（VSV）、拉沙热病毒（LFV）和淋巴细胞脉络膜脑膜炎病毒（LCMV）。

病毒复制复合物（viral replication complexes, VRC）相关的宿主因子也是重要的作用靶点。例如 ADP- 核糖基化因子 1（ARF1）、鸟嘌呤核苷酸交换因子 1（GBF1）和磷脂酰肌醇激酶 4III（PI4IIIK α / β）均可以抑制病毒复制，包括 HCV、小核糖核酸病毒（PV）、爱知病毒（AiV）、鼻病毒和 HIV-1 等。

（2）靶向参与病毒限制的宿主因子

真核细胞通过很多不同的效应分子来保护自身免受包括病毒在内的微生物入侵，这种防御是细胞被感染时触发的天然免疫反应的一部分。通过 Toll 样受体（TLR）、核苷酸结合和寡聚化结构域样受体（NOD）以及 RIG-I 或 MDA5122 等胞质受体，宿主细胞可感测病毒成分并激活自身的 I 型干扰素（IFN），诱导数百种具有不同抗病毒效应功能的 IFN 刺激基因（ISG）的表达及效应蛋白的合成。因此，可以通过增强某些 ISG 的表达或活性来达到抗病毒的目的。

（3）其他靶向宿主细胞的靶点

其他与病毒复制相关的宿主细胞靶点还包括：参与蛋白质折叠的宿主因子亲环蛋白 A（CypA）、可将病毒蛋白运输到细胞表面或进入多囊泡体中的转运内体分选复合物（ESCRT）、肌苷 5'- 单磷酸（IMP）脱氢酶以及 S- 腺苷高半胱氨酸（SAH）水解酶等。

2. 以病毒为作用对象的抗病毒天然产物的发现策略

（1）作用于病毒生命周期

从病毒附着到细胞表面开始，其生命周期一般可以分为附着、入侵、脱壳、合成、病毒颗粒的组装及释放六个阶段（图 16-2）。抗病毒海洋天然产物的筛选可以靶向其中某些关键的阶段，如病毒附着、病毒 - 细胞融合等阶段。

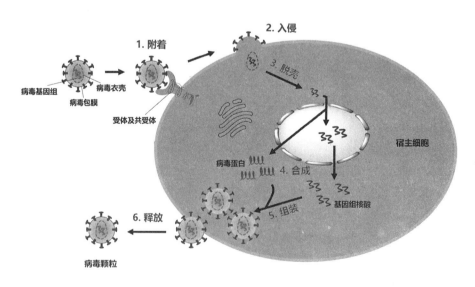

图 16-2　病毒的生命周期

① 病毒附着抑制剂。病毒附着抑制剂一般通过与病毒颗粒的糖蛋白相互作用，阻止

病毒识别并与宿主细胞表面的结合位点结合达到抑制病毒复制的目的。以 HIV 为例，该病毒糖蛋白 gp120 的 V3 Loop 因具有多个精氨酸及赖氨酸残基而带正电荷，其在细胞表面的主要结合位点是带负电的硫酸乙酰肝素多糖。因此，带负电的聚合物可与 V3 Loop 发生相互作用而阻止病毒颗粒附着宿主细胞。

② 病毒 - 细胞融合抑制剂。通常，包膜病毒通过病毒被膜和细胞质膜之间的融合进入宿主细胞。包膜病毒家族的融合过程基本相似。如 HIV 通过 gp120 与宿主细胞上的共受体 - 趋化因子基序受体 4（CXCR4）或趋化因子基序受体 5（CCR5）进行融合，因而这两个受体的拮抗剂可以阻断 HIV 进入细胞。

（2）病毒 DNA 或 RNA 合成抑制剂

① 病毒 DNA 聚合酶抑制剂。基因组很小的病毒主要利用宿主的 DNA 复制体系复制自身基因组，大型 DNA 病毒自身携带 DNA 聚合酶基因及其他与复制相关的基因。病毒 DNA 聚合酶是许多临床抗病毒药物的特异性靶标，且它们大多是核苷类似物（图 16-3）。它们与天然核苷底物竞争性地结合病毒 DNA 聚合酶，发挥抑制活性。例如，治疗疱疹病毒感染的抗病毒药，包括阿昔洛韦、喷昔洛韦及其口服前药伐昔洛韦、泛昔洛韦等。

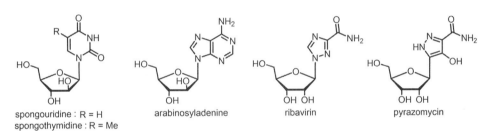

图 16-3　核苷类抗病毒药物的结构

② 逆转录酶抑制剂。逆转录酶（RT）在逆转录病毒（如 HIV）的复制周期中至关重要，它负责合成前病毒 DNA（proviral DNA），然后将其整合到宿主细胞基因组中并传递给后代细胞。与 DNA 聚合酶抑制剂类似，RT 的底物（dNTP）结合位点是核苷型 HIV 抑制剂的作用位点。因此，RT 抑制药物通常也是核苷类化合物。它们在体内首先被转化为核苷酸，并被添加到新合成的 DNA 链的 3' 端。由于它们缺乏 3'- 羟基而无法使 DNA 链的合成继续延伸，造成了链终止效应。如已批准的核苷类似物型抗 HIV 药物齐多夫定、去羟肌苷、扎西他滨、司他夫定、拉米夫定、阿巴卡韦、恩曲他滨等。

③ 病毒蛋白酶抑制剂。病毒蛋白酶可催化病毒蛋白前体中特定的肽键断裂，生成成熟的病毒蛋白。多数情况下，病毒蛋白酶的催化功能对于完成病毒的感染周期具有至关重要的作用。所以，可将病毒蛋白酶作为作用靶点来发现抗病毒的海洋天然产物。如蓝细菌代谢物 crocapeptin A 就是一个高度特异性的病毒丝氨酸蛋白酶抑制剂。

④ 病毒神经氨酸酶抑制剂。病毒神经氨酸酶是一种在流感病毒表面发现的神经氨酸酶，可使病毒从宿主细胞中释放出来。抑制流感病毒神经氨酸酶活性的抗病毒剂在控制流感中非常重要。

（二）抗细菌感染活性筛选策略

依据抗细菌感染抗生素的作用机制，可用以下几个策略去筛选不同类型的抗细菌活性海洋天然产物。

1. **抑制细菌细胞壁合成** 半刚性的细胞壁可有效维持细菌细胞的形状和渗透压，并在其生长、增殖、营养获取等过程中发挥非常重要的作用。革兰氏阳性菌和革兰氏阴性菌的细胞壁均含有细菌特有的化学成分——肽聚糖（peptidoglycan，图 16-4）。肽聚糖的生物合成是抗生素药物最常利用的靶点，其合成过程分为三个步骤：①在细胞质中由氨基酸和糖合成肽聚糖组成单体；②这些单体被转移到细胞质膜上，并在那里聚合成线性肽聚糖链；③转肽酶将肽聚糖链交联成三维垫状结构。例如 β-内酰胺类抗生素主要作用于肽聚糖合成最后一步，它们可与转肽酶不可逆地结合而使肽聚糖层的合成无法完成；杆菌肽（bacitracin）则是作用于肽聚糖前体分子的转运过程。

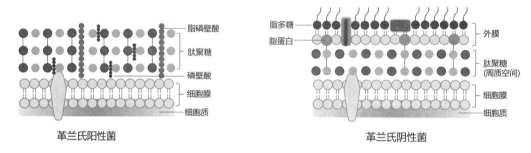

图 16-4 细菌细胞壁结构及成分

2. **抑制细菌蛋白质的合成** 蛋白质的合成对任何形式的生命均至关重要，细菌的蛋白质由核糖体合成，它由 30S 小亚基和 50S 大亚基结合在一起组成。抗细菌化合物既可作用于 30S 亚基（如壮观霉素、四环素、氨基糖苷类、卡那霉素和链霉素）亦可作用于 50S 亚基（如克林霉素、氯霉素、利奈唑胺、红霉素、克拉霉素、阿奇霉素和泰乐菌素）。

3. **作用于细菌细胞膜结构** 细菌细胞膜由磷脂双分子层构成。改变细胞膜的结构及其渗透性可使其丧失功能，从而发挥抗细菌作用。如多黏菌素化学结构中疏水性的尾部可与革兰氏阴性菌外膜中的脂多糖（LPS）结合，破坏细菌的外膜和内膜，造成细菌死亡。

4. **抑制细菌核酸合成** 与筛选抗病毒化合物类似，细菌 DNA 复制及转录环节中的一些酶也可作为抗菌海洋天然产物筛选的作用靶点。这包括 DNA 拓扑异构酶（topoisomerases）及 RNA 聚合酶等。如喹诺酮类抗生素可与 DNA 拓扑异构酶的 α-亚基结合发挥抑制作用；利福平则通过抑制细菌 RNA 聚合酶来抑制细菌 RNA 的合成。

5. **抗代谢物（antimetabolite）** 抗代谢物可以拮抗某个体内正常代谢物的化合物。其结构通常与其干扰的代谢物相似，因此可以对某些关键代谢步骤造成抑制作用。如叶酸是细菌合成嘌呤和嘧啶时的辅酶，磺胺类抗生素可以与对氨基苯甲酸（PABA）竞争，抑制二氢叶酸合成，从而发挥抗菌作用。因哺乳动物不合成叶酸，不受到 PABA 抑制剂的影响。

（三）抗真菌感染活性筛选策略

1. 抑制真菌细胞壁合成 真菌细胞壁由几丁质、β-1,6-葡聚糖、β-1,3-葡聚糖及甘露糖蛋白质组成。β-葡聚糖是与其他真菌细胞壁成分交联形成的大分子碳水化合物（图16-5）。β-1,3-葡聚糖合酶、几丁质合酶均可作为抗真菌活性筛选靶点。如尼可霉素就是几丁质合酶抑制剂类抗真菌药物。

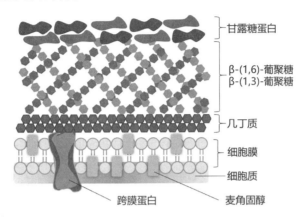

图 16-5 真菌细胞壁、细胞膜结构及成分

2. 作用于真菌细胞膜 真菌细胞膜中含有麦角固醇，它是一种存在于真菌和原生动物细胞膜中的化合物，动物细胞膜中没有麦角固醇。无法正常合成麦角固醇的真菌无法生存，因此相关生物合成酶是重要的抗真菌作用靶点（图16-6）。多烯类抗真菌药物，如两性霉素B和制霉菌素，它们的大环内酯环上均有一段疏水的长共轭链结构，可与膜内的麦角固醇发生物理结合并形成极性孔洞，导致离子（K^+ 和 H^+）等泄漏和细胞死亡。"唑"类抗真菌剂（如氟康唑、咪康唑、伊曲康唑、克霉唑和霉菌丁），则通过抑制 14α-去甲基酶来干扰羊毛甾醇转化为麦角固醇的生物合成步骤进而发挥抗真菌作用。

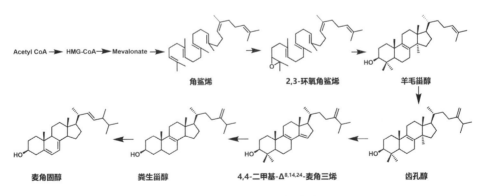

图 16-6 真菌麦角甾醇的生物合成途径

3. 作用于核酸的合成 抗真菌药物氟胞嘧啶在真菌内被转化为氟尿嘧啶，并被进一步活化为 5-氟尿苷三磷酸或 5-氟脱氧尿苷单磷酸，发挥干扰转录或复制的作用。

4. 作用于蛋白质的合成　病原真菌（如白色念珠菌）蛋白质翻译过程中的延伸因子 2（EF2）是一个有效的作用靶点。索达林类化合物就是特异性地作用于 EF2 而发挥抗真菌作用的药物。

（四）细胞毒及抗肿瘤活性海洋天然产物的发现策略

根据美国国家癌症研究所（NCI）的定义，细胞毒活性是指体外（*in vitro*）实验中对肿瘤细胞的毒性作用；抗肿瘤活性是指对试验模型的体内（*in vivo*）生物活性。依据不同类型的机制可将抗肿瘤天然产物的发现策略分为两个大的类型：一是作用于肿瘤细胞核酸合成的策略，这是经典化疗药物的主要作用机制；二是以分子靶点进行的药物筛选策略。后者通常靶向癌细胞异常表达的蛋白质分子，因而具有更好的选择性，对正常细胞的毒性相对较低。

1. 作用于核酸的合成、结构和功能

（1）抗代谢物

抗代谢药物是目前使用最广泛的抗癌药物类型之一。它们通常与嘌呤或嘧啶的结构相似，可干扰 DNA 的复制，使细胞发育和分裂发生终止。与正常细胞相比，癌细胞的分裂速度更快，因此抗代谢物对癌细胞复制的影响大于对正常细胞的影响。这使得它们具有很高的细胞周期特异性，并且可以靶向抑制癌细胞 DNA 复制。如阿糖胞苷、氟尿苷、氟达拉滨、甲氨蝶呤等均属于这类药物。以阿糖胞苷为例，它可以作用于 DNA 聚合酶以及核苷酸还原酶（图 16-7）。

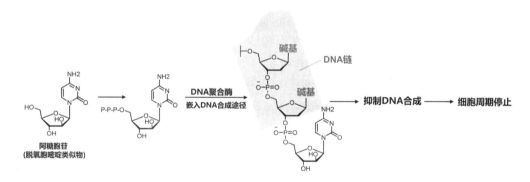

图 16-7　阿糖胞苷的抗代谢机制

（2）烷化剂

烷基化抗肿瘤药是常用的细胞抑制剂，它们通过将烷基基团共价结合到 DNA 碱基上而发挥作用。烷基化常发生在鸟嘌呤（G）上，可将烷基化的 G 切除，引起碱基错配或与其他烷基化的 G 形成交联，使 DNA 复制和转录受到抑制，并造成肿瘤细胞的凋亡。由于癌细胞通常比健康细胞增殖更快且其校正功能相对较弱，因此即使 DNA 烷基化本身不具有特异性，但癌细胞对烷基化造成的 DNA 损伤更敏感。

（3）拓扑异构酶抑制剂

拓扑异构酶（拓扑异构酶 I 和 II）通过催化 DNA 磷酸二酯主链的断裂和重新结合来控制双链 DNA 的超螺旋结构，与 DNA 的复制及转录密切相关。拓扑异构酶抑制剂引起 DNA 的单链或双链断裂，导致细胞凋亡。近年来，拓扑异构酶已成为重要的化学疗法治疗靶点。拓扑异构酶 I 抑制剂药物包括伊立替康、拓扑替康、喜树碱、地弗洛汀等；拓扑异构酶 II 抑制剂包括依托泊苷（VP-16）、替尼泊苷、阿霉素、柔红霉素、米托蒽醌、氨茶碱和玫瑰树碱等。

2. 新型抗肿瘤分子靶点

（1）激酶靶点

人体内有许多类型的激酶，其中酪氨酸激酶（TKs）、细胞周期蛋白依赖性激酶（Cdks）是最重要的抗肿瘤化合物筛选靶点。TKs 与许多信号通路的激活有关，在调节细胞增殖和癌细胞存活中起非常关键的作用。Cdks 在细胞周期进程、转录以及凋亡途径中起关键作用。哺乳动物基因组具有十二种类型的 Cdks，已成为抗癌药物开发的明星靶点。

（2）微管蛋白靶点

癌细胞的分裂和生长非常快，其细胞分裂和生长所需的关键成分之一就是微管。微管动力学调节是抗癌药物开发的重要靶标。微管是由 α 和 β 微管蛋白异二聚体缔合形成的细胞骨架结构，它们对于细胞形状的发展和维持、细胞分裂、细胞繁殖、细胞信号传导和细胞运动中起着重要作用。小分子化合物可以与微管蛋白结合，通过改变或破坏聚合态来破坏微管动力学。如紫杉醇、长春碱和秋水仙碱等均作用于微管蛋白。

（3）靶向肿瘤血管

血管网络的发展对于肿瘤的生长、发展以及转移至关重要。肿瘤血管与健康组织中的血管不同，呈现组织异常、扭曲、渗漏，包含活跃增殖的内皮细胞和不完整的基底膜。血管破坏剂（VDA）利用这些差异选择性地靶向肿瘤血管。VDA 可破坏内皮细胞骨架而使血管通透性增加和快速关闭，最终导致肿瘤核心处缺氧和坏死。VDA 类抗肿瘤药不影响周围正常组织，具有较小的毒副作用。

（4）靶向肿瘤干细胞

癌症干细胞（CSC）是肿瘤内具有自我更新能力、分化能力以及无限增殖潜力的细胞。靶向 CSC 多涉及细胞信号通路的阻断，包括 Notch 信号通路、Hedgehog 通路、Wnt 通路及 NF-κB 信号通路。四个通路相关的受体或蛋白均可作为发现抗肿瘤活性海洋天然产物的活性筛选靶点。

此外，其他抗肿瘤靶点还包括肿瘤免疫相关靶点、DNA 修复酶 PARP、端粒酶等。

第三节　高通量组学技术与人工智能在天然产物研发中的应用

一、高通量组学技术推动天然产物发现

组学（omics）技术通常指生命科学中对各类生物分子的集合所进行的系统性研究，包括基因组学（genomics）、宏基因组学（metagenomics）、转录组学（transcriptomics）、蛋白质组学（proteomics）和代谢物组学（metabolomics）等，这些研究对象的集合被称为组（以 ome 作为后缀）。

（一）基因组学与药物基因组学

基因组学是系统性研究生物体基因组（genome）中各种基因（gene）以及它们之间的相互关系的学科。与传统的遗传学针对单个基因的研究不同，基因组学研究需考虑一个物种所有的基因，涉及的数据量比较大，依赖于先进的 DNA 测序技术。由英国科学家 Sanger 发明的双脱氧链终止法（第一代 DNA 测序技术）是人类基因组计划采用的测序技术，但其低通量和高成本的特点不适用于开展大规模的基因组测序研究。进入 21 世纪以来，以 Illumina 测序技术为代表的第二代测序技术可以同时对数百万个 DNA 短片段进行测序，极大降低了测序成本。Illumina 基因组测序过程包括：①提取高纯度的基因组 DNA 样品；②打断基因组 DNA，在片段两端加上测序仪可以识别的接头序列，纯化获得可以上机的 DNA 文库；③上机测序获得读长（reads）序列信息。现在主流的做法是构建 350bp 长度的测序文库，对其进行两端测序，各获得 150bp 长度的序列信息。

Illumina 测序的局限性在于 reads 的长度短，需借助生物信息学软件对 reads 进行组装获得更长的一致性序列（contig）才能进行功能基因的预测。用于基因组序列组装的软件不少，SPAdes 是海洋微生物基因组组装的常用软件。对于普通的海洋细菌，提取基因组后构建 350bp 的测序文库，采取 Illumina 两端测序（pair-end）策略测序获得 2G 左右大小的 Fastq 原始数据，使用 SPAdes 对 reads 进行组装后一般可以获得 30 个左右大小从数 kb 到数百 kb 的 contig，这样的完整性满足天然产物合成相关基因的预测和注释等研究需求。如果希望进一步组装成完整的基因组序列，当前比较主流的做法是采用 Pacific Biosciences 公司开发的单分子实时测序系统（single molecule real time，SMRT）进行三代测序获得平均长度 10kb 左右的 reads 来帮助 Illumina 的测序数据组装成完整的基因组序列。SMRT 测序也是采用边合成边测序的原理，获得的长 reads 有利于 DNA 序列拼接，缺点是测序成本要高于 Illumina 测序。另一个重要的三代测序平台是 Oxford Nanopore Technologies（ONT）公司开发的纳米孔测序技术，该技术可以获得 100kb 以上的 reads 序列。

获得物种的基因组序列只是基因组学研究的第一步，更为重要的一步是解析基因组上的编码信息，即哪些区域编码有功能的序列元件。在基因组上，一个基因一般包括启动子区域、开放阅读框（open reading frame, ORF）和终止子区域。运用生物信息学软件预测基因组上的 ORF（包括外显子和内含子区域），是挖掘天然产物合成基因的重要途径。海洋原核生物基因组上 ORF 预测可使用 ORF finder（https://www.ncbi.nlm.nih.gov/orffinder/）等软件，真核生物可使用 Augustus（http://bioinf.uni-greifswald.de/augustus/）等。原核生物基因组比较简单，ORF 预测的准确性高。除了使用软件进行从头预测 ORF，也可以拿已知物种 ORF 序列与基因组进行比对，查找该基因组上是否存在这些 ORF 序列。序列比对最常用的软件是 BLAST（https://BLAST.ncbi.nlm.nih.gov/Balst.cgi）。BLAST 不仅可以比对 DNA 序列，也可以比对蛋白序列。将预测的 ORF 翻译成蛋白质序列后，使用 BLAST 与蛋白质序列数据库（例如 NCBI 的非冗余蛋白数据库：https://ftp.ncbi.nih.gov/blast/db/）进行比对是当前获得 ORF 生物学功能信息的最主要策略。值得注意的是，虽然序列的相似程度越高提示蛋白具有相同功能的可能性越大，但有时较小的序列差异也会引起较大的功能分化，ORF 的功能确认往往需要实验上的验证。海洋放线菌属 *Salinispora* 是一类次级代谢产物非常丰富的细菌，已有超过 100 株的 *Salinispora* 属菌株被基因组测序。Letzel 等[8] 在 119 个 *Salinispora* 属放线菌基因组上发现了 176 个生物合成基因簇（AntiSMASH 和 NaPDoS 两种软件预测），其中只有 24 个已发现明确的产物，表明大量基因簇的产物还有待进一步挖掘。

（二）宏基因组学发现未培养微生物天然产物合成基因

宏基因组学由美国学者 Handelsman 于 1998 年提出，是指对生境中所有微生物的总基因组 DNA 进行测序和功能研究，克服传统可培养方法的局限性，提高微生物药物合成基因的发现概率。基于测序的宏基因组学主要分为两类：标签序列测序和全基因组测序。标签序列 (例如 16S rRNA) 测序主要是为了获得样品中物种多样性的信息。全基因组测序除了解析物种多样性之外，还可以获得微生物的基因序列及生态学功能信息。海洋样品的宏基因组的研究过程一般包括：①获得和收集海洋环境样品；②提取样品中的基因组 DNA；③构建标签序列或全基因组测序文库；④上机进行高通量测序；⑤分析群落多样性及其他信息。美国加州大学伯克利分校的研究人员在美国加州北部的一处草地下 4~16 英寸获得 60 个不同的泥土样品，对其进行宏基因组测序后能够组装出大约 1000 种不同细菌和古菌的基因组，分析发现其中 360 种微生物可能会产生抗生素等复杂天然产物分子[9]。在获得宏基因组序列和鉴定其中可能的天然产物合成基因后，可以通过体外合成基因转至模式底盘微生物中表达，随后通过生化和代谢产物分析等手段确定基因的功能，分析其是否具有合成特定活性天然产物的能力。该研究技术同样适用于海洋来源样品的天然产物合成基因挖掘。海绵共生的微生物的宏基因组学研究，是探索海绵独特活性的小分子物质及其对应的未知功能基因的重要手段。例如，Rust 等[10] 对来源于新西兰的 *Mycale hentscheli* 海绵样品进行了宏基因组 Illumina 测序，利用 metaSPAdes 软件对 reads 进行了组装，获得了包括 20 种以上微生物的基因组 contig 序列，使用软件 antiSMASH 对大于 1500bp 的 contig 序列进行生物合成基因簇预测。研究者除了从中鉴定聚酮类化合物 mycalamide A、pateamine A 和 peloruside A 的合成基因之外，还挖掘出相当丰富的其他类型生物合成基因簇，也进一步证明了海绵共生微生物具有极强的次级代谢产物合成潜力。

转录组学是在整体水平上研究细胞中基因表达及调控规律的学科。它可以使我们获得基因的表达水平差异、基因的可变剪切方式以及不依赖于基因组序列的基因融合和变异等信息。大约十年前，基因芯片是转录组学研究的主要技术载体，随着高通量测序的发展，RNA-seq 已经成为当前转录组研究的主流技术手段。RNA-seq 的基本流程是：①提取细胞内的总 RNA，从中纯化 mRNA；②将 mRNA 逆转录成 cDNA；③对 cDNA 进行建库和上机测序；④通过将测序得到的 reads 与参考基因进行比对来获得深度等信息，进而分析基因的表达水平和 mRNA 转录后的加工方式。由于细胞只有在天然产物合成基因转录后才具备合成天然产物的能力，RNA-seq 成了检测生物合成基因表达水平和 RNA 剪切加工方式的重要手段。Amos 等[11] 对海洋专性放线菌属 *Salinispora* 中的四种菌进行了 RNA-seq 实验，发现其中一个聚酮类生物合成基因簇 STPKS1 在菌株 *S.*

pacifica CNT-150 中具有表达活性，但在另一株菌 *S. tropica* CNB-440 中没有表达。结合基因组序列比对，Amos 等发现在 *S. pacifica* CNT-150 中基因簇 STPKS1 上游存在 *araC* 转录激活因子，但 *S. tropica* CNB-440 中的 *araC* 被一个转座子替代了。这项研究提示转录组学研究可以发现基因簇表达沉默的机制。

（三）化学蛋白质组学鉴定天然产物作用靶点

蛋白质组学是 20 世纪 90 年代提出的概念，是以蛋白质组为研究对象，研究细胞、组织或生物体蛋白质组成及其变化规律的学科。化学蛋白质组学是蛋白质组学的一个分支，是研究小分子药物作用靶点（通常是蛋白）的重要技术手段。这项技术的基本流程是：①合成与待研究药物结合的化学探针，例如荧光亲和探针，用于靶蛋白的后续分离或检测；②将探针标记的药物与总蛋白进行孵育；③使用亲和层析等方法纯化可与药物相结合的蛋白；④使用 LC-MS/MS 等方法对富集的蛋白质进行检测，如果对蛋白进行同位素标记，还可以实现蛋白的相对定量分析。化学蛋白质组学技术的一个成功例子是我国学者陈竺和陈赛娟院士带领的团队解析了三氧化二砷（砒霜）通过直接与癌蛋白 PML-RAR 的 PML 端的"锌指"结构中的半胱氨酸结合，诱导蛋白发生构象变化和多聚化，随后被 SUMO 和泛素化修饰而被蛋白酶体降解，从而在治疗急性早幼粒细胞性白血病中发挥作用[12]。同样，化学蛋白质组学也可以运用于海洋天然产物的靶蛋白确认。Cassiano 等[13] 运用该技术找到了一种海洋来源的硫化三环萜 suvanine，它可以结合热激蛋白 Hsp60 并抑制其活性，进而发挥抗炎症作用。

二、人工智能在天然产物研发中的应用

新药研发存在周期长、成本高和成功率低等风险，一般一种新药从研发到上市需要数十亿美元和 10 年以上的时间。计算机辅助药物设计，包括传统的分子对接、药效团匹配和相似性搜索，能有效地缩短药物研发时间，提高上市成功率。近年，随着大数据时代的到来和计算机性能的提升，人工智能（artificial intelligence，AI）中的机器学习算法为天然产物发现和药物开发提供了新思路。

（一）机器学习和深度学习

机器学习 (machine learning) 是实现人工智能的重要技术，常用的机器学习算法包括线性回归、逻辑回归、决策树、随机森林、支持向量机、神经网络和朴素贝叶斯算法。简单地说，机器学习就是用算法来解析数据、从中学习找规律，并通过找到的规律对新的数据进行分析。深度学习是机器学习的一个分支，包括深度神经网络、卷积神经网络、循环神经网络、自编码器和图卷积神经网络。借助当前强大的计算机性能和图形处理单元（graphics processing unit，GPU），深度学习模型助力药物研究迎来了很大的发展机遇。深度学习和机器学习中的"神经网络"的概念，最早受启发于人脑神经系统。早期的神经科学家构造了一种模仿人脑神经系统的数学模型，称为人工神经网络，简称神经网络。在机器学习领域，神经网络是指由很多人工神经网络构成的网络结构模型，这些人工神经元之间的连接强度是可学习的参数。

神经元是神经网络进行信息处理的基本单位，其主要功能是模拟生物神经元的结构特性，接收输入信号并产生输出。生物学家在 20 世纪初就发现了生物神经元的结构。1943 年，心理学家 McCulloch 和数学家 Pitts 根据生物神经元的结构，提出了一种非常简单的神经元模型——MP 神经元。一个基本的神经元包括 3 个基本组成部分：输入信号、非线性激活函数（将输入映射到输出端）和输出信号。

通过将神经元进行堆叠可以得到单个隐藏层的感知器，而在应用中，往往会由多个隐藏层构成多层感知机（multi-layer perceptron，MLP），也称为前馈神经网络。最近十多年来，人工神经网络的研究工作不断深入，已经取得了很大的进展，其在模式识别、智能机器人、自动控制、预测估计、生物、医学和经济学等领域已成功地解决了许多现代计算机难以解决的实际问题，表现出了良好的智能特性。

（二）天然产物合成基因簇的挖掘

参与次级代谢产物合成的酶通常以成簇的方式坐落于基因组上，称为生物合成基因簇（BGCs）。从海洋生物基因组或宏基因组数据中发现天然产物 BGCs 是开发海洋药物的重要环节之一。早期，人们主要依赖于正向遗传学（forward genetic approaches）的方法展开 BGCs 的鉴定。组学技术、基因编辑技术和生物信息学的发展，为运用反向遗传学方法（reverse genetic approaches）发掘 BGCs 提供了极大的便利。例如，在获得基因组序列后，我们可以通过序列比对软件 BLAST 将其与已经确认的 BGCs 或者 BGCs 中的关键酶进行比对，从中找到可能编码 BGCs 的区域。这种基于序列相似性的发掘方法在发现新 BGCs 的能力上非常局限。近年采用了机器学习的算法有效地提升了发现新的BGCs 的能力。现在广泛使用的 antiSMASH 是目前预测生物合成基因簇最流行的工具之一，它使用了 ClusterFinder 技术，即借助了机器学习中的隐马尔可夫（hidden Markov model，HMM）算法。HMM 模型是比较经典的机器学习模型，它的一个明显缺陷是下一个状态的概率分布只由当前状态决定，无法记忆位置依赖效应（position dependency effect）。由于 BGCs 中的基因存在关联性，HMM 的无记忆性无法运用这种关联性，这在一定程度上限制了其检测 BGCs 的能力。

循环神经网络（recurrent neural network，RNN）是深度学习的一类算法。它主要用于处理序列数据，比如时间序列数据、基因和蛋白质序列数据或分子线性输入字符串（SMILES）等。与普通的前馈神经网络不同，RNN 在其隐藏层的各节点之间建立了连接，使一个节点的输入不仅包括输入层的输出，还包括上一时刻隐藏层节点的输出，这是 RNN 可用于处理序列数据的重要原因，同时 RNN 也是唯一一个具有记忆功能的神经网络，但是 RNN 很难学习到时间久远的信息，也就是长期依赖的问题。举一个生动的例子，RNN 预测"这块冰糖味道真？"中问号是什么词，容易得到"甜"。但对于一个长句"他吃了一口菜，被辣得流出了眼泪，满脸通红。旁边的人赶紧给他倒了一杯凉水，他咕咚咕咚喝了两口，才逐渐恢复正常。他气愤地说道：这个菜味道真？"，此时对问号的预测是比较难的，因为出现了长期依赖，预测结果要依赖句子前面"辣"还有"眼泪"等词，而中间间隔较长，RNN 很难学习到这种信息，导致长期记忆失效。基于RNN 的改进算法，如长短期记忆网络（long short-term memory，LSTM）和 GRU（gated recurrent unit）算法较 RNN 在预测 BGCs 上更具优势。

最近，Hannigan 等人提出了一种基于深度学习的 BGCs 发现策略，较之传统的
BGCs 识别算法提高了预测的准确率以及推断新 BGCs 的能力。这种策略的流程如下：
①采用 Prodigal 工具预测微生物基因组上的 ORF；②使用 HMMER 工具预测蛋白质结
构域，并将蛋白质结构域按照基因序列排序；③将蛋白质结构域序列输入到 BiLSTM
模型中，预测得到每个蛋白结构域所对应的基因序列是否属于 BGCs；④对预测出的
BGCs 进行一定过滤；⑤采取随机森林的算法对 BGCs 的类型进行判别。此项工作中的
一个关键问题是该如何去表征一个蛋白质结构域让机器学习识别。在自然语言处理领
域，例如上面提到的预测句子下一个词的任务，预测的流程是将句子进行分词，把"这
块冰糖味道真甜"拆分得到"这""块""冰糖""味道""真""甜"这样的词语序列。模
型的输入是只接受数值型输入，而上面得到的词语，是人类的抽象总结，是符号形式
的，则需要将它们转换成数值形式，或者说是需要用一个向量去表征的，这样的向量
称为词向量。如今计算词向量的工具有很多，例如 word2vec[14]。再看到上面的问题，
Hannigan 便是采用处理自然语言的方式去处理蛋白质结构域。每个微生物的基因组是一
篇"文档"，而蛋白质结构域是"文档"中的一个"单词"，再利用 word2vec，就能得到蛋
白质结构域的"词向量"。在得到可表征蛋白质结构域的向量后，便可以将蛋白质结构
域序列输入到深度学习的模型中。Hannigan 的模型采用了 BiLSTM，后面加上 sigmoid
激活函数，这样在输入一个蛋白质结构域序列后，每个蛋白质结构域都会对应得到一个
0 到 1 的连续值，代表的是该蛋白质结构域所对应的基因序列属于 BGCs 的概率。在得
到概率之后，计算每个 ORF 中蛋白质结构域的平均分数，并根据给定的阈值筛选出较
为可能属于 BGCs 的基因序列，如若存在两段连续的高概率的基因序列则将其合并。最
后，通过一些规则，比如筛去核苷酸数量少于 2000 的序列以及预测 BGCs 中含有未知
的生物合成域，最终得到预测结果。

（三）天然产物性质预测和活性筛选

药代动力学性质不理想是药物在临床研究阶段研发失败的主要原因。在药物研发早
期阶段对化合物成药性和安全性进行评估，对于提高药物研发成功率、降低研发成本具
有十分重要的意义。在天然产物发现到研制成药的过程中，必不可少的一项任务是确定
天然化合物的性质以及分子活性筛选。之前分子活性筛选的工作都是通过化学实验的方
式，这种方式耗时耗力，于是有了后面利用计算机做模拟的虚拟筛选。图 16-8（a）是
目前人工智能应用于分子活性筛选的建模过程，可以分两步：①首先做化合物的分子表
征，早期会采用人工提取特征的方式，例如分子指纹之类的描述子(descriptors)，后面出
现了利用深度学习做分子的特征抽取；②有了分子表征，就可以对接机器学习的模型做
具体任务学习，预测分子活性及其他性质。

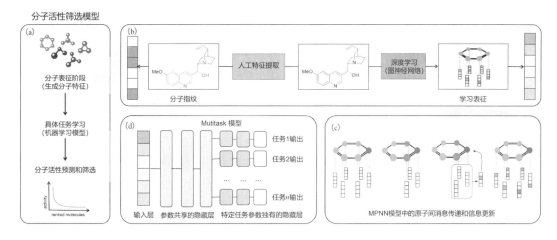

图 16-8 分子活性筛选任务建模过程

在传统的化合物性质预测任务中，通常会利用化合物分子指纹作为化合物结构的表征（representation），再结合机器学习算法（例如神经网络）来建立预测模型。图 16-8（b）的左半部分是传统计算分子指纹的方式，而计算分子指纹的算法有许多，其中 ECFPs（extended-connectivity fingerprints）是当下使用最多的构建化合物定量构效关系（QSAR）模型的分子指纹[15]。ECFPs 算法的大致过程为：根据化合物拓扑结构构建成图（graph），图上节点代表原子，两个节点之间的边代表化学键，每个节点都分配一个唯一的标识符（可视为节点的特征）；每一次迭代中每一个节点都聚集、拼接邻居节点的特征，利用一个固定的 Hash 函数作用于拼接的特征上，结果更新为新的特征；经过 K 次迭代后，将图上节点特征转换为一个固定长度的关于分子图的特征，即为分子指纹。这样的算法流程，与近些年提出的图神经网络（graph neural networks, GNN）在本质上有着很多相似之处。

GNN 是一项适用于图数据的技术，可以处理具有显式关联结构的数据，如社交网络。近年来，GNN 在生物化学领域的分子指纹识别、药物分子设计、疾病分类中也有重要应用。GNN 本质上就是一个迭代式地聚合邻居的过程，这启发了一大类模型对于这种聚合操作的重新设计，这些设计在某些方面大大加强了 GNN 对于图数据的适应性。传统的 ECFPs 算法存在着一些缺陷：分子指纹向量维度较大，下游任务的计算时间复杂度较高；解释性较差，不同片段的分子指纹无法计算相似度。Duvenaud 等[16] 提出了一种 GNN 变体，将 convolutional network 拓展到图结构上，对 ECFPs 算法过程进行改进。相对应地，ECFPs 算法拼接阶段替换成了邻接节点求和；聚合阶段固定的 Hash 函数替换成了可学习的 smooth 函数；节点特征映射为分子指纹向量阶段，采用可学习的 softmax 函数代替，即对每个节点进行 softmax 分类，各原子分类产生的向量求和并作为分子最后的特征。由此产生的分子指纹结合下游任务（预测化合物活性等）实现端到端学习，使得模型预测分子性质的效果更好且高效。

本质上讲，GNN 模型的学习就是图上节点消息传递的过程。Gilmer 等[17] 从聚合与更新的角度归纳总结了 GNN 模型的几种变体，提出了消息传播神经网络（message passing neural network，MPNN），通过消息传递机制对多种 GNN 模型做了总结。作者将 MPNN 模型应用于化合物分子活性筛选，取得了不错的效果。MPNN 模型的输入为原子特征、化学键特征（由 RDkit 工具计算得到）以及分子结构，经过两个阶段计算：消息传递阶段（message passing phase）和图读出阶段（readout phase），最后得到分子表征。图 16-8（c）是 MPNN 模型中原子间消息传递和信息更新的示意图。在消息传递阶段，原子新的表示向量通过消息函数 M（message）和更新函数 U（update）进行 K 轮消息传播机制的迭代后得到；在图读出阶段，使用读出函数 R 对分子图上各个原子的特征进行聚合，得到分子层面的特征。因为传统的分子指纹计算是一种人工提取分子特征的方式，需要专家花费大量时间去寻找与分子性质强相关的特征，而这种直接通过深度学习获取分子表征的方式，节省了大量人力，是当前化合物活性预测和筛选工作的趋势。

尽管深度学习带来的分子表示学习在许多任务上有着不错的表现，但依旧没有定论证明这种方式一定优于传统的特征提取方式。Yang 等[18] 最近发现在一些小数据集的任务中传统方式提取的特征反而表现更好。通过 MPNN 模型提取的分子表征往往只携带局部信息，这就意味着在一些依赖于全局信息的任务上很难取得好的表现，而人工提取的一些特征会携带全局信息，因此提出一种将分子表示学习得到的特征与人工提取的特征融合的方式去提升模型的性能。另外，也对 MPNN 模型做出了一些改进，将化合物分子图考虑成有向的结构，提出了 DMPNN 模型。它与 MPNN 模型的区别在于 MPNN 的消息函数和更新函数是作用在原子特征上的，而 DMPNN 的消息函数和更新函数是作用在化学键特征上的，避免了不必要的消息冗余。Stokes 等[19] 运用 DMPNN 预测了已知化合物的抗菌活性，从中发现了一种具有广谱抗菌作用的全新抗菌化合物 halicin。

在对天然产物分子进行表示学习后，第二阶段的工作对接学习模型进行活性预测。近年一些主流的工作是将多任务学习（multi-task learning, MTL）应用于化合物分子性质预测及活性筛选。分子活性筛选任务中一个突出的问题是数据不平衡。对于一个靶点，能与其交互的分子是很少的，这意味着在预测分子在一个靶点是否存在活性的单独任务（single-task）中，用于训练模型的数据集将出现不平衡的问题，这就会导致模型训练时出现过拟合（over-fitting）的问题，换句话说模型的泛化能力较差。Unterthiner 等[20] 提出了用 MTL 去缓解模型训练的过拟合问题，提高模型的泛化能力。MTL 与常规的 single-task learning 的区别就在于模型中包含了多项任务，通过进行一定程度不同任务之间的参数的共享，可能会使原任务泛化能力更好。图 16-8（d）是 Unterthiner 设计的 MTL 模型，采用的是参数硬共享（hard parameter sharing）。原先的前馈神经网络层中的参数对于所有任务是共享的，也就是说在经过前馈神经网络后得到的是一个共享的分子表征，在特定任务层，采用 sigmoid 函数，使用的则是自己独有的参数。这种情况下，共享参数的过拟合概率会降低，模型的性能也因此得到了提高。关于 MTL 在化合物分子活性筛选中的应用，Ramsundar 等[21] 进行了大量的对比实验，得出了几个对于活性筛选任务比较有意义的结论：task 和 data 是两个影响模型性能比较重要的因素，随着 task 和 data 数量的增加，模型的性能增益会衰减，但性能依旧会提高；MTL 模型中抽取出的特征，具有转移性（transferability），这种性质带来的好处在于可以将 MTL 模型抽取出的特征做迁移学习（transfer learning）。简单地说，利用包含了许多任务的 MTL 模型抽取出的特征可用于其他任务的预测。

（四）化合物蛋白质相互作用识别

识别化合物与蛋白质相互作用（CPI）是药物发现和化学基因组学研究中的一项关键任务。目前，大部分蛋白质的 3D 结构是未知的，这就需要研究仅利用蛋白质序列信息预测 CPI 的方法。CPI 需要同时考虑化合物分子和蛋白质的信息，信息提取和处理方法在上文已作介绍。然而，基于蛋白质序列的 CPI 模型可能会面临一些问题，包括使用不恰当的数据集、隐藏的配体偏差以及不恰当地分割数据集，从而导致高估了模型的预测性能。为了解决这些问题，在最新的研究成果中，Chen 等[22] 构建了专门用于 CPI 预测的新数据集，提出了一种新型的 transformer 神经网络称为 transformersCPI，并引入了更严格的标签反转实验来测试模型是否学习了真实的相互作用特征并对预测结果进行了可视化操作及分析。

transformerCPI 整体结构采用 encoder-decoder 模型[23]，它也叫作编码 - 解码模型，是一种应用于 seq2seq 问题的模型。seq2seq 是什么呢？简单地说，就是根据一个输入序列 x，来生成另一个输出序列 y。seq2seq 有很多应用，例如机器翻译、问答系统等。在翻译中，输入序列是待翻译的文本，输出序列是翻译后的文本；而在 CPI 中，输入是蛋白质序列和化合物分子序列，而输出是化合物与蛋白质的交互序列。为了解决 seq2seq 问题，人们提出了 encoder-decoder 模型，所谓编码就是将输入序列转化成一个固定长度的向量；解码就是将之前生成的固定向量再转换成输出序列。在 TransformerCPI 模型中，编码部分的输入是蛋白质序列向量，其中编码部分包含一层 gated 的一维卷积，目的是抽取出一个抽象的蛋白质表征；在解码部分的输入是抽象的蛋白质表征和化合物分子表征，其中解码部分包含一层 transformer 模型[24]，输出一个化合物分子与蛋白质的交互序列。对化合物与蛋白质交互序列进行加权求和，得到最后的交互特征向量，后接全连接层，便能预测得到较为准确的化合物与蛋白质相互作用的概率。因此，在应用深度学习解决药物研发任务中，不仅需要新的深度学习方法，还需要新的验证策略和实验设计。

第四节　海洋化学生态学与海洋天然产物发现

海洋化学生态学是化学生态学领域一个快速发展的分支学科。它是研究海洋生态环境中的有机生命体如何使用化学物质来取食、交流、防御、繁殖及进化的一门学科。与陆地生态系统一样，化学信号物质构成了海洋生态环境中生物与生物、生物与环境之间主要的交流语言。对于这些语言分子的理解加深了我们对海洋生态系统中生物群落的进化、组织、结构及生态学功能的理解。这些海洋生态功能分子往往具有新颖的化学结构和优良的生物活性，已经成为一个重要的活性天然产物来源。

一、海洋生物种内作用功能天然产物的发现

（一）与海洋生物繁殖相关的天然产物

生物的一个关键特征是它们可与自身物种内的其他个体通过产生和感知化学物质

而发生相互作用。在很多生物的生命周期中，尤其是有性生殖期，种内交流是至关重要的，而这种相互作用通常是由信息素（pheromones）介导的。信息素与体内激素不同，它们被分泌到环境中，并特异性地作用于其他同种生物个体。信息素是真核生物维持种群稳定而进化形成的生存机制，对有性繁殖过程中信息素的研究对于理解基本的海洋生物学过程具有至关重要的作用。

有些绿藻通过有性生殖度过不利的生存环境。例如当环境中氮素缺乏时，单细胞绿鞭毛藻（*Chlamydomonas allensworthii*）的雌性配子可以产生一种氢醌苷类化合物 lurlene 来吸引雄性配子。如 lurlenic acid 可在低至 1 pM 的浓度下发挥作用[25, 26]。其他类似的藻类采用 lurlenol 作为信息素来吸引异性配子[27]。虽然它们的结构非常相似，但具有很好的种属特异性，未见造成不同物种之间的交叉交配现象[28]。与此类似，硅藻（*Seminavis robusta*）使用二 -L- 脯氨酰二酮哌嗪来感知并找到它们的交配伙伴，该代谢物是硅藻中发现的第一个信息素类化合物[29]。

R = COOH: lurlenic acid
R = CH$_2$OH: lurlenol

di-L-prolyl diketopiperazine

（二）群体感应（quorum sensing，QS）功能天然产物

群体感应是一种生物个体通过基因表达调控识别并响应群体密度的能力。许多细菌具备这种能力，其中第一个群体感应现象发现于海洋费氏弧菌（*Vibrio fischeri*），这是一种在乌贼、鱼等发光动物发光器官中的共生细菌。无论在实验室培养条件下还是在自然环境中，只有当其种群数量达到一定阈值（$\approx 10^{11}$ 个细胞 / mL）时，才会启动荧光素酶（luciferase）的转录，引发生物发光。这一过程是由 *lux* 操纵子控制的：在发光反应中，长链脂肪醛（如肉豆蔻醛）被氧化为长链脂肪酸（如肉豆蔻酸）[图 16-9（a）]。这一过程是由一种称为"自诱导剂"（autoinducer）的小分子化合物——高丝氨酸内酯（HSL），诱导并启动的。已发现的数十个 *lux* 同源操纵子均可被 N- 酰基 - 高丝氨酸内酯（AHL）诱导启动，统称为 AHL 群体感应网络。AHL 是 *luxI* 基因编码的蛋白合成的代谢物，它与无活性的激活蛋白 LuxR 结合后使其转化为活性形式，激活 *luxI* 的转录。因 *luxI* 与编码荧光素酶的相关基因（*luxC*、*luxD*、*luxA*、*luxB*、*luxE*）的转录是连锁的，这意味着它们同时被转录为同一条多顺反子 mRNA。所以，当细菌密度低的时候，*lux* 操纵子处于本底表达水平，AHL 生物合成较少，无法有效活化激活蛋白，生物发光反应无法发生；随着细胞密度增加，AHL 浓度提高到临界水平，*lux* 操纵子转录水平显著提高，诱导生物发光现象[图 16-9（b）]。除 N-(3-氧代-己酰基)-高丝氨酸内酯（1）外，其他不同酰基取代的 AHLs（1~9），均可诱导群体感应[图 16-9（c）]。

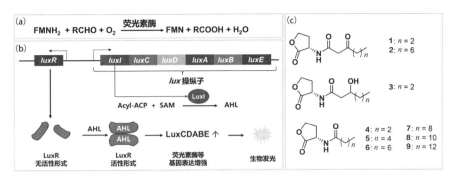

图 16-9 （a）荧光素酶以脂肪醛为底物催化的氧化发光反应式；（b）*lux* 操控子调控的群体感应机制；
（c）已发现的酰基高丝氨酸内酯类化合物（AHLs）（1~9）

二、海洋生物种间作用功能天然产物的发现

（一）互利与共生关系海洋天然产物

互利共生关系通常包括防御性互利共生关系和营养性互利共生关系，两种互利关系均有充分的实验证据支持。在防御性互利共生关系中，共生微生物为宿主产生具有防御作用的化合物；作为回报，细菌从宿主处获取营养物质和栖息庇护。在营养性互利共生关系中，共生微生物和宿主之间彼此交换营养，这种关系多体现在基本营养元素（如氮）的供给方面。在防御性互利共生关系中，防御不仅包括对病原菌及捕食者的防御，还包括对环境胁迫因素的防御。在紫外线照射强烈的热带海洋地区，有些海洋生物会利用类菌孢素氨基酸（mycosporine-like amino acids, MAAs）防护紫外照射。常见的 MAAs 包括 shinorine 和菌孢素甘氨酸（mycosporine glycine）等。例如，在珊瑚-鞭毛藻的共生体中，鞭毛藻为珊瑚合成 MAAs 防护紫外线照射。

海洋甲壳类动物和表生细菌之间的共生关系属于典型的病原菌防御共生关系。如病原真菌 *Lagenidium callinectes* 可感染许多甲壳类动物的，但巨指长臂虾（*Palaemon macrodactylus*) 的胚胎对这种病原菌具有很强的抵抗能力，它们的体表总能分离得到一种表生细菌（*Alteromonas* sp.）。如果将这些细菌除去，它们将失去对 *L. callinectes* 的抵抗能力而很快死去。最终从该表生细菌中发现了 2,3- 吲哚二酮（isatin），它为长臂虾的胚胎提供了化学防御保护[30]。

草苔虫素（bryostatins）是一类大环内酯类化合物，最初分离自海洋多室草苔虫 *Bugula neritina*。后来从其体内发现了一株共生 γ-变形菌 *Candidatus Endobugula sertula*[31]，并从中克隆了草苔虫素生物合成的关键基因 *bryA*[32] 及完整的基因簇[33]。这说明这类化合物实际上是其共生微生物产生的，而非最初认为的宿主产生的。

海鞘素（ecteinascidin）是另一类著名的防御性海洋天然产物，它们最初分离自红树海鞘（*Ecteinascidia turbinate*）。海鞘素类化合物可使海鞘幼虫免受针鱼（*Lagodon rhomboides*）的捕食[34]。后来，在海绵、烙印盘海蛞蝓（*Jorunna funebris*）及海洋细菌中均发现了海鞘素类化合物。它们之间巨大的种属差异使人们怀疑微生物才是海鞘素类化合物的真正产生者。最终，在可产生 ET-743（一种海鞘素）的被囊动物的细胞间发现了一株γ-变形杆菌 *Candidatus Endoecteinascidia frumentensis*[35]。它含有可以垂直传播的

ET-743 生物合成基因簇（173 kb），且在其全基因组中的占比高达 27%！说明该菌株已进化成为宿主的专性共生菌，专性生产防御代谢物 ET-743[36, 37]。

shinorine　　　菌孢素甘氨酸　　　2,3-吲哚二酮　　　草苔虫素　　　ET-743

（二）营养互利共生作用

共生物生物和宿主之间彼此交换营养是互利共生关系中普遍存在的现象。比如自养型的蓝细菌通常提供固定碳的作用来换取宿主提供的保护或者氮等营养元素。已经发现了许多共生微生物可在宿主动物中产生生物活性天然产物，这些天然产物本身对共生关系的生态学作用并不清楚。掘海绵科（dysideidae）海绵是已知含多溴二苯醚（polybrominated diphenyl ethers, PBDEs）最多的海洋动物，如 2-(2′, 4′- 二溴苯基)-4, 6- 二溴苯酚在 *Dysidea herbacea* 中的含量可达其干重的 12%[38]。后来发现其共生的丝状蓝细菌 *Hormoscilla spongeliae* 才是该化合物的真正生产者[39, 40]，但 PBDEs 的生态学功能尚不清楚。除了卤化物外，共生蓝细菌还为海绵宿主产生了很多其他类型的代谢物。如海绵 *Lendenfeldia chondrodes* 的共生蓝藻 *Synechosystis* 可为宿主产生毒素化合物 dysiherbaine[41]。

原绿藻属单细胞藻类可与二段海鞘科被囊动物形成特异性的共生关系，并且已经发现了许多原绿藻可以从亲本垂直传播到下一代。在这种共生关系中，原绿藻可以为宿主动物提供大部分的营养需求，包括光合作用产物及营养元素；作为回报，原绿藻可得到宿主分泌的无机营养成分，包括 NH_3 及 PO_4^{3-} 等[42]。从宿主动物中通常会发现含氮化合物，如 patellamide A 和 trunkamide。这些化合物确切的生态学功能还不清楚。由于它们通常对哺乳动物具有细胞毒性，所以被认为是具有化学防御功能的海洋天然产物。如从海鞘（*Lissoclinum patella*）- 原绿藻（*Prochloron didemni*）共生体中发现了 patellamides 化合物，后来在藻体基因组中发现了其生物合成基因簇（*pat*）[43]。

此外，关于船蛆（shipworm）- 细菌之间的共生关系的研究也较为深入。船蛆是 Teredinidae 科的海洋双壳软体动物，它们可钻入并破坏浸在海水中的木材，所以也被称为"海洋白蚁"。船蛆本身并不能消化木材中的纤维素，它们依靠密集地分布在腮内的共生细菌（*Teredinibacter turnerae*）所提供的纤维素酶来降解纤维素。基因组测序发现，*T. turnerae* 具有产生次级代谢产物的巨大潜力。已经分离出的化合物包括含硼化合物 tartrolon E[44]。tartrolon 类化合物的生态学功能尚不清楚，它们可能发挥了使船蛆的消化器官免受其他有害细菌侵害的作用。

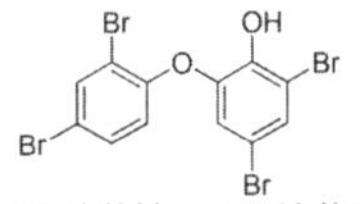

2-(2',4'-二溴苯基)-4,6-二溴苯酚 (19)

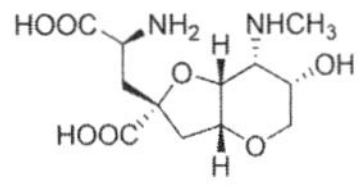

dysiherbaine 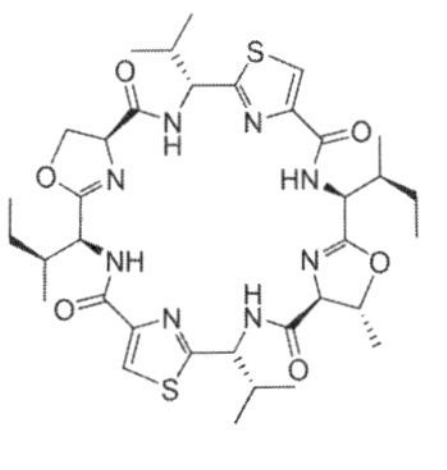　　patellamide A 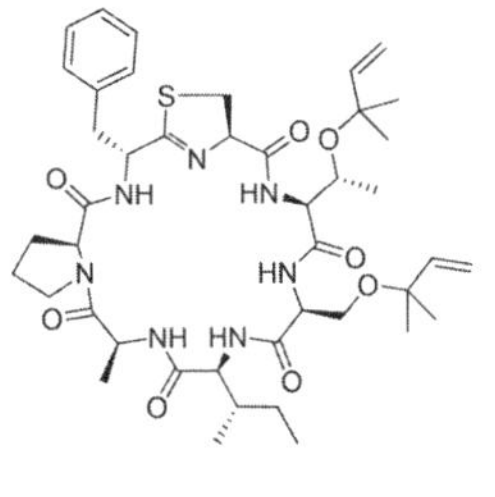　　trunkamide 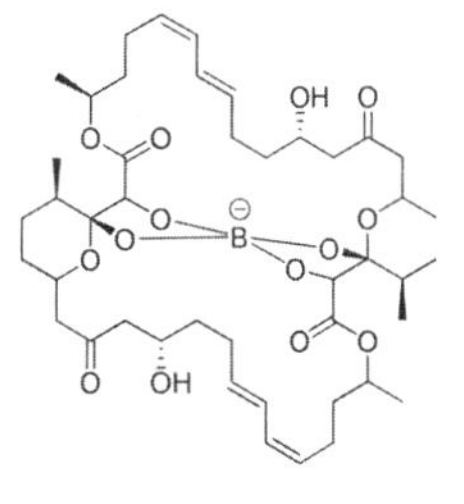　　tartrolon E

以上研究表明了海洋天然产物对于维系特定海洋生态关系具有重要的生态学意义，这些特殊生态学关系为我们发现新型功能性天然产物提供了丰富的资源。

（三）海洋生态功能天然产物作为新型海洋药物或先导化合物的机遇与挑战

海洋生态环境中孕育了复杂的生态学关系，然而人类对它们的化学本质仍然知之甚少，这不仅是一个新兴的化学生态学领域，也是一个以功能天然产物分子（如海洋药物等）为导向的新研究领域。例如，前文所述的草苔虫素是一类蛋白激酶 C 调节剂，对多种疾病表现出良好的治疗作用。它作为抗肿瘤药物、抗 HIV 药物及抗阿尔茨海默病药物的开发已经进入临床研究阶段。海鞘素 ET-743（trabectedin）可以通过共价键作用于 DNA 双螺旋结构的小沟并影响邻近的核蛋白[45]。作为软组织肉瘤抗癌药物，ET-743 已在美国、欧洲等国家和地区获批上市，商品名为 Yondelis。ET-743 还正在作为治疗乳腺癌、前列腺癌和小儿肉瘤等药物进行临床试验。实际上，由于海洋共生体的共进化作用普遍采用了基于代谢物介导的化学生态学过程，已经报道的具有化学生态学作用的海洋天然产物基本都表现出了良好的生物学活性，已经成了药物先导化合物的一个重要来源。

本领域的研究仍然面临着诸多挑战，这包括共生生态学关系的确立、共生体双方化学交流分子的确定等。首先，尽管当前对于微量天然产物的分离和鉴定手段已经非常成熟，但仍然难以确定海洋生物样本中化合物的真正产生者；其次，某些共生微生物难以从宿主中分离出来，而且往往无法单独培养，造成无法直接获取共生微生物代谢产物的困难；最后，即使获取了共生微生物的代谢产物，要表征其生态学功能仍然存在极大的困难。得益于分子生物学和高灵敏度分析技术的进步，以往难以解决的技术性问题逐渐可以得到解决。例如高分辨质谱技术的发展使得微量代谢物分子的定性、定量、定位乃至可视化成为可能。这使我们能够更准确且快速地确定特定代谢在生物体内的分布情况。同时，得益于生物信息学及多组学技术的发展，尤其是宏基因组学和测序技术的进步，使我们更容易获得特定生物的基因组序列，这从生物合成的源头上为我们确定代谢物的产生者及其生物合成机制提供了可靠的保障。因此，尽管仍然面临着诸多挑战，海洋化学生态功能分子仍然是一个极具吸引力的天然产物化学研究领域。

◎ **思考题**

1. 通过活性发现海洋天然产物的优势和局限性是什么？

2. 高通量组学技术对天然产物研究有什么积极作用？

3. 人工智能技术可以在哪些方面帮助海洋药物的研发？前景如何？

4. 天然产物化学、化学生态学、分子生物学、多组学技术怎样促进了对生态学功能海洋天然产物的发现？

◎ **进一步文献阅读**

1. Colegate S M, Molyneux R J. 2008. Bioactive Natural Products: Detection, Isolation, and Structural Determination[M]. Second ed. Boca Raton: CRC Press.

2. 梁礼，邓成龙，张艳敏，等 . 2020. 人工智能在药物发现中的应用与挑战 [J]. 药学进展 , 44(1):18-27.

◎ **参考文献**

[1] Booth D J, Poloczanska E, Donelson JM, et al. 2018. Biodiversity and Climate Change in the Oceans, in Climate Change Impacts on Fisheries and Aquaculture: A Global Analysis [M]. Phillips B F, Pérez-Ramírez M. Hoboken, NJ: John Wiley & Sons Ltd.

[2] Bergmann W, Feeney R J. 1950. The isolation of a new thymine pentoside from sponges [J]. Journal of the American Chemical Society, 72(6): 2809-2810.

[3] Wildey M J, Haunso A, Tudor M, et al. 2017. Chapter Five-High-Throughput Screening, in Annual Reports in Medicinal Chemistry[M]. R. A. Goodnow: Editor Academic Press.

[4] Szymański P, Markowicz M, Mikiciuk-Olasik E. 2012. Adaptation of high-throughput screening in drug discovery—toxicological screening tests[J]. International Journal of Molecular Sciences, 13(1): 427-452.

[5] Bhakuni D S, Rawat D S. 2005. Bioactive marine natural products[M]. Springer.

[6] Sambamurthy K, Kar A. 2006. Pharmaceutical Biotechnology[M]. New Age International.

[7] Suleimen E M, Dudkin R V, Gorovoi P G, et al. 2014. Composition and bioactivity of artemisia umbrosa essential oil[J]. Chemistry of Natural Compounds, 50(3): 545-546.

[8] Letzel A C, Li J, Amos G C, et al. 2017. Genomic insights into specialized metabolism in the marine actinomycete Salinispora[J]. Environmental Microbiology, 19(9): 3660-3673.

[9] Crits-Christoph A, Diamond S, Butterfield C N, et al. 2018. Novel soil bacteria possess diverse genes for secondary metabolite biosynthesis [J]. Nature, 558(7710): 440-444.

[10] Rust M, Helfrich E J, Freeman M F, et al. 2020. A multiproducer microbiome generates chemical diversity in the marine sponge Mycale hentscheli[J]. Proceedings of the National Academy of Sciences, 117(17): 9508-9518.

[11] Amos G C, Awakawa T, Tuttle R N, et al. 2017. Comparative transcriptomics as a guide to natural product discovery and biosynthetic gene cluster functionality[J]. Proceedings of the National Academy of Sciences, 114(52): E11121-E11130.

[12] Zhang X-W, Yan X-J, Zhou Z-R, et al. 2010. Arsenic trioxide controls the fate of the PML-RARα oncoprotein by directly binding PML[J]. Science, 328(5975): 240-243.

[13] Cassiano C, Monti M C, Festa C, et al. 2012. Chemical proteomics reveals heat shock protein 60 to be

the main cellular target of the marine bioactive sesterterpene suvanine[J]. Chem Bio Chem, 13(13): 1953-1958.

[14] Mikolov T, Chen K, Corrado G, et al. 2013. Efficient estimation of word representations in vector space[J]. Computer Science, arXiv: 1301.3781.

[15] Rogers D, Hahn M. 2010. Extended-connectivity fingerprints[J]. Journal of Chemical Information & Modeling, 50(5): 742-754.

[16] Duvenaud D, Maclaurin D, Aguilera-Iparraguirre J, et al. 2015. Convolutional networks on graphs for learning molecular fingerprints[J]. Computer Science, arXiv: 1509.09292VI.

[17] Gilmer J, Schoenholz S S, Riley P F, et al. 2017. Neural message passing for quantum chemistry[C]. Proceedings of the 34th International Conference on Machine Learning, 70.

[18] Yang K, Swanson K, Jin W, et al. 2019. Analyzing learned molecular representations for property prediction [J]. Journal of Chemical Information and Modeling, 59(8): 3370-3388.

[19] Stokes J M, Yang K, Swanson K, et al. 2020. A deep learning approach to antibiotic discovery [J]. Cell, 180(4): 688-702. e13.

[20] Unterthiner T, Mayr A, Klambauer G, et al. 2014. Deep Learning as an Opportunity in Virtual Screening. in Workshop on Deep Learning and Representation Learning (NIPS2014).

[21] Ramsundar B, Kearnes S, Riley P, et al. 2015. Massively multitask networks for drug discovery[J]. Computer Science, arXiv: 1502.02072.

[22] Chen L, Tan X, Wang D, et al. 2020. Transformer CPI: improving compound-protein interaction prediction by sequence-based deep learning with self-attention mechanism and label reversal experiments[J]. Bioinformatics, 36(16): 4406-4414.

[23] Cho K, Van Merriënboer B, Gulcehre C, et al. 2014. Learning phrase representations using RNN encoder-decoder for statistical machine translation[J]. arXiv:1406.1078.

[24] Vaswani A, Shazeer N, Parmar N, et al. 2017. Attention is all you need[C]// Advances in Neural Information Processing Systems.

[25] Jaenicke L, Marner F-J. 1995. Lurlene, the sexual pheromone of the green flagellate Chlamydomonas allensworthii [J]. Liebigs Annalen, (7): 1343-1345.

[26] Starr R C, Marner F J, Jaenicke L. 1995. Chemoattraction of male gametes by a pheromone produced by female gametes of Chlamydomonas[J]. Proceedings of the National Academy of Sciences, 92(2): 641-645.

[27] Jaenicke L, Starr R C. 1996. The lurlenes, a new class of plastoquinone-related mating pheromones from chlamydomonas allensworth (chlorophyceae)[J]. European Journal of Biochemistry, 241(2): 581-585.

[28] Frenkel J, Vyverman W, Pohnert G. 2014. Pheromone signaling during sexual reproduction in algae[J]. The Plant Journal, 79(4): 632-644.

[29] Gillard J, Frenkel J, Devos V, et al. 2013. Metabolomics enables the structure elucidation of a diatom sex pheromone[J]. Angewandte Chemie International Edition, 52(3): 854-857.

[30] Gil-Turnes M, Hay M, Fenical W. 1989. Symbiotic marine bacteria chemically defend crustacean embryos from a pathogenic fungus[J]. Science, 246(4926): 116-118.

[31] Lim G E, Haygood M G. 2004. "*Candidatus endobugula glebosa*", a specific bacterial symbiont of the marine bryozoan *Bugula simplex*[J]. Applied and Environmental Microbiology, 70(8): 4921-4929.

[32] Hildebrand M, Waggoner L E, Liu H, et al. 2004. bryA: an unusual modular polyketide synthase gene from the uncultivated bacterial symbiont of the marine bryozoan bugula neritina[J]. Chemistry & Biology, 11(11): 1543-1552.

[33] Sudek S, Lopanik N B, Waggoner L E, et al. 2007. Identification of the putative bryostatin polyketide synthase gene cluster from "candidatus endobugula sertula", the uncultivated microbial symbiont of the marine bryozoan bugula neritina[J]. Journal of Natural Products, 70(1): 67-74.

[34] Young C M, Bingham B L. 1987. Chemical defense and aposematic coloration in larvae of the ascidian Ecteinascidia turbinata[J]. Marine Biology, 96(4): 539-544.

[35] Moss C, Green D H, Pérez B, et al. 2003. Intracellular bacteria associated with the ascidian Ecteinascidia turbinata: phylogenetic and in situ hybridisation analysis[J]. Marine Biology, 143(1): 99-110.

[36] Rath C M, Janto B, Earl J, et al. 2011. Meta-omic characterization of the marine invertebrate microbial consortium that produces the chemotherapeutic natural product ET-743[J]. ACS Chemical Biology, 6(11): 1244-1256.

[37] Schofield M M, Jain S, Porat D, et al. 2015. Identification and analysis of the bacterial endosymbiont specialized for production of the chemotherapeutic natural product ET-743[J]. Environmental Microbiology, 17(10): 3964-3975.

[38] Unson M D, Holland N D, Faulkner D J. 1994. A brominated secondary metabolite synthesized by the cyanobacterial symbiont of a marine sponge and accumulation of the crystalline metabolite in the sponge tissue[J]. Marine Biology, 119(1): 1-11.

[39] Hinde R, Pironet F, Borowitzka M. 1994. Isolation of Oscillatoria spongeliae, the filamentous cyanobacterial symbiont of the marine sponge Dysidea herbacea[J]. Marine Biology, 119(1): 99-104.

[40] Agarwal V, Blanton J M, Podell S, et al. 2017. Metagenomic discovery of polybrominated diphenyl ether biosynthesis by marine sponges[J]. Nature Chemical Biology, 13(5): 537-543.

[41] Sakai R, Yoshida K, Kimura A, et al. 2008. Cellular origin of dysiherbaine, an excitatory amino acid derived from a marine sponge[J]. Chem Bio Chem, 9(4): 543-551.

[42] Yellowlees D, Rees T A V, Leggat W. 2008. Metabolic interactions between algal symbionts and invertebrate hosts [J]. Plant, Cell & Environment, 31(5): 679-694.

[43] Schmidt E W, Nelson J T, Rasko D A, et al. 2005. Patellamide A and C biosynthesis by a microcin-like pathway in *Prochloron didemni*, the cyanobacterial symbiont of *Lissoclinum patella*[J]. Proceedings of the National Academy of Sciences of the United States of America, 102(20): 7315-7320.

[44] Elshahawi S I, Trindade-Silva A E, Hanora A, et al. 2013. Boronated tartrolon antibiotic produced by symbiotic cellulose-degrading bacteria in shipworm gills[J]. Proceedings of the National Academy of Sciences, 110(4): E295-E304.

[45] Takebayashi Y, Pourquier P, Yoshida A, et al. 1999. Poisoning of human DNA topoisomerase I by ecteinascidin 743, an anticancer drug that selectively alkylates DNA in the minor groove[J]. Proceedings of the National Academy of Sciences, 96(13): 7196-7201.

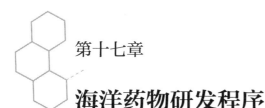

第十七章

海洋药物研发程序

视频讲解与
教学课件

◎ **学习目标**

1. 了解海洋药物的发展历史和研究现状。
2. 掌握药物研发的基本流程。
3. 掌握先导化合物的开发策略。
4. 掌握临床前及临床研究内容。
5. 熟悉目前国内外临床研究中的海洋药物的名称及结构。

2019 年 11 月 2 日，国家药品监督管理局有条件批准了上海绿谷制药有限公司阿尔茨海默病新药甘露特钠胶囊（代号 GV-971，商品名为"九期一"）的上市，用于治疗轻度至中度阿尔茨海默病，改善患者认知功能。该药物是以海洋褐藻提取物为原料，制备获得的低分子酸性寡糖化合物，由中国科学院上海药物研究所耿美玉研究员领导研究团队，历经 22 年，由中国海洋大学、中国科学院上海药物研究所与上海绿谷制药有限公司合作研发成功的中国原创、国际首个靶向脑 - 肠轴的阿尔茨海默病治疗新药。

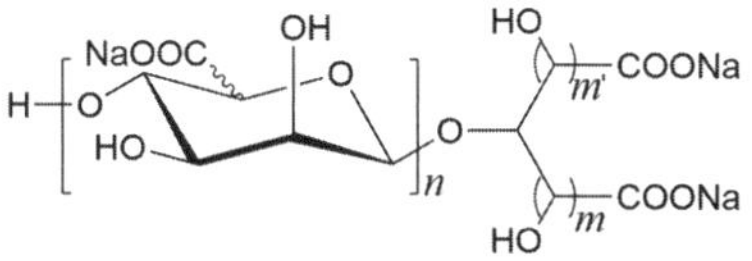

$n=1\sim9; m=0,1,2; m'=0,1$
GV-971

海洋药物（marine drug）是指来源于海洋的药物，即以海洋生物中的有效成分为基础研制开发的药物。其中，我国传统意义的海洋药物属于海洋中药的范畴，即以海洋生物（矿物）经加工处理后直接成药，或经组方配伍后制成的复方制剂；而现代意义的海洋药物属西药范畴，即以海洋生物中的活性天然产物为基础，经提取分离和人工合成制得的化学成分药物[1-2]。目前，"海洋药物"一词在未加特殊说明时，一般是指现代意义的药物概念。

第一节　海洋药物的研究概况

一、海洋药物的发展历史

天然产物一直是创制新药的重要源泉。从陆生植物中寻找药物的历史最早可以追溯到 4000 年前，而从海洋生物中研究开发现代药物的历史则相对较晚。早期，人们获取海洋生物远没有获取陆地生物那么容易。直到 20 世纪 30 年代，由于航海技术和潜水设备的迅速发展，人们获取海洋生物变得相对容易。

20 世纪 40—50 年代，从海洋生物中分离的生物学活性物质逐渐增多，引起了科学家对海洋药用生物资源的关注，并开始了深入研究。1945 年，意大利科学家 Bortzu 从萨丁岛海洋污泥中分离得到一株海洋顶头孢霉菌 *Cephalosporium acremonium*，发现顶头孢霉菌分泌出的一些物质可以有效抵抗伤寒杆菌、葡萄球菌、链球菌和布鲁氏杆菌。1956 年牛津大学生物化学家 Abraham 和 Newton 从头孢菌液中分离获得头孢菌素 C 并于 1959 年确定头孢菌素 C 的结构。1962 年，礼来公司以头孢菌素 C 的衍生物 7- 氨基头孢烯酸为先导化合物进行结构优化，得到第一个用于临床治疗的头孢菌素类抗生素头孢噻吩，并于 1964 年上市销售。头孢类抗生素开创了开发海洋新抗生素药物的先例，为后来海洋药物的开发研究起到鼓舞作用[3-5]。

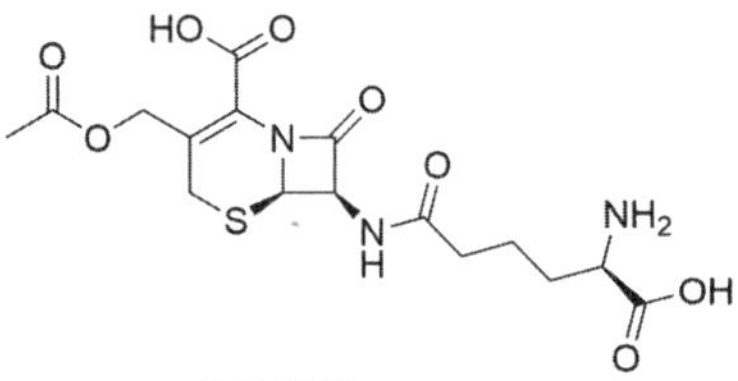

头孢菌素C 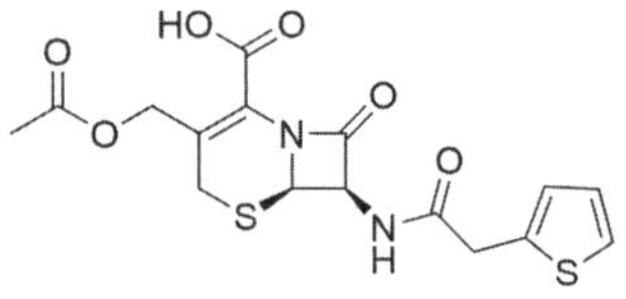　　　　　　　　　　头孢噻吩

1945—1956 年，美国耶鲁大学化学家 Bergmann 等从佛罗里达海域生长的海绵中分离得到一种罕见的非甾体含氮化合物，进一步证实其为类似于胸腺嘧啶核苷的特异核苷类化合物，后又从此海绵中分离出海绵阿糖尿苷，这两个化合物后来成为重要的抗病毒药物阿糖腺苷（Ara-A）和抗癌药物阿糖胞苷（Ara-C）的先导化合物[6]。1959 年，Walwick、Roberts 和 Dekker 首次合成了阿糖胞苷，这是第一个获 FDA 正式批准上市、应用于临床的海洋药物。

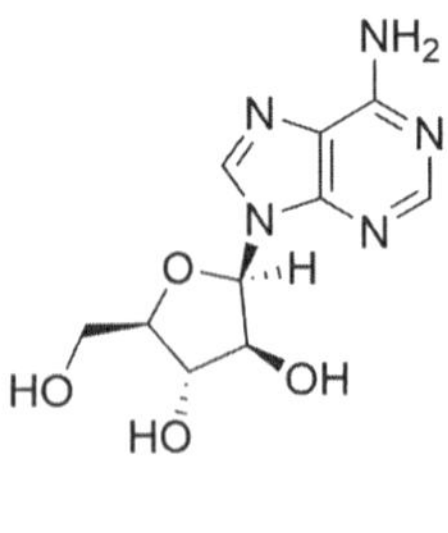

阿糖腺苷 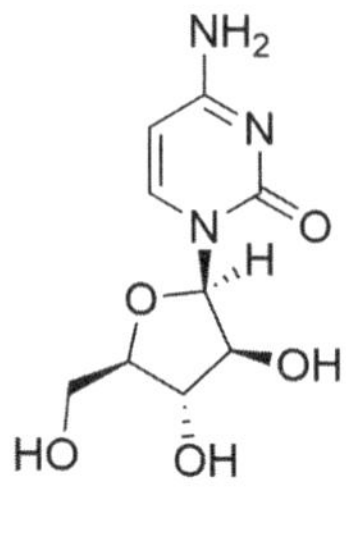　　　　　　　　　　　阿糖胞苷

20 世纪 60 年代初,河豚毒素(tetrodotoxin,TTX)结构鉴定的完成和在钠离子通道药理学研究中的广泛应用,激发了化学、医学、药学等领域对海洋天然产物的兴趣,这对海洋药物的研究起到了极大的促进作用。

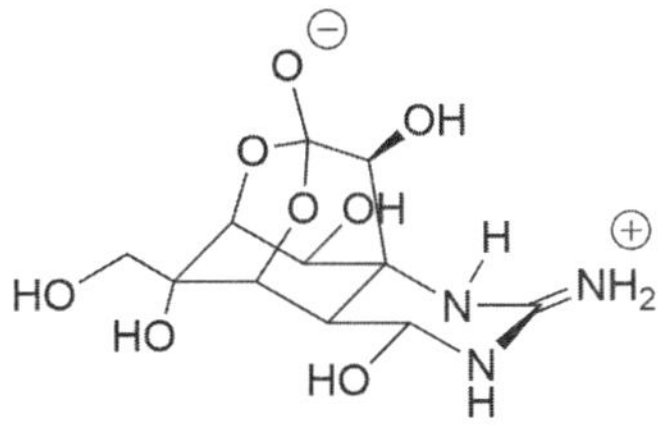

河豚毒素   15R-PGA₂

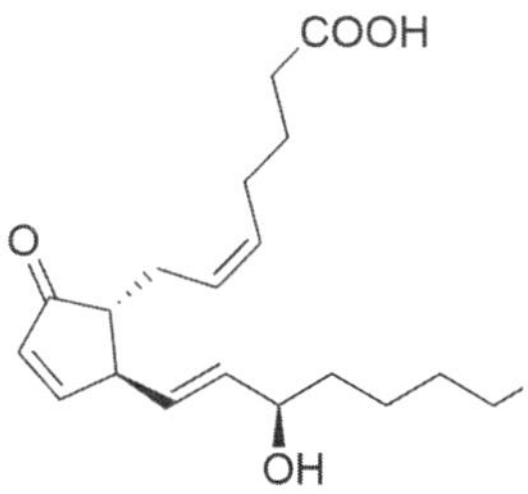

1967 年,美国海洋技术学会在罗德岛大学举办了名为“海洋来源药物”(Drugs from the Sea)的专题研讨会,从此拉开了从海洋寻找药物的序幕。1968 年,Hugo 在研讨会论文集中预测了海洋药物的美好发展前景。同年,美国亚利桑那州大学肿瘤研究所 Pettit 教授对南北美洲大西洋和太平洋近海及亚洲太平洋近海的无脊椎和脊椎海洋动物提取物进行了抗肿瘤筛选[7]。

1969 年,美国科学家 Weinheimer 和 Spraggins 从海洋腔肠动物佛罗里达珊瑚 *Plexaura homomalla* 中分离得到一种前列腺素 15R-PGA₂。这是一种具有强烈生物活性和广谱药理效应的物质,但它在自然界中的量极微,全合成也非常困难,限制了科学家对其深入研究[8-9]。高含量前列腺素 15R-PGA₂ 在海洋生物中的发现具有重大意义,彻底改变了前列腺素研究的被动局面,这被认为是现代海洋药物发展的触发点。同年,由巴斯洛出版的《海洋药物学》对前人的研究成果进行了总结,并预测了海洋药物的广阔前景。这些论述引起了化学家、药理学家和生物学家的兴趣,对海洋天然产物、海洋药物学和毒理学的发展起到了巨大的鼓舞作用,“向海洋要药物”的概念从此开始逐渐被科学界所接受。

自 20 世纪 60 年代以来,美国、日本、欧洲等国家和地区学者展开了对海洋生物的采集、生物活性筛选及化学、药理、毒理的研究,许多海洋药物相关研究机构相继成立。例如澳大利亚悉尼附近的 Roche 海洋药物研究院的建立,就是海洋药物研究蓬勃发展的标志。

到 20 世纪 80 年代,该领域的研究已有相当多的积累,加上新技术、新方法的发展,特别是高分辨核磁共振、质谱等技术的应用,使得微量及复杂结构化合物的研究变得更加容易,海洋天然产物化学研究出现了新高潮[10]。海洋天然产物是海洋药物研究的基础,多个海洋药物此时相继被发现,如 1979 年美国犹他大学菲律宾裔科学家 Olivera 研究小组发现齐考诺肽(SNX-111);1975 年美国医生 Lichter 在加勒比海被囊动物海鞘中注意到曲贝替定(ET-743),后由 Wrught 和 Rinehart 等从西印度洋群岛海鞘 *Ecteinascidia turbinate* Herdman 中分离得到并确定其化学结构[11-13]。

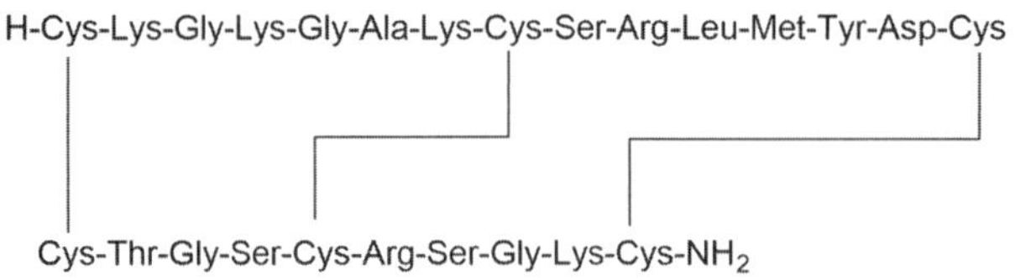

H-Cys-Lys-Gly-Lys-Gly-Ala-Lys-Cys-Ser-Arg-Leu-Met-Tyr-Asp-Cys

Cys-Thr-Gly-Ser-Cys-Arg-Ser-Gly-Lys-Cys-NH₂

齐考诺肽

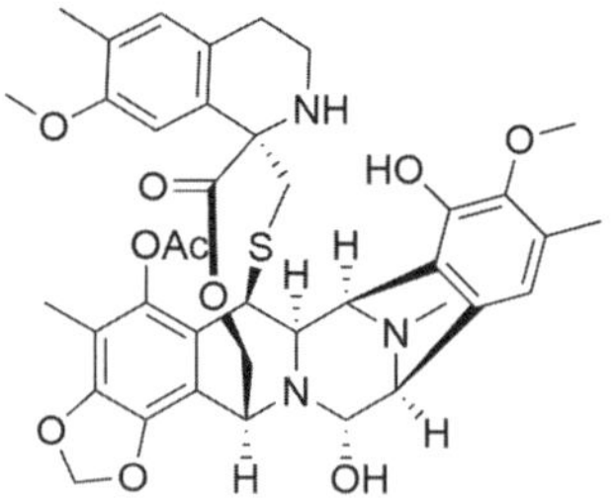

ET-743

20 世纪 90 年代，随着分子和生物药理学实验的发展，重组 DNA 技术及基因分析技术的出现，越来越多的海洋天然产物分子结构用于药理活性的研究，由此发现其具有各种各样的生物活性。从海洋细菌、真菌、微藻、海藻、海绵、软珊瑚、后鳃亚纲软体动物、苔藓动物、棘皮动物、被囊动物等海洋生物中发现了一批重要的具有抗癌、抗菌、抗病毒、抗炎、驱虫等各种活性的海洋天然产物。

进入 21 世纪后，深海作业技术、提取分离技术、分子修饰技术、海洋生物技术、基因工程技术特别是有机合成的进步，为海洋药物的开发提供了新的机遇[14-16]。开发"蓝色药库"成为现今世界医药工业发展的重要方向，各制药强国均在不断加大投入，如美国国家研究委员会（National Research Council）和国家癌症研究所（National Cancer Institute）、日本海洋生物技术研究院（Japanese Marine Biotechnology Institute）及日本海洋科学技术中心（Japan Marine Science and Technology Center）、欧共体海洋科学和技术（Marine Sciences and Technology）等机构每年均投入上亿美元作为海洋药物开发研究的经费。令人欣慰的是，在短短十年的时间里，多个海洋药物已获批准上市，特别是 ET-743、甲磺酸艾日布林和 SNG-35 这三个极具挑战性的药物研制成功，为今后解决药源、结构复杂难以合成及毒性大难以成药等瓶颈问题提供了科学启迪，为加快海洋现代药物研发奠定了技术基础。

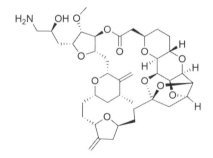

甲磺酸艾日布林

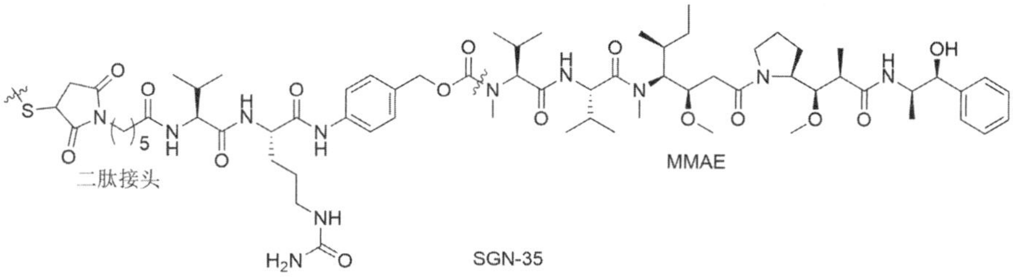

二、国内外海洋药物研究现状

中国是世界上最早研究和应用海洋生物药物的国家之一，《神农本草经》《本草经集著》和《本草纲目》等古代药学典著收载的海洋生物来源药物已达百余种。2009 年由管华诗院士等编著的《中华海洋本草》继承发展了中国传统药学，对几千年历史典籍、文献及历次全国海洋调查成果、资料进行了系统梳理和科学阐释。

我国现代海洋药物的研究开发始于 20 世纪 70 年代末，21 世纪后进入高速发展期。1979 年，我国首次召开海洋药物学术座谈会。1982 年，创办《中国海洋药物》杂志。1985 年，管华诗院士团队成功研制我国第一个现代海洋药物——藻酸双酯钠（PSS，用于治疗心血管疾病）并成功上市。此后，甘露醇烟酸酯、甘露寡糖二酸（GV-971）海洋药物分别被批准上市（表 17-1）[17-18]。2019 年 11 月，由中国海洋大学、中国科学院上海药物研究所和上海绿谷制药公司联合开发的甘露寡糖二酸胶囊（GV-971）由中国国家药品监督管理局批准上市。这是一种用于治疗阿尔茨海默病的药物，是从海带褐藻胶中制备得到的甘露糖醛酸寡糖衍生物，不同于传统靶向抗体药物，GV-971 能够多位点、多片段、多状态地捕获 β 淀粉样蛋白（Aβ），抑制 Aβ 纤丝形成，使已形成的纤丝解聚为无毒单体。这是全球首个多靶点抗阿尔茨海默病创新药物。

表 17-1　国内自主研发并批准上市的海洋药物

序号	药品名称	来源	结构类型	适应证
1	藻酸双酯钠（PSS）	海带	硫酸多糖	抗凝血、降低血黏度、降血脂
2	甘露醇烟酸酯（MN）	海带	烟酸酯类	舒张血管、降血脂
3	甘露寡糖二酸（GV-971）	海带	甘露糖醛酸寡糖衍生物	阿尔茨海默病

目前，我国科学家获得了一批针对重大疾病的海洋药物先导化合物，其中 20 余种针对恶性肿瘤、心脑血管疾病、代谢性疾病、感染性疾病和神经退行性疾病等的候选药物正在开展系统的成药性评价和临床前研究工作；处于 I～III 期临床研究的海洋药物有螺旋藻糖肽、几丁糖酯、络通（玉足海参多糖）、D-聚甘酯[19-20]。上述工作为海洋药物的产业化奠定了一定基础。总的来看，我国海洋药物研究与开发基础较为薄弱，技术与品种积累相对较少，海洋药物产业目前仍处于发展初期。

国际上，20 世纪 40 年代发现头孢菌素 C 实际是最早的海洋药物，来源于海洋真菌，目前已发展成系列的头孢类抗菌素，在临床上得到广泛应用。20 世纪 60 年代的抗结核一线药物利福平（rifamycin）亦源自海洋链霉菌。自此以后，世界各国已经从各种海洋动物、植物和微生物中分离和鉴定了 3 万余个新化合物，它们具有广泛的药理活性，包括抗肿瘤、抗菌、抗病毒、抗凝血、镇痛、抗炎和抗心血管疾病等方面。截至 2019 年，国际上上市的海洋药物除了上述的头孢菌素和利福霉素外，还有 12 个上市的海洋药物（表 17-2），分别为阿糖胞苷（1969 年）、阿糖腺苷（1976 年）、拉伐佐（2004 年）、齐考诺肽（2004 年）、甲磺酸艾日布林（2011 年）、SGN-35（2011 年）、伐赛帕（2012 年）、NPI-0052（2013 年）、Epanova（2014 年）、ET-743（2015 年）、Aplidin（2018 年）及卡拉胶鼻喷雾剂。目前，还有 20 余种针对恶性肿瘤、创伤和神经精神系统疾病的海洋药物进入各期临床研究 [21-27]。除此之外，目前还有大量的海洋活性化合物处于成药性评价和临床前研究中，有望从中获得一批具有进一步开发前景的候选药物。

表 17-2　国外批准上市的海洋药物

序号	药品名称	来源	结构类型	适应证
1	头孢菌素类抗生素	海洋真菌	β－内酰胺抗生素	抗菌
2	利福平（Rifamycin）	海洋链霉菌	聚酮类	抗结核、麻风病和分枝杆菌
3	阿糖胞苷（Cytarabine/Ara-C）	海绵	核苷类似物	急性白血病
4	阿糖腺苷（Vidarabine/Ara-A）	海绵	核苷类似物	抗病毒
5	拉伐佐（Lovaza）	海鱼	多元不饱和脂肪酸	高甘油三酯血症状
6	伐赛帕（ARM101）	海鱼	多元不饱和脂肪酸	高甘油三酯血症状
7	Epanova	鱼油	多元不饱和脂肪酸	高甘油三酯血症状
8	齐考诺肽（Ziconotide）	芋螺	肽类	镇痛
9	曲贝替定（ET-743）	海鞘	生物碱	软组织肉瘤、卵巢癌
10	甲磺酸艾日布林（Eribulin,E7389）	海绵	大环聚醚	乳腺癌、脂肪肉瘤、胶质母细胞瘤
11	SGN-35（Brentuximab vedotin）	海兔	单克隆抗体	肾细胞癌和非霍奇金淋巴瘤
12	卡拉胶鼻喷雾剂	红藻	半乳聚糖硫酸酯	流行性感冒
13	NPI-0052（Salinosporamide A, Marizomib）	海洋放线菌	内酯类	多发性骨髓瘤
14	Aplidine	海鞘	环肽类	实体瘤、急性淋巴细胞白血病和多发性骨髓瘤

第二节　海洋药物的研发程序

一、海洋药物研发基本流程

从现代制药工业的角度来说，目前海洋药物的研发使用最广泛的方式是对天然产物中有效成分进行开发，通过对天然产物中有效成分或生物活性成分的研究，发现有成药潜力的活性单体，获得先导化合物（具有一定的生物活性，但其活性不够显著或者毒副作用较大而无法直接将其开发成新药的具有潜在药用价值的化合物称为先导化合物）。进一步对先导化合物的构效关系进行研究，改善其成药性并按照常规新药开发流程将其开发成新药。天然药物开发的一般流程如图 17-1 所示。

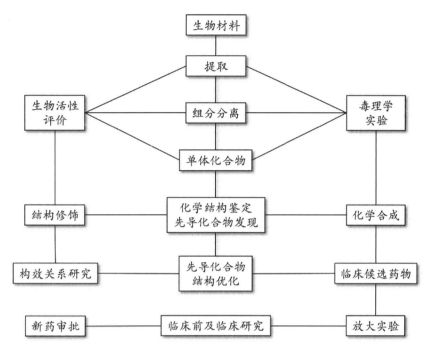

图 17-1　天然药物开发流程

　　从海洋天然产物中开发新药的方法有很多种，但是对于具体的情况需要根据条件进行具体分析，对于不同的研究课题采用合适的方法途径，不能够套用同一种模式。但是所遵循的模式大致类似：①临床前研究；②临床研究。而在临床前研究中，最重要的步骤则是先导化合物的发现与结构优化。如果没有新结构、高活性的化合物，创新药的开发就无从谈起。临床上应用的很多药物都直接或者间接来源于天然产物，比如作为药物半合成的前体化合物、作为药物化学合成模板以及为药物设计提供新的思路。自进入 21 世纪以来，天然产物已经成为创新药物开发的重要来源，相关研究也日渐增多。截至 2019 年，国内外共有 49 种来自海洋的活性物质或其衍生物被批准上市或进入临床试验 [4]。

二、海洋先导化合物开发策略

（一）以化学研究为导向

　　以化学研究为导向的开发，其方法突出特点是以化合物为核心，它也是最传统的研究天然产物的方法。这种策略的核心在于尽可能多地获得不同结构类型的化合物。以化学研究为导向的开发方法的研究程序通常是：根据海洋天然药物来源文献调研的情况，选定特定的动植物或微生物作为研究对象，有时也随机选取研究对象，比如红树林植物、特定地点来源的微生物的发酵产物等。再通过现代天然药物化学的研究方法，采用色谱分离技术对产生的次级代谢产物进行分离纯化，获得各种类型的化合物，并使用有机波谱解析、X 射线单晶衍射等手段鉴定化合物的结构。以此为基础，再根据文献报道相关化合物的信息进一步研究化合物的生物药理活性，从而获得先导化合物。此种策略可以保证化学家和药理学家独立工作，发挥不同研究者的专业特长和技术优势，并且对于特定的活性化合物，可以给出比较系统的研究评价。但是，此种策略将化学提取分离部分与生物药理活性评价部分分离，所需要的时间周期往往比较长，并且先导化合物的筛选具有一定盲目性，需要投入大量的工作。

（二）以生物活性为导向

以生物活性为导向发掘先导化合物的策略是一种将生物药理活性评价与化学组分分离提纯结合的策略，是 20 世纪 80 年代以后发展出来的一种研究方法。这种策略的关键在于对每一步分离的天然产物组分都进行药理活性评价，所以活性筛选技术与有效快速筛选体系的建立在这种策略中起到了决定性的作用[28]。以生物活性为导向的开发策略研究程序通常是：首先通过对天然产物分离得到的各组分的生物活性指标进行跟踪，确定需要进一步分离的目标组分，从而能够更有效地获得有效成分，然后针对有活性的组分进行选择性分离，由此获得具有目标活性的化合物组分。这种开发策略目标明确，能够将化学提取分离与生物药理活性研究紧密结合起来。但是这种策略会受限于化学分离与活性评价实验的不同步，另外生物活性测定的不准确性也会造成有效成分的遗漏，随着分离纯化的进行就会出现活性下降甚至最后得到的单体化合物没有活性的现象。以生物活性为导向的开发策略工作量较大，如果同时跟踪多种活性则困难更大，研究过程较长且效率较低，另外不能保证通过此策略得到具有目标活性的先导化合物。

（三）计算机辅助药物设计

计算机辅助药物设计方法是从 20 世纪 80 年代开始发展起来的一种药物开发方法，其以计算化学为基础，核心是通过计算机的模拟计算来预测配体化合物与受体大分子之间的关系，从而达到筛选、优化以及设计药物分子的目标[29]。目前，计算机辅助药物设计已经广泛应用于现代药物开发的大部分阶段，尤其针对先导化合物的筛选和结构优化。一般来说，计算机辅助药物设计分为两种方式：基于配体的药物设计（ligand-based drug design, LBDD）与基于靶点结构的药物设计（structure-based drug design, SBDD），图 17-2 中展示了这两种方式的基本流程[30-31]。LBDD 主要以获得的一系列已知活性化合物分子为基础，研究构效关系，并利用 3D-QSAR 等计算机建模方法获得化学结构与活性预测模型，之后利用建好的模型从自己构建的化合物库中筛选出苗头化合物（hits）以及先导化合物（lead）；SBDD 则以靶点大分子（激酶、受体蛋白与结构蛋白等）的三维结构为基础，通过分子对接、分子动力学模拟等手段筛选甚至从头设计得到先导化合物。这种开发策略目的性强、效率较高，能够改善传统药物研发过程中高成本、高风险的问题。但是，计算机辅助药物设计方法受限于计算模型的准确性，模拟得到的分子空间构象可能和真实情况相去甚远；靶点蛋白的结合位点的选择、结合模式参数的设定都会直接影响活性模拟的计算结果。因此，在使用计算机辅助药物设计方法开发新药时，需要紧密结合有机化学合成、药理活性测试等实验的验证，才能得到相对可靠的结果。

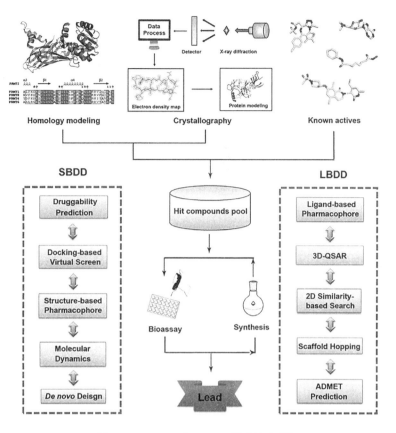

图 17-2　LBDD 与 SBDD 基本流程 [32]

（四）先导化合物结构优化

正如前文所述，海洋天然产物是生物体所产生的次级代谢产物，具有结构丰富的特点，其为先导化合物的开发提供了源源不断的灵感。但是，在大部分情况下，由于其可能存在的活性不够高、潜在毒性太大、化学结构不稳定以及药代动力学性质不佳等缺陷，先导化合物往往不能直接进入临床应用。需要对先导化合物的化学结构进行进一步的改变、优化，使其性质能够符合临床用药的要求，这一过程称为先导化合物的结构优化。

先导化合物结构优化的目标是开发新药，因此应当针对海洋天然产物的结构、生物活性、理化性质、药代动力学与药效学性质进行针对性的优化。一般来说，先导化合物的结构优化需要遵循以下要求：提高生物活性与选择性；改善溶解度、脂水分配性质、解离性等理化性质；提高分子稳定性；改善化合物在生物体内吸收、分布、代谢、排泄的药代动力学性质；降低分子的毒副作用，以及获得知识产权保护 [33]。具体优化方法如下。

1.化学法　化学法优化先导化合物结构主要利用有机合成的方法对化合物的活性位点进行衍生化修饰，并进行构效关系研究，从而确定药效团结构。然后再对药效团以外的部位进行优化使得先导化合物的药代动力学性质提高、毒性降低。目前临床上使用的许多药物都来源于天然产物的衍生化。对来源于天然产物的先导化合物进行化学修饰时，往往都会保留活性基团、骨架，只对侧链取代基进行烷基化、酰基化等衍生化，只有少部分分子会对骨架进行较大的改动。

例 17-1 将加勒比海绵中分离得到的两种化合物：spongothymidine 和 spongouridine 进行核苷结构部分的替换，提高了它们的生物活性，得到了上市药物阿糖腺苷（vidarabine）和阿糖胞苷（cytarabine）[6]。

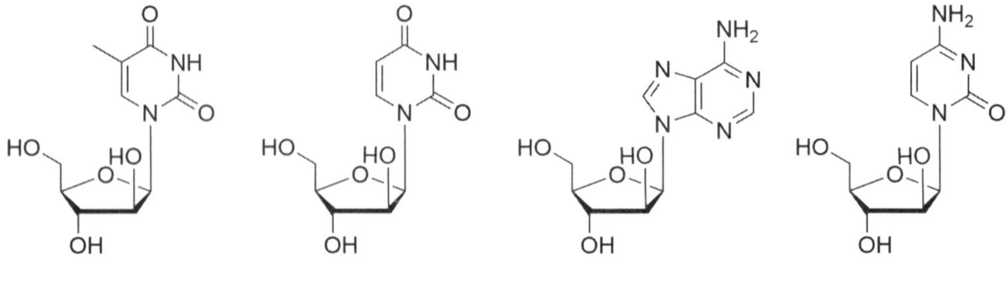

spongothymidine   spongouridine   vidarabine   cytarabine

另外，为了避免直接进行化学修饰存在的盲目性较大的问题，目前也常常采用与计算机辅助药物设计手段相结合的方法。通过分子对接、分子动力学模拟等手段分析衍生物与靶点大分子之间的作用模式，并结合构效关系研究，从而定向设计衍生物化学结构。这有助于提高先导化合物结构优化的成功率、减少不必要的工作量。

2. 生物合成法 生物合成法指的是利用生物体或者生物体表达的酶系统对化合物进行结构修饰的过程。目前研究较多的生物合成过程包括甲基化、羟基化、环氧化、酯化、水解、重排、异构化、脱氢等反应类型，有一系列综述总结这些反应的规律。生物合成法具有化学法常常无法做到的反应条件温和、无需保护与脱保护步骤、立体选择性高等特点，能进行一些化学合成难以做到的反应。

例 17-2 二硫代吡咯烷酮是海洋稀有放线菌和细菌产生的一类抗生素，在培养过程中通过对培养基中添加不同种类的有机酸前体，获得了多种新型非天然的二硫代吡咯烷酮类抗生素[34]。

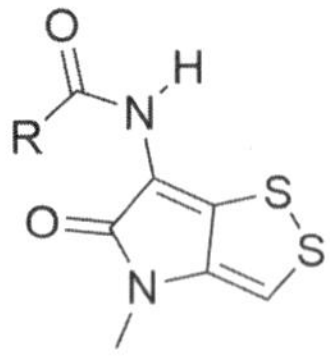

R = CH₃   thiolutin
R = CH(CH₃)₂   isobutyryl-pyrrothine
R = (CH₂)₂-CH₃   butanoyl-pyrrothine
R = CH(CH₃)   tiglogy-pyrrothine

3. 组合化学法 组合化学法兴起于 20 世纪 90 年代，是一种在短时间内，使用化学 / 生物方法在有限步骤同步合成大量具有相同母核化合物的技术，可以极大地提高相同骨架衍生物的合成效率。以天然产物来源的先导化合物为模板，通过组合合成法可以构建丰富的衍生物库，再运用高通量活性筛选的方法对衍生物进行构效关系的研究，可以实现先导化合物的结构优化。

例 17-3　Yan 等[35]以模块化的抗霉素（antimycins）生物合成体系为模型，使用组合化学的衍生化策略得到了包括化合物 DA-8 与 DA-10 在内的 380 种抗霉素类化合物，极大地拓展了此类化合物的分子多样性与潜在用途。

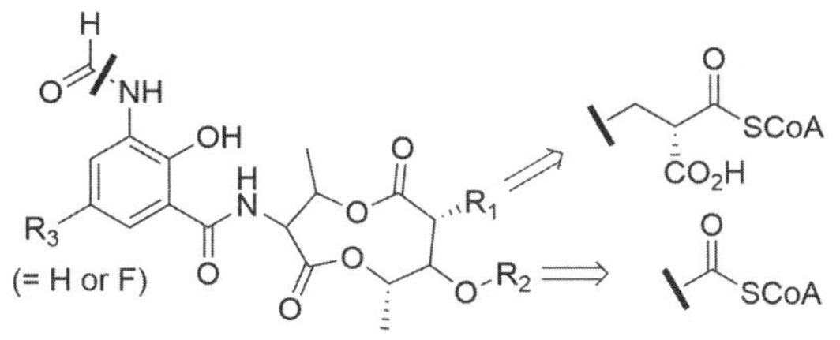

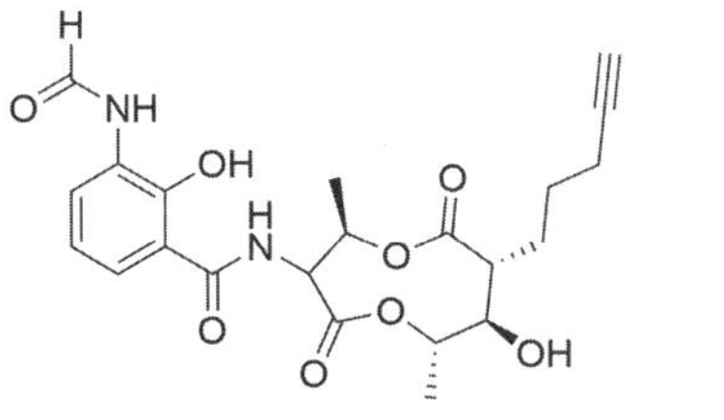

DA-8 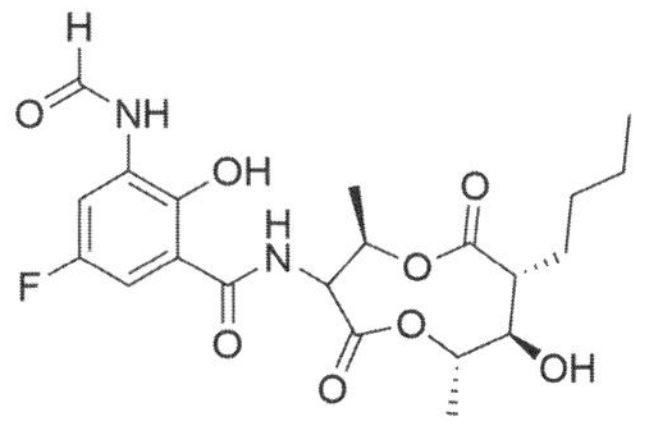　　　　　　　　　DA-10

（五）先导化合物理化性质的优化

1. 简化结构　对于结构复杂的先导化合物来说，其结构中往往只有一部分结构片段与靶点大分子结合，过于复杂的结构也会为药物合成生产造成不必要的麻烦，因此对复杂的先导化合物进行结构简化十分有必要。应当遵循以下原则：根据天然产物的分子大小和复杂程度，采取不同的化学修饰方式，复杂和较大的分子作结构剖裂，去除冗余原子，研究构效关系，提取药效团，进行骨架迁跃，获得新结构类型分子，消除不必要的手性中心，保留与靶点结合的必需基团。

例 17-4　trabectedin（ET-743，商品名为 Yondelis）是一种从加勒比海鞘 *Ecteinascidia turbinate* 中提取得到的双四氢异喹啉生物碱，具有很强的抗癌活性。Martinez 等[36]将 trabectedin 中跨环连接的一个异喹啉环剪掉，并使用邻苯二甲酰亚胺代替，得到新化合物 phthalascidin，使其对多种人体癌细胞抑制活性 IC_{50} 值达到 0.1~1 nM，在提高了化合物的稳定性的同时也使其更容易合成。

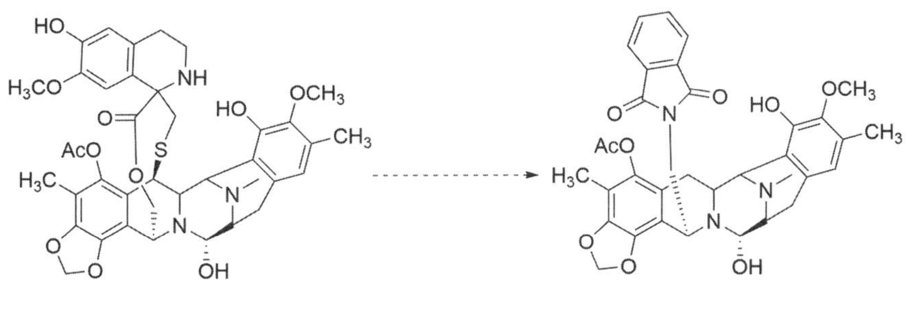

trabectedin　　　　　　　　　phthalascidin

2. 提高化学稳定性 在对化合物进行活性测试时，如果其结构不稳定，会在配置测试样品溶液时发生分解，影响测试准确性。因此，可以针对先导化合物结构中不稳定的官能团进行修饰，将其修饰、去除或者替换成相对稳定的化学基团。

例 17-5 shornephine A 是一种从澳大利亚海洋潮间带沉积物曲霉的代谢产物中分离得到的二酮哌嗪类天然产物，体外活性测试表明其对多药耐药的人结肠癌细胞 P- 糖蛋白介导的药物外排具有一定的抑制作用。但是其多环稠合的结构并不稳定，在甲醇中即可断裂开环。Khalil 等 [37] 通过对已报道的同类化合物稳定性进行分析后发现，可以通过对 shornephine A 骨架进行 N 的烷基化增加化合物稳定性，从而设计并合成得到了化合物 26，其在甲醇溶剂中保留 48 小时依然稳定。

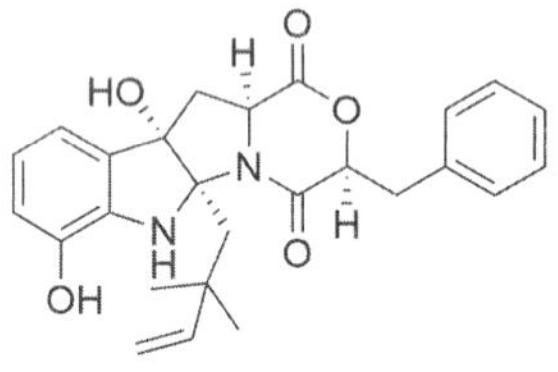

shornephine A 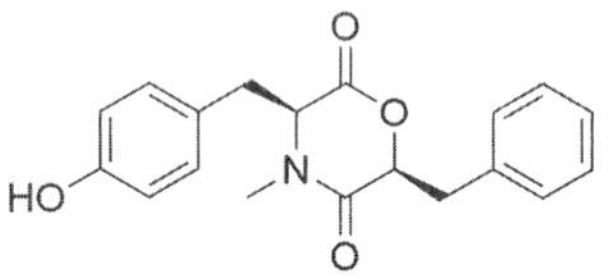   compound 26

（六）先导化合物药代动力学性质优化

1. 改善分子水溶性 如果天然产物溶解度不佳，则会影响其在人体内的吸收、分布，导致其生物利用度不佳。可以通过成盐修饰、引入极性基团、减少非极性基团、优化构象等方式增加天然产物的水溶性。

例 17-6 糖基的引入就是增强天然产物水溶性的典型方法。lamellarins 是一系列从帕劳水域的海洋软体动物中分离得到的生物碱类化合物。其中，lamellarin D 被证明具有较好的 DNA 拓扑异构酶 I （Topo I）抑制活性，但是其水溶性较差限制了其进一步研究。Zheng 等 [38] 通过在 lamellarin D 分子内引入葡萄糖糖基，在保留化合物活性的同时将分子的水溶性提高了 300 余倍。

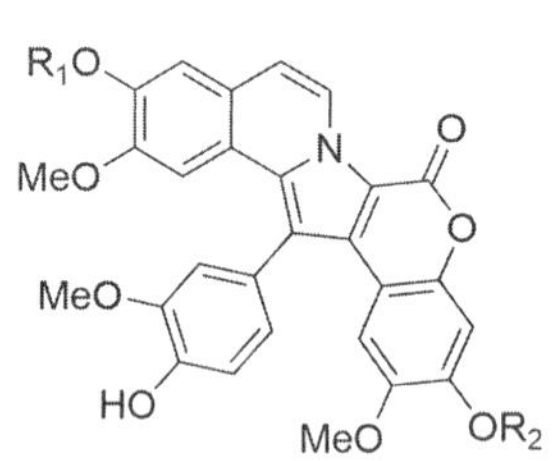

lamellarin D: R_1 = H, R_2 = H

ZL-14: R_1 = Glu, R_2 = Glu

2. 改善分子脂溶性穿越血脑屏障 治疗中枢系统疾病的药物需要透过血脑屏障（blood brain barrier, BBB）发挥作用；而作用于外周神经或者其他非中枢神经系统的药物则应当尽量避免穿过血脑屏障从而产生副作用。一般来说，亲脂性药物更容易通过被动扩散进入中枢神经系统，其分布系数应当以处于 1~3 为宜。

例 17-7 α-芋螺毒素 M II （α-conotoxin M II）是一种含有 2 个二硫键、16 个氨

基酸长度的肽毒素。已有的研究表明其对神经乙酰胆碱受体具有良好的选择性抑制，但是其生物利用度较低。Blanchfield 等[39] 通过在 α-芋螺毒素 M II 的 N 端和肽结构中引入 2-氨基十二酸（2-amino-D,L-dodecanoic acid, Laa），在未改变其三级结构的条件下显著提高了衍生物透过细胞层的能力。

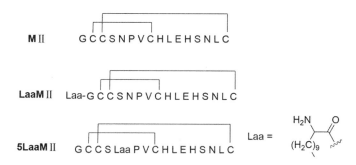

3. 提高代谢稳定性　药物进入人体循环后会遇到多种消化酶及代谢酶，如果想要发挥药效，则必须具有一定的代谢稳定性。一些天然产物在进入人体后会被快速代谢而失活，因此难以应用于临床治疗。通过结构修饰提高天然产物的代谢稳定性可以帮助提高天然产物的成药性。

例 17-8　溴藻内酯 A（bromophycolide A, BrA）是一种从海洋红藻中分离得到的天然产物，具有良好的抗恶性疟原虫活性，但是其在体内半衰期非常短（0.75 ± 0.11）h。Teasdale 等[40] 通过构效关系研究，对原分子内的酚羟基进行乙酯化修饰，则较好地提升了 BrA 在体内的稳定性。

BrA: R = H
18-acetyl-BrA: R = Ac

（七）先导化合物活性与选择性优化

许多天然产物来源的先导化合物往往活性不够或者选择性较低，需要对其结构进行修饰以满足药用的需求。

例 17-9　psammaplin A 是最早于 1987 年从海绵 *Pseudoceratina* sp. 中分离得到的含有对称二硫键的二聚体化合物，其表现出了对金黄葡萄球菌与耐甲氧西林的金黄葡萄球菌较好的抑制活性。另外也有活性研究表明，其对多种癌细胞具有抗增殖活性。Nicolaou 等[41] 利用二硫化物交换策略，使用组合化学方法获得了一些 psammaplin A 同二聚体与异二聚体衍生物，其中的一些化合物表现出了比 psammaplin A（MIC=5.47 μg/mL）更高的抑菌活性，尤其化合物 23（MIC=1.22 μg/mL）更与万古霉素（MIC=0.83 μg/mL）和环丙沙星类似（MIC=0.89 μg/mL）。

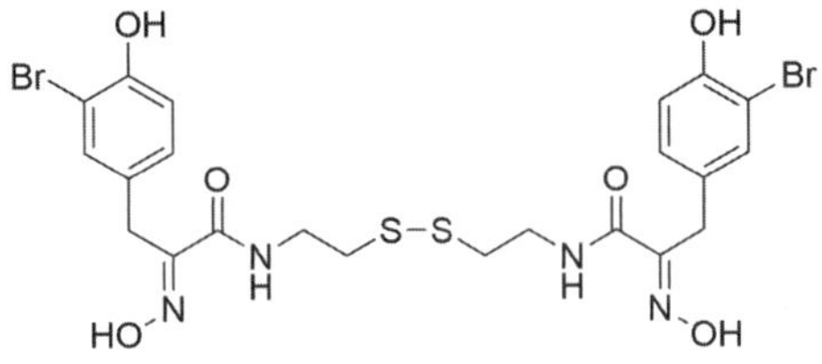

psammaplin A

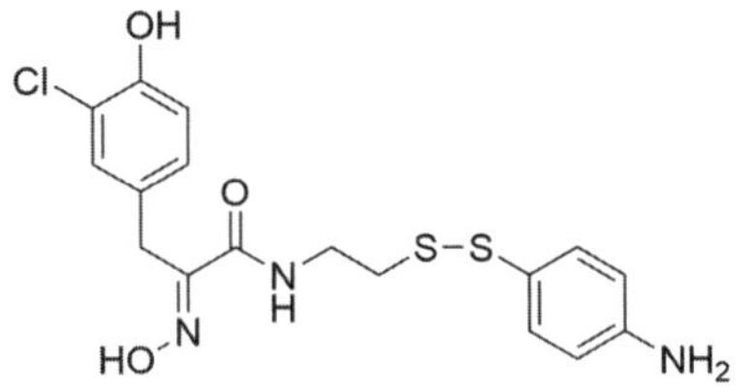

compound 23

例 17-10 为了优化 psammaplin A 的抗肿瘤活性，Pereira 等[42] 设计合成了多种衍生物，其中化合物 72 表现出了最佳的活性，对人肺癌细胞 A549 和人乳腺癌细胞 MCF-7 的最小 IC_{50} 值分别达到 0.16 和 0.61 μM。而化合物 73 对 MCF-7 细胞系（IC_{50} 值为 3.42 μM）具有特别的选择性，相比其他细胞系有 10 倍的差距。

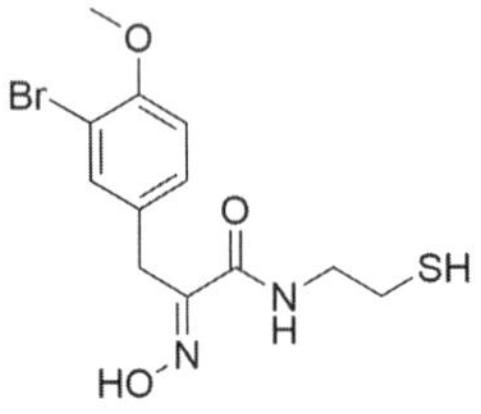

compound 72

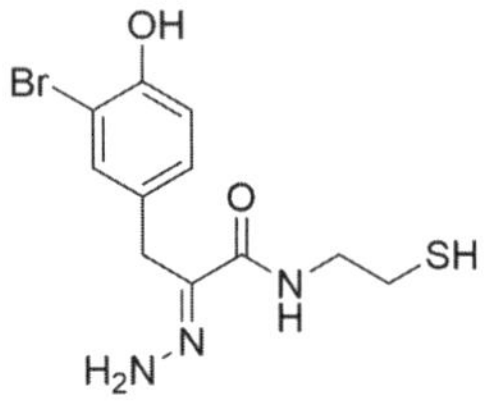

compound 73

（八）先导化合物毒性的降低

一些药物在人体内经过代谢会产生有生物活性的代谢产物，其往往具有亲电性，能够与人体蛋白质发生共价结合从而产生不良反应。先导化合物严重的副作用会限制其作为临床药物的开发，甚至在开发成药物后被撤市。

例 17-11 星孢菌素（staurosporine）是 1977 年由 Omura 等[43] 从放线菌 *Streptomyces staurosporeus* 的发酵液中分离得到的化合物，最初的活性评价发现其具有一定抗真菌和降血压活性。后来的研究表明，星孢菌素是多种激酶的强效泛抑制剂，所以最初对星孢菌素结构优化的研究主要集中在其对特定蛋白激酶 C（PKC）的选择性上。诺华在研究星孢菌素衍生物构效关系时发现衍生物米哚妥林（midostaurin）对突变的 FLT3 激酶具有良好的选择性，由此开发出的新药已于 2017 年被美国 FDA 批准上市用于治疗 FLT3 激酶突变阳性的急性髓性白血病和肥大细胞增多症。

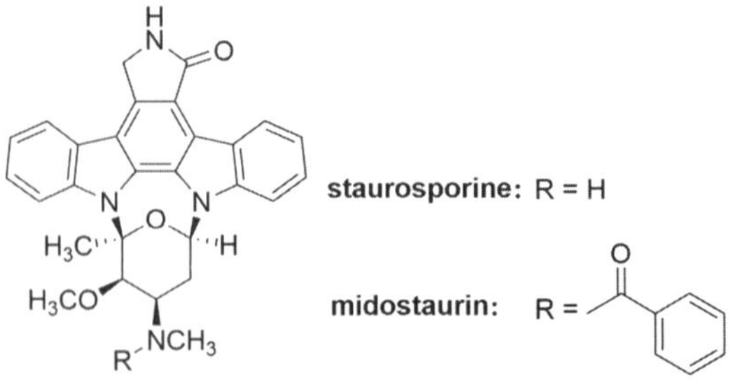

staurosporine: R = H

midostaurin: R =

三、临床前研究 [44]

经过前期研究，在获得了具有成药前景的化合物之后，将对其进行临床前研究至临床研究。所选择的化合物则称为临床前候选化合物（preclinical drug candidate）或者临床候选药物（clinical drug candidate）。

广义的临床前研究（preclinical study）包含了进入 I 期临床研究的所有相关的研究内容。狭义的临床前研究主要包含为了申报进入临床研究而开展的针对候选化合物的研究。从立项开始，到获得临床前候选化合物，是药物发现阶段；从临床前研究开始，直到临床研究完成、申报上市，则是药物开发阶段。

临床前研究的内容主要包括：合成工艺、提取分离方法、理化性质与纯度的测定、药物剂型选择、制备工艺、检验方法、质量指标、稳定性、药理、毒理、动物药代动力学研究等。生物制品则还需要进行菌毒种、细胞株、生物组织等起始原料来源、质量标准、保存条件、生物学特征、遗传稳定性及免疫学研究等。

临床前研究的核心是药物的安全性、有效性和稳定性。理论上来说，任何一种药物都可能具有一定的毒副作用，在临床前研究阶段则需要将毒副作用较强的化合物排除、权衡有一定毒副作用的化合物或毒副作用较轻的化合物。这样才能保证选择安全、有效并且质量可靠的候选化合物进入临床试验。

（一）生产工艺

药物生产所选择的生产工艺不仅要考虑原料的成本，还要考虑生产过程中副产物、溶剂的残留情况。各国药典都对生产过程中残留的溶剂量有着严格的规定。一般来说，药物成品中含量超过 0.3% 的不明成分都需要进行分离鉴定，并进行药效与毒理学研究。另外，药物成品中候选化合物的晶型也对其药代动力学性质、药效以及毒副作用有影响。因此在系统地进行临床前研究时，必须先确定候选化合物的生产工艺，同时对通过小试、中试甚至工业化生产得到的药物样品进行后续研究。

（二）药效学研究

进行药效学研究的目的是为进行临床试验时确定适应证提供参考依据。所以，一般需要针对一定范围内与候选化合物活性相关的、最有可能产生治疗效果的模型进行研究。并且同时还需要进行药代动力学、吸收分布情况等研究，并在这些研究的基础上确定药物的给药方式、剂量和给药周期。

（三）毒理学研究

毒理学研究的目的是全面了解候选化合物可能存在的毒副作用。需要将药物剂型、剂量、给药方式与间隔等条件结合起来进行系统的毒理学研究。主要内容包括急性毒性实验、长期毒性实验、特殊毒性实验（包括遗传、生殖毒性与致癌等）以及其他毒性实验（致敏、刺激等）。这些研究有助于了解药物毒副作用的强度，计算毒性相关参数，并能够了解毒副作用靶器官，为后续长期毒性试验以及 I 期临床起始剂量的选择提供参考，也为临床毒副反应的检测提供依据。

四、Ⅰ期临床试验

Ⅰ期临床试验（phase Ⅰ）指的是将候选药物第一次用于人体来研究其性质的试验。进行Ⅰ期临床试验时，通常会选择对谨慎筛选出的少量健康志愿者（对于抗肿瘤药物而言则是肿瘤患者）给予少量候选药物，检测药物的血液浓度、排泄性质以及给药后任何可能出现的有益作用和毒副作用（不良反应），从而评价候选药物在人体内的性质。经过Ⅰ期临床试验，也可以获得一些候选药物的最低、最高给药剂量信息，为后续确定在患者身上使用的药物剂量提供参考。Ⅰ期临床试验是初步的临床药理学以及人体安全评价试验，其目的在于明确人体对候选药物的耐受性和药代动力学数据，为以后给药方案的制定提供指导。

五、Ⅱ期临床试验

经过Ⅰ期临床试验获得了健康人体达到有效血药浓度所需要的候选药物的剂量信息，即药代动力学数据，但是这还不能证明候选药物治疗疾病的作用。因此，需要在Ⅱ期临床试验（phase Ⅱ）中对少数患病志愿者进行给药，并重新评价药物的药代动力学性质与排泄情况。因为药物在疾病患者体内的作用情况往往不同于健康人，尤其是那些影响肠胃、肝、肾的药物。以一个治疗关节炎的新镇痛药为例，Ⅱ期临床试验的目的是明确候选药物缓解关节炎患者疼痛的效果如何，并且还要明确在不同给药剂量下不良反应发生率的高低，从而确定能够有效缓解疼痛但是不良反应最小的给药剂量。Ⅱ期临床试验是针对候选药物治疗效果的初步评价，并且一般需要设计随机双盲对照试验对候选药物的有效性和安全性进行评价，同时为Ⅲ期临床试验的设计以及给药剂量提供依据。

六、Ⅲ期临床试验

Ⅲ期临床试验（phase Ⅲ）指的是在Ⅰ、Ⅱ期临床试验所获得的数据基础上，进一步扩大候选药物的试验范围，对更多患者、志愿者及更多医疗中心进行的扩大试验。Ⅲ期临床试验是候选药物治疗作用的明确阶段，也是药品注册申请获批上市的重要依据。Ⅲ期临床试验一般要求进行足够大样本的随机双盲对照试验，将候选药物和安慰剂（无治疗作用的物质）或者已上市药物的相关参数进行比对，是所有临床试验中任务最繁重的阶段。Ⅲ期临床试验的结果需要具有可重复性，并且除了对成年患者进行研究，还需要特别研究候选药物对老年患者的作用情况，有时也需要对儿童用药的安全性进行考量。一般来说，老年患者和危重患者的给药剂量要低一些，因为他们的身体清除药物的能力更低，对药物不良反应的耐受性更差。而儿童人群则有突变敏感性、迟发毒性和药代动力学不同的特点，所以在确定药物应用于儿童人群时，权衡疗效和药物不良反应的问题必须额外关注。在国外，儿童参加的临床试验一般在Ⅲ期临床之后进行。而如果一种疾病主要在儿童身上发病，很严重但是又没有其他治疗方案，FDA则会允许在没有成人数据参照的条件下，Ⅰ期临床试验直接从儿童开始。

第三节 海洋药物开发实例

软海绵素 B 最早在 1985 年由 Uemura 等人报道发现，他们从日本海域的海绵 *Halichondria okadai* 中分离得到了一种大环内酯化类合物，并命名为 halichondrin B。经过体外活性测试发现，其对小鼠黑色素瘤癌细胞具有很强的抑制作用。但是软海绵素 B 的结构十分复杂，全合成难度大、收率低，不能直接投入临床使用。经过结构简化，将大环内酯结构保留，得到了成药性更好的化合物 eribulin[45]。

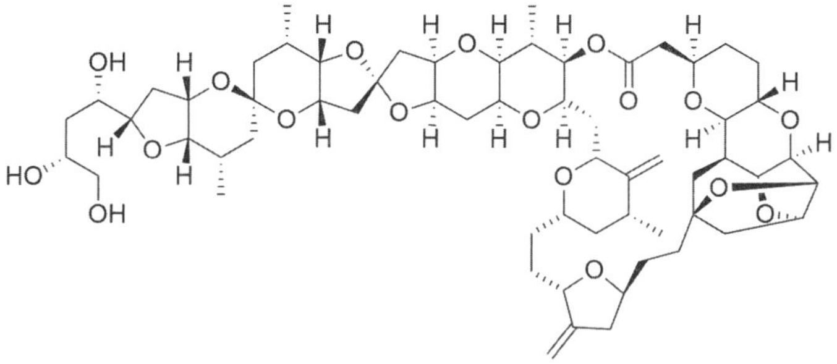

halichondrin B

在 2009 年报道的 eribulin Ⅰ 期临床试验中，其表现出了良好的药代动力学参数，但是其主要的不良反应为中性粒细胞减少。而在另一项针对 32 名患者的耐受性试验中也发现，发热型中性粒细胞减少症的发病率约为 4%。在 Ⅱ 期临床试验中，招募了 103 名转移性乳腺癌患者进行周期为 21 天的治疗，结果显示 12% 的患者病情好转，延长了患者生存时间。在 Ⅲ 期临床试验中，针对 762 例局部复发或转移性乳腺癌患者进行周期为 21 天的治疗试验，结果显示患者的终止总生存率从 10.65 个月提高至 13.12 个月[46]。2010 年 11 月美国 FDA 批准 eribulin（E7389，商品名为 Halaven）上市，主要用于治疗至少接受过两种化疗方案（包括蒽环类和紫杉烷类化疗药物）的转移性乳腺癌（metastatic breast cancer，MBC），由日本的 Eisai 公司开发。而在 2016 年 1 月，eribulin 再次被美国 FDA 批准上市，用于治疗晚期软组织肉瘤，且在日本和美国被授予治疗软组织肉瘤孤儿药的称号。

一、提取分离

软海绵素 B 最早由日本名古屋大学教授平田义正（Hirata Yoshimasa）实验室的上村大辅（Daisuke Uemura）在 1985 年从日本海绵中分离得到，其提取分离流程如图 17-3 所示。

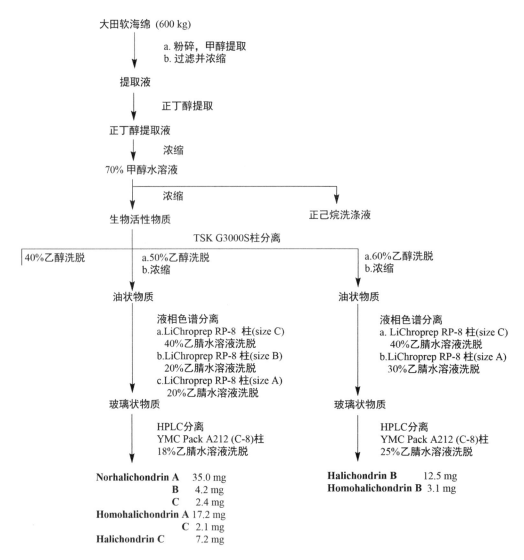

图 17-3　软海绵素 B 的提取分离流程

二、结构鉴定

软海绵素 B 的结构确定主要依靠现代波谱技术实现，详细的推导过程在此不再赘述，仅简要罗列出一些质谱特征、^{1}H-NMR 和 ^{13}C-NMR 数据。

经 FDMS 测定，显示出 m/z 1133 [M+Na]$^+$，表明软海绵素 B 的分子量应当为 1110；分子式应当为 $C_{61}H_{88}O_{18}$。其红外光谱表明存在大环内酯结构（1735 cm^{-1}）和羟基（3400 cm^{-1}）。其 ^{1}H-NMR 与 ^{13}C-NMR 数据如表 17-3 和表 17-4 所示。

表 17-3　软海绵素 B 的 ^{1}H-NMR 信号归属（360 MHz, CD$_3$OD）

No.	δ/Hz	No.	δ/Hz	No.	δ/Hz
H2	2.44	C19=CH$_2$	5.02	H40	4.05
H2	2.57	C19=CH$_2$	5.07	H41	3.69
H3	3.88	H20	4.46	C42−Me	0.94

No.	δ/Hz	No.	δ/Hz	No.	δ/Hz
H6	4.33	H23	3.71	C46−Me	1.01
H7	2.98	C25−Me	1.10	H47	3.56
H8	4.31	C26=CH₂	4.82	H48	4.10
H9	4.13	C26=CH₂	4.88	H49	1.83
H10	4.18	H27	3.62	H49	2.27
H11	4.60	H29	4.25	H50	4.00
H12	4.71	H30	4.63	H51	3.78
H13	1.98	C31−Me	1.07	H52	1.61
H13	2.09	H32	3.22	H52	1.75
H17	4.08	H33	3.87	H53	3.87
H18	2.32	H35	4.12	H54	3.46
H18	2.80	H36	4.10	H54	3.53

表 17-4 软海绵素 B 的 ^{13}C-NMR 信号归属（75.4 MHz, CD₃OD）

No.	δ/Hz	No.	δ/Hz	No.	δ/Hz
C1	172.8	C20	76.1	C38	114.8
C2	41.2	C23	75.3	C39	45.0
C3	74.9	C25	37.5	C40	73.0
C6	69.6	C25−Me	18.4	C41	80.8
C7	79.1	C26	153.2	C42	27.1
C8	75.8	C26−CH₂	104.8	C42−Me	18.2
C9	73.3	C27	75.1	C44	98.4
C10	78.0	C29	73.8	C46	27.1
C11	83.8	C30	77.3	C46−Me	18.3
C12	82.5	C31	37.5	C47	81.3
C13	49.4	C31−Me	15.9	C48	75.1
C14	111.3	C32	78.0	C50	81.3
C17	76.3	C33	65.5	C51	73.1
C18	39.7	C35	77.3	C53	71.6
C19	153.2	C36	78.0	C54	67.1
C19=CH₂	105.8	C37	45.6	—	—

三、结构优化

软海绵素 B 由聚醚片段和大环内酯片段两部分组成，含有 32 个手性碳原子，其中聚醚片段有 18 个、大环内酯片段有 14 个，结构十分复杂。其全合成最早在 1992 年由 Kishi 等人完成，他们在研究其衍生物时发现，软海绵素 B 结构中的 38 元大环内酯片段是其具有抗肿瘤活性的药效团[47]。并且，他们还在后续的研究中设计了简化的合成策略，以便进行衍生物的合成，如图 17-4 所示。

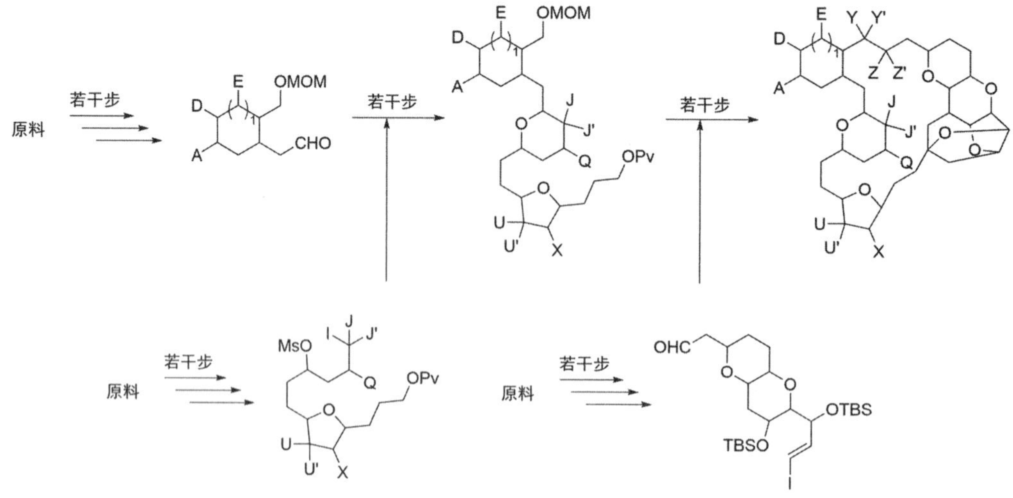

图 17-4　软海绵素 B 的简化合成策略

与日本制药公司 Eisai 合作研究进一步发现，使用结构更简单的亚甲基酮来代替酯基连接大环，得到了结构更稳定、更简单且药效更好的化合物 eribulin（E7389）。两者结构的对比如图 17-5 所示。

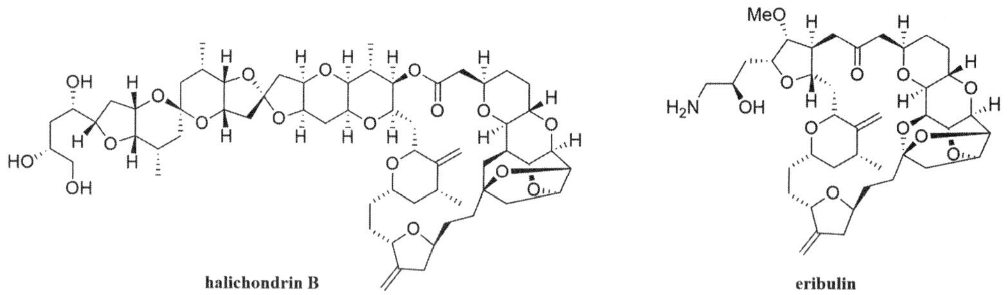

halichondrin B　　　　　　　　　　　　　eribulin

图 17-5　软海绵素 B 与 eribulin 结构对比

艾日布林（Eribulin）是目前使用全化学合成方法生产的结构最复杂的药物，其分子中有 19 个手性碳，从起始原料到产品总共经历 62 步反应。其合成路径最早由 Kishi 等人完成并不断改进，由最初的微克级的合成提高到了数十克水平的制备[48]。下面仅简单介绍 Eribulin 的合成历程。

1. C$_1$~C$_{13}$ 片段的合成　以 L-甘露糖酸-γ-内酯为原料，经过手性配体诱导发生 C-烯丙基化反应与迈克尔环加成，并利用 Ni（Ⅱ）/Cr（Ⅱ）立体选择性地诱导乙烯三甲基硅烷加成等多步反应，再使用二异丁基铝氢还原得到 C$_1$~C$_{13}$ 片段（图 17-6）。

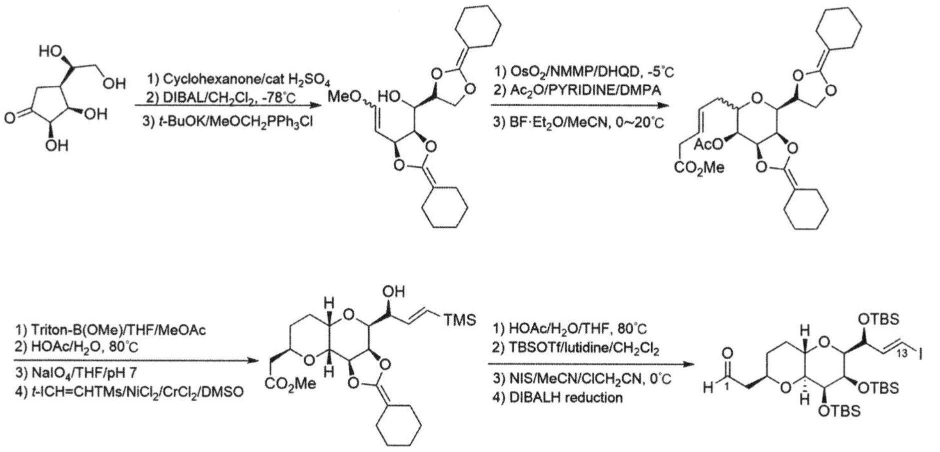

图 17-6　C_1~C_{13} 片段的合成

2. C_{14}~C_{21} 片段的合成　以 L-(+)- 齿藓酮糖经过 5 步反应制备羟基保护的溴丙烯基化合物，并与醛缩合形成仲醇，其再经过 Swern 氧化与立体选择性还原等三步得到 C_{14}~C_{21} 片段（图 17-7）。

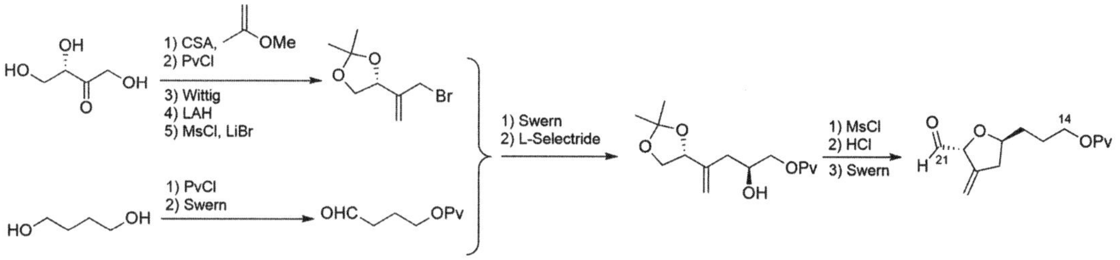

图 17-7　C_{14}~C_{21} 片段的合成

3. C_{14}~C_{26} 片段的合成　将前步得到的 C_{14}~C_{21} 片段四氢呋喃甲醛化合物与包含 C_{22}~C_{26} 片段的酮基磷酸酯经过多步反应得到 C_{14}~C_{26} 片段化合物（图 17-8）。

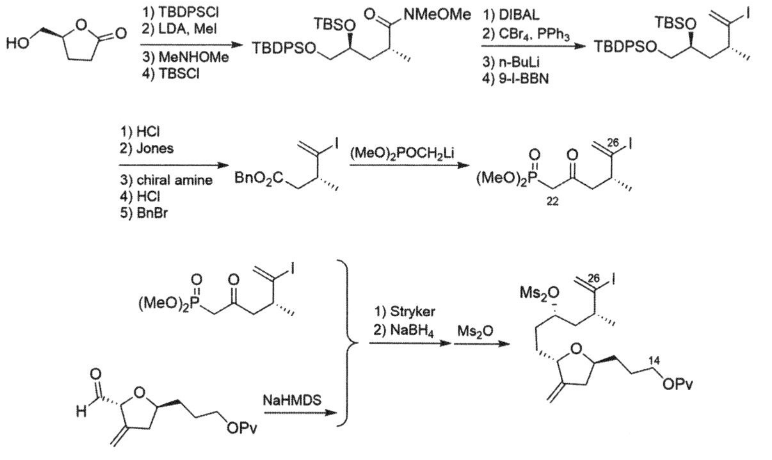

图 17-8　C_{14}~C_{26} 片段的合成

4. C$_{27}$~C$_{35}$ 片段的合成 使用丁炔醇为原料经过五步制备含有 C$_{27}$~C$_{35}$ 片段的环氧化合物；使用丁三醇为原料经四步反应制备含有 C$_{31}$~C$_{35}$ 片段的戊炔二醇。两者经过正丁基锂活化、Lewis 酸催化偶联得到炔醇，炔键部分则使用四氧化锇双羟基化，并经过甲烷磺酰化，得到羟基保护的 C$_{27}$~C$_{35}$ 片段（图 17-9）。

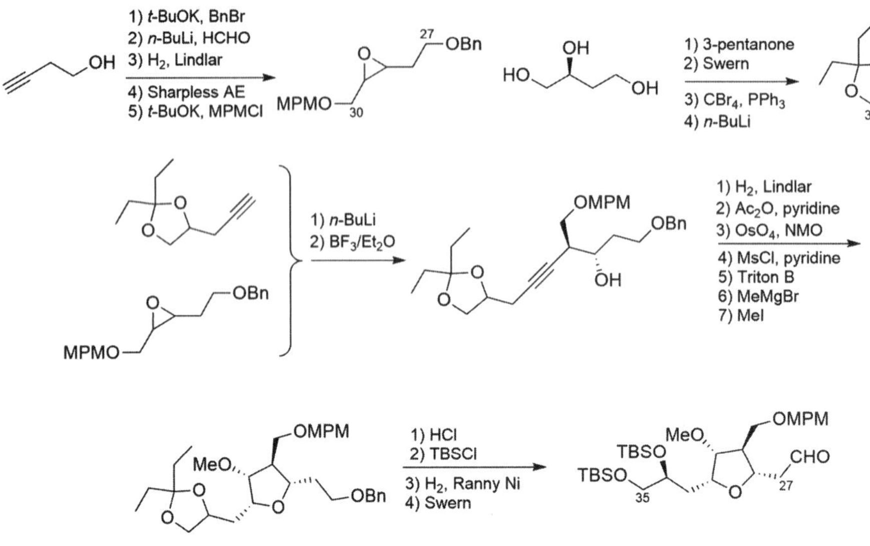

图 17-9 C$_{27}$~C$_{35}$ 片段的合成

5. C$_{14}$~C$_{35}$ 片段的连接 将 C$_{14}$~C$_{26}$ 片段与 C$_{27}$~C$_{35}$ 片段进行 Nozaki-Hiyama-Kishi（NHK）偶联，并进行差向异构体的拆分，得到 C$_{14}$~C$_{35}$ 片段中间体化合物（图 17-10）。

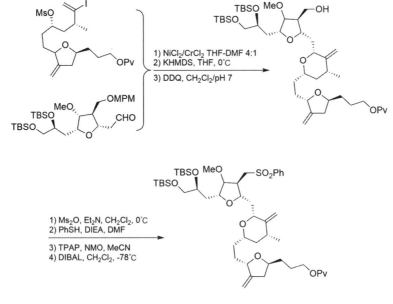

图 17-10 C$_{14}$~C$_{35}$ 片段的连接

6. C$_1$~C$_{35}$ 片段的连接　将前步得到的 C$_{14}$~C$_{35}$ 片段与 C$_1$~C$_{13}$ 片段中间体化合物经三步反应得到开环中间体，并使用 NHK 反应闭环，并将烯醇氧化为烯酮进行迈克尔加成，中间体再经过甲磺酸酯化、氢氧胺化得到终产物艾日布林的甲磺酸盐（图 17-11）。

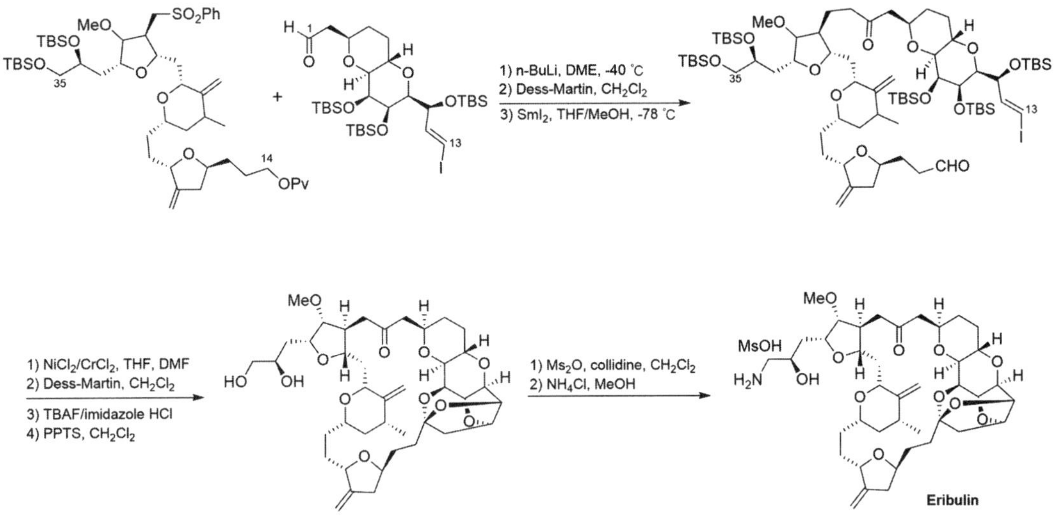

图 17-11　C$_1$~C$_{35}$ 片段的连接

◎ **思考题**

1. GV-971 的化学成分是什么？

2. 曲贝替啶（ET-743）的主要作用靶点是什么？

3. 药物研发的基本流程是怎样的？

4. 如何在优化先导化合物结构的过程中尽量避免盲目性、降低失败风险？

5. 不同阶段的临床试验的目的是什么？

◎ **进一步文献阅读**

1. Chen J L, Zhang P, Abe M, et al. 2020. Design, optimization, and study of small molecules that target tau pre-mRNA and affect splicing[J]. J Am Chem Soc, 142(19): 8706-8727.

2. Gorgulla C, Boeszoermenyi A, Wang Z, et al. 2020. An open-source drug discovery platform enables ultra-large virtual screens[J]. Nature, 580: 663-668.

3. Pei J, Yin N, Ma X, et al. 2014. Systems biology brings new dimensions for structure-based drug design[J]. J Am Chem Soc, 136(33):11556-11565.

4. 钮俊兴，徐星宇，胡立宏. 2015. Carfilzomib: 从天然产物到药物的研发历程 [J]. 药学研究, 34(10):559-563+583.

5. 王成，张国建，刘文典，等. 2019. 海洋药物研究开发进展 [J]. 中国海洋药物, 38(6):35-69.

6. 张善文，黄洪波，桂春，等 . 2018. 海洋药物及其研发进展 [J]. 中国海洋药物，37(3)：77-92.

◎ 参考文献

[1] 王长云，邵长伦 . 2011. 海洋药物学 [M]. 北京：中国科学出版社 .

[2] 张善文，黄洪波，桂春，等 . 2018. 海洋药物及其研发进展 [J]. 中国海洋药物 , 37(3): 77-92.

[3] 于广利，谭仁祥 . 2016. 海洋天然产物与药物开发 [M]. 北京：中国科学出版社 .

[4] 王成，张国建，刘文典，等 . 2019. 海洋药物研究开发进展 [J]. 中国海洋药物 , 38(6): 35-69.

[5] Fenical W, Jensen P R. 2006. Developing a new resource for drug discovery: marine actinomycete bacteria[J]. Nat Chem Biol, 2: 666-673.

[6] 蔡超，于广利 . 2018. 海洋糖类创新药物研究进展 [J]. 生物产业技术 , 6: 55-61.

[7] 张书军，焦炳华 . 2012. 世界海洋药物现状与发展趋势 [J]. 中国海洋药物 , 31(2): 58-60.

[8] Vinothkumar S, Parameswaran P S. 2013. Recent advances in marine drug research[J]. Biotechnology Advances, 31(8): 1826-1845.

[9] Liang X, Luo D M, Luesch H. 2019. Advances in exploring the therapeutic potential of marine natural products[J]. Pharmacological Research, 147: 104373.

[10] Zhang G J, Li J, Zhu T J, et al. 2016. Advanced tools in marine natural drug discovery[J]. Current Opinion in Biotechnology, 42: 13-23.

[11] Molinski T F, Dalisay D S, Lievens S L, et al. 2009. Drug development from marine natural products[J]. Nat Rev Drug Discov, 8: 69-85.

[12] Kevin A S, Keira W, Molly C W, et al. 2020. Metabolomic tools used in marine natural product drug discovery[J]. Expert Opinion on Drug Discovery, 15(4): 499-522.

[13] Nair D G, Weiskirchen R, AI-Musharafi S K. 2015. The use of marine-derived bioactive compounds as potential hepatoprotective agents[J]. Acta Pharmacol Sin, 36: 158-170.

[14] Liu M M, Grkovic T J, Zhang L X, et al. 2016. A model to predict anti-tuberculosis activity: value proposition for marine microorganisms[J]. J Antibiot, 69: 594-599.

[15] Faktorová D, Nisbet, R, Fernández-Robledo J A, et al. 2020. Genetic tool development in marine protists: emerging model organisms for experimental cell biology[J]. Nat Methods, 17: 481-494.

[16] Jimenez C. 2018. Marine natural products in medicinal chemistry[J]. ACS Med Chem Lett, 9(10): 959-961.

[17] 王思明，王于方，李勇，等 . 2016. 天然药物化学史话：来自海洋的药物 [J]. 中草药 , 47(10):1629-1642.

[18] 管华诗，耿美，王长云 . 2000. 21 世纪，中国的海洋药物 [J]. 中国海洋药物 , 4: 44-47.

[19] 孙继鹏，易瑞灶，洪碧红，等 . 2013. 海洋药物的研发现状及发展思路 [J]. 海洋开发与管理 , 3:7-13.

[20] 崔琪，陈敬蕊，姜秀云 . 2019, 海洋生物活性肽药物应用的研究进展 [J]. 中国海洋药物 , 38(2): 54-59.

[21] Khalifa S A M, Elias N, Farag M A, et al. 2019. Marine natural products: A source of novel anticancer drugs[J]. Mar Drugs, 17(9): 491.

[22] Choi C, Son A, Lee H, et al. 2018. Radiosensitization by Marine Sponge *Agelas* sp. extracts in hepatocellular carcinoma cells with autophagy induction[J]. Sci Rep, 8: 6317.

[23] Agarwal V, Blanton J, Podell S, et al. 2017. Metagenomic discovery of polybrominated diphenyl ether biosynthesis by marine sponges[J]. Nat Chem Biol, 13: 537-543.

[24] Gerwick W H, Moore B S. 2012. Lessons from the past and charting the future of marine natural products drug discovery and chemical biology[J]. Chem Biol, 19(1): 85-98.

[25] Andersen R J. 2017. Sponging off nature for new drug leads[J]. Biochem Pharmacol, 139(11): 3-14.

[26] Molinski T, Dalisay D, Lievens S, et al. 2009. Drug development from marine natural products[J]. Nat Rev Drug Discov, 8: 69-85.

[27] Carroll A R, Copp B R, Davis R A, et al. 2019. Marine natural products[J]. Nat Prod Rep, 36(12/13):122-173.

[28] 刘翠，杨书程，李民，等. 2015. 药物筛选新技术及其应用进展 [J]. 分析测试学报，34(11): 1324-1330.

[29] Jorgensen W L. 2004. The many roles of computation in drug discovery[J]. Science, 303(5665): 1813-1818.

[30] Ripphausen P, Nisius B, Bajorath J. 2011. State-of-the-art in ligand-based virtual screening[J]. Drug Discov Today, 16(9-10): 372-376.

[31] Lyne P D. 2002. Structure-based virtual screening: an overview[J]. Drug Discov Today, 7(20): 1047-1055.

[32] Lu W, Zhang R, Jiang H, et al. 2018. Computer-aided drug design in epigenetics[J]. Front Chem, 6(57): doi: 10.3389/fchem.2018.00057.

[33] 郭宗儒. 2012. 天然产物的结构改造 [J]. 药学学报，47(2): 144-157.

[34] Khmelnitsky Y L, Budde C, Arnold J M, et al. 1997. Synthesis of water-soluble paclitaxel derivatives by enzymatic acylation [J]. J Am Chem Soc, 119(47): 11554-11555.

[35] Yan Y, Chen J, Zhang L H, et al. 2013. Multiplexing of combinatorial chemistry in antimycin biosynthesis: Expansion of molecular diversity and utility[J]. Angew Chem Int Edit, 52(47): 12308-12312.

[36] Martinez E J, Owa T, Schreiber S L, et al. 1999. Phthalascidin, a synthetic antitumor agent with potency and mode of action comparable to ecteinascidin 743[J]. Proc Natl Acad Sci USA, 96(7): 3496-3501.

[37] Khali Z G, Huang X C, Raju R, et al. Shornephine A: structure, chemical stability, and P-glycoprotein inhibitory properties of a rare diketomorpholine from an Australian marine-derived *Aspergillus* sp. [J]. J Org Chem, 2014, 79(18): 8700-8705.

[38] Zheng L, Gao T, Ge Z, et al. 2021. Design, synthesis and structure-activity relationship studies of glycosylated derivatives of marine natural product lamellarin D [J]. Eur J Med Chem, 214: 113226.

[39] Blanchfield J T, Dutton J L, Hogg R C, et al. 2003. Synthesis, structure elucidation, in vitro biological activity, toxicity, and Caco-2 cell permeability of lipophilic analogues of alpha-conotoxin MII[J]. J Med Chem, 46(7): 1266-1272.

[40] Teasdale M E, Prudhomme J, Torres M, et al. 2013. Pharmacokinetics, metabolism, and in vivo efficacy

of the antimalarial natural product bromophycolide A[J]. ACS Med Chem Lett, 4(10): 989-993.

[41] Nicolaou K, Hughes R, Pfeferkrn J A, et al. 2001. Combinatorial synthesis through disulfide exchange: discovery of potent psammaplin A type antibacterial agents active against methicillin - resistant *Staphylococcus aureus* (MRSA) [J]. Chemistry–A European Journal, 7(19): 4280-4295.

[42] Pereira R, Benedetto R, Perez-Rodriguez S, et al. 2012. Indole-derived psammaplin A analogues as epigenetic modulators with multiple inhibitory activities[J]. J Med Chem, 55(22): 9467-9491.

[43] Omura S, Iwai Y, Hirano A, et al. 1977. A new alkaloid AM-2282 of *Streptomyces* origin. Taxonomy, fermentation, isolation and preliminary characterization[J]. J Antibiot (Tokyo), 30(4): 275-282.

[44] 尤启冬 . 2011. 药物化学 [M]. 2 版 . 北京 : 中国医药科技出版社 .

[45] Kuznetsov G, Towle M J, Cheng H, et al. 2004. Induction of morphological and biochemical apoptosis following prolonged mitotic blockage by halichondrin B macrocyclic ketone analog E7389[J]. Cancer Res, 64(16): 5760-5766.

[46] Goel S, Mita A C, Mita M, et al. 2009. A phase I study of eribulin mesylate (E7389), a mechanistically novel inhibitor of microtubule dynamics, in patients with advanced solid malignancies[J]. Clin Cancer Res, 15(12): 4207-4212.

[47] Aicher T D, Buszek K R, Fang F G, et al. 1992. Total Synthesis of Halichondrin-B and Norhalichondrin-B[J]. J Am Chem Soc, 114(8): 3162-3164.

[48] Yu M J, Zheng W, Seletsky B M. 2013. From micrograms to grams: scale-up synthesis of eribulin mesylate[J]. Nat Prod Rep, 30(9): 1158-1164.